中国深层油气形成与分布规律丛书

金之钧　主编

深层烃源岩发育与生烃演化机理

彭平安　张水昌　王云鹏 等　著

科 学 出 版 社

北　京

内 容 简 介

本书是中国科学院A类战略性先导科技专项的研究成果，针对深层烃源岩发育与生烃演化机理相关重要科学问题，从深层规模烃源岩发育环境与分布预测、深层烃源岩演化与生烃模式、深层油气稳定性与相态演化、典型深层油气藏油气来源与充注过程等方面阐述了最新的研究成果与进展。并论述了深层有机质富集与烃源岩发育、干酪根全组分生烃及生烃演化、塔里木台盆区油气相态模拟预测、川中震旦系油气成因与充注过程等方面的突破和创新性进展。

本书可供从事油气特别是深层油气勘探、开发、研究的专业人员、研究生等参考阅读。

图书在版编目（CIP）数据

深层烃源岩发育与生烃演化机理 / 彭平安等著. --北京 ：科学出版社，2025.8

（中国深层油气形成与分布规律丛书）

ISBN 978-7-03-077229-9

Ⅰ. ①深… Ⅱ. ①彭… Ⅲ. ①烃源岩－含油气性－研究－中国 Ⅳ. ①P618.130.2

中国国家版本馆 CIP 数据核字(2023)第 245218 号

责任编辑：孟美岑 李亚佩 / 责任校对：何艳萍

责任印制：肖 兴 / 封面设计：无极书装

科学出版社出版

北京东黄城根北街 16 号

邮政编码：100717

http://www.sciencep.com

北京建宏印刷有限公司印刷

科学出版社发行 各地新华书店经销

*

2025 年 8 月第 一 版 开本：787×1092 1/16

2025 年 8 月第一次印刷 印张：23 3/4

字数：558 000

定价：358.00 元

（如有印装质量问题，我社负责调换）

丛书编委会

《深层烃源岩发育与生烃演化机理》
编写小组

组　　长： 彭平安

副 组 长： 张水昌　王云鹏　田　辉　卢　鸿

编写人员： 苏　劲　何　坤　卢远征　王华建
管树巍　刘金钟　邹艳荣　熊永强
詹兆文　李　芸　梁　天　廖泽文
廖玉宏　吴亮亮　耿安松　陈承声
邓　瑞　潘长春　于　双　盖海峰
王　星　程　斌

丛 书 序

深层油气是中国油气资源战略接替的三大领域（深层、海域、非常规）之一。但深层高温、高压及复杂地应力给油气勘探实践带来了巨大挑战。首先，在油气地质方面，海相深层往往经历多期盆地原型叠合，发育了多套油气成藏组合，具有多源、多期成藏和构造改造调整过程，烃源岩成熟度高，油气源对比及多途径生气气源判识难度大。尤其是有机-无机相互作用贯穿了深层-超深层整个成烃-成藏过程，水的催化加氢究竟有何影响？深层油气是浅成深埋还是深成，或者是连续过程？深层油气相态、成藏动力、富集机理与分布规律是什么？均是困扰学术界多年的难题。其次，在深层油气领域方面，缺乏相应的区带、圈闭评价技术。然后，在地震勘探技术方面，由于埋深加大，普遍存在的多次波、缝洞绕射等导致成像不清、分辨率降低，使断裂、裂缝预测精度低，有效储集体表征和流体识别难度增大。最后，在工程技术方面，深层-超深层相关的随钻测量与地质导向、旋转导向等关键技术受制于人，严重制约了深层油气勘探进程与成效。为此，中国科学院组织实施了战略性先导科技专项（A 类）——智能导钻技术装备体系与相关理论研究（XDA14000000），“深层油气形成与分布预测”（XDA14010000）是专项任务之一，主要攻关任务是通过深层油气形成与分布预测研究，揭示深层油气形成机理与分布规律，发展深层油气成藏与富集理论和评价技术。

项目团队经过 6 年的艰苦努力，取得了丰富的研究成果，主要进展如下：

建立了克拉通裂谷/裂陷、被动陆缘拗陷（陡坡与缓坡）和台内拗陷三类四型烃源岩发育地质模式，揭示了深层高温高压条件下全过程生烃及多元生气途径，扩展了生烃门限，强调了裂解气（干酪根及滞留油）、有机-无机相互作用是深层生烃的重要特点，扩大了深层油气资源规模。

基于控制深层-超深层优质规模储层发育和保持的岩相-不整合面-断裂三个关键要素的分析，提出了储层分类新方案，明确了早期有利岩相是基础，后期抬升剥蚀及断裂改造是关键，深埋条件下的特殊流体环境决定了储集空间的长期保持。建立了深层-超深层强非均质性储层地质模式与地球物理预测方法，形成了基于知识库的智能储层钻前精细建模与随钻快速动态建模方法。

建立了深层油气跨尺度非线性渗流模型，实现了从微纳米孔隙到储层的跨尺度非线性渗流模拟，揭示了不同类型致密储层空间内的油气运聚动力条件和运聚机理差异，明确了油气在高渗透层、洞-缝型储层以浮力运移为主，超压在致密储层中规模运移起关键作用。

明确了深层油气具有“多期充注、浅成油藏、相态转化、改造调整、晚期定位”的成藏特征和“多层叠合、有序分布、源位控效、优储控富”的富集与分布规律。

针对含油气系统理论对中国叠合盆地的不适应性，发展和完善了油气成藏体系理论，提出了成藏体系的烃源体、聚集体、输导体三要素及结构功能动态评价思路，形成深层盆地-区带-圈闭评价技术体系和行业规范，搭建了沉积-成岩-成藏一体化模拟软件平台，优选了战略突破区带和勘探目标，支撑了油气新领域的重大发现与突破。

该套丛书是对深层油气理论技术的一次较系统的总结，相信它们的出版将对深层海相油气未来的深入研究与勘探实践产生重要的指导作用。

谨此作序。

朱日祥

2023 年 8 月 16 日

前　言

近年来，深层—超深层古老海相层系连续获得重要油气发现，已经成为我国油气勘探的重要接替领域。但是目前对于深层优质烃源岩的发育机制、规模与分布预测以及深层有机质物理化学演化特征、赋存相态及示踪等方面仍然存在许多亟待解决的科学问题。《深层烃源岩发育与生烃演化机理》是中国科学院A类战略性先导科技专项“智能导钻技术装备体系与相关理论研究”01项目“深层油气形成与分布预测”下属的第一课题（课题编号：XDA14010100）的研究成果。该课题的研究周期是2017年7月1日至2023年7月31日。该课题由中国科学院广州地球化学研究所与中国石油集团科学技术研究院有限公司共同承担。

经过六年的攻关，在盆地深层烃源岩发育与分布预测、深层烃源岩的生烃过程与物理性质演化、油气稳定性及油气赋存状态、储层记录与烃源识别、生烃充注过程重建等方面取得了以下理论进展和技术突破：①从地球系统科学角度阐明了地球圈层相互作用控制的盆地深层古老烃源岩发育和分布；明确了超大陆裂解期的小克拉通裂陷盆地和被动陆缘盆地为烃源岩发育提供有利场所；提出了温室和冰后/间冰期环境为烃源岩发育提供有利气候条件，使盆地古老深层烃源岩发育多具有全球等时性；提出了成烃生物的多样性演化和大气-海洋环境的逐步氧化使海洋初级生产力水平和硫酸盐供给增加，进而形成的硫化缺氧环境有利于有机质保存。②完成我国主要层系烃源岩生烃过程及生烃动力学研究，划分了深层烃源岩生烃演化阶段，建立了全组分生烃模式，以及我国重要层系烃源岩生烃动力学数据库；系统研究了中上元古界的下马岭组油页岩，下古生界的寒武系Alum页岩、奥陶系Kukersite油页岩、平凉组页岩、萨尔干组页岩，上古生界的二叠系芦草沟组油页岩和风城组烃源岩，中生界三叠系长7油页岩柱塞体、古近—新近系茂名油页岩干酪根与柱塞体等不同层系多套主要烃源岩的C_1、C_2—C_5、C_6—C_{14}、C_{14+}等完整生烃曲线和生烃动力学参数，总结概括了原生型凝析油气和湿气的生成模式和分布演化规律，为我国的深层油气勘探积累了可靠的实验成果和资料；通过轻质油热解动力学实验研究，对塔里木顺托果勒地区油气的深度保存下限进行了限定，轻质油的深度保存下限在9700 m左右，凝析油气阶段的深度保存下限在10300 m左右，湿气阶段的深度保存下限在11200 m左右，极大地拓展了塔里木台盆区油气勘探的深度下限。③初步提出了深层有机-无机作用下的多途径生气模式，提出原油裂解是超深层主要生气途径，高温外源氢加入可促进超深层天然气生成；高温下无机介质参与的生烃演化过程是岩石圈中一种重要的有机-无机作用；实际上，有机质的生烃潜力受控于氢含量；在超深层高演化阶段，有机质本身的氢含量或氢逸度较低，地层环境中外源氢对生烃的潜在贡献显得尤为重要；高温条件和深部断裂使得超深层存在多种高反应活性的富氢流体，比如岩石中的水（孔隙水、矿物结构水和深部来源热水流体等）、水-岩反应或深部来源的H_2；模拟实验揭示，富氢流体在高温条件下可作为有机质生烃的重要外部氢源；在超深层高温条件下，水或水源H_2可通过与有机质的加氢反应，快速参与有机质或烃类的裂解生气，提高天然气产率。④建立了盆地深层古老烃源岩追踪解释和分布预测技术，编制了重点层系烃源岩的沉积古地理图和厚度分布预测图，建立了基于寒武系烃源岩相态动力学的油气相态有效预测技术，并在塔里木盆地台盆区进行了成功应用；通过生标浓度和成熟度比值参数、金刚烷参数及组分组成和物性指标，对塔里木盆地海相油气的来源及充注过程进行了系统研究；综合生烃动力学与流体包裹体研究，对川中磨溪-高石梯震旦系天然气来源与成因机制进行了分析，指出该气藏为原油裂解气与干酪根裂解气的混合气，震旦系古气藏形成时为半开放体系，灯影组天然气可能有幔源气的贡献，安岳气田很可能是深层有机-无机相互作用下多途径生气的一个范例。

该课题在基础理论研究、关键技术研发和工业生产应用等方面均取得突出成果，这里将研究成果以专著的形式编著出版，以飨读者，并期能够相互借鉴、推陈出新，推动我国深层—超深层烃源岩发育与生烃演化机理研究，指导深层油气勘探开发。

本书共分 4 章，由参与课题的全体研究人员共同编写。第一章为深层规模烃源岩发育机制与分布预测，包括古老层系有机质富集与烃源岩发育机制、深层烃源岩分布地球物理预测技术、塔里木玉尔吐斯组烃源岩分布预测、四川盆地及周缘深层烃源岩分布预测等内容，由张水昌、苏劲主笔。第二章为深层烃源岩演化与生烃模式，包括干酪根全组分生烃及生烃演化、深层烃源岩多途径生气模式、生烃动力学数据库建设与架构等内容，由彭平安、卢鸿主笔。第三章为深层油气稳定性与相态演化，包括原油不同组分不同赋存环境稳定性、复杂次生过程对原油组成与赋存相态的影响、塔里木台盆区油气相态模拟预测等内容，由王云鹏、廖泽文、廖玉宏主笔。第四章为典型深层油气藏油气来源与充注过程，包括深层油气成因与充注过程分析技术、塔里木台盆区深层油气成因与成藏示踪、四川盆地震旦系油气成因与成藏示踪等内容，由田辉、潘长春主笔。全书由吴亮亮综合编辑，最终专著统稿由彭平安、张水昌、王云鹏共同完成。

本书编写过程中得到中国科学院 A 类战略先导科技专项总体组、专项总指挥朱日祥院士、01 项目负责人金之钧院士、各兄弟课题、专项和项目办公室等的大力支持与悉心指导。课题支撑单位中国科学院广州地球化学研究所与中国石油集团科学技术研究院有限公司都给予了指导与支撑，在此一并致谢。由于时间与研究水平有限，书中难免存在疏漏与不妥之处，恳请广大读者批评指正。

目录

第一章　深层规模烃源岩发育机制与分布预测

深层油气勘探是中国深地探测的重要组成部分，也是保障我国能源供应安全的重要途径。中国和国际钻井工程将4500～6000 m的目的层定义为深层，大于6000 m的目的层定义为超深层。烃源岩作为生成油气的物质基础，其发育质量、分布范围和规模性是决定油气勘探能否向盆地深层进军的关键因素。中国塔里木盆地、四川盆地和鄂尔多斯盆地（三大克拉通盆地）的深层—超深层主要为中新元古界—下古生界海相层系，发育多套富有机质黑色页岩。经过中国石油天然气集团有限公司的多年攻关研究，四川盆地和塔里木盆地的下寒武统黑色页岩已被确定为安岳、富满等多个大油气田的主力烃源岩；塔里木盆地的中下奥陶统和四川盆地的下志留统龙马溪组的生油气贡献也已被证实，发现了大规模的常规油和非常规页岩气资源；但华北中元古界和华南新元古界等更古老层系的黑色页岩的生烃成藏贡献还未得到证实。

本章重点从岩石圈、水圈和生物圈的能量与元素循环机理，揭示古老层系有机质富集与烃源岩发育机制；基于地质-地震资料融合的正反演方法，建立盆地深层烃源岩分布预测技术；最终通过沉积环境、发育模式和识别追踪技术，有效预测塔里木盆地深层玉尔吐斯组烃源岩的规模、四川盆地及周缘深层烃源岩的分布范围。

第一节　古老层系有机质富集与烃源岩发育机制

富含有机质是烃源岩最重要的属性。这些有机质绝大多数是由在海洋中的光合作用生物制造，经厌氧微生物改造后，与黏土矿物共沉淀进入沉积物，并最终成岩演化为烃源岩的重要组成部分。虽然甲烷营养菌等化能自养细菌也可以制造有机质，甚至在新太古代末期和古元古代早期形成规模性聚集，但中元古代以来的沉积有机质仍主要来自蓝细菌和真核藻类等光合作用生物的贡献。自光合作用生物在地球上诞生以来，有机质的制造始终存在，但富含有机质的黑色页岩却并不是随处可见，尤其是在中新元古代—早古生代，黑色页岩发育频次较更富油气的中新生代要少得多（Jin et al.，2023）。这表明，有机质富集和烃源岩发育并不是偶然的，而是生物活动、水体环境和成岩演化等多因素组合都“恰到好处”的产物。传统黑色页岩发育模式的初级生产力和保存环境的“二元论”更多关注生物繁盛程度和水体缺氧程度。本节将更深层次地探讨生物繁盛和水体缺氧的驱动因素，提出火山活动和海底热液等地质事件能够增加海洋的营养物供给，启动富有机质页岩沉积；海洋氧化能够促进营养元素循环，导致初级生产力勃发；厌氧微生物活动则消耗水体和沉积物中的氧化剂（如铁锰氧化物和硫酸盐），最终控制有机质保存和烃源岩发育。

一、火山活动和海底热液启动富有机质页岩沉积

沉积物从贫有机质向富有机质转变的根本原因在于光合作用生物的繁盛和大量有机质

的制造。生物繁盛需要大量营养元素的供给，包括氮、硫、磷以及钼、铜、锌等构成生物酶的部分过渡金属元素（Anbar and Knoll，2002）。海洋生态系统的初级生产力水平受限于透光层海水中的关键营养元素含量，也决定了富有机质页岩的发育及其规模。营养元素在上地壳和地表水体中的含量普遍较低，从源头上限制了海洋初级生产力的水平。但在地球深部，这些营养元素的含量往往较高。火山活动和海底热液是地球深部物质向浅部输送的两种重要途径，也是启动富有机质页岩沉积的最直接“扳手”。在黑色页岩发育相对匮乏的1.8～0.8 Ga 和黑色页岩全球性广布的 185～55 Ma，黑色页岩的发育多伴随有大火成岩省（large igneous provinces，LIPs）事件（Jenkyns，2010；Zhang et al.，2021a），四川盆地龙马溪组也发现大量火山灰层（Yang et al.，2020），进一步证实了火山活动对黑色页岩发育的重要性。与之不同的是，塔里木和华南的下寒武统烃源岩至今未发现大规模火山喷发的证据，却在黑色页岩发育初期识别出大量海底热液活动的证据。为更清晰地了解火山活动和海底热液对古老层系有机质富集与烃源岩发育的控制性作用，在此分别以华北中元古界下马岭组和华南下寒武统牛蹄塘组为例，进行阐述说明。

二、14 亿年的火山活动启动下马岭组富有机质页岩沉积

下马岭组是发育在华北燕辽盆地中的一套厚层碎屑岩。根据岩性和地球化学证据，下马岭组可划分为 6 个单元，下部 U6、U5、U4 为杂色碎屑岩沉积，有机质丰度普遍较低；上部 U3、U2、U1 主要为黑色页岩沉积，有机质丰度普遍较高（Wang et al.，2017）。在 U3 和 U2 中已发现多层火山灰（图 1.1），表明当时火山活动频繁，且与黑色页岩发育时间一致。其中，下花园剖面 U2 火山灰的锆石 U-Pb 年龄（1384.4 Ma±1.0 Ma）和 U3 顶部火山灰的

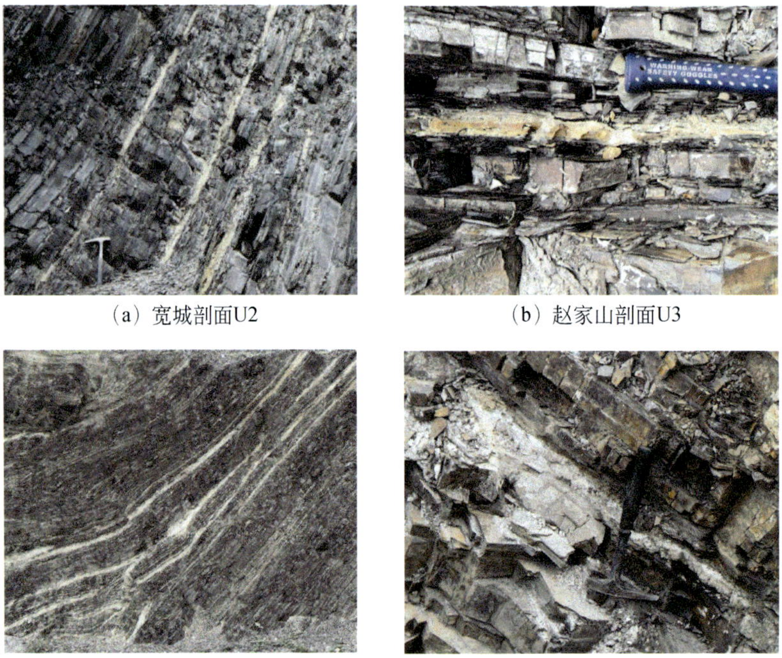

（a）宽城剖面U2
（b）赵家山剖面U3
（c）下花园剖面U2
（d）下花园剖面U3

图 1.1 华北中元古界下马岭组的火山灰（白色或土黄色条带状沉积物）

锆石 U-Pb 年龄（1392.0 Ma±1.2 Ma），证实下马岭组为中元古代中期的富有机质沉积（Zhang et al.，2015）。U2 火山灰的锆石年龄还与 1382 Ma 的 LIPs 年龄高度接近，指示该次火山喷发可能属于全球性火山活动的一部分（Zhang et al.，2018a）。

下马岭组有机质富集的启动始自 U4 至 U3 的转折。从沉积特征来看，U4 下部和上部为灰绿色粉砂岩，中部为灰绿色泥质粉砂岩和紫红色泥岩频繁互层［图 1.2（a）］。U3 的主要特征是富有机质黑色页岩和富有机质绿色泥岩或硅质岩互层。U3 至少已发现 3 层火山灰，深度分别为 262.4 m、300.0 m 和 307.0 m［图 1.2（b）～（d）］。汞（Hg）及其同位素组成被作为火山活动专属替代指标（Grasby et al.，2019）。自贫有机质的 U4 向富有机质的 U3，沉积物 Hg 质量分数开始明显上升［图 1.3（a）］。δ^{202}Hg 从 U4 至 U3 为正漂，而 Δ^{199}Hg 和 Δ^{200}Hg 则表现为 U4 至 U3 的负漂，但更接近于火山喷出物的 0 值［图 1.3（a）］，进一步证实了在 U4 和 U3 的转折期发生了火山活动。火山活动和酸性气体（CO_2、SO_2、HCl 等）

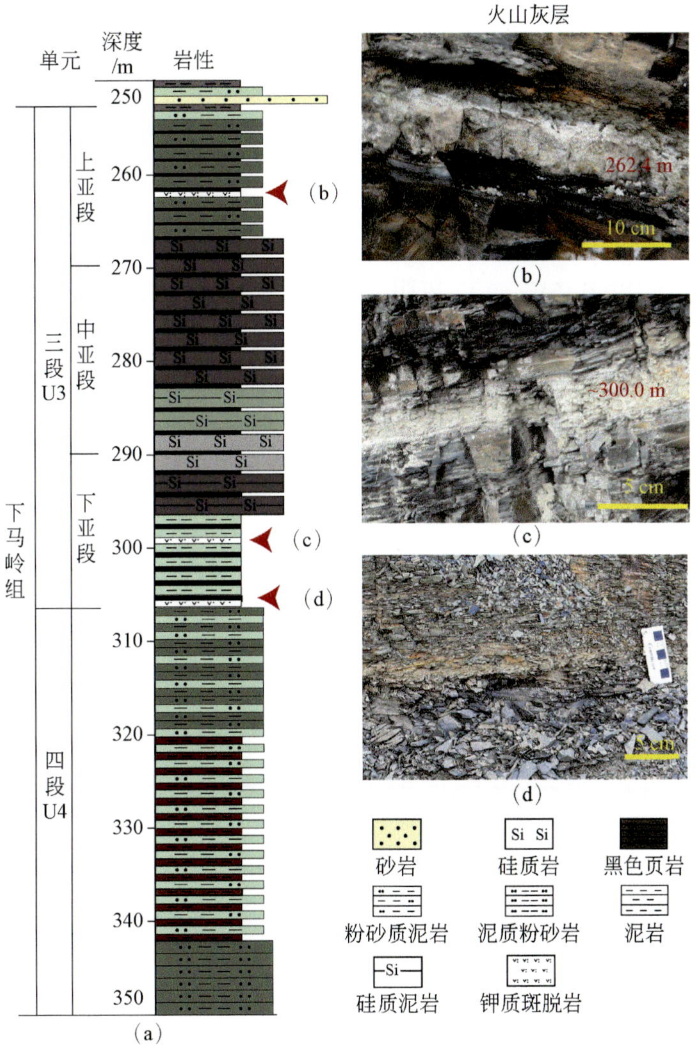

图 1.2　华北燕辽盆地下花园剖面 U3、U4 沉积特征（a）和火山灰露头照片（b）～（d）

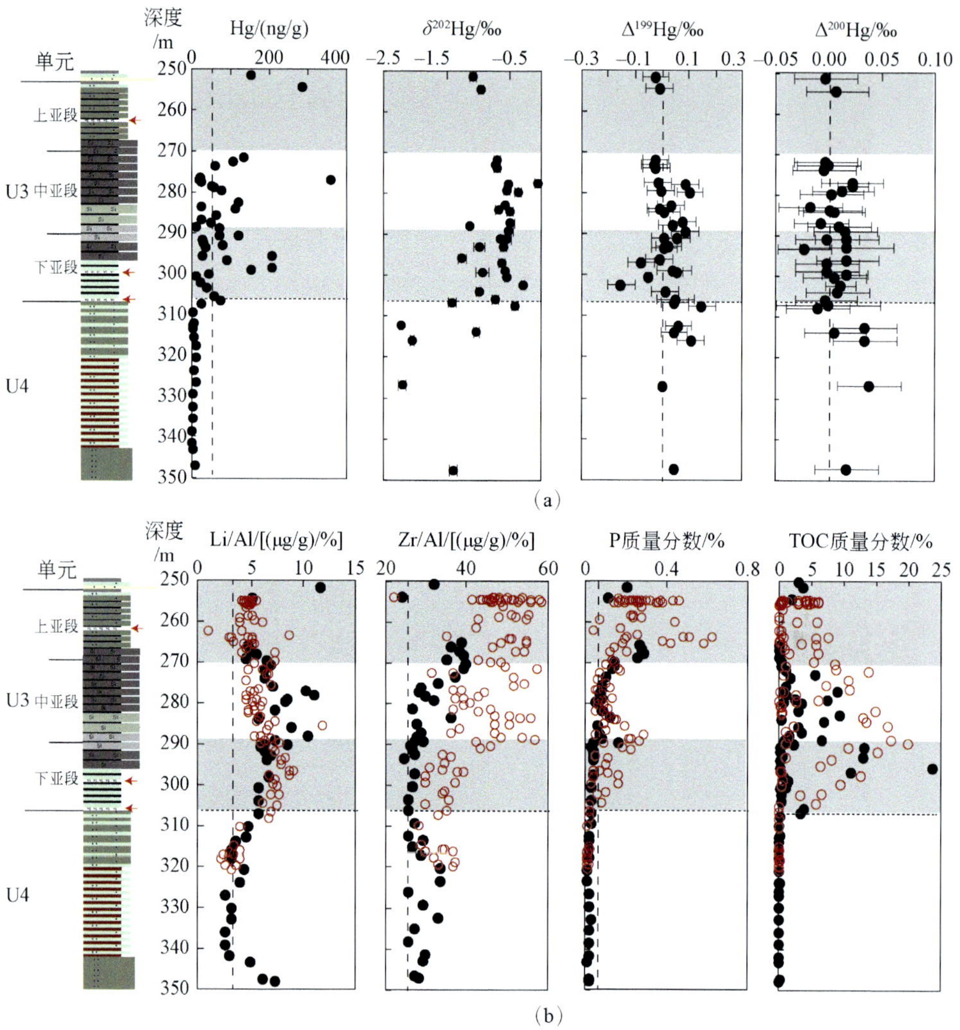

图 1.3 下花园剖面下马岭组 U4 和 U3 的地球化学参数变化

黑色实心点代表岩心样品；红色圆圈代表露头样品

的排放势必然会引起环境扰动，包括加速的大陆风化、水文循环和河流运输。锂（Li）是硅酸盐岩中的一种风化易迁移元素，锆（Zr）则是硅酸盐岩中的一种风化难迁移元素，沉积物中高 Li/Al 指示高的新鲜硅酸盐岩（如火山岩）风化和搬运速率，高 Zr/Al 则指示高的侵蚀和搬运速率。自 U4 到 U3，Li/Al、Zr/Al 和关键营养元素磷（P）同步升高，且与有机质的升高趋势相一致［图 1.3（b)］，进一步证实了火山岩风化带来的营养物促进了生产力勃发，启动了黑色页岩沉积。

除了磷，地球早期的初级生产力可能还受到海洋中的活性氮和钼、铜、锌等过渡金属元素含量的限制。但由于蓝细菌、硫细菌等微生物可以通过固氮作用来补充活性氮供应，活性氮供应可能并非海洋初级生产力的关键限制性因素。火山喷发一般都伴随着大量还原性硫化矿物喷出，它们的氧化风化会释放大量钼、铜、锌等营养元素。因此火山活动可能是营养元素表生地球化学循环的“触发器”，通过引发火山岩风化，向海洋输送磷等营养物质，进而促进初级生产力勃发，启动黑色页岩沉积。

三、5.2 亿年的海底热液启动下寒武统富有机质页岩沉积

牛蹄塘组及其对应层位（ca. 526～514 Ma）是四川盆地及周缘广泛发育的一套黑色泥页岩。本节研究的下寒武统牛蹄塘组样品取自钻孔 YC9，该井位于华南上扬子地区（渝东南）大陆架内凹陷相带。研究层段的牛蹄塘组可分为 3 个阶段：底部第Ⅰ阶段为硅质泥页岩、碳质泥页岩沉积，总有机碳（total organic carbon，TOC）含量高；中部第Ⅱ阶段为硅质泥页岩、富黏土泥页岩沉积，TOC 含量相对第Ⅰ阶段有所下降；上部第Ⅲ阶段为富黏土泥页岩和粉砂质泥页岩夹少量钙质泥页岩，TOC 含量大大降低。第Ⅰ阶段的沉积物发育单晶重晶石，晶形较好，粒度大，长近上百微米，部分重晶石呈片状散布［图 1.4（a）～（d）］，

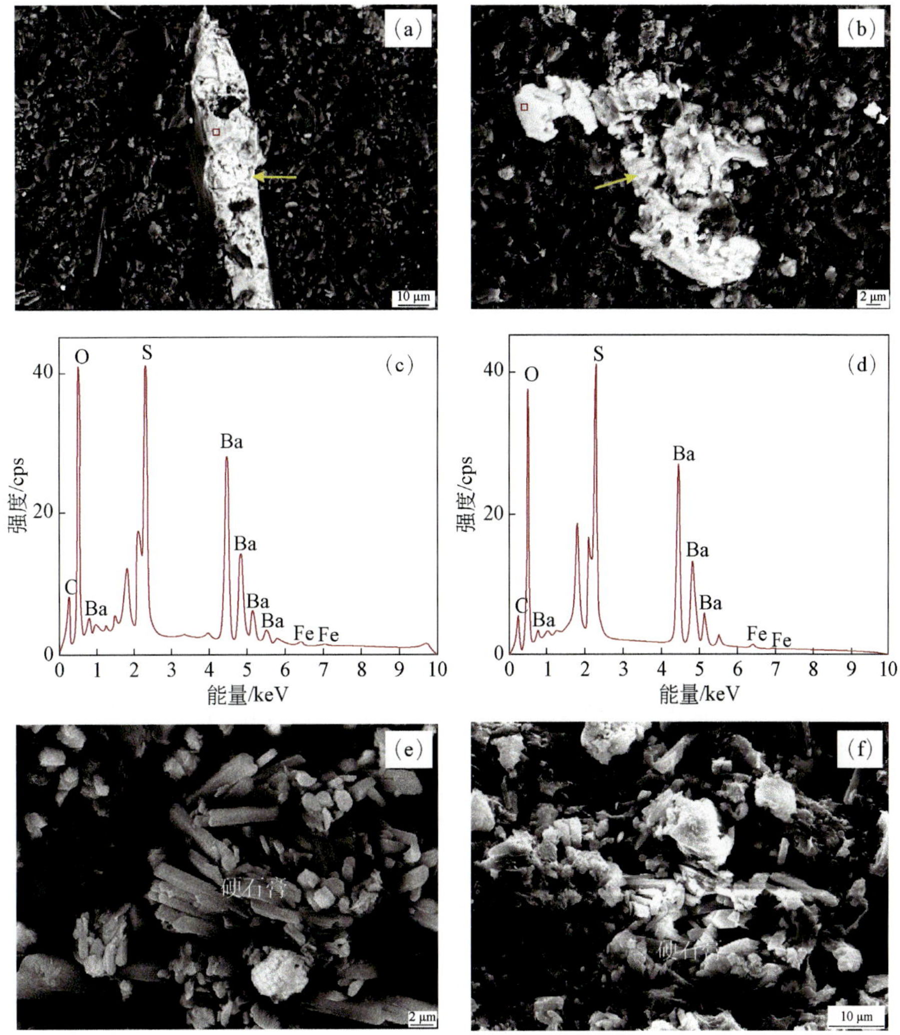

图 1.4　牛蹄塘组黑色泥页岩矿物学特征

（a）和（b）为扫描电镜（scanning electron microscope，SEM）下重晶石特征；（c）和（d）为（a）和（b）的能量色散 X 射线谱（X-ray energy dispersive spectrum，EDS）分析；（e）和（f）为 SEM 下硬石膏特征

样品中还可见硬石膏矿物异常发育［图 1.4（e）、(f)］。前人研究还发现大量钡冰长石矿物（Gao et al.，2018）。这一系列矿物学证据表明牛蹄塘组富有机质泥页岩沉积时发生了强烈的海底热液活动。

此外，YC9 井牛蹄塘组底部泥页岩明显的铕（Eu）正异常（为 1.38～9.84，均值为 3.68）（图 1.5），也为海底热液流体活动提供了地球化学证据。同时，样品的稀土配分模式还具有重稀土元素（rare earth element，REE）富集左倾、Ce（铈）负异常以及铱（Y）正异常的正常海水特征（图 1.5）（Tostevin et al.，2016），进一步表明牛蹄塘组沉积时期发生了海水与高温热液流体的混合事件。

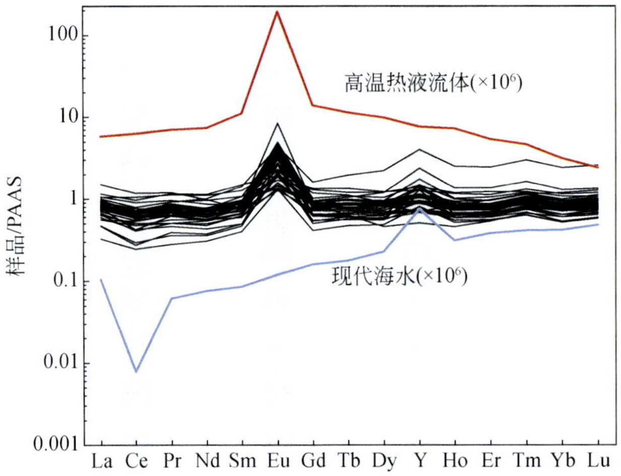

图 1.5　牛蹄塘组底部第 I 阶段样品的稀土元素和铱的配分模式

所有样品数据均进行了新太古代澳大利亚页岩（Post Archean Average Shale，PAAS）均一化校正，铕异常值计算公式为 $Eu/Eu^*=Eu_N/(Sm_N^*Gd_N)^{1/2}$，高温热液流体引自 Bau 和 Dulski（1999），现代海水引自 Zhang 和 Nozaki（1996）

汞（Hg）及其同位素组成被作为火山活动的专属替代指标（Grasby et al.，2019）。火山喷发 Hg 在大气传输过程中发生光化学还原反应和同位素的非质量分馏，导致气体单质（Hg^0）的奇数非质量分馏值（如 Δ^{199}Hg）偏负，而残余 Hg(Ⅱ)的 Δ^{199}Hg 则偏正；Hg(Ⅱ)通过降水和河流运输进入海洋储库，进而使得海水和海洋沉积物的 Δ^{199}Hg 偏正（Blum et al.，2014）。现代陆源 Hg 储库的 Δ^{199}Hg 均值为−0.26‰，海水和海洋沉积物的 Δ^{199}Hg 为 0.12‰±0.05‰（Zheng et al.，2018），而火山喷发或热液来源的 Hg 几乎不发生奇数质量分馏，Δ^{199}Hg 为 0±0.05‰（Yin et al.，2017）。YC9 井牛蹄塘组泥页岩 Δ^{199}Hg 和 Δ^{201}Hg 的交汇斜率在 1～1.36（图 1.6），表明 Hg 同位素分馏主要受天然溶解有机质驱动的溶解态 Hg(Ⅱ)光化学还原作用控制，可用来表征火山/热液活动（Blum et al.，2014）。

牛蹄塘组第 I 阶段的沉积物有着异常高的 Hg 含量和 Hg/TOC，但 Δ^{199}Hg 偏负，最底部接近−0.2‰，向上部逐渐趋近于 0‰。结合高 Eu/Eu^*（图 1.5）和高化学风化指数（chemical index of alteration，CIA），表明寒武纪早期海底热液活动和强化学风化启动了富有机质泥页岩沉积。海底热液活动和陆源风化物质输入不仅向海洋中提供了大量营养元素，有利于初级生产力提高；还向海洋中提供了大量 Fe^{2+}和硫酸盐，其中硫酸盐经过消耗一定有机质的

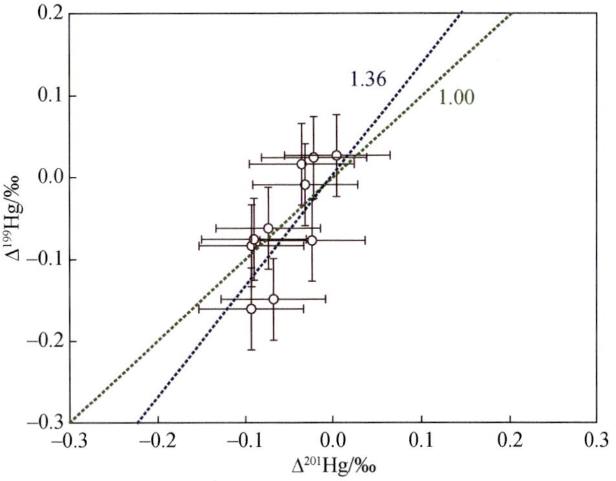

图 1.6　YC9 井牛蹄塘组 Δ^{199}Hg 和 Δ^{201}Hg 交汇图

硫酸盐还原反应后，可以生成硫化氢（H_2S），形成缺氧铁化或硫化环境，进而有利于富有机质泥页岩发育。牛蹄塘组第Ⅱ阶段和第Ⅲ阶段沉积物的 Δ^{199}Hg 逐渐升高，Eu/Eu*和 CIA 则出现降低，指示热液活动和陆地化学风化强度同步减弱，进而导致初级生产力水平降低和保存条件变差，烃源岩发育逐渐终止（图 1.7）。因此，5.2 亿年的海底热液活动通过触发营养元素的地球化学循环，促进了海洋初级生产力勃发和烃源岩发育。

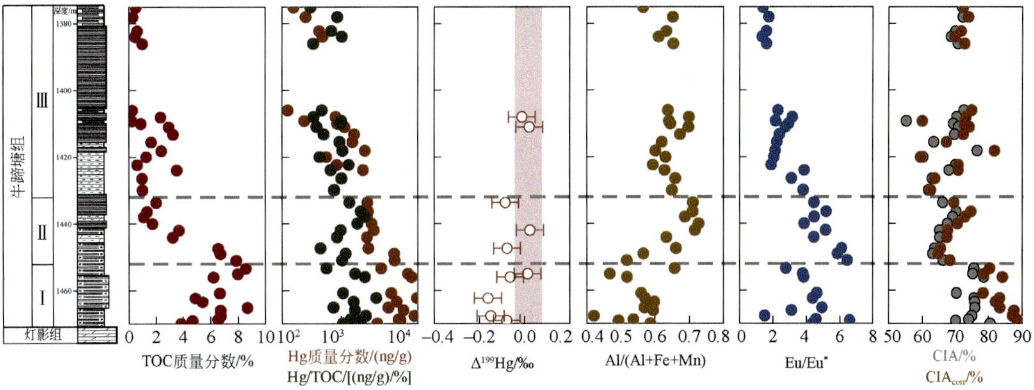

图 1.7　YC9 井牛蹄塘组地球化学参数变化

四、海洋氧化促进初级生产力勃发

由于硫和钼、铜、锌等过渡金属元素在无氧水体中的溶解度很低，容易形成硫化物沉淀，进而降低海水中的微量元素浓度。光合作用生物将碳、氮、磷以一定比例（106∶16∶1）结合到它们制造的有机质中，使黑色页岩以及在缺氧水体中长期驻留的溶解有机碳（dissolved organic carbon，DOC）成为巨大的磷汇，不断地降低海水中的活性磷浓度（Canfield et al.，2020）。因此，缺氧的海洋环境被认为限制了这些营养元素的可利用度，进而限制了海洋初级生产力，不利于黑色页岩发育。相比而言，过渡金属元素在氧化海水中的储库容量更大，海洋氧化还可以通过对 DOC 或海底沉积物的氧化，释放出更多的活性磷和过渡金属元素，进一步提高海洋中的营养元素输入通量，促进初级生产力勃发。

在中元古界串岭沟组、高于庄组和下马岭组黑色页岩的下部都发现了贫有机质的红层沉积，在新元古界大塘坡组、陡山沱组和下寒武统牛蹄塘组、玉尔吐斯组和西山布拉克组下部则发现了显著的碳酸盐岩碳同位素（$\delta^{13}C_{carb}$）负漂移事件，这些异常的沉积和地球化学记录都被认为是古海洋氧化的证据（McFadden et al.，2008；Zhang et al.，2021）。在此，以寒武纪早期海洋氧化事件期间，塔里木盆地下寒武统烃源岩发育机制为例进行说明。

寒武纪是地球系统演化的重大转折期。新元古代全球性冰期事件虽然被普遍认为结束于 635 Ma，但 580 Ma 的噶斯奇厄斯（Gaskeris）冰期和 571～547 Ma 的后噶斯奇厄斯（post-Gaskeris）冰期形成的冰碛岩或杂砾岩在中高纬度陆块中被广泛发现。一方面说明新元古代中期开始的“雪球事件”可能一直延续至末期的后噶斯奇厄斯冰期，在埃迪卡拉纪晚期形成一次持续时间达 20～40 Ma 的冰期，被称为“晚埃迪卡拉纪大冰期”（Wang et al.，2023）。冰期在不同陆块的持续时间与古地理位置密切相关，高纬度陆块记录的冰期持续时间更长。但在全球变暖趋势下，高纬度低温富氧冷水可能沿冈瓦纳超大陆西侧持续向低纬度移动，并在地球自西向东的自转向心力作用下，在低纬度区形成自东向西的洋流。这一富氧洋流可能显著增加了全球大洋深部的氧化程度，导致 DOC 储库氧化和大规模富 ^{13}C 的 CO_2 排放，形成全球性碳同位素强烈负漂移，即寒武系底部的碳同位素负漂移（Basal Cambrian Carbon Isotope Excursion，BACE）事件。

塔东 2 井是一口位于塔里木盆地东部拗陷西南部的油气钻井，钻探深度达到 5000 m，完钻于埃迪卡拉系顶部的白云岩。前期研究在塔东 2 井的寒武系中发现了 BACE 事件。这次事件在塔里木盆地还同步造成了 $\delta^{13}C$ 负漂移和大量有机碳埋存（Wang et al.，2022），由此计算的有机碳埋藏比（f_{org}）处于寒武纪最低水平，经沉积速率校正计算的有机碳埋藏比（λ_{org}）与 f_{org} 有着相同的一阶变化趋势（图 1.8）。这一碳同位素负漂移与有机碳埋藏的失耦特征，指示在塔东地区的寒武纪早期可能存在一个巨型富有机质的碳源，释放的有机碳量甚至超过了同期的埋藏有机碳量，即发生了海洋氧化事件。塔东 2 井的沉积记录还显示，海洋中的钼、钒等氧化还原敏感元素的储库容量在埃迪卡拉纪末期就已经显著上升，指示大洋氧化程度的显著增强［图 1.9（a）］。根据钼与钨的摩尔比（Mo/W）判定埃迪卡拉纪末期的白云岩形成于铁-锰还原带环境［图 1.9（b）］。白云岩中较高的钼和钒富集系数（Mo_{EF}、V_{EF}）［图 1.9（a）］，也表明当时高的元素储库容量和海洋整体氧化水平。另外，寒武纪早期因富氧大洋底流传输导致的陆缘海盆最小含氧带（oxygen minimum zone，OMZ）水体环境在波罗的和华南等陆块已经被证实（Guilbaud et al.，2018；Liu et al.，2020；Ye et al.，2022）。

从本质上说，寒武纪早期的海洋氧化与冰期结束后的升温环境有关。冰期结束时大洋环流规模和覆盖环境扩大，高纬度富氧冷水随大洋环流进入低纬度海洋深部，实现了海洋通风，缩小了 DOC 储库规模，并释放了大量营养元素和富 ^{12}C 的 HCO_3^-，导致初级生产力

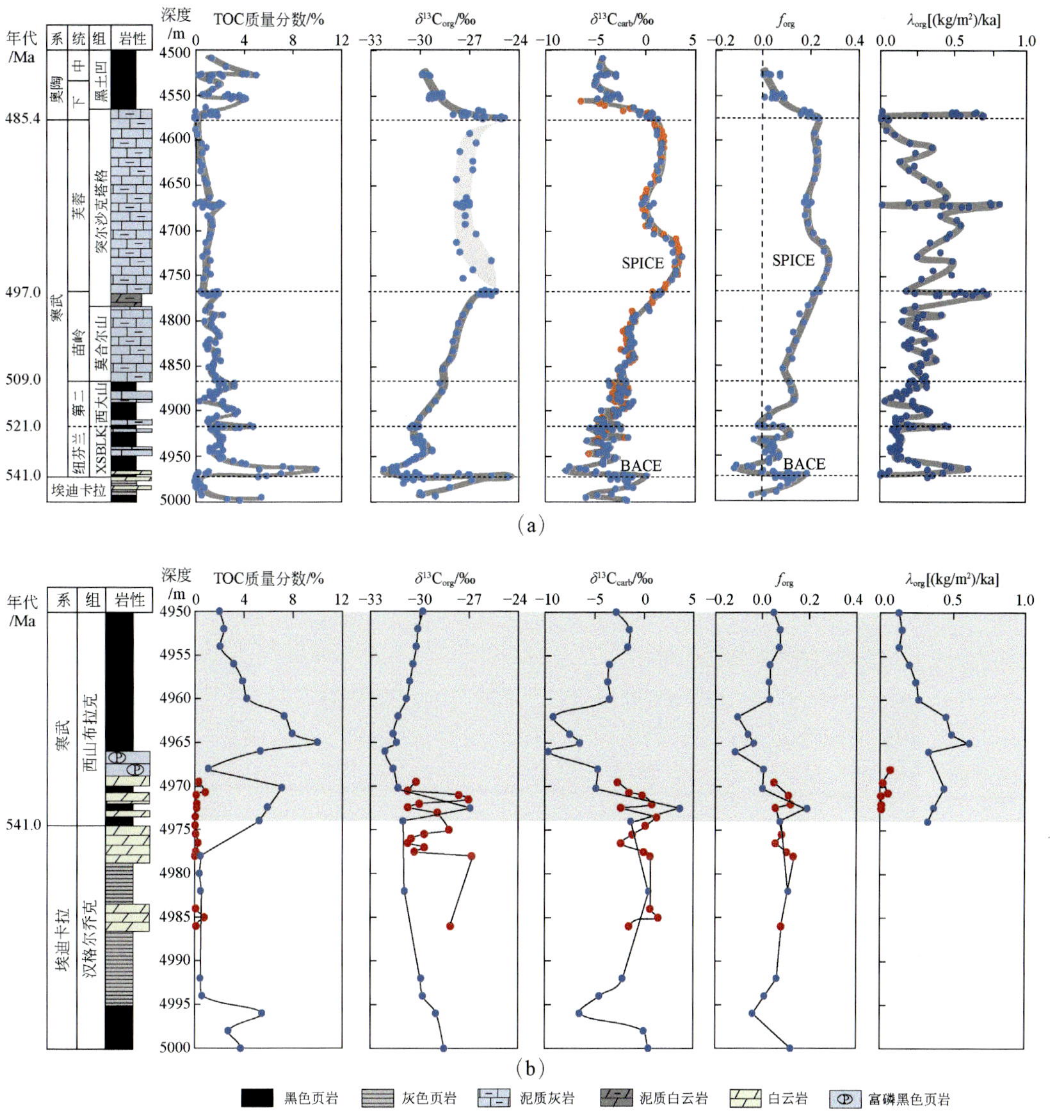

图 1.8　塔东 2 井的 TOC、$\delta^{13}C_{org}$、$\delta^{13}C_{carb}$、f_{org} 和 λ_{org} 曲线

（a）5000～4500 m 范围；（b）4950～5000 m 范围，红点为白云岩，蓝点为页岩，阴影区代表 BACE 事件；XSBLK-西山布拉克组

勃发，但浅水相碳酸盐岩的 $\delta^{13}C_{carb}$ 和大陆架-斜坡相黑色页岩的 $\delta^{13}C_{org}$ 明显变负［图 1.9（a）］。与此同时，低纬度造山带或古陆上暴露的大量膏盐和新鲜岩石经强烈的地表风化作用后，随风尘和陆表径流输入海洋。受陆源输入和上升洋流的双重影响，大量的有机质生产和降解更容易在深水大陆架和斜坡区形成 OMZ 的缺氧环境，发育黑色页岩，而深水盆地弱氧化环境则不利于 DOC 储库的长期存在［图 1.10（a）］。由此提出塔里木盆地纽芬兰统和第二统的黑色页岩主要发育在深水大陆架和斜坡相的硫化 OMZ 环境。反之，在整体温暖环境下，来自高纬度的大洋环流规模和覆盖范围减小，上升洋流强度减弱，低纬度海洋深部水体交换受限。低纬度干热环境下的强蒸发作用使陆源输入通量降低，大陆架海水

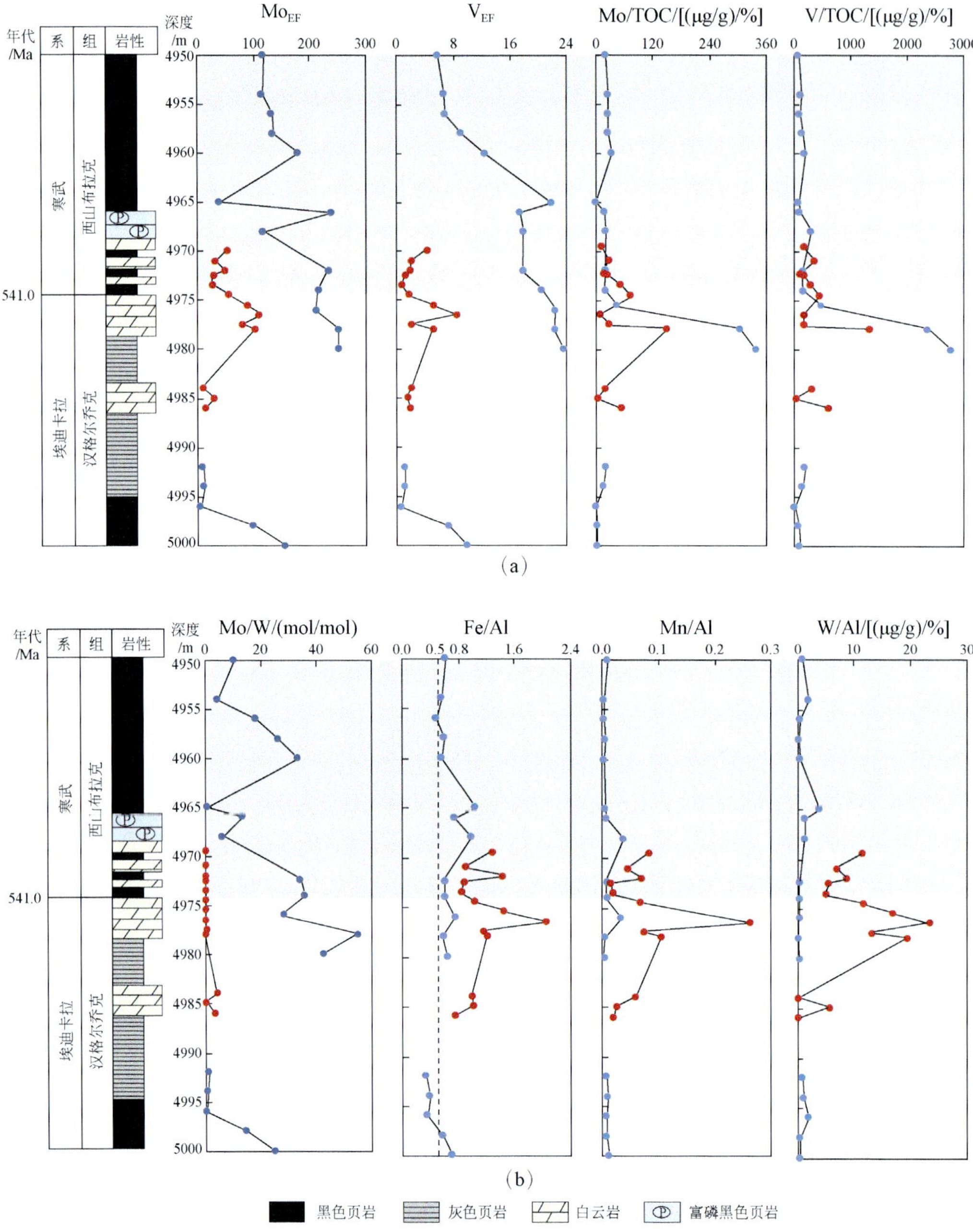

图 1.9　塔东 2 井 5000～4950 m 的元素地球化学剖面

红色点为白云岩，蓝色点为页岩；阴影代表 BACE 事件；Mo/W 为摩尔比；Fe/Al、Mn/Al 为质量比；W/Al、Mo/TOC、V/TOC 为质量比

咸度上升，初级生产力降低，形成大面积生物礁和碳酸盐岩沉积。在冰期前的降温环境下，来自大陆架的温暖含盐底流进入受限制盆地的深部水体，进一步增强了海洋水体的盐度和化学分层，使深水区的缺氧面积增大，形成有利于有机质长期保存和埋藏的水体环境，DOC 储库规模扩增，DIC 储库、沉积碳酸盐岩和沉积有机质的 $\delta^{13}C$ 则明显变重［图 1.10（b)］。

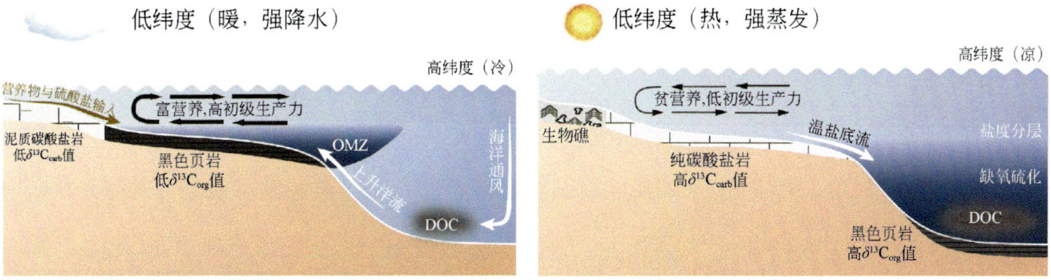

（a）“冷室”环境　　（b）“温室”环境

图 1.10　气候变化敏感的海洋初级生产力和水体环境变化

由此可以得出，大规模的海洋 DOC 储库并未在埃迪卡拉纪末期消失，而是在寒武纪持续存在。埃迪卡拉纪末次冰期后的升温事件导致海洋深部的 DOC 储库氧化，使得 BACE 期间出现大量有机碳埋藏；降温事件则可能导致 DOC 储库扩容，进而降低海洋初级生产力和有机碳埋藏通量。值得一提的是，塔里木盆地中下奥陶统的黑土凹组黑色页岩虽然沉积范围有限，但 $\delta^{13}C_{carb}$ 负漂移和大规模有机碳埋藏可能也代表着一次显著的碳循环异常事件。自黑土凹组沉积后，塔东拗陷开始向闭塞盆地演化。随着塔里木陆块向冈瓦纳超大陆进一步靠拢，接收了大量陆源物质输入，在黑土凹组之上的却尔却克组形成巨厚快速堆积的碎屑岩，烃源岩趋于变差。

五、厌氧微生物改造控制有机质保存

有机质自生产到埋藏要经历复杂的改造作用。在现代海洋中，超过 99%的初始有机质会在表层水的有氧化学降解和中—深层水的微生物有氧、无氧降解中被消耗掉或转化成 DOC。初始生物母质的糖类（干重占比 30%～60%）、蛋白质（干重占比 20%～50%）几乎被降解殆尽，富氢脂类（干重占比 2%～20%）虽然也被消耗，但最终成为沉积有机质的最主要成分。因此，环境和生物呼吸作用是初始生产有机质最主要的矿化过程。厌氧微生物是地球上出现最早、数量最多、物种最丰富的微生物，但也是细菌分类和功能研究最少的微生物。主要原因是它们对氧气十分敏感，生长条件苛刻，不容易培养分离。通过对现代海洋的氧化水体、缺氧水体及其转换界面的地球化学和微生物学研究，确定了硝酸盐还原、异化铁还原（dissimilatory iron reducing，DIR）、硫酸盐还原（bacterial sulfate reducing，BSR）三类微生物的呼吸作用在水体环境演变和有机质矿化过程中有着至关重要的作用（Canfield and Thamdrup，2009）（图 1.11）。其中，硝酸盐还原作用是在无氧或微含氧条件下，硝酸盐还原菌以可溶硝酸盐（NO_3^-）作为呼吸代谢的最终电子受体，矿化降解有机质；DIR 是在厌氧条件下，铁还原菌以细胞外三价铁（Fe^{3+}）作为呼吸链末端唯一电子受体，矿化降解有机质；BSR 则是在严格厌氧条件下，硫酸盐还原菌以可溶硫酸盐（SO_4^{2-}）作为呼吸链末端唯一电子受体，矿化降解有机质。

微生物降解初始生产有机质，合成脂肪酸和磷脂，为沉积有机质提供二次生产力，但很难获取它们的实体或分子化石记录，因此无法判识它们的母源贡献。然而，这一系列过程对反应物的消耗（如有机质、硝酸根、铁锰氧化物、硫酸根等），会使水体和沉积物中的碳、氮、锰、铁、硫等元素的赋存形式、富集程度和同位素组成发生变化，并生成赤铁矿、黄铁矿、菱铁矿、菱锰矿、白云石、绿泥石等一系列次生矿物（图 1.11）。值得注意的是，在有机质的微生物降解过程中，自生碳酸盐矿物（如菱铁矿、菱锰矿、白云石）中的无机碳可能部分甚至全部来自有机质，是一种特殊类型的有机碳汇。初级和二次生产的有机质经厌氧微生物作用后，形成的 DOC 可以在缺氧水体中长期存在，也可以与黏土矿物结合进入沉积物，成为黑色页岩的有机碳源。

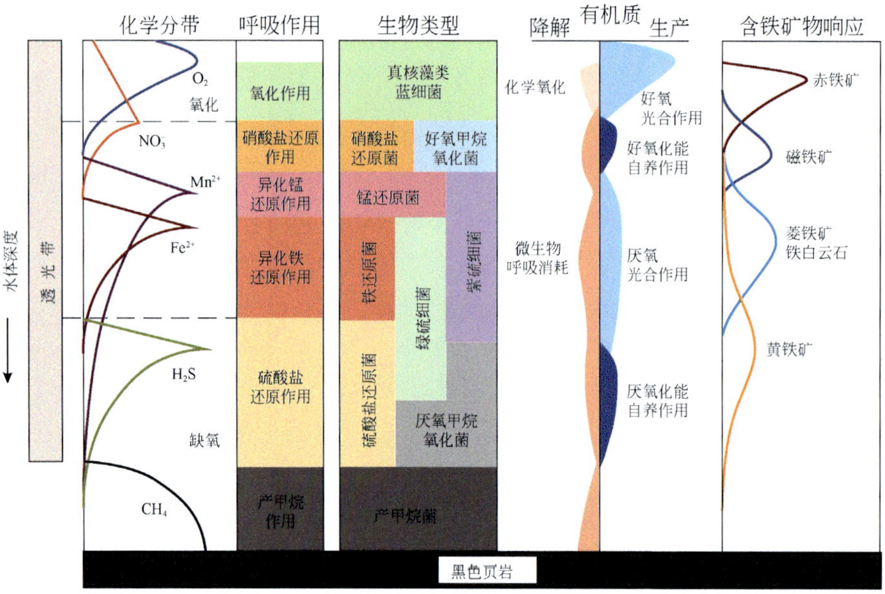

图 1.11 海洋化学分带、微生物呼吸作用及有机质和含铁矿物响应

得益于中国华北下马岭组厚度大、岩性组合多样、有机质丰度高、成熟度低（等效镜质组反射率约为 0.6%）等特点，通过沉积地球化学分析，证实了海底热液和陆源输入对海水 Fe^{2+}和 SO_4^{2-} 的贡献，鉴定出了蓝细菌、绿硫细菌、真核藻类对沉积有机质的贡献，揭示了古海洋环境具有 OMZ、铁化、硫化和弱氧化等的动态波动。在下马岭组方解石结核、铁白云石结核和菱铁矿中也发现了一系列反硝化作用、异化锰还原作用、DIR 对有机质降解和矿化的岩石学、矿物学和地球化学证据。在此，以中元古界下马岭组为例，讨论厌氧微生物改造对有机质保存的控制作用。

U5 上部高的菱铁矿含量（＞10%）和异常偏负的 $\delta^{13}C_{carb}$（−27‰～−8‰）（图 1.12），表明早成岩期有着强烈的 DIR 及其对有机质的降解。与此同时，极低的黄铁矿含量（质量分数＜0.1%）和异常偏重的黄铁矿硫同位素（$\delta^{34}S_{py}$＞40‰）（图 1.12），指示 SO_4^{2-} 供应不足，BSR 对有机质的降解处于较低水平。因此，U5 沉积时的初级生产力可能远比沉积有机碳所反映的数值要高，但有机质基本上已通过 DIR 被降解，大部分可能以 HCO_3^- 的形式释放出去，部分 HCO_3^-被 Fe^{2+}捕获形成菱铁矿，以无机碳形式进入沉积物。U4 下部红色泥岩 TOC、菱铁矿和黄铁矿的含量都极低（图 1.12），表明当时的初级生产力较 U5 显著降低，所生成的有机质总量不足以进行彻底的 DIR。高有机氮同位素（$\delta^{15}N_{org}$＞5‰）和高赤铁矿含量进一步表明水体环境中的反硝化作用较强，有机质降解可能以氧化作用和反硝化作用为主。U4 沉积物的 $\delta^{15}N_{org}$ 呈自下而上变轻趋势（图 1.12），则体现出 NO_3^- 缺乏后，固氮作用开始加强，以提供足够氮源进行初级生产。U5 上部和 U4 中极低的 TOC 含量（质量分数<0.1%），证明海洋中初始制造的有机质已经几乎降解殆尽或形成 DOC。碳酸盐岩矿物结核形成也指示当时底层海水和孔隙水应该是以偏碱性为主。

U3 沉积物低的总铁含量和菱铁矿含量表明 DIR 对有机质的降解较 U5 和 U4 显著降低（图 1.11）；稍高的黄铁矿含量和偏重的 $\delta^{34}S_{py}$（>0‰）指示 BSR 对有机质的降解程度较 U4 升高，但仍处于较低水平（图 1.12）。与其他层段相比，U3 明显偏轻的 $\delta^{15}N_{org}$（<5‰）指示水柱中发生了强固氮作用（图 1.12），可推测与之相关的反硝化作用及其对有机质的降解可能处于下马岭组沉积时期的最低值。氮缺乏使得蓝细菌、绿硫细菌等固氮生物在 U3 形成了绝对的生态优势和超高的初级生产力，导致有机质大量富集和 $\delta^{13}C_{org}$ 正偏移（图 1.12）。U3 底部高的重排藿烷被认为形成于弱酸性水体环境，可能指示通过乙酸降解途径进行产甲烷的程度减弱，这也有利于有机质在 U3 超量富集。U2 是厚达 180 m 的富有机质黑色页岩连续沉积，且 $\delta^{13}C_{org}$ 较 U3 明显偏轻，稳定在−34‰左右（图 1.12）。从生物标志物组成可以看出 U2 沉积物中的藿烷含量低于 U3，但指示绿硫细菌生源贡献的 C_{18} 和 C_{19} 2,3,6-三甲基芳基类异戊二烯烷烃（TMAIs）含量却与 U3 相当（图 1.12）。下马岭组 TMAIs 的 $\delta^{13}C$ 在−20‰左右，与 U2 沉积物的 $\delta^{13}C_{org}$（−34‰）差别较大，指示着能够提供轻碳同位素有机质的甲烷营养菌对 U2 的黑色页岩中的有机质可能有着重要贡献，从而实现同位素的平衡。

U1 下部是厚层黑色页岩与薄层绿色泥岩的互层沉积。这一段沉积物虽然 TOC 质量分数在 2%～5%，但高黄铁矿质量分数（>1%）和明显偏轻的 $\delta^{34}S_{py}$（<0‰）（图 1.12），指示强 BSR 及其对有机质的大量降解。过量 H_2S 生成使得海洋形成有利于有机质保存的硫化环境，沉积有机质的生烃能力（以 HI 表示）和热解生烃量甚至高于 U3 中 TOC 质量分数大于 10%的黑色页岩（图 1.12），表现出与松辽盆地、鄂尔多斯盆地和欧洲北海盆地中的显生宙优质烃源岩相当的生油潜力（图 1.13）。U1 上部为富有机质黑色页岩与贫有机质灰色页岩频繁互层，其中有着较高 TOC 质量分数、HI 和氧化还原敏感元素富集程度的黑色页岩为缺氧底水环境，而有着低 TOC 质量分数、HI 和氧化还原敏感元素富集程度的绿色页岩为氧化底水环境。但黑色页岩和绿色页岩的 $\delta^{13}C_{org}$ 无明显变化，表明这两类沉积物的有机质母源并无显著差别，影响有机质富集的主要是降解程度。绿色泥岩中方解石结核的 $\delta^{13}C_{carb}$ 为−1.7‰～1.5‰（平均为 0.4‰），与同时期海水 HCO_3^- 的同位素特征接近。结核内部的正 Ce 异常（Ce/Ce^*=1.24～1.62）和结核边缘的高 Mn/Fe（接近 3.3），指示了硝酸盐还原带和锰还原带的海洋底水环境（Liu et al.，2019）。因此，有机质可能主要受有氧降解、反硝化作用和异化锰还原作用的影响，而 DIR 和 BSR 的影响程度可能较低。反硝化作用带来的强固氮作用也得到了 $\delta^{15}N_{org}$ 在 U1 上部负偏移这一证据的支持（图 1.12）。

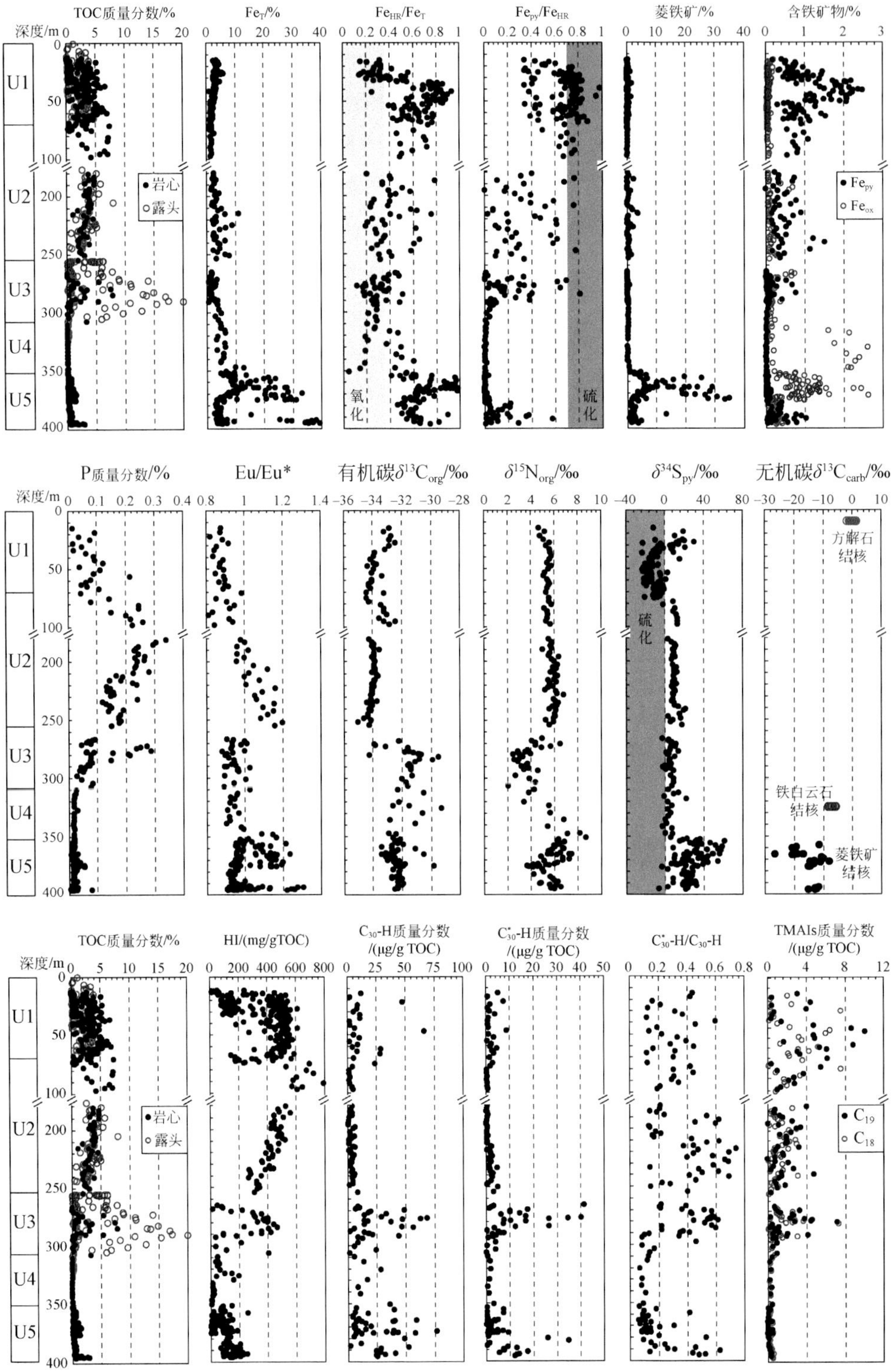

图 1.12　下花园剖面下马岭组代表性地球化学参数

Fe_T-总铁；Fe_{HR}-活性铁；Fe_{py}-黄铁矿；Fe_{ox}-氧化性铁；P-磷；Eu/Eu*-铕异常；$\delta^{15}N_{org}$-有机氮同位素；$\delta^{34}S_{py}$-黄铁矿硫同位素；HI-氢指数；C_{30}-H-C_{30}藿烷；C_{30}^*-H-C_{30}重排藿烷；TMAIs-2,3,6-三甲基芳基类异戊二烯烷烃

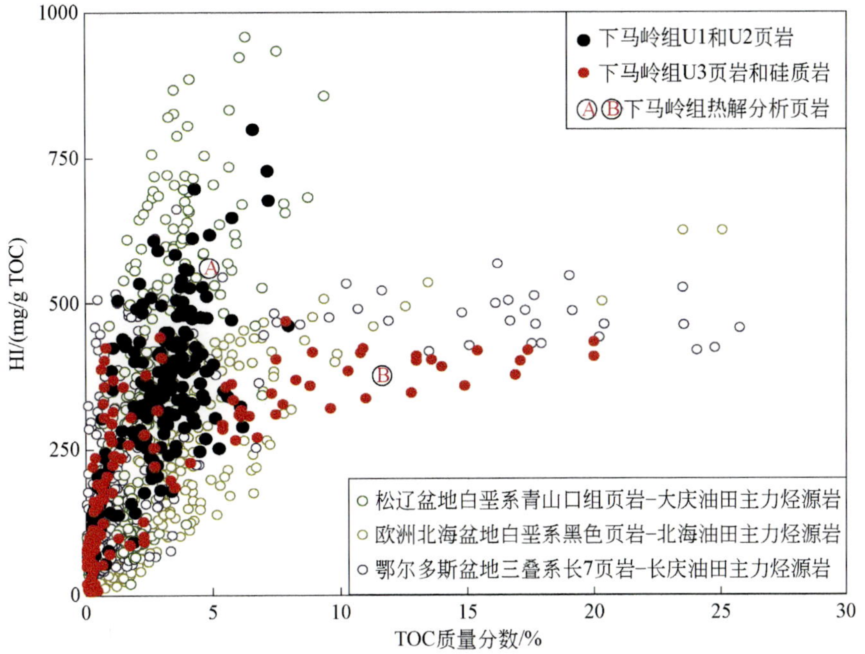

图 1.13 下马岭组黑色页岩及显生宙代表性烃源岩的 TOC 质量分数和 HI 关系图

整体来看，下马岭组不同层段的 TOC 质量分数和 $\delta^{13}C_{org}$、$\delta^{15}N_{org}$、含铁矿物组成及 $\delta^{34}S_{py}$ 具有明显变化，反映了海洋初级生产力、有机质母源和微生物降解程度的差异，而后者又严格受控于水体的氧化还原程度。根据高精度多地球化学参数的综合解析，下马岭组沉积物中识别出氧化降解和微生物参与的反硝化作用、异化锰还原作用、DIR、BSR 等降解有机质的地质证据，证实了中元古代海洋有机碳循环的理论框架与显生宙类似，其驱动和运转受海洋环境与微生物的共同调控，只是有机质的母质来源和微生物降解程度因地球系统演化的不同阶段而存在明显差异。这也进一步表明从探索有机生命与固体地球相互作用的角度开展地球生物学研究，并将之用于碳循环和烃源岩形成动力学的正演模拟和定量计算，在中元古代之后的沉积物中开展相关研究都是完全可行的。

第二节 深层烃源岩分布地球物理预测技术

烃源岩的识别刻画及分布预测是勘探开发过程中重点区带、重点领域选取的重要工作环节。深层—超深层薄层烃源岩常位于低勘探区，钻井少且横向变化快，地震资料品质差，因此传统利用钻井及其约束的地震相开展烃源岩展布研究难度大。本节在充分调研前人成果的基础上，以地震资料为依托，构建了处理-解释一体化烃源岩识别技术。即采取先综合优选重点地震测线，结合盆地级测线波场保真处理技术，打下资料基础，再结合地质认识综合刻画烃源岩“两步走”的策略。通过保真处理，有效提升目的层的信噪比、分辨率，再利用正反演确定烃源岩的分布模式，从而降低简单地震追踪刻画的不准确性。采用实际地震参数开展正演模拟，确定有效烃源岩边界与地震属性的关系，厘清有效烃源岩的范围。

该技术应用于塔里木盆地玉尔吐斯组，改善了地震资料成像，去除了多次波、噪声等干扰，达到了去伪存真的效果，识别了有效烃源岩边界并刻画了整体厚度，取得了较好成效，显示了对低勘探区深层—超深层薄层烃源岩预测的重要指导意义。需要指出的是，对于高精度三维地震覆盖区，应用该技术并结合岩性与弹性参数的关系，可更好地预测烃源岩品质及其空间分布。

一、低频地震资料一体化保幅处理技术

低频地震资料一体化保幅处理技术的核心是地震资料拼接处理，该技术在我国应用较为广泛，但受采集年份及采集参数不同、近地表结构差异等因素的影响，二维测线拼接处理存在静校正难度大、多次波严重、子波一致性差异巨大等问题，对此众多学者采取了模型约束、时移闭合处理、振幅补偿、速度拼接等手段，并取得了良好成效（王维红等，2014；罗晓霞等，2021）。本节在充分调研了前人技术方法的基础上，建立了精细的波场保真处理技术流程。以塔里木盆地为例，二维测线采集年度、采集参数不同，地表条件复杂，导致测线之间基准面、能量、频率等差异较大，应用一体化保幅处理技术可针对性地解决以上问题。

（一）拟三维连片层析静校正

采用拟三维连片层析静校正技术，建立统一的浅表层速度模型；在该浅表层速度模型约束下，再进行室内初至层析反演，建立一个近地表速度模型；在此基础上，计算得到一套微测井约束层析静校正量。通过地表一致性剩余静校、超级道剩余静校、模拟退火剩余静校正等与速度分析多次迭代的方法，来解决剩余时差问题，进一步解决中短波长静校正问题，从而提高叠加的成像质量。

（二）去噪及多次波压制

综合调查噪声在不同地区、不同域的特征，进行分时、分频、分域、分区、分类别、分阶段多方法联合去噪。通过振幅补偿技术与噪声压制技术互相迭代，解决了由于激发及接收因素造成的空间能量不均衡的问题，同时达到提高信噪比的目的。利用速度分析、拉冬变换、内部切除等手段压制全程多次波。针对层间多次波，结合垂直地震剖面（vertical seismic profile，VSP）资料识别层间多次波与产生层间多次波的界面，然后利用叠后模型法预测出深层的层间多次波并进行压制。

（三）提高信噪比及纵向分辨率

提高信噪比有两种方法，一是基于地震数据横向相干性，通过多项式拟合，求出地震信号相位时间、标准波形和振幅加权系数，组合形成拟合地震道，与原始地震道混波，提高信噪比；二是利用 F-X 域预测法，根据原始数据统计每个频率的空间预测算子，应用算子得到预测结果，衰减噪声，提高信噪比。在地震资料信噪比提高的基础上，利用自回归移动平均系数计算滤波器，补偿地震数据反射系数序列的高频部分，得到符合反射系数序列的真实特征，提高地震数据的纵向分辨率。

（四）叠后拼接

基于盆地级测线波场保真处理技术，统一进行数据网格，保证地震道间距的一致性，消除拼接痕迹。针对无法进行融合处理的数据（拐角较大的测线段）进行频率域分时窗时移消除闭合差。采用叠后整形技术，即将炸药震源资料作为可控震源资料的期望输出，实现井炮与可控震源的子波一致性处理。对于频带较窄的可控震源资料，采用叠后谱白化进行低频补偿，使资料时间闭合、波形一致、过渡自然，完成不同测线的拼接工作（图 1.14）。

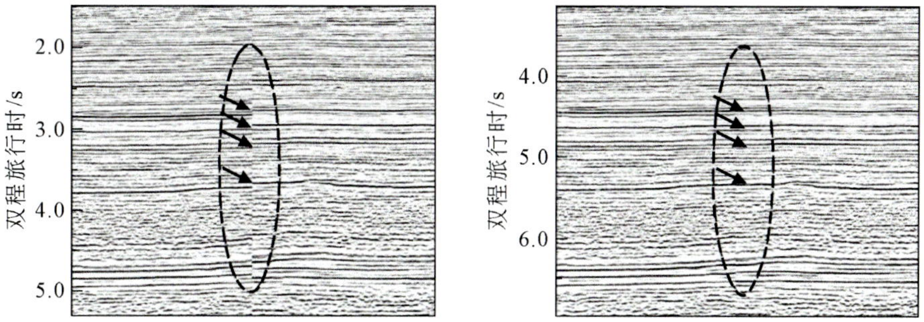

（a）拼接处理前　　（b）拼接处理后

图 1.14　拼接处理前后地震剖面对比

基于以上方法重新处理地震剖面，以塔里木盆地为例，烃源岩目的层玉尔吐斯组成像改善明显，信噪比、分辨率明显提高，地震信息丰度增加，主频提高近 10 Hz，频带显著拓宽，为烃源岩刻画提供了良好的资料基础（图 1.15、图 1.16）。

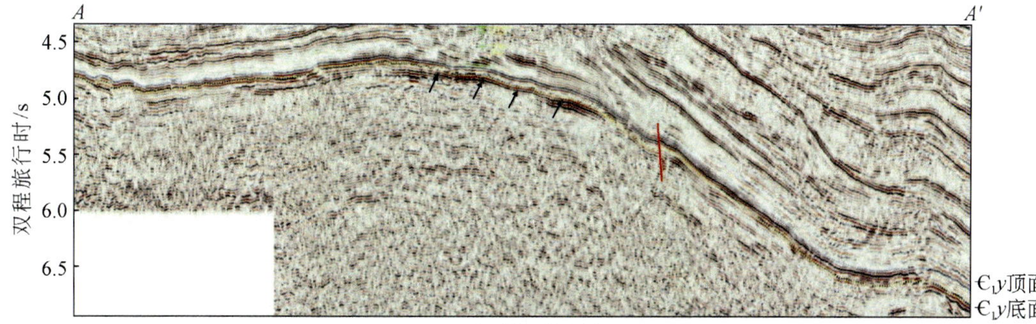

（a）拼接处理前

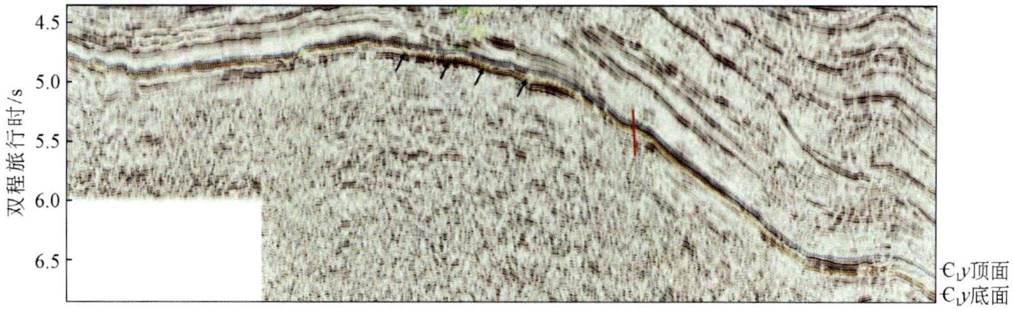

（b）拼接处理后

图 1.15　塔里木盆地拼接处理前后地震剖面对比

$Є_{1}y$-玉尔吐斯组

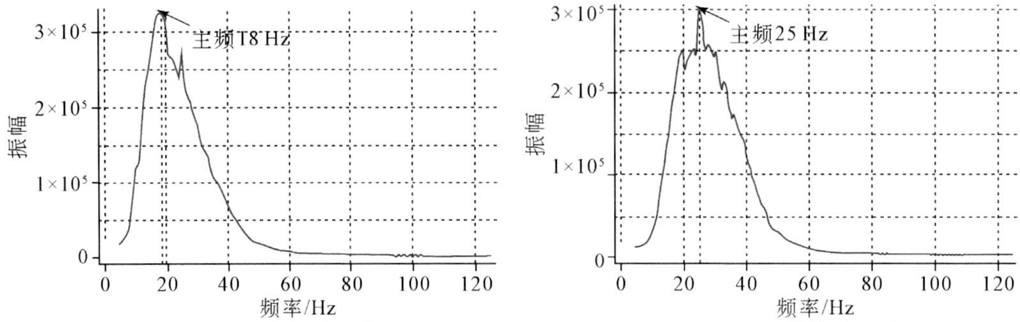

(a) 拼接处理前　　(b) 拼接处理后

图 1.16 塔里木盆地拼接处理前后目的层主频对比

二、深层地震地质综合标定技术

地震地质层位标定是将钻井地质分层与地震剖面反射同相轴相联系的“桥梁”，是地震资料解释和烃源岩分布预测的基础。地震地质综合标定技术应用广泛，主要的标定方法有声波合成地震记录标定、垂直地震剖面资料桥式标定和地质露头标定。本节针对深层—超深层主要应用前两种方法，即声波合成地震记录标定和垂直地震剖面资料桥式标定。

（一）声波合成地震记录标定

声波合成地震记录标定是根据声波测井资料和密度资料制作合成地震记录来进行标定的。以塔里木盆地为例，经过对盆地范围内井震资料详细分析，完成了 18 口井的声波合成地震记录标定（表 1.1），图 1.17 是中深 1 井的声波合成地震记录标定。

表 1.1 钻井声波合成地震记录标定统计表

种类	井名
声波合成地震记录标定	温参 1、新和 1、轮探 1、塔深 1、阿北 1（中石化）、阿东 1、方 1、和 4、和田 2、玉北 1、塘参 1、中寒 1、中深 1、满参 2、古城 4、塔东 1、塔东 2、罗西 1
声波合成地震记录标定+垂直地震剖面资料桥式标定	新和 1、轮探 1、古城 4、玉北 1、塔东 2

（二）垂直地震剖面资料桥式标定

垂直地震剖面资料可以用于地面地震的波组对比和地质属性标定，垂直地震剖面走廊叠加剖面是在拉平上行波剖面上，避开多次波在一次反射波区域进行走廊叠加而形成的。将走廊叠加剖面嵌入过井的地面地震剖面中，可以直接与井旁的地面地震资料进行波组对比和标定，简称垂直地震剖面资料桥式标定。

以塔里木盆地为例，在完成钻井声波合成地震记录标定的基础上，收集了重点井的垂直地震剖面资料，完成了钻井垂直地震剖面资料桥式标定（表 1.1），如塔东 2 井的垂直地震剖面资料桥式标定（图 1.18）。

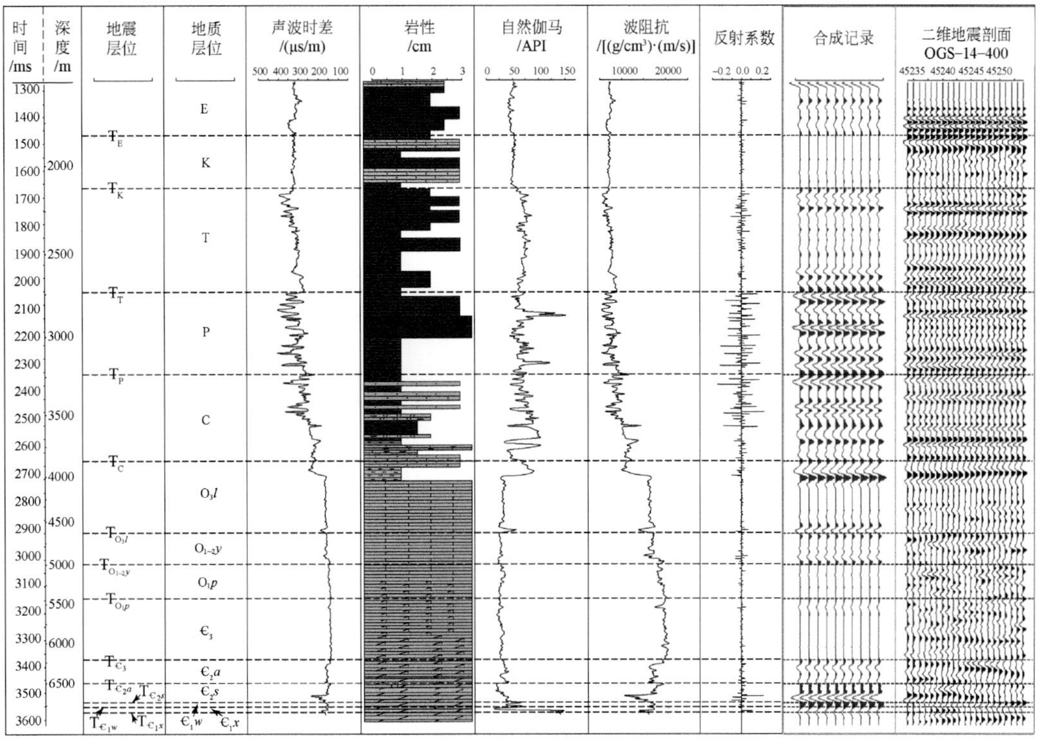

图 1.17 中深 1 井的声波合成地震记录标定

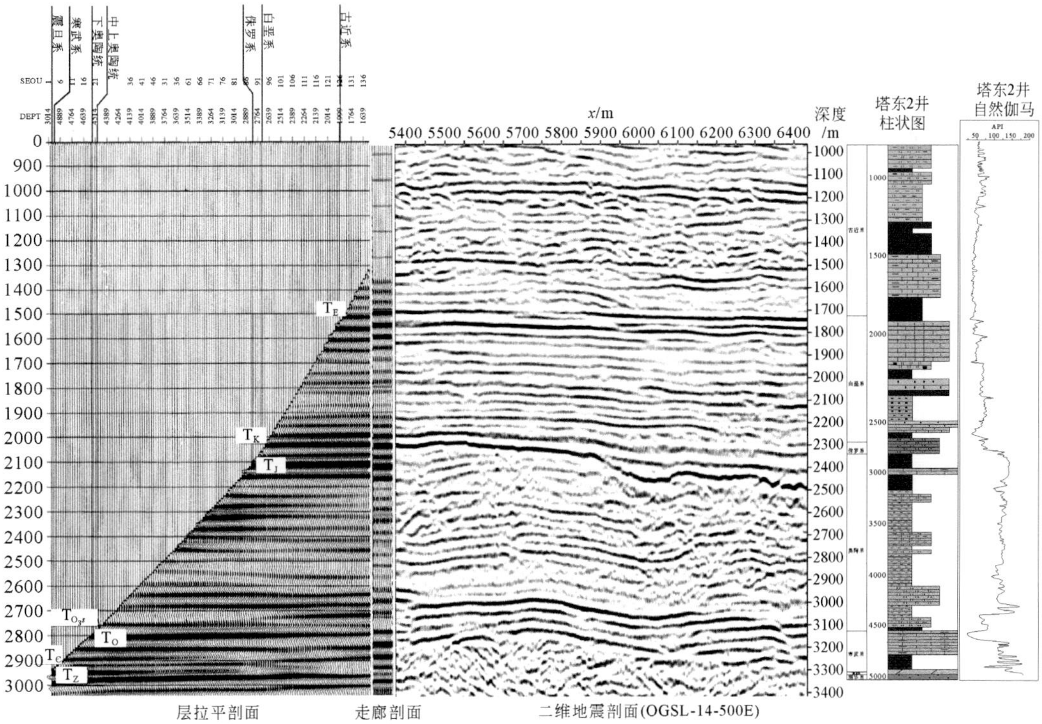

图 1.18 塔东 2 井的垂直地震剖面资料桥式标定

通过声波合成地震记录标定和垂直地震剖面资料桥式标定，搞清了钻井地质分层与井旁地震道的地震分层匹配关系，并且明确了地质分层对应的地震剖面反射特征。

（三）地震地质统层

利用拼接处理成果，应用 GeoEast 软件，建立解释塔里木盆地的数字工区，为后续地震正反演模拟与深层薄层烃源岩识别追踪研究奠定强有力的资料保障，具体测线位置详见图 1.19。

塔里木盆地面积大，构造运动广泛发育，地层接触关系复杂，从而导致部分地层分布存在一定差异，尤其当区块跨度比较大，沉积相带存在变化时，地震同相轴波组特征会发生较大变化，各个区块之间地震地质层位同相轴波组特征不尽相同，这就需要综合区域地质分析，进行地质统层。故此，在 30 口深井的标定基础上，采用多井联合标定技术，进行钻井地层岩性及测井曲线特征综合分析、合理标定，进而完成塔里木盆地的地质统层工作。

在地质统层的基础上，对主要盆地级地质大剖面从浅至深进行精细解释。从浅至深共解释地震地质层位 9 层，分别为南华系底、震旦系底、寒武系底、玉尔吐斯组顶、中寒武统底、上寒武统底、石炭系底、中生界底、新生界底。图 1.20、图 1.21 分别为地震测线 OGSZ-14-40、OGSZ-14-60 叠后时间偏移剖面精细解释剖面，基本明确了塔里木盆地从浅到深的地质结构特征。

三、地震正反演模拟与深层薄层烃源岩识别追踪

以塔里木盆地深层—超深层玉尔吐斯组烃源岩为例，地震追踪的研究仍存在几个难点：一是埋深大，埋深普遍在 6000 m 以上，同时厚度较薄，直接刻画难度大；二是地震资料老、排列短、能量低、信噪比低，导致深层资料成像差；三是出露玉尔吐斯组烃源岩的野外露头主要分布在盆地周缘，钻揭玉尔吐斯组烃源岩的钻井主要分布在盆地边缘高部位，台盆区内无钻井，导致地质控制点分散。针对这几个难点，本次研究利用“三定”法，即定模式、定边界、定厚度，通过沉积模式约束下的地震正反演模拟及地震相追踪，刻画以玉尔吐斯组烃源岩为代表的深层薄层烃源岩的分布范围。

（一）烃源岩沉积模式与地震正反演模拟

模型正演技术是地震解释过程中识别特殊地震异常现象的一种手段，其通过设计理想的地质模型，在地震理论指导下进行模拟地震，实现正演地质体地震响应。通过模型正演技术可以间接厘定特殊地震反射的地质属性以及造成地震异常反射的原因，分析地震资料中出现的各种反射现象，进而得出实际地层的结构，对分析断裂、异常体、火成岩等有利。设计模型设置参数是完全采取资料采集时的真实地面参数，正演结果比以往应用的正演更加可信。

前人根据露头、钻井及地震等资料对玉尔吐斯组沉积特征做了大量研究，总体认为其属于海侵背景下的缓坡—盆地相沉积。同时，不少学者指出了玉尔吐斯组与震旦系具有继承性关系（潘文庆等，2015；管树巍等，2017，2019；李建忠等，2021；杨海军等，2021），甚至南华纪古裂谷对玉尔吐斯组也具有一定的控制作用（管树巍等，2017；易士威等，2020）。

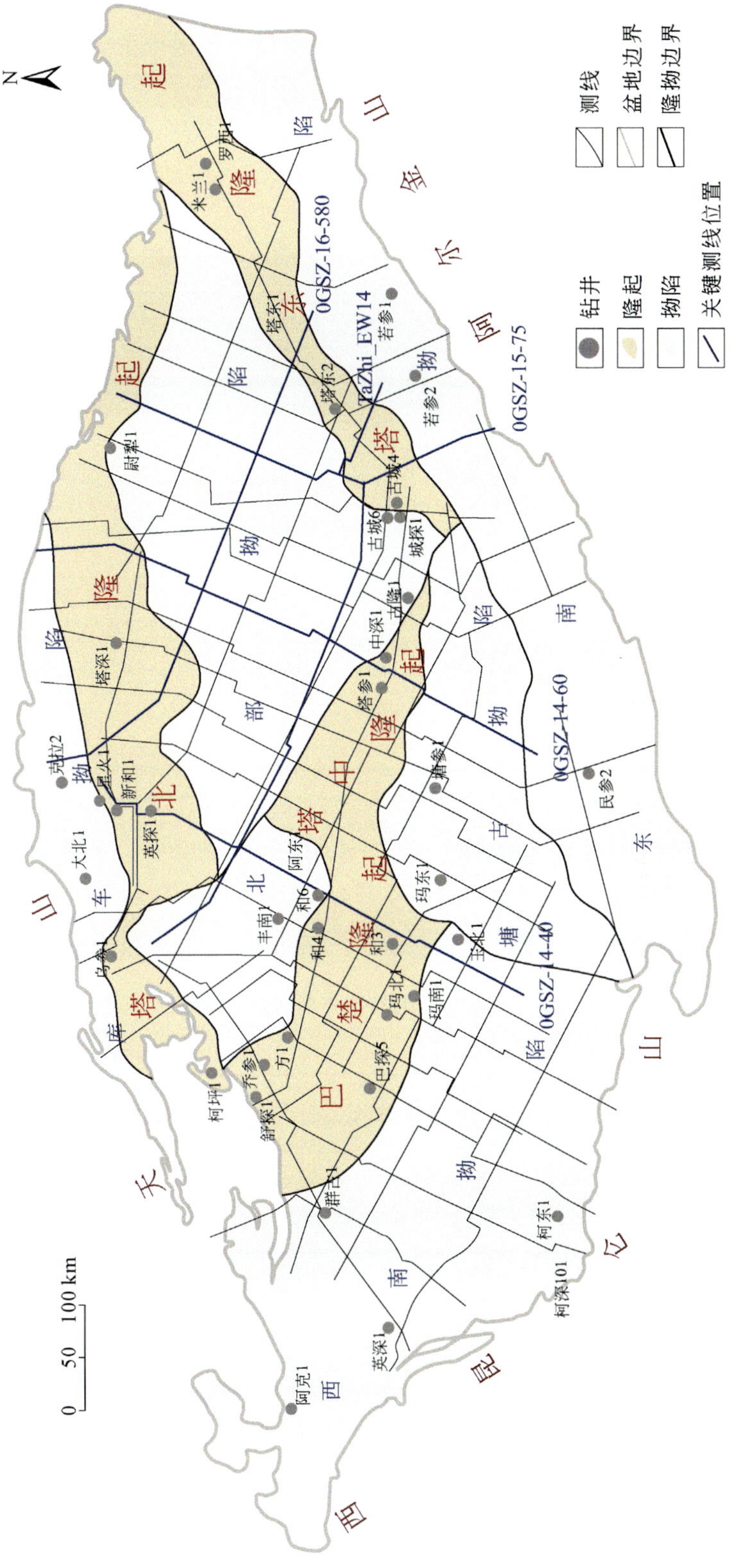

图1.19　塔里木盆地拼接大剖面测线位置图

本节在充分调研前人成果基础上，结合露头、钻井及地震等资料，建立了玉尔吐斯组多期超覆模式（图 1.22）。裂谷发育区地貌持续低，早寒武世海侵下该区域主要发育盆地相沉积，玉尔吐斯组烃源岩以硅质岩与泥页岩互层为特征，属于典型的还原环境产物，塔东 1 井、星火 1 井及尉犁 1 井均钻遇该相带；向陆逐渐演变为大陆架—斜坡相，发育生烃指标良好的暗色泥页岩层，肖尔布拉克沟、苏盖特布拉克等剖面的玉尔吐斯组发育于该相带；靠近物源区，玉尔吐斯组砂、砾质成分增加，同时颜色趋于褐红色、褐色等氧化色，指示水上、近源等暴露混积潮坪环境，夏河 1 井、方 1 井、舒探 1 井的玉尔吐斯组属于混积潮坪沉积物。

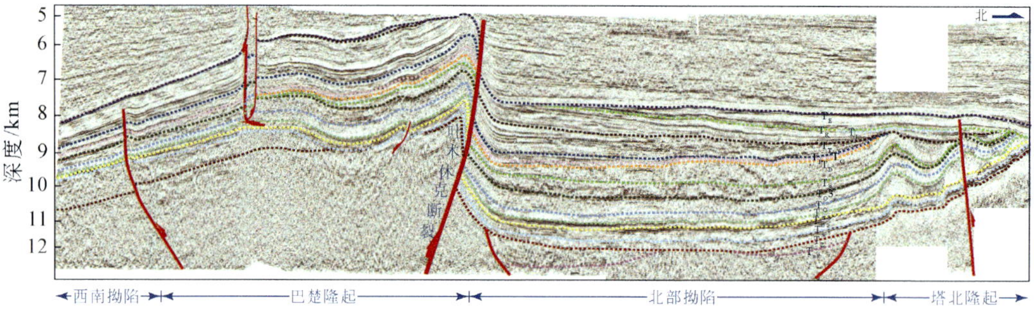

图 1.20 OGSZ-14-40 的叠后时间偏移剖面精细解释剖面

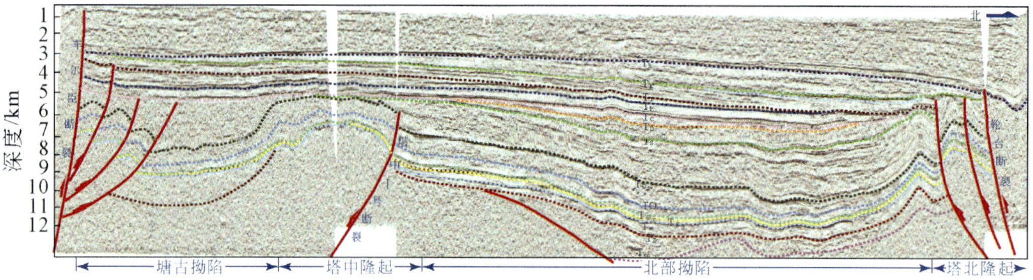

图 1.21 OGSZ-14-60 的叠后时间偏移剖面精细解释剖面

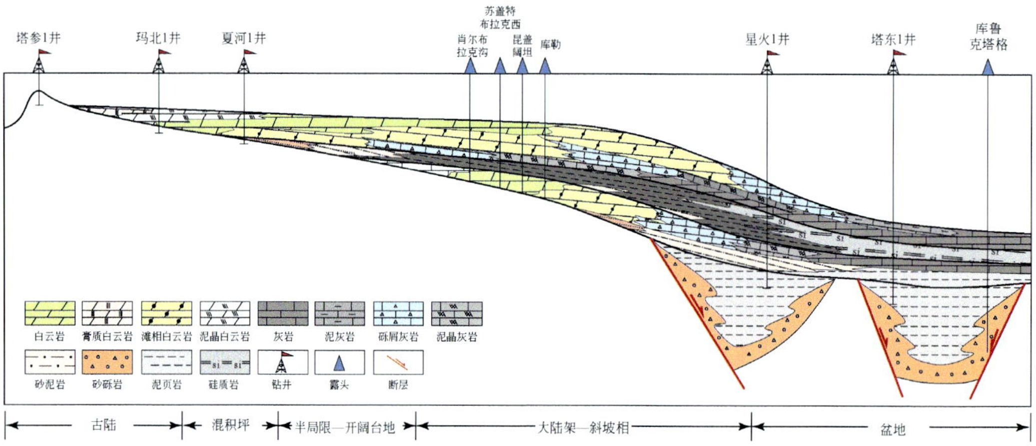

图 1.22 烃源岩沉积模式图（以塔里木盆地玉尔吐斯组为例）

基于建立的超覆沉积模式，开展正演模拟与实际地震对比，判断其合理性。建立玉尔吐斯组由台地—斜坡—盆地完整的相序结构模型，通过拉平肖尔布拉克组底面，对玉尔吐斯组模拟结果进行突出。各相带地层厚度根据塔里木盆地实际钻遇井进行调整，速度填充根据声波时差曲线反算获得，具体物理参数见表 1.2。采用主频为 25 Hz 的雷克子波，检波距（道间距）为 25 m，空间采样率为 2 ms，利用自激自收方式进行地震合成记录正演模拟。

表 1.2　地层及填充物理参数

地质年代	地层	沉积相带	岩性	速度/(m/s)	参考井
寒武系	中寒武统	膏盐湖相	膏盐岩	4420～5410	方 1、和 4、楚探 1、夏河 1、同 1、马北 1、和田 2
		台缘/盐湖边界	膏质白云岩、含膏白云岩、云质灰岩、灰质白云岩	5700～6500	轮探 1、中深 1、塔深 1
		外缓坡	泥质灰岩、灰泥岩、泥岩	5025～5550	英东 2、塔东 1
	肖尔布拉克组	台地相	白云岩	6050～6680	中深 1、夏河 1、舒探 1、方 1、楚探 1、巴探 5、和田 2
		外缓坡	灰岩、泥灰岩		新河 1、旗探 1、轮探 1
		盆地	泥岩	4360	尉犁 1
	玉尔吐斯组	混积潮坪	砂泥岩	4580～5450	夏河 1、舒探 1、方 1
		斜坡—大陆架	泥页岩	4200～4950	星火 1、轮探 1、旗探 1
		盆地	硅质泥岩、黄铁矿泥岩	4560～5170	塔东 1、塔东 2、尉犁 1
震旦系	齐格布拉克组	台地相	白云岩	6160～6660	轮探 1、旗探 1、星火 1、塔东 2
		外缓坡	灰岩、泥灰岩、硅质岩、泥岩	5550～6200	塔东 1、塔东 2、尉犁 1
	苏盖特布拉克组		泥灰岩	5100	尉犁 1
			砂泥岩互层	4900	尉犁 1
南华系	特瑞爱肯沟组		白云岩	5900	尉犁 1
			泥岩夹粉砂岩	4750	尉犁 1
基底			变质岩、花岗岩、玄武岩、辉长岩	5020～6100	中深 1、夏河 1、舒探 1、方 1、楚探 1、巴探 5、和田 2

正演结果显示，该模型与实际地震具有较好的匹配关系，玉尔吐斯组呈底界波峰反射、顶界波谷反射特征。由陆向盆，玉尔吐斯组内幕出现波峰个数增多，最多呈现三组波谷—波峰旋回，与实际地震一致（图 1.23）。从反射强度上看，顶、底均有（盆地、混积潮坪）两端弱，中部（斜坡—大陆架）强的特征，反映快速海侵背景下玉尔吐斯组沉积相变化，导致与下伏地层岩性显著不同，从而形成差异较大的反射系数。

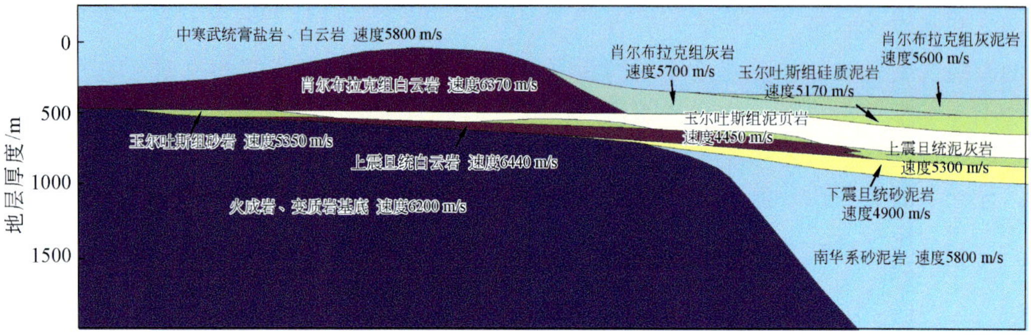

（a）正演模型及其物理参数填充

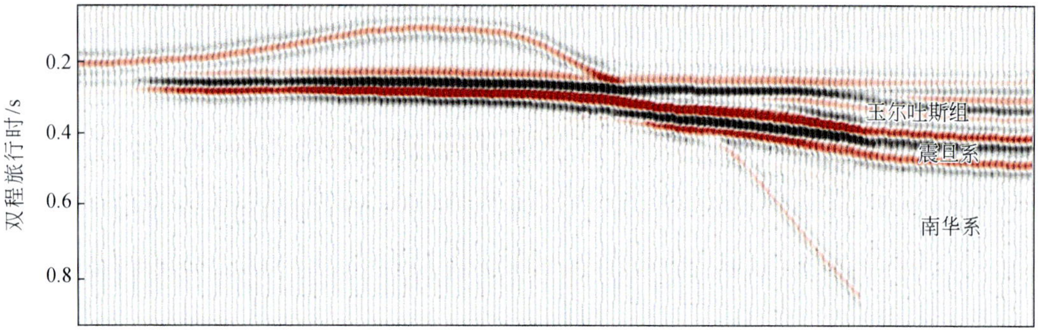

（b）正演结果

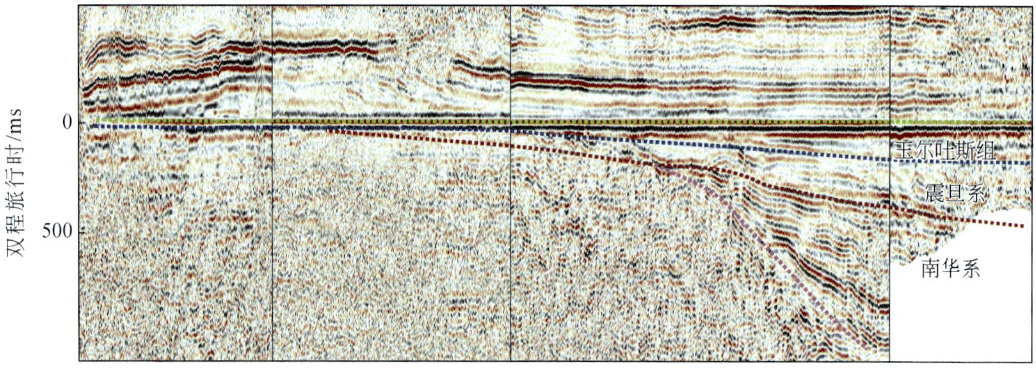

（c）实际地震剖面

图 1.23　正演模型与实际地震剖面对比图

地震反演得到的波阻抗参数一般用来反映岩性差异，具有较高的识别精度及准确性。前人据此也将其应用于烃源岩的评价工作中。将烃源岩总有机碳含量与波阻抗交会分析，得到烃源岩与非烃源岩的波阻抗界限，因此波阻抗反演具有精细识别有效烃源岩的潜力。但是反演预测法具有一定的局限性，仅适用于三维资料覆盖区，在二维区预测难度大。因此，二维区通过“地球化学分析→地球物理属性评价→地震追踪→厚度计算”的方法，描述有效烃源岩。即以钻井岩心揭示烃源岩地球化学指标为基础，评价生烃潜力，在井震标定基础上，优选能有效区分烃源岩优劣的地球物理属性，刻画烃源岩范围，通过追踪地震轴计算烃源岩厚度，确定有效烃源岩的展布特征。本节主要是利用地震剖面约束下的地质模型，开展模型控制下的反演模拟。图 1.24 是利用 Jason 软件对某条地震测线的玉尔吐斯组的波阻抗反演结果。不难看出，波阻抗能有效区分烃源岩与非烃源岩，优质烃源岩波阻抗小于 14400(g/cm^3)·(m/s)，一定程度上印证了地震反演能够较好地对地下弹性参数进行表征。同时，对玉尔吐斯组内幕结构也进行了较好刻画，至少可区分出两期烃源岩的叠加超覆，进一步证实了玉尔吐斯组为超覆沉积模式。

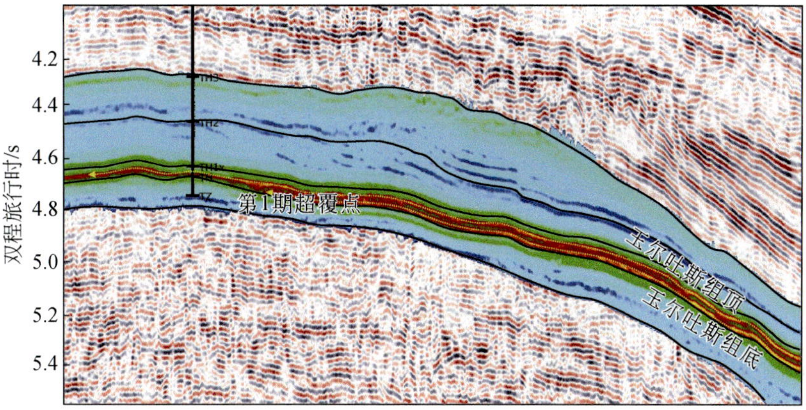

图 1.24 深层烃源岩波阻抗反演结果（以塔里木盆地玉尔吐斯组为例）

（二）深层薄层烃源岩识别追踪

以玉尔吐斯组为例，井震标定表明，玉尔吐斯组发育岩性不同，地震剖面显示特征也会有差异。目前钻遇玉尔吐斯组烃源岩的井包括星火 1 井、塔东 1 井、轮探 1 井及旗探 1 井，岩性主要为泥岩，地震波在该套地层中传播速度慢，与下伏震旦系奇格布拉克组白云岩形成较大的速度差界面，界面为强振幅、连续的反射特征［图 1.25（a)］；巴楚隆起夏河 1 井钻遇玉尔吐斯组砂泥岩，属于近源的滨岸相沉积，地震波传播速度较纯泥岩快，与下伏震旦系白云岩速度差小，界面为中—弱振幅，较连续的反射特征［图 1.25（b)］；而没有钻遇玉尔吐斯组的井如塔中中深 1 井，肖尔布拉克组白云岩直接覆盖在前震旦纪基底上，二者地震波传播速度相近，界面为弱振幅的反射特征［图 1.25（c)］。总的来说，在不发育玉尔吐斯组的位置，地震为弱振幅反射特征，而发育玉尔吐斯组的位置，沉积相带、发育的岩性不同，会体现出不同的振幅特征，但整体上连续性较好。

根据钻井揭示的玉尔吐斯组与下伏地层的接触关系开展模型正演研究，进一步确定玉尔吐斯组地震反射特征。采取正演参数：自激自收的地震波传导方式；道距取 20 m；采样率为 2 ms；网格为 10 m；主频为 25 Hz。建立三种模型（图 1.26），一是玉尔吐斯组下伏接触震旦系白云岩［图 1.26（a)］；二是玉尔吐斯组下伏为基底变质岩［图 1.26（b)］；三是玉尔吐斯组下伏为基底及震旦系的横向变化地层［图 1.26（c)］。结果表明，玉尔吐斯组泥岩与围岩阻抗相差较大，地震波传播速度骤变，显示为强振幅反射特征；玉尔吐斯组砂泥岩与围岩阻抗相差较小，为弱振幅，进一步表明强弱振幅变化点指示优质烃源岩相变点合理可靠。

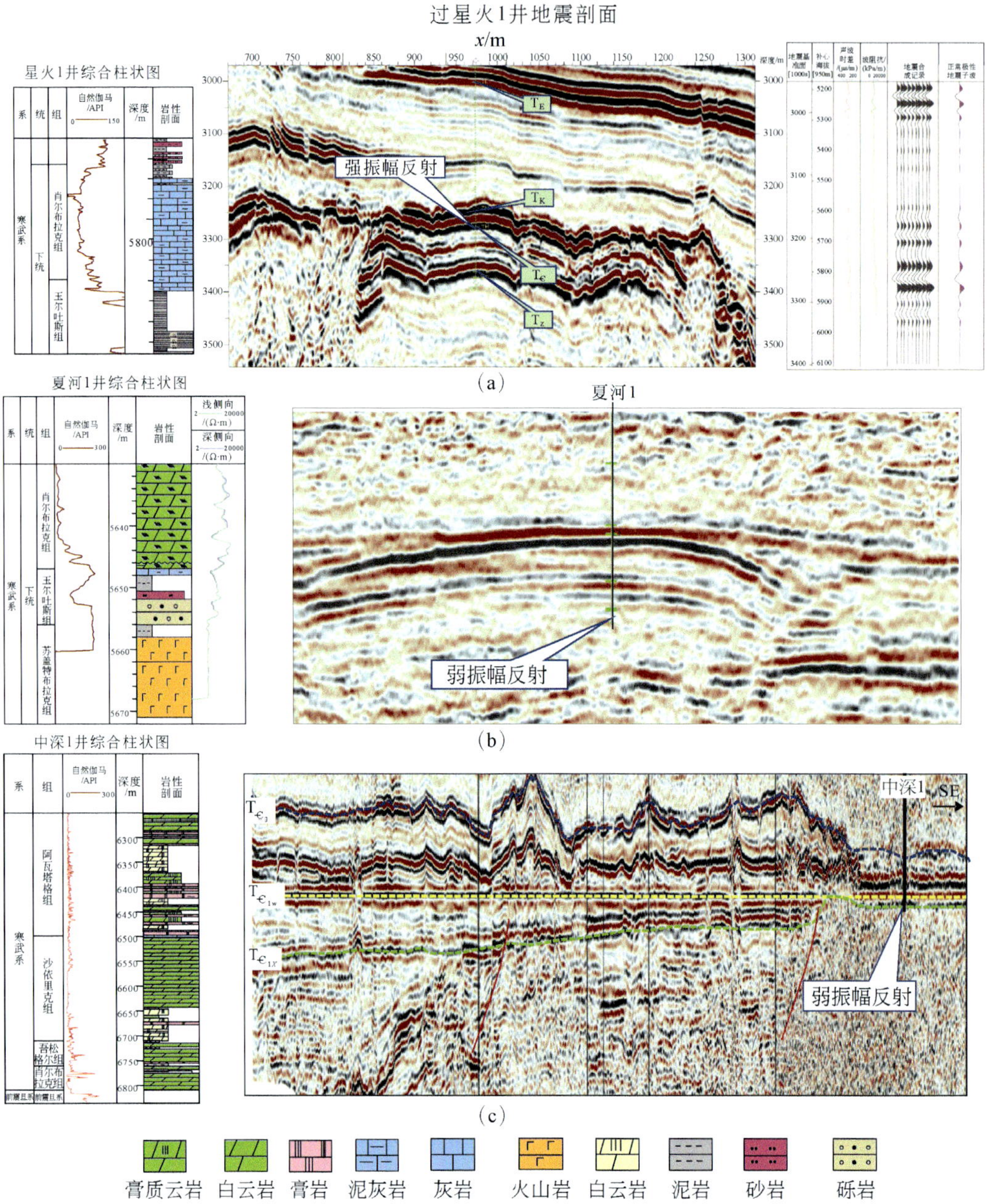

图 1.25　玉尔吐斯组烃源岩与非烃源岩发育区地震相特征

此外，分辨地层的厚度与地震子波的延续时间有关（图 1.27）。如果用地震子波的波长λ与地层厚度Δh来确定纵向分辨率，当地震子波的延续时间Δt为n个周期时，则有

$$\Delta\tau > \Delta t$$

即

$$2\Delta h/v > n\lambda/v$$

因此：

$$2\Delta h > n\lambda \quad (n=1，\Delta h > \lambda/2)$$

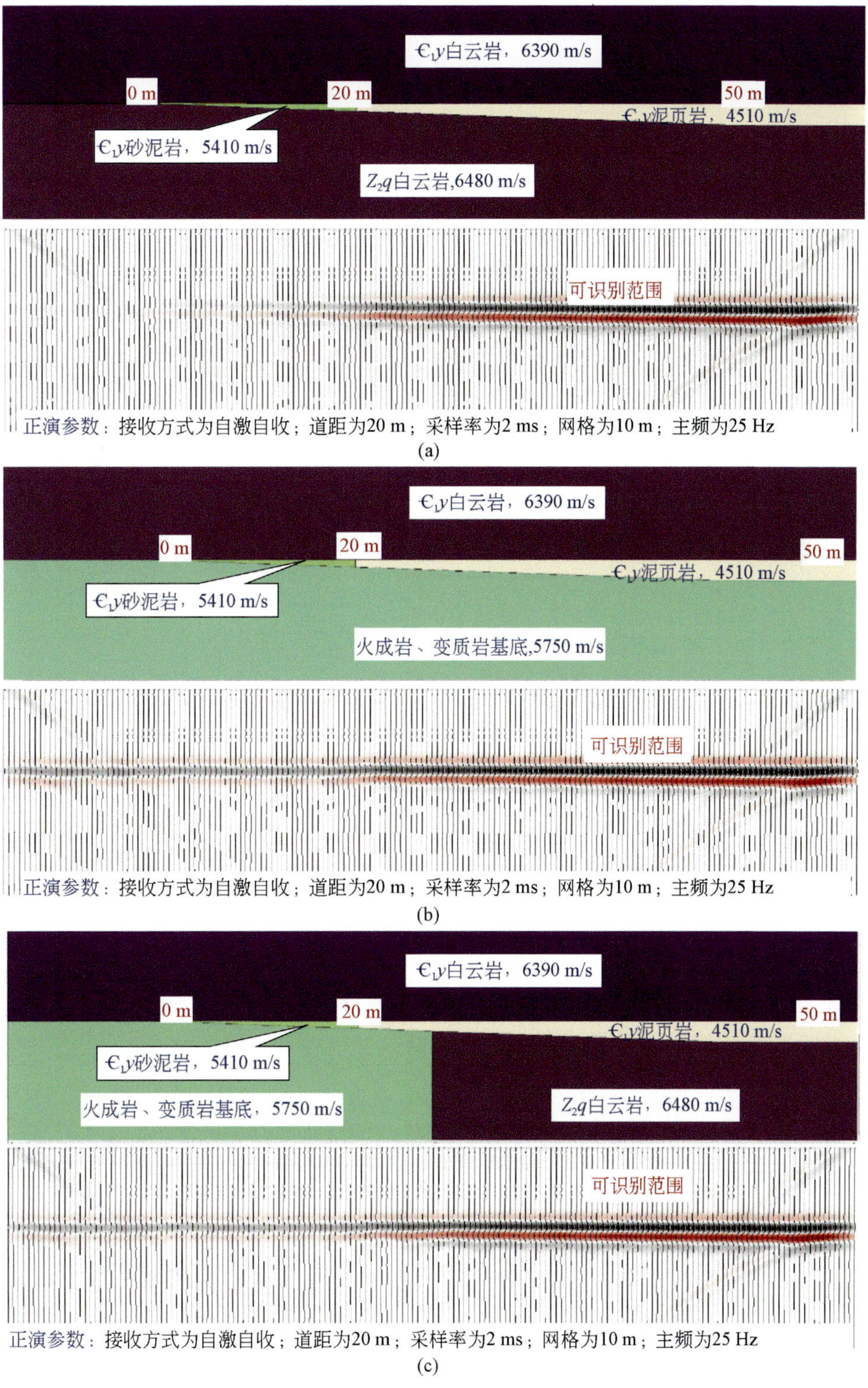

图 1.26　烃源岩模型正演及其地震响应特征（以塔里木盆地玉尔吐斯组为例）

当地震子波的延续时间为一个周期时（n=1），可分辨的最小地层厚度为半个波长（$\Delta h=\lambda/2$）。当间距大于 1/2 波长时，可识别两个界面；当间距趋近于 1/4 波长时，两界面开始相长干涉，振幅增大（调谐）；当间距趋近于 1/8 波长时，振幅变小，波形变化很小；当间距小于 1/8 波长时，波形稳定，振幅和反射间距呈近似线性关系。一般认为，地震纵向分辨率的极限为$\lambda/4$。

基于 Widess 在 1973 年提出的薄层反射模型和塔里木盆地地震资料的分辨率，认为地层厚度约为$\lambda/4$［玉尔吐斯组泥页岩纵波速度 4510 m/s，（4510/25）/4=45 m］时，地震波可识别；$\lambda/8$（约 23 m）时，地震波无法识别。由此推测玉尔吐斯组烃源岩厚度在 23 m 以上地震波可识别（图 1.27）。而实际地震资料深层频率为 17 Hz 左右，可识别的地层厚度更薄，最小厚度大约 30 m。

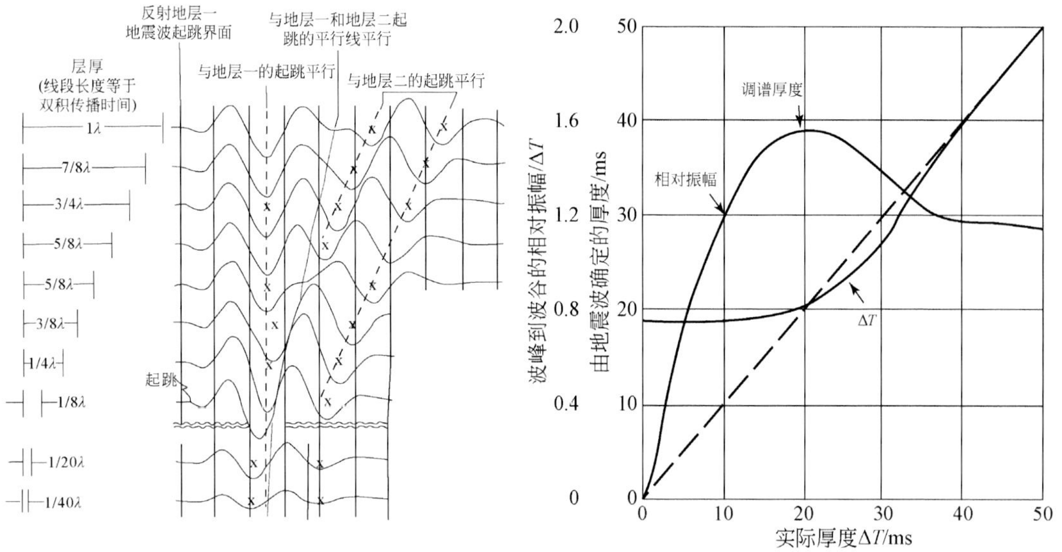

图 1.27　薄层反射模型与时间、振幅曲线

在此基础上，结合 42 条大剖面，根据地震反射特征进行平面连续追踪，并且在沉积模式的约束下，认为玉尔吐斯组优质烃源岩主要分布在塔东北地区、塔西北地区，面积约 11×10^4 km^2（图 1.28）。

其中塔东北地区由于地震资料品质较好，下寒武统底部强振幅反射可连续追踪（图 1.29），烃源岩大面积连片分布，面积约 7×10^4 km^2，落实程度较高。受震旦纪拗陷盆地控制，主要发育在中、外缓坡，平面上环满加尔拗陷呈“C”字形分布。塔北东部轮深三维区玉尔吐斯组烃源岩具有明显加厚（200 m 左右）的特征，地震剖面上表现为同相轴变宽或变多，顶界面下超反射明显，并且沿裂拗体系边缘分布（图 1.30）。塔北西部及满西低梁地区玉尔吐斯组烃源岩逐渐减薄，向西、向南逐渐相变为砂泥岩，地震剖面上表现为弱振幅（图 1.31）。在塔中三维区，地震资料显示下寒武统底部强振幅在坡下变弱（图 1.32），表明塔中隆起高部位缺失原地烃源岩。

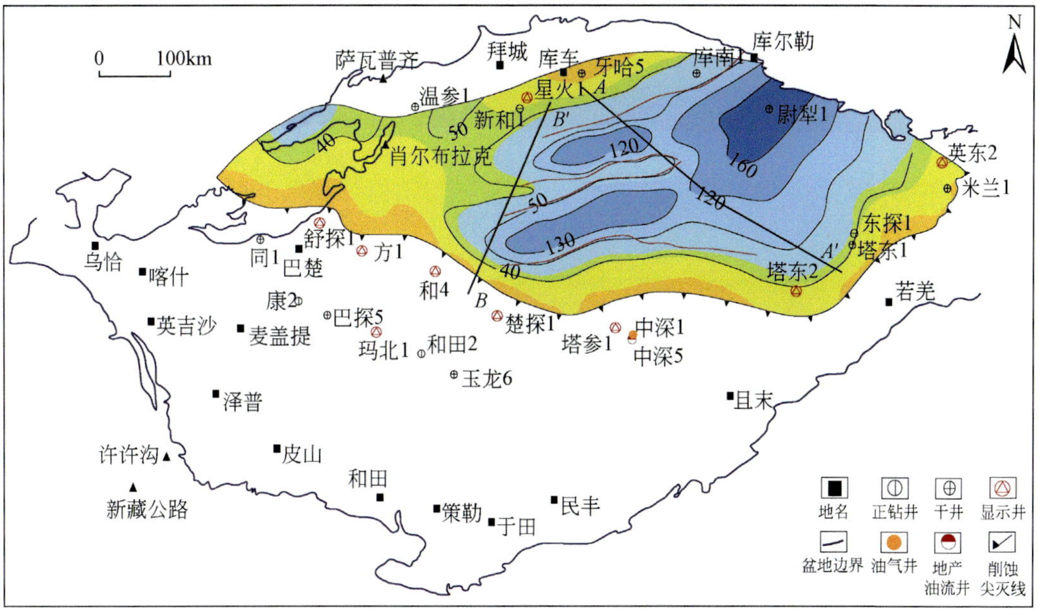

图 1.28　塔里木盆地下寒武统玉尔吐斯组烃源岩分布预测图

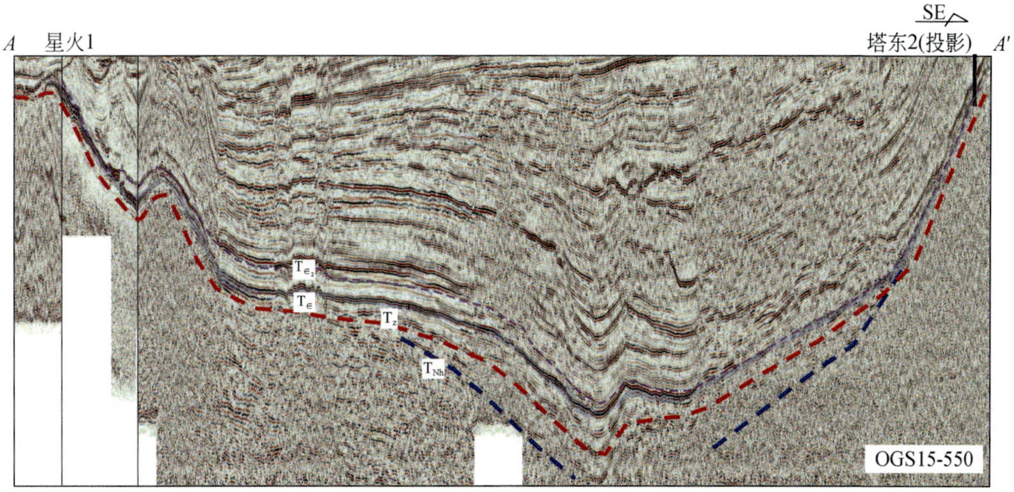

图 1.29　过星火 1—塔东 2 地震剖面

针对深层—超深层薄层烃源岩，钻井资料有限，地层厚度薄，地震资料品质约束的特点，提出了地震资料处理-解释一体化系统的烃源岩识别技术流程。整体来说，采取先综合优选重点地震测线保真处理，打下资料基础，再结合地质认识综合刻画烃源岩“两步走”策略。通过地震资料拼接处理，有效提升目的层信噪比、分辨率，再结合正反演确定烃源岩分布模式，从而降低简单地震追踪刻画的不准确性。基于实际地震参数开展正演模拟，确定有效烃源岩边界与地震属性的关系，从而确定有效烃源岩的范围。本节将该技术应用

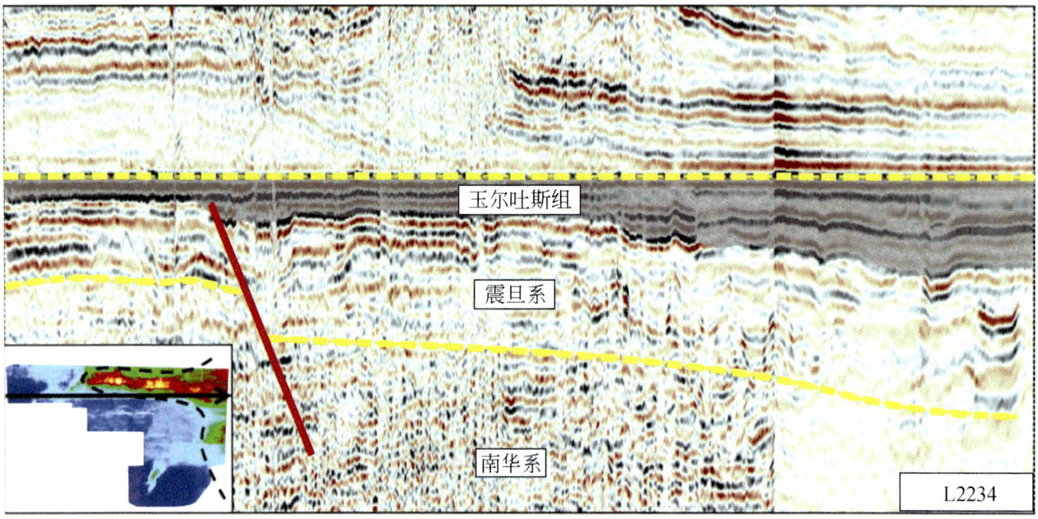

图 1.30　轮深三维区显示玉尔吐斯组烃源岩具有加厚特征

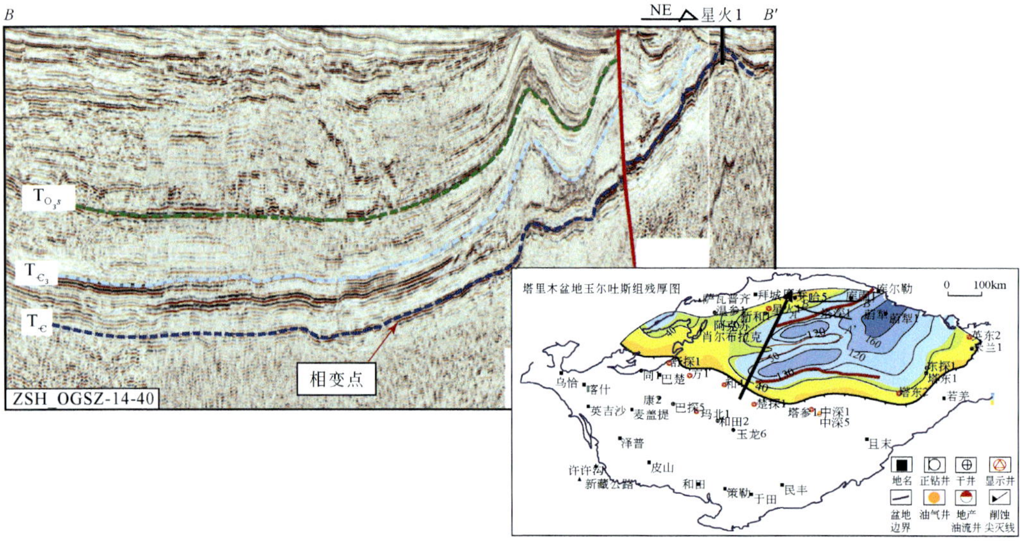

图 1.31　阿瓦提凹陷—塔北方向地震剖面

于塔里木盆地玉尔吐斯组，有效识别了有效烃源岩边界及整体厚度，取得了良好成效，因此该技术对于低勘探区深层—超深层薄层烃源岩预测有指导意义。

地震的地层识别精度与其主频关系密切，基于盆地级测线波场保真处理技术，能有效提升其纵向分辨率及信息丰度，为烃源岩识别提供宏观资料基础。其他盆地借助“两宽一高”等高精度三维地震，在有效烃源岩识别方面，由于岩性参数与弹性参数具有明显关系，借助纵波阻抗与烃源岩有效性之间的关系可更好地预测烃源岩品质及空间分布。

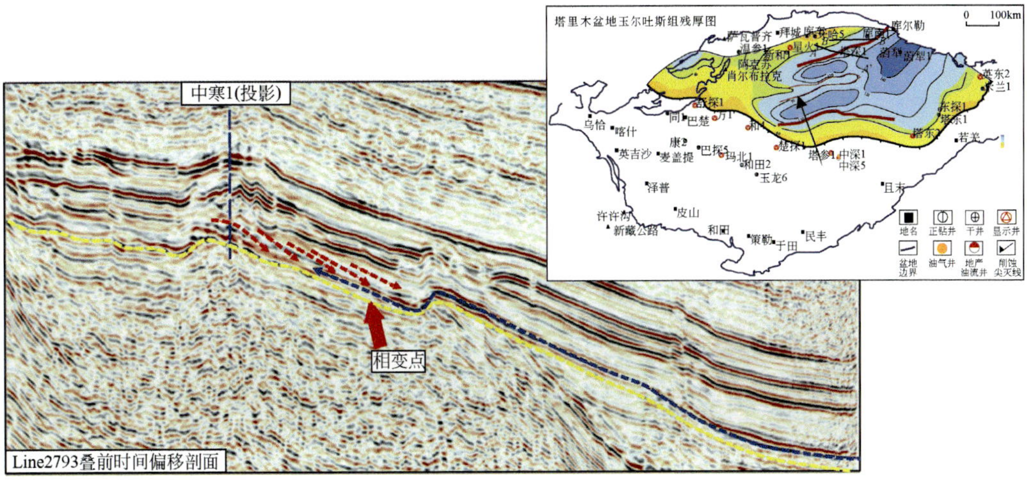

图 1.32　塔中地区典型地震剖面

第三节　塔里木玉尔吐斯组烃源岩分布预测

近几年来，塔里木盆地海相油气勘探普遍超过 7000 m，深层油气藏原油以轻质油和凝析油气为主。深层油气藏主要分布在塔北南斜坡顺北、跃满、富源等地区，以及塔中东部寒武系—奥陶系台缘带的古城、顺托区块的中下奥陶统的一间房组和鹰山组，其次是塔中和塔北古隆起的深层下寒武统吾松格尔组和肖尔布拉克组；但是在台盆区巴楚隆起和塔东低凸起的深层勘探几乎都未获得突破。面对塔里木盆地深层如此复杂的油气性质以及空间分布的不均衡性，首先需要明确深部油气最有潜力的烃源岩，即下寒武统玉尔吐斯组的岩性组合类型、沉积环境和分布规模。

一、烃源岩岩石类型与地球化学特征

塔里木盆地是在新元古代早期形成的克拉通基底上发展起来的大型多旋回叠合复合盆地，新元古代—寒武纪受控于罗迪尼亚（Rodinia）超大陆的聚合与裂解和冈瓦纳（Gondwana）大陆的聚合进程（Li et al.，2008，2013；Cawood et al.，2016；Zhao et al.，2018），经历了复杂的挤压和伸展演化过程，为不同类型盆地及其赋存的烃源岩的发育提供了背景。塔里木克拉通在新元古代早期位于罗迪尼亚超大陆西北缘，北纬 45°～60°之间，其北缘面向泛大洋，南缘与印度克拉通相连接。新元古代中晚期，随着罗迪尼亚超大陆裂解，原特提斯洋打开，塔里木克拉通与印度克拉通分离，周缘发育被动陆缘，同时塔里木向中低纬度移动，在新元古代末期—寒武纪主体位于赤道附近。新元古代—早古生代塔里木盆地与四川盆地具有相似的板块构造位置和沉积环境，但烃源岩岩性组合、TOC 含量变化和发育层位存在明显差异，因此需要建立塔里木盆地南华系—寒武系与全球地层对比格架，明确烃源岩发育的环境和分布规律。

（一）塔里木克拉通寒武系地层划分

塔里木盆地早寒武世早期的盆地格局与地层分布主要受控于南华纪的裂陷断裂在早寒武世发生同沉积构造活动，沉积了玉尔吐斯组与西山布拉克组烃源岩。其中，玉尔吐斯组分布在盆地中西部，主要为一套黑色含有机质细碎屑岩，在露头区从下向上依次发育硅质岩、硅质页岩、黑色页岩和碳酸盐岩，厚度为几米到几十米；西山布拉克组分布于盆地东部，以硅质泥岩、黑色泥岩和灰质泥岩等为主，并在露头区可见其底部发育一套火山岩和硅质岩，厚度为几十米到百米。肖尔布拉克组沉积时期，早期断裂的上升盘为肖尔布拉克组台缘礁滩体的发育提供了有利的相对高部位地形，下降盘则沉积了西大山组，主要分布在塔东地区满加尔拗陷。寒武系具有明显的“等时异相”特征，要准确认识寒武系烃源岩的发育时代和分布规律，则需要建立塔里木盆地与全球地层可对比的寒武系地层框架。

综合近年来生物地层和同位素地层研究成果，基于塔西台地区 11 口钻孔岩屑样品开展寒武系同位素地层对比，发现了具有全球可对比的 9 个碳同位素漂移事件（陈永权等，2020），建立了塔里木盆地寒武系地层对比框架，与全球碳同位素曲线（Zhu et al.，2006）有很好的对应关系：①寒武系玉尔吐斯组底部发育碳同位素负漂移事件（BACE），玉尔吐斯组上段底部发育朱家箐组碳同位素正漂移（Zhujiaqing carbon isotope excursion，ZHUCE）；②肖尔布拉克组下部与上部各发育一个碳同位素正漂移，分别对应节肢动物群辐射碳同位素正漂移事件（Cambrian arthropod radiation carbon isotope excursion，CARE）与明心寺碳同位素正漂移事件（Mingxinsi carbon isotope excursion，MICE）；③吾松格尔组发育一个碳同位素负漂移，对应古杯生物灭绝碳同位素负漂移事件（Archaeocyathid extinction carbon isotope excursion，AECE）；④沙依里克组底部发现显著的莱德利基虫等三叶虫灭绝碳同位素负漂移（Redlichiid-Olenellid extinction carbon isotope excursion，ROECE）；⑤阿瓦塔格组顶部发育鼓山阶碳同位素负漂移（DrumIan carbon isotope excursion，DICE）；⑥下丘里塔格组中下部发育排碧阶碳同位素正漂移（Steptoean positive carbon isotope excursion，SPICE），该正漂移之上发育负漂移（top of cambrian excursion，TOCE）；⑦目前认为奥陶系的蓬莱坝组底部发育碳同位素正漂移。综合多个钻孔实测数据编绘了塔里木盆地寒武系碳同位素地层合成曲线，实现了与全球地层的对比（图 1.33），塔里木盆地玉尔吐斯组构成纽芬兰统，沉积时限大致为 21 Ma。

1. 露头区玉尔吐斯组烃源岩岩性与有机质丰度

塔里木盆地寒武系露头主要在库鲁克塔格区和柯坪—乌什区，铁克里克区露头未见寒武系。库鲁克塔格北区寒武系在乌里格孜塔格剖面、恰克马克铁什剖面和兴地剖面均有分布。寒武系生油岩是在第二次广泛海侵旋回早期形成的以暗色泥晶灰岩及页岩为主的生油层系，在北区该套生油岩分布广泛，地层变化不大；烃源岩主要集中在中下寒武统西山布拉克组—西大山组、莫合尔山组，上寒武统突尔沙克组烃源岩也有分布，与玉尔吐斯组同期的西山布拉克组—西大山组烃源岩以黑色泥页岩、黑色泥晶灰岩、泥灰岩为主。乌什—柯坪地区寒武系露头发育较好，分布广泛，在多个剖面均找到玉尔吐斯组优质烃源岩（图 1.34）。

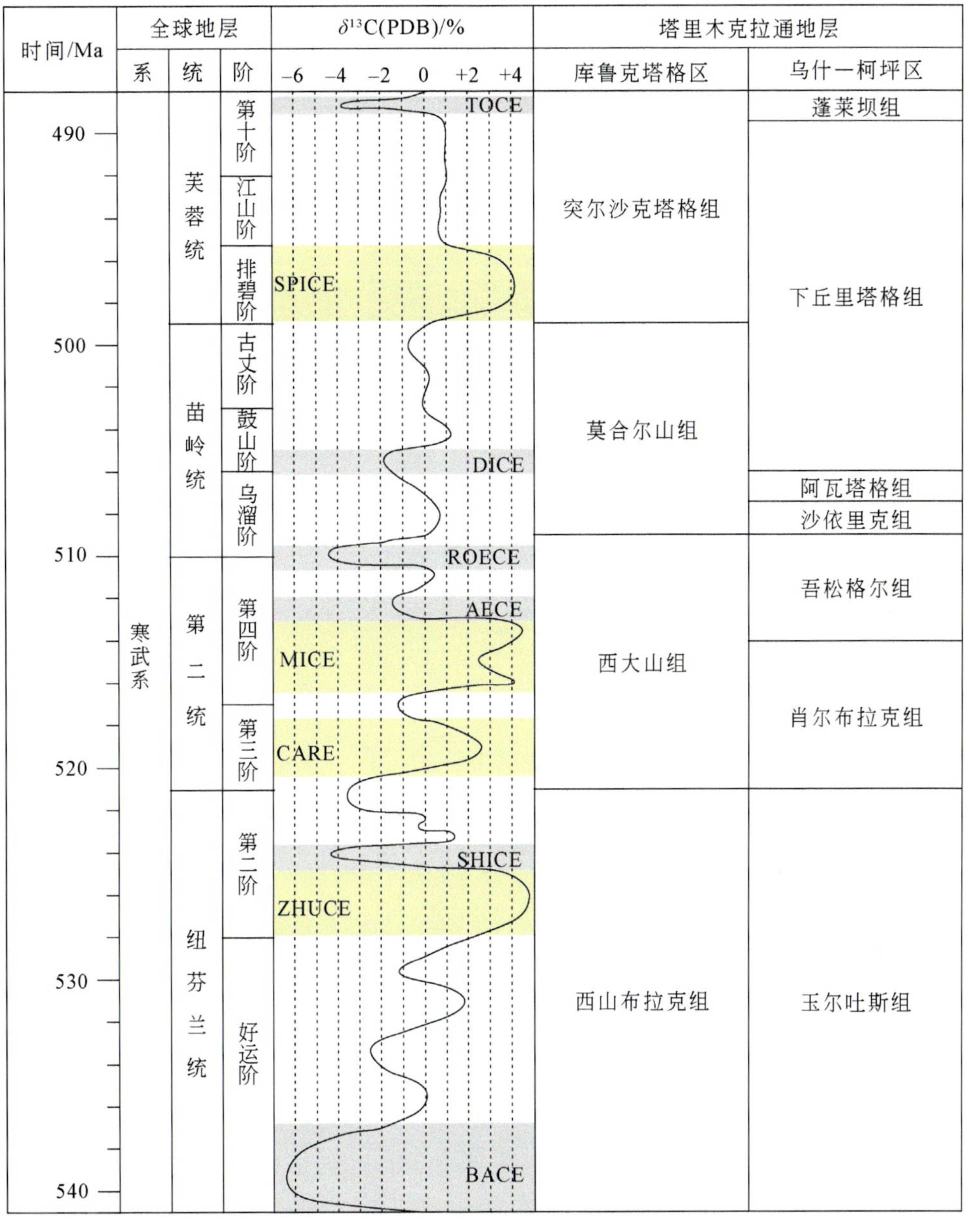

图 1.33 塔里木克拉通寒武系地层框架图

SHICE 为石岩头组底部碳同位素负漂移（Shiyantou carbon isotope excursion）

塔里木盆地西北地区的柯坪露头是研究玉尔吐斯组烃源岩最理想的剖面，出露好、烃源岩厚度大。综合阿克苏市西南库勒、什艾日克和昆盖阔坦 3 条剖面的详细测量和地质勘查（图 1.35），依据岩石组合特征可将玉尔吐斯组分为 5 段和两期海侵旋回，第 1 段为灰黑色—黑色含磷灰石结核硅质岩，夹少量灰白色砂质白云岩，厚约 4 m；第 2 段为灰褐色中层白云岩，厚约 0.5 m；第 3 段为有机质丰度较高的黑色页岩，局部与硅质岩互层，厚约 10 m，第 4 段为灰色或灰白色中厚层微晶白云岩，厚约 5 m，第 5 段为黑色页岩与灰色薄层微晶灰岩互层，厚约 4 m，总体来看该剖面玉尔吐斯组烃源岩厚度累计约为 12.5 m。

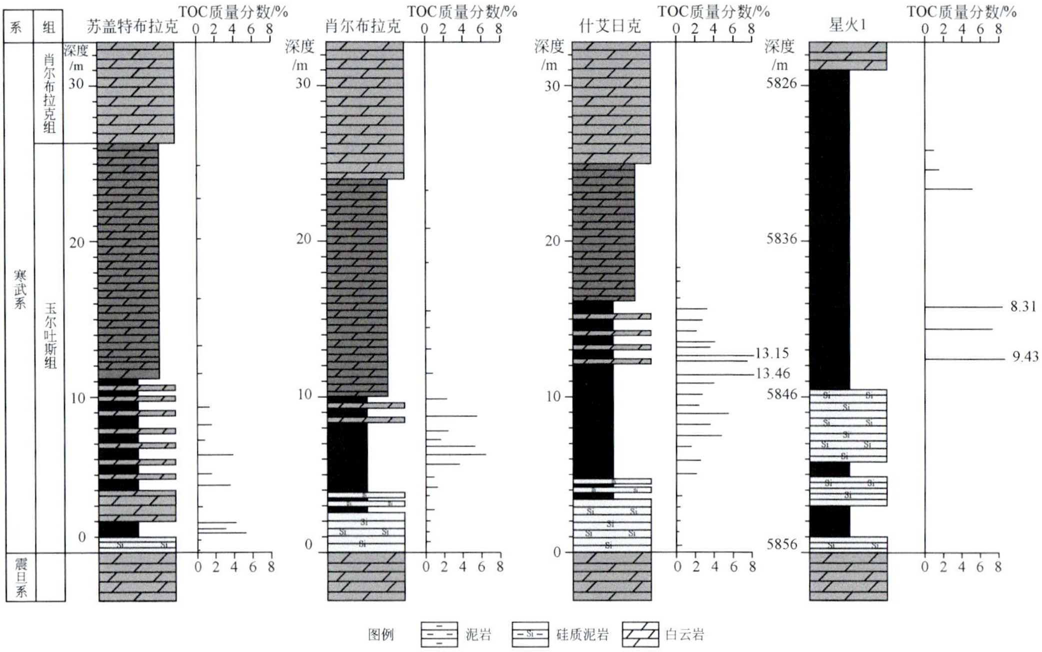

图 1.34　乌什—柯坪地区下寒武统露头烃源岩岩性和有机质丰度对比

图 1.35　塔西北地区下寒武统玉尔吐斯组层序与岩性组合特征（张春宇等，2019）

塔里木盆地钻井揭示的下寒武统烃源岩主要分布在塔东地区满加尔拗陷西山布拉克组—西大山组和塔北隆起中西部玉尔吐斯组。西山布拉克—西大山组烃源岩是寒武系底部第一套优质烃源岩，以塔东低凸起上塔东 1 井、塔东 2 井和米兰 1 井等为代表，钻井揭示西山布拉克组烃源岩厚度为 22～71 m（表 1.3），岩石类型主要为灰质硅质泥岩与泥灰岩，普遍夹有灰黑色放射虫硅质岩，底部夹有磷质岩；有机质含量高，黏土矿物质量分数低于 30%，石英质量分数超过 75%。西大山组与西山布拉克组呈整合接触，为泥岩与碳酸盐岩互层，成烃生物以浮游藻类为主，含少量的底栖藻类碎片。与柯坪地区下寒武统烃源岩的沉积建造有所不同，塔东盆地内发育的西山布拉克组和西大山组偶含磷，以硅质岩、泥岩夹火山岩的岩性组合为主，白云岩含量较西部玉尔吐斯组低得多；西山布拉克组—西大山组烃源岩总体上向塔中隆起超覆、尖灭，厚度减薄。盆地西北部下寒武统玉尔吐斯组以星火 1 井、轮探 1 井、旗探 1 井为代表，揭示玉尔吐斯组烃源岩厚度为 24～29 m，由下而上沉积了层状硅质岩、硅质岩/泥岩互层、硅质白云岩和白云质细砂岩，厚度较薄（几十米），但是磷质岩—硅质岩—黑色页岩沉积建造中黑色页岩的有机质丰度最高，并富含含油的重晶石结核，是下古生界有机质丰度最高的一套烃源岩。

表 1.3　塔里木盆地下寒武统玉尔吐斯组和西山布拉克组的钻井烃源岩厚度

烃源岩层位	剖面位置	岩性	厚度/ m
玉尔吐斯组	星火 1	泥岩、硅质泥岩	24
	轮探 1	泥岩、泥质灰岩	26
	旗探 1	泥岩、泥质灰岩	29
西山布拉克组	塔东 1	硅质泥岩	37
	塔东 2	硅质泥岩	33
	尉犁 1	灰质泥岩	22
	东探 1	硅质泥岩	23
	米兰 1	泥岩	71
	英东 2	泥岩	68

塔里木盆地东部下寒武统西大山组与盆地中西部的肖尔布拉克组和吾松格尔组为等时沉积，该套烃源岩以泥岩、硅质泥岩和灰质泥岩为主，分布受肖尔布拉克组沉积时期的南北分异格局和吾松格尔组沉积时期的东盆西台格局共同控制。塔里木盆地北部坳陷西大山组烃源岩主要分布在东部地区，塔东 1 井、塔东 2 井、东探 1 井、米兰 1 井、英东 2 井和尉犁 1 井等 6 口钻井揭示该套烃源岩厚度为 17～61 m；在塔北—塔中地区存在南、北两个近东西向厚度中心，但厚度较小（推测厚度＜40 m），分布局限；塔西南地区对应于肖尔布拉克组和吾松格尔组，基本不发育烃源岩，仅在方 1 井、和 4 井、康 2 井和巴探 5 井的吾松格尔组发现厚度＜50 m 的烃源岩（表 1.4）。

塔里木盆地钻井揭示的寒武系纽芬兰统烃源岩主要分布在塔东地区满加尔坳陷西山布拉克组—西大山组和塔北隆起中西部玉尔吐斯组。盆地东部下寒武统西山布拉克—西大山组烃源岩以塔东低凸起上塔东 1 井、塔东 2 井和米兰 1 井等为代表，岩石类型主要为灰质硅质泥岩与泥灰岩，TOC 质量分数为 1.3%～7.8%。盆地西北部下寒武统玉尔吐斯组烃源岩以星火 1 井、轮探 1 井、旗探 1 井和柯坪露头为代表，由下而上沉积了层状硅质岩、硅质岩/泥岩互层、硅质白云岩和白云质细砂岩，厚度只有 32.7 m，但是磷质岩—硅质岩—黑

表 1.4　塔里木盆地下寒武统西大山组和吾松格尔组的代表钻井烃源岩厚度

烃源岩层位	剖面位置	岩性	厚度/ m
西大山组	塔东 1	硅质泥岩	17
	塔东 2	硅质泥岩	54
	尉犁 1	灰质泥岩	44
	东探 1	硅质泥岩	61
	米兰 1	泥岩	38
	英东 2	泥岩	27
吾松格尔组	和 4	泥岩	46
	方 1	泥岩、云质泥岩	31
	巴探 5	泥岩、膏泥岩	15

色页岩沉积建造中黑色页岩的有机质丰度 TOC 质量分数可高达 7%～14%，并富含含油的重晶石结核，是下古生界有机质丰度最高的一套烃源岩。通过钻遇下寒武统烃源岩的岩性和有机碳丰度对比也可以看出，西部星火 1 井钻遇的寒武系玉尔吐斯组烃源岩累计厚度 29 m，TOC 质量分数介于 0.7%～13.5%，平均为 6.7%；轮探 1 井玉尔吐斯组底部 18 m 黑色泥岩，TOC 质量分数最小值 2.87%，最大值 13.39%，平均为 9.5%（n=98）；轮探 3 井玉尔吐斯组底部 15 m 黑色泥岩与硅质岩互层，TOC 质量分数最小值 1.2%，最大值 16.5%，平均为 6.3%。玉尔吐斯组沉积经历了两期海侵旋回，形成了两层富有机质泥/页岩。底部为含磷硅质岩/泥岩互层，TOC 质量分数最高达到 20.6%，平均为 7.3%；上部为白云质细砂岩，TOC 质量分数较低，主要分布在 0.4%～1.8%（图 1.36）。第一次海侵过程伴随着热液喷流作用，成烃生物以底栖藻类、细菌为主，少量浮游藻类为辅；第二次海侵旋回主要沉积白云质细粒岩，成烃生物主要为浮游藻类，微生物和低等水生生物为辅，底栖藻逐渐减少、浮游藻类增多。结合岩性和矿物组合特征，玉尔吐斯组广泛沉积以砾屑为主要构成的磷块岩，反映出水体由深变浅，逐渐演化为相对高能的沉积环境，向台盆区内部逐渐变薄，尖灭于巴楚隆起北缘。

盆地东部下寒武统西山布拉克组—西大山组烃源岩以塔东低凸起上塔东 1 井、塔东 2 井和米兰 1 井等为代表，岩石类型主要为灰质硅质泥岩与泥灰岩，普遍夹有灰黑色的放射虫硅质岩，底部夹有磷质岩（图 1.37）；TOC 质量分数在 1.3%～7.8%，黏土矿物质量分数低于 30%，石英质量分数超过 75%，TOC 质量分数≥0.5%的有效烃源岩的累计厚度超过 150 m。西大山组与西山布拉克组整合接触，泥岩与碳酸盐岩互层，TOC 质量分数在 0.2%～5.8%（图 1.37），成烃生物以浮游藻类为主，含少量的底栖藻类碎片，相对西山布拉克组出现了古胶甲藻，具细胞壁的绿藻开始繁盛，球状结构不清晰的疑源类也开始出现。与柯坪地区和塔西南叶城地区下寒武统烃源岩的沉积建造有所不同，塔东盆地内发育的西山布拉克组—西大山组偶含磷，以硅质岩、泥岩为主，夹火山岩，白云岩含量较西部玉尔吐斯组低得多，盆地东部西山布拉克组—西大山组这套烃源岩沉积总体上向塔中隆起超覆、尖灭。

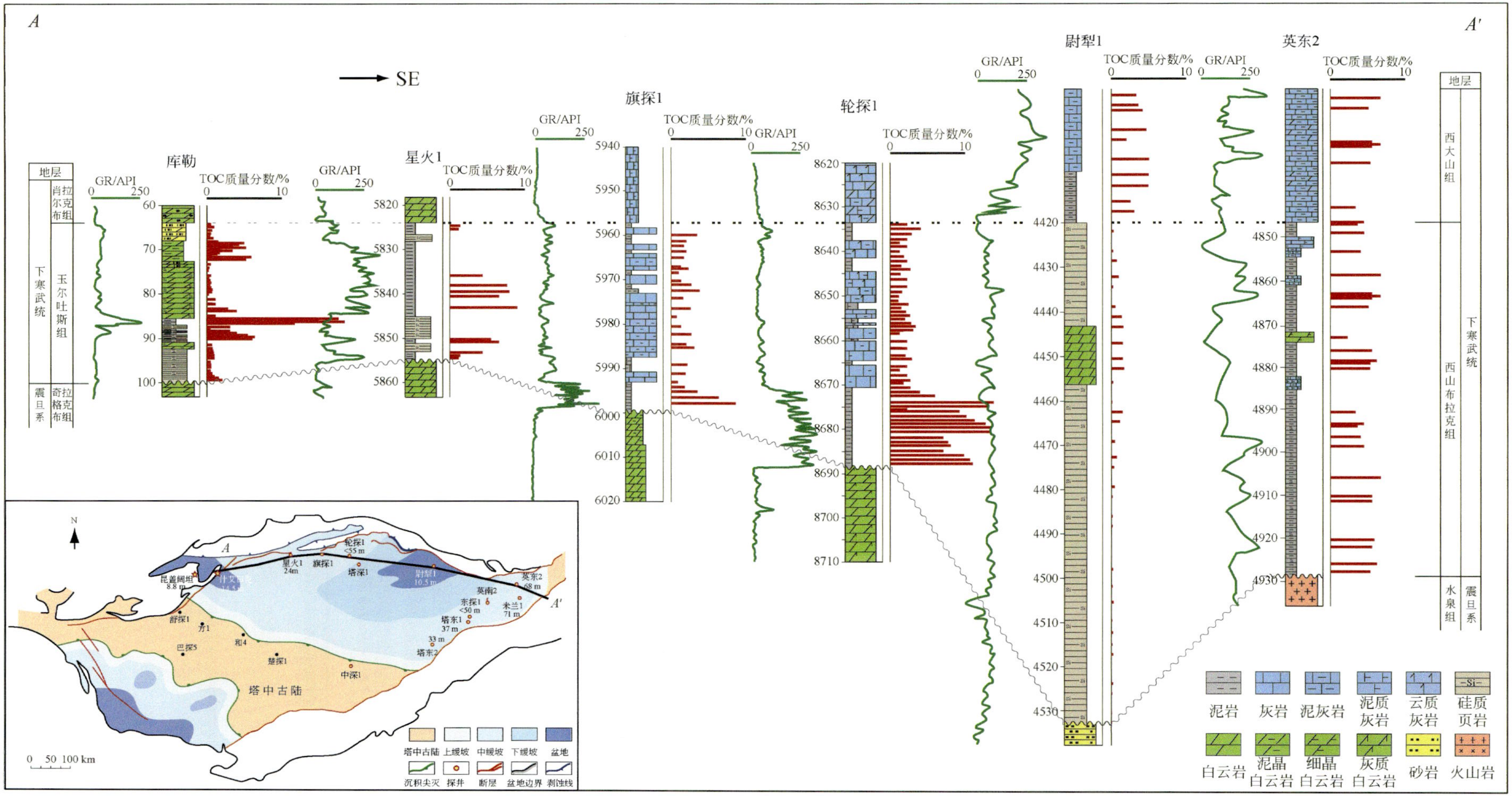

图1.36　塔里木盆地下寒武统烃源岩分布与东西部烃源岩连井对比

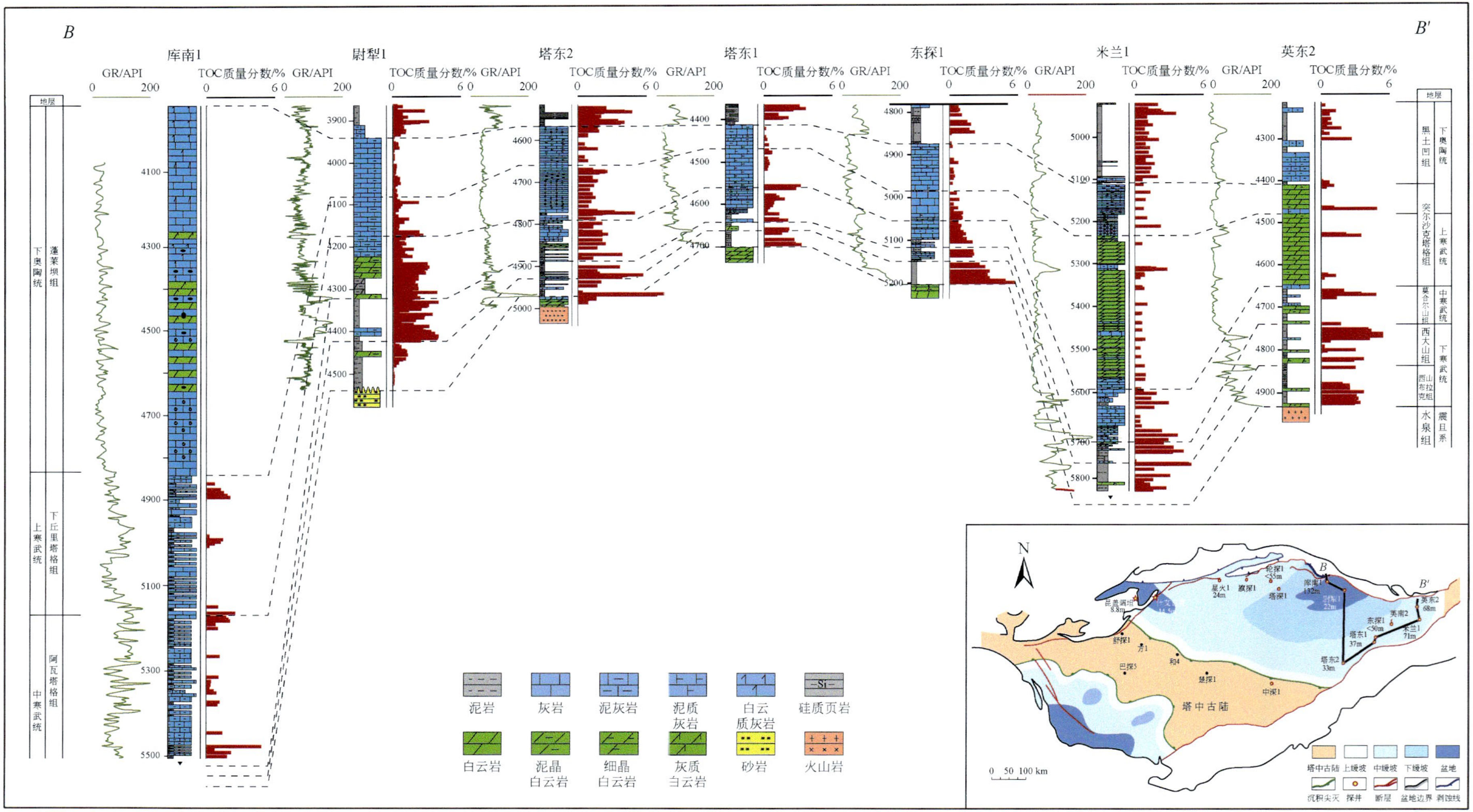

图1.37　塔里木盆地东部满加尔坳陷下寒武统烃源岩连井对比剖面

2. 有机质沉积环境与有利富集相带

早古生代全球大规模冰期结束后，随着劳伦西亚-西伯利亚大陆块从南极向低纬度移动，在整个寒武纪—奥陶纪的大部分时间一直处于热带地区，气候温暖且大部分被海水淹没，有利于沉积规模性的烃源岩。全球的寒武系烃源岩主要发育在中上寒武统，大部分分布在南半球中高纬度的波罗的海地区（Alum 页岩）、西伯利亚和北非，以及处于赤道附近与塔里木和扬子板块比邻的澳大利亚（中寒武统 Arthur Creek 组）。与全球寒武系烃源岩形成的时代有所不同，塔里木盆地主要发育下寒武统烃源岩，沉积在被动陆缘向台内凹陷逐渐转变的构造演化背景，广泛沉积在克拉通内拗陷和克拉通边缘拗陷。由此初步推断，塔里木盆地寒武系烃源岩沉积环境不仅对于全球气候由冰期逐渐向“温室”气候过渡、强烈风化作用和广泛的海底热液活动具有很好的响应，同时也受到局部构造-沉积环境的控制。

（二）塔里木盆地寒武系沉积层序格架

塔里木盆地在寒武纪经历了从被动到主动大陆边缘转变的构造演化，不同时代多个层段发育多套烃源岩，基于沉积岩相和地震剖面的层序划分，能够有效推测烃源岩的展布。根据岩石地层泥质含量与 GR 曲线和地震波组的相应关系，建立反映海平面变化旋回的等时框架，塔里木盆地寒武系可以划分为四个复合层序（SSQ1～SSQ4），含十个层序（SQ1～SQ10）分别对应国际地层中寒武系的四统十阶。复合层序Ⅰ（SSQ1）对应纽芬兰统，在塔西台地区由玉尔吐斯组构成，在塔东盆地区由西山布拉克组构成。岩性组合分为上下两段，下段以高 GR 泥岩为典型岩性特征，上段以低 GR 泥质碳酸盐岩为典型岩性特征。层序底界面为寒武系与震旦系不整合面，不整合面之上发育高 GR 泥质烃源岩，岩性变化明显较易识别，层序底界的地震反射特征表现为强波峰特征，可用于追踪和识别纽芬兰统底部烃源岩分布（图 1.36）。复合层序Ⅱ（SSQ2）对应第二统，包含三个层序（SQ2～SQ4），在塔西台地区由肖尔布拉克组—吾松格尔组构成，在塔东盆地区由西大山组构成。塔西台地区肖尔布拉克组分为两个层序（SQ2 与 SQ3），整体表现为进积特点，层序 SQ2 地震反射特点为多期进积的楔形体的顶包络面，SQ3 是从缓坡台地向镶边台地过渡的重要期次，地震特征呈现丘状弱反射，SQ4 由海侵体系域与高位体系域构成，与西部层序对应的是塔东盆地区西大山组，沿着台地边缘进积楔向盆地方向的斜坡相是西大山组烃源岩发育的有利区域（图 1.38）。复合层序Ⅲ（SSQ3）对应苗岭统，包含三个层序（SQ5～SQ7），在塔西台地区由沙依里克组、阿瓦塔格组与下丘里塔格组底部旋回构成，在塔东盆地区由莫合尔山组构成。苗岭统的三个层序在轮南-古城坡折带出现相变，均由镶边丘滩体转变为塔东斜坡-盆地相，沉积了盆地区的莫合尔山组，主要由泥灰岩夹薄层泥岩构成，成为预测莫合尔山组烃源岩的标志（图 1.38）。复合层序Ⅳ（SSQ4）对应芙蓉统，在塔西台地区由下丘里塔格组中上部构成，在塔东盆地区由突尔沙克塔格组构成，三个层序均表现为快速海侵、缓慢海退特点，TOC 含量整体偏低，基本发育烃源岩。

1. 玉尔吐斯组有机质沉积环境与发育机制

在新元古代至早寒武世的重大地质转换期，塔里木陆块由南华纪至震旦纪经历了由裂陷至拗陷的演化过程，晚震旦世的“柯坪运动”使得区域整体抬升，在早寒武世全球范围的海侵作用下影响了整个塔里木陆块。塔西北地区以浅水缓坡沉积为主，而塔东北库鲁克

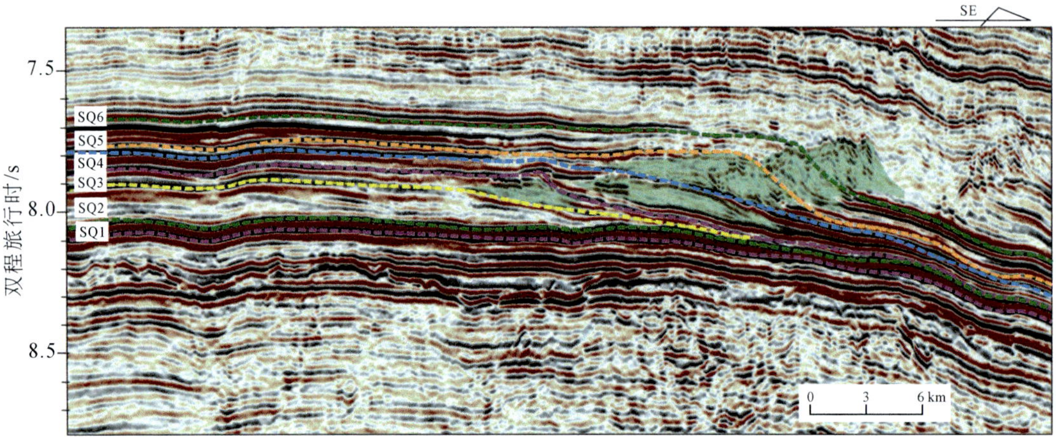

图 1.38　塔里木盆地北部拗陷寒武系烃源岩发育的地震层序剖面

塔格地区则以深水沉积为主，沉积了巨厚的硅质岩和泥岩，不发育浅水碳酸盐岩。地球化学特征表明塔东北地区的硅质岩同样为热液成因，说明早寒武世热液活动非常广泛，在浅水和深水地区均有记录。这些均表明早寒武世塔里木陆块存在强烈的伸展构造活动。硅质热液沿这些溶蚀缝洞和同生断层上升喷发，热液沉积中心发育厚层硅质岩和相伴生的滑塌构造。当热液作用逐渐消退，钙质泥岩和白云岩开始沉积。虽然与塔西北地区泥岩段厚度差异较大，但下寒武统泥岩同样可以分为两段，下部西山布拉克组主要为硅质泥岩，而上部西大山组主要为钙质泥岩。这表明塔西北和塔东北在早寒武世经历了相似的演化阶段。对塔西北地区的研究表明玉尔吐斯组第二段泥岩中存在大量放射性成因 Os 和 Nd，同时富集很多下地壳元素（如 V、Zn、Sr 等）。杨海波等（2005）报道了天山存在晚震旦世蛇绿岩。这些证据均表明南天山洋在早寒武世已经打开为一个成熟的大洋。尽管塔西北地区早寒武世还没有火山岩的报道，但是塔东北库鲁克塔格地区已发现大量形成于伸展背景下的双峰式火山岩，表明该时期塔东北地区存在着强烈的岩浆活动。南天山洋的打开标志着塔里木陆块北部在早寒武世已由裂谷盆地演变为被动大陆边缘。

1）柯坪地区玉尔吐斯组热液沉积模式

柯坪地区玉尔吐斯组硅质岩具有相对简单的物质组成和单一的结构构造，反映了一系列自生和成岩作用，具有较强的抵抗后期改造的能力，其来源主要有大陆来源、深部来源和生物来源三类。前寒武纪，硅质岩主要为非生物成因，到了显生宙，硅质岩则主要为生物成因。对西太平洋洋隆热液喷口处沉积物的研究发现，该处的沉积物富集 Fe 和 Mn，亏损 Al 和 Ti。一般来讲 Al 和 Ti 与陆源物质输入相关。Al/(Al+Fe+Mn)和 Fe/Ti 一般随时间变化较小，故可以指示和评估热液作用的影响。热液作用和非热液作用的 Al/(Al+Fe+Mn) 分别为 0.6 和 0.01，随着距离热液喷口越远，比值逐渐降低。同时，热液沉积物的 Fe/Ti 一般超过 15。

塔里木盆地西北部玉尔吐斯组的 Al/(Al+Fe+Mn)和 Fe/Ti 均值分别为 0.29 和 108.24，均反映了热液作用。在 Al-Fe-Mn 和 Fe/Ti-Al/(Al+Fe+Mn)图解上（图 1.39），多数样品也落入热液作用区，表明硅质岩主要为热液成因。稀土元素在沉积物成岩过程中有相似的地球化学行为，且很少受后期作用的影响，目前利用稀土元素地球化学特征示踪硅质岩来源和沉积背景已经较为成熟。海洋中硅质岩的稀土元素主要继承自海水，其次为海底热液及陆源碎屑。PAAS 标准化的海水稀土元素配分模式表现出强 Ce 负异常、轻稀土亏损、重稀土富集的特征。Eu 在正常海水条件下一般为+3 价，而+3 价 Eu 一般在还原环境或碱性条件下较为稳定。热液沉积物一般具有明显的 Eu^{2+} 正异常。本节所采样品 PAAS 标准化稀土元素配分模式以轻稀土亏损为主。库勒和什艾日克的样品显示出弱的 Eu 负异常至弱的 Eu 正异常，而昆盖阔坦的样品显示出中等 Eu 负异常，均体现出偏向海水的特征。虽然一些高温、富 SiO_2 的热液同样会显示出轻稀土亏损、无 Eu 富集的特征，但硅质岩内流体包裹体的均一温度显示硅质岩形成于 60～100℃的低温环境下，从而排除了这种高温热液的可能。

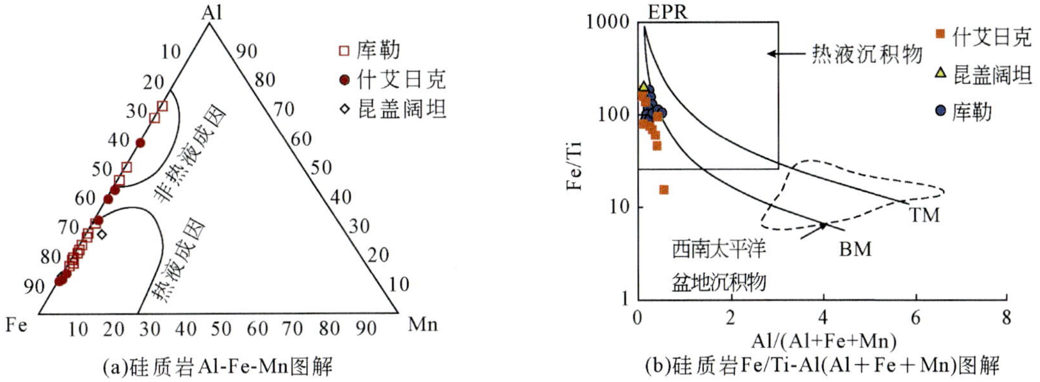

图 1.39　富含硅质岩的玉尔吐斯烃源岩沉积成因判识

EPR-东太平洋洋隆沉积物；TM-陆源泥质沉积物；BM-生物成因泥质沉积物

研究表明，热液流体在进入氧化的海洋环境后，会被海水稀释 1000～10000 倍，甚至更高，同时会受到热液喷口附近金属离子的沉淀作用的影响，导致热液喷口附近的海水呈现出正常海水与热液稀土元素特征叠加的现象。故在离热液喷口较远的位置，沉积物更容易受到海水的影响。野外可见奇格布拉克组顶部存在大量的缝洞，其中充填了硅质脉体。玉尔吐斯组的层状硅质岩厚度自北东（库勒）向南西（昆盖阔坦）逐渐减薄，且库勒相对发育更为完整，小型至大型垮塌构造和变形也在这个剖面更为体现，表明热液喷口离库勒剖面最近。第二段泥岩中硅质岩夹层减少，层厚逐渐变薄，表明热液作用逐渐减弱，第四段泥岩中已不含硅质夹层或结核，取而代之的是白云岩夹层，表明在这一时期热液作用已消退。

基于露头岩石的地球化学分析，将阿克苏地区下寒武统玉尔吐斯组分为两期海进-海退旋回（图 1.40）。沉积环境为缓坡台地。经过晚震旦世区域隆升之后，早寒武世塔里木盆地发生了大规模的海侵作用。第一期海侵过程中，低温硅质热液在库勒剖面附近喷发，导致了距离喷口较近的库勒和什艾日克剖面更厚的层状硅质岩及其伴生构造的形成，伴随着上升洋流作用，将大量多金属元素以及生命营养元素带入海洋，从而激发水体底栖菌藻的大繁盛。之后，当热液逐渐减弱，黑色页岩在缺氧水体和高生产力的背景下发生沉积，库勒剖面和什艾日克剖面位于内缓坡凹陷，沉积速率较高，而昆盖阔坦剖面则位于中-外缓坡，当海平面下降时，与物源区距离拉近，沉积了砂屑白云岩。最后，发生了第二次海侵作用，库勒和什艾日克剖面不发育第四段泥岩，表明第二次海平面上升幅度没有第一次大。这段泥岩已无硅质成分，取而代之的是含较多碳酸盐岩组分，表明硅质热液已经消退。第四段泥岩 TOC 含量和多金属元素含量较第二段泥岩明显偏低，表明生产力也有一定幅度下降。至第二次海退时期，主要发育瘤状和层状粉晶-泥晶白云岩。

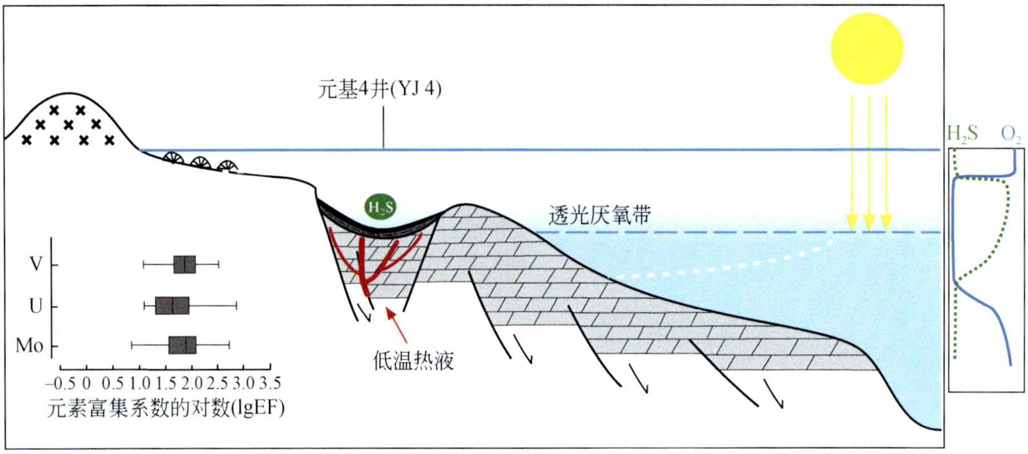

(a) 下部黑色岩系

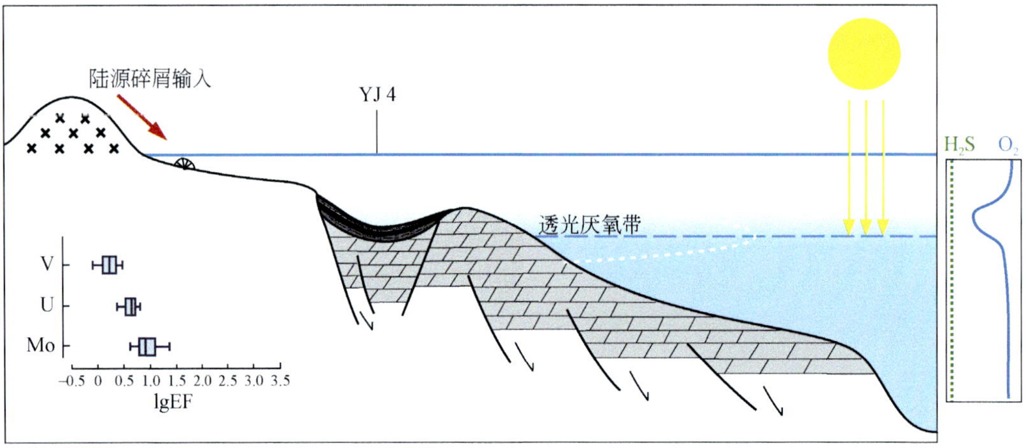

(b) 上部黑色岩系

图 1.40 塔西北早寒武世玉尔吐斯组的沉积模式

2）盆地中部硫化斜坡相玉尔吐斯组沉积环境

塔里木盆地下寒武统玉尔吐斯组相当于国际地层的纽芬兰统第二阶（Xiao et al.，2016），是目前塔里木盆地海相地层发现的分布范围最广、TOC 含量最高的烃源岩。台盆区东部寒武系盆地相水体较深，玉尔吐斯组沉积时期发育硅质岩，下寒武统主力烃源岩为西大山组，有机质碳同位素相对玉尔吐斯组较重（$\delta^{13}C$ 为−33‰～−31‰），其中盆地中部的下寒武统烃源岩中芳基类异戊二烯含量最高（图 1.41）。

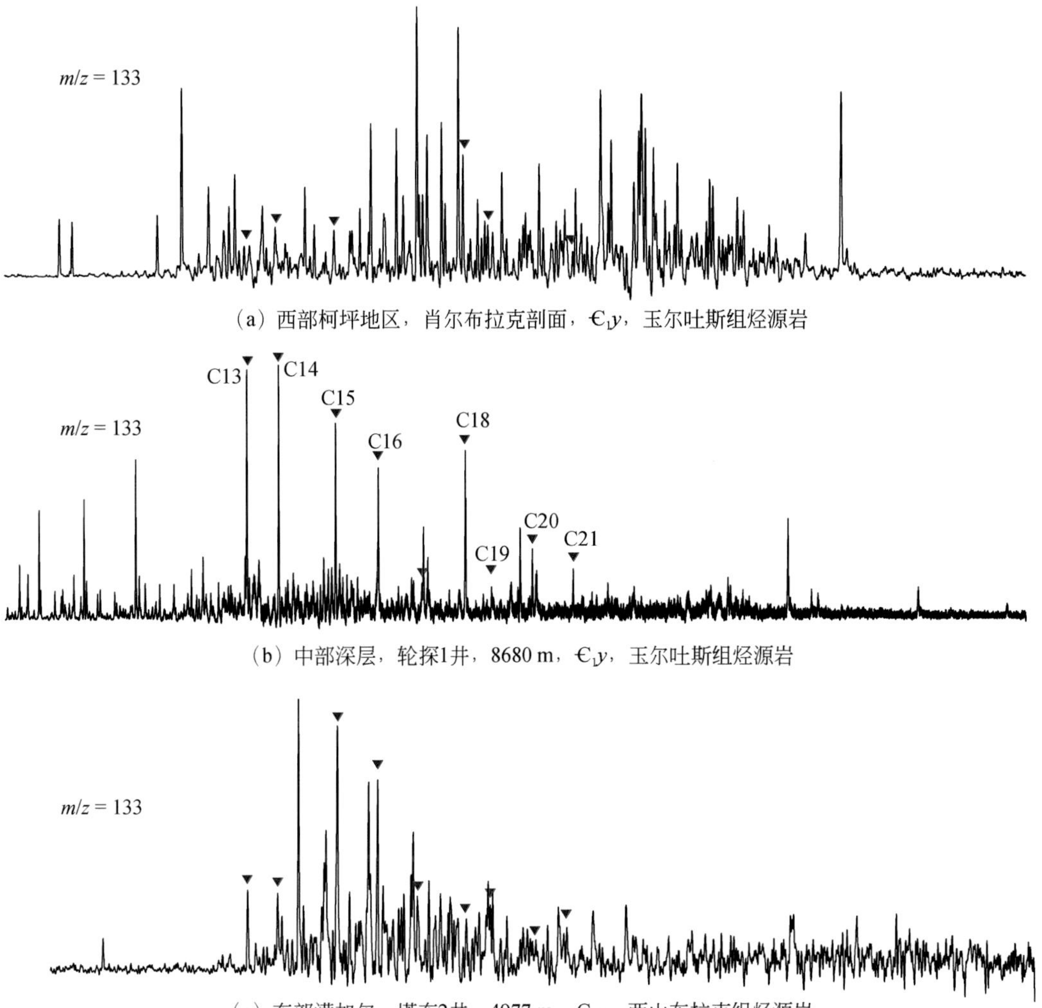

（a）西部柯坪地区，肖尔布拉克剖面，ϵ_1y，玉尔吐斯组烃源岩

（b）中部深层，轮探1井，8680 m，ϵ_1y，玉尔吐斯组烃源岩

（c）东部满加尔，塔东2井，4977 m，ϵ_1x，西山布拉克组烃源岩

图 1.41　东部下寒武统底部烃源岩中芳基类异戊二烯烃类化合物指示水体分层

根据塔北隆起超深层轮探 1 井和旗探 1 井揭示的烃源岩中富含 TMAIs，表明其是发育在具有缺氧带穿过透光带的水体环境中，主要的生物母质为光合自养菌。当淡水流入一个有海底山脊的海相盆地而该盆地又很少蒸发时，特别是当山脊将深部盐水与开阔海隔开时，就可能产生盐跃层或密度分层的水柱。正向水平衡导致表层水低盐度，而深部水则为高盐度，在一定深度就产生了永久盐跃层，盐跃层也是含氧和缺氧条件分界的化学跃层。缺氧水体穿越透光带，有机沉积物中异胡萝卜素和相关化合物的分布表明光合绿硫细菌（Chlorobiaceae）的存在，形成的特殊芳基类异戊二烯烃类化合物只分布在光合作用的细菌和属于光合作用厌氧菌的少数放射菌类中。玉尔吐斯组烃源岩形成于透光厌氧带分层水体，发育化学自养型绿硫细菌、紫硫细菌和产甲烷细菌等，所形成的干酪根有机母质的碳同位素偏轻，可达-37‰；水体相对不深，未见明显的硫化物沉积如黄铁矿，硫化物多被透光带绿硫细菌所消耗；重晶石沉淀发育，必须丰富的 SO_4^{2-} 和 CH_4 来源于化学自养型产甲烷细菌

的繁盛；Ni 和 Mo 等微量元素富集，指示了缺氧的沉积环境（Fang et al.，2023）；随着地质时代变新，大气含氧量升高，透光厌氧带消失，地层中有机碳同位素变重。

透光缺氧带发育绿硫细菌和产甲烷细菌，绿硫细菌产生 1-烷基-2,3,6 三甲基苯，在塔北原油中大量检出此类化合物（图 1.42），并且靠近西部的原油碳同位素偏轻，更能说明玉尔吐斯组烃源岩对塔北油气生成的贡献。

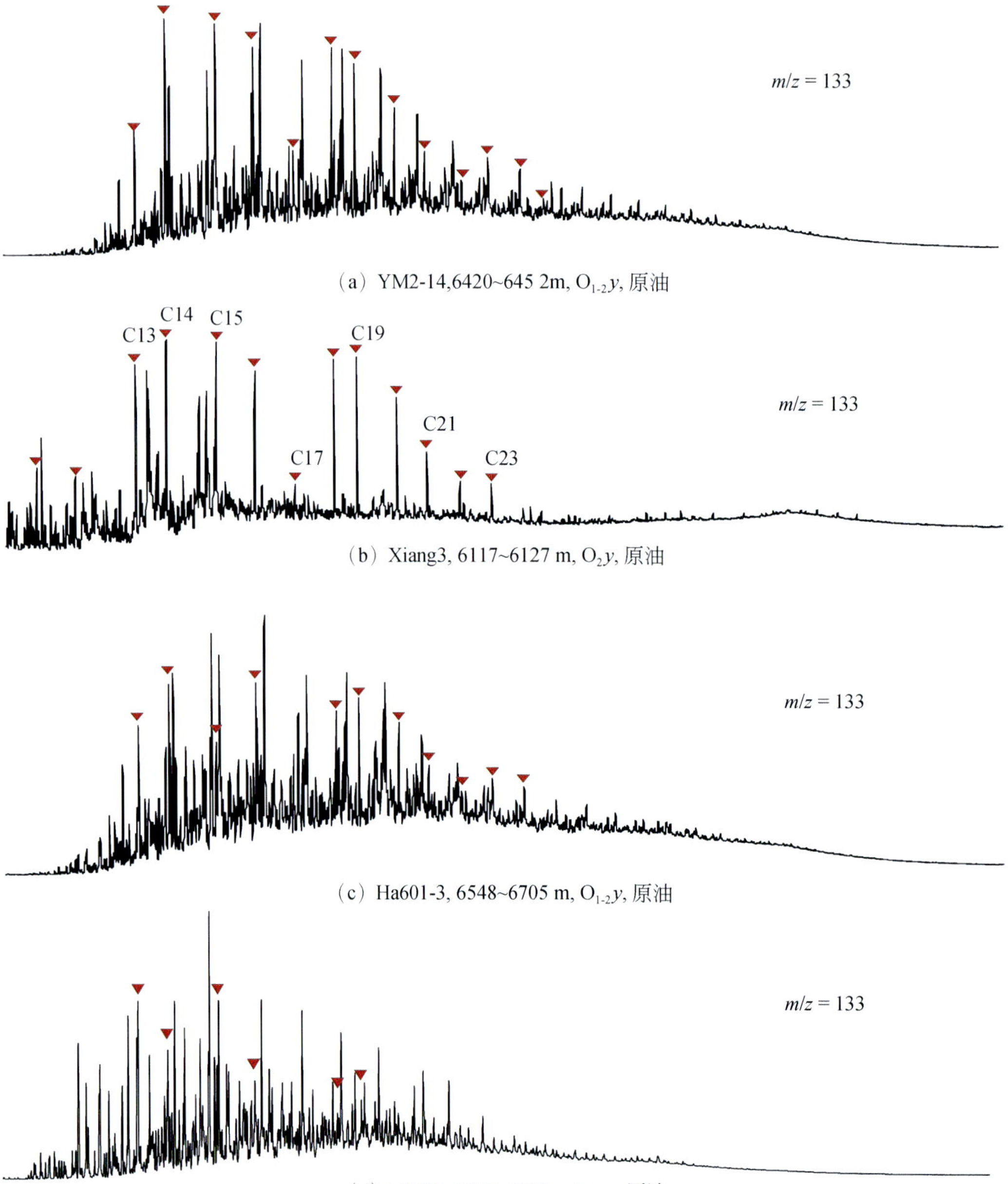

（a）YM2-14,6420~645 2m, $O_{1-2}y$, 原油

（b）Xiang3, 6117~6127 m, O_2y, 原油

（c）Ha601-3, 6548~6705 m, $O_{1-2}y$, 原油

（d）LN633, 5879~5899m, $O_{1-2}y$, 原油

图 1.42　塔北地区典型原油 1-烷基-2,3,6 三甲基苯化合物分布

3）塔东地区西山布拉克组深水大陆架沉积环境

塔里木盆地下寒武统玉尔吐斯组发现了分布完成的苯基类异戊二烯烃，指示烃源岩形成于透光厌氧带分层水体，发育化学自养型绿硫细菌、紫硫细菌和产甲烷细菌等，有机沉积物中异胡萝卜素和相关化合物的分布表明光合绿硫细菌的存在。塔里木盆地东部寒武系烃源岩干酪根碳同位素为-33‰～-30‰，可能生成的原油相对玉尔吐斯组来源的原油较富$\Delta^{13}C$。台盆区东部寒武系盆地相水体较深，与玉尔吐斯组沉积硅质岩不同，寒武系主力烃源岩有机质碳同位素相对玉尔吐斯组较重（$\delta^{13}C$ -33‰～-31‰）；有机质碳同位素较重（>-31‰）（图 1.43），中寒武统烃源岩芳基类异戊二烯含量低，指示浮游藻类对烃源岩有机质的贡献。

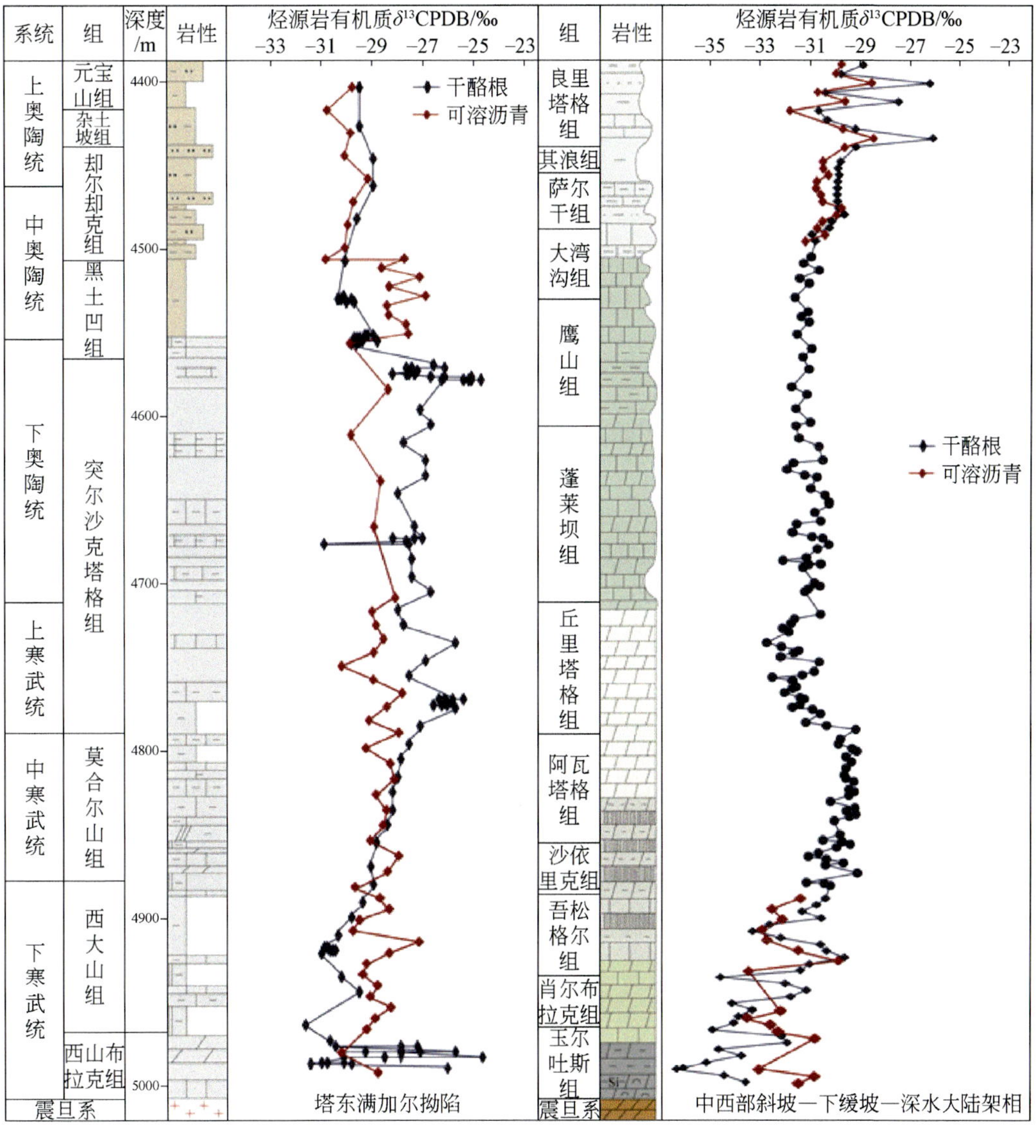

图 1.43　塔里木盆地东西部寒武系烃源岩有机质碳同位素与有机质类型差异

库鲁克塔格地区西山布拉克组干酪根镜检腐泥组含量为 80%～85%，平均为 83%，干酪根类型指数为 60～70，干酪根碳同位素为-31.7‰～-29.5‰，平均为-30.6‰，综合分析有机质类型为腐泥型。西大山组干酪根镜检腐泥组含量为 81%～92%，平均为 87%，干酪根类型指数为 62～84，平均为 73，干酪根碳同位素为-31.7‰～-29.6‰，平均为-30.8‰，综合分析有机质类型为腐泥型。莫合尔山组干酪根镜检腐泥组含量为 75%～91%，平均为 83.6%，干酪根类型指数为 50～82，平均为 67.2，干酪根碳同位素为-29.8‰～-26.6‰，平均为-28.3‰，综合分析有机质类型为腐泥-腐殖型。突尔沙克塔格组干酪根镜检腐泥组含量为 68%～88%，平均为 78.6%，干酪根类型指数为 36～76，平均为 57.2，干酪根碳同位素为-28.8‰～-28.0‰，平均为-28.2‰，综合分析有机质类型为腐泥-腐殖型。这与塔里木盆地西北乌什—柯坪地区的肖尔布拉克东二沟剖面不同，西北部玉尔吐斯组硅质岩为深褐色，内部含有丰富的有机质，以藻类体为主，藻类体以绿藻、底栖红藻为主（图 1.44）（储呈林等，2016）。

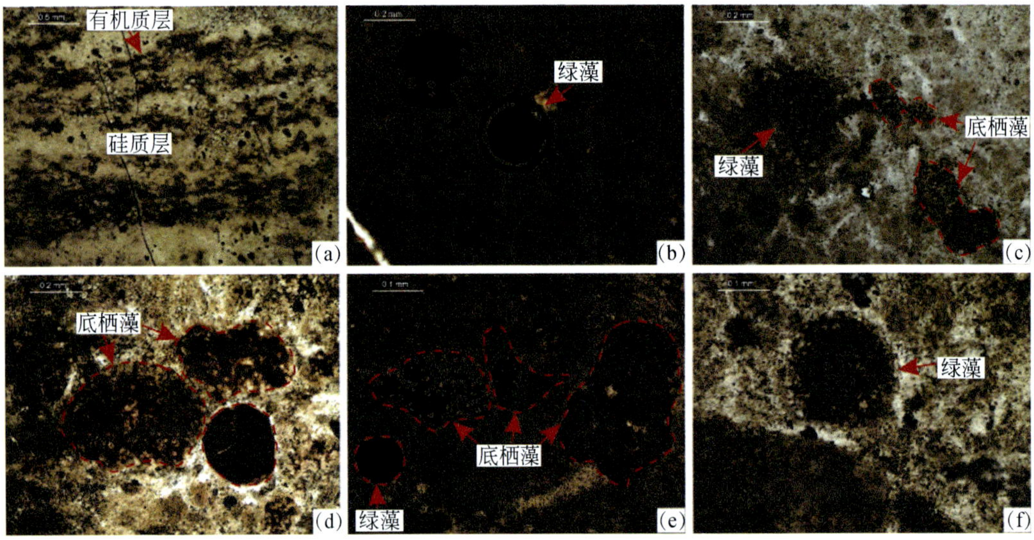

图 1.44 肖尔布拉克东二沟剖面玉尔吐斯组硅质岩生物特征（储呈林等，2016）

2. 玉尔吐斯组有利沉积相带

根据全球海相烃源岩沉积环境统计，73%的规模性海相烃源岩形成于大陆架和斜坡环境（金之钧，2011），主要为灰质或硅质泥页岩，特别是斜坡区处于台地和盆地的过渡区域，营养物源丰富、初级生产力繁盛，相对水体较深，在封闭缺氧、硫化水体和最低含氧带等环境下有利于富含有机质的灰泥岩、生物灰岩和硅质泥岩等烃源岩的形成。塔里木盆地寒武纪—奥陶纪经历了从被动到主动大陆边缘的转变，台内凹陷到台地隆升的构造演化，共发育了 4 期斜坡演化：①早中寒武世碳酸盐岩台地缓斜坡；②晚寒武世—早中奥陶世碳酸盐岩台地弱镶边斜坡；③晚奥陶世早期孤立型碳酸盐岩台地斜坡；④晚古生代台缘大型缓斜坡。通过成烃生物构成和沉积环境分析表明，塔里木盆地寒武纪—奥陶纪主要发育早寒武世的下缓坡厌氧水体和深水大陆架缺氧环境、早中奥陶世深水欠补偿凹陷和局限深水大陆架，以及晚奥陶世台缘斜坡环境的烃源岩。从整体上看，塔里木盆地海相烃源岩形成都与古隆起和台地的被动大陆边缘斜坡、深水大陆架相有关（图 1.45）。

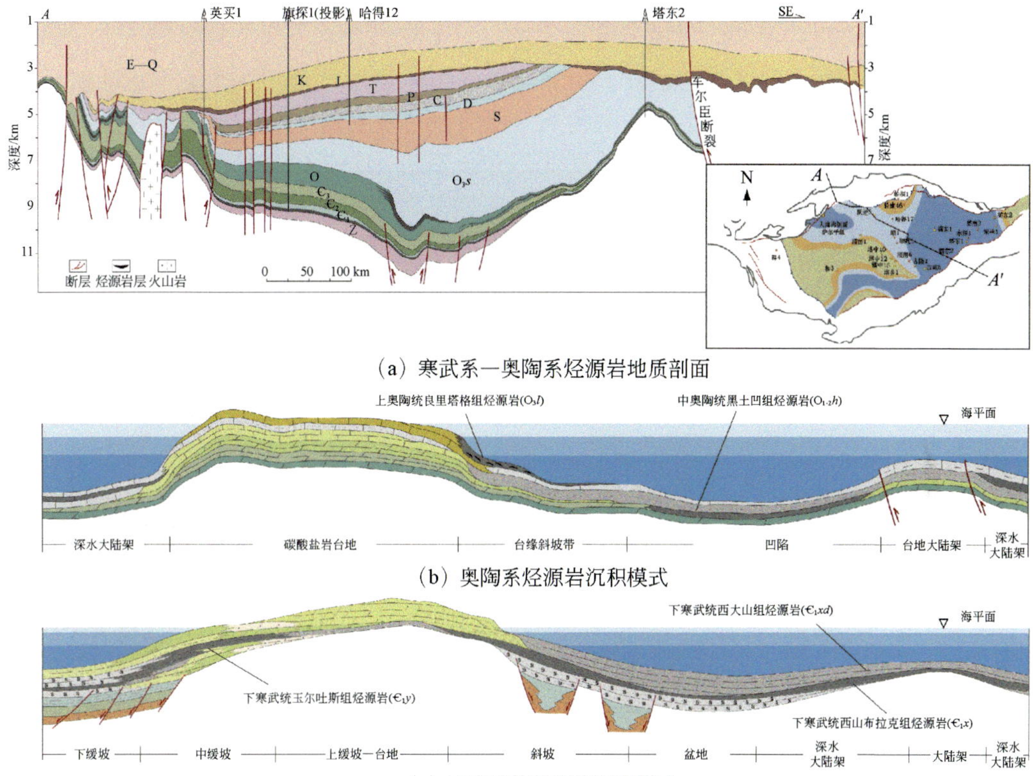

(a) 寒武系—奥陶系烃源岩地质剖面

(b) 奥陶系烃源岩沉积模式

(c) 下寒武统烃源岩沉积模式

图 1.45　塔里木盆地寒武系—奥陶系烃源岩地质剖面与沉积模式对比

塔里木盆地早寒武世继承了震旦纪晚期被动大陆边缘的构造背景，形成了被动陆缘斜坡带，下寒武统玉尔吐斯组和西山布拉克组层状硅质岩记录了热液活动，反映了塔里木盆地早寒武世活跃的伸展构造。管树巍等（2019）通过统计柯坪和库鲁克塔格露头，以及星火 1 井、塔东 2 井等下寒武统底部层状硅质岩厚度，发现其分布与早寒武世同沉积构造活动有关，进而预测北东东—东西向的南华纪—早寒武世裂谷中沉积了厚度可达 250 m 的玉尔吐斯组。但是玉尔吐斯组黑色页岩中 Mo/TOC（钼元素质量分数与总有机碳质量分数的比值）分布在 4.97～8.11，与现代黑海（4.51）和挪威 Framvaren 峡湾（9.2）的比值接近（Algeo and Lyons，2006），表明塔里木西北部早寒武世的沉积水体可能与外海水体交换不畅，这也与玉尔吐斯组黑色页岩富含 TMAIs 所指示的硫化厌氧环境相一致。同时值得关注的是，玉尔吐斯组烃源岩可溶有机质富 ^{13}C，而干酪根碳同位素富 ^{12}C，出现同位素倒转现象，据推测这与有机质传输、沉降过程中受到细菌微生物改造作用有关。这种倒转现象在前寒武系沉积有机质中普遍存在，这主要是由于前寒武纪海洋生态群落以超微浮游生物为主，微体生物经过水柱至沉积界面遭受了异样生物的降解（Logan et al.，1995）。但是这种现象并未在西山布拉克组的烃源岩中发现，在最新钻探的轮探 1 井（紧邻早寒武世同沉积构造）（图

1.46)，玉尔吐斯组烃源岩中也不发育层状硅质岩。因此认为塔里木盆地下寒武统烃源岩整体呈现被动陆缘背景发育模式，东部为偏深水大陆架沉积，西部为局限的下缓坡沉积。

3. 玉尔吐斯组烃源岩发育规模与分布

塔里木北部早寒武世盆地形成于埃迪卡拉纪与寒武纪之交，这个时期记录了一系列重大的构造、生物与环境演变事件，在此背景下，塔里木北部发育下寒武统玉尔吐斯组黑色烃源岩。目前塔里木盆地只有 1 口井钻揭玉尔吐斯组，厚度为 33 m，另塔东地区有 6 口井钻遇与其可能同期的西山布拉克组，厚度在 100 m 以下。部分研究在讨论玉尔吐斯组烃源岩分布时，一般不包含西山布拉克组，并用中寒武世“东盆西台”的古地理格局去限定玉尔吐斯组的分布，即以中寒武世近南北向台缘带为界，东侧的玉尔吐斯组烃源岩属盆地相，厚度为 10～20 m；西侧是台地相，最大厚度约 50 m。塔里木盆地和四川盆地的中下寒武统层序非常相似，然而在四川盆地，早寒武世筇竹寺期和早寒武世龙王庙期的古地理格局却迥然不同，标志就是筇竹寺期南北向裂陷槽的消亡和龙王庙期川中古隆起的形成。因此，以中下寒武统蒸发岩的出现为标志，中寒武世的古地理格局发生了重大变化，用中寒武世的古地理去推断早寒武世的古地理可能是不可靠的。应该从前寒武纪构造背景出发，探讨早寒武世盆地的形成机制，以及玉尔吐斯组烃源岩和肖尔布拉克组储层沉积时期的构造古地理格局，以建立烃源岩发育与预测模式，为塔里木盆地下寒武统以下的深层—超深层勘探提供烃源岩分布规模的依据。

二、塔里木盆地早寒武世断裂活动与烃源岩分布预测

塔里木北部下寒武统底部普遍发育黑色页岩和层状硅质岩组合，向上硅质含量显著减少。硅质岩样品主量、微量和稀土元素研究表明，层状硅质岩主要为热液成因（张春宇等，2019）。包裹体均一温度显示该热液形成温度在 40～200℃，早期为富硅低温（＜100℃）热液，后期为相对高温（＞100℃）贫硅热液。

在阿克苏—柯坪地区，可见震旦系奇格布拉克组顶部存在大量的缝洞，其中充填了硅质脉体。库勒剖面玉尔吐斯组底部的层状硅质岩厚度最大，且发育与热液喷涌相关的流动构造，而在其西南方向的昆盖阔坦剖面，层状硅质岩厚度显著减小。这些现象可能表明，库勒剖面离热液喷口较近，因而层状硅质岩厚度较大，且发育与热液喷涌相关的变形构造；而昆盖阔坦剖面离热液喷口较远，因而层状硅质岩厚度减小。在库鲁克塔格北区，乌里格孜塔格和恰克马克铁什剖面层状硅质岩厚度大于 50 m，南区雅尔当山剖面厚度仅约 10 m，且泥质成分显著增加；而古水深最大的尉犁 1 井（钻遇含黄铁矿泥岩）却不含层状硅质岩，塔东隆起上也没有一口井钻遇层状硅质岩。这些特征表明，层状硅质岩的发育与水深无关，而可能与热液喷口的距离有关，靠近热液喷口的位置硅质岩厚度大；距离热液喷口越远，层状硅质岩厚度越小。

下寒武统底部层状硅质岩的成因对于探讨早寒武世盆地的形成具有重要意义。早寒武世原地硅质热液活动反映了南华纪裂陷边界或内部断裂在伸展环境下的再活动，层状硅质岩可能只发育在南华纪断裂附近（图 1.46）。而在盆地内部，这些再活动的南华纪裂陷则表现出同沉积构造特征，控制了早寒武世盆地和玉尔吐斯组烃源岩的分布。

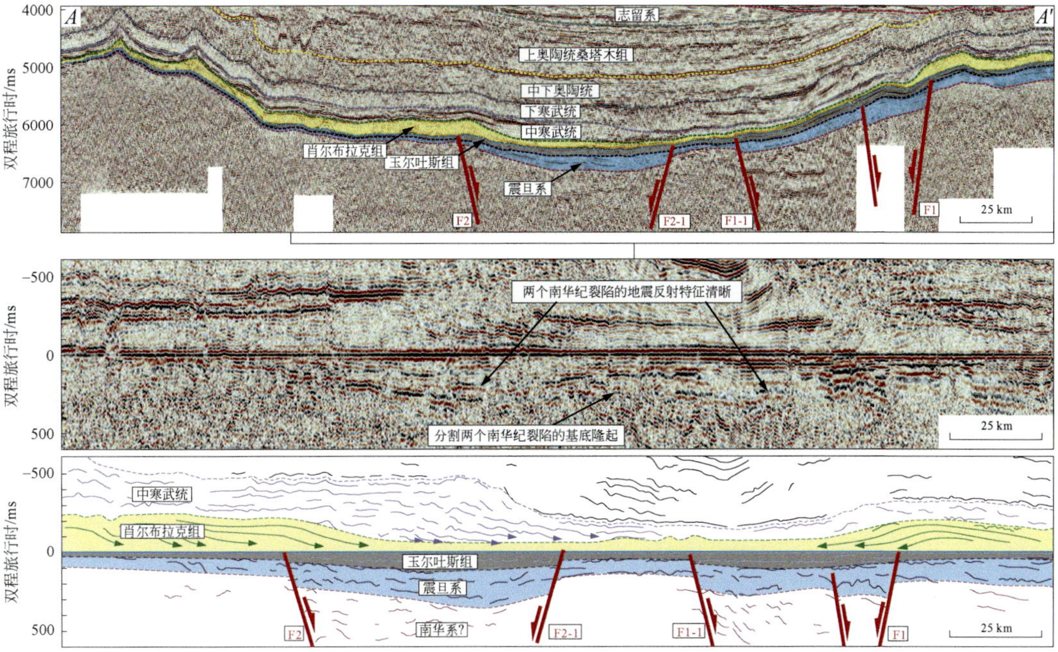

图 1.46　塔里木北部早寒武世同沉积断裂二维地震解释剖面

（一）玉尔吐斯沉积时期的岩相古地理

早寒武世的同沉积构造可能主要发生在南华纪裂陷得以保存的地区。从寒武系与前寒武系之间的接触关系推断，塔北隆起南斜坡和塔中隆起北斜坡西段的前寒武系和寒武系之间主要为平行不整合（Li et al.，2012；Hunt，1996），反映震旦纪末期构造活动较弱，南华纪裂陷得到了保存；而巴楚隆起、塔中隆起东段和塔东隆起的前寒武系与寒武系之间为削截/角度不整合，反映了南华纪裂陷在震旦纪末期遭受了抬升剥蚀。此外，这 3 个构造位置所有钻穿下寒武统的钻井中没有一口井钻遇层状硅质岩，也说明南华纪裂陷沉积在震旦纪末期抬升中已基本剥蚀殆尽，因而缺少沟通深部硅质热液上升的通道。因此，根据南华纪裂陷的保存状态及早寒武世同沉积断裂活动的发生位置，可以推测玉尔吐斯组沉积时期与肖尔布拉克组沉积时期的古地理格局。

塔里木北部早寒武世早期的盆地形态可能表现为箕状断陷特征（图 1.47）。塔北隆起南斜坡和塔中隆起北斜坡西段的南华纪裂陷在早寒武世发生活动，边界断裂下降盘沉积了较厚的玉尔吐斯组；而塔东隆起区的南华纪裂陷在震旦纪末期遭受抬升破坏，因而在早寒武世盆地的沉降过程中表现为向西缓倾的斜坡。至肖尔布拉克组沉积时期，塔北隆起南斜坡和塔中隆起北斜坡西段的同沉积断裂上升盘形成弱镶边台地，发育台缘滩礁体（图 1.47），而塔东地区则形成混积型台地，以碎屑岩沉积为主。此外，地震资料揭示满加尔坳陷的下寒武统向塔东隆起区存在逐层超覆和减薄的现象（Yu et al.，2011），也说明塔东地区在早寒武世位置较高，接近物源区。

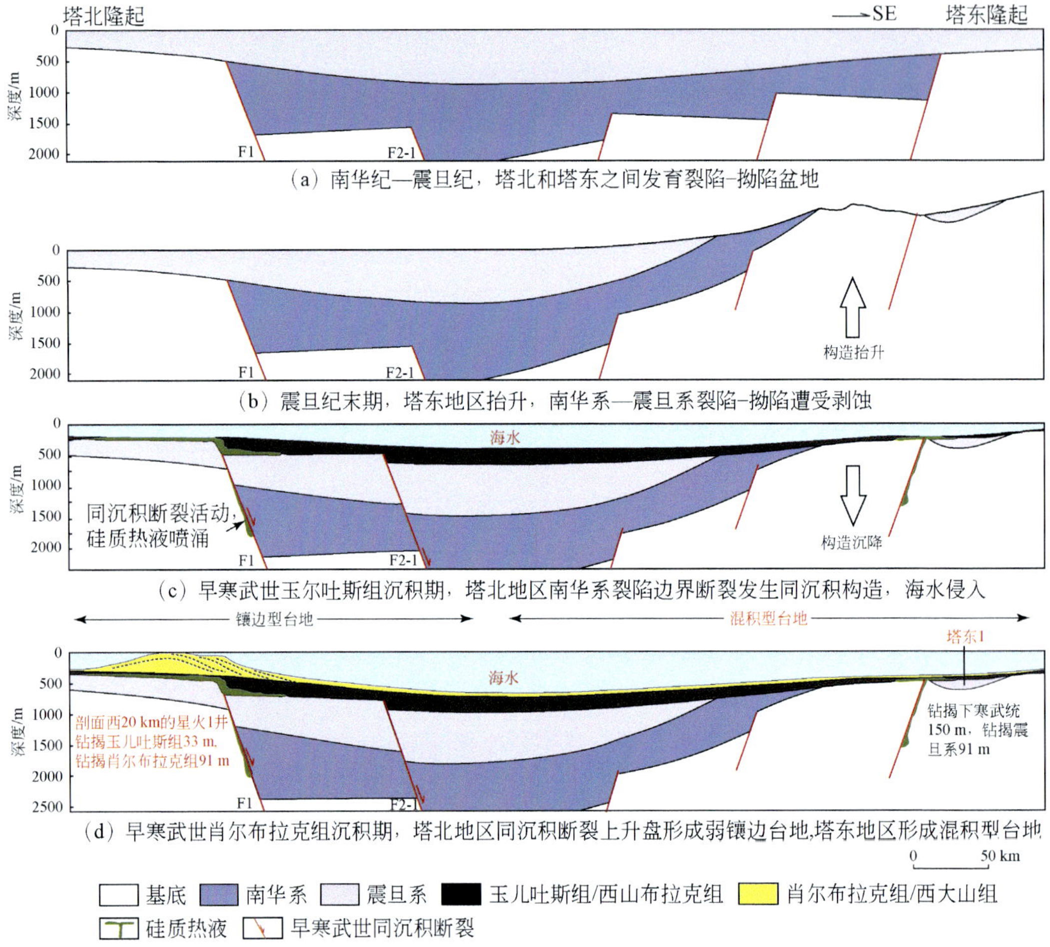

图 1.47 塔里木北部震旦纪末期至早寒武世构造演化剖面

早寒武世同沉积断裂的活动强度（断距）不仅控制了下降盘玉尔吐斯组的厚度，也可能控制了肖尔布拉克组台缘滩礁体的规模（图 1.48）。如塔中隆起北斜坡中段的同沉积断裂 F2 活动强度最大，形成的陡坎高差也大，其上发育较大规模的台缘滩礁体；而向西随着断距减小，陡坎高差也减小，其上的台缘滩礁体规模也逐渐变小；当断距消失时，陡坎变为缓坡，台缘礁滩体消失，台地类型也由镶边型转变为缓坡型（图 1.48、图 1.49）。塔北隆起南斜坡也有相似特征，随着同沉积断裂 F1 的断距向西减小，其上盘的肖尔布拉组台缘礁体的规模也逐渐变小，直至消失（图 1.49）。此外，同沉积断裂 F1-1 和 F2-1 夹持的垒块分割了玉尔吐斯组沉积时期南北两个沉降中心，肖尔布拉克组沉积时期海侵后，处于外缓坡环境，但位置较高，其上可能发育藻丘沉积（图 1.49）。

（二）早寒武世同沉积构造与烃源岩分布预测

南华纪裂陷在早寒武世的同沉积构造使得早寒武世早期盆地的沉降和沉积中心与南华纪裂陷位置是完全叠合的，即早寒武世早期沉积盆地与南华纪裂陷盆地具有显著的继承关系。此外，目前依据钻井控制的玉尔吐斯组主要分布在中央隆起带以北（潘文庆等，2015；杜金虎和潘文庆，2016；陈永权等，2015），呈东西向展布，这与中央隆起带以北在南华纪发育近东西向走向的弧后裂陷盆地的位置也是一致的。

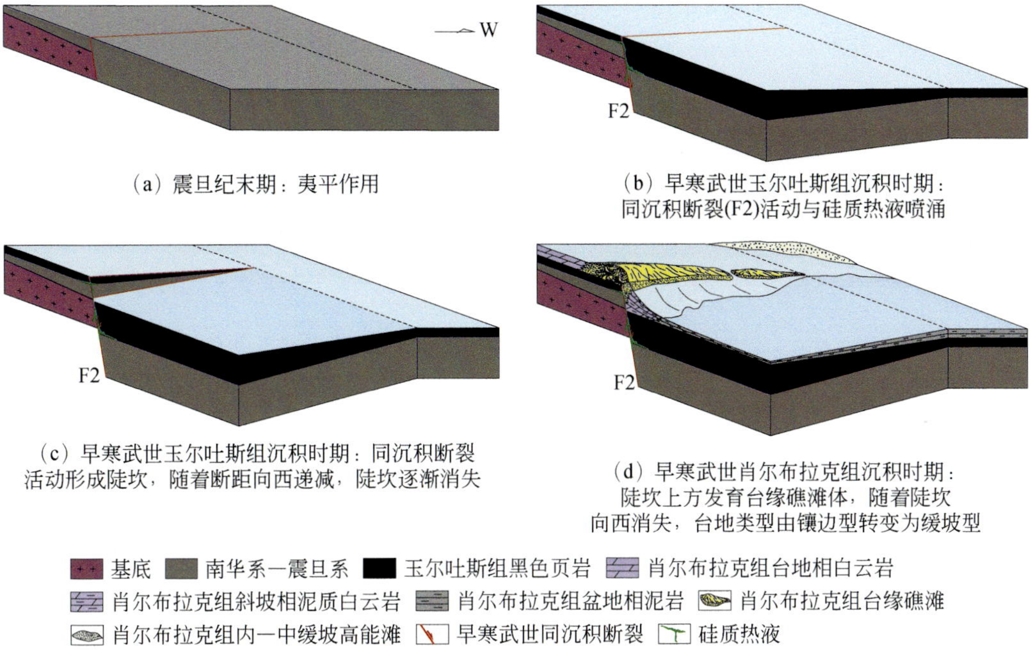

图 1.48　塔中隆起北斜坡同沉积断裂（F2）断距沿走向变化对台地类型的控制

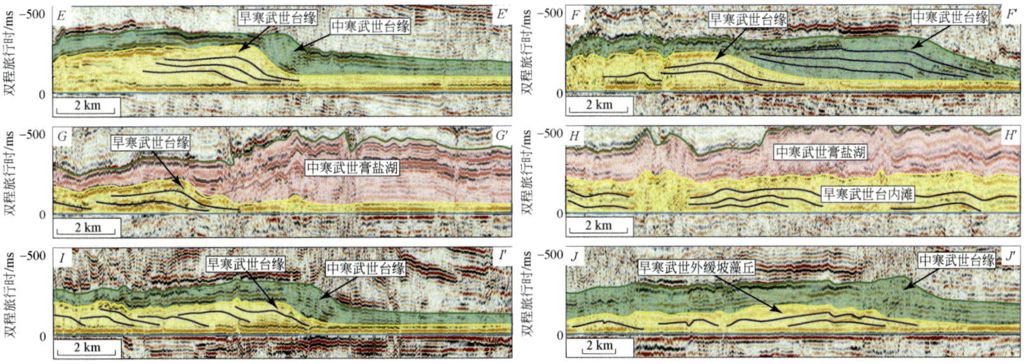

图 1.49　塔中北斜坡和塔北南斜坡肖尔布拉克组沉积结构解释剖面

塔北隆起南斜坡的三维地震资料显示南华纪裂陷在早寒武世具有同沉积构造特征，如玉尔吐斯组和南华系—震旦系在同沉积断裂下降盘显著增厚，地震反射轴数量也显著增多，且玉尔吐斯组存在较明显的向西超覆现象，最大预测厚度可达到 200～250 m，而同沉积断裂的上升盘则是肖尔布拉克组台缘礁滩体的发育位置。这种特征证实盆地内部的南华纪裂陷在早寒武世发生了再活动，边界断裂下降盘的沉降与下寒武统玉尔吐斯组沉积同步发生，沉降幅度越大，玉尔吐斯组沉积越厚。利用三维地震资料确定的同沉积构造解释模式，在拼接处理的二维地震资料上开展构造解释，共识别出较可靠的早寒武世同沉积断裂主要有 4 条（F1、F1-1、F2、F2-1），分别位于塔北隆起南斜坡和塔中隆起北斜坡西段，呈北东东向延伸。这 4 条同沉积断裂控制了两个近东西向延伸的玉尔吐斯组沉积时期的沉积中心，以 120 m 厚度计算，这两个沉积中心的长度约为 300 km，宽度 50～80 km，面积 20000～23000 km^2（图 1.50）。

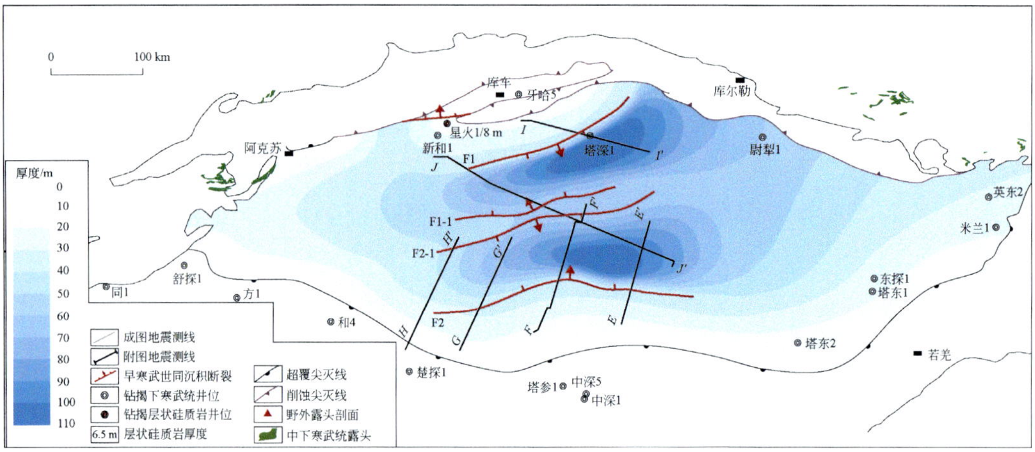

图 1.50　塔里木北部下寒武统玉尔吐斯组/西山布拉克组厚度图

第四节　四川盆地及周缘深层烃源岩分布预测

自 2011 年高石 1 井在震旦系灯影组获重大突破后，德阳–安岳拗陷内寒武纪早期烃源岩引发大量关注（夏国栋等，2018；刘树根等，2016，2018）。为了寻找类似优质烃源岩，在四川盆地掀起了一个裂陷及烃源岩相关研究的高潮，关注点并不局限于寒武纪早期层位，而是扩展到震旦系陡山沱组和南华系大塘坡组等更古老的层位（汪泽成等，2019；朱光有等，2021；王剑等，2023；谢增业等，2017；李婷婷等，2021）。其中已知的大塘坡组分布于黔东北–湘西–鄂西一带，四川盆地范围内尚未钻遇，因而关注度略低，而陡山沱组的关注度仅次于寒武纪早期层位。

一、四川盆地震旦纪—寒武纪转换期烃源岩发育环境

一般而言，烃源岩的生烃能力与沉积有机质丰度和类型密切相关，沉积有机质的富集主要受控于生物繁盛及有利的埋藏、保存环境（Piper and Perkins，2004），而生物群繁盛程度与古气候、古海洋等环境因素密切相关，埋藏、保存环境更多地受控于构造–沉积古地理背景。搞清楚这些影响因素是烃源岩分布预测的前提。

（一）大气–海洋–生物的发展背景

由于原核生物很难在地质记录中保存下来，沉积有机质的来源主要是真核生物的残留

物质。根据已有的化石记录，最早的真核生物可能出现于中元古代早期长城纪（相当于国际地质年代表中的古元古代晚期固结纪），现代生物分子钟研究也认为真核生物可能出现于1866～1679 Ma（Parfrey et al.，2011）。油气勘探实践表明，中元古代之前几乎不发育烃源岩，中元古代有少量烃源岩，显生宙的烃源岩才是主力，这也支持了真核生物埋藏构成主力生烃物质的判断。

元古宙的真核生物演化被划分为四个阶段（张凤廉等，2021）：2.45～1.70 Ga 可能已经出现了真核生物，但缺乏确凿的化石证据；1.70～0.8 Ga 为缓慢演化阶段，从长城纪的具刺疑源类，到蓟县纪的圆形 *Chuaria*、椭圆形 *Tawuia* 及分米级线形宏观真核藻类（Kumar，2001；Zhu et al.，2016），直至新元古代早期出现的个体较大（5～20 mm）的并由叶状体、拟茎及固着器三部分组成的 *Longfengshania*（杜汝霖和田立富，1985），显示了真核生物由简单向复杂的进化趋势；800～635 Ma 为剧烈波动阶段，除了早期已经出现的简单类型（如圆盘状、细带状和带状）外，新类型（如棒状、扇状、分枝状）也开始出现（Ye et al.，2015；叶琴，2018）；635～541 Ma 为快速辐射期，生物结构更为复杂，组织分化更明显，分异度和丰度均显著增加（Xiao et al .，2002；Yuan et al.，2011）（图 1.51）。

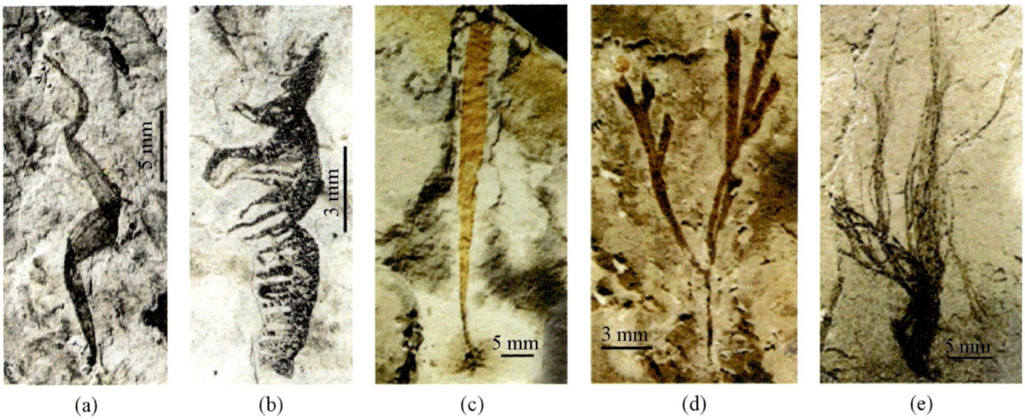

图 1.51　三峡地区大塘坡组与陡山沱组主要宏体藻类化石

（a）文德带藻；（b）似平行藻的未命名化石；（c）带状棒形藻；（d）直立崆岭藻；（e）中华拟浒苔。
图（a）、（b）引自叶琴（2018）；图（c）、（d）、（e）引自袁训来等（2002）

有观点认为真核生物的发展与繁盛可能与大气氧含量的增高有关（Och Lawrence and Shields-Zhou，2012）。地球化学研究发现地球大气圈发生过两次增氧事件：2.4 Ga 之前低于 0.01% PAL（现代大气水平），2.4 Ga 时发生第一次增氧事件，但增长缓慢，直至 0.8 Ga 仍低于 10% PAL；距今 0.8 Ga 发生第二次增氧事件，大气氧含量明显上升，达到或接近显生宙水平（Lyons et al.，2014）。震旦系陡山沱组黑色页岩中，Mo、V 等氧化还原敏感性元素的含量突然上升，表明陆上有氧风化显著增强，使得海洋中 Mo、V 的输入通量大大增加，也反映了大气氧含量的升高（Sahoo et al.，2012）。第二次增氧事件与真核生物在新元古代的辐射发展在时间上比较切合，似乎是增氧事件促进了真核生物的辐射。但两者的因果关系并无定论，也可能是真核生物的发展引发了增氧事件（谢树成等，2011；Brocks et al.，2017）。

海洋分层硫化理论对此提出了另一种解释，认为硫化水体会限制海洋中真核生物固氮必需元素（Mo、V 等）的浓度（Anbar and Knoll，2002），受大陆聚合、裂解影响，海洋底部水体在铁化、硫化和氧化之间切换，进而影响了真核生物的演化（Wang et al.，2017）。研究表明，四川盆地东南缘的南华裂陷中陡山沱组真核生物化石的分布受到了海洋硫化条件的控制（王林，2012），海洋化学条件也对四川盆地寒武纪早期的生物繁盛起到重要作用（金承胜，2015；张子虎，2019）。

尽管震旦纪-寒武纪转折期生物快速辐射和生态扩张与海洋氧化还原状态的关系得到了很多关注，但由于部分地层缺失及时代约束不精确，以及海洋化学状态的空间差异性，很多细节尚未得到很好研究，也存在分歧。海洋化学变化过程与生物辐射的关系仍有待深入研究。

（二）冰期-间冰期交替的古气候背景

新元古代最显著的气候特征是冰期-间冰期的旋回，在距今 850～635 Ma 期间地球曾经发生过几次冷却事件，在当时冰川覆盖了地球表面大部分的面积，而碳循环波动也造成了地层记录中的几次 δ^{13}C 异常事件（图 1.52）。随着高精度锆石年龄数据的出现，对这些冰川事件的期次、开始时间和结束时间逐步取得共识，目前一般认为新元古代发生了四次全球性冰期，分别是 Kaigas 区域性冰川事件（约 750 Ma）、Sturtian 冰期（718～660 Ma）、Marinoan 冰期（651～635 Ma）和 Gaskiers 区域性冰川事件（约 580 Ma 或约 551 Ma）（赵彦彦和郑永飞，2011）。

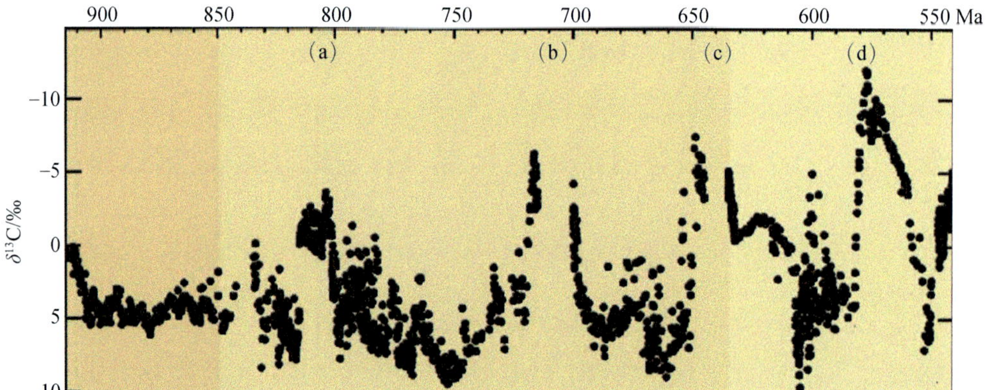

图 1.52　新元古代碳同位素 δ^{13}C 曲线与四次冰期（Saltzman and Thomas，2012）

（a）Bitter Spring 碳同位素异常；（b）Sturtian 冰期；（c）Marinoan 冰期；（d）Gaskiers 区域性冰川事件

注：由于对 Kaigas 区域性冰川事件起止时间和分布广度认识不一，成冰纪 Cryogenian 的起始年龄在 2016 年从 850 Ma 修订为 720 Ma，从而将 Kaigas 区域性冰川事件归于拉伸纪 Tonian。我国的南华纪起始年龄在 2000 年暂定为 800 Ma，2013 年修订为 780 Ma，今后也可能会调整

Marinoan 冰期的全球化程度最高，对应于通常所说的“雪球地球”事件，此事件在华南扬子区形成了南沱组的大规模冰碛岩。Sturtian 冰期可能属于滨海—大陆边缘相沉积，其沉积物主要在海洋到大陆边缘的过渡地区发育，在华南主要分布于扬子克拉通东南缘区，

层位相当于长安组、富禄组和古城组等（张启锐和储雪蕾，2006）。在 Sturtian 冰期前，发生了 Bitter Springs 碳同位素负漂移（约 800 Ma），被认为是一次全球变冷事件，然后发育了 Kaigas 区域性冰川事件（约 750 Ma），这次事件在华南并没有可靠的沉积学证据，但在岩石和矿物的稳定同位素异常方面提供了线索（冯连君等，2003；王自强等，2006；Zheng et al.，2007，2008）。Gaskiers 区域性冰川事件主要分布于加拿大纽芬兰、阿巴拉契亚、挪威北部。华南地区缺少这次冰川沉积记录，陡山沱组和蓝田组中碳氧同位素的异常指示了冰川融水的影响（Zhu et al.，2007；Zhao and Zheng，2010），但陡山沱组的年龄将 Gaskiers 区域性冰川事件约束在约 551 Ma，与纽芬兰东部地层年龄限定的 Gaskiers 区域性冰川事件的时间（约 580 Ma）（Bowring et al.，2003）差异较大。

冰期-间冰期的成因尚无定论，可能的原因包括日地轨道控制的天文旋回，以及地球本身的火山活动和超大陆聚散等（Hays et al.，1976；Kump，2000）。可以肯定的是，新元古代的冰期-间冰期旋回对烃源岩发育有显著影响。湘西-黔东的大塘坡组伏于南沱组冰碛岩（Marinoan 冰期）之下，其下伏层位为长安组和富禄组（Sturtian 冰期），岩性以黑色含锰泥岩、粉砂岩为主，底部 TOC 质量分数介于 0.43%～8.50%，平均 3.71%（谢增业等，2017）。震旦系陡山沱组（635～550 Ma）上覆于南沱组之上，是最大冰期后的沉积物，在城口一带陡二段 TOC 质量分数平均值为 2.16%，陡四段 TOC 质量分数平均值为 5.6%（朱光有等，2021）。这表明间冰期和冰后期是有利于烃源岩发育的时间点，这期间气温快速转暖、冰川迅速融化，进而导致海平面快速上升，使得水体变深，可能引起水体分层和深部缺氧，同时冰川融化使得陆表径流增加，营养物质输入海洋，引起低等生物繁盛。以上一系列事件耦合作用下，最终控制了烃源岩发育。

（三）克拉通拗陷发育的古构造背景

研究认为，新元古代罗迪尼亚超大陆聚散事件对扬子克拉通的早期发展有显著影响（Zhao et al.，2004；Li et al.，2008）。扬子板块形成于中元古代末期（花友仁，1995），并在新元古代初与华夏板块拼合形成统一的华南板块，开始接受共同的盆地物源及沉积（白晓等，2011）。新元古代中期，扬子板块由挤压性构造背景转变为拉张环境，板块西缘的康滇裂谷、东南缘的南华裂谷和扬子北缘裂谷同时开启（卓皆文等，2013）。这些裂谷都经历了早期“晋宁-四堡”造山运动时期的裂谷基形成，中期地幔柱上隆引起的“V”字形裂谷体形成与充填，以及后期冷却被动沉降与裂谷盖形成三个演化阶段；与之对应的是一套特定的裂谷盆地沉积序列（图 1.53）：由早期以火山碎屑岩相组合、淹没碳酸盐台地及欠补偿盆地黑色页岩相组合为主，逐步过渡到中后期冰碛岩-碳酸盐岩组合为主，反映了裂谷发育阶段由陆到海、由地堑-地垒相间盆地到广海盆地、由浅海到深海的演化过程（王剑等，2001；杨志如等，2014；钟勇等，2013）。

航磁和重力异常分布显示四川盆地基底岩性分布具有显著不均匀性[图 1.54（a）、（b）]，而且地震资料也显示出盆地内部深层可能存在裂谷。一般而言，震旦系及以上层位的地震反射波组较为连续，震旦系之下大多杂乱，但局部地区出现层状反射，与两侧的杂乱反射突变接触，整体呈现出垒堑构造样式，推测是新元古代中期裂谷活动的反映［图 1.54（c）］。通过对地震剖面追踪解译，刻画了几条盆地内的隐伏裂谷［图 1.54（a）、（b）中红色虚线］，这些裂谷可能对烃源岩的发育产生一定影响。

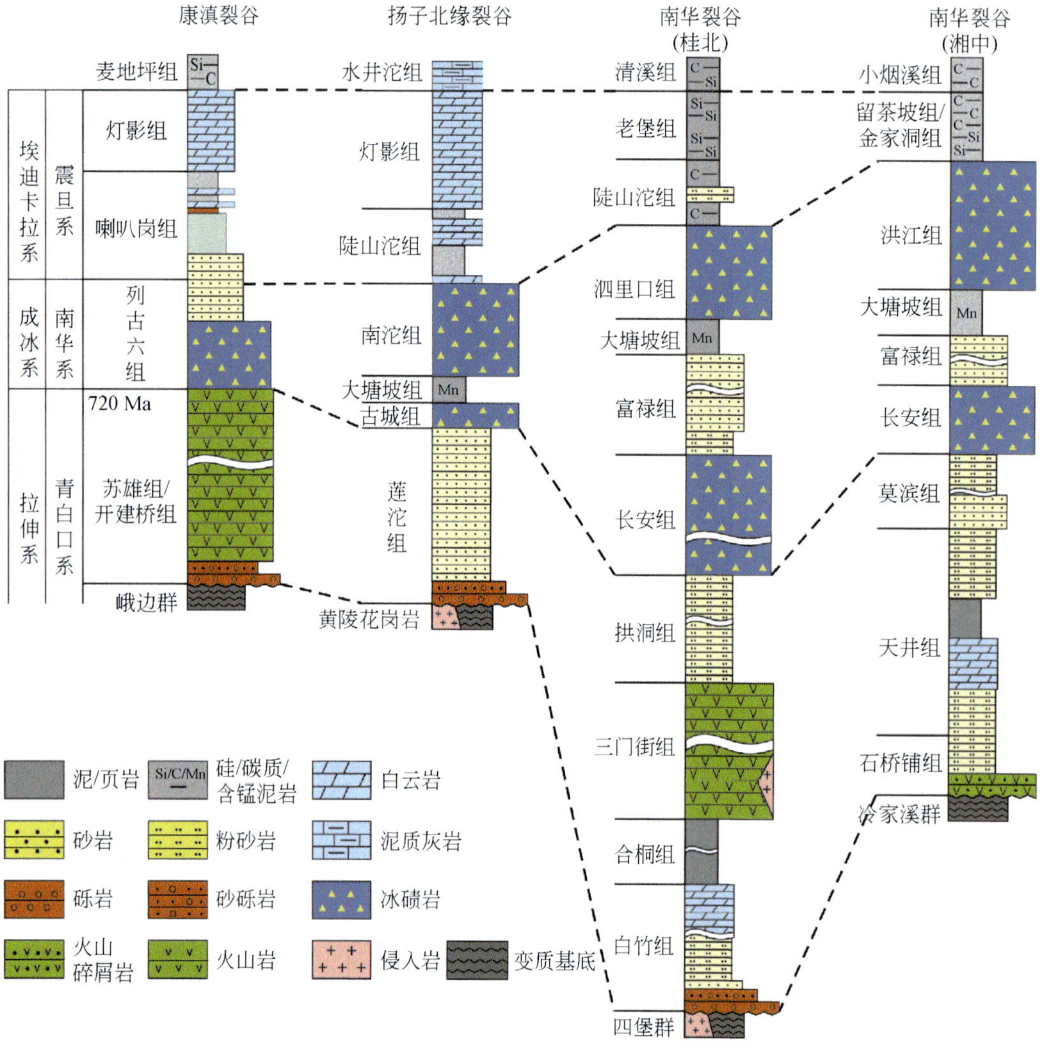

图 1.53　中上扬子克拉通新元古代裂谷层序代表性剖面

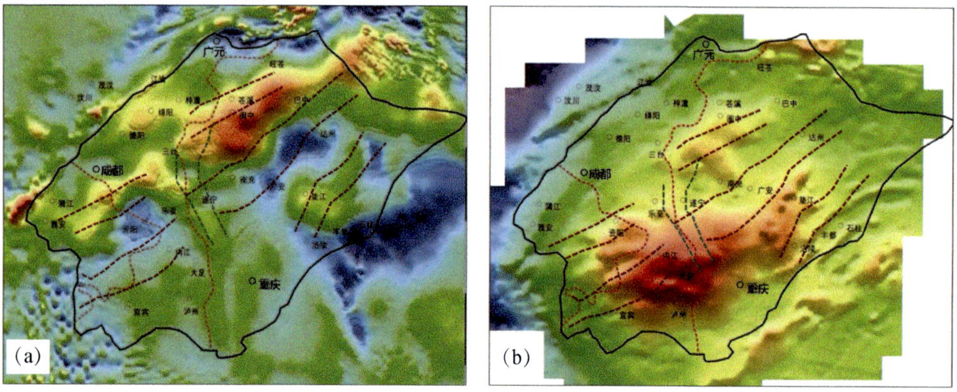

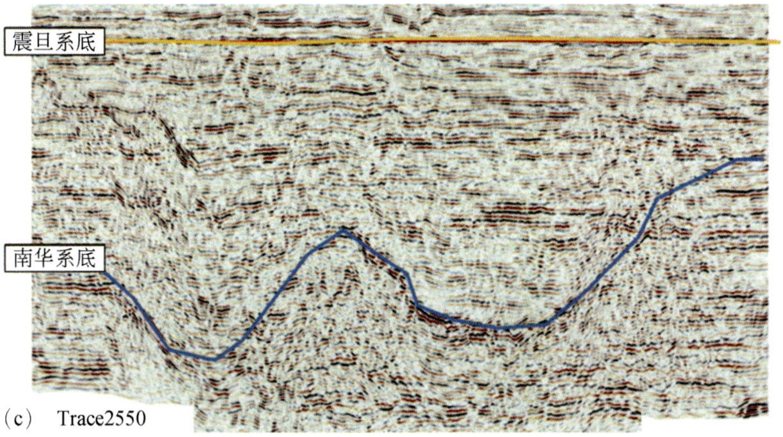

图 1.54　四川盆地深层航磁、布格重力及三维地震剖面特征

二、陡山沱组沉积相与烃源岩分布规律

在气候温湿、生物繁盛、海洋化学条件有利于有机质保存等基础皆已满足的前提下，烃源岩的发育与保存就取决于古地理格局了。一般而言，优质烃源岩更多地分布于深水区，故新元古代早期形成的裂谷对烃源岩发育具有较强的控制作用。

（一）早期裂谷区在震旦纪的沉积特征

1. 扬子北缘裂谷和东南缘裂谷

南华纪早期形成的扬子北缘裂谷和东南缘的南华裂谷在震旦纪早中期转为克拉通边缘拗陷，形成了半深水—深水相沉积，即鄂西型陡山沱组［图 1.55（a）］和川北型陡山沱组［图 1.55（b）］。

鄂西型（台缘斜坡型）以宜昌三斗坪剖面为代表，这是陡山沱组的命名地。陡山沱组具有明显四分性，一、三段以白云岩为主（一段又称盖帽白云岩），二、四段以暗色泥岩为主，夹硅质层，局部含锰。近年来在宜昌地区的陡山沱组四段和二段发现页岩气显示，证实了陡山沱组烃源岩的良好生油气潜力。在上扬子古陆东南缘的南华裂谷区，自鄂西，经湘西，至黔北的剖面具有类似的特征，底部都发育盖帽白云岩，向上为不同厚度的暗色泥岩段与碳酸盐岩段。不同的是，湖南石门杨家坪剖面的暗色泥岩段较薄，碳酸盐岩段非常发育；贵州剑河五河和遵义松林剖面上碳酸盐岩不甚发育，三段以灰色砂质页岩为主。遵义六井剖面的陡山沱组出露地层 145 m，TOC 质量分数在 0.1%～4.6%，TOC 质量分数＞0.5%的厚度可达 115 m，其中 TOC 质量分数＞2.0%的优质烃源岩厚度在 60 m 左右。遵义大石墩剖面的陡山沱组泥岩的 TOC 质量分数在 0.6%～3.3%，平均为 1.9%。

川北型（深水拗陷型）以重庆城口明月［图 1.55（b）］和陕西镇巴小洋剖面为代表。陡山沱组分为两段，下部为灰绿色、杂色砂岩、含砾砂岩，上部为黑色泥页岩，含锰矿层和硅质层，顶部夹薄层白云岩。在鄂渝陕交界地区厚度变化较大，城口明月和西乡司上剖面厚度近 550 m，镇巴小洋剖面厚度约 200 m，城口符家沟剖面仅暗色泥页岩就厚达 280 m。

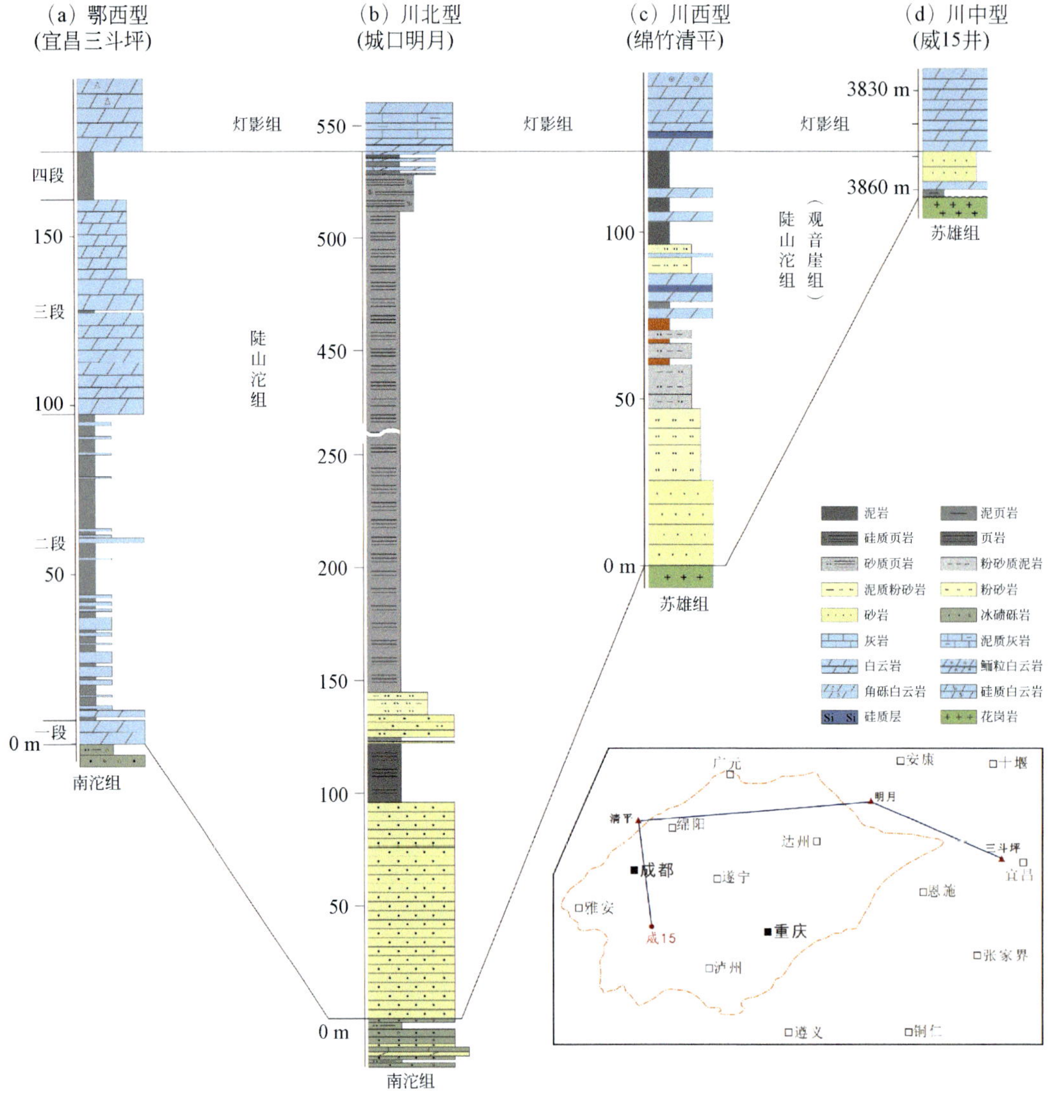

图 1.55　四川盆地及周缘陡山沱组沉积期的四种岩性组合

扬子北缘裂谷盆地在震旦纪是否延伸进入盆地内部存在不同认识，并产生了针对川东北古地理格局的不同观点（图 1.56）。谷志东等（2016）依据地震剖面首先提出了震旦纪宣汉-开江古隆起概念，认为陡山沱组在古隆起核部缺失下部层位，向周缘加厚；上覆的灯一段、灯二段由古隆起斜坡向核部超覆沉积，厚度逐渐减薄。汪泽成等（2019）提出四川古隆起概念，涵盖了四川盆地大部，其中达州-开江地区为古隆起上的高地，在陡山沱组沉积早中期持续古陆状态。杨跃明等（2016）根据磁异常及地震剖面提出川东北的隆-洼相间格局，认为达州-开江地区在陡山沱组沉积时期为水下隆起，东、北、西三面被台洼围绕，其中东侧称为忠县-城口台洼，西侧称为平昌-镇巴台洼。李智武等（2019）延续了杨跃明等（2016）的隆-洼相间格局观点，不同之处在于将达州-开江古隆起东西两侧的低洼区解释为陡山沱组沉积末期的强烈裂陷活动造成，并分别命名为万源-通江裂（洼）陷区和城口-开县裂（洼）陷。赵文智等（2017）将地震剖面上灯一、二段在达州-开江地区的减薄解释为克拉通内裂陷成因，虽然认为该裂陷在灯影组沉积初期开始形成发展，但也推测裂陷区在陡山沱组沉积时期发育了厚层泥页岩，并向周缘减薄，也就是说该裂陷在陡山沱期已具雏形。和源等（2021a，2021b）则延续了赵文智等（2017）的裂陷观点。虽然宣汉一带的五探 1 井钻遇了陡山沱组，但由于地层划分的争议，对此问题也未能给出确切答案。

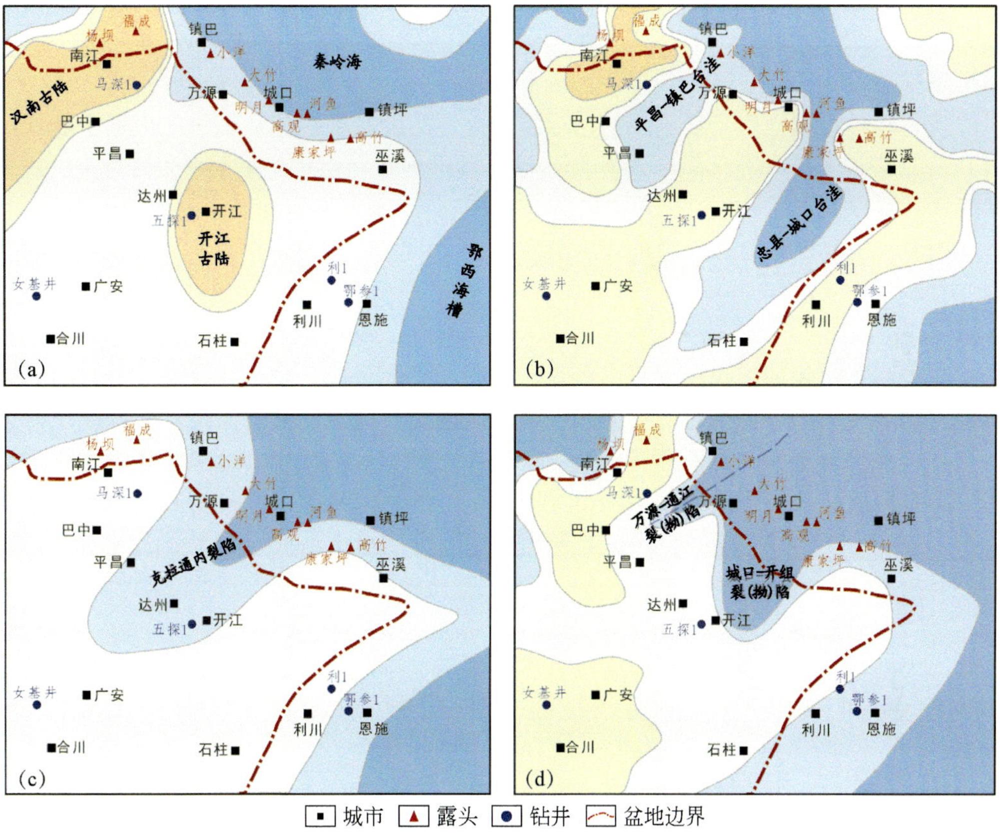

图 1.56　川东北震旦系陡山沱组沉积时期古地理格局

（a）古隆起观点（谷志东等，2016；汪泽成等，2019）；（b）隆—洼相间格局（杨跃明等，2016）；（c）克拉通内裂陷观点（赵文智等，2017；和源，2021a，2021b）；（d）隆—拗相间格局（李智武等，2019）

2. 扬子西缘裂谷

扬子西南缘的康滇裂谷在成冰纪沉积了相当于 Sturtian 冰期和间冰期的“南沱组”和列古六组，缺失了相当于 Marinoan 冰期的南沱组（江卓斐，2016；王剑等，2000）。在震旦纪早中期发育了川西型陡山沱组沉积，震旦纪晚期发育台地相灯影组。

川西型（陆缘滨浅海型）陡山沱组沉积以绵竹清平［图 1.55（c）］和甘洛凉红剖面为代表。地层厚 120～150 m，下部以石英砂岩、粉砂岩为主，局部夹紫色泥岩，上部为碳酸盐岩与暗色泥岩不等厚互层，整体反映出陆缘滨浅海的沉积背景。这套地层常被非正式地称为“陡山沱组”，其规范名称为“观音崖组”或“喇叭岗组”（杨暹和和陈远德，1981）。观音崖组命名于会理地区，下部为碎屑岩段，含有较多的紫红色砂岩、砂质页岩，上部为碳酸盐岩和泥质岩互层。喇叭岗组命名于汉源地区，以砂岩、泥板岩为主，偶夹碳酸盐岩薄层。杨暹和和陈远德（1981）提出喇叭岗组以几乎不发育碳酸盐岩区别于观音崖组，但同时将南江杨坝和旺苍干河的红色碎屑岩和灰白色白云质灰岩互层称为“喇叭岗组”，这其实更符合观音崖组的定义。这凸现了“喇叭岗组”定义不明与使用混乱，后来被统一为观音崖组（辜学达和刘啸虎，1997）。绵竹清平和甘洛凉红剖面“陡山沱组”具有明显两段性，且发育紫红色泥岩，与观音崖组特征相符，但由于局部沉积环境差异，紫红色碎屑岩占比不高。

3. 盆地隐伏裂谷

隐伏裂谷是根据地震资料刻画的，对裂谷区地层发育情况的认识仅能根据少数几口钻穿震旦系的钻井进行分析。威 15 井的陡山沱组直接覆盖在南华纪早期岩浆岩之上，缺失南华纪晚期的冰期沉积，陡山沱组厚度较薄［图 1.55（d）］，本节称为川中型陡山沱组。

川中型（古高地型）陡山沱组以川中的威 15 井、威 28 井、女基井和南江杨坝剖面为代表，岩性为石英砂岩、粉砂岩、含泥白云岩、白云质膏岩互层，少见红色碎屑岩，厚度一般小于 50 m，如南江杨坝剖面厚 29 m，女基井厚 13.3 m，威 15 井厚 13 m，威 17 井厚 16.4 m。

从缺失南华纪晚期冰川沉积可以推断，冰期海平面下降，扬子克拉通成为古陆，经受大陆冰川的剥蚀夷平，局部可能存在冰蚀洼地。冰期结束后，海平面逐步上升淹没扬子古陆，在不同地势背景和物源下形成了厚度、岩性差异明显的沉积。地势较低的区域先接受沉积，并且厚度较大，形成川西型陡山沱组沉积；地势较高的区域接受沉积较晚且厚度较薄，形成川中型陡山沱组沉积。也就是说川中型陡山沱组相当于川西型陡山沱组的上部。

（二）陡山沱期古地理与烃源岩分布

前人对陡山沱期古地理及烃源岩已有较多报道（李玉兰等，2012；刘静江等，2015；汪泽成等，2019；王文之等，2019；周晓峰等，2020；汪正江等，2021；朱光有等，2021），在此基础上，收集了 56 条露头剖面和 9 口钻井剖面，按统一标准进行了层位厘定，编制了古地理图（图 1.57）。四川盆地在陡山沱组沉积期以台地为主，北缘和西缘分别存在汉南古陆、天全古陆，台地内部存在局部低地，如汉源凹陷、长宁凹陷，开江一带也可能存在凹陷，这些可能与冰川侵蚀作用有关。围绕古陆周缘形成了一系列砂质滨岸和潮坪潟湖相的白云岩沉积，台地主体则广泛分布着砂质、粉砂质为主的浅水相沉积。台地的北缘和东南缘环绕着深水盆地，分别与南华纪早期的扬子北缘裂谷和东南缘南华裂谷有关，两者通过鄂西海槽连通。北缘水体较深，形成了泥岩、页岩为主的陡山沱组，东南缘的陡山沱组以泥页岩和碳酸盐岩互层为特征。

从古地理图上可以看出，盆地北缘为沉积中心，陡山沱组厚度较大。绵竹清平厚 350 m，宁强胡家坝厚 520 m，城口明月厚 430 m。宜昌—张家界—遵义一线为另一沉积中心，其中宜昌和张家界一带厚 200～250 m，遵义一带可达 140 m。从地理位置上来说，沉积中心与新元古代早中期发育的扬子北缘裂谷和东南缘南华裂谷大体相当，表明新元古代裂谷作用对陡山沱组的发育具有重要的控制作用。盆地内部大多仅发育了相当于陡山沱组沉积晚期的一套砂岩，厚度小于 50 m，如女基井、资阳 1 井、威远 28 井等；局部地区厚度稍大，如五探 1 井、宁 2 井和甘洛地区，厚度可达 100 m 以上，可能与早期陆内裂陷造成的持续

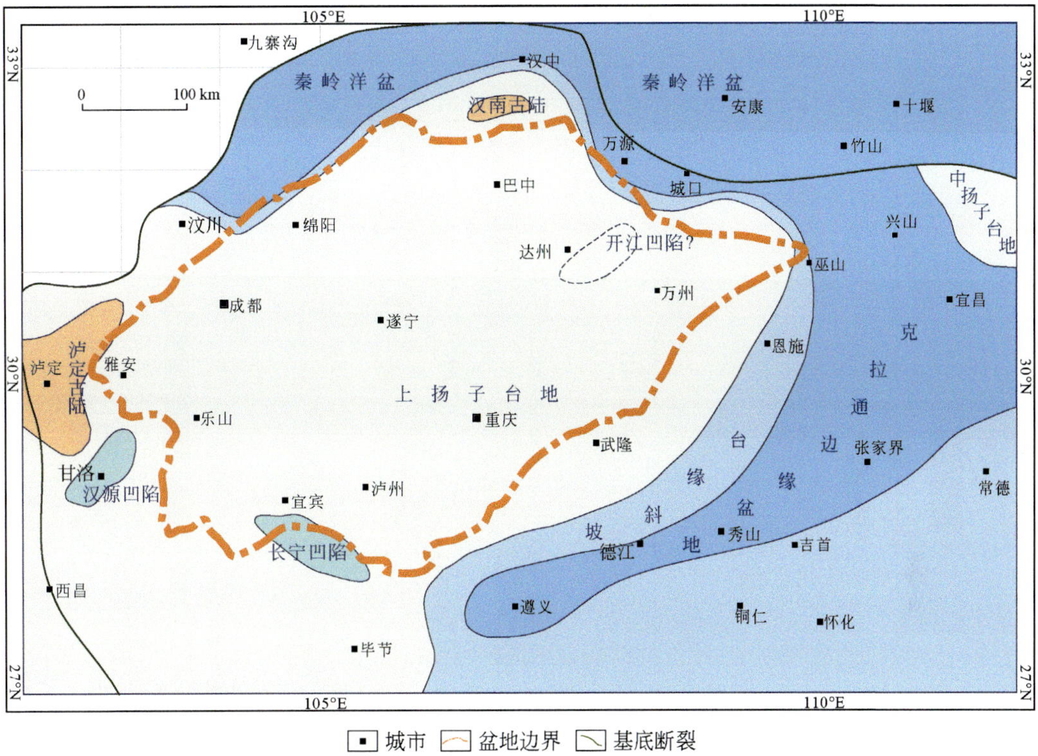

图 1.57　四川盆地及周缘震旦纪陡山沱组沉积时期古地理图

拗陷或者南华纪冰期造成的冰蚀洼地有关。

选取了铜仁松桃和城口明月两条代表性剖面进行 TOC 质量分数分析，并与宜昌三斗坪剖面的数据进行对比（图 1.58）。可以看出铜仁松桃剖面和宜昌三斗坪剖面的陡山沱组顶部（陡四段）TOC 质量分数最高，高达 8%～10%；下部（陡二段）达到 2%。城口明月剖面陡山沱组的数据较少，但也有一半的数据大于 1%，最高 7.2%，平均 2.3%。另外，万源大竹剖面 TOC 质量分数平均值 1.2%，最高 2.8%；神农架宋洛剖面 TOC 质量分数为 0.7%～3.5%。研究表明，陡山沱组有机质类型为Ⅰ-Ⅱ1 型，Ⅰ型为主，成熟度均处于过成熟生气阶段（杨平等，2012；单长安等，2015；张道亮等，2019）。

根据代表性剖面的 TOC 质量分数曲线特征，在盆地东缘选取陡山沱组的陡二段和陡四段泥岩厚度作为烃源岩厚度进行数据统计，在盆地北缘将陡山沱组上段泥岩厚度的 1/2 作为烃源岩厚度进行数据统计。在 60 余条剖面基础上，编制陡山沱组烃源岩厚度图（图 1.59）。

陡山沱期烃源岩厚度明显受控于古地理格局，北缘和东南缘为烃源岩发育中心，绵竹清平厚 35 m，镇巴-城口一带厚 80～200 m，宜昌地区厚 80～100 m，贵州遵义厚 40 m。

盆地内部是否发育陡山沱组烃源岩仍然存疑。根据区域地震资料，资阳古隆起两侧存厚 20～60 m 的陡山沱组（汪泽成等，2014），曾认为有发育烃源岩的可能，有待钻井剖面证实。盆地南缘长宁 2 井和东北部五探 1 井的“陡山沱组”烃源岩也有待进一步落实。

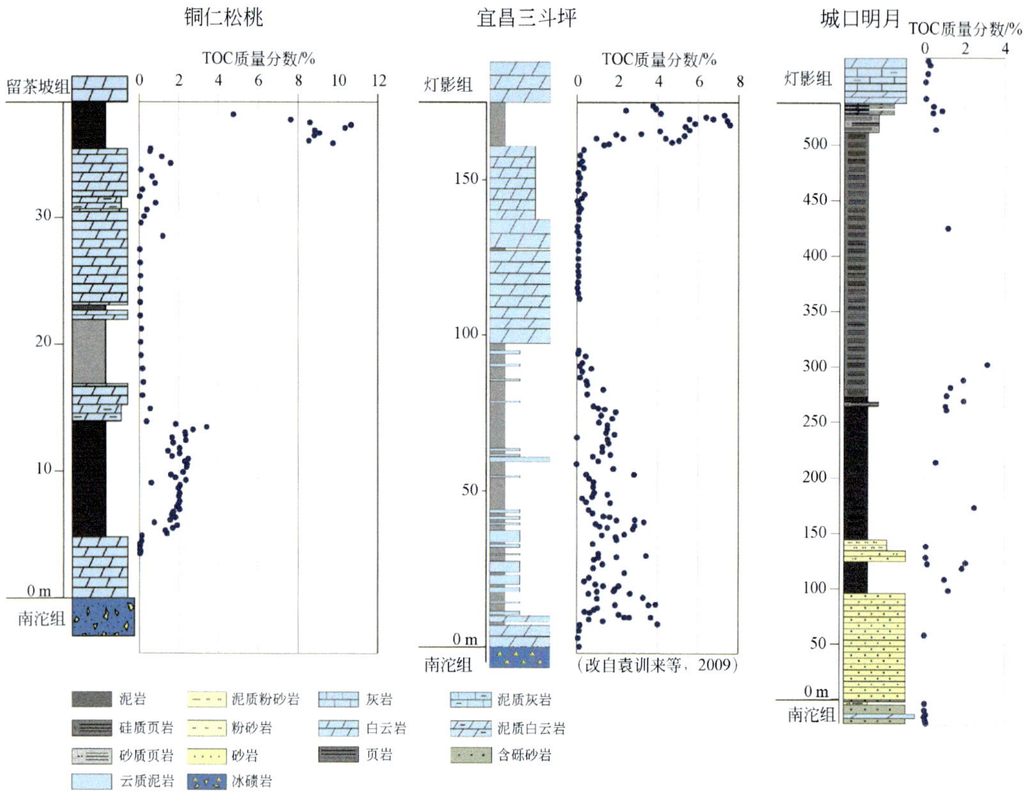

图 1.58　四川盆地及周缘陡山沱组沉积期代表性剖面 TOC 质量分数

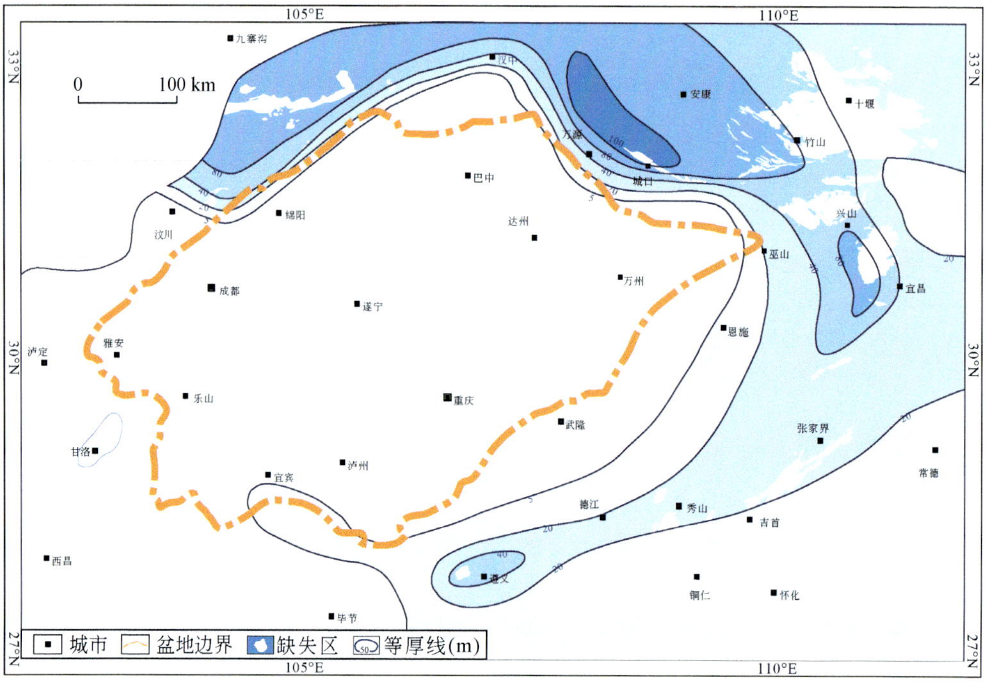

图 1.59　四川盆地及周缘陡山沱组烃源岩厚度图

三、麦地坪组—筇竹寺组沉积相与烃源岩分布

长期以来，寒武纪早期地层都是学术界研究的热点，以往更关注于寒武纪生命大爆发及相关海洋地球化学方面，自安岳大气田和高磨大气田发现后，对寒武纪早期烃源岩的研究掀起高潮（杜金虎等，2016；魏国齐等，2017；夏国栋等，2018；杨雨等，2021；胡国艺等，2021；张天怡等，2024）。经过十余年持续研究，对麦地坪组—筇竹寺组烃源岩的认识愈发深入，新的文献资料不断涌现，本节仅对作者的具体研究工作进行简略介绍。

（一）寒武纪早期地层划分与对比

上扬子克拉通的寒武系发育类型较多，有台地相区、斜坡相区和深水盆地相区，有多套岩石地层单位。如贵州浅水台地区，下寒武统被划分为牛蹄塘组、明心寺组、金顶山组、清虚洞组；而在深水盆地区，下寒武统为一套覆盖在硅质岩之上的黑色岩系，称为渣拉沟组；浅水台地与深水盆地之间的过渡区域则划分为九门冲组、变马冲组、杷榔组和清虚洞组。各相区的地层序列、所含化石类型和保存特征均差异显著，这使得不同相区的岩石地层对比难度较大。

为方便起见，本节采用简化的地层对比方案（表 1.5），为与习惯用法一致，把朱家箐组、宽川铺组统一称为麦地坪组，把郭家坝组和牛蹄塘组称为筇竹寺组。

表 1.5　四川盆地及周缘寒武纪早期地层对比表

<table>
<tr><th>系</th><th>统</th><th>阶</th><th>雷波</th><th>峨眉</th><th>龙门山</th><th>南江—旺苍</th><th>川东—渝南</th><th>城口—巫溪</th></tr>
<tr><td rowspan="6">寒武系</td><td rowspan="4">第二统</td><td>龙王庙阶</td><td>龙王庙组</td><td>龙王庙组</td><td rowspan="2"></td><td>孔明洞组</td><td>清虚洞组</td><td>石龙洞组</td></tr>
<tr><td rowspan="2">沧浪铺阶</td><td rowspan="2">沧浪铺组</td><td rowspan="2">沧浪铺组</td><td>阎王碥组</td><td>金顶山组</td><td>天河板组</td></tr>
<tr><td>磨刀垭组</td><td>仙女洞组</td><td>明心寺组</td><td>石牌组</td></tr>
<tr><td>筇竹寺阶</td><td rowspan="2">筇竹寺组</td><td rowspan="2">筇竹寺组</td><td rowspan="2">长江沟组</td><td rowspan="2">郭家坝组</td><td rowspan="2">牛蹄塘组</td><td>水井沱组</td></tr>
<tr><td rowspan="2">纽芬兰统</td><td rowspan="2">梅树村阶</td><td></td></tr>
<tr><td>朱家菁组</td><td>麦地坪组</td><td>清平组</td><td>宽川铺组</td><td>大岩组</td><td>黄鳝洞组</td></tr>
</table>

在扬子大多数地区，寒武系底部一般发育含硅质、磷质岩层，厚度不等，这些硅、磷质层段早期被归入灯影组，后来发现常含有小壳化石或者小型具刺的疑源类化石，于是从灯影组划分出来作为独立的组级岩石地层单位，如朱家箐组、麦地坪组、宽川铺组等。

麦地坪组广泛分布在四川盆地，命名地为白云岩、硅质条带白云岩夹胶磷矿砂砾屑生物碎屑白云岩或胶磷矿砂砾屑白云岩，分为两段，产丰富小壳化石。盆地内以汉深 1 井为代表，为深灰色泥质条带泥粉晶白云岩，夹黑灰色泥岩，低伽马夹高伽马。岩石薄片中见有胶磷矿，已获得小壳化石。

宽川铺组在命名地为岩性单一的灰色、灰黑色石灰岩，有时夹硅质岩和磷块岩，产丰富的小壳化石。盆地内以磨溪 9 井为代表，岩性为灰色含磷灰岩，岩石薄片中见有胶磷矿

及小壳化石。

朱家箐组分布于滇东和雷波一带，其岩性组合复杂。盆地内分布于资阳一带，以资 4 井和高石 17 井为代表，下部为黑灰色、灰黑色磷质白云岩、硅质白云岩、粉晶白云岩夹白云质磷质岩、硅质泥页岩；中部为黑灰色、灰黑色硅质泥页岩夹磷质白云岩、硅质白云岩、粉晶白云岩；上部为黑灰色、灰黑色磷质白云岩、泥质灰岩夹硅质泥页岩。下部和上部低伽马，中部高伽马。岩石薄片中见有大量小壳化石。

筇竹寺组、郭家坝组和牛蹄塘组以黑色泥岩、页岩为主，夹砂岩和粉砂岩，基本不含硅、磷，与下伏麦地坪组和上覆砂岩占比较高的沧浪铺组或石牌组可以明确区分。

基于以上标准，对 30 口钻井和 26 条露头剖面进行划分对比（图 1.60）。

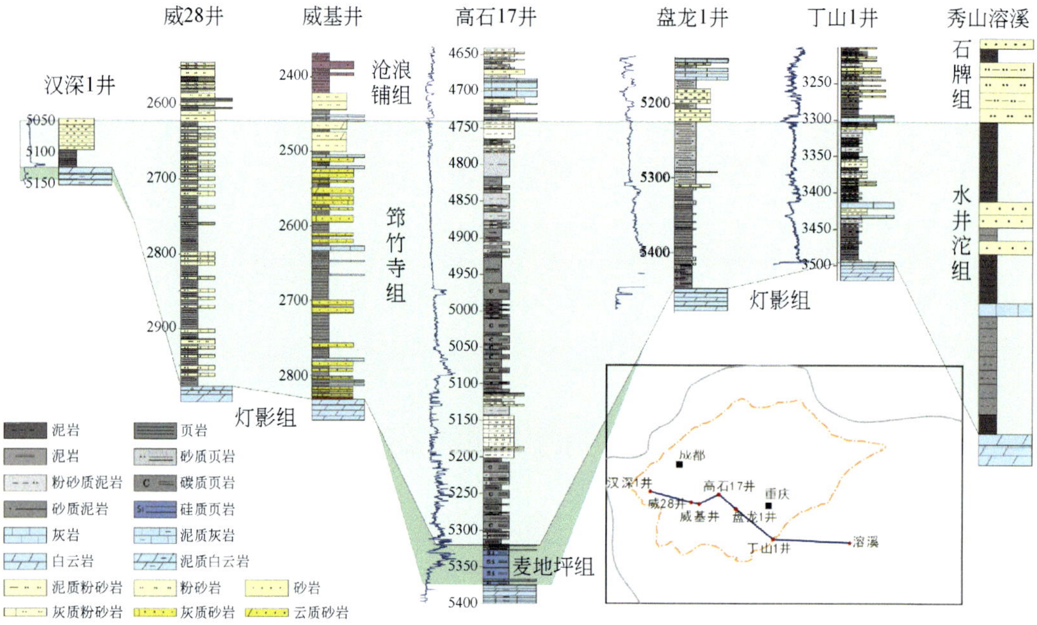

图 1.60　四川盆地及周缘寒武纪早期地层对比

可以看出，麦地坪组主要分布在高石 17 井一带，其他地区厚度极薄或缺失。筇竹寺组在高石 17 井和秀山溶溪剖面厚度较大，在川东厚度减薄。与其他连井对比剖面一起，可以刻画出麦地坪组—筇竹寺组的厚度分布与岩性分区。

（二）寒武纪早期沉积与古地理格局

在近 70 个钻井与露头剖面资料基础上，参考前人古地理研究，编制了四川盆地及周缘寒武纪早期古地理图（图 1.61）。

与震旦纪古地理格局相比，相同之处为北缘和东南缘继续受早期裂谷盆地影响，保持深水沉积；最大的变化为绵阳—宜宾一带出现南北向深水区，即“德阳-安岳拗陷”。四川盆地及周缘在寒武纪早期可分为四类沉积环境。

（1）西缘古陆块及滨岸浅水沉积：此区域筇竹寺组大多已剥蚀，震旦系、南华系及板溪组大面积出露。覆盖区探井资料较少，周公 1 井仅残留 15 m 的筇竹寺组，汉深 1 井仅残留 74 m 的筇竹寺组和 19 m 的麦地坪组。

（2）盆地东部至鄂西的浅水大陆架沉积：此区域为上扬子古陆的东部，其高地势状态延续到寒武纪早期成为水下高地，造成筇竹寺组整体较薄，一般不超过 200 m，如女基井约 90 m，五探 1 井约 120 m，利川 1 井约 40 m，楼探 1 井 110 m，宜昌三斗坪 120 m。南部的林 1 井和丁山 1 井厚度稍大，可达 170 m 和 190 m。此区域筇竹寺组下部以泥岩为主，向上砂岩增多，为水体变浅的沉积序列。

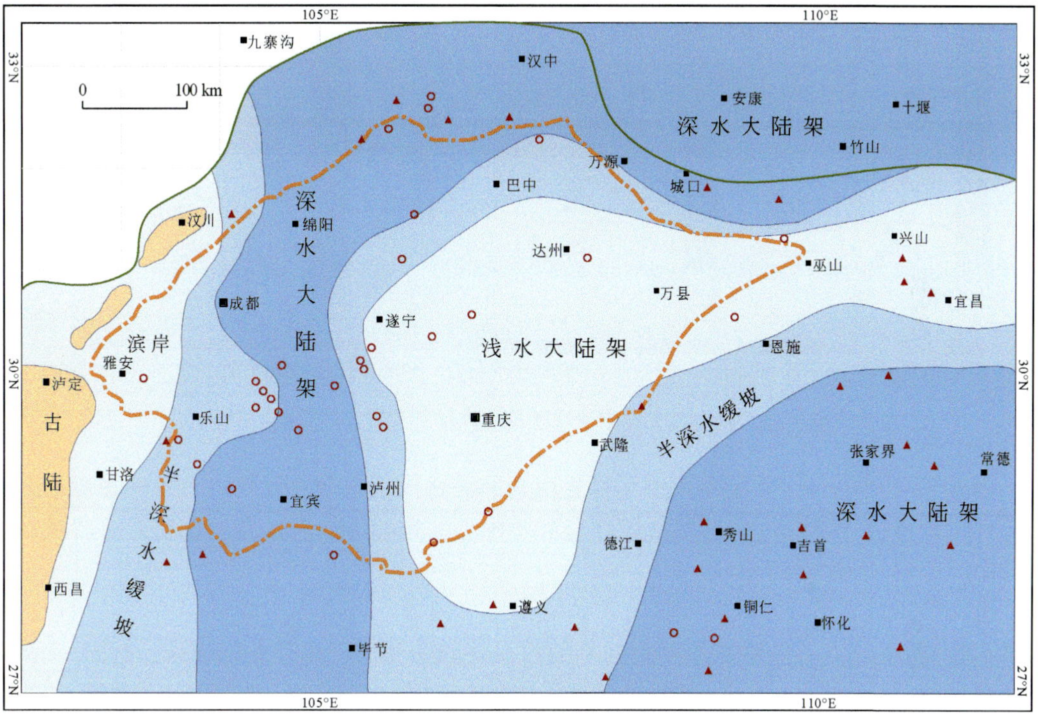

图 1.61　四川盆地及周缘寒武纪早期古地理图

（3）德阳-安岳拗陷及川北、湘黔深水沉积：此区域水体较深，在寒武纪海侵开始时，往往形成一套高 TOC 的暗色硅质泥岩。在筇竹寺组沉积晚期产生地区性差异，物源供应充足的地区砂质成分增多并渐变为砂岩，造成筇竹寺组厚度巨大，如广元-朝天一带厚度高达 800 m；物源供应不足的地区则形成欠补偿的暗色泥页岩，如湘西北的石门、桃源等地。

（4）介于浅水和深水之间的半深水缓坡沉积：由两部分组成，一为德阳-安岳拗陷与西缘滨岸浅水区之间的地带；二为东部浅水大陆架区的周边。

（三）寒武纪早期烃源岩与分布

由于麦地坪组主要分布于德阳-安岳拗陷中，钻井资料有限，不进行烃源岩厚度统计。

不同地区的筇竹寺组在纵向上表现出相似性，多数剖面下部和中部以黑色、深灰色页岩、泥岩为主，局部夹硅质岩、粉砂岩或碳酸盐岩，厚度普遍可达 100 m 以上，是最主要的烃源岩层段；中上部在大多数地区以浅灰色、灰色粉砂质泥岩、泥质粉砂岩互层为特征，局部地区相变为泥灰岩或灰质泥岩沉积。部分露头剖面的 TOC 质量分数数据显示，筇竹寺组下部泥岩段是优质烃源岩（图 1.62）。与钻井剖面的测井曲线对比，基本相当于筇竹寺组底部高伽马段。

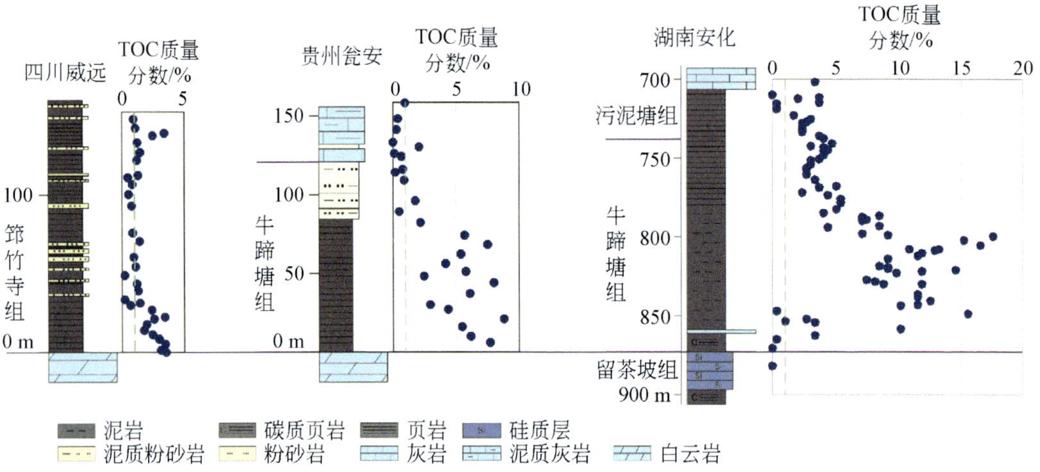

图 1.62　四川盆地及周缘寒武纪早期部分剖面 TOC 质量分数

选取 33 口探井及 40 条露头的筇竹寺组底部泥岩段或高伽马段作为有效烃源岩进行厚度统计，参考前人资料，编制地层烃源岩等厚图，并叠加了后期暴露剥蚀和岩浆岩侵入和喷发造成的缺失区（图 1.63）。

重庆-万州-宜昌浅水大陆架区的筇竹寺组厚度较薄，一般在 200 m 以内，有效烃源岩大多不超过 50 m。尤其沿盆地东南边界的习水-石柱-利川一线存在零值区。德阳-安岳拗陷内地层厚度达 400～600 m，有效烃源岩可达 200 m；向北至广元，地层厚度增加至 800 m，烃源岩可能超过 300 m，但广元以北摩天岭地区已被后期抬升剥蚀。万源-城口地区的深水大陆架区筇竹寺组厚度普遍在 400 m 以上，下部约 1/3 厚度为有效烃源岩。黔东-湘中深水大陆架区的地层厚度数据差异较大，秀山溶溪和泸溪兴隆场剖面的地层厚度达 400 m 以上，但湘西桃源、张家界和石门等地的剖面下寒武统牛蹄塘组（或小烟溪组）厚度仅 150 m 左右，从其岩性以碳质页岩为主，几乎不含砂岩来看，应属远源的深水欠补偿沉积。

赵文智等（2019）将筇竹寺组划分为三段，对其沉积演化历程进行了细致刻画：筇一段为海侵初期沉积，主要发育在裂陷区和盆地边缘，有效烃源岩厚度大；筇二段为全盆广覆式沉积，筇三段整体发生海退，有效烃源岩厚度较小。鉴于筇二段和筇三段也参与了烃源岩厚度统计，其烃源岩厚度高于本节。

从整体分布来看，四川盆地寒武纪早期的烃源岩仍与克拉通内裂谷或裂陷活动有关。这些裂谷作为克拉通最早期盆地，成为烃源岩发育的沉积背景。在裂谷活动弱化乃至停止后，仍长期保持相对较低的地势，作为拗陷或沉积中心为烃源岩发育提供有利场所。

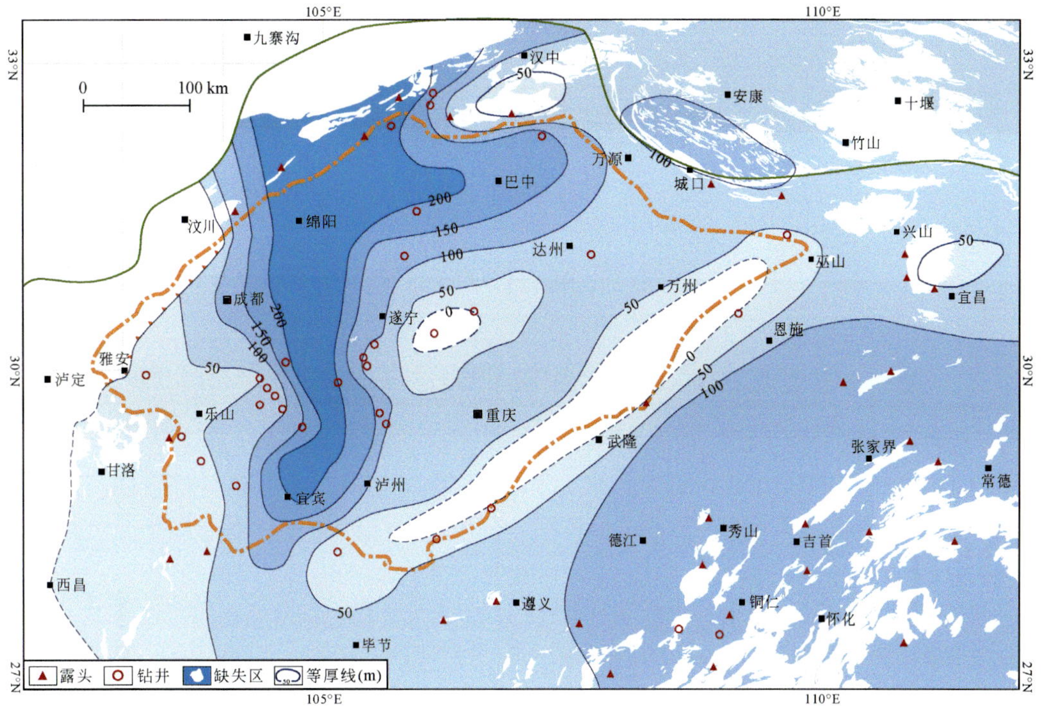

图 1.63　四川盆地及周缘寒武纪早期烃源岩厚度图

注：橙色虚线为四川盆地边界；绿色实线为基底断裂带

第二章　深层烃源岩演化与生烃模式

第一节　干酪根全组分生烃及生烃演化

一、中上元古界下马岭组油页岩的干酪根生烃动力学

下马岭组油页岩的主要生烃母质为底栖红藻，其干酪根生烃曲线及其生烃动力学实验显示，C_{14+}产物在380℃可获得最大产率125 mg/g TOC，在421℃可获得C_6—C_{14}最大产率101 mg/g TOC（图2.1）。总体来看，正常油、轻烃、湿气的最大产率大都在一个数量级，

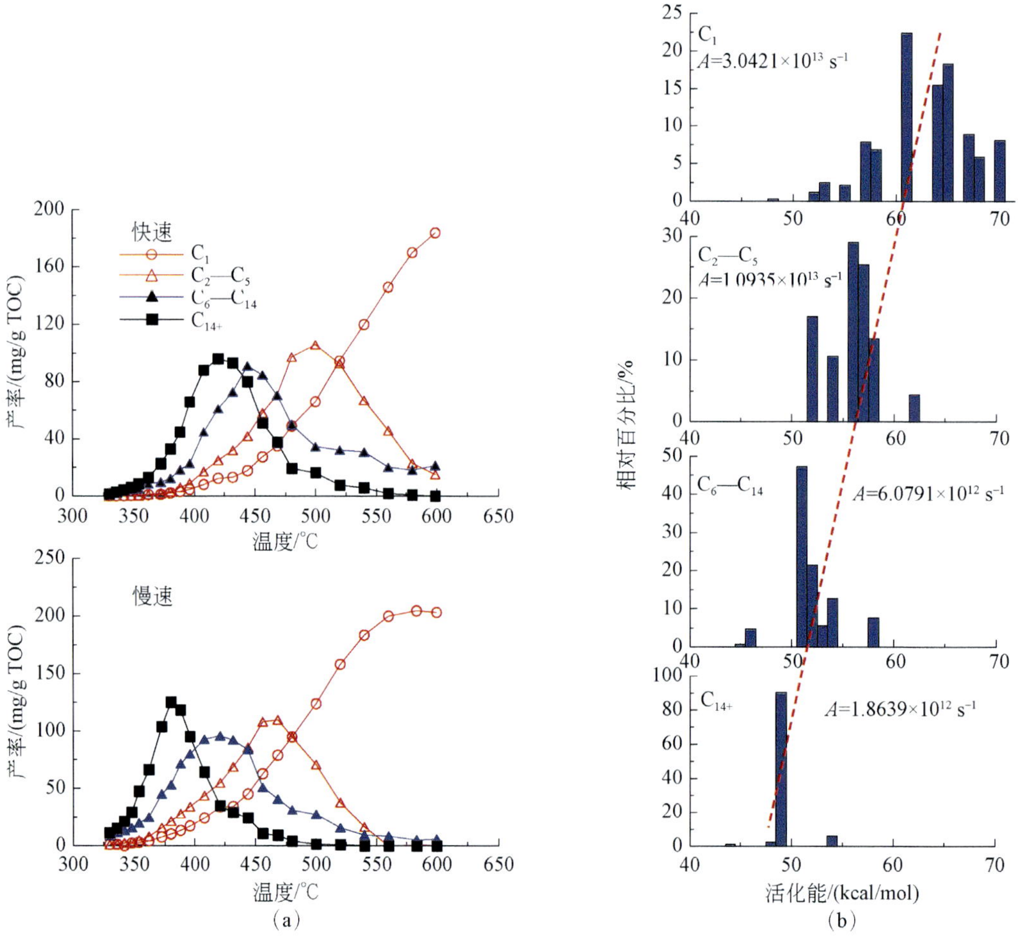

图2.1　下马岭组干酪根生烃曲线（a）及全组分动力学参数（b）

A-频率因子；s-秒

因此仍可生成正常原油或在高成熟阶段获得天然气，表明中上元古界烃源岩不受早期生烃母质类型和低氧的还原环境影响，仍具有正常的油气生成潜力。

二、下古生界深层烃源岩生烃动力学

（一）寒武系 Alum 页岩干酪根生烃及动力学参数

选取波兰 Oland 盆地中寒武统 Alum 页岩为实验对象，制备干酪根，并进行生烃动力学和生烃演化研究。研究结果（图 2.2）表明：①Alum 页岩的整体活化能不大，指示生烃门限较低；②C_{14+}生成活化能分布集中并且数值较小，表明生烃母质单一且易裂解，这与 Alum 页岩为中寒武统的简单母质来源相印证；③C_6—C_{14} 活化能分布集中，表明来源单一，主要来源于干酪根热解；④甲烷 C_1 活化能分布较分散，表明生成途径多样；⑤随

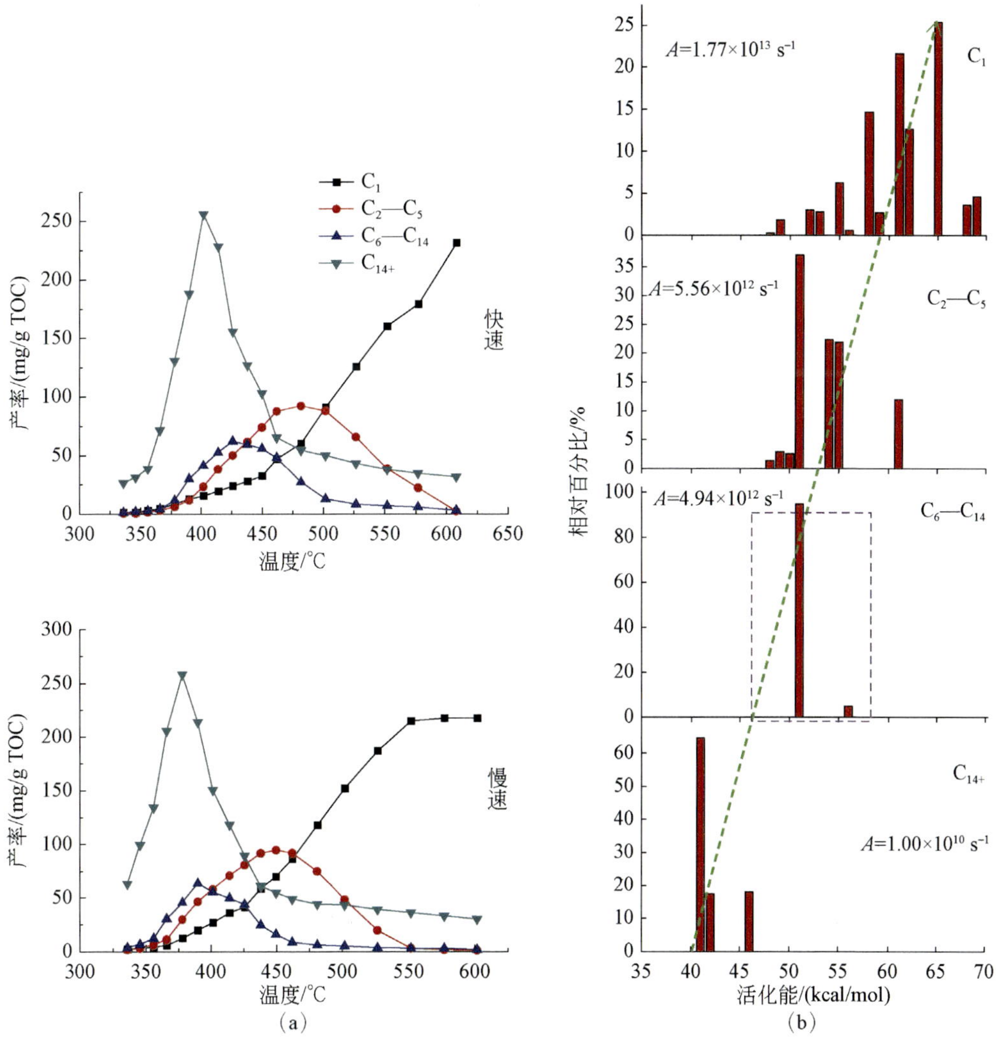

图 2.2　Alum 页岩干酪根生烃曲线（a）及全组分动力学参数（b）

模拟实验温度升高，其生烃演化路径由正常油（90%）到轻质油再到气态烃（87%），轻质油的占比很少（最高为 20%左右），表明容易裂解且裂解充分；⑥C_2—C_5 的碳同位素在整个演化过程持续变重，表明干酪根降解初期就开始生成甲烷，不产生湿气；当 Easy R^o＞1.55%时，很容易产生二次油裂解。因此，倘若 Alum 页岩在地史中生成油气藏，则主要为天然气藏。

（二）奥陶系 Kukersite 油页岩干酪根生烃及动力学参数

爱沙尼亚 Kukersite 油页岩是全球范围著名的海相Ⅰ型烃源岩，其主要生烃母质是生长于潮间带和浅水区的黏球型藻（*Gloeocapsomorpha prisca*），是重要的奥陶系生烃母质。*G. prisca* 的典型生烃特征是烃类普遍具有 C_{11}—C_{19} 奇碳优势，缺少高碳数烃类和类异戊二烯化合物。在我国塔里木盆地中上奥陶统灰泥丘相源岩中都发现了含有 Kukersite 型烃源岩，但分布范围有限。因此，爱沙尼亚 Kukersite 油页岩作为一种富氢的海相Ⅰ型有机质，是深层烃源岩生烃研究中重点关注的对象之一，对爱沙尼亚 Kukersite 油页岩干酪根的生烃动力学研究结果表明（图 2.3）：①爱沙尼亚 Kukersite 油页岩干酪根的生烃潜力大，是良好的生油母质；②其 C_6—C_{14}（52 kcal/mol）和 C_{14+}（54 kcal/mol）的生成活化能分

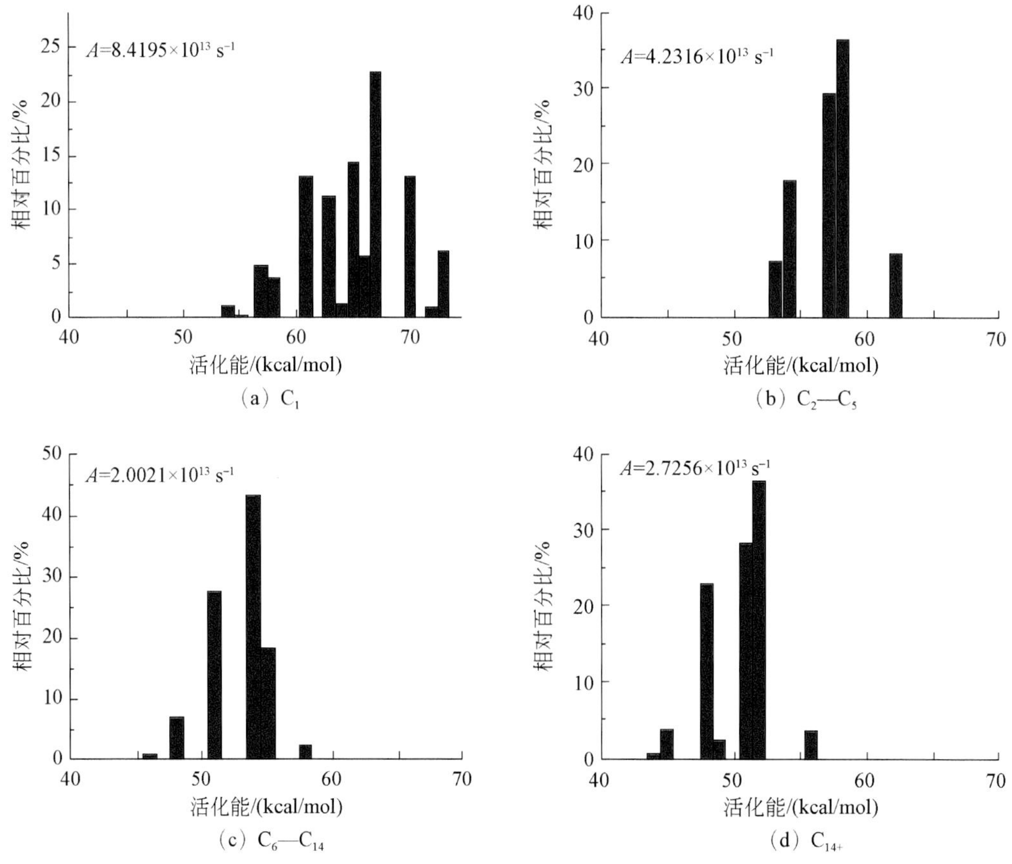

图 2.3　爱沙尼亚 Kukersite 油页岩干酪根全组分生烃动力学参数

布范围较窄，活化能分布相对集中，说明它们的形成过程相对简单；③C_2—C_5（58 kcal/mol）和 C_1（67 kcal/mol）的活化能也较为集中，说明生烃反应较为均一，生烃阶段相对集中，是典型的生油型母质。

（三）奥陶系平凉组页岩干酪根生烃及动力学参数

平凉组页岩样品来自鄂尔多斯盆地银洞官庄剖面，干酪根生烃曲线（图 2.4）及其动力学参数（图 2.5）计算表明：①C_{14+}以上组分的主活化能大小顺序为胶质＜沥青＜芳烃＜饱和烃；②甲烷的活化能分布较为分散，说明早期甲烷主要来自干酪根的初次裂解，后期生成的甲烷主要来源于原油的二次裂解。

（四）奥陶系萨尔干组页岩干酪根生烃及动力学参数

实验样品选自塔里木盆地柯坪地区大湾沟剖面中上奥陶统萨尔干组页岩，其成熟度较高，已过生油窗（R^o=1.36%），可用于高成熟有机质的热裂解生气研究。生烃动力学及其生烃产物定量（图 2.6）研究表明：①重烃 C_{14+}产率非常低，已难以生成正常原油；②轻烃 C_6—C_{14} 和湿气 C_2—C_5 的最大产率大都在一个数量级，最终可达到 100 mg/g TOC 的甲烷，因此，主要生成凝析油、凝析气和天然气资源；③生烃演化早期轻烃产率占比大，后期快速下降，气态烃产率快速增加，直接进入凝析油、凝析气和天然气阶段；④总体上，萨尔干组页岩干酪根成熟度高，液态烃产率低而湿气生烃前移，甲烷多为干酪根裂解气，油裂解贡献不大。因此，高成熟萨尔干组页岩干酪根是倾气型生烃母质。

三、上古生界陆相烃源岩生烃动力学

（一）二叠系芦草沟组油页岩干酪根生烃及动力学参数

二叠系芦草沟组油页岩是准噶尔盆地和三塘湖盆地主要的烃源层，代表了经过海洋生物二叠纪-三叠纪（P/T）生物大灭绝后的湖相生物繁盛的生烃有机质。其生烃动力学和生烃过程机理研究（图 2.7）获得如下成果和认识：①芦草沟组烃源岩具有非常高的 C_{14+}产率（378℃获得最大产率 794 mg/g TOC），表明生油型母质生烃潜力非常大，远胜于元古宇烃源岩（芦草沟组和下马岭组 C_{14+}最大产率比值接近 7∶1）。②芦草沟组干酪根具有较高的 C_6—C_{14} 产率（426℃最大产率 283 mg/g TOC），这可能是该区轻质油和凝析油发育的主要原因。③C_{14+}高峰之后紧随 C_6—C_{14} 高峰，因此，轻质油和凝析油与正常油形成阶段应该没有明显的分离，不构成单独的轻质油生烃高峰。④对于倾油型干酪根，HI 越高，生烃潜能越大；相比于生气潜力，其生油潜力对 HI 表现得更为敏感；HI 与干酪根的倾油倾气性密切相关，HI 越高，倾油性越强，HI 越低，倾气性越强；在生烃过程中分别表现为低的气油比、低的干气率和高的气油比、高的干气率；HI 与干酪根在过成熟阶段（Easy R^o＞2.0%）的生气能力息息相关，表现为 HI 越低，在过成熟阶段的生气阶段越长；HI 与活化能分布有关，HI 越高，活化能分布越集中。⑤残余干酪根的吸收谱带研究表明（图 2.8），慢速升温到 402℃时仍有较高的甲基和亚甲基伸缩振动吸收峰，表明仍具有较高的脂肪链生烃基

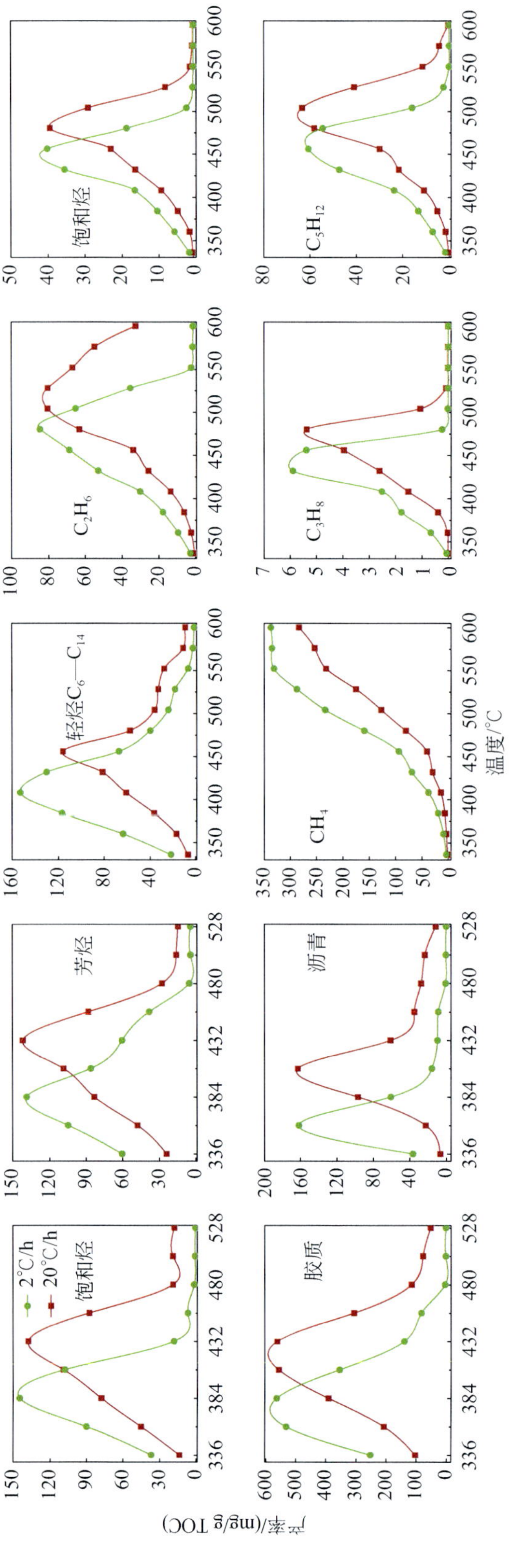

图2.4 平凉组页岩干酪根生烃曲线

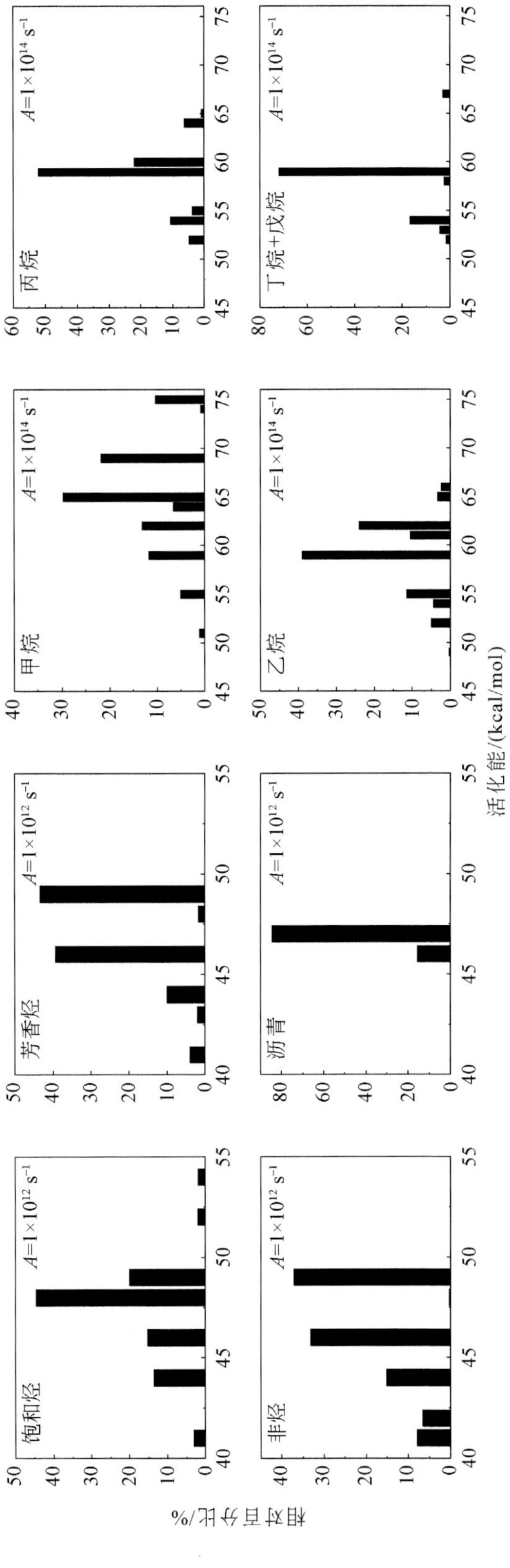

图2.5　平凉组页岩干酪根全组分生烃动力学参数（生烃活化能）

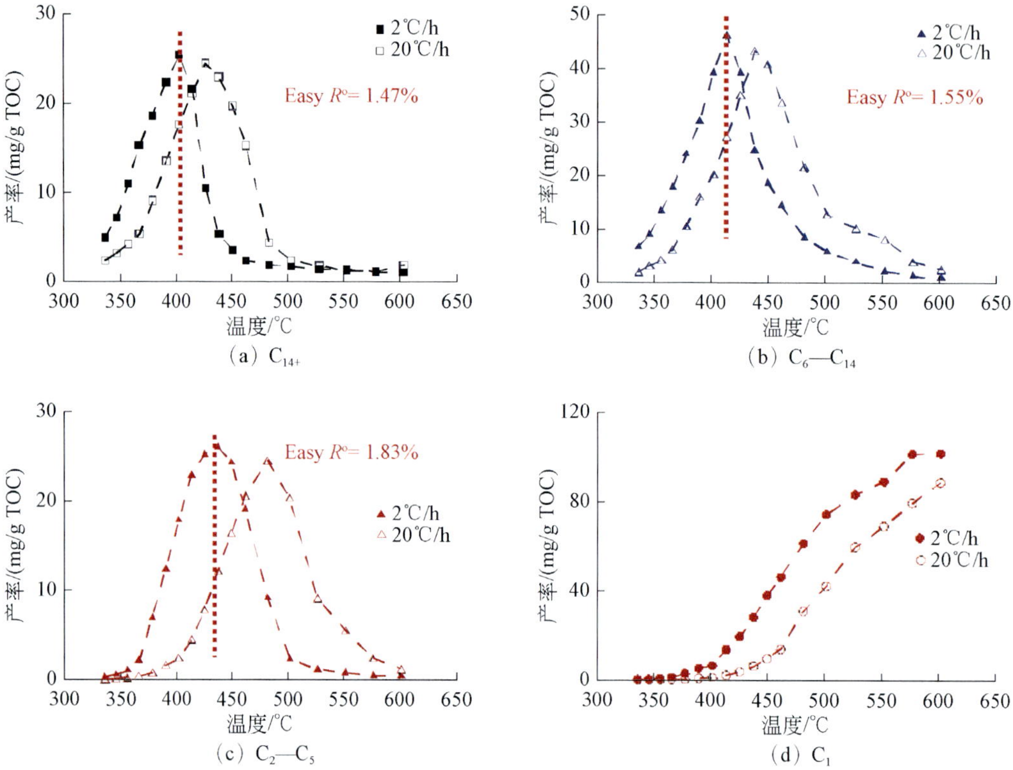

图 2.6　萨尔干组页岩干酪根生烃曲线

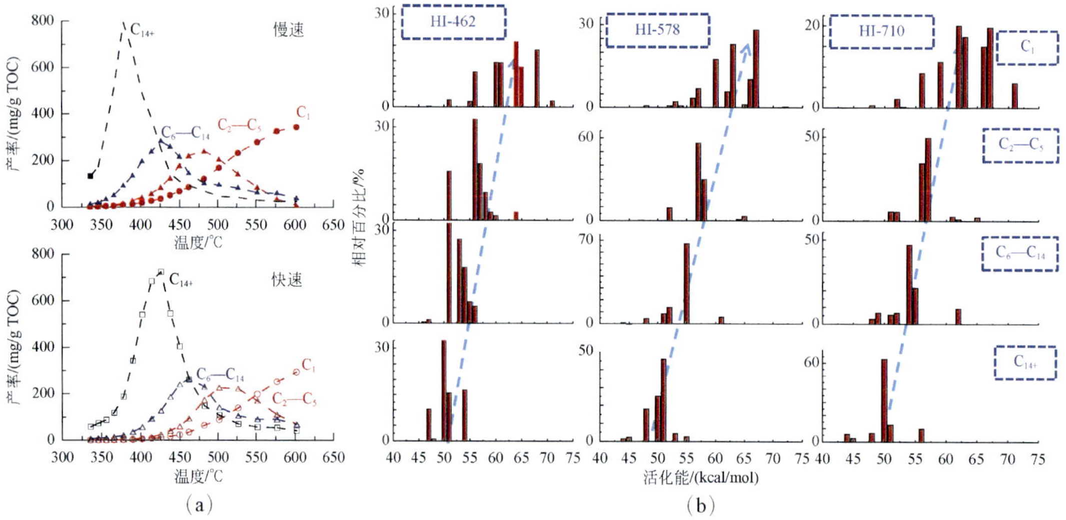

图 2.7　芦草沟组页岩干酪根生烃曲线（a）及全组分动力学参数（b）

团和母质，它们最先从干酪根上断裂下来形成重烃，而后轻烃产率开始增加，因此，重烃大量裂解是轻烃的主要来源，是芦草沟组轻烃产率高的原因。⑥模拟生烃演化轨迹（图 2.8）表明 C_6—C_{14} 产率最大占比 44.7%，实际地质反演可更高达 62.8%，进一步说明其轻质油成因。⑦采用邻近的昌吉凹陷北部斜坡处的热史与埋藏史数据，结合芦草沟组干酪根的生烃动力学参数来模拟目标区芦草沟组生烃演化历史，表明现今昌吉凹陷北部斜坡处芦草沟组正处于轻烃高峰期，C_{14+}已经大部分裂解，轻烃生成后还未发生明显裂解，气态烃产率很低。因此，C_6—C_{14}占比很高而多产轻质油。

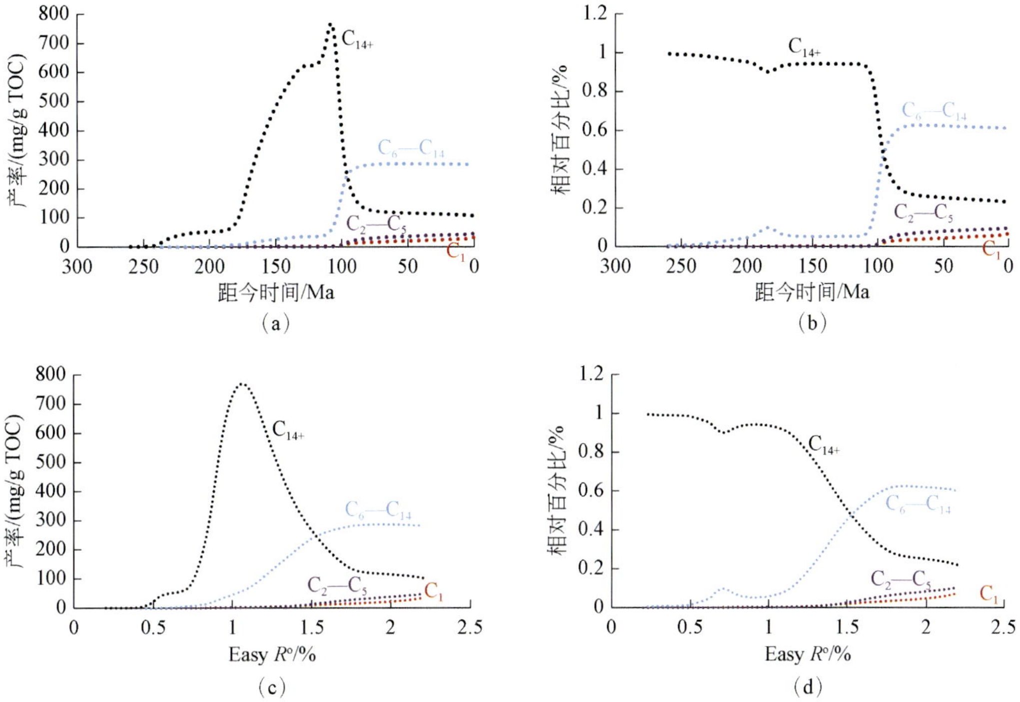

图 2.8　芦草沟组页岩生烃演化轨迹

(二)风城组烃源岩干酪根生烃及动力学参数

样品选自风南 14 井 4065.15 m 深的下二叠统风城组的钻井岩心，干酪根裂解产生最大含量烃对应的温度 T_{max} 为 434℃，HI 为 331，TOC 质量分数为 1.76%，属于Ⅱ1 型干酪根，高含硫（黄铁矿含量高）。对该样品进行黄金管热解实验及其产物分析和动力学研究，并与芦草沟组烃源岩进行对比分析：①风城组Ⅱ1 型干酪根生成的油以正构烷烃为主，同时含有大量的芳香环烷烃，由于石蜡油的热稳定性大于芳香环烷油，相比于其他烃源岩，该干酪根的生油高峰更早（图 2.9）；②风城组烃源岩热演化生烃产物中具有高轻烃占比的特征；③风城组Ⅱ1 型干酪根在高温段（慢速，＞527℃）H_2S 的产率迅速增加，同时，气态烃的产率下降，表明可能发生了硫酸盐热化学还原（thermochemical sulfate reduction，TSR）反应；④以 3 K/Ma 反演，相比于同时代地层的芦草沟组烃源岩，风城组烃源岩生烃行为更早，表现为具有早的生油窗和生气窗（图 2.10）。

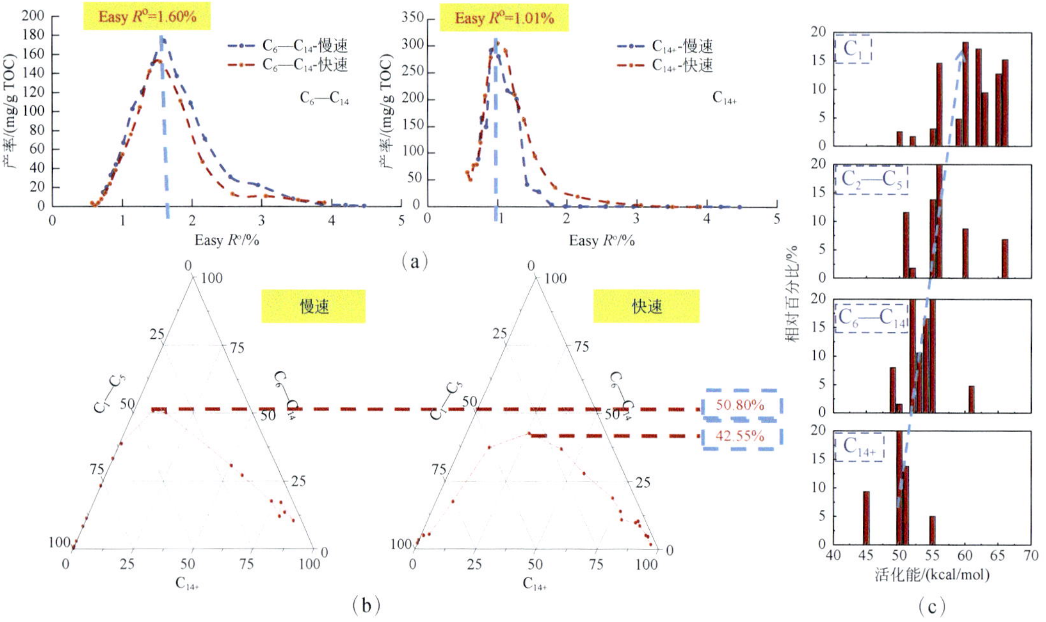

图 2.9 风城组干酪根生烃曲线（a）、产物演化（b）及全组分动力学参数（c）

四、中生界陆相烃源岩柱塞体生排烃实验

选取中生界鄂尔多斯盆地三叠系长 7 段一块 TOC 含量较高、较均质的板状源岩（TOC 质量分数为 29.4%，T_{max} 为 435℃，HI 为 611），钻取长度为 2 cm，直径为 4.5 mm 的柱塞体，进行黄金管热模拟实验、产物分析测试和生排烃研究。研究发现：①长 7 段油页岩柱塞体生油产率（C_{6+}）、游离油、吸附油和滞留油随着热演化进行持续增大，在 384℃（Easy R^o=1.08%）达到最大，之后持续下降；排出油随着热演化进行持续增大，在 408℃（Easy R^o=1.36%）达到最大值（图 2.11）；②排油系数持续增大，在早期油裂解和晚期油裂解阶段基本达到最大值，主体位于 60%～70%；③含油饱和度随着热演化程度的增加先增大后降低，在 Easy R^o=0.9%～1.7%，大于油页岩开采标准 100 mg/g TOC；④长 7 段油页岩生排烃演化模式表明（图 2.11），常规油气和非常规油气的甜点判别标准是不一样的，所关注的成熟度范围也不同。柱塞体生排烃研究表明：生烃过程中，温度是绝对驱动力，对柱塞体的破坏是一个内爆过程；对排烃而言，压力则是绝对驱动力。

五、古近系茂名油页岩干酪根及柱塞体生排烃实验对比

为探讨保留完整的岩石组构和矿物的烃源岩热解产烃特征，比较柱塞体与传统干酪根粉末热解生烃产率和特征的异同。在封闭无水热解条件下，通过对比茂名油页岩柱塞体与粉末干酪根两个系列的热解过程中重烃、轻烃、气态烃产率及气体碳同位素值和岩石热解参数的变化，探究了完整的岩石组构及矿物组成在油气生成和排出中的作用（图 2.12、图 2.13）。研究发现：①通过对茂名油页岩柱塞体与粉末干酪根固体残渣的 Rock-Eval 分析，柱塞体及粉末干酪根均经历了相同的热演化。②茂名油页岩柱塞体生成的重烃产率显著低

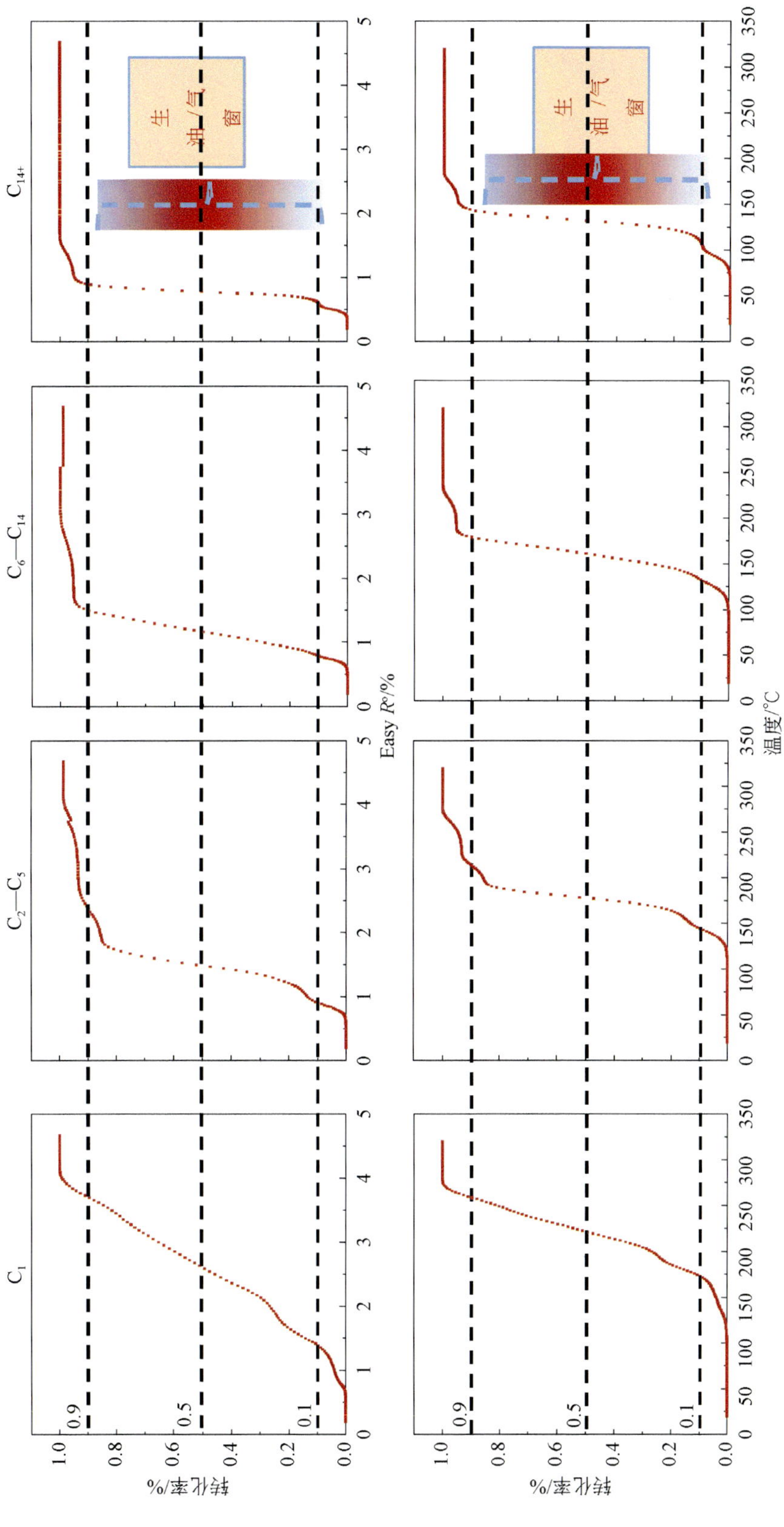

图2.10　以3 K/Ma反演风城组烃源岩在密闭条件下的生烃转化率

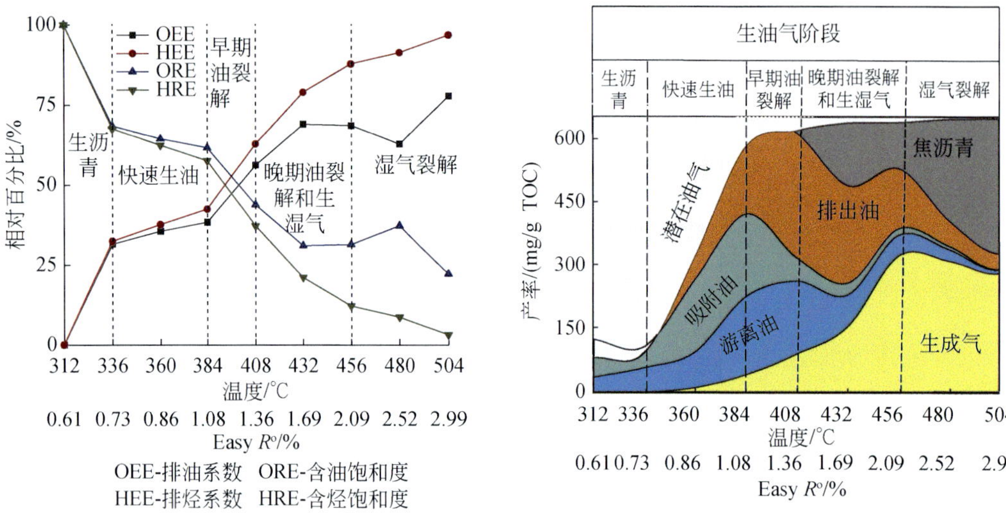

图 2.11 长 7 段油页岩柱塞体生烃模拟实验所揭示的非常规页岩油生成与排驱模式

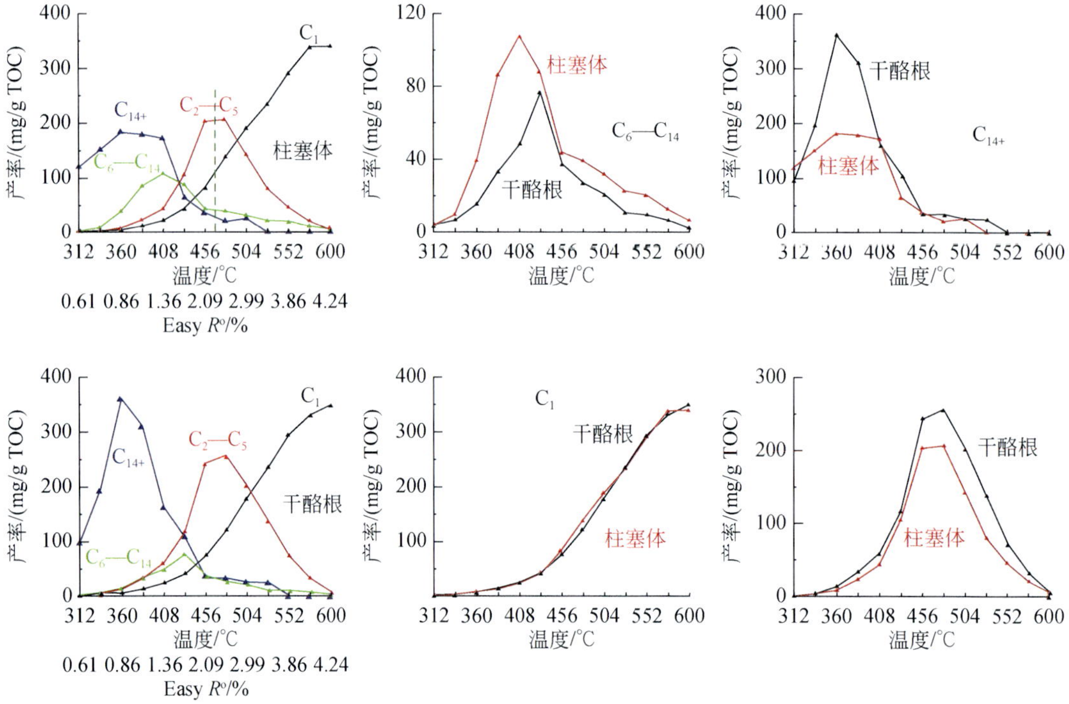

图 2.12 茂名油页岩柱塞体与干酪根生烃曲线

于粉末干酪根系列，这可能是因为柱塞体中的黏土矿物对重烃存在吸附保留作用，从而限制了重烃的排出。③茂名油页岩柱塞体整体上具有较低的湿气产率及更高的气体干燥系数，这是因为岩石组构对湿气的保留作用及甲烷的优先排出。④柱塞体具有更高的异构化比值，这可能是因为柱塞体中的黏土矿物（伊利石）促进了烃类的异构化，此外柱塞体系列相比粉末干酪根系列具有更高的烯烃与烷烃比值。⑤实验结果表明柱塞体及粉末干酪根均经历了相同的热演化，因此烃类产率的差异可能主要由岩石组构及矿物组成对排烃过程的影响所导致，矿物质（黏土矿物）限制了热解过程中重烃的排出，岩石组构主要限制了高分子气态烃的排出。因此根据热模拟实验结果，可以推测传统的干酪根热模拟实验可能过高地估计了烃源岩的生油气潜力（液态烃产率），特别是在富黏土矿物、贫碳酸盐的烃源岩中。

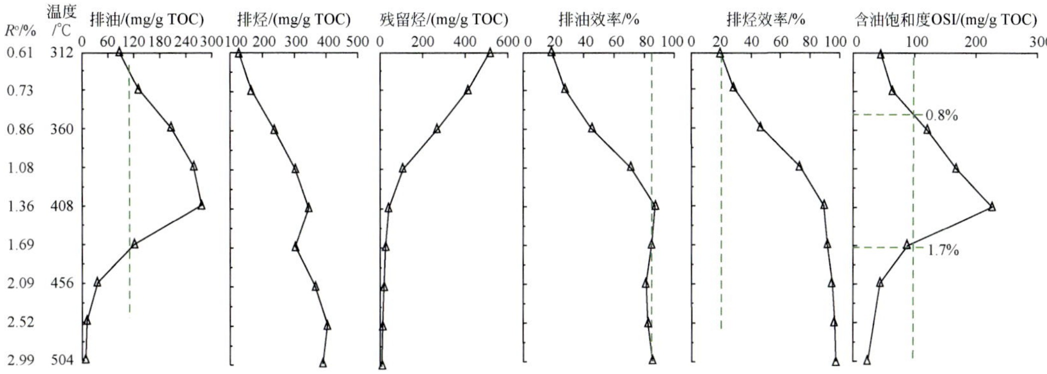

图 2.13　茂名油页岩柱塞体模拟生烃实验的排烃曲线

六、深层烃源岩生烃演化阶段和全组分生烃模式

在上述研究基础上，将热模拟实验生烃产物中的 C_2—C_5、C_6—C_{14}、C_2—C_{14} 分别作为湿气、轻质油和凝析油气的组成，划分了烃源岩生烃演化阶段和全组分生烃模式（图 2.14、

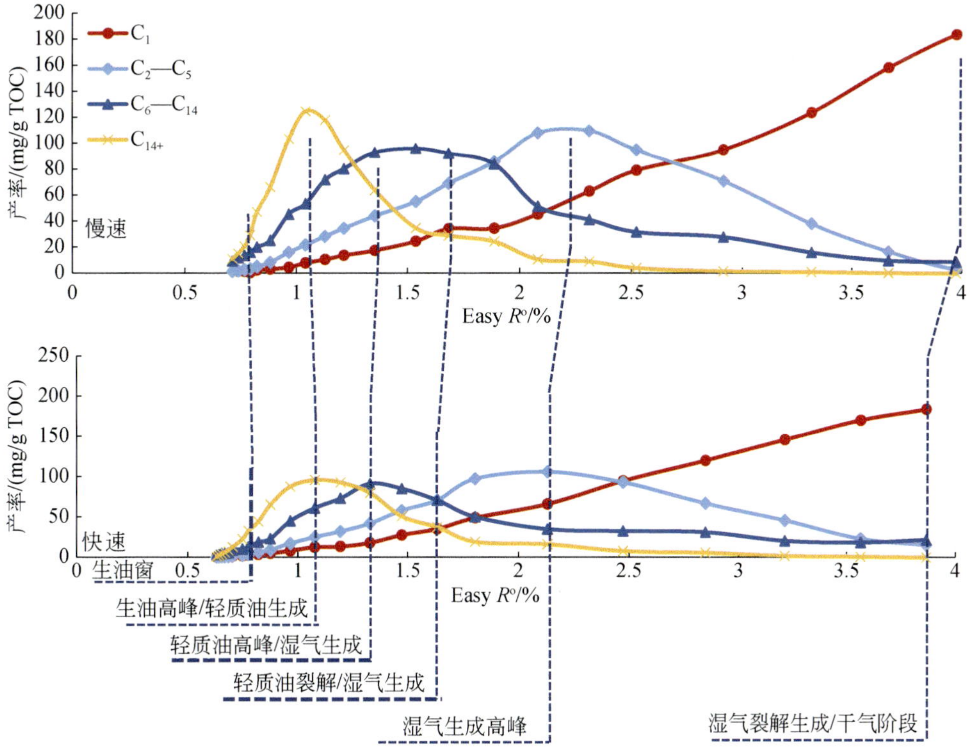

图 2.14　干酪根生烃产物全组分生烃演化模式及其阶段划分

图 2.15）：油窗（Easy R^o=0.5%～1.0%），轻质油（Easy R^o=1.0%～1.55%），凝析油（Easy R^o=1.5%～2.0%），凝析气（Easy R^o=2.0%～2.5%）和湿气（Easy R^o＞2.5%）。

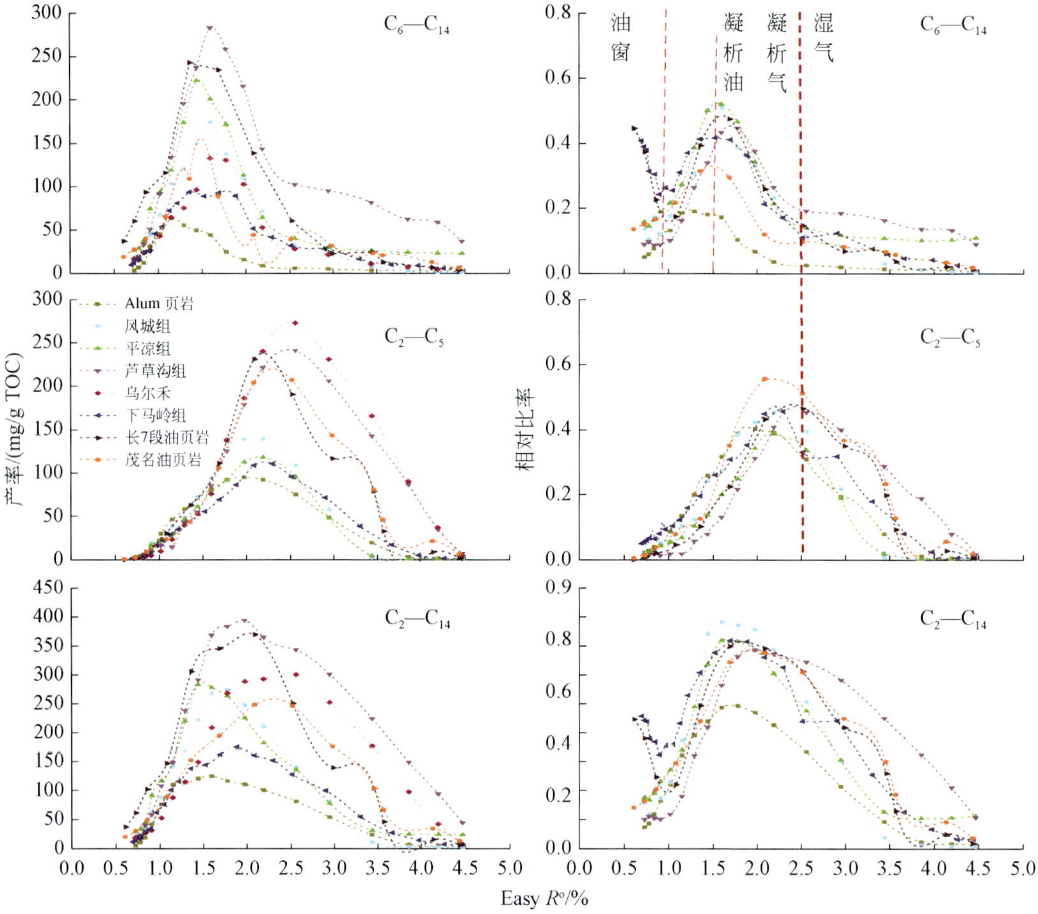

图 2.15　深层烃源岩生烃演化阶段划分

七、深层烃源岩生烃演化阶段和全组分生烃模式

图 2.16 展示了中上元古界下马岭组、寒武系 Alum 页岩、奥陶系萨尔干组、奥陶系平凉组和二叠系芦草沟组五个干酪根的生油气演化组成。可以发现，不论是倾油型干酪根还是倾气型干酪根，都具有先生油再生气的相同点。不同的是，倾气型干酪根生烃产物中气态烃占比更高，生油高峰来得更早；而倾油型干酪根生烃产物中液态烃占比更高，生油高峰来得更晚。

图 2.17 展示了倾油型干酪根和倾气型干酪根生烃模式和生烃产物演化轨迹。从四组分生烃模式图可以发现，倾油型干酪根具有更高的重烃和轻烃占比，倾气型干酪根具有更高的湿气和干气占比。从生烃产物三组分演化轨迹图可以发现，倾油型干酪根（平凉组和芦草沟组）在生烃演化过程中具有更高的轻烃占比（52%、44.7%），倾气型干酪根（下马岭组和 Alum 页岩）具有低轻烃占比，在成熟后期有更高的干气占比。

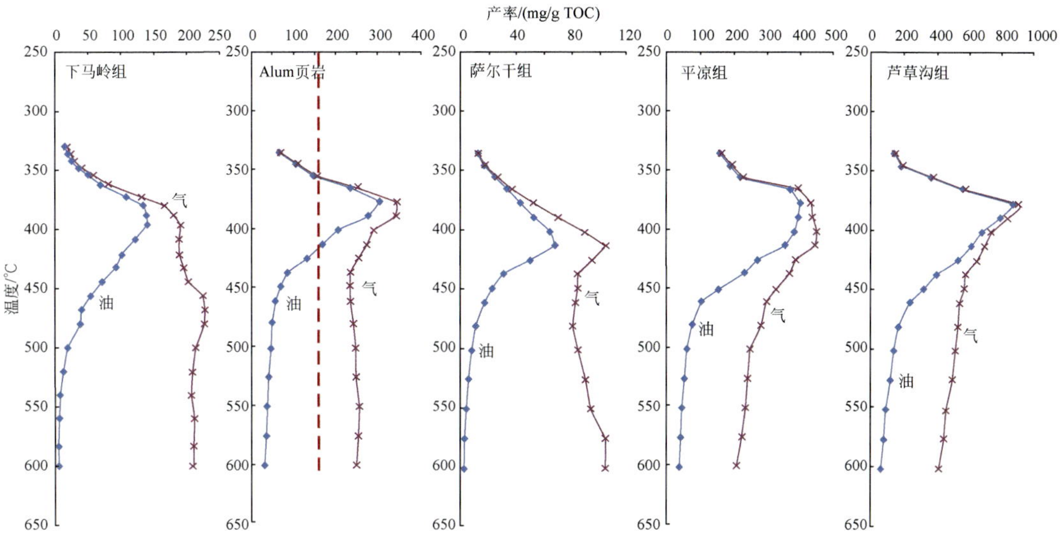

图 2.16　倾油型干酪根和倾气型干酪根生烃演化组成与对比

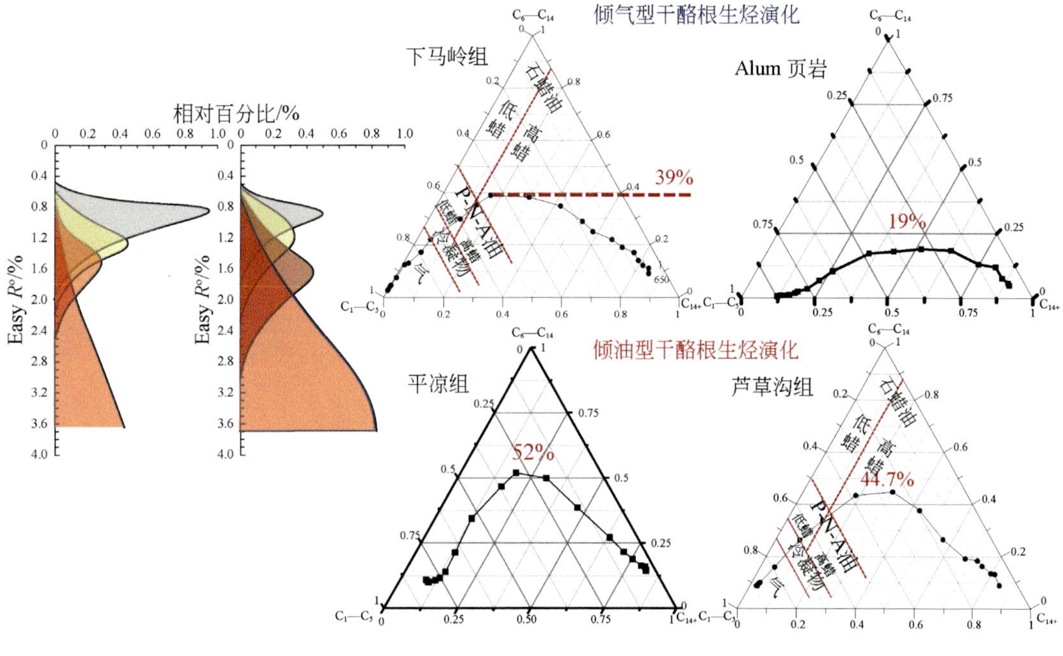

图 2.17　倾油型和倾气型干酪根生烃模式及其生烃产物演化轨迹对比

第二节　深层烃源岩多途径生气模式

一、干酪根裂解气机理

作为海相深层重要的生烃母质，Ⅰ/Ⅱ型有机质或干酪根的生烃潜力、特征和时限很大程度上决定了深层油气资源潜力和油气赋存形式。20 世纪 80 年代以来，国内外学者通过大量的高温模拟实验探讨了不同类型干酪根的生油气特征和潜力。Espitalié 等（1988）通过升温热解实验，研究了低成熟的海相Ⅱ型干酪根（HI=547 mg/g TOC）的生烃特征，发现初次裂解的烃类气体和液态烃产率分别占总生烃量的 10.8%和 89.2%。Behar 等（1997）基于不同类型干酪根开放体系的模拟实验，提出Ⅰ、Ⅱ和ⅡS 型干酪根完全转化生成气态烃的产率为 68～88 mg/g TOC。这些研究表明，Ⅰ/Ⅱ型干酪根初次裂解以生油为主，生油量占总生烃量的 80%～90%，生气量占 10%～20%。同时，生烃动力学研究揭示，Ⅰ/Ⅱ型干酪根初次裂解生油的活化能主要分布在 45～60 kcal/mol，对应的地质温度主要为 50～160℃，成熟度为 R^o=0.5%～1.3%（Pepper and Corvi，1995）。相对来说，轻质液态烃生成时限要晚于重质液态烃组分。同时，干酪根的生烃过程还受控于干酪根的性质，硫含量高的ⅡS 型干酪根的生烃活化能和温度时限要明显低于低硫干酪根。

尽管前期大量研究也探讨了干酪根初次裂解生气潜力和动力学特征，但受限于模拟体系和实验方法的差异，不同研究得到的结果仍存在争议。传统生烃理论提出干酪根初次裂解生气与生油阶段基本一致或略晚于生油。基于高温模拟和动力学计算的结果，表明干酪根初次裂解生气的活化能要明显高于初次裂解生油，这导致生气结束对应的地质温度要比生油高 30～60℃（张水昌等，2021）。本章结合大量实际样品的高温模拟实验、动力学计算和干酪根结构分析，详细探讨干酪根的生气时限和裂解生气机理。

本节基于一系列不同类型的泥页岩样品，通过两种极端条件下（液态烃完全保留或完全排出）的生气潜力模拟研究，详细评估不同类型干酪根的生气潜力，为高—过成熟地区天然气的来源和资源评价提供科学依据。

（一）样品及实验

5 个富有机质页岩样品均取自中国东部的含油气盆地（表 2.1），其所制备的干酪根样品基础有机地球化学数据见表 2.2［由于页岩样品已经生成了少量石油但尚未排出，为了准确评价其总的生油潜力，处理过程中不抽提可溶有机质，这里的干酪根为“原始干酪根”（O-Kerogen)］。样品成熟度 R^o 介于 0.48%～0.74%，HI 介于 838～279 mg/g TOC。样品 A 为典型的Ⅰ型干酪根，样品 B、C、D 为ⅡA 型干酪根，样品 E 为ⅡB 型干酪根。将上述 5 个干酪根样品在真空玻璃管中 380℃恒温加热 24 h，取出后用三相混合有机试剂（甲醇∶丙酮∶苯=2∶5∶5，MAB）抽提 72 h 完全除去可溶有机质。此时干酪根的实测成熟度为 R^o=1.22%（样品 E)，已经没有了生油能力且不含液态石油，称为残余干酪根（R-Kerogen)。

热解实验采用高压釜-黄金管封闭体系。生油模拟实验样品为 5 个 O-Kerogen 样品，实验条件：升温速率 20℃/h，设定温度 320～440℃（间隔 10℃或者 20℃为一个样品点，共 7 个样品点），压力 50 MPa。生气模拟实验样品为 5 个 O-Kerogen 样品与 5 个 R-Kerogen 样品，实验条件：升温速率 2℃/h，设定温度 400～600℃（每隔 20℃取一个样品点，每个样品共获得 11 个样品点），压力 50 MPa。热解实验完成后，将黄金管从高压釜中依次取出，并对生成的液态石油和气态烃进行定量分析。

气体成分和同位素分别利用气相色谱和气相色谱-同位素质谱仪进行测定。在进行气体成分和碳同位素分析之前，将黄金管用二氯甲烷清洗，晾干后放入与气相色谱相连的真空收集装置中。用真空收集装置内置的不锈钢针头将黄金管刺破，释放其中的气体并通过连接装置进入气相色谱。气相色谱型号为 Agilent Technologies 7890-0322，内置 Poraplot Q 色谱柱规格为 30 m×0.25 mm×0.25 μm，以氦气为载气。初始温度为 60℃，恒温 3 min，而后以 25℃/min 的升温速率升至 190℃，保持 3 min。检测器含有两个热导检测器和一个火焰离子检测器，分别用来检测非烃类气体和烃类气体。同位素质谱仪型号为 GV Instruments Isoprime stable isotope mass spectrometer，与 Agilent 6890 气相色谱相连，其内置 HP-PLOT Q 规格为 30 m×0.32 mm×0.25 μm，以氦气为载气。初始温度为 50℃，恒温 3 min，而后以 30℃/min 的升温速率升至 190℃，保持 7 min。

表 2.1 页岩晚期生气潜力样品信息

样品编号	所在盆地	井号	深度/ m	TOC 质量分数/%	R^o /%
A	松辽盆地长岭凹陷	H151	1807.4	2.82	0.71
B	东营凹陷牛庄洼陷	X47	2622.6	7.92	0.58
C	东营凹陷民丰洼陷	L10	3288.0	2.51	0.64
D	惠民凹陷岭南洼陷	S743	3328.6	1.75	0.69
E	惠民凹陷岭南洼陷	S743	3398.1	1.39	0.74

表 2.2 用于热解实验的干酪根基础有机地球化学信息

原始干酪根	TOC_{OK} 质量分数/%	S_1/(mg/g)	S_2 /(mg/g)	T_{max}/℃	HI/(mg/g TOC_{OK})	干酪根类型
A	62.5	29.5	523.3	441	838	I
B	57.9	12.1	358.5	427	619	ⅡA
C	50.6	13.4	307.1	438	607	ⅡA
D	47.8	12.6	188.3	439	394	ⅡA
E	52.4	22.6	145.9	437	279	ⅡB
残余干酪根	TOC_{RK} 质量分数/%	S_1/(mg/g)	S_2 /(mg/g)	T_{max}/℃	HI/(mg/g TOC_{RK})	
R-A	40.2	0.61	14.67	474	36	
R-B	46.7	0.84	18.29	463	39	
R-C	40.5	0.68	9.61	470	24	
R-D	43.3	0.37	7.23	472	17	
R-E	50.6	0.39	9.73	468	19	

注：当完全去除成熟干酪根（R^o=1.22%）所生成的液态烃时，残余干酪根氢指数大幅度降低。S_1-游离烃峰面积；S_2-热解烃峰面积；TOC_{OK}-原始干酪根（O-Kerogen）的 TOC；TOC_{RK}-残余干酪根（R-Kerogen）的 TOC。

（二）不同类型页岩原始干酪根和残余干酪根生气潜力对比

1. 不同类型页岩原始干酪根的生油潜力

不同类型页岩原始干酪根样品的液态烃产率随着热解温度的升高逐渐增加，并在 390～410℃时达到最大值。之后液态烃开始裂解，含量快速降低。热解过程中，5 个干酪根样品的液态石油的最大产率差别很大，如 I 型干酪根样品 A 的最大生油量为 790.1 mg/g TOC，三个ⅡA 型干酪根样品 B、C 和 D 的最大生油量介于 382.6～575.3 mg/g TOC，而ⅡB 型干酪根样品 E 的最大生油量仅为 229.4 mg/g TOC。同时，元素分析测定结果显示不同类型干酪根生成的液态烃中的碳元素存在一定的差异性，整体上为Ⅰ型干酪根生成的石油中碳元素质量分数最高（86.4%），而ⅡB 型干酪根生成的液态烃的碳元素质量分数较低（69.5%）。以上结果表明，液态烃的产率及性质明显受干酪根的类型影响。

2. 不同类型页岩原始干酪根的生气潜力

实验表明不同类型干酪根样品的甲烷产率在热解早期阶段很接近（$R^o \leqslant 1.93\%$），随后表现出差异（$R^o > 1.93\%$），且随着成熟度增加而增大（图 2.18）。如在 R^o=1.93%时，5 个样品的甲烷（CH_4）产率介于 131.3～154.4 mL/g TOC，平均为 145 mL/g TOC；而当 R^o=3.58%时，Ⅰ型（样品 A）、ⅡA 型（样品 D）和ⅡB 型（样品 E）的甲烷产率分别为 584.3 mL/g TOC、388.0 mL/g TOC 和 306.9 mL/g TOC，差异非常明显。不同类型干酪根的重烃气体（C_2—C_5）

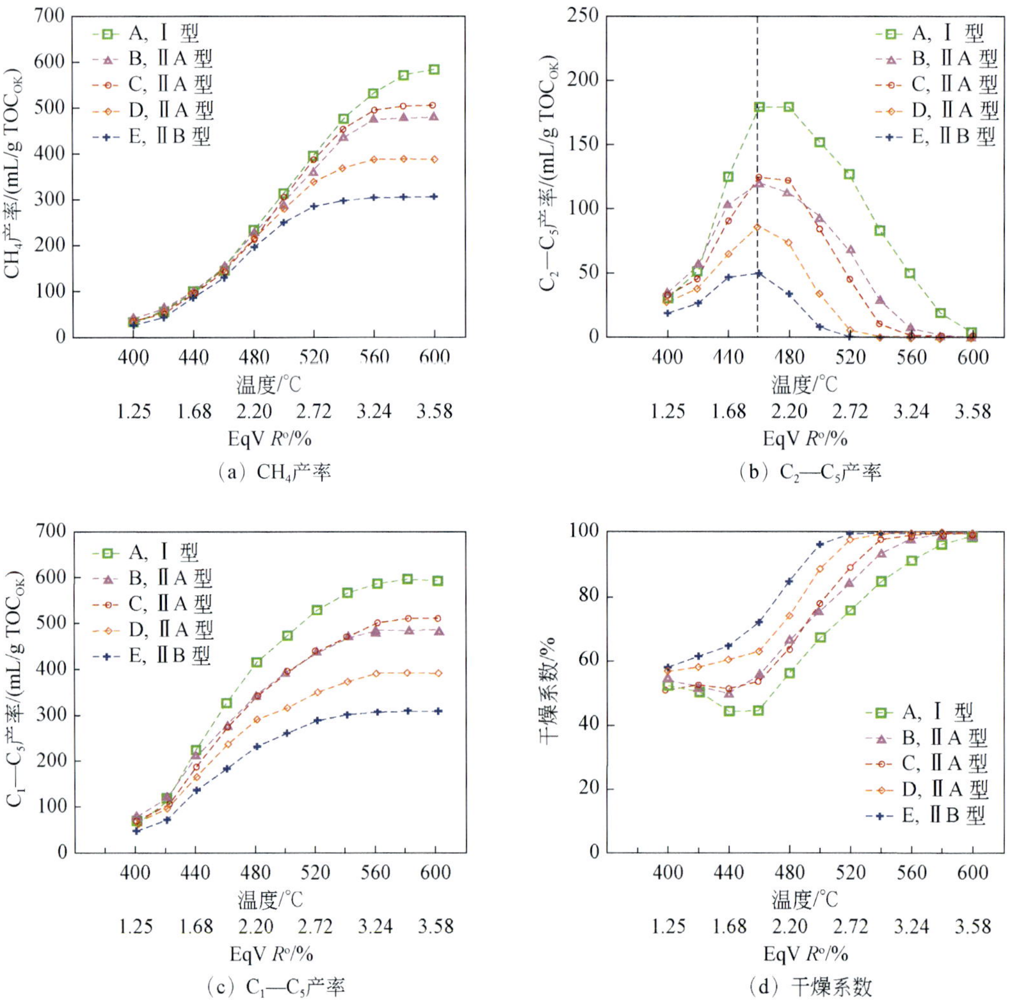

（a）CH_4产率　（b）C_2—C_5产率

（c）C_1—C_5产率　（d）干燥系数

图 2.18　不同类型页岩原始干酪根生气特征

EqVR^o-等效镜质组反射率

产率在不同演化阶段均存在差异，尤其是在其产率高峰（R^o=1.93%）差异最大：如Ⅰ型（样品 A）为 180.8 mL/g TOC，ⅡA 型（样品 D）和ⅡB 型（样品 E）分别为 87.4 mL/g TOC 和 51.0 mL/g TOC。R^o=1.93%之后，重烃气体开始发生二次裂解，其产率逐步降低，但不同类型干酪根样品差别仍然明显，ⅡB 型（样品 E）在 R^o＜3.0%已基本裂解，而Ⅰ型 R^o 高达 3.5%仍存在少量乙烷（图 2.18）。整体上，不同类型样品间的总气态烃产率差别较为明显，且在整个演化阶段均表现为Ⅰ型＞ⅡA 型＞ⅡB 型。

不同类型干酪根样品的气态烃干燥系数在不同演化阶段均存在差异。热解早期阶段（R^o≤1.93%），生气潜力大的样品（样品 A、B、C）表现为逐渐降低，而ⅡA 型（D）与ⅡB 型（E）则表现为逐渐增加；在 R^o＞1.93%之后，所有样品的气态烃干燥系数均表现为快速增加，且不同类型样品的增加幅度基本一致（直到增加到 95%）。结合重烃气体产率，可能指示了这一阶段气体的干燥系数增加主要是因为重烃气体的二次裂解。此外，5 个样品的干燥系数达到 95%所对应的成熟度依次由 R^o=3.43%逐渐降低到 R^o=2.48%，表明在热演化过程中，液态石油裂解生气将明显影响其气体组成。在整个热演化阶段，同一成熟度的干燥系数均表现为Ⅰ型＜ⅡA 型＜ⅡB 型（图 2.18）。

3. 不同类型页岩残余干酪根的生气潜力

不同类型干酪根在无液态石油生成潜力之后的甲烷产率相近，演化趋势也非常相似（图 2.19）。不同类型页岩残余干酪根的甲烷产率在 R^o=1.25%～3.02%随成熟度的增加逐渐增加；R^o＞3.02%时，产率增加十分缓慢；R^o 为 3.58%时，甲烷产率基本达到最大，介于 130.3～144.5 mL/g TOC，不同类型样品间的最大产率差值仅为 14.2 mL/g TOC，远低于不同类型原始干酪根样品的甲烷产率差值（最大产率差值 286 mL/g TOC）。不同残余干酪根样品的重烃气体产率均很低，介于 1.5～7.8 mL/g TOC，并以乙烷为主。由于重烃气体产率很低，不同类型干酪根的总气态烃产率与甲烷基本相同（图 2.19）。

不同类型干酪根气体干燥系数在裂解早期阶段（R^o＜1.93%）存在一定的差别，但随着成熟度增加，其差别逐渐变小。在成熟度达到 R^o=1.93%时，各样品的干燥系数均大于 95%，表明生成的气体为干气。此外，与重烃气体产率对应，在成熟度达到 R^o＞2.5%后，各样品的干燥系数均高于 99%（图 2.19）。

（三）干酪根初次裂解生气潜力和时限

模拟实验是研究有机质生烃过程的重要方法，基于高温模拟实验结果，通过成熟度测定或动力学计算，可以揭示地质温度或成熟过程中的油气生成演化特征。我国主要含油气盆地深层海相主力烃源岩多处于高—过成熟程度，基于低成熟样品正演生气热模拟可以探讨干酪根原始生气特征。低成熟下马岭组干酪根封闭体系的模拟实验表明，Ⅰ型或Ⅱ1 型海相有机质的生油产率与湖相有机质基本相当。封闭体系模拟得到的最大生油量可达 500～600 mg/g TOC，最大生气量约为 450 mL/g TOC。当模拟温度高于 400℃时，原油开始二次裂解生气，在约 600℃时产气量达到最大值（图 2.20）。

由于黄金管是封闭的实验体系，干酪根低温阶段生成的原油在高温阶段也可以裂解成气。在高温阶段模拟得到的气体是干酪根裂解生成的气体与原油裂解气的混合气。由于封闭体系中干酪根生油和早期生成原油的二次裂解存在重叠，且不同性质的原油裂解温度不

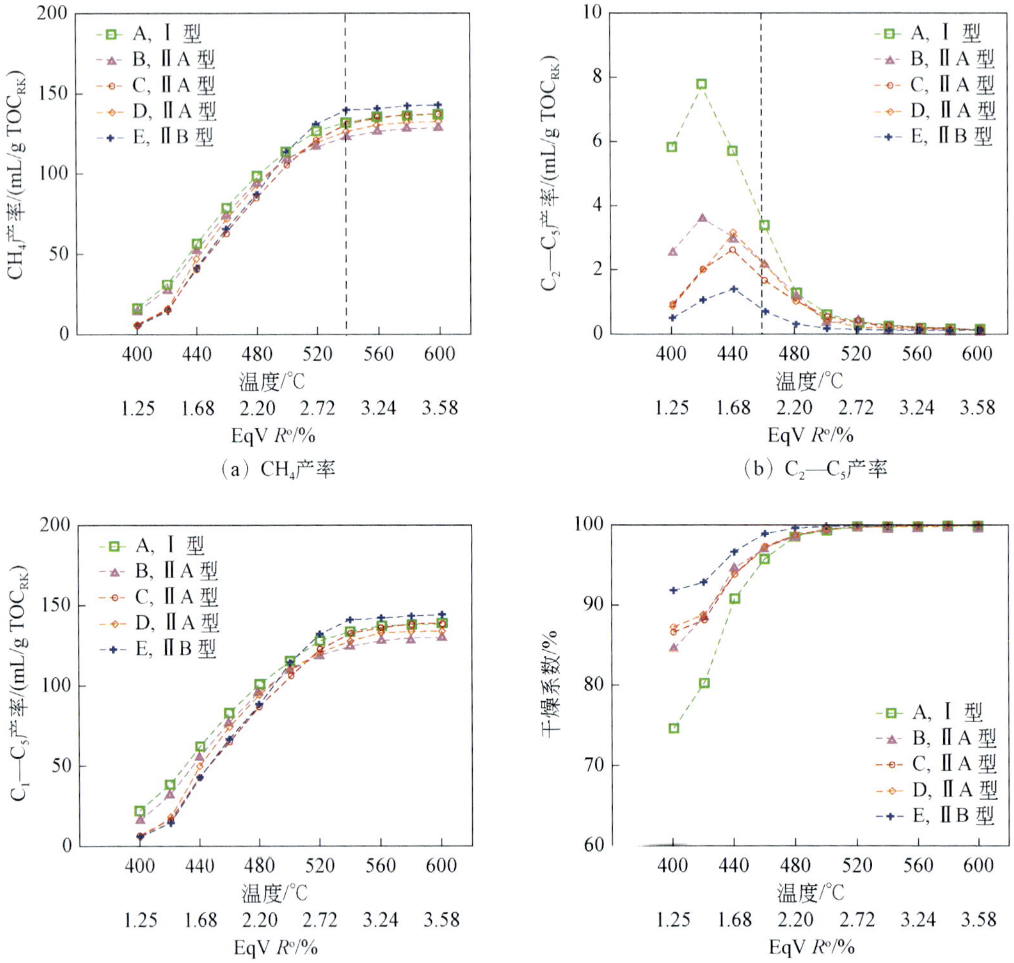

（a）CH_4产率　（b）C_2—C_5产率

（c）C_1—C_5产率　（d）干燥系数

图 2.19　不同类型页岩残余干酪根生气特征

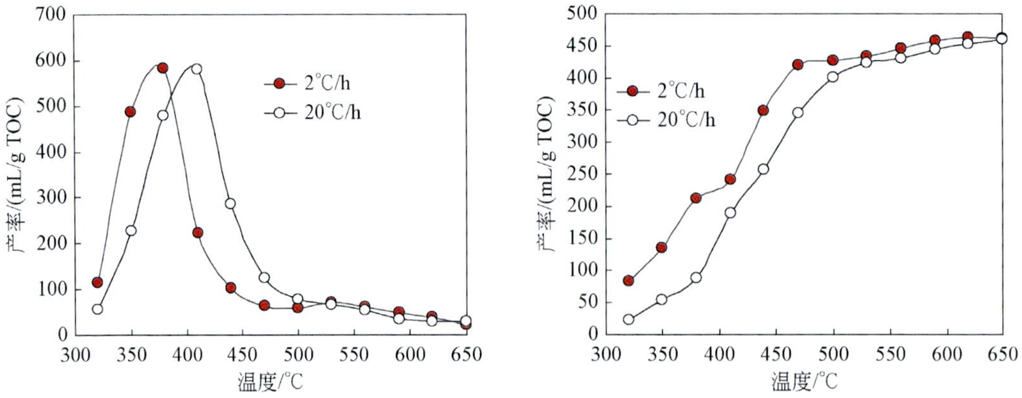

（a）生油特征　（b）生气特征

图 2.20　下马岭组干酪根封闭体系热解的生油和生气特征

同，所以只能根据质量平衡估算干酪根初次裂解生气量。假定最大生油量的 50%最终转化为原油裂解气，估算显示，海相Ⅰ/Ⅱ型干酪根的最大生气量约为 100 mL/g TOC。

相比于封闭体系的热模拟方法，开放体系或黄金管分步热解方法可以更准确地揭示Ⅰ/Ⅱ型干酪根的初次裂解生气下限和潜力（Mi et al.，2018；王晓梅等，2021）。分步升温模拟实验过程如下：先将样品分别装入多个黄金管中，把这些黄金管在反应釜体从室温 1 h 加热到 300℃，恒温 1 h。再按照 2℃/h 的升温速率加热到下一个温度点（如 325℃），待反应釜体温度降至室温时，取出所有黄金管。留下 1 个黄金管进行气体组成、定量及碳同位素分析。剩下的黄金管全部刺破，利用二氯甲烷对黄金管中的残渣进行超声抽提，以保证生成的原油在下一个更高模拟温度点不会发生分解；抽提过的模拟残渣烘干后，再次装入多个黄金管中。按照上述升温程序从室温加热到 320℃，恒温 1 h，再按照 2℃/h 的升温速率加热到下一个温度点（如 340℃），待反应釜体温度降至室温时，取出所有黄金管。留下 1 个黄金管进行气体组成、定量及碳同位素分析。剩下的黄金管全部刺破，通过超声抽提对生成油进行定量，如此反复。这样做的优点是，低温条件下生成的原油已经被抽提，不会在下一个温度点发生分解。每次得到的气体量就是干酪根在两个温度点之间的生气量，每一个温度点生成的气量之和为干酪根初次热解气量（图 2.21）。

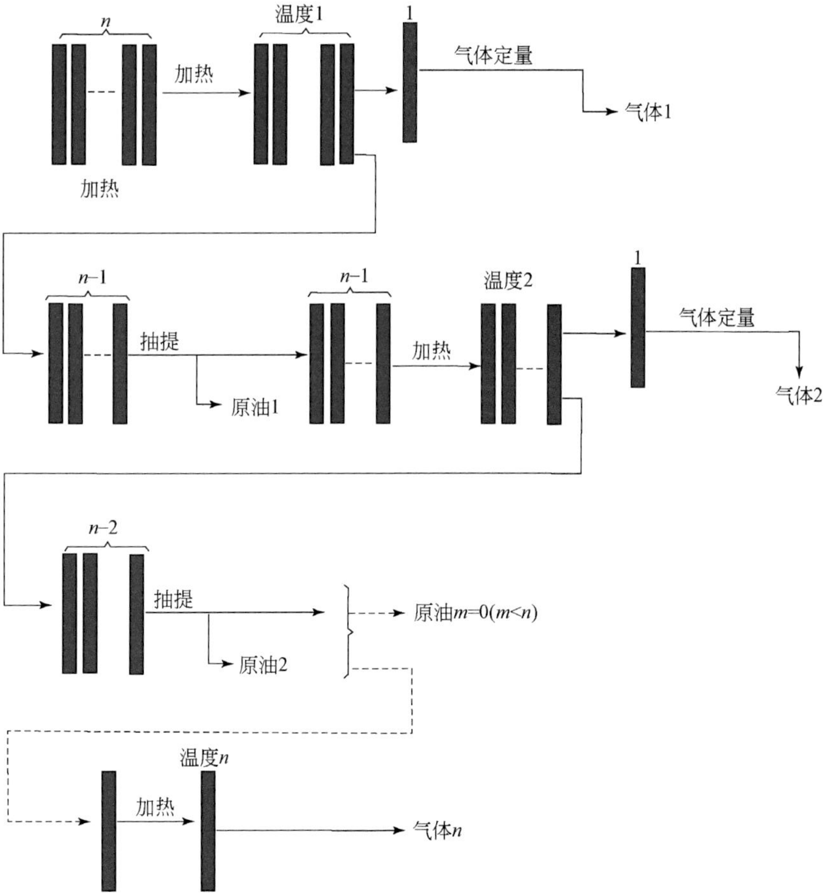

图 2.21　分步加热模拟实验过程示意图

下马岭组干酪根的分步热解结果显示，不同生物母质组成的下马岭组两个层段的黑色页岩的生油量存在明显差异（图 2.22）。其中，来自 1 段以原核生物和真核生物共同来源的有机质（TOC 质量分数为 1.60%和 4.38%的样品）的最大生油量可达 450～600 mg/g TOC，与湖相Ⅰ/Ⅱ型有机质相当。来自 3 段以原核生物来源为主的有机质（TOC 质量分数为 7.39%）的最大生油量明显偏低，仅为 270 mg/g TOC，与Ⅱ2 型有机质相当。这说明，生源组成或原始沉积生物母质类型很大程度上控制了有机质的生油气能力。但不同生物母质来源的干酪根初次裂解生气量无明显差异，干酪根裂解最大生气量约为 140 mL/g TOC（100 mg/g TOC），与古生代—新生代海相和湖相Ⅰ/Ⅱ型有机质基本一致（Mi et al.，2018）。值得注意的是，分步热解结果显示，干酪根的生气可延伸至 R^o=3.5%，明显高于传统认识的 2.0%界限。

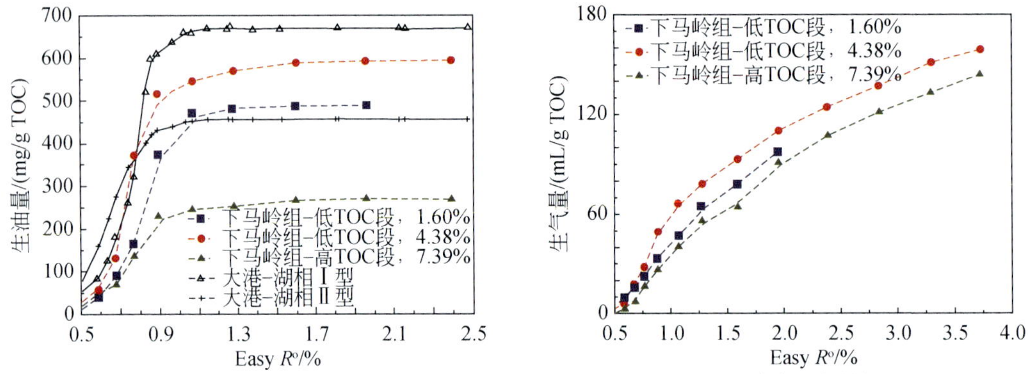

（a）生油特征　　（b）生气特征

图 2.22　下马岭组干酪根及湖相Ⅰ/Ⅱ型有机质累计生油和生气特征

低成熟海相和湖相干酪根分步热解结果的对比，进一步证实了不同来源的Ⅰ/Ⅱ型干酪根初次裂解的烃类气体产率和生气演化特征基本一致，最大生气量为 120～140 mL/g TOC［图 2.23（a）］。同时，可以发现，干酪根初次裂解生气过程明显具有阶段性，R^o=0.5%～2.0%，

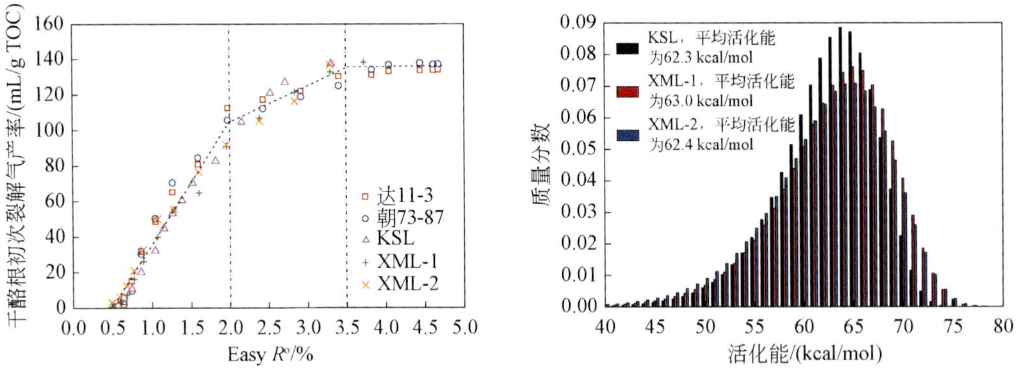

（a）　　（b）

图 2.23　低成熟Ⅰ/Ⅱ干酪根初次裂解生气产率（a）和活化能分布（b）

分步热解采用的升温速率为 2℃/h，温度范围为 300～650℃；活化能为 Weibull 分布，指前因子 A 为 1.0×10^{15} s^{-1}

生气量快速增加，该阶段生气量为 90～110 mL/g TOC；R^o=2.0%～3.5%，生气速率明显降低，生气潜力占总生气量的 20%～30%，R^o＞3.5%时生气基本结束。干酪根样品初次裂解生气动力学计算表明，海相Ⅰ/Ⅱ型干酪根初次裂解生气的活化能分布范围较宽（45～75 kcal/mol），平均活化能为 62～63 kcal/mol，明显高于Ⅰ/Ⅱ型有机质初次裂解生油[图 2.23（b）]。这一结果证实，干酪根初次裂解生气结束界限要明显晚于生油阶段。

不同成熟度的实际干酪根样品升温热解进一步揭示，Ⅰ/Ⅱ型有机质的生气量随成熟度变化可以分为三个阶段：R^o＜2.0%，生气量随成熟度增加快速降低；R^o＞2.0%，生气量随成熟度增加缓慢降低；R^o＞3.5%时，有机质基本不再具有生气潜力（图 2.24）。

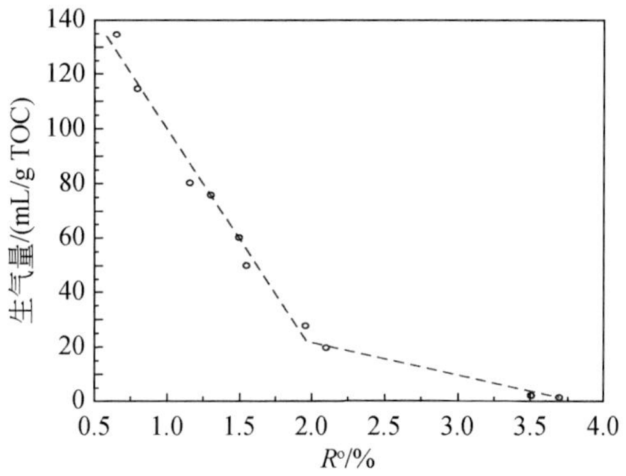

图 2.24　不同成熟度海相Ⅰ/Ⅱ型干酪根初次裂解生气量

干酪根样品来自中国华北、四川盆地和塔里木盆地以及美国丹佛盆地

（四）干酪根元素和结构演化特征

经典的有机质生烃理论认为，有机质生烃是一个不断增 C 和减 H 的过程。因此，有机元素组成随成熟度的变化可以反映干酪根的生气过程。从实际海相干酪根 H/C 随成熟度的演化（图 2.25）可以发现，H/C（氢与碳的原子比）随成熟度的变化可以分为三段：①R^o＜1.3%，H/C 快速降低阶段；②R^o=1.3%～2.0%，H/C 中等速率降低阶段；③R^o＞2.0%，

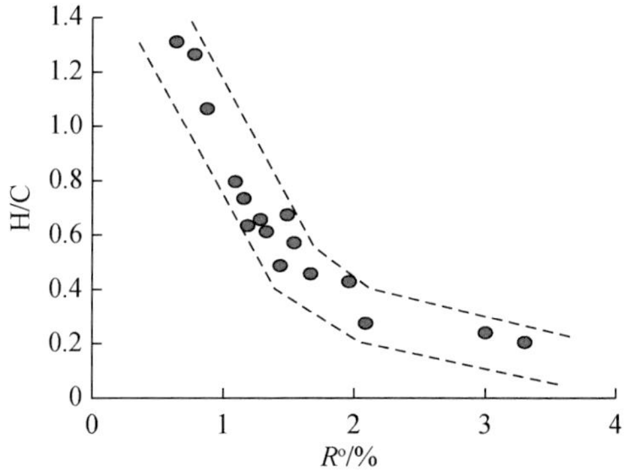

图 2.25　海相有机质 H/C 随成熟度的演化

H/C 慢速降低阶段。H/C 阶段性变化，说明海相干酪根热解生烃具有阶段性。从理论上讲，只要有机质中有 H 的存在，有机质的生烃作用就不会结束。根据 H/C 随成熟度的演化趋势，初步推断海相有机质生烃结束的理论成熟度界限能达到 R^o=3.0%以上。

干酪根生烃潜力不但与有机质的元素组成有关，而且与有机质的化学结构密切相关。热演化过程中，有机质结构中的侧链（包括脂肪链和其他含杂原子官能团）不断从芳环上脱落，芳环不断缩合，直到有机质完全石墨化。从不同成熟度海相有机质红外光谱（图 2.26）可以观察到，脂肪链的吸收峰（2800～3000 cm^{-1}）在 R^o＜1.35%阶段降低的速率明显快于 R^o＞1.35%阶段。R^o＜1.35%阶段对应传统理论中的“生油窗”，脂肪侧链的快速减少主要与优势生油密切相关。R^o=2.0%含氧官能团的吸收峰强度已经很微弱，说明有机质生成 CO_2 主要在 R^o＜2.0%阶段。芳环上 C—H 弯曲振动峰强度在 R^o＜2.0%大致随成熟度的增加而增强，之后呈现明显的减弱趋势。芳环上 C—H 演化的主要机理：在低成熟阶段，芳环上连接着比较多的脂肪侧链，芳环上 C—H 数量比较少，弯曲振动峰强度较弱，随着有机质进一步成熟，芳环上连接着比较多的脂肪侧链断裂，生成油气。芳环上的脂肪侧链减少，相应芳环上 C—H 数量增加，芳环上 C—H 弯曲振动峰强度增强。随着有机质的进一步演化，芳环缩合，石墨化作用增强，有机质结构中芳环减少，相应芳环上的 C—H 数量减少，芳环上 C—H 弯曲振动峰强度减弱。在 R^o=3.3%样品中已经检测不到脂肪侧链，说明脂肪链基本发生断裂。

通常，干酪根的结构参数随有机质成熟度的演化反映了有机质的生烃过程。①脂肪侧链伸展振动吸收峰（2800～3000 cm^{-1}）面积与芳环 C—C 或 C═C 键伸展振动吸收峰（1608 cm^{-1}）面积比，可以作为评价脂肪侧链生烃贡献的参数；②含氧官能团伸展振动吸收峰（1710 cm^{-1}）面积与芳环 C—C 或 C═C 键伸展振动吸收峰面积比，可以反映相连在芳环上的含氧官能团的演化特征；③芳环上 C—H 键弯曲振动吸收峰（700～900 cm^{-1}）面积与芳环 C—C 或 C═C 键伸展振动吸收峰面积比，可以反映有机质的石墨化程度。脂肪侧链与芳环的比值随成熟度的演化可以分为三段：R^o＜1.3%时，随成熟度增加该比值快速减小，脂肪侧链发生快速断裂导致有机质大量生油；R^o=1.3%～2.0%时，随成熟度增加该比值中等幅度减小，干酪根以生气为主；R^o＞2.0%时，随成熟度增加该比值非常缓慢减小，干酪根以生成甲烷为主，且生气速率明显减低；R^o=3.0%～3.5%时，该比值接近于 0，说明生气结束的成熟度界限应该在 R^o=3.0%～3.5%。这一现象与干酪根分步加热模拟实验的结果一致。从芳环上 C—H 与 C═C 吸收峰面积比值的演化也可以发现，R^o＞2.0%时，芳环的缩合和石墨化作用导致干酪根结构中的 C—H 含量明显减低；当 R^o 达到 3.5%时，该比值接近于 0，证实有机质的石墨化程度非常高，有机质的生气作用结束。实际上，核磁分析证实，在高—过成熟阶段Ⅰ、Ⅱ型干酪根结构中仍含有一定量的短支链的脂肪结构。因此，干酪根初次裂解生气具有两段性特征，快速生气主要发生在 R^o=0.5%～2.0%阶段，生气结束界限可延伸至 R^o=3.5%，过成熟阶段生气量可占总生气量的 20%～30%。

（五）干酪根初次裂解生气模式

结合低成熟样品的分步热解和不同成熟度样品的模拟实验，可以建立Ⅰ型干酪根裂解生气模式（图 2.27）。Ⅰ/Ⅱ型有机质最大生气量可达 140 mL/g TOC，R^o＜2.0%为主生气阶

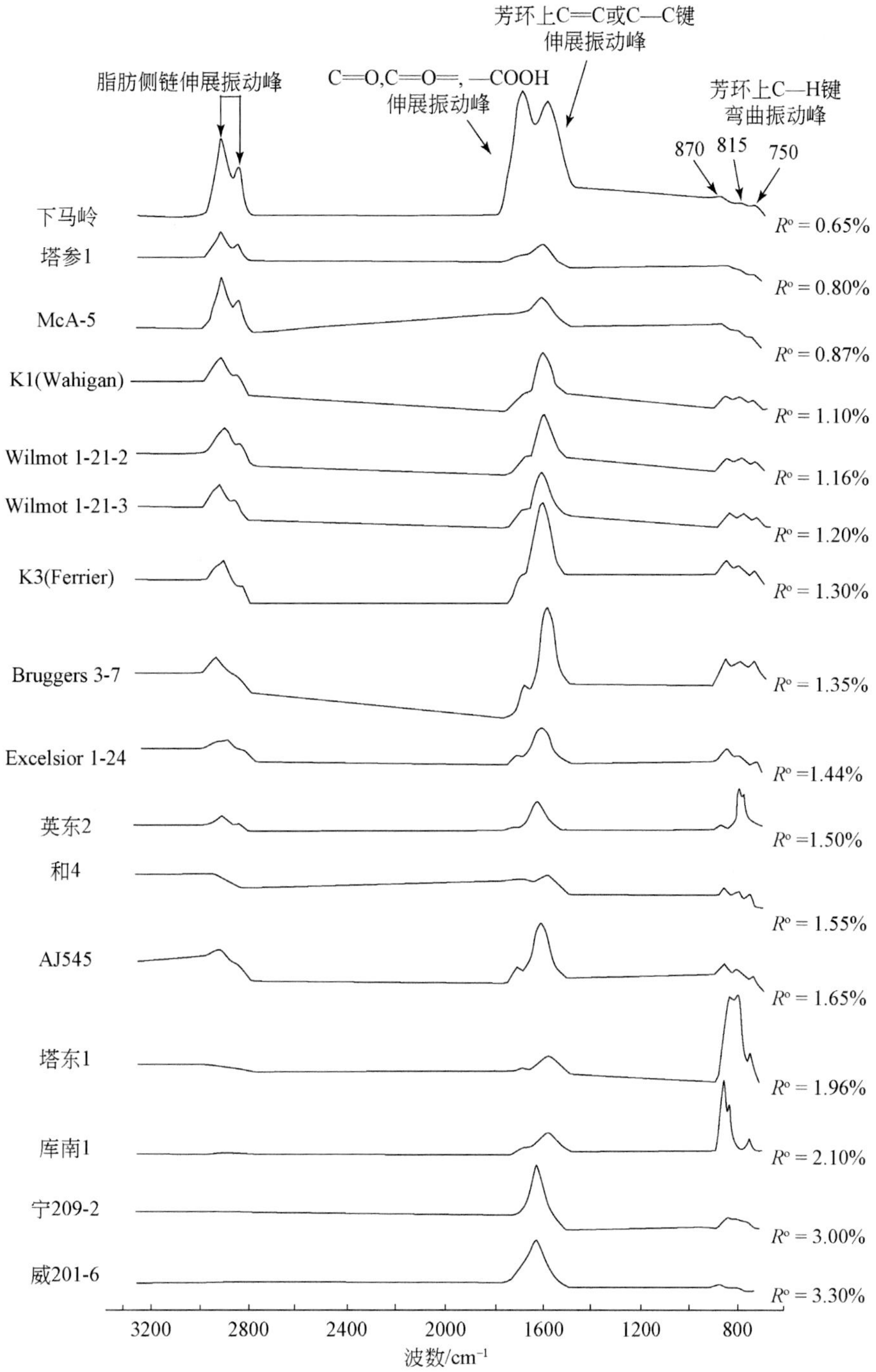

图 2.26　不同成熟度海相有机质利用傅里叶红外分析图谱

2800～3000 cm^{-1} 是脂肪链伸展振动的吸收峰；1600～1800 cm^{-1} 是含氧官能团（包括羧基、羟基、羰基等）和芳环 C—C 或 C═C 键伸展振动的吸收峰；700～900 cm^{-1} 是芳环上 C—H 键弯曲振动的吸收峰

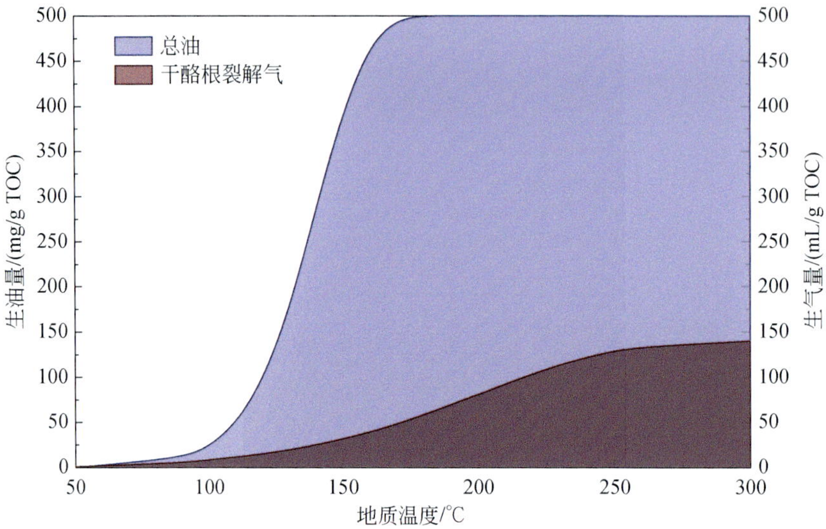

图 2.27　Ⅰ型干酪根裂解生烃模式

段，生气量占总生气量的 75%～80%；R^o＞2.0%生气速率减慢，这一阶段生气量占总生气量的 20%～25%，可达约 30 mL/g TOC；Ⅰ型干酪根生气结束的成熟度界限为 R^o=3.5%左右。综上所述，Ⅰ型干酪根以生油为主，生气为辅，主生气期晚于主生油期；深层—超深层高—过成熟干酪根依然具有规模生气能力。

二、原油裂解气生气特征

选取川西北泥盆系稠油样品，对其开展封闭体系热模拟实验，以期明确原油裂解生气特征以及原油族组分对原油裂解生气的影响。同时选取川西北寒武系固体沥青样品开展半开放体系热模拟实验，进一步探讨早期生成的天然气散失后，残余有机质裂解生气特征。

（一）封闭体系原油裂解生气特征

川西北泥盆系稠油样品源于寒武系烃源岩，其初始碳同位素为–35.7‰。将准备好的稠油样品装入黄金管中进行封闭体系热模拟实验，之后对生成的气体成分和碳同位素进行测定。

1. 封闭体系原油裂解生气潜力

封闭体系中原油裂解生成的甲烷随着热解温度的升高不断增加，C_1—C_5 体积产率同样随着温度的升高而增大。二者的体积产率在 2℃/h 升温速率条件下 600℃时达到最大值，分别为 393.8 mL/g（即每克抽提出的稠油，后面类同）和 397.4 mL/g。C_2—C_5 体积产率则表现为先增加后降低的趋势，以 2℃/h 升温速率为例，C_2—C_5 体积产率在 480℃之前不断增加并达到 115.8 mL/g，之后其产率不断降低，在 600℃时为 3.6 mL/g（图 2.28）。

图 2.29 展示了封闭体系中原油裂解气的气体湿度演化规律。可以看出原油裂解气湿度表现出先变大后变小的趋势。以 2℃/h 升温速率为例，气体湿度在 384℃时达到 53.8%，之后不断降低并在 600℃达到 0.9%。而在 20℃/h 的实验条件下，600℃时原油裂解气的气体

湿度为 8.3%。表明封闭体系中原油裂解气的气体湿度通常较高，即便是在很高的成熟度条件下仍然具有较高含量的湿气。

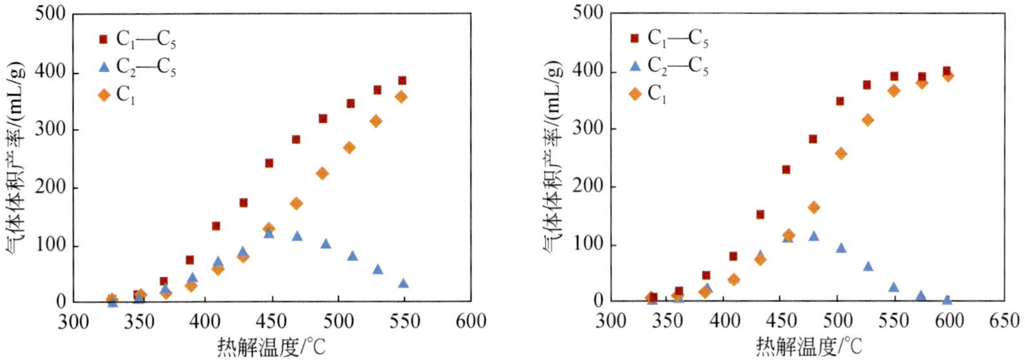

（a）升温速率20℃/h （b）升温速率2℃/h

图 2.28 原油裂解过程中气体体积产率演化规律

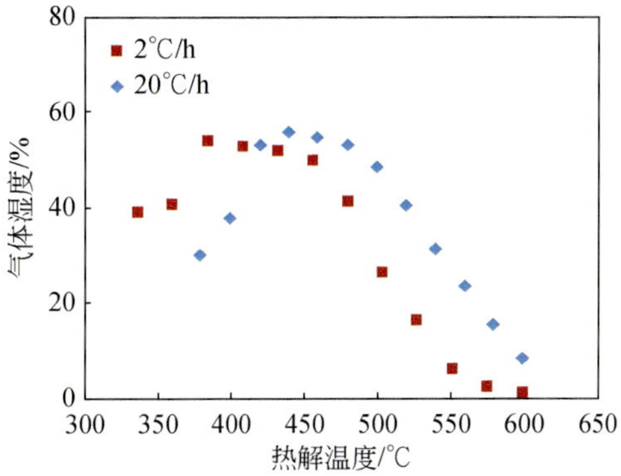

图 2.29 原油裂解气气体湿度随热解温度的变化规律

气体湿度为（C_2—C_5）/（C_1—C_5）

对于具有不同分子质量的混合烃类气体，其质量产率和体积产率具有显著差异。在高温阶段，C_2—C_5 裂解生成甲烷和焦沥青，导致 C_1—C_5 体积产率不断增加，但其质量产率会出现下降（Hill et al.，2003；Tian et al.，2006），因此在研究封闭体系内有机质生气机理时有必要将体积产率转化为质量产率（Tian et al.，2006；Tian et al.，2009）。图 2.30 展示了烃类气体质量产率随热解温度的变化规律：在 C_2—C_5 质量产率达到最大值之前，C_1—C_5 质量产率快速增加；C_2—C_5 裂解初期，因焦沥青生成损失的烃类气体质量小于原油直接裂解生成的甲烷质量，C_1—C_5 质量产率虽然有所增加，但增速显著降低；当 C_2—C_5 开始大量裂解，因焦沥青生成损失的烃类气体质量大于原油直接裂解生成的甲烷质量，C_1—C_5 质量产率开始逐渐降低（Tian et al.，2012）。以 2℃/h 升温速率为例，甲烷质量产率随热解温度的升高不断增加，在 600℃达到最大值 281.3 mg/g。C_2—C_5 质量产率在 456℃达到最大值 214.9 mg/g，此时 C_1—C_5 质量产率达到 297.1 mg/g，之后 C_1—C_5 质量产率缓慢增加并在 504℃达到最大值 321.7 mg/g。当热解温度继续升高，C_1—C_5 质量产率开始降低，在 600℃

时达到 286.1 mg/g。

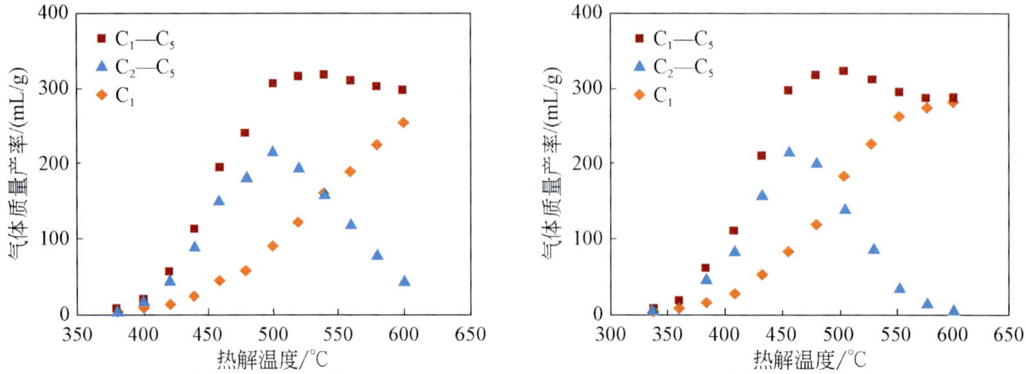

(a) 升温速率20℃/h　　(b) 升温速率2℃/h

图 2.30　原油裂解过程中气体质量产率演化规律

2. 原油裂解气碳同位素分馏特征

封闭体系中原油裂解生成的甲烷、乙烷和丙烷碳同位素随热解温度的演化规律如图 2.31，三者碳同位素演化规律具有明显的差异性。甲烷碳同位素随着热解温度的升高表现为先变轻后变重的趋势，这种现象与前人的热模拟结果一致（Lorant et al.，1998；Tang et al.，2000；Cramer et al.，2001；Tian et al.，2012）。Tang 等（2000）认为这可能是由两种或两种以上具有不同碳同位素的甲烷生成前驱物同时裂解生成甲烷造成的。以 2℃/h 升温速率为例，甲烷碳同位素在 408℃时达到最小值–50.8‰，之后不断变重并在 600℃时达到最大值–39.2‰，均轻于稠油初始碳同位素–35.4‰。乙烷和丙烷碳同位素基本呈现出逐渐变重的趋势，二者实测最大值分别在 504℃和 552℃，其值为–19.6‰和–19.8‰，均重于稠油初始碳同位素，这种现象与前人的热模拟实验结果一致（Lorant et al.，1998；Zhang et al.，2008），并且与一些实际天然气样品的地球化学特征相近（Tilley and Muehlenbachs，2006；Zhang et al.，2018b），James（1983）认为这是由高温阶段乙烷和丙烷裂解造成的。封闭体系中各个

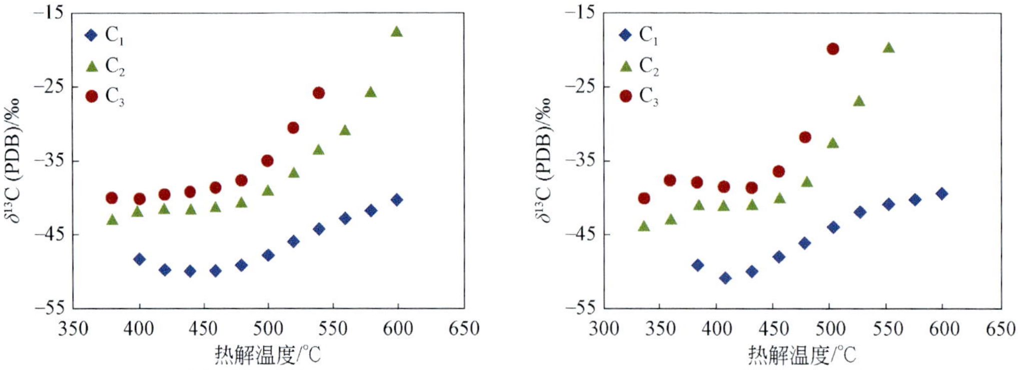

(a) 升温速率20℃/h　　(b) 升温速率2℃/h

图 2.31　原油裂解生气过程中烃类气体碳同位素演化特征

温度条件下甲烷、乙烷和丙烷碳同位素均表现出正碳同位素序列，表明封闭体系条件下原油裂解不会产生碳同位素倒转。

（二）原油族组分裂解生气特征

原油是一种化学组成十分复杂的混合物，根据组分极性的差异可以分为饱和烃、芳烃、胶质和沥青质四种族组分。原油受到干酪根类型等母质因素及生物降解、运移分馏、水洗、气洗等次生改造作用的影响，其化学组成变化非常大（Stahl，1980；Peters and Moldowan，1991；Wenger and Isaksen，2002；帅燕华等，2019）。前人研究表明，原油化学组成的差异对其裂解生气和碳同位素分馏具有很大影响（Ungerer et al.，1988；Schenk et al.，1997；Tian et al.，2012）。如 Ungerer 等（1988）发现芳香质原油和蜡质原油在热解生气过程中 C_1—C_5 烃类气体产率及生成过程具有很大的差别，并且芳香质原油裂解生气的频率因子和活化能要低于蜡质原油。Schenk 等（1997）研究表明陆相原油裂解生气的频率因子比海相原油裂解生气的频率因子高，在实际地质条件下二者开始裂解生气的温度有 10～20℃的差异。近年来，许多学者针对原油中的特定组分，如饱和烃、芳烃和非烃等进行了大量的热模拟实验来研究这些组分的热稳定性及生气潜力（Behar and Vandenbroucke，1996；Burnham et al.，1997；McKinney et al.，1998；Lorant et al.，2000；Fusetti et al.，2010a，2010b，2010c）。Tian 等（2012）对海相原油及其饱和烃、芳烃和沥青质三种族组分进行了热模拟实验，发现饱和烃的烃类气体产率高于芳烃和沥青质，并且饱和烃生成的甲烷碳同位素要比芳烃和沥青质生成的甲烷碳同位素轻，另外饱和烃裂解生气的频率因子和活化能同样大于芳烃和沥青质的频率因子和活化能。

川中地区震旦系灯影组和龙王庙组储层经历了极高的地层温度，其中的原油均已裂解生成了天然气和焦沥青，其初始原油化学组成难以确定。鉴于此，对寒武系来源的稠油样品饱和烃、芳烃、胶质和沥青质四种族组分分别进行热模拟实验，以探讨原油族成分对天然气地球化学特征的影响，并建立不同类型原油裂解生气及碳同位素分馏模型，以期了解川中地区安岳气田震旦系—寒武系储层中的天然气成因。

1. 原油族组分裂解生气潜力

1）原油族组分甲烷生成特征

稠油各族组分在热模拟实验过程中的甲烷产率如图 2.32 所示。各族组分甲烷产率随着热模拟实验温度升高不断增大，表明甲烷在热模拟实验条件下具有极高的热稳定性。四种族组分的最大甲烷产率（2℃/h 升温速率条件下 600℃时的产率）具有很大的差异，其中饱和烃的最大甲烷产率最高，为 566.1 mL/g，沥青质的最大甲烷产率最低，为 329.6 mL/g。芳烃和胶质的最大甲烷产率接近，分别为 424.5 mL/g 和 386.1 mL/g。最大甲烷产率的差异主要是由不同族组分的 H/C 差异造成的（Tian et al.，2012）：饱和烃以烷烃、环烷烃等富氢组分为主，具有较高的 H/C，因此在热裂解过程中可以生成更多的甲烷；而沥青质中的芳香结构和其他杂原子团较多，H/C 相对较低，因此其甲烷产率较低（Behar et al.，2008a；Tian et al.，2012）。芳烃、胶质和沥青质三者的甲烷产率在各个实验温度条件下均表现为芳烃＞胶质＞沥青质。

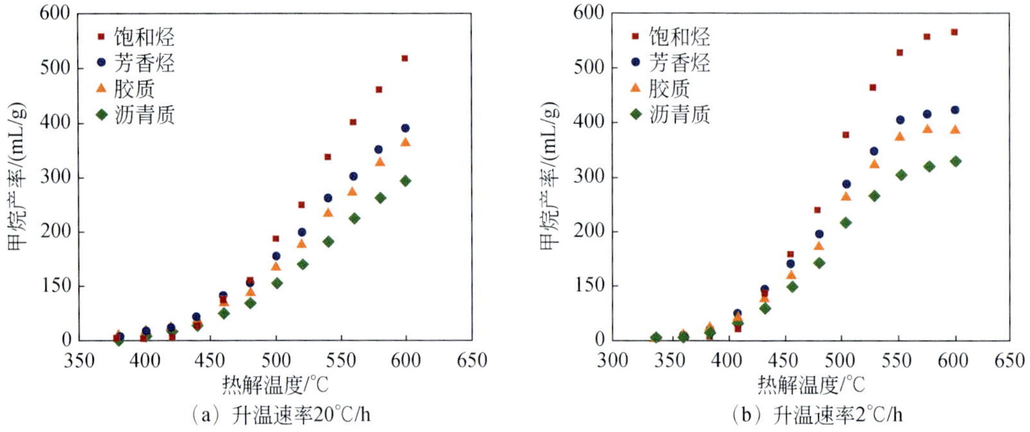

图 2.32　不同族组分在热模拟实验中的甲烷产率

饱和烃虽然具有最高的最大甲烷产率，但是在低温条件下（20℃/h 升温速率条件下 460℃之前和 2℃/h 升温速率条件下 432℃之前）其甲烷产率最低，这表明饱和烃所含的热稳定性较低的甲烷生成前驱物含量较低（Tian et al.，2012）。在该热模拟温度之后，各族组分的甲烷产率均表现为饱和烃＞芳烃＞胶质＞沥青质。Tian 等（2012）对正常原油的各族组分进行了黄金管热模拟实验，与正常原油各族组分甲烷产率相比，生物降解原油中芳烃和沥青质的最大甲烷产率和正常原油接近，而饱和烃的最大甲烷产率相对于正常原油中饱和烃的最大甲烷产率 735.4 mL/g 降低了约 23%，这是饱和烃受到强烈的生物降解作用导致的。在生物降解作用下，饱和烃中的短链烷烃等富氢组分被优先降解，导致残余饱和烃的 H/C 降低，因此饱和烃的最大甲烷产率会有所降低。

2）原油族组分乙烷生成与裂解特征

与甲烷产率表现出来的单调递增趋势不同，乙烷产率随着热模拟实验温度的升高表现出先升高后降低的趋势，这是由高温条件下乙烷的二次裂解造成的。四种族组分生成的乙烷产率同样具有较大的差异，其中饱和烃的最大乙烷产率最高，沥青质最低，芳烃和胶质的最大乙烷产率较为接近（图 2.33）。以 20℃/h 升温速率为例，饱和烃的最大乙烷产率可达 102.0 mL/g，沥青质的最大乙烷产率仅为 54.4 mL/g。芳烃和胶质的最大乙烷产率分别为 69.3 mL/g 和 67.5 mL/g。和甲烷产率类似，在低温条件下饱和烃的乙烷产率同样低于其他三种族组分，表明饱和烃所含的热稳定较低的乙烷生成前驱物含量较低。虽然各族组分的最大乙烷产率差别较大，但在相同的实验条件下最大乙烷产率所对应的热模拟温度基本一致。在 20℃/h 升温速率条件下，各族组分最大乙烷产率所对应的热模拟温度均为 540℃。

3）原油族组分丙烷和 C_4+C_5 生成与裂解特征

各族组分丙烷和 C_4+C_5 产率在相同实验条件下要低于乙烷和甲烷产率。这些烃类气体的最大产率同样遵循饱和烃＞芳烃＞胶质＞沥青质的规律。相对于乙烷，丙烷和 C_4+C_5 最大产率所对应的热模拟实验温度更低，其气体生成和裂解的温度范围也更窄。以 20℃/h 升温速率为例，各族组分生成的最大丙烷产率所对应的热模拟实验温度为 500℃（图 2.34），

C_4+C_5最大产率所对应的热模拟实验温度为 480℃（图 2.35）。在 600℃时，乙烷的含量仍然较高，但丙烷在此温度条件下产率接近于 0，而 C_4+C_5 产率在 580℃时就已经接近于 0。与乙烷产率所表现出来的规律一致，饱和烃虽然具有最大的丙烷和 C_4+C_5 产率，但是在低温条件下其产率最低，表明饱和烃所含的热稳定性较低的烃类气体生成前驱物含量较低。

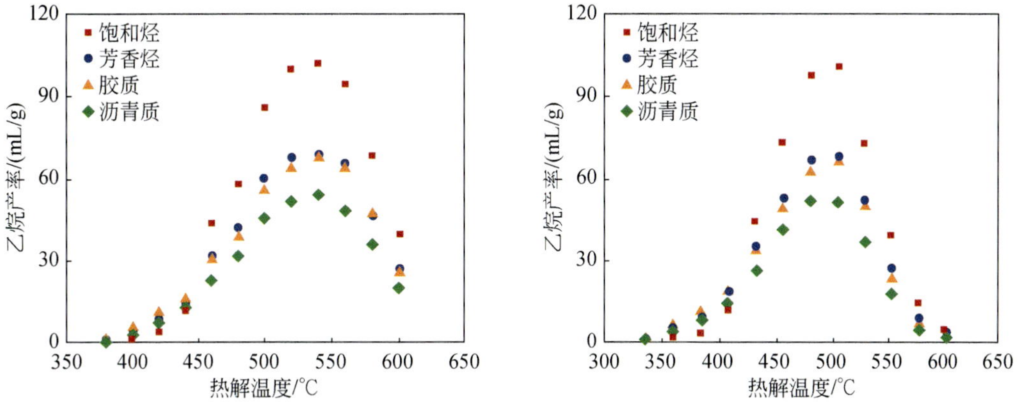

（a）升温速率20℃/h　（b）升温速率2℃/h

图 2.33　不同族组分在热模拟实验中的乙烷产率

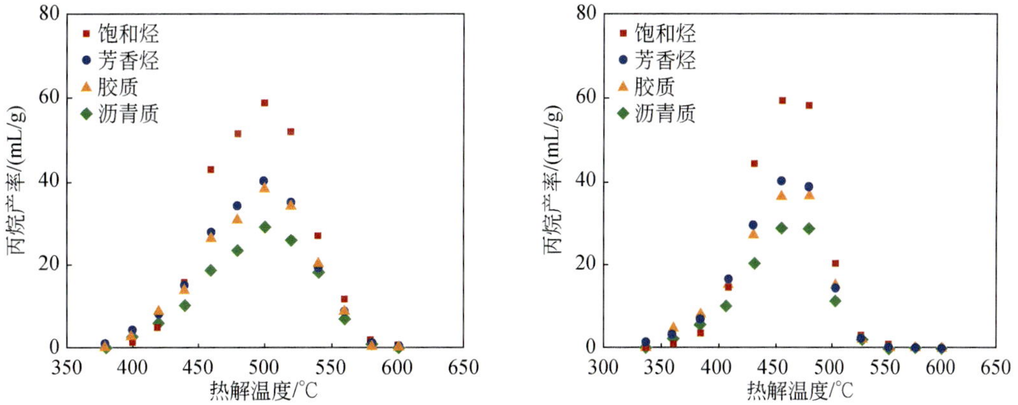

（a）升温速率20℃/h　（b）升温速率2℃/h

图 2.34　不同族组分在热模拟实验中的丙烷产率

4）原油族组分生气机理

四种族组分在裂解生成烃类气体的过程中具有类似的演化规律。以 2℃/h 升温速率条件下的实验结果为例（图 2.36），各族组分的 C_1—C_5 质量产率均表现出先增加后降低的趋势，其最大值出现在 480～504℃，之后随着热解温度升高开始缓慢降低。C_2—C_5 质量产率同样表现出先增加后降低的趋势，其最大值均出现在 456℃，之后开始快速降低并在 600℃时接近 0。甲烷产率则表现出不断递增的趋势并在 600℃达到最大值。但是各族组分生成的 C_2—C_5 烃类气体与甲烷的比例有所不同，在 456℃时，饱和烃生成的 C_2—C_5 质量产率为 324.4 mg/g，占到此时 C_1—C_5 质量产率的 74.3%。而此时芳烃、胶质和沥青质的 C_2—C_5 质量产率分别占到其 C_1—C_5 质量产率的 68.9%、70.7%和 70.5%，表明饱和烃生成的湿气较

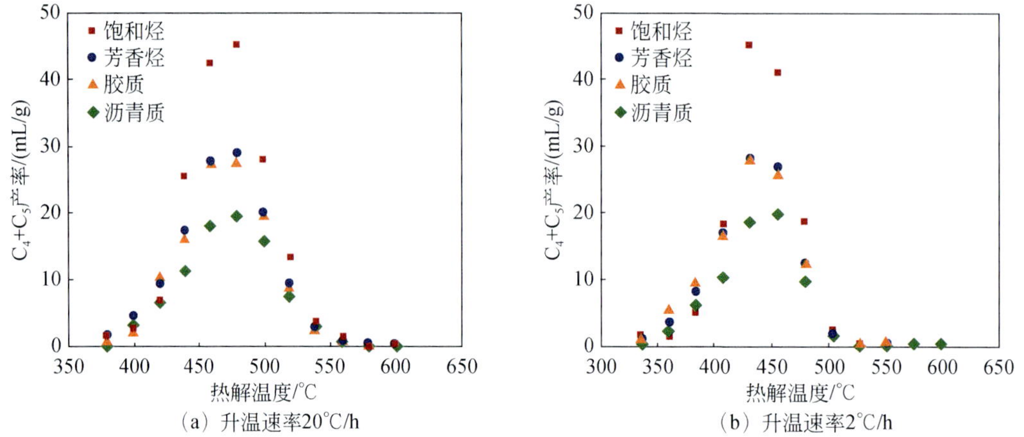

图 2.35　不同族组分在热模拟实验中的 C_4+C_5 产率

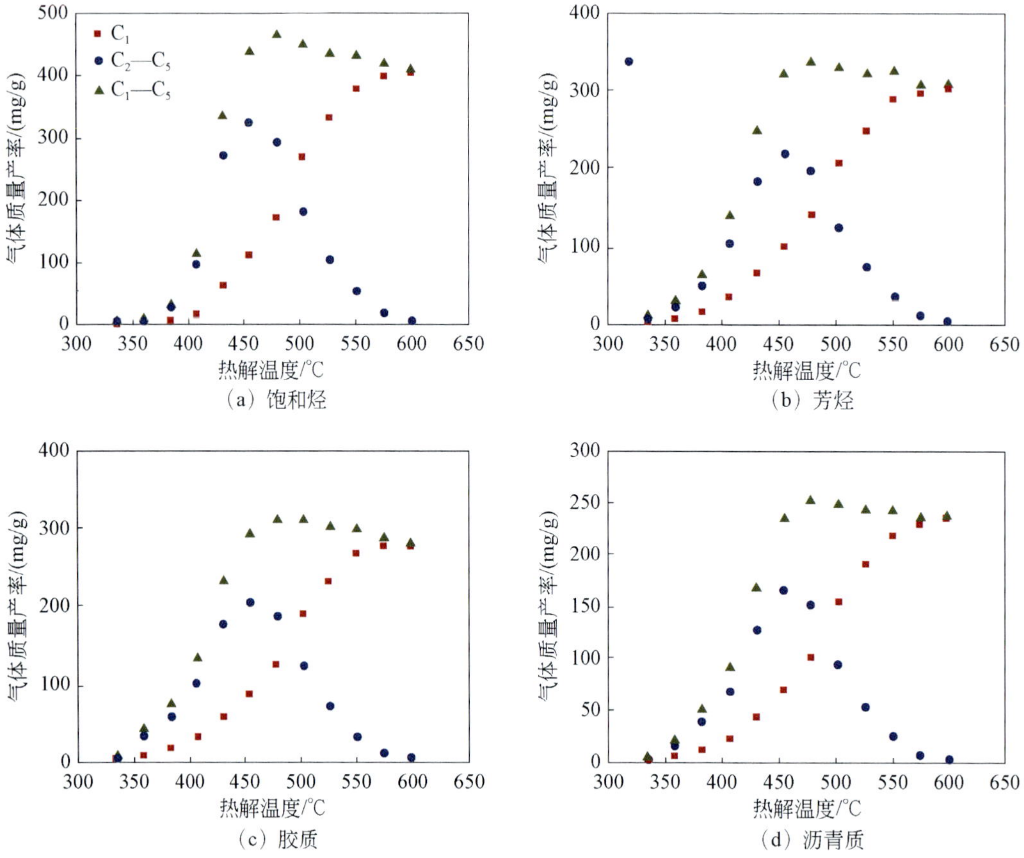

图 2.36　2℃/h 升温速率条件下四种族组分生成的烃类气体质量产率演化过程

多。在饱和烃的 C_1—C_5 质量产率达到最大值之后，600℃时其降低的产率占到最大产率的 11.6%，芳烃、胶质和沥青质降低的产率分别占到其最大产率的 8.5%、9.7%和 5.6%，表明饱和烃中湿气裂解生成焦沥青导致的 C_1—C_5 质量损失最大，沥青质因湿气二次裂解生成焦沥青的质量损失最小。Tian 等（2012）对正常原油饱和烃、芳烃和沥青质的热模拟实验研究表明，虽然饱和烃的 C_1—C_5 质量产率表现出先增加后降低的趋势，但芳烃和沥青质的 C_1—C_5 质量产率均表现出单调递增的趋势，这与本研究中非烃和沥青质两种族组分的 C_1—C_5 质量产率演化趋势有所差异。出现这种现象的原因可能是稠油样品经受了生物降解作用，芳烃和沥青质中的甲基等短链烷烃基团被优先降解，而这些基团在热解过程中更易生成甲烷，因此生物降解芳烃和沥青质生成的 C_2—C_5 烃类气体相对更多。

图 2.37 展示了四种族组分生成的烃类气体湿度在热模拟实验中的演化过程。各族组分生成的天然气湿度均表现出先升高后降低的趋势，其中饱和烃生成的天然气具有最高的湿度，芳烃、胶质和沥青质三种族组分生成的天然气湿度接近。以 20℃/h 升温速率的热模拟实验为例，饱和烃生成的天然气湿度在 440℃达到最大值 67.6%，此时芳烃、胶质和沥青质三种族组分生成的天然气湿度分别为 55.6%、56.1%和 55.1%。四种族组分生成的天然气湿度的差异主要与族组分的化学组成有关，饱和烃以烷烃、环烷烃等长链烃类为主，在热裂解过程中主要为长链烷烃逐渐断裂生成短链烷烃，因此其生成的天然气中具有较高含量的 C_2—C_5 湿气，而芳烃、胶质和沥青质三种组分中则存在有大量的侧链基团，在热解生气过程中脱甲基作用会生成较多的甲烷（Behar and Vandenbroucke，1996；McKinney et al.，1998；Hill et al.，2003；Tian et al.，2012），因此这三种组分生成的天然气湿度较低。当热模拟温度较高时，如在以 20℃/h 热模拟实验中，当温度达到 560℃后，各族组分生成的天然气湿度趋于一致，并在 600℃时达到 7%左右。值得注意的是，芳烃和沥青质生成的天然气湿度比 Tian 等（2012）热模拟实验中正常原油芳烃和沥青质生成的天然气湿度略高，这也反映了生物降解作用会优先降解甲基侧链等易生成甲烷的前驱物，导致相应组分生成的天然气湿度偏高。

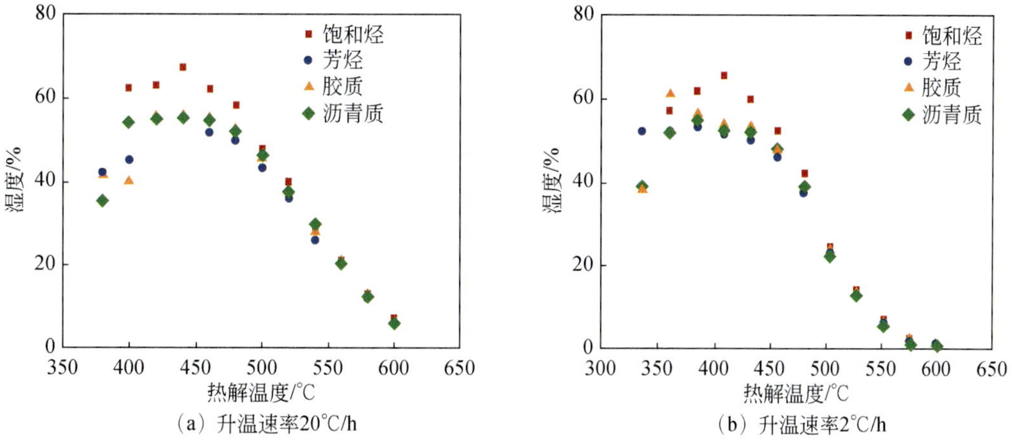

图 2.37　不同升温速率条件下四种族组分裂解生成的天然气湿度变化规律

2. 原油族组分裂解气碳同位素分馏特征

1）甲烷碳同位素分馏特征

稠油样品各族组分碳同位素分别为饱和烃–35.2‰、芳烃–35.6‰、胶质–35.8‰、沥青质–35.7‰。各族组分在热模拟实验过程中生成的甲烷碳同位素均表现出先变轻后变重的特征（图 2.38），这可能是由具有不同碳同位素组成的甲烷生成前驱物同时裂解造成的（Tang et al.，2000）。Tian 等（2012）研究表明饱和烃生成的甲烷碳同位素表现为单调递增的演化规律，说明饱和烃中可能不存在具有不同碳同位素的甲烷生成前驱物，然而 Tang 等（2000）报道了正构烷烃裂解过程中同样会出现甲烷碳同位素先变轻后变重的演化趋势，其机理仍有待深入研究。在相同的实验条件下，饱和烃生成的甲烷碳同位素相对于其他三种极性组分（芳烃、胶质和沥青质）更轻。芳烃、胶质和沥青质三者在相同实验条件下生成的甲烷碳同位素表现为芳烃＞胶质＞沥青质，但三者整体差别较小。以 20℃/h 升温速率为例，饱和烃生成的甲烷碳同位素最小值为 440℃时的–53.3‰，芳烃、胶质和沥青质生成的甲烷碳同位素最小值同样出现在 440℃，其值分别为–49.8‰、–50.2‰和–50.9‰。饱和烃和芳烃生成的甲烷碳同位素差值最大为 460℃时的 4.5‰，之后随着热模拟温度的升高不断降低，在 600℃时为 1.4‰。芳烃和沥青质生成的甲烷碳同位素差值最大为 500℃时的 2.0‰，在 600℃时差值仅为 0.8‰。在最高成熟度条件下（2℃/h 升温速率下 600℃时），四种族组分生成的甲烷碳同位素值均达到最大值，分别为–39.1‰、–38.7‰、–39.1‰和–38.9‰，比各族组分的初始碳同位素值轻 3.9‰、3.1‰、3.3‰和 3.2‰，表明封闭体系中族组分裂解生成的甲烷碳同位素不会重于族组分的初始碳同位素。在最高成熟度条件下，各族组分均裂解生成焦沥青和甲烷。前文研究表明，焦沥青碳同位素随着热解温度的升高不断变重并且普遍重于族组分初始碳同位素，根据碳同位素质量平衡，甲烷碳同位素必然轻于族组分初始碳同位素，这与实验观察到的现象一致。封闭体系热模拟实验中虽然还有乙烷和 CO_2 等气体，但是在最高成熟度时其产率通常较低，因此这类气体对碳同位素分馏的影响可以忽略不计。

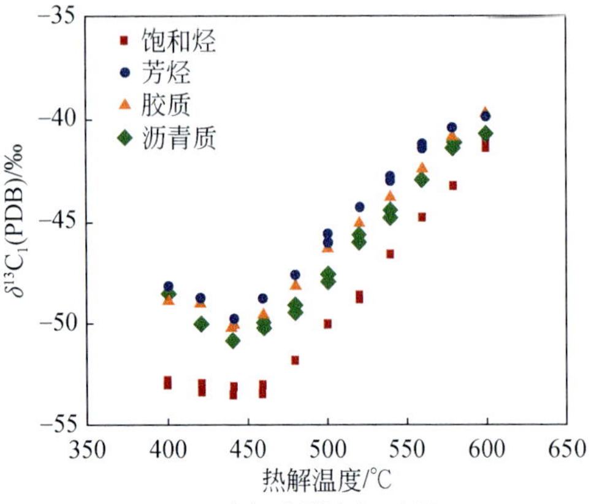

（a）升温速率20℃/h

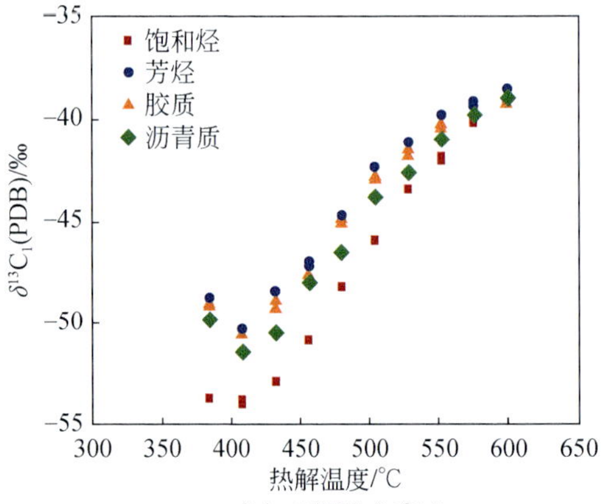

（b）升温速率2℃/h

图 2.38　不同族组分在热模拟实验中的甲烷碳同位素

2）乙烷和丙烷碳同位素分馏特征

各族组分在热模拟实验过程中生成的乙烷和丙烷碳同位素演化趋势如图 2.39 和图 2.40 所示。在低温阶段，饱和烃生成的乙烷和丙烷碳同位素要比其他三种极性组分生成的乙烷和丙烷碳同位素轻，在高温阶段则趋于一致。以 20℃/h 升温速率为例，饱和烃生成的乙烷碳同位素与其他三种极性组分生成的乙烷碳同位素差值在 420℃时达到最大，此时差值为 6.0‰～6.8‰。520℃之后各族组分生成的乙烷碳同位素值趋于一致。丙烷碳同位素差值同样在 420℃时达到最大，差值为 3.5‰～4.9‰。480℃之后各族组分生成的丙烷碳同位素值趋于一致。芳烃、胶质和沥青质三种极性组分生成的乙烷和丙烷碳同位素在低温和高温阶段差异都非常小，表明三者具有类似的乙烷和丙烷碳同位素分馏机理。在高温阶段，乙烷和丙烷的碳同位素值甚至可以重于各族组分的初始碳同位素值，这是由乙烷和丙烷的二次裂解造成的，因此这种现象可以用来判断储层中的湿气是否经过了严重的热裂解（Tilley and Muehlenbachs，2006；Tian et al.，2012）。

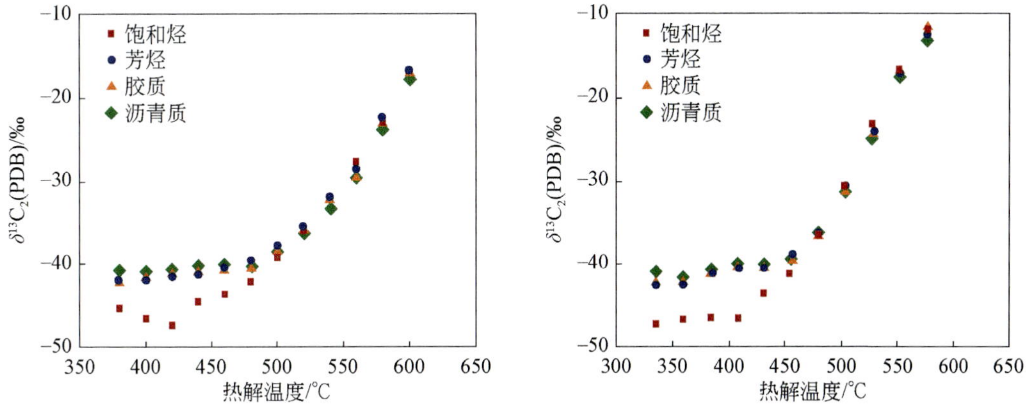

（a）升温速率20℃/h （b）升温速率2℃/h

图 2.39 不同族组分在热模拟实验中的乙烷碳同位素

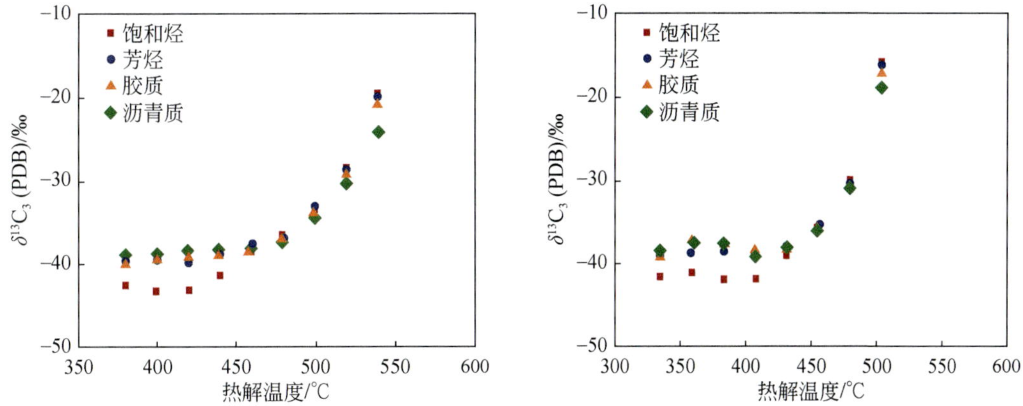

（a）升温速率20℃/h （b）升温速率2℃/h

图 2.40 不同族组分在热模拟实验中的丙烷碳同位素

（三）半开放体系沥青裂解生气特征

在封闭体系中，早期生成的碳同位素较轻的天然气会极大地影响后期天然气成分及同位素的累积值，这种影响对原油裂解气尤为明显。在高—过成熟阶段，源于原油直接裂解生成的天然气不足原油裂解气总量的 50%，大部分的原油裂解气主要源于早期生成湿气的二次裂解（Hill et al.，2003；Tian et al.，2012）。这些湿气稳定性较高，即使在很高温度下也不能完全裂解，导致封闭体系中原油裂解气在高成熟阶段仍然具有很高的湿度（Laidler et al.，1961；Behar et al.，2008b；Tian et al.，2009）。另外，这些湿气具有很轻的碳同位素值，其生成的甲烷碳同位素会更轻，使得高—过成熟阶段甲烷碳同位素的累积值变轻（Tian et al.，2009）。其他学者利用开放体系热模拟实验对天然气成分和同位素的瞬时值进行了研究，结果表明在高—过成熟阶段有机质热裂解生成的天然气湿度随着成熟度升高不断降低，甲烷碳同位素的瞬时值逐渐变重并可以显著地重于初始有机质的碳同位素值（Berner et al.，1995；Rooney et al.，1995；Cramer et al.，2001）。然而实际地质条件并非完全的封闭体系或开放体系，而是介于二者之间的半开放体系，储层中的天然气可以部分散失并阶段聚气（李贤庆等，2003）。前人研究表明，湿气生成阶段是原油裂解气成藏的关键时刻，此时的保存条件对气藏的形成、保存及演化至关重要（Tian et al.，2006）。但四川盆地经历复杂的构造运动，使得天然气保存条件变差。即使是在保存条件较好的条件下，原油裂解生气也会产生强烈的超压，使得储层发生破裂，这两者都会使得早期生成的天然气发生散失（Barker，1990；Tian et al.，2008；Hao et al.，2015a）。因此，湿气生成阶段天然气散失后原油残余物的裂解生气特征对于高—过成熟阶段原油裂解气成藏至关重要。Rooney 等（1995）根据有机质裂解生气及甲烷碳同位素瞬时值变化特征建立了阶段累积聚气模型，该模型可以用来计算早期天然气散失后剩余天然气的生气量及碳同位素值（Rooney et al.，1995；Cramer et al.，2001），然而这种模型是基于单一生气母质在开放体系中的生气与同位素分馏特征之上的，对于封闭体系中的原油裂解并不适用。这是因为原油裂解气的甲烷具有多种来源，既可以源于原油的直接裂解，也可以由湿气二次裂解生成，甚至早期生成的焦沥青也可生成一部分甲烷，而这些甲烷生成母质具有截然不同的甲烷生成与碳同位素分馏特征（Hill et al.，2003；Tian et al.，2006；Tian et al.，2012）。因此，针对湿气生成阶段天然气散失后原油残余物的生气潜力、气体成分及同位素特征的实验研究对四川盆地深层海相原油裂解气成藏机理研究具有重要意义。

基于以上原因，选取寒武系来源的低成熟的沥青样品，采用黄金管热模拟实验对不同成熟度阶段天然气散失后的残余沥青的生气和碳同位素分馏特征进行研究，以期深入了解高—过成熟阶段储层中残余沥青的生气和碳同位素分馏特征。

1. 样品信息及实验方法

选用的样品为川西北广元地区下寒武统长江沟组低成熟的固体沥青，沥青样品 TOC 质量分数为 80.9%，沥青反射率 BR^{o}=0.58%，初始碳同位素为–35.7‰。

采用高压釜-黄金管封闭体系对低成熟的固体沥青进行热模拟实验。实验分为两种，第一种为完全封闭热模拟实验，第二种为分步半开放热模拟实验。其中封闭体系热模拟实验在文献中已有详尽的描述（Tang et al.，1996；Hill et al.，2003；Pan et al.，2006；Tian et al.，2012），在此仅对分步半开放热模拟实验进行简要描述。在分步半开放热模拟实验中，先将 50～100 mg 样品装入小黄金管中。用封闭体系实验方法对其进行热模拟实验，在庚烷、己烷、戊烷、丁烷、丙烷和乙烷开始裂解的温度分别取出小黄金管，用二氯甲烷清洗干净，然后刺破小黄金管释放其中的气体，将黄金管置于干燥箱中暂存，等到质量不变后将小黄金管装入大黄金管（大黄金管长 7 cm，内径 8 mm，壁厚 0.25 mm）中继续进行热模拟实验（图 2.41），以考察轻烃和湿气裂解阶段体系发生破裂、早期生成的天然气散失后，残余沥青的生气特征及碳同位素分馏机理。分步半开放热模拟实验温度设置见表 2.3。

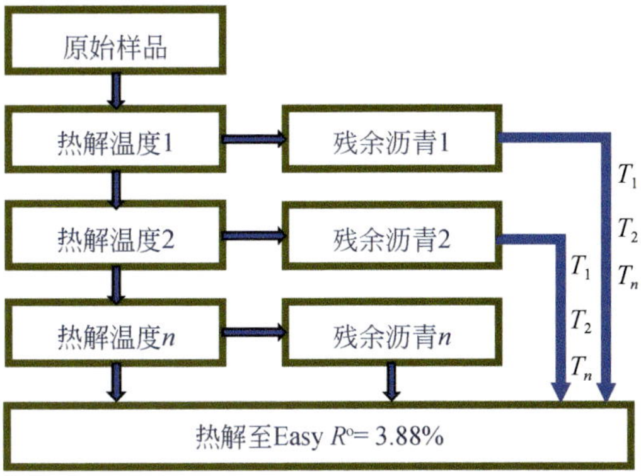

图 2.41　沥青分步半开放热模拟实验方案

表 2.3　沥青分步半开放热模拟实验温度设置

体系破裂温度/℃	Easy R^o/%	EqV R^o/%	事件	热解温度/℃
460	1.53	1.45	庚烷裂解	480、500、520、540、560、580、600
470	1.66	1.55	己烷裂解	480、500、520、540、560、580、600
480	1.81	1.67	戊烷裂解	500、520、540、560、580、600
500	2.12	1.90	丁烷裂解	520、540、560、580、600
510	2.30	2.03	丙烷裂解	520、540、560、580、600
530	2.65	2.29	乙烷裂解	540、560、580、600

注：Easy R^o-热模拟镜质组反射率；EqV R^o-等效镜质组反射率。

2. 封闭体系沥青裂解生气与碳同位素分馏特征

1）封闭体系沥青裂解生气特征

寒武系低成熟的固体沥青在封闭体系热模拟实验过程中的烃类气体体积产率如图 2.42 所示。沥青在 400℃开始生气，随着热解温度增加，甲烷体积产率不断增大，在 600℃达到最大值 269.2 mL/g。C_1—C_5 体积产率同样表现出不断增加的趋势，在 600℃时达到最大值 280.2 mL/g［图 2.42（a）］。封闭体系中沥青裂解生成的天然气湿气含量高，其产率在 510℃时达到最大值 77.8 mL/g，即便是在 600℃条件下，湿气体积产率仍然高达 11.0 mL/g［图 2.42（a）］。重烃气体的演化趋势随碳数的不同具有很大的差异，其中乙烷的最大体积产率最高，为 46.8 mL/g，戊烷的最大体积产率最低，仅为 3.8 mL/g，丙烷和丁烷的最大体积产率分别为 24.7 mL/g 和 10.6 mL/g［图 2.42（b）］。乙烷、丙烷、丁烷和戊烷最大体积产率对应的温度分别为 530℃、510℃、500℃和 480℃，表明其热稳定性依次降低［图 2.42（b），表 2.3］。

2）封闭体系沥青裂解气碳同位素分馏特征

封闭体系中甲烷、乙烷和丙烷的碳同位素如图 2.43 所示。其中甲烷碳同位素表现出先变轻后变重的趋势，在 420℃时达到最小值–50.5‰，之后随着热解温度升高不断变重并在 600℃时达到最大值–40.1‰，比沥青的初始碳同位素轻 4.4‰。乙烷和丙烷碳同位素在 450℃

之前基本保持恒定，在 450℃之后开始逐渐变重，最大值分别为–22.2‰和–17.8‰。

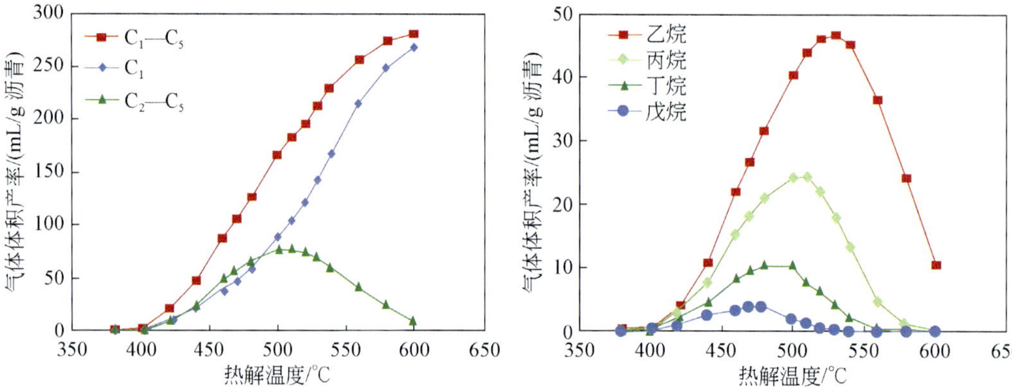

(a)甲烷、C_1—C_5和湿气　　(b)乙烷、丙烷、丁烷和戊烷

图 2.42　封闭体系中固体沥青生成的烃类气体体积产率

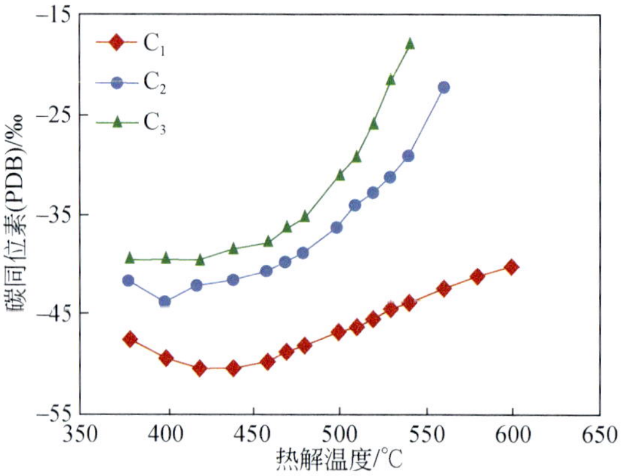

图 2.43　封闭体系中固体沥青生成的烃类气体碳同位素

3. 半开放体系沥青裂解生气与碳同位素分馏特征

1）半开放体系沥青裂解生气特征

在设定的温度将小黄金管刺破，其中的重烃气会散失殆尽，之后对残余沥青继续热模拟实验得到的烃类气体体积产率如图 2.44 所示。其中 C_1—C_5 体积产率随着热解温度的升高不断增加，但相对于封闭体系中的烃类气体体积产率显著降低。当体系在 Easy R^o=1.53%、1.66%、1.81%、2.12%、2.30%和 2.65%时发生破裂，C_1—C_5 最大体积产率分别为 125.1 mL/g、95.2 mL/g、78.2 mL/g、67.2 mL/g、47.3 mL/g 和 33.5 mL/g，仅为封闭体系最大产率的 44.6%、34.0%、27.9%、24.0%、16.9%和 12.0%。

当系统发生破裂后，甲烷和 C_2—C_5 的损失量具有显著差别。各个系列中甲烷的体积产率随着温度的升高不断增加，在 600℃分别达到最大值 124.3 mL/g、95.0 mL/g、78.0 mL/g、67.0 mL/g、47.3 mL/g 和 33.5 mL/g，占封闭体系甲烷最大体积产率的 46.2%、35.3%、29.0%、24.9%、17.6%和 12.4%［图 2.45（a)］。各个系列 C_2—C_5 体积产率在 500℃之后不断降低，最大体积产率分别为 5.86 mL/g、2.14 mL/g、1.13 mL/g、0.79 mL/g、0.45 mL/g 和 0.12 mL/g，仅占到封闭体系内 C_2—C_5 最大体积产率的 7.5%、2.8%、1.5%、1.0%、0.6%和 0.2% [图 2.45（b）]。

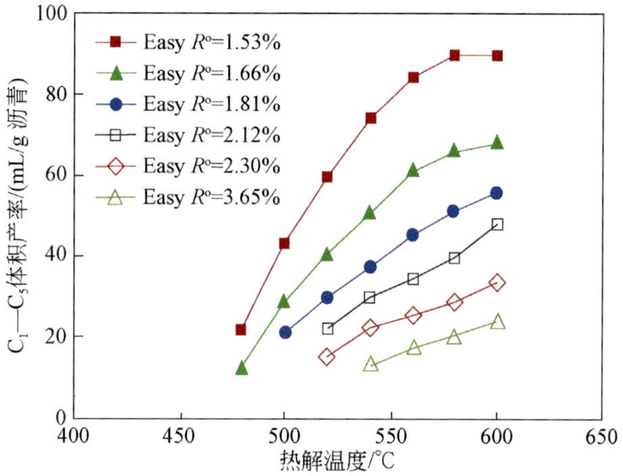

图 2.44　半开放体系中残余沥青生成的 C_1—C_5 体积产率

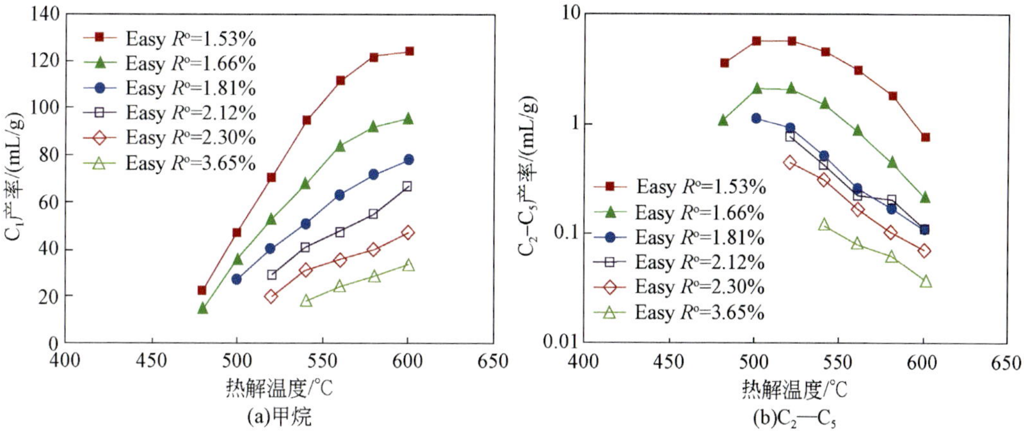

图 2.45　半开放热模拟实验中残余沥青生成的烃类气体体积产率

2）半开放体系沥青裂解气碳同位素分馏特征

当体系在不同成熟度阶段破裂时，裂解气体的碳同位素会发生很大变化。图 2.46 展示了甲烷碳同位素在半开放体系中的演化特征，各个半开放体系中的甲烷碳同位素随着热解温度的升高表现出明显变重的趋势，并且显著重于封闭体系内相应成熟度条件下的甲烷碳同位素。其中体系在 Easy R^o=1.53%时，各个成熟度条件下甲烷碳同位素比封闭体系中甲烷碳同位素重 4.4‰～5.8‰，而当体系在 Easy R^o=2.65%时，该差值可达 8.7‰～10.0‰ [图 2.46（a）]。在 600℃时，各个半开放体系内甲烷碳同位素值分别为–34.3‰、–33.6‰、–32.6‰、–32.2‰、–31.7‰和–31.4‰。

和甲烷碳同位素类似，半开放体系内乙烷碳同位素相对于封闭体系内的乙烷碳同位素同样会变重。在 560℃时，各个半开放体系内乙烷碳同位素值分别为–19.8‰、–20.4‰、–18.8‰、–18.1‰和–19.1‰［图 2.46（b）］，均重于封闭体系内 560℃时的乙烷碳同位素–22.2‰。

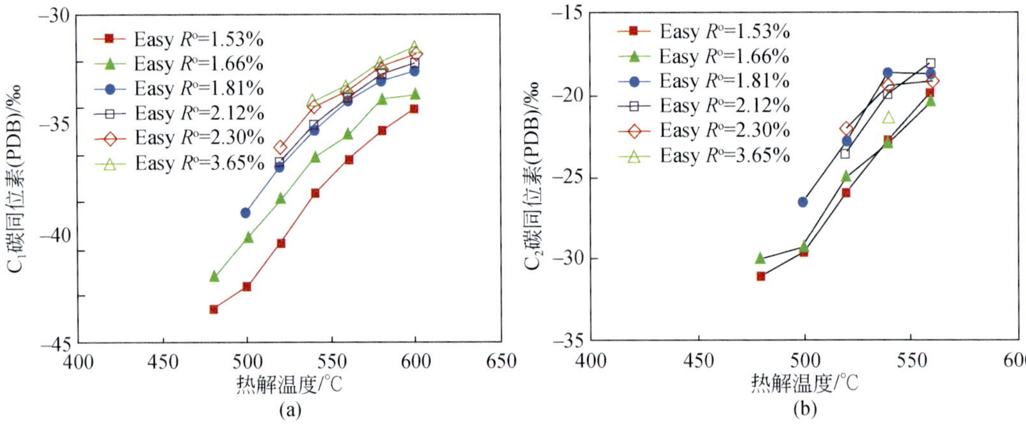

图 2.46　半开放体系中残余沥青生成的甲烷（a）和乙烷（b）碳同位素演化特征

4. 半开放体系中沥青生气与碳同位素分馏机理探讨

1）半开放体系中沥青裂解生气机理

在干气生成阶段，C_2—C_5湿气裂解生成甲烷和焦沥青，会导致 C_1—C_5体积产率不断增加，但其质量产率会出现下降（Hill et al.，2003；Tian et al.，2006）。这就使得沥青裂解生成的 C_1—C_5体积产率与质量产率具有不同的演化趋势，因此针对沥青裂解气的体积产率和质量产率演化趋势研究可以深入了解封闭体系内沥青裂解生气的机理（Tian et al.，2006；Tian et al.，2009）。图 2.47 展示了封闭体系内固体沥青的烃类气体质量产率演化规律，固体沥青 C_1—C_5质量产率在 400℃开始快速增加，在 500℃时达到 199.7 mg/g，之后质量产率的增速明显降低。在 540℃时质量产率达到最大值 213.5 mg/g 之后开始降低，并在 600℃时达到 207.1 mg/g。C_2—C_5质量产率在 500℃时达到最大值 135.7 mg/g，之后不断降低，在 600℃时仅剩 14.8 mg/g（图 2.47）。图 2.30 表明，在封闭体系中，固体沥青生成的天然气以湿气为主。在 500℃时，C_2—C_5质量产率达到最大值，此时 C_1质量产率为 64.0 mg/g，仅为 C_1—C_5质量产率的 30.9%。当热解温度从 500℃上升至 600℃，C_2—C_5质量产率降低 120.9 mg/g。如果假定有 75%的 C_2—C_5湿气转化为甲烷（Lorant and Behar，2002；Tian et al.，2012），则该阶段由湿气裂解生成的甲烷质量为 90.7 mg/g。在这一温度范围内，甲烷质量产率增量为 128.3 mg/g，即该阶段 70%以上的甲烷由 C_2—C_5湿气二次裂解生成。

相对于封闭体系内的烃类气体质量产率，半开放体系中 C_1—C_5质量产率也出现了明显地下降，在 600℃时各个系列 C_1—C_5质量产率分别为 89.8 mg/g、68.1 mg/g、55.9 mg/g、48.0 mg/g、33.9 mg/g 和 24.0 mg/g，占封闭体系 600℃时 C_1—C_5质量产率的 43.4%、32.9%、27.0%、23.2%、16.4%和 11.6%（图 2.48）。与封闭体系内烃类气体质量产率先增加后降低的趋势不同，半开放体系中烃类气体质量产率表现出随着热模拟温度升高不断增加的趋势，这是因为在半开放体系中，早期生成的湿气已经散失殆尽，因湿气二次裂解生成焦沥青导

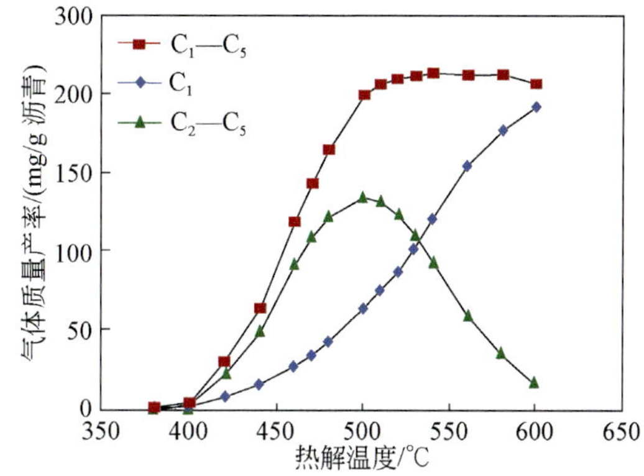

图 2.47　封闭体系中固体沥青生成的烃类气体质量产率

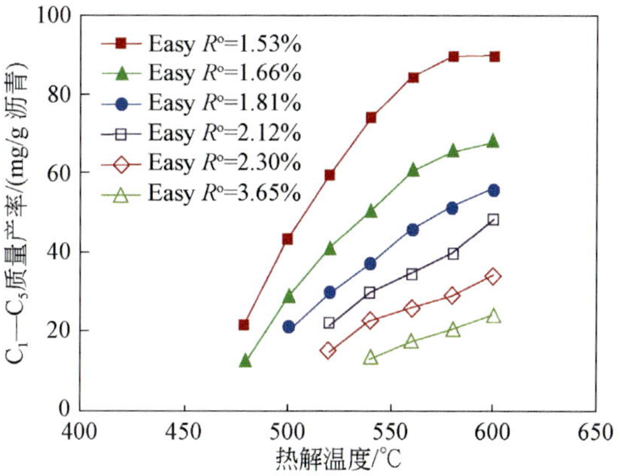

图 2.48　半开放体系中残余沥青生成的烃类气体质量产率

致的质量下降并不明显（Tian et al.，2006；Tian et al.，2009）。

封闭体系内沥青裂解气湿度较高，随着热解温度的升高表现出先增加后降低的趋势，在 460℃时封闭体系内烃类气体的湿度达到最大值 56.3%，即便是在 600℃时烃类气体的湿度仍然高达 3.9%（图 2.49）。在封闭体系中，沥青生成的天然气以湿气为主，这些湿气稳定性较高，即使在很高温度下也不能完全裂解，导致封闭体系中天然气在高成熟阶段仍然具有很高的湿度（Laidler et al.，1961；Behar et al.，2008b；Tian et al.，2009）。而在半开放体系中残余沥青裂解气的湿度随着温度升高逐渐降低，各个系列半开放体系裂解气的湿度最大为 13.9%、7.0%、4.0%、2.6%、2.2%和 1.7%，远低于封闭体系内沥青裂解气在相应成熟度下的湿度。在 600℃时，仅当体系在 Easy R^o=1.53%发生破裂时湿度为 0.6%，其余各个系列的湿度均小于 0.3%（图 2.49）。当体系发生破裂后，早期生成的富含湿气的天然气散失殆尽，之后的天然气主要由残余沥青直接热解生成（Tian et al.，2009），此时沥青的芳构化程度较高，天然气的生成主要与脱甲基作用有关，气态产物以甲烷为主，湿气含量通常较低（Behar and Vandenbroucke，1987；Gao Y et al.，2017；Liang et al.，2020）。体系在 Easy R^o=1.53%发生破裂后，沥青裂解气湿度与其他各个系列湿度差异较大，这可能是由于在该成熟度条件下，湿气并未大量生成，因此系统破裂后湿气的损失量较小（Tian et al.，

2006）。前人研究认为 Easy R^o=1.2%～1.75%为轻质油阶段，而 Easy R^o=1.75%～2.4%为凝析油/湿气阶段，二者的相态会具有较大的差异（Tian et al.，2006）。以上结果表明，储层封闭性会极大地影响储层中天然气的化学组成。

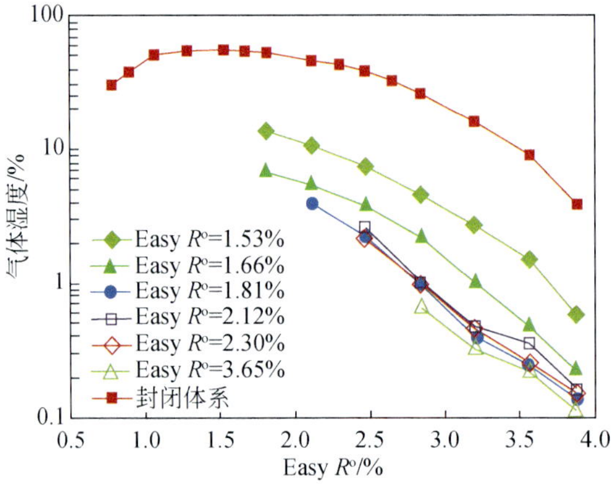

图 2.49　封闭体系和半开放体系中沥青生成的烃类气体湿度

图 2.50 展示了封闭体系和半开放体系热模拟实验中烃类气体的体积产率和质量产率的差异。当体系在 Easy R^o=1.53%、1.66%、1.81%、2.12%、2.30%和 2.65%发生破裂时，用大黄金管继续模拟至 600℃，系统破裂前与系统破裂后烃类气体体积产率之和分别为 212.4 mL/g、201.5 mL/g、204.3 mL/g、234.0 mL/g、229.9 mL/g 和 246.4 mL/g，均小于 600℃时封闭体系中的烃类气体体积产率［图 2.50（a）］，而质量产率之和分别为 212.1 mg/g、210.9 mg/g、221.3 mg/g、247.8 mg/g、240.6 mg/g 和 237.0 mg/g，均大于 600℃时封闭体系中的烃类气体质量产率［图 2.50（b）］。这是因为封闭体系中湿气二次裂解生成了甲烷和焦沥青，导致烃类气体体积不断增大而烃类气体质量不断降低。而在半开放体系中湿气没有经过二次裂解，因此其总体积产率较小，而其总质量产率较大。

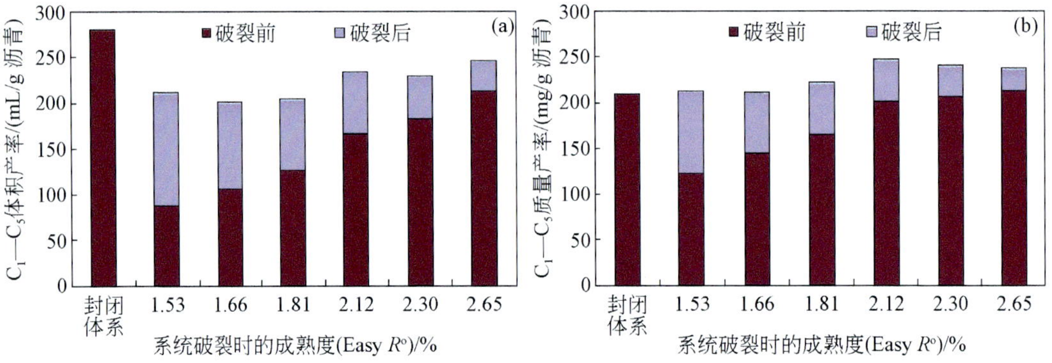

图 2.50　封闭体系和半开放体系中烃类气体总体积产率（a）和总质量产率（b）

“破裂前”指在达到半开放体系系统破裂的成熟度时，封闭体系中 C_1—C_5 烃类气体的总体积产率或总质量产率；“破裂后”指 600℃时半开放体系中 C_1—C_5 烃类气体的总体积产率或总质量产率在达到系统破裂对应的成熟度时，若体系仍然保持封闭，继续热模拟至 600℃，则生成的烃类气体体积产率分别为 192.9 mL/g、173.9 mL/g、153.9 mL/g、113.2 mL/g、97.5 mL/g 和 67.2 mL/g（图 2.51），均高于半开放体系模拟至 600℃生成的烃类气体体积产率，这是由半开放体系中早期生成的湿气没有经过二次裂解导致的。理论值和实测值烃类气体产率的巨大差异表明用封闭体系中沥青的晚期生气潜力来计算半开放体系中沥青的晚期生气潜力会存在很大的误差，在实际地质条件下会严重高估天然气资源量。

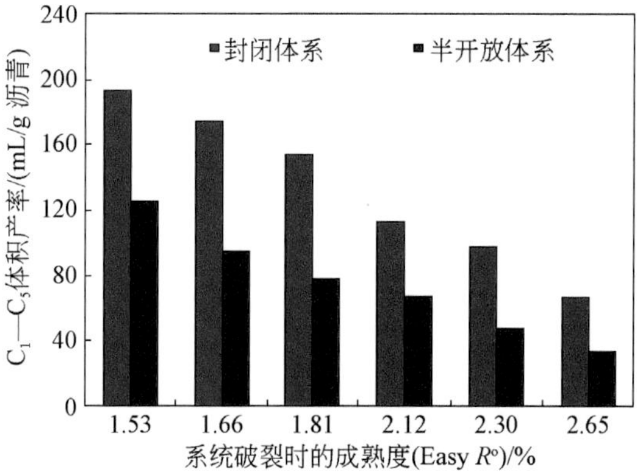

图 2.51　封闭体系和半开放体系中沥青生气潜力对比

“封闭体系”指封闭体系中从半开放体系破裂的温度到 600℃之间 C_1—C_5 烃类气体的体积产率；“半开放体系”指 600℃时半开放体系中 C_1—C_5 烃类气体的体积产率

2）半开放体系中沥青裂解气碳同位素分馏机理

甲烷具有极高的热稳定性，即便是在很高温度下也很难发生热裂解，并且不会与其他物质发生反应（Rooney et al.，1995；Hill et al.，2003）。因此，在封闭体系中甲烷产率及碳同位素是各个阶段生成甲烷的累积值（Tang et al.，2000；Cramer et al.，2001）。封闭体系中沥青热解生成的甲烷主要有两种来源（Liang et al.，2020），即沥青直接热解生成的甲烷和沥青生成的湿气经过二次裂解生成的甲烷（Hill et al.，2003；田辉等，2007；Gai et al.，2015）。这两种甲烷生成母质的化学结构具有显著差异，其中直接裂解生成甲烷的部分芳构化程度较高，甲烷主要由脱甲基作用生成，这部分沥青的化学结构类似于腐殖型干酪根或经过排油之后的腐泥型干酪根（Behar and Vandenbroucke，1987；Gao Y et al.，2017；Gai et al.，2018）。而先生成湿气的部分以长链烷烃类为主，这部分结构从沥青中脱离出来后会形成类似原油的物质，其热解过程主要是由长链烷烃裂解为短链烷烃（Gao Y et al.，2017；Liang et al.，2020）。这两种结构不同的有机质在裂解过程中具有截然不同的碳同位素分馏机理。前人对排油之后的腐泥型干酪根和原油进行了封闭体系热模拟实验，结果表明，在高一过成熟阶段，残余干酪根生成的甲烷碳同位素与残余干酪根初始碳同位素接近，而原油生成的甲烷碳同位素远轻于原油初始碳同位素（田辉等，2007；Tian et al.，2012；Gai et al.，2015；Gai et al.，2019）。如田辉等（2007）表明，在 20℃/h 升温速率条件下，600℃时残余干酪根生成的甲烷碳同位素比残余干酪根初始碳同位素轻约 1‰，而原油生成的甲烷碳同位素比初始原油碳同位素轻约 6‰。考虑到原油碳同位素比初始干酪根碳同位素轻

2‰～3‰（Machel et al.，1995；Wu et al.，2012），封闭体系中原油生成的累积甲烷碳同位素会比初始干酪根碳同位素轻 7‰～8‰。Gai 等（2019）利用同样的热模拟实验对原油和干酪根裂解生成的甲烷碳同位素进行研究，其结果同样表明，封闭体系中原油裂解生成的甲烷碳同位素比同源干酪根生成的甲烷碳同位素轻 8‰，并且封闭体系中页岩生成的甲烷碳同位素累积值随着页岩中残留油含量的增加而变轻。类似地，沥青中芳构化程度较高的部分在高—过成熟阶段生成的甲烷碳同位素应与初始沥青碳同位素接近，而由湿气二次裂解生成的甲烷碳同位素会远轻于初始沥青碳同位素。

对于半开放体系中的残余沥青，当体系在湿气生成阶段发生破裂后，生成湿气的链烷烃组分已经散失殆尽，这部分天然气无法继续裂解成甲烷，剩余的甲烷主要由沥青中芳构化程度较高的部分生成，在这种情况下甲烷生成前驱物可视为单一来源，可以利用传统的 Rooney 模型对甲烷碳同位素的阶段累积值进行计算。大量研究表明，这些有机质在进入主生气期后碳同位素分馏主要遵循瑞利分馏定律，即甲烷碳同位素随着热解温度升高不断变重（Rooney et al.，1995；Tang et al.，2000；Cramer et al.，2001）。早期生成的甲烷碳同位素会显著轻于这类有机质的初始碳同位素，二者的差值通常可达 5‰～10‰，并且至少有 30%～50%的甲烷可以在该阶段生成（田辉等，2007；Gai et al.，2019）。而高—过成熟阶段甲烷累积碳同位素与初始沥青碳同位素接近，根据碳同位素质量平衡，高—过成熟阶段的甲烷碳同位素瞬时值及阶段累积值会重于初始沥青碳同位素。当体系发生破裂，早期生成的天然气散失后，残余沥青继续热解生成的甲烷碳同位素累积值比初始沥青碳同位素值高 1.4‰～4.3‰（图 2.52）。Berner 和 Faber（1996）在开放体系中得到的结果同样表明，高—过成熟阶段甲烷碳同位素瞬时值会高于初始有机质碳同位素值，这与本实验观察到的现象一致。

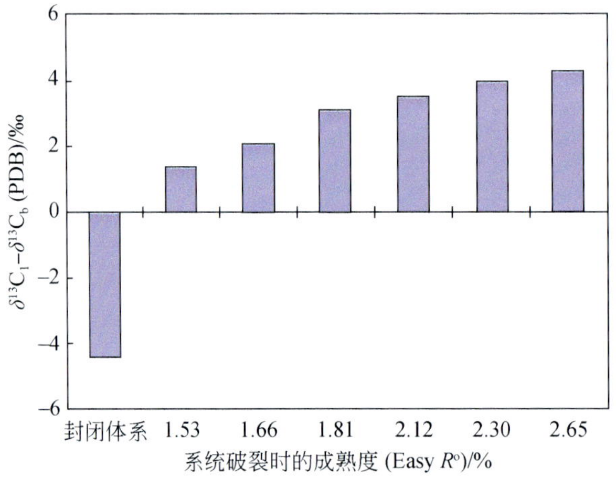

图 2.52　各个体系中 600℃时甲烷碳同位素与沥青初始碳同位素的差值

对于完全封闭体系中的沥青，如果在相应的成熟度阶段体系不发生破裂，根据同位素质量平衡，在 600℃时，继续生成的甲烷碳同位素值分别为−38.5‰、−38.3‰、−37.9‰、−36.8‰、−36.2‰和−35.3‰，计算值明显轻于实测值（图 2.53）。这是因为半开放体系中湿气被大量地释放，这些碳同位素较轻的湿气在封闭体系中会生成碳同位素更轻的甲烷，进而使甲烷碳同位素累积值变轻。而当早期生成的碳同位素较轻的 C_2—C_5 湿气散失后，剩余的甲烷主要由残余沥青直接裂解生成，因此后期生成的甲烷碳同位素会比计算值偏重。以上结果表明，根据封闭体系内沥青晚期生气碳同位素的阶段累计值来计算实际地质条件下半开放体系中的甲烷碳同位素值会带来很大的误差。

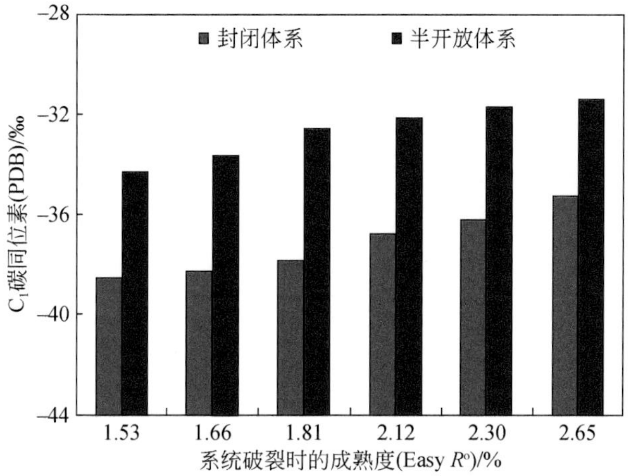

图 2.53 封闭体系和半开放体系中甲烷碳同位素的差异

"封闭体系"是指根据同位素质量平衡计算出来的封闭体系中从半开放体系破裂的温度点至 600℃时生成的甲烷碳同位素值；"半开放体系"是指 600℃时半开放体系中生成的甲烷碳同位素值

早期研究中，一些学者采用 Rooney 等（1995）提出的阶段聚气模型对干酪根裂解气和原油裂解气的甲烷碳同位素及产率进行研究，并根据这些结果进一步计算出了气田中两种天然气的相对比例（Tian et al.，2007）。对于干酪根裂解气，其生气母质可视为单一来源，可采用阶段聚气模型进行计算（Rooney et al.，1995；Cramer et al.，2001），而原油或沥青裂解气中的甲烷既可以在初次裂解中直接生成，也可以由湿气二次裂解生成，甚至早期生成的焦沥青也可进一步裂解生成甲烷（Hill et al.，2003；田辉等，2007；Tian et al.，2012；Gai et al.，2015）。在这种情况下，利用阶段聚气模型对原油或沥青裂解生成的甲烷产率和碳同位素进行计算会产生很大的误差。本节为这类天然气的阶段累积提供了实测数据，可以为实际地质条件下原油或沥青裂解气的阶段聚气研究提供一定的借鉴意义。

三、水加氢生气机理及贡献

沉积有机质的热演化发生在复杂的无机介质环境中，这些无机介质对油气的生成和演化具有重要的影响（Lewan，1997；Seewald，2003；金之钧等，2002）。其中，围岩矿物，尤其是黏土矿物的催化作用很早便引起了地球化学家的关注，研究表明，它们能在一定程度上改变油气生成的门限温度，甚至影响油气的成分组成。同时，沉积盆地存在多种来源的无机流体，包括源岩或储层中的地层水或孔隙水、矿物中的结构水、深部来源的热液及富氢流体（H_2）等。模拟实验证实，高温高压条件下，这些无机流体能参与有机质的生烃反应，为油气的生成提供无机氢源（Lewan，1997；金强，1998；Seewald et al.，2000；He et al.，2018）。

（一）水-岩-烃加氢生气效应及机理

岩石中的水（包括孔隙水、矿物结构水和深部来源热水流体等）不仅能作为排烃介质，还会直接参与有机质的热成熟作用（Lewan，1997；Seewald，2003）。模拟实验发现，高温条件下水与有机质发生反应能改变油气生成途径，提高部分产物（如烃类和 CO_2 等）的产率。同时，重水（D_2O）存在下的有水热解实验常能观察到水中的 D 向有机质或烃类传递或交换效应（Hoering，1984；Schimmelmann et al.，2001；He et al.，2018）。这些研究证实，高温下水能为油气的生成提供无机氢（H）和氧（O）。关于水-有机质直接反应机制的认识仍然存在争议，包括自由基和正离子反应机制两种不同的认识（Hoering，1984；Lewan，1997；Leif and Simoneit，2000；Seewald，2003）。Lewan（1997）认为水-有机质反应是以自由基机制进行，即有机大分子裂解生成的烃类或有机大分子自由基通过捕获水来源的氢，从而发生加氢裂解生成小分子烃类以及 CO_2 和 H_2。不同的观点认为，水的加氢作用主要是通过水离解的 H^+与中间产物烯烃以正离子途径发生加成反应进行（Leif and Simoneit，2000；Schimmelmann et al.，2001）。Leif 和 Simoneit（2000）基于 330℃和 350℃下 Messel 页岩的有水（D_2O 和 H_2O）模拟实验，发现有水热解体系产物中烯烃和异构烃产率明显增加；进一步结合 D 同位素的分析和前人的实验结果，他们提出烯烃是水-有机质或烃类反应的重要中间产物，水高温离解形成 H^+与烯烃的反应是异构产物形成和水-烃反应的主要机制。此外，普遍的观点认为，水也能与中间产物烯烃直接发生水合反应生成醇类，后者进一步被氧化或分解生成酮类（或醛类）、羧酸以及 CO_2 等（Seewald，2003）。

1. 水加氢作用对烃类裂解生气的影响

基于单体烃、去离子水和矿物共存条件下的恒温热解实验，可以发现，水-岩加入明显提高烃类气体产率，并影响气体组成。比如，有水热解体系，在 Easy R^o 达到 2.35%（420℃恒温 168 h）时，烃类气体产率为 626.7 mg/g n-C_{16}，相比同样成熟度下无水热解的产率增加约 46.6 mg/g（图 2.54）。气体产物的增加可能归于两种作用：①水-烃反应加速了烃类气体的生成；②水的供氢作用提高了生气潜力。而有水体系，烯烃产率的明显增加预示烯烃很可能是水-烃反应的中间产物，并在水的加氢生气过程中发挥了重要作用。水-烃-蒙脱石共存体系的气体产率明显高于无水和单独加水热解体系。这表明，蒙脱石的加入促进了水-烃反应或水的加氢生气作用。值得注意的是，碳酸盐岩矿物的加入也明显提高了有水条件下烃类裂解生气产率。水-碳酸钙-烃类热解体系的气体产率也明显高于无水和单独有水热解体系，甚至略高于水-蒙脱石-烃类热解体系。

不同氘/氢的混合重水（水/重水）与单体烃共存下的有水热解实验（图 2.55）可以发现，甲烷的氘/氢与水的氘/氢和混合重水的含量具有明显的正相关关系。比如，加入氘/氢为 9.89 和 999.0 的混合重水的热解体系生成甲烷的氘/氢是加入去离子水热解体系的 10～1000 倍。这证实，水为高温下的水-烃生气作用提供了无机的氢或氘。有水热解体系气体产率的增加应该归因于水的加氢生气作用。

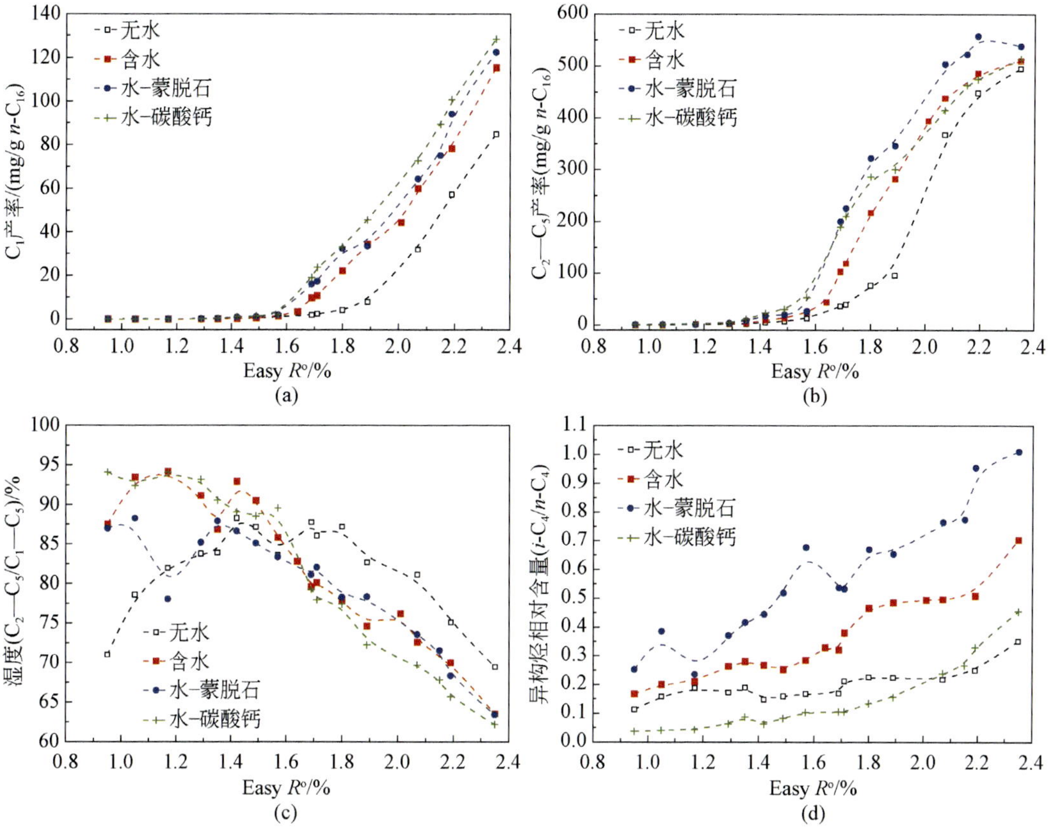

图 2.54　不同热解体系气体产物中甲烷（a）和重烃气（b）产率、湿度（c）以及异构烃相对含量（d）随成熟度（Easy R^{o}）的演化

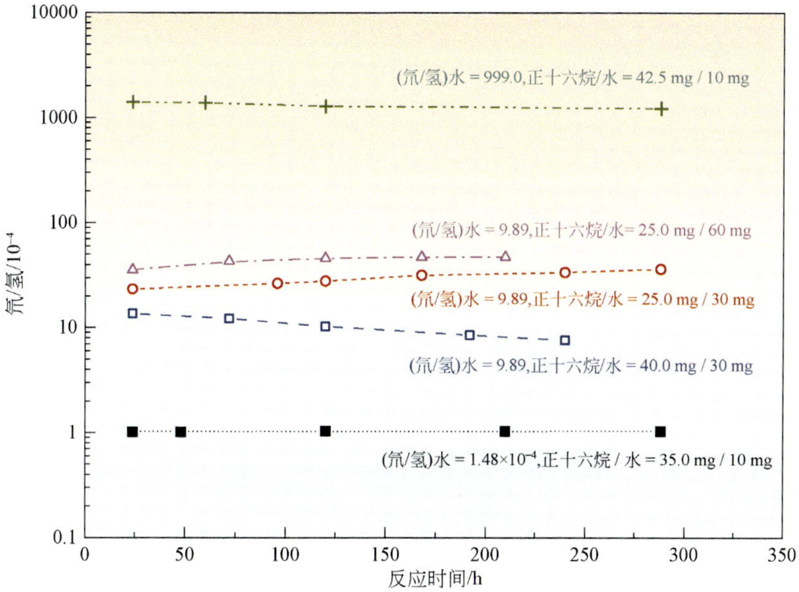

图 2.55　不同氘/氢的重水与正十六烷共存条件下的恒温热解生成甲烷的氘/氢

实验条件：温度 370℃；压力 50 MPa

2. 水-烃生气反应机理

水-烃反应机制存在三种途径：①水或水来源的氢通过捕获烃类均裂生成的自由基生成小分子烃类并实现加氢作用；②水离解或酸催化形成 H^+ 与烯烃甚至烷烃发生正离子和异构化反应实现加氢；③水直接与烯烃或不饱和键发生加成或氧化反应。本节基于过渡态理论和密度函数理论，通过反应物、过渡态和产物构型的优化，对水与不同有机分子反应动力学和热力学过程进行研究。理论计算结果表明，水与烯烃 C_nH_{2n+2}（n=2～4）反应的活化能为 39.6～41.8 kcal/mol（A=1.01～3.25×10^{10} s^{-1}，A 为指前因子），要明显低于水与烷烃和非烃反应（图 2.56）。这证实，烯烃在有水体系具有较高的反应活性，很容易与水发生加成或氧化反应生成含氧化合物。模拟实验常观察到，有水热解体系异构烷烃相对含量（i C_4/n-C_4）明显高于无水体系，且随着热演化或水-烃反应程度的增加而增加。这表明，有水热解体系生成的异构烃很可能来源于烯烃或烷烃的正离子（H^+）加氢和后续的异构化作用。碱性缓冲矿物存的有水热解体系气体产率的明显偏低，证实正离子反应而非自由基反应机理主导了高温下的水-有机质加氢生气作用（He et al.，2018）。相对来说，水与烷烃直接反应生成甲烷和醇类的能垒较高（76.5～100.0 kcal/mol），反应速率较低。但是烃类发生均裂反应裂解生成的烃类自由基可与水发生加氢和氧化反应。在 25～650℃和 50 MPa 条件下，水与自由基反应的吉布斯自由能为-63.2～-45.7 kcal/mol，证实了该热力学上的可行性。

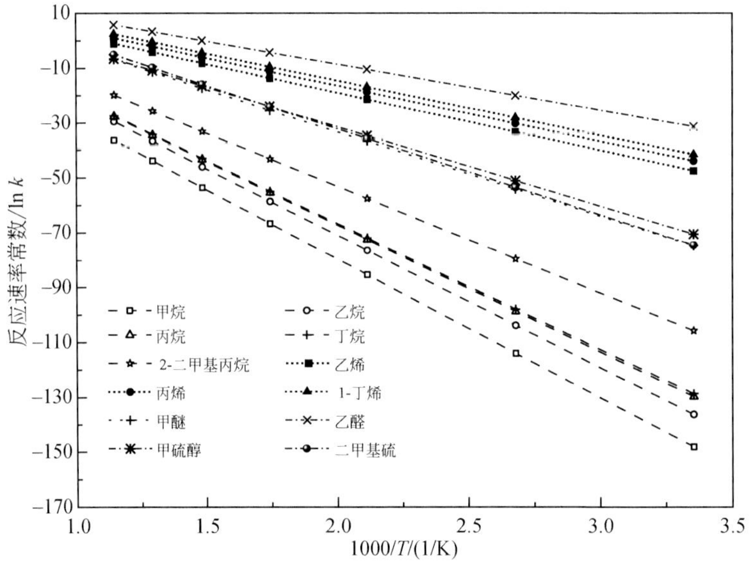

图 2.56　不同有机化合物与水反应的 ln k 与 1000/T 的线性拟合（50MPa）

同时，模拟实验表明，围岩矿物对水-有机质加氢生气速率具有重要影响，但作用机制存在差异。黏土矿物由于表面具有催化活性酸位，通常能促进水在矿物表面离解，从而加速水-烃正离子加氢反应。而碳酸钙的催化效应可能归因于其表面可降低水分子 H—O 键断裂的键能，原位分子动力学模拟揭示，碳酸钙表面（104 面）水离解的能垒（1.77 eV）明显高于吸附的能垒（-0.74～-0.91 eV），也就是说，水分子可以通过氢键吸附在碳酸盐岩矿物表面的活性氧原子上，从而加速自由基反应。高温模拟产物中异构烃相对含量的差异，也证实两种矿物对水加氢生气的影响机制截然不同。

3. 水源 H_2-有机质间接加氢生气作用

除了水与烃类直接反应，水还能与围岩矿物发生相互作用，实现二次加氢（间接加氢）或催化加氢生气作用（He et al.，2018）。烃源岩多发育在还原或硫化环境，在形成过程中往往伴随大量还原性金属矿物（如磁黄铁矿、黄铁矿、磁铁矿和菱铁矿等）的沉积。有研究发现，高温条件下还原性含铁矿物能与水发生氧化还原反应生成 H_2，从而实现与有机质或烃类的二次加氢生气（Seewald，2001；Milesi et al.，2016）。水-还原性含铁矿物（如 FeS、铁橄榄石等）的水热实验证实，含铁矿物的氧化还原反应能生成大量 H_2。超基性岩体中，橄榄石的水热反应或蛇纹石化作用被认为是深部 H_2 形成的重要途径（McCollom，2016；Etiope and Whiticar，2019；Klein et al.，2019）。热力学计算表明，地温小于 400℃时，橄榄石在水热条件下变得不稳定，会发生明显蛇纹石化作用生成 H_2（Klein et al.，2019）。FeS 矿物与 H_2O 共存的恒温热解实验也可观察到大量 H_2 的生成。

水-含铁矿物-烃类体系的模拟实验揭示，水热反应形成的氧化还原缓冲体系可以改变有机分子热解反应的途径及产物组成（Seewald，2001）。低成熟Ⅰ型烃源岩与气态 H_2 共存条件下的高温（450℃）热模拟实验观察到，甲烷产率较单独热解增加了 29.4%（金之钧等，2002）。基于 FeS-H_2O-不同成熟度干酪根的恒温热解实验可以发现，水来源的 H_2 与干酪根的加氢作用导致烃类气体产率明显增加，且显著优于水的直接加氢作用。对不同成熟度的干酪根来说，H_2 的二次加氢生气作用存在一定差异。对于低成熟的干酪根，体系烃类气体产率比单独有水热解增加大约 1 倍，对于高—过成熟的干酪根样品，烃类气体产率的增加更为明显，可达 4 倍以上（图 2.57）。

因此，高温条件下水可作为有机质生烃或烃类裂解生气的重要外来无机氢源，水-烃反应机理受控于矿物表面催化作用的影响，黏土矿物和碳酸盐岩矿物通过表面的水-岩作用分别促进正离子和自由基反应。水-还原性含铁矿物的氧化还原反应会产生高含量 H_2，后者可与有机质发生二次加氢，显著提高烃类气体产率，这种间接加氢反应对高成熟有机质晚期生气的贡献尤为重要。

（二）水-岩-烃作用生气同位素分馏及贡献判识

高温水热体系模拟实验发现，水能通过加氢作用或氢的转移改变甲烷的氢同位素组成（Reeves et al.，2012；He et al.，2018）。深层页岩气和常规气中常见的同位素异常，比如甲烷氢同位素的反转现象，被归因于水-有机质生气反应或烃类气体水热反应（Zhang et al.，2018b）。370℃下的有水（δD_{H_2O}=−22‰）和无水热解实验，发现有水热解体系生成的甲烷氢同位素明显偏轻（Gao et al.，2014）。但相对低温（60～100℃）条件下有机质的有水热解似乎未能观察到甲烷氢同位素的显著变化（Wei et al.，2018）。导致不同实验结果差异的原因很可能是水-有机质加氢生气过程中的同位素分馏受控于动力学（kinetic isotope effect，KIE）和热力学平衡效应（equilibrium isotope effect，EIE）（He et al.，2021）。对于 EIE，甲烷氢同位素组成（δ^2H_1）受控于水的氢同位素（δ^2H_w）和特定温度条件下的分馏系数或平衡常数（α_{EIE}）（Horibe and Craig，1995）。对于 KIE，δ^2H_1 受控于水中的氢向甲烷转移的速率，后者与实验温度相关（Sessions et al.，2004）。认识这两种过程，将有助于建立地质

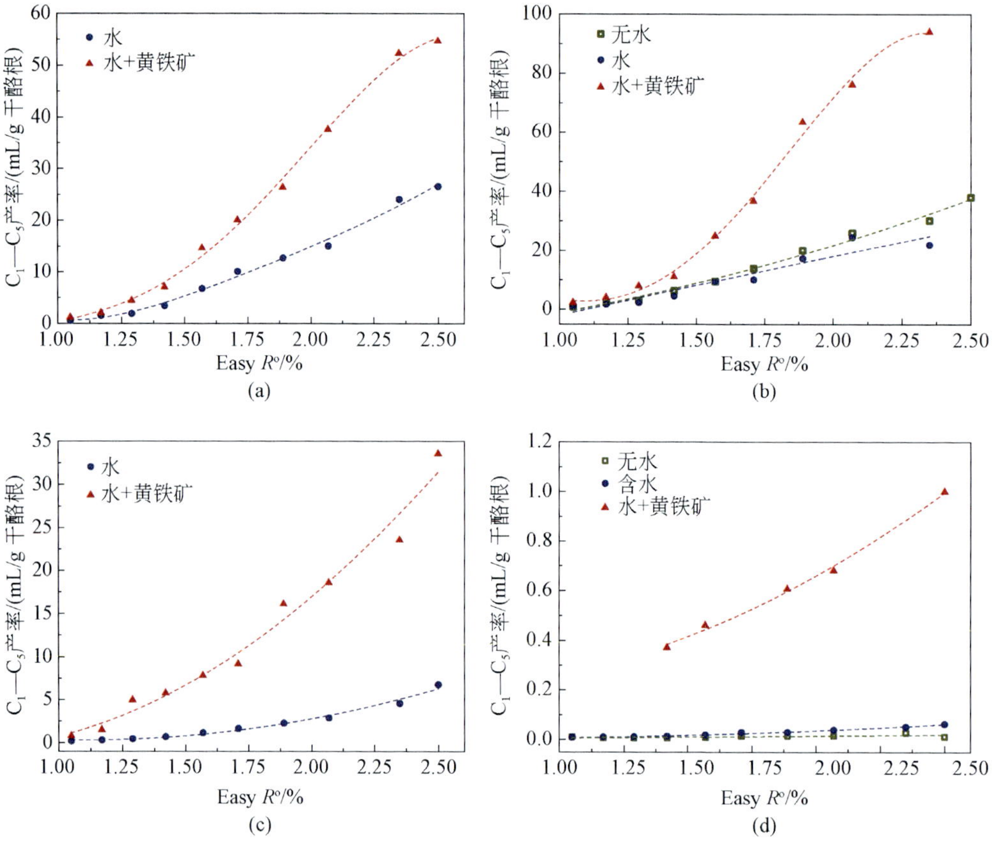

图 2.57 不同干酪根样品有无黄铁矿存在条件下的有水热解过程中烃类气体产率

（a）华北下马岭组；（b）Collingwood；（c）塔里木盆地寒武系；（d）四川盆地寒武系

条件下无机流体-有机质加氢成因天然气的判识图版，评价其对天然气生成的贡献。

大量的水热实验证实，高温下水-烃体系中存在水中的氢向烃类发生转移，从而影响烃类的氢同位素组成（Lewan，1997；Schimmelmann et al.，2001；Reeves et al.，2012；He et al.，2018）。同时，在热泉、火山口和超基性岩体中费托合成或加氢生成无机甲烷的过程中，也存在水与甲烷的氢同位素交换过程。在这些加氢生气过程中，如果氢同位素交换或转移达到平衡，那么甲烷的氢同位素组成（δ^2H_1，e）则受控于水的氢同位素（δ^2H_w）和 EIE 分馏系数（α_{EIE}）：α_{EIE}=(δ^2H，e+1000)/(δ^2H，e+1000)。根据 ^{2}H 的质量平衡，可以计算得到不同反应体系中通过额外水-烃加氢反应生成甲烷的氢同位素（图 2.58）。结合模拟实验和热力学计算，可探讨水-有机质加氢生气过程中水氢与甲烷氢同位素交换的动力学效应。330～400℃条件下水-含铁矿物-甲基萘共存体系的黄金管恒温热模拟和产物同位素分析，显示在330～400℃和 1～15 d 条件下，体系水-烃加氢生气过程中水-甲烷的氢同位素交换未达到热力学平衡，即氢同位素交换受控于动力学过程。

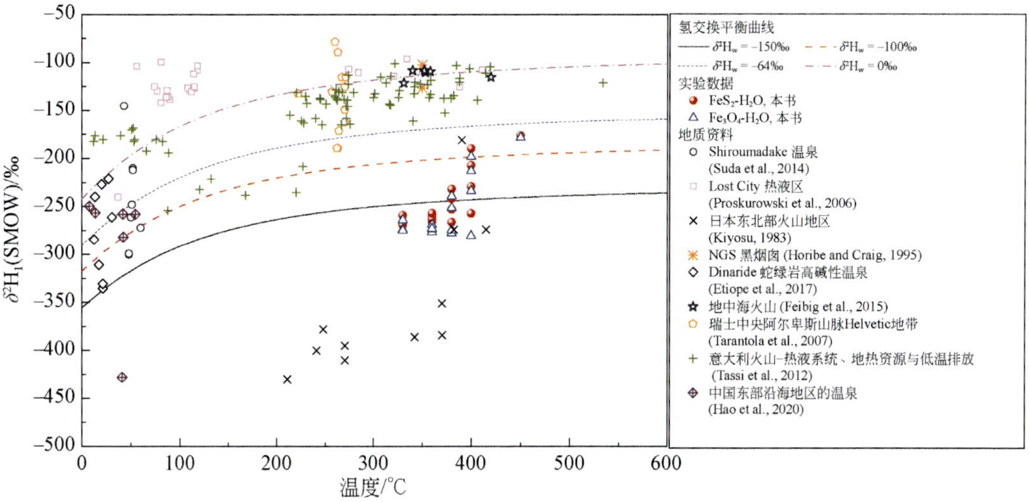

图 2.58 实验和地质条件下水热体系生成甲烷氢同位素与温度的相关性（Suda et al.，2014；Proskurowski et al.，2006；Kiyosu，1983；Horibe and Craig，1995；Etiope et al.，2017；Fiebig et al.，2015；Hao et al.，2020；Tarantola et al.，2007；Tassi et al.，2012）

考虑到氢同位素转移符合一级反应，可根据实验得到的水-烃加氢反应过程中的甲烷氢同位素组成，计算得到不同温度（T）下的交换速率（k_H）。He 等（2021）基于甲基萘-水-含铁矿物的模拟实验和动力学计算，加氢生气过程中水-甲烷间氢交换速率与温度的相关关系：$\ln(k_H)=-27.545\times1000/T+27.077$。进而，通过动力学推演得到不同温度条件下氢转移达到平衡需要的时间（图 2.59）。结果发现，在大于 200℃地质条件下，氢转移达到近似平衡（f 为交换转化率，f=0.99）所需要的时间仅为 4.8 Ma。这证实，在深层—超深层地质条件下，水-有机质或烃类加氢生气具有可行性。

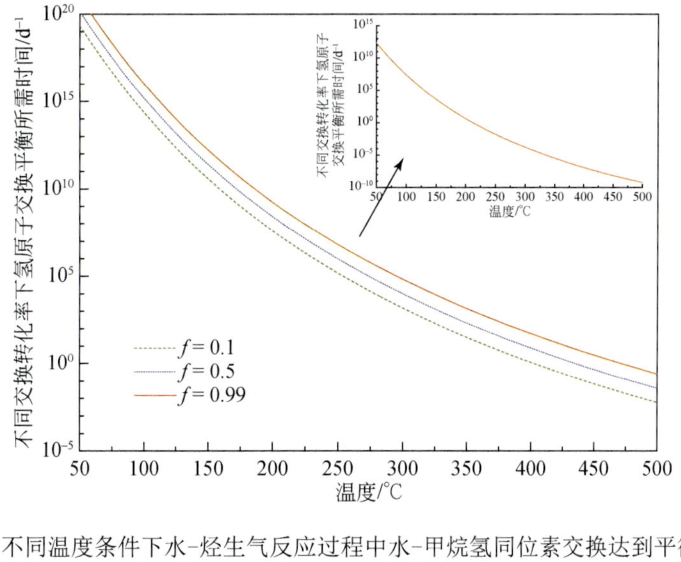

图 2.59 不同温度条件下水-烃生气反应过程中水-甲烷氢同位素交换达到平衡的时间

随着页岩气和深层天然气勘探不断推进，国内外学者发现在高—过成熟阶段，天然气中甲烷的氢同位素普遍存在异常反转现象(Burruss and Laughrey，2010；Zhang et al.，2018b)。即随着天然气湿度降低或成熟度增加，甲烷氢同位素出现异常变轻的现象。比如，从四川盆地安岳气田寒武系—震旦系天然气甲烷氢同位素的演化可以发现，甲烷氢同位素随着乙烷碳同位素变重和天然气湿度的降低逐渐变轻，显示出氢同位素反转的现象（Zhang et al.，2018b）。这种同位素反转现象在页岩气中更为普遍，地球化学家将其归因于深层高温高压条件下的水热反应，即水-有机质或有机碳源在深层的生气作用或者水-烃类气体的氧化还原反应。储层的镜下观察结果显示，震旦系储层存在大量的固体沥青，这为深层水-有机质生气反应提供了潜在的母质或碳源。震旦系较高含量的 CO_2 也很可能是水-有机碳高温反应的重要产物，该反应过程中，水可以为甲烷的生成提供无机氢源，从而生成具有较轻氢同位素组成的天然气。

结合原油裂解生气过程中甲烷 C/H 同位素分馏动力学模型（He et al.，2019）和水-烃生气过程中氢同位素交换 EIE 分馏模型，通过数值计算，可以建立基于甲烷碳与氢同位素演化的水加氢生气贡献判识图版（图 2.60）。四川盆地志留系—震旦系普遍经历了较高的热演化历史，最大地温普遍超过 200℃。这表明，这些层系中水-有机质的加氢生气反应速率足够高，且氢的交换能在足够短的时间达到平衡。将四川盆地深层天然气投影到该图版，可以初步评价常规气和页岩气中水-有机质加氢生气贡献（图 2.60）。评价结果显示，水加氢生气对常规气和页岩气的贡献分别为 30%～60%和 30%～80%。对于常规气来说，经历更高地温（约230℃）的安岳气田震旦系天然气贡献比例高于寒武系天然气。同时，页岩气中水-烃加氢生气贡献要高于常规气，这主要归因于页岩内黏土矿物的表面催化作用，后者可通过表面离解作用促进水与烃类的正离子加氢反应（Leif and Simoneit，2000；He et al.，2018）。尽管准确评价不同地区或层系天然气中水-烃加氢生气贡献需要开展更精细的工作，但本研究首次发现不仅在高温实验条件下，在深层（＞200℃）地质条件下水同样可作为有机质或烃类裂解生气的重要无机氢源。因此，水来源氢参与的有机-无机加氢生气过程，对深层—超深层天然气的生成和聚集具有不可忽视的贡献，可能导致天然气资源量要高于传统认识。

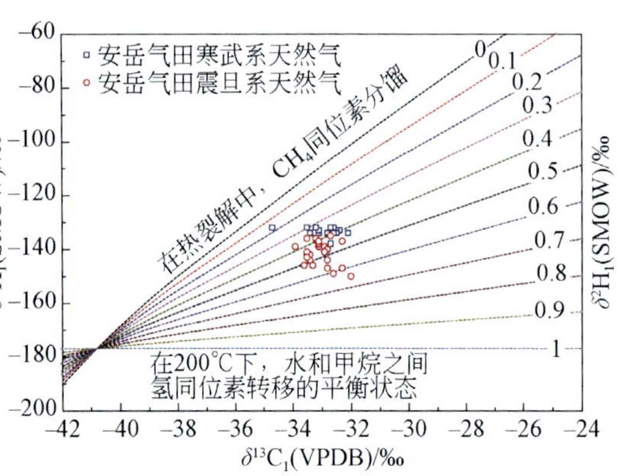

(a)四川盆地安岳气田震旦系—寒武系常规气

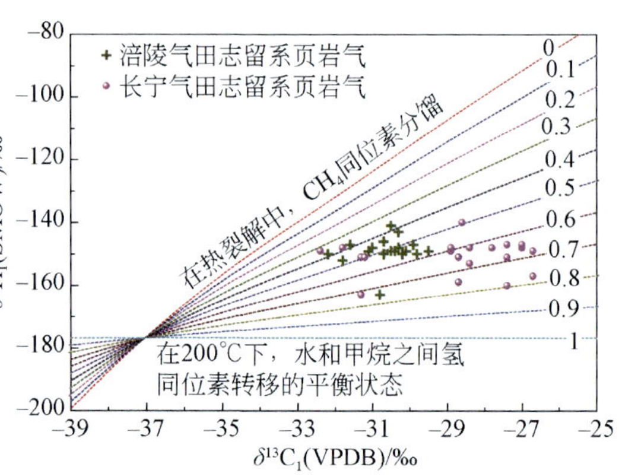

(b)四川盆地志留系页岩气(据He et al., 2021)

图 2.60　基于 C/H 同位素分馏模型的水-加氢生气贡献定量判识图版

第三节 生烃动力学数据库建设与架构

一、生烃动力学数据库建设的意义和必要性

沉积盆地及其油气评价是一项系统工程，需要首先开展含油气盆地生烃史研究，才能更好地进行油气资源评价。在 PetroMod 等盆地模拟软件中，简单调用软件中提供的生烃动力学参数如活化能和指前因子等，即可完成模拟计算。但是，每一个盆地的烃源岩生烃母质和盆地热史都是不同的，二者叠合起来的生烃过程及其生烃产物也就千差万别，因此需要开展具体烃源岩的生烃动力学研究。

生烃动力学是石油地球化学的一个重要分支，研究有机质在地下受高温和高压作用下转化为烃类化合物（如石油和天然气）的动力学过程和机制。这一领域旨在理解烃类物质的生成速率、生成途径、形成条件，以及与地质历史和化学反应等因素之间的关系。基于实验数据和地质观测，考虑温度、压力、时间、有机质类型和岩石性质等因素，使用生烃模型来描述有机质热演化的过程，预测烃类物质的生成，了解有机质从初级生产阶段到最终的油和天然气的不同化学转化途径及油气的生成机制。生烃动力学的研究有助于更好地理解石油和天然气资源的形成和分布，指导资源勘探和开发，以及支持能源产业的可持续发展。这一领域的研究对于确定资源潜力、资源管理、环境保护和新能源开发等领域都具有重要的意义。

尽管目前国内外已有较多的有机质生烃动力学研究的实例，但不同学者的研究目的、实验条件等都不尽相同，实验数据零散，可对比性差。建设生烃动力学数据库具有重要的意义和必要性，主要表现在以下几个方面。

科学研究支持：生烃动力学数据库为地质学家、地球化学家和石油工程师等提供了关于油气生成和分布的关键信息，为石油地质和勘探研究提供了坚实的基础。这有助于更好地理解油气资源的形成和分布规律，指导石油勘探活动。

资源评估和开发决策：确切了解油气田中烃类物质的生成时间、地点和规模对于资源评估和开发决策至关重要。生烃动力学数据库可以提供可靠的数据，有助于预测油气储量，确定最佳开发策略，减少勘探和生产的风险。

环境保护：了解生烃动力学过程可以更好地理解天然气和石油在地下的运移方式，从而更好地保护地下水资源。这对于减少环境污染风险以及采油过程中的环境管理至关重要。

能源规划：生烃动力学数据库可以为国家和地区的能源规划提供支持。通过了解烃类物质的生成速率和分布，政府可以更好地规划能源战略，确保国家的能源安全。

新技术开发：建立生烃动力学数据库有助于推动新技术的研发。这些技术可以包括更高效的勘探方法、更有效的提取技术以及更环保的石油和天然气生产方法。

因此，生烃动力学数据库的建设对于科学研究、资源评估、环境保护、能源规划和新技术开发都具有重要的意义和必要性。这些数据库为石油和天然气行业的可持续发展提供了关键的支持和指导。

二、生烃动力学数据库建设的框架与架构

通过实验室模拟与综合前人研究资料，建立我国主要层系的烃源岩生烃动力学数据库（图 2.61、图 2.62）。数据库的内容包括我国主要层系 32 个以及 Petromod 内嵌的 108 个动力学数据和成熟度（Easy R^o）等。数据库总记录 140 个，同时集成元数据库，包括样品背景、基础地球化学数据、实验条件与模拟系统，以及数据来源文献等信息。

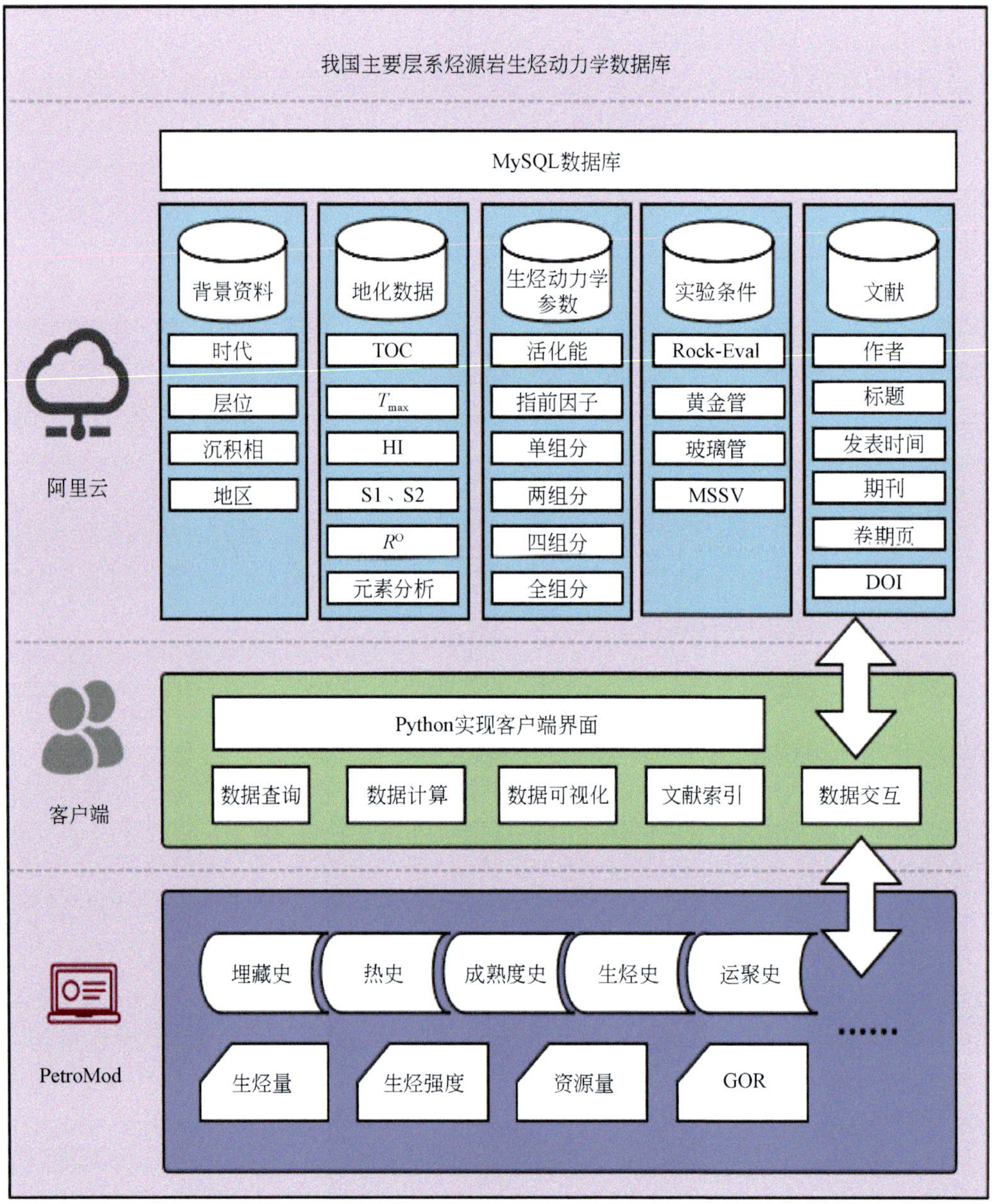

图 2.61　数据库的结构与框架

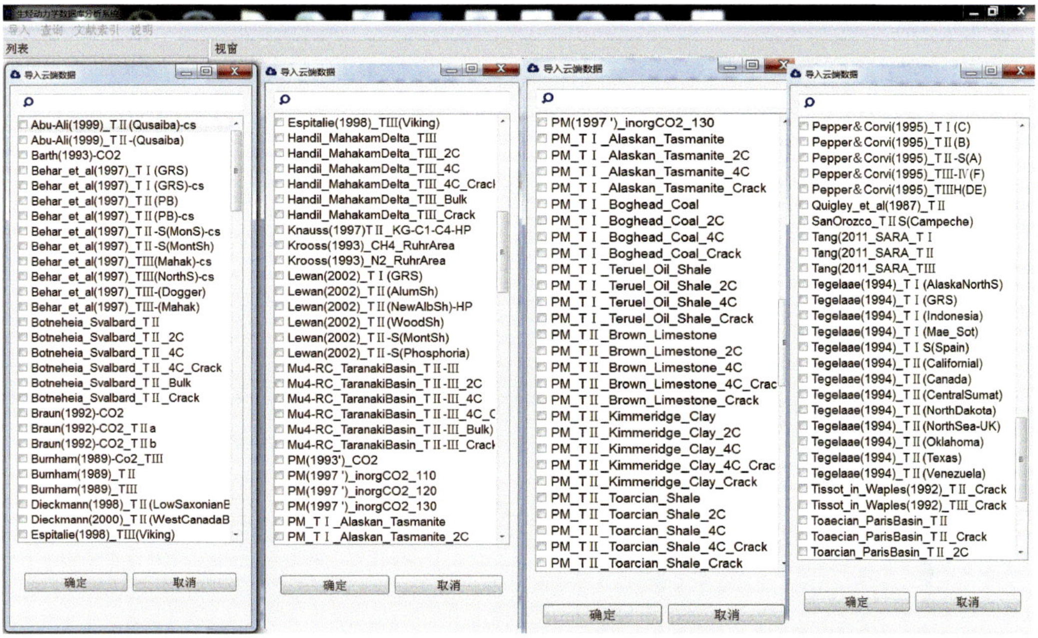

图 2.62　数据库中的部分动力学数据

数据库采用 C/S 模式，服务品端利用 Mysoul 和阿里云进行数据库存储，客户端源具有查询、计算、可视化、索引等功能，并能与 Petromod 等专业盆地模拟软件进行数据交换，符合工业标准。

第四节　有机质结构与显微力学性质演化

一、深层烃源岩生烃过程中分子结构及演化特征

（一）倾油型干酪根分子结构及演化特征

1. 倾油型干酪根热模拟生烃实验及产物分析

通过建立干酪根分子的结构模型，研究倾油型干酪根在生烃过程中随成熟度的增加化学结构的演化特征。选用渤海盆地，东营凹陷 L69 井和 W161 井烃源岩（TOC 质量分数 =6.03%，T_{max}=440℃，HI=534 mg/g TOC）样品，原岩利用盐酸、氢氟酸对岩石样品进行去矿物处理，清水冲洗至中性后得到干酪根样品。对该干酪根样品进行高温高压生烃实验，温度为 350～450℃，压力为 50 MPa，升温速率为 2℃/h，每隔 10℃取 1 个样品点，共取 11 个样品。

对气态烃产物进行成分测定及同位素分析，收集轻烃并进行色谱分析，对液态烃进行族组分分离、定量及气相色谱-质谱联用仪（gas chromatography–mass spectrometry，GC-MS）分析，收集并对残渣进行定量处理。液态烃产率在实验 390℃之前不断上升，在 390℃时到达最高点，之后其产率开始下降。干酪根残渣的产率与液态烃的产率相反，随着温度和成

熟度的升高而呈先下降后上升的趋势。干酪根残渣的产率从 350℃到 390℃降低到最低点，从 851.91 mg/g TOC 至 444.85 mg/g TOC，表明在干酪根热解的后期发生了剧烈的缩合作用，使得大分子沥青质及胶质结合为干酪根结构。

图 2.63 是干酪根原样和残余干酪根的碳、氢、氧、氮四元素的质量分数变化趋势。碳的质量分数先从 39.12%下降到 30.68%，在 390℃到达最低点，而后增长，到 450℃时为 36.08%。氢的质量分数一直处于下降阶段，从 4.61%下降到 2.08%，在 410℃之后基本处于平稳阶段，稳定在 2%～3%。

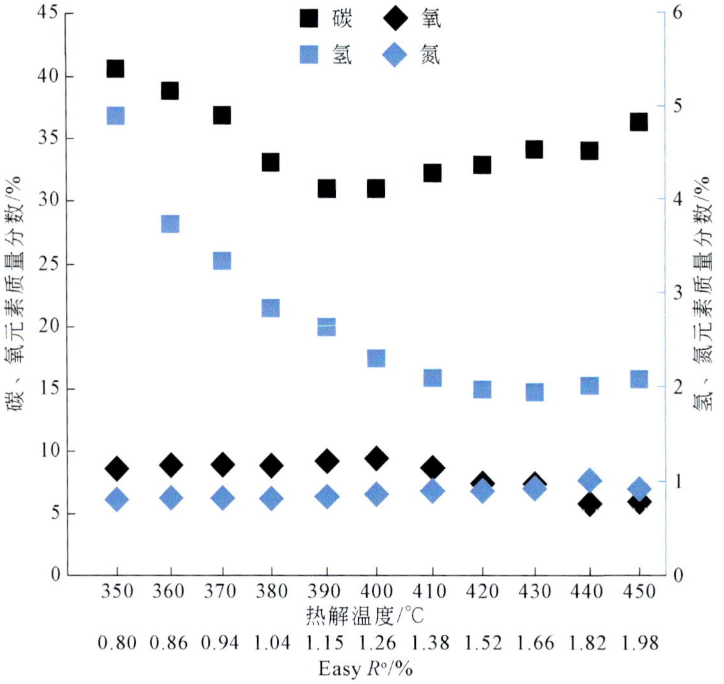

图 2.63　干酪根元素组成随热解温度的变化

2. 倾油型干酪根结构参数及分子结构与演化特征

运用核磁共振对样品原始干酪根及残余干酪根共 12 个进行分析，通过固体核磁共振检测结果的分峰处理，得到干酪根及其热演化过程中化学结构变化的基本数据。核磁共振检测结果显示，随着温度不断上升，干酪根结构脂肪碳相对数量不断减少，芳香碳相对数量不断增加，这是由于在升温过程中，脂肪链不断从干酪根中断裂，而在高温区间芳环结构发生聚合作用。

应用分子动力学软件对已经建立的干酪根化学结构模型进行模拟，并与实测的核磁共振曲线对比，修改化学结构模型，直到二者拟合到满意为止。这时的化学结构就与真实的化学结构十分接近，分子动力学模拟起到检验和验证模型的作用。图 2.64 为干酪根随成熟度变化的二维分子结构模型，并附实测核磁共振与相应结构模型模拟计算对比图，可见其化学结构能够与核磁共振实测基本一致，表明该化学结构基本反映了干酪根大分子的平均化学结构。

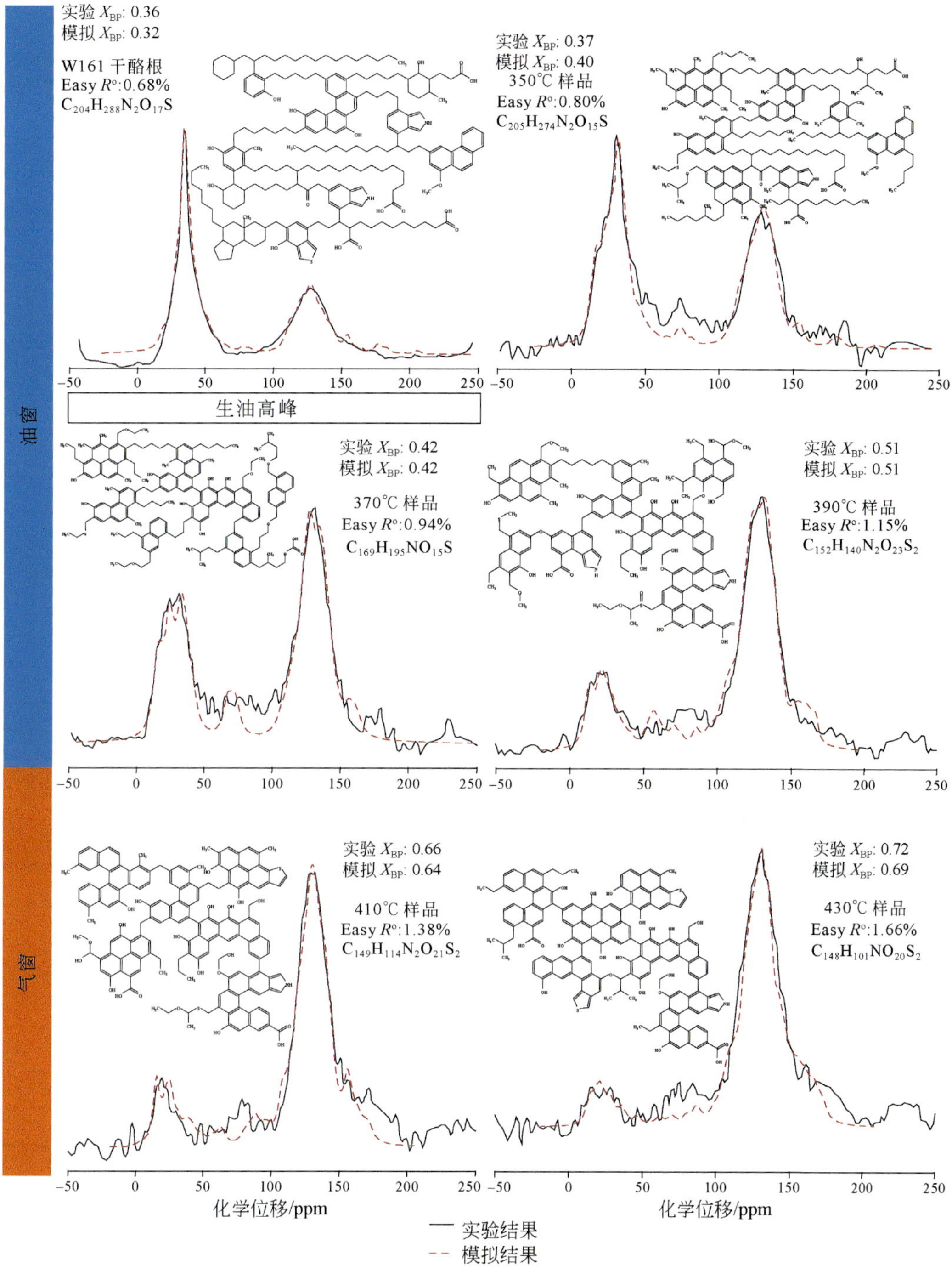

图 2.64　不同演化阶段干酪根二维分子模型

W161-井号；X_{BP}-桥头芳香碳与芳香碳周围碳的比值；ppm- 10^{-6}

（二）天然沥青分子结构及演化特征

1. 天然沥青人工热模拟实验及产物特征

以川西北广元沥青为研究对象，通过人工热模拟实验，制备不同成熟度的沥青样品。检测沥青结构特征，依据已有方法建立二维分子结构模型并通过核磁共振结果进行验证。在二维分子结构模型的基础上优化得到自然状态下最稳定的三维分子结构模型，并预测模型的拉曼光谱，以验证三维分子结构模型的准确性。

沥青样品采自川西北广元地区火石岭地区，将块状沥青研磨至 120 目，进行溴化锌（1.70 g/cm^3）浮选去除无机矿物。对浮选样品进行 Rock-Eval 分析，火石岭沥青样品属于Ⅱ型有机质，拥有一定的生烃潜力，计算后等效镜质组反射率为 0.74%，成熟度较低，适合生烃实验，符合研究的沥青样品需求。对样品进行 50MPa 压力下 20℃/h 升温速率的黄金管生烃实验，升温区间为 380～560℃，Easy R^{o} 为 0.77%～3.21%，共取样 10 个温度点。对生烃产物进行分离并分析，收集固态部分进行核磁共振、元素检测，得到其化学位移及元素组成等参数，探究其结构随成熟度的变化，为建立化学模型提供结构参数。

2. 天然沥青分子结构模型及演化特征

生烃实验完成后，收集天然沥青样品，进行元素分析及核磁共振检测。元素分析结果显示碳元素含量随样品成熟度增加逐渐上升，而氢元素含量逐渐降低。硫、氧随成熟度增加略有降低，而氮元素在整个生烃过程中没有明显的变化。分析结果表明，天然沥青的 H/C 随着实验的进行有大幅度地降低，而样品的生烃能力也减小，反映在结构中便是脂碳结构降低，芳碳结构增加。

对样品进行固体核磁共振分析，并依据之前建立的方法进行官能团分峰及结构建立。图 2.65 为样品核磁共振图谱及二维分子结构模型，模拟图谱与实验图谱拥有较高的拟合度，表明结构模型能够较好地反映沥青的结构特点。

在研究样品结构特征参数的过程中，发现在核磁共振检测样品中芳碳甲基与脂链最后一个亚甲基的化学位移处于同一区间，难以通过分峰辨别。同时，沥青结构与干酪根有着明显的区别：沥青分子模型脂碳结构数量较少，且脂链以短链为主，这使得重叠的官能团对参数的处理和结构的建立有着重要的影响。因此对已有的脂链计算公式进行优化：

$$C_n' = \left(f_{\mathrm{CH3al}} + f_{\mathrm{CH2}} + f_{\mathrm{CH}} + f_{\mathrm{C}} + f_{\mathrm{O}}\right) / f_a^{\mathrm{S}}$$

$$C_{\mathrm{nB}} = \left(2 \times f_{\mathrm{CH3al}} + f_{\mathrm{CH2}} + f_{\mathrm{CH}} + f_{\mathrm{C}} + f_{\mathrm{O}}\right) / f_a^{\mathrm{S}}$$

式中，f_{CH3al} 为脂链端甲基相对含量；f_{CH2} 为亚甲基相对含量；f_{CH} 为次甲基相对含量；f_{C} 为季碳相对含量；f_{O} 为与氧原子相连的脂肪碳的相对含量。以上六个官能团均为脂碳结构单元；f_a^{S} 为侧枝芳碳相对含量。C_n' 是传统脂链长度计算方法，即所有贡献脂链长度的碳分子占比之和除以侧枝芳碳（因为侧枝芳碳是脂链与芳碳结构的连接官能团，与脂链数量直接相关），得到的商即平均脂链长度；C_{nB} 的计算基于图 2.66 中，部分靠近脂链端元的甲基被芳碳甲基所掩盖了，而芳碳甲基并没有出现在 C_n' 的计算公式中，因此 C_n' 得到的平均链长短于真实链长，故计算 C_{nB} 以校正平均脂链长度。脂链平均碳数 C_n' 为已有的脂链程度计

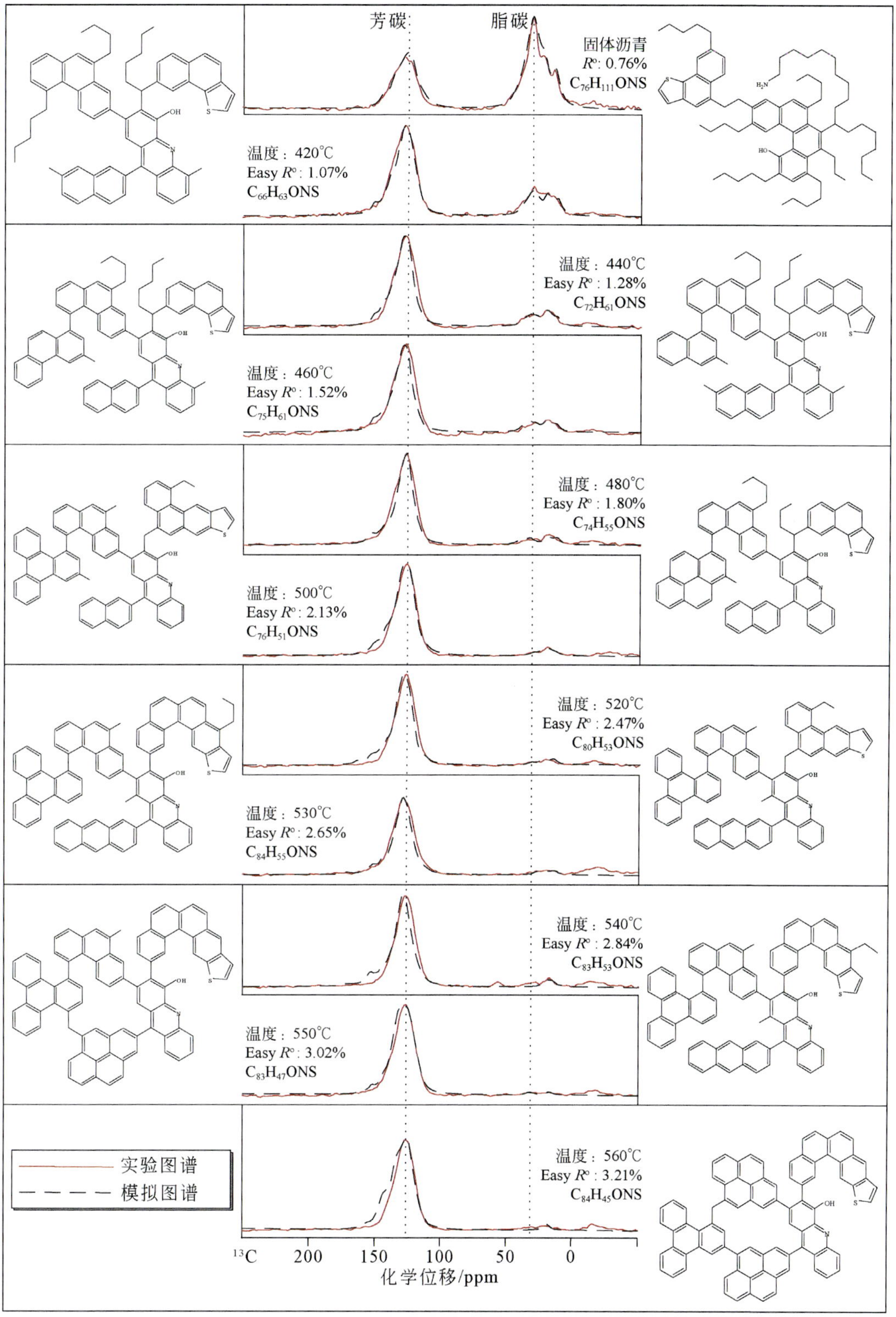

图 2.65 样品核磁共振图谱及二维分子结构模型

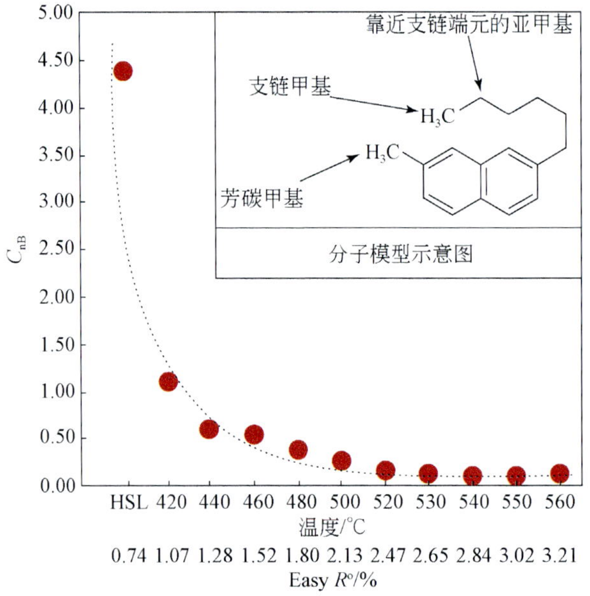

图 2.66　样品生烃过程中脂链长度的计算及官能团示意图

HSL-火石岭

算参数，没有对两部分重叠的官能团进行区分，而在脂链平均碳数 C_{nB} 中，将脂链端缘的甲基乘以 2，校正了脂链端元上最后一个亚甲基的数量，能够更加清晰地展示出结构中脂链长度信息。图 2.66 为样品生烃过程中脂链长度的计算及官能团示意图。

通过建立 P_m 参数来更好地反映二维分子结构模型中的微观孔隙。我们将微观孔隙定义为结构中由官能团构成的封闭空间，如图 2.67 所示。P_m 表示了沥青样品在热模拟实验中，

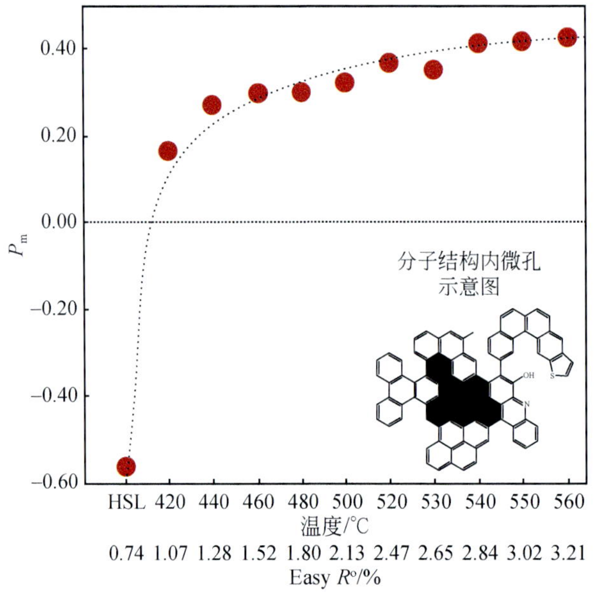

图 2.67　P_m 参数计算及模型示意图

微观孔隙相对数量的变化，随着成熟度上升，其数量经历了从无到有（P_m 由负到正）的过程，而后相对数量变化较小。

P_m 的计算公式为

$$P_m = \left(f_a^S - f_{CH3al} - f_{CH3ar}\right)\left(f_a^H + f_a^S + f_a^O\right) \quad (2.1)$$

式中，f_{CH3ar} 为与芳碳直接连接的甲基相对含量；f_a^H 为质子芳碳相对含量；f_a^S 为侧枝芳碳相对含量；f_a^O 为接氧芳碳相对含量。利用侧枝芳碳的校正值与其他三种芳碳类型的比值来反映结构中微观孔隙的相对参数，有效减少沥青结构中数量较多的短脂链的影响，能够有效反映这一结构特征的存在。如图 2.67 所示，分子的灰色封闭空间完全由侧枝芳碳构成，而侧枝芳碳除了构成封闭空间还扮演了芳碳与脂链连接的角色，这部分侧枝芳碳并不参与灰色部分的构建，因此在公式（2.1）前半部分将脂链即甲基含量减掉，计算出贡献灰色区域的所有侧枝芳碳；后半部分计算中，质子芳碳、侧枝芳碳、接氧芳碳三部分为单个芳环单元外围的碳原子。通过两部分的商评价灰色区域的相对数量。

对已有的沥青二维分子结构模型进行结构优化，寻找分子结构模型的势能面最低点，得到了如图 2.68 所示的自然状态下最稳定的沥青三维分子结构模型。模型的计算方法为 RB3LYP，计算基组为 3-21G 基组，在完成结构优化后，以同样的方法和基组进行了三维分子结构模型的拉曼光谱计算。图 2.69 为沥青三维分子结构模型拉曼光谱计算结果。

通过拉曼光谱预测，计算了三维分子结构模型的等效镜质组反射率（R^{RAM}），通过与实验中 Easy R^o 进行对比，二者有着完全相同的变化趋势，表明三维分子结构模型能够很好地反映沥青生烃过程中的官能团变化与结构特征（图 2.70）。并且 RB3LYP 方法能够实现大分子有机体的计算要求，是稳定的方法与基组选择，为后续开展其他模拟实验实现了方法的确立。

（三）胶质分子结构及演化特征

由于胶质组成结构复杂且有一定的黏性和流动性，因此核磁共振检测胶质结构时，液体核磁共振测试中胶质难以在单一试剂中完全溶解，固体核磁共振则无法开展检测。本节选用树脂演化产物琥珀作为胶质的替代物质，建立胶质三维分子结构模型。

研究选用抚顺（FS）、珲春（HC）两地煤样中的琥珀样品，将琥珀颗粒从块状煤样中挑选出来，剥离表面黑色煤渣后，对碎样进行核磁共振检测。将块状煤样进行碎样，用有机试剂抽提并利用柱色谱分离得到胶质组分。图 2.71 为煤样抽提物分离得到的胶质组分基质，辅助电离飞行时间质谱结果，图 2.71 为基质图谱，抚顺、珲春胶质的平均分子量约为 370 Da，最高化合物分子量约为 750 Da，以此为基础，使分子结构模型能够更加真实地反映胶质的结构特征。

对琥珀粉末开展固体核磁共振检测，并依据核磁共振及飞行时间质谱结果，建立二维分子结构模型，如图 2.72 所示。

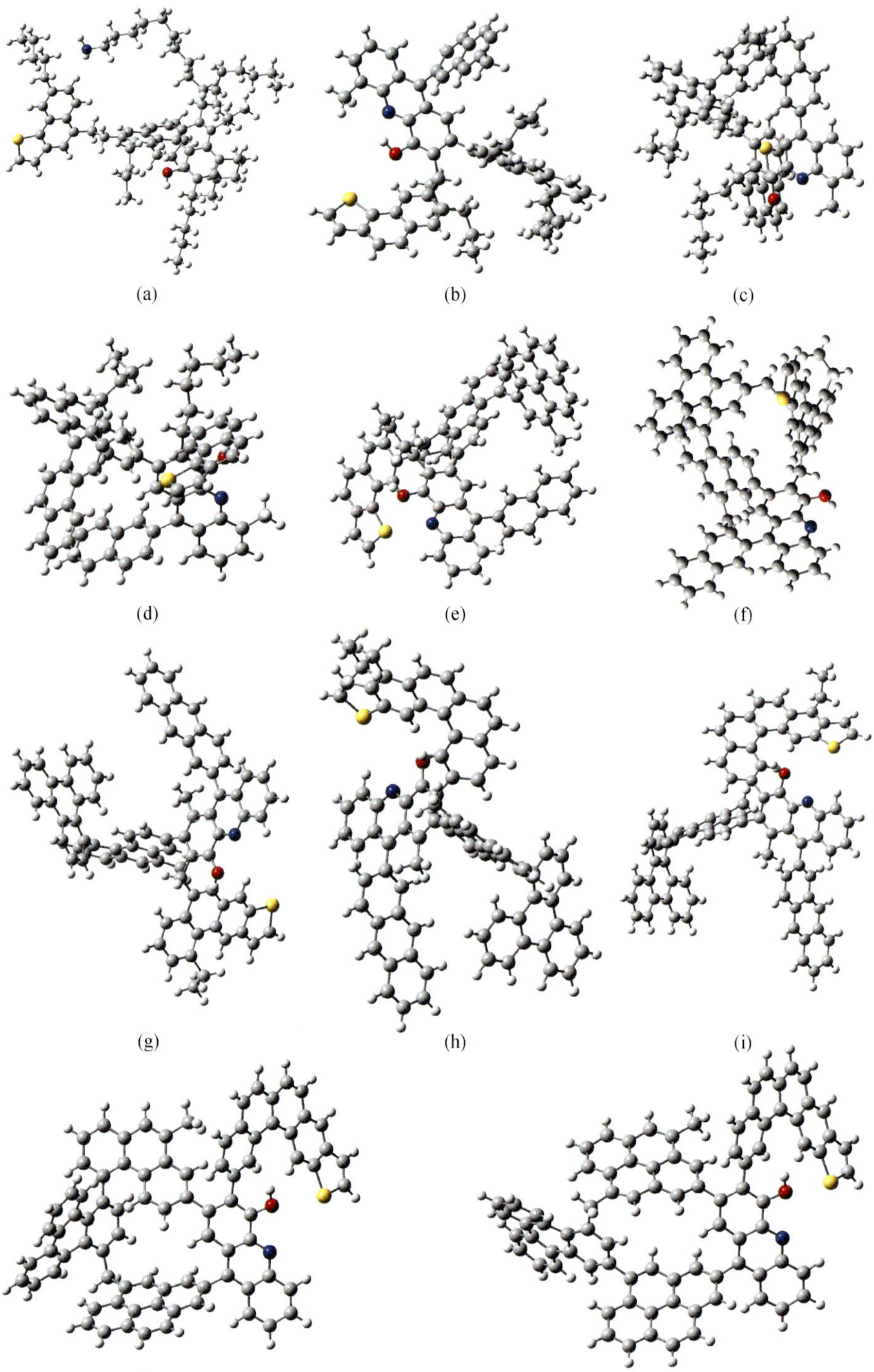

图 2.68　沥青三维分子结构模型

（a）火石岭沥青，Easy R^o=0.74%；（b）Easy R^o=1.07%；（c）Easy R^o=1.28%；（d）Easy R^o=1.52%；（e）Easy R^o=1.80%；（f）Easy R^o=2.13%；（g）Easy R^o=2.47%；（h）Easy R^o=2.65%；（i）Easy R^o=2.84%；（j）Easy R^o=3.02%；（k）Easy R^o=3.21%

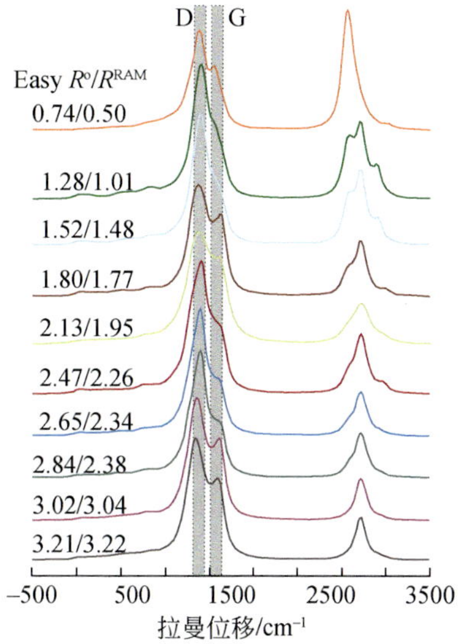

图 2.69　沥青三维分子结构模型拉曼光谱计算结果

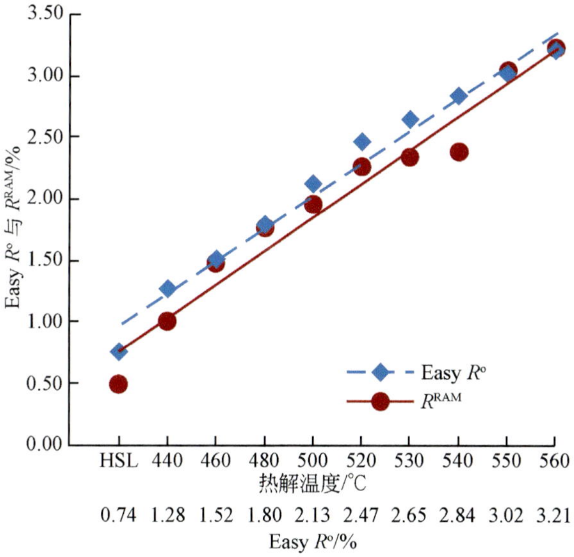

图 2.70　R^{RAM} 与 Easy R^o 对比图

R^{RAM} 为等效镜质组反射率计算结果，为计算模拟得到，为本书中唯一计算得到的等效镜质组反射率

两胶质分子化学式分别是 $C_{26}H_{40}O$ 和 $C_{28}H_{44}O$，胶质结构中以脂碳为主，既含有少量的芳碳官能团，且脂碳内甲基和亚甲基占比较高，并含有少量的羰基官能团。对胶质结构进行三维结构优化，并分别与饱和烃、芳烃、沥青分子模型进行分子对接计算，结果如图 2.73 所示。

分子对接过程中，选用正十七烷和二甲基萘两种化合物分别代表饱和烃和芳烃分子，选用之前研究得到的火石岭天然沥青代表沥青分子。图 2.73 中的球形分子代表胶质分子，而棒形分子代表其他物质。胶质分子与烃类物质间的吉布斯自由能均大于0，而与沥青分子间的吉布斯自由能明显更低，这说明胶质分子更倾向于与沥青分子结合。

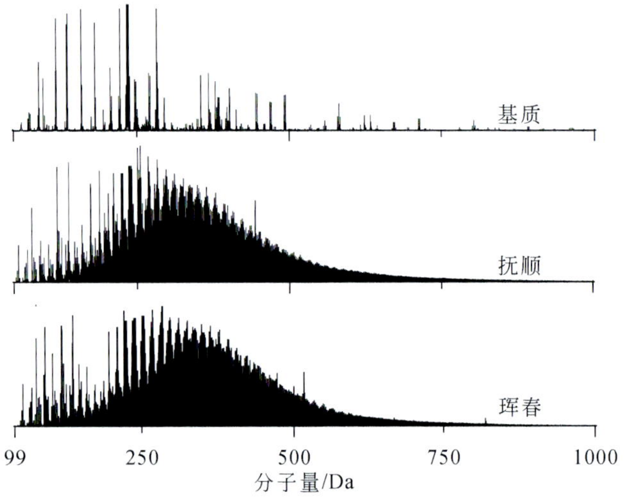

图 2.71　基质辅助电离飞行时间质谱结果

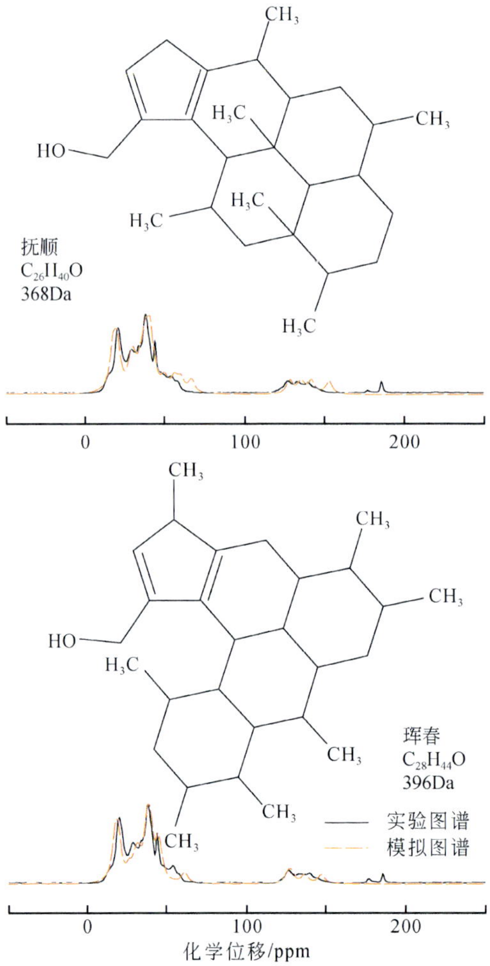

图 2.72　琥珀粉末核磁共振图谱及二维分子结构模型

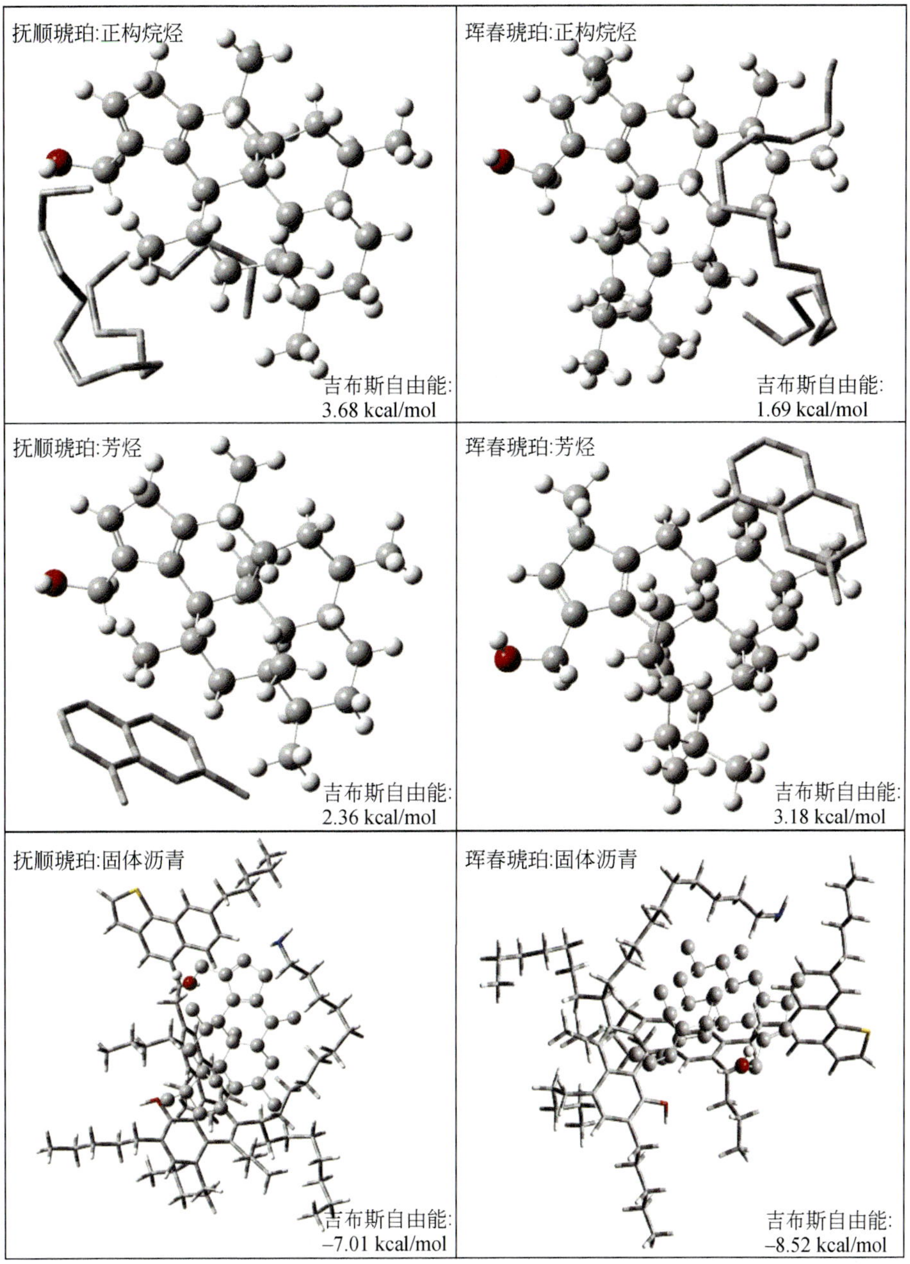

图 2.73　胶质与饱和烃、芳烃、沥青分子对接结果

二、深层烃源固-液有机质相互作用机理

（一）固-液有机质相互作用溶胀实验

溶胀是高分子聚合物在溶剂中发生膨胀的现象，本节开展固-液有机质的溶胀反应，探究液态有机质在固体有机质的赋存结构单元。

选用新疆乌尔禾天然沥青（WEH）、四川广元火石岭天然沥青（HSL）、贵州长岩天然沥青（ZY）、广东茂名油页岩干酪根（MM）、新疆吐哈盆地干酪根（TH）、吉林珲春煤样（HC）共六种有机质开展溶胀研究。WEH、HSL、ZY 样品代表天然沥青特征，MM、TH、HC 样品代表三种不同类型的干酪根类型（Ⅰ、Ⅱ、Ⅲ型有机质）。溶胀研究中选用正十六烷和正庚基苯两种试剂代表饱和烃与芳烃化合物。溶胀实验中，液态有机质质量分数及溶胀率变化如图 2.74 所示。

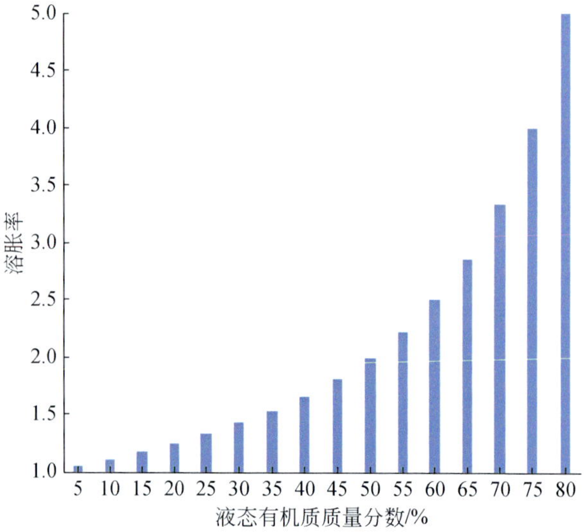

图 2.74　液态有机质质量分数及溶胀率变化

图 2.74 中，横坐标为混合有机物中烃类物质的质量分数，纵坐标为对应的溶胀率，实验共计进行 12 组，最高液态有机质质量分数见表 2.4。当混合有机质中液态烃质量分数超过表 2.4 中对应的数值时，固体有机质中不能完全吸附液态烃，使混合样品中存在可自由流动的液体。

表 2.4　样品最高液态有机质质量分数　　单位：%

试剂	WEH	HSL	ZY	MM	TH	HC
正十六烷	61	50	30	55	41	32
正庚基苯	83	76	30	55	43	34

表 2.4 中天然沥青对于芳烃化合物有着明显的差异性吸附现象，干酪根在吸附两种烃类物质能力上也有差异，不过选择性吸附芳烃的能力要弱于天然沥青。

为了准确表征溶胀过程中有机质发生的结构单元变化，以及明确烃类物质在固体有机质中的赋存位置，以 5%质量分数为间距，对已有的 12 组样品开展 X 射线衍射（X-ray diffraction，XRD）检测。

图 2.75 和图 2.76 分别展示了天然沥青与干酪根样品随着溶胀率上升的 XRD 检测结果。XRD 图谱主要有 γ 带、002 带及 100 带三个主要有机物结构单元。其中，γ 带主要表示有

机物中无定形碳，主要为脂碳；002 带主要表示有机物中芳环簇堆叠形成的微晶单元；100 带主要反映结构的长宽延伸。

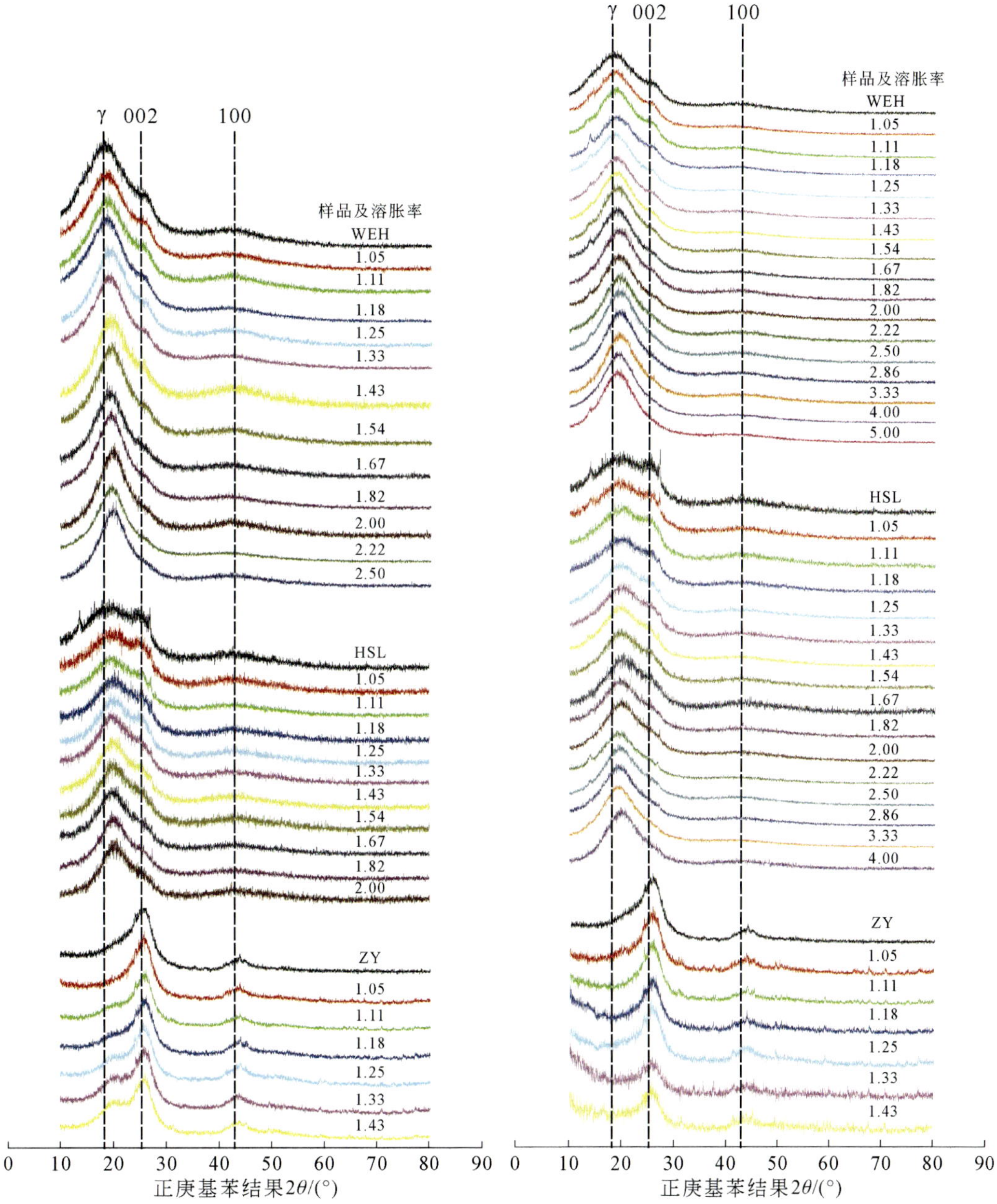

图 2.75　天然沥青溶胀过程 XRD 检测结果

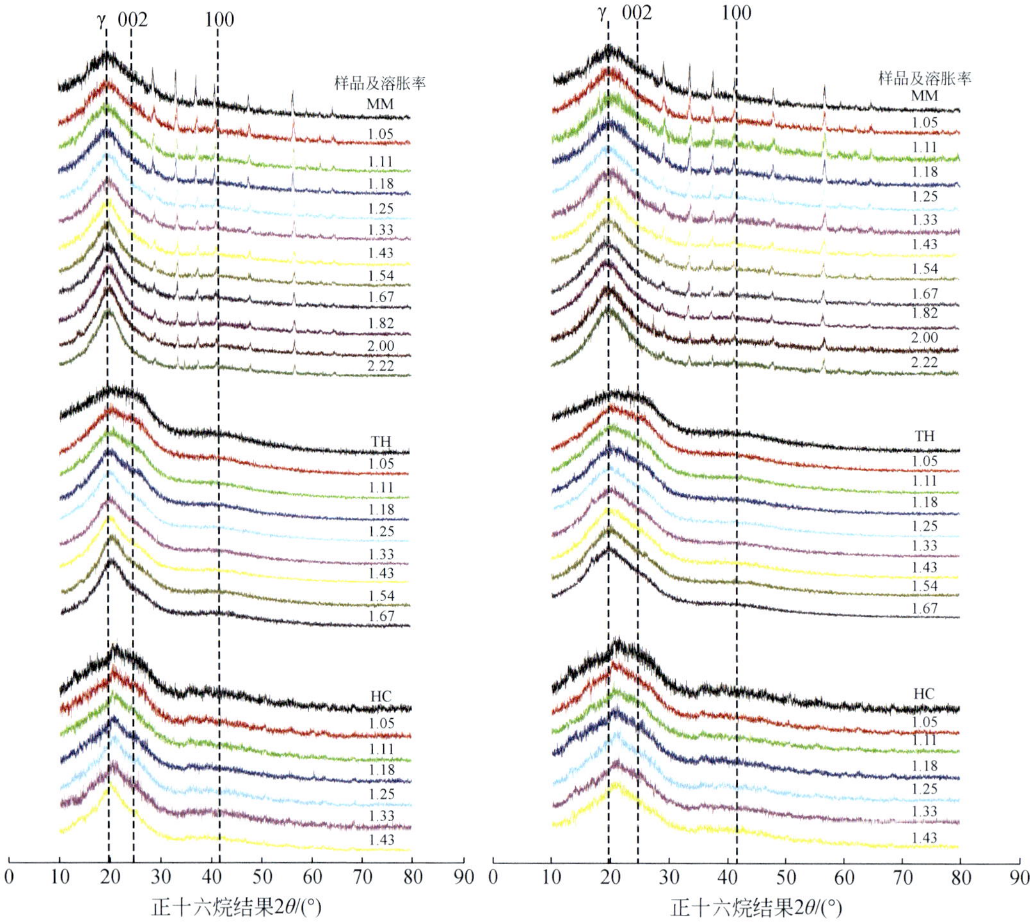

图 2.76　干酪根溶胀过程 XRD 检测结果

图 2.77 中（a）、（d）、（g）、（j）为 WEH 样品，（b）、（e）、（h）、（k）为 HSL 样品，（c）、（f）、（i）、（l）为 ZY 样品在 d_{002}、d_{γ}、La、Lc 四个参数上的变化；图 2.78 中（a）、（d）为 MM 样品，（b）、（e）为 TH 样品，（c）、（f）为 HC 样品在 d_{002}、d_{γ} 两个参数上的变化。其中，d_{002} 指的是组成 002 带微观芳环簇的层间距，d_{γ} 为组成 γ 带无定形碳的层间距，La 与 Lc 分别代表固体有机质结构单元在长宽两个维度上的延展长度。

天然沥青和干酪根在溶胀过程中仅有 d_{γ} 发生了明显变化，而 d_{002} 没有规律性变化。因此可以认为，在溶胀过程中固-液有机质在相互作用的主要结构单元集中在 γ 带，由于 002 带堆叠紧密，液态有机质难以对这一结构单元发生作用。由于三个干酪根样品在 La 和 Lc 参数上均无规律变化，故没有在报道中呈现。天然沥青与干酪根在溶胀过程中 d_{γ} 的变化趋势并不相同：天然沥青缩小而干酪根增加。这一差异表现出两种有机质的结构区别：由于天然沥青脂链长度小，烃类分子在进入 γ 带后分布在脂链孔隙中，使脂链间距变小；干酪根脂链较长，烃类分子进入 γ 带后并不能与原有脂链等长而使脂链发生膨胀，增加固体有机质的 d_{γ}。为了更形象地表达这一过程，两种固体有机质溶胀示意图如图 2.79 和图 2.80 所示。

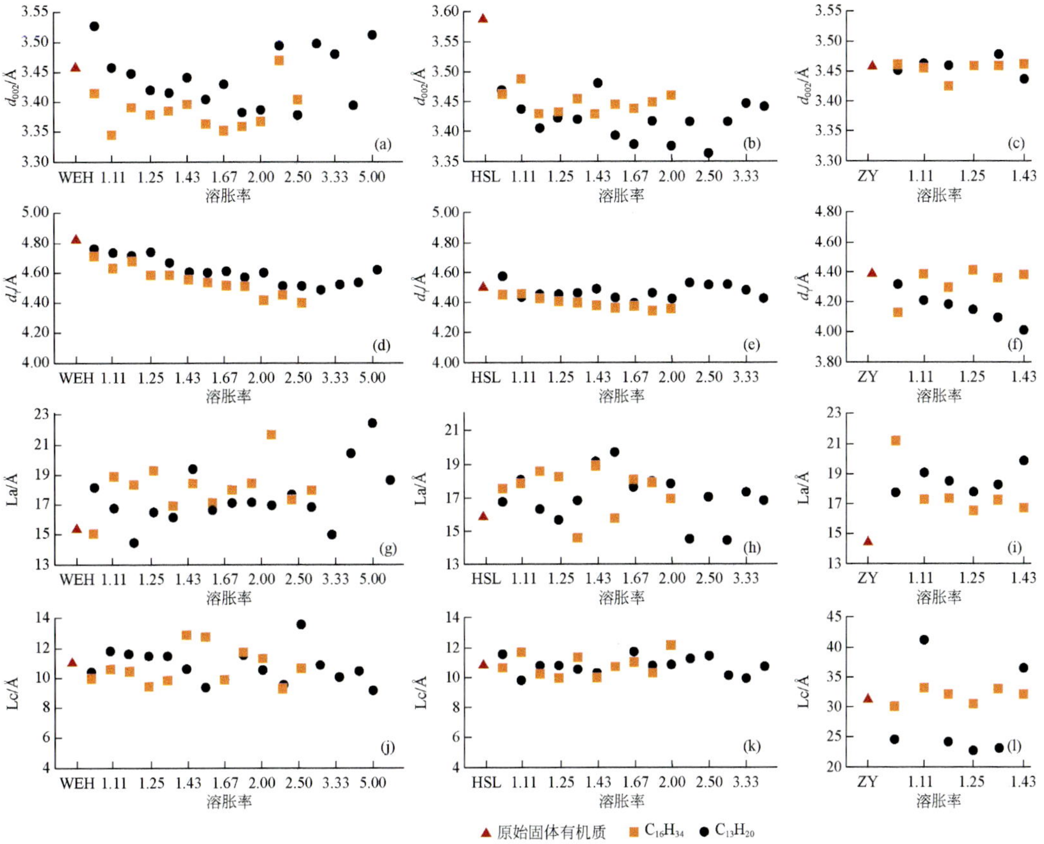

图 2.77　天然沥青 XRD 参数变化

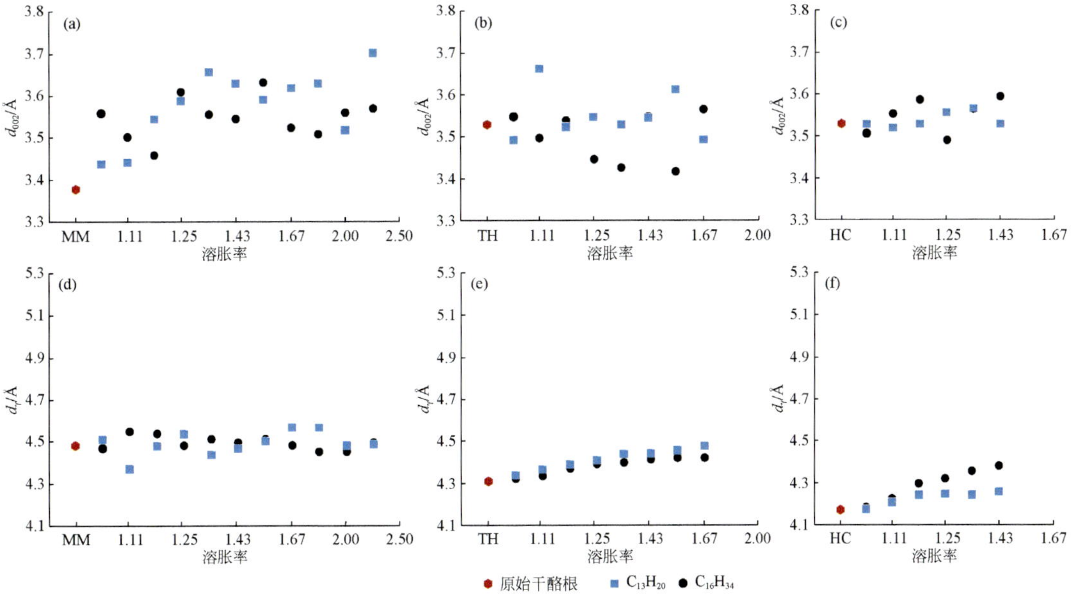

图 2.78　干酪根 XRD 参数变化

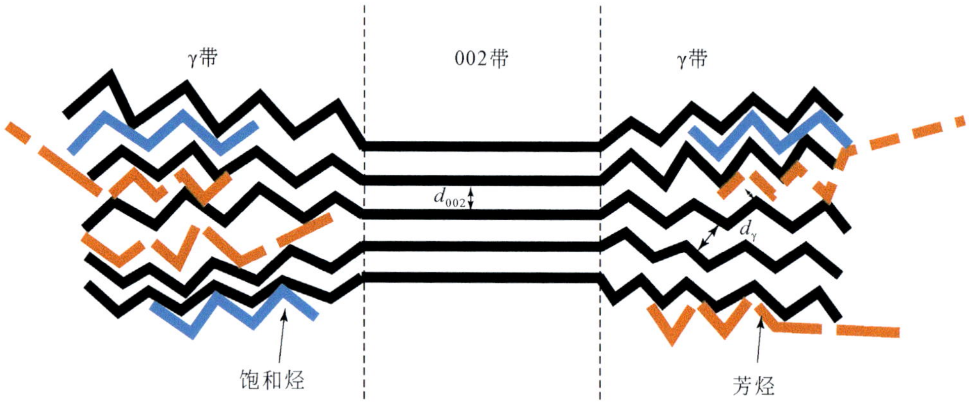

图 2.79　天然沥青溶胀示意图

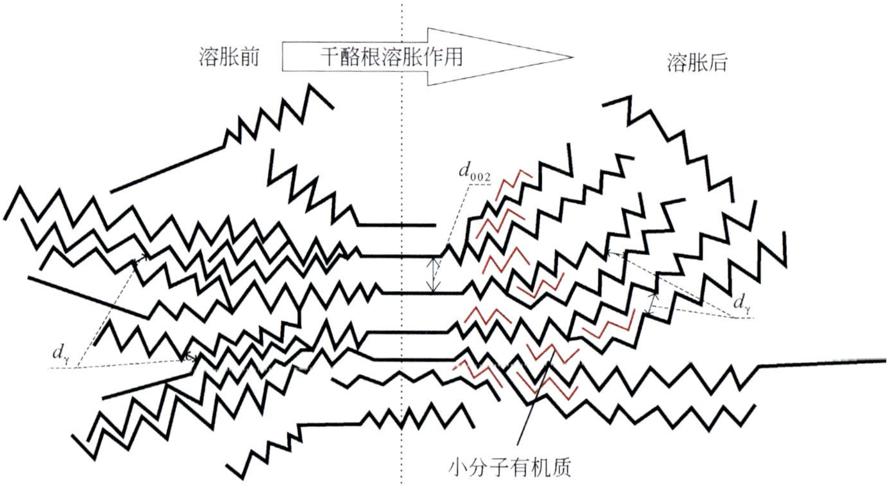

图 2.80　干酪根溶胀示意图

（二）固-液有机质相互作用分子对接

分子对接的基础分子模型选用新疆芦草沟组（LCG）烃源岩，人工热模拟实验制备不同成熟度干酪根样品后依据已有方法建立三维分子结构模型（图 2.81），针对环烷烃、稠环芳烃及稠环芳烃衍生物开展分子对接研究并总结相互作用机理。

1. 链烷烃

在三维分子结构模型的基础上，利用 Autodock 软件开展分子对接工作，配体选用正构烷烃 C_2—C_{30}。不同成熟度干酪根与正构烷烃间的吉布斯自由能分布如图 2.82 所示。

同一成熟度的干酪根分子与饱和烃的吉布斯自由能变化分为三个区间：C_2—C_{14} 随着饱和烃分子量增加，吉布斯自由能逐渐降低，分子间结合逐渐紧密。这一阶段对应了油气领域内的饱和烃由气态烃到轻烃变化的过程，随着饱和烃分子稳定性增加，与干酪根样品结合逐渐紧密；C_{14}—C_{20} 结合能始终稳定在较低的状态，这一区间饱和烃在常温下为液态，分子量适中，性质稳定易与干酪根结合；C_{20}—C_{30+}正构烷烃与干酪根之间的吉布斯自由能处于波动上升的趋势。说明当饱和烃分子量较大时，与干酪根之间稳定性变差。不同成熟度的干酪根与饱和烃分子间的吉布斯自由能分布结果显示，Easy R^o 为 0.75%时干酪根与饱和烃分子结合度最高，这一点与分子体系内甲基数量有关。

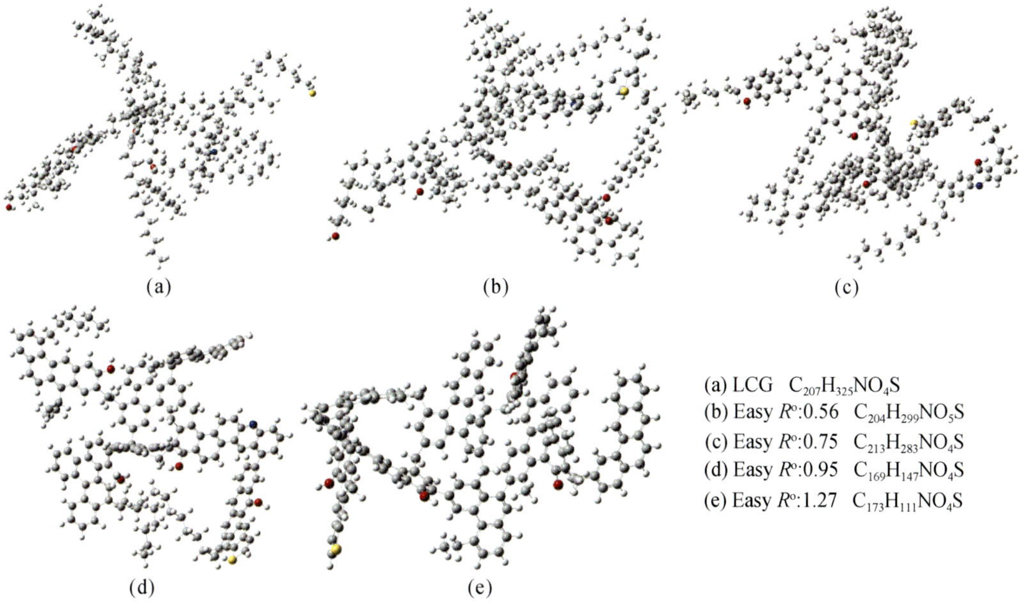

图 2.81　LCG 干酪根热演化过程中三维分子结构模型

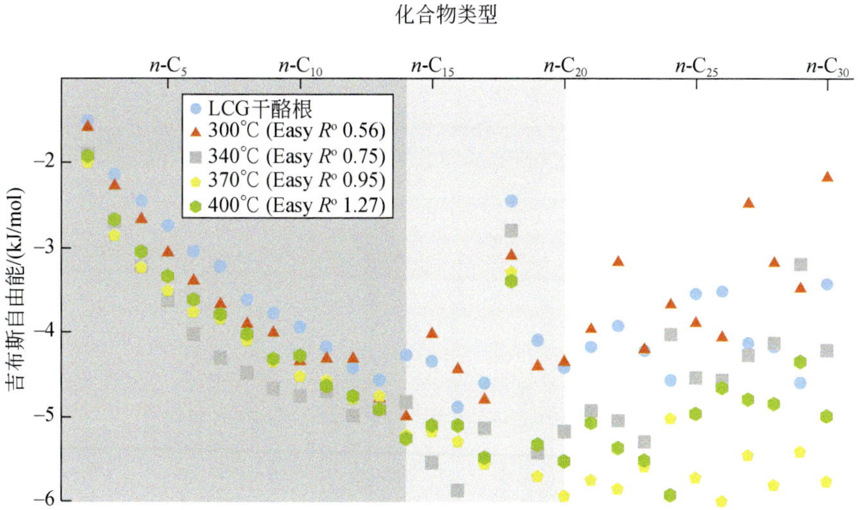

图 2.82　不同成熟度干酪根与正构烷烃的对接结果

为了更加准确地探究官能团与吉布斯自由能分布的关系，对 6 种异构 C_{16}（表 2.5）开展分子对接研究。

对接结果显示（图 2.83），甲基占比最高的类型-7 异构十六烷与各个成熟度的干酪根分子间吉布斯自由能都较低，而结合能力变化整体与甲基的数量成正比。因此可以得到固-液有机质分子间结合能力的强弱与配体液态分子的分子量以及体系内的甲基数量有关，甲基相对含量越多，结合越紧密。

表 2.5　i-C_{16} 分子模型

类型	分子模型
类型-1	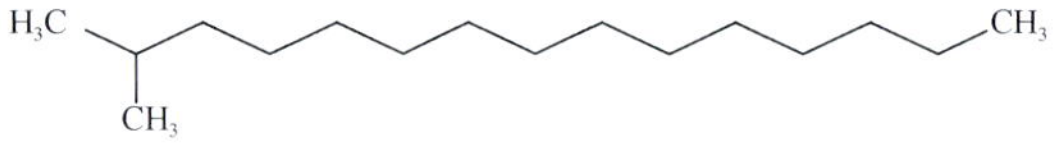
类型-3	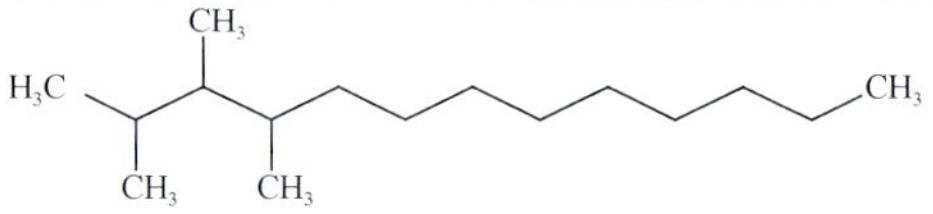
类型-5	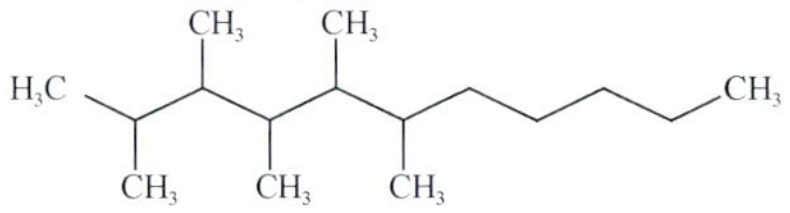
类型-7	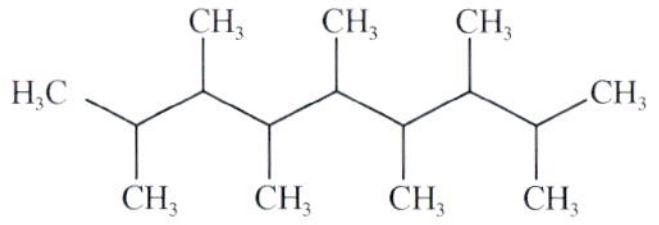
类型-8	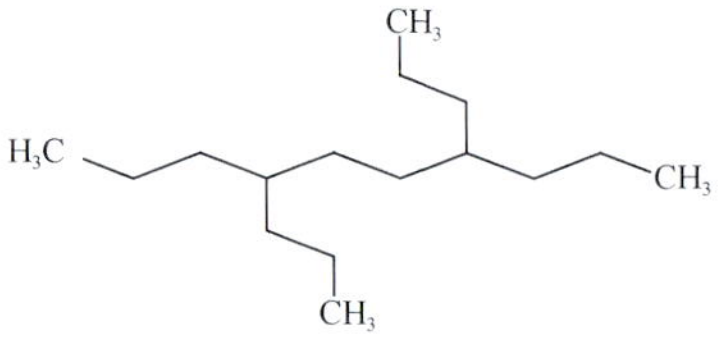
类型-9	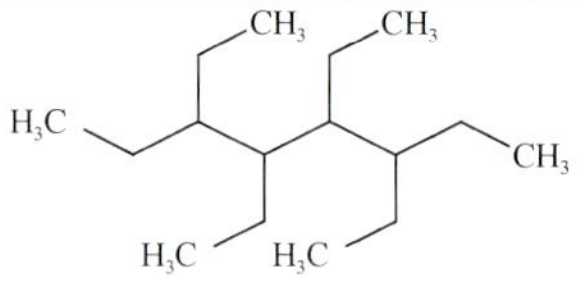

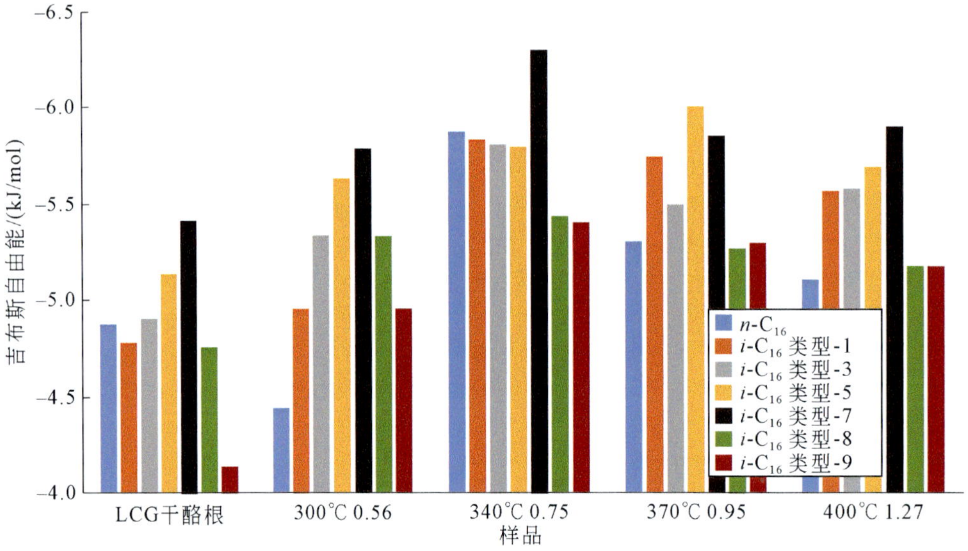

图 2.83　干酪根与 i-C_{16} 分子对接吉布斯自由能分布

0.56，0.75，0.95，1.27 表示 Easy R^o，%

2. 环烷烃

环烷烃为存在不饱和度的饱和烃化合物，在石油组分中，C_3H_6—$C_{10}H_{20}$ 环烷烃化合物均较为常见，因此本节选择八种碳数依次升高的环烷烃化合物作为计算对象。计算结果如图 2.84 所示，八种环烷烃分子与干酪根分子间的吉布斯自由能均为负值，且都随着环烷烃碳数增加结合能逐渐降低，说明干酪根更倾向于与结构较大的环烷烃化合物结合。但考虑到链烷烃中碳数增加到 14 时体系的吉布斯自由能才从持续降低的阶段稳定下来，因此在环烷烃的研究中，不能草率地定论为环烷烃碳数越高越易与干酪根结合。

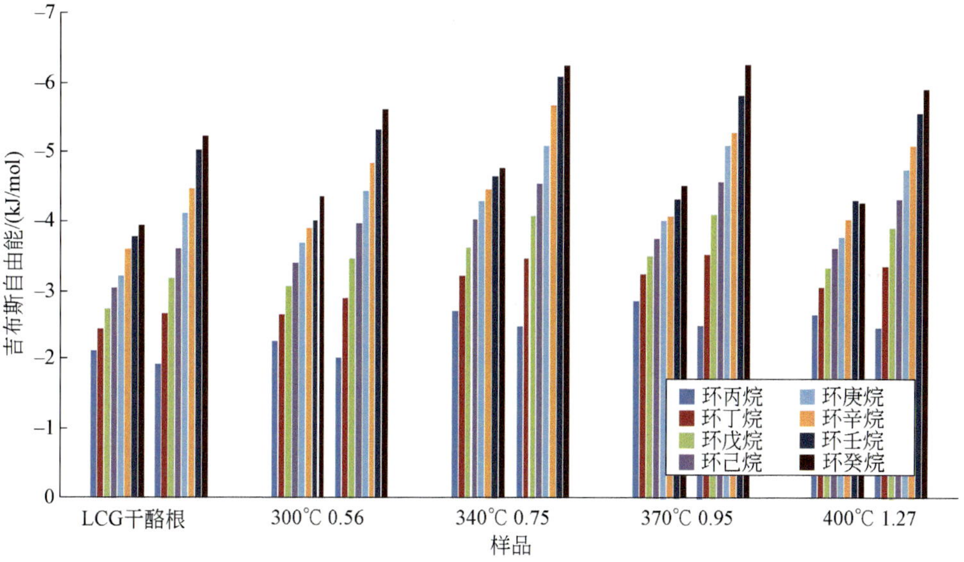

图 2.84　LCG 干酪根分子与不同类型环烷烃分子间的吉布斯自由能分布变化

0.56，0.75，0.95，1.27 表示 Easy R^o，%

为了探究相同碳数下链烷烃与环烷烃结合干酪根分子不同的结合能力，图 2.84 展示了 C_3—C_{10} 正构烷烃与 C_3H_6—$C_{10}H_{20}$ 环烷烃的吉布斯自由能计算结果。除环丙烷与干酪根的结合能力低于丙烷外，其余七种环烷烃相较于相同碳数的干酪根分子，其结合都更加紧密（吉布斯自由能更低）。这说明或许不饱和结构比甲基更能够将固-液有机质分子结合在一起。

3. 苯及稠环芳烃

本节选用稠环芳烃结构中的芳环数量从一环增加到七环，除了独立的苯及稠环芳烃外，还加入了甲基萘等稠环芳烃衍生物以区分不同官能团对固-液有机质之间的吉布斯自由能的影响。芳烃化合物部分在常温常压下为液态，部分为固态，但均可溶解在有机质中，随石油发生运移。

图 2.85 为苯及稠环芳烃与不同成熟度干酪根对接的吉布斯自由能结果，在与同一成熟度干酪根样品进行对接时，常规连接的稠环芳烃随着碳数的增加而持续增加，聚合连接形式下的稠环芳烃与干酪根间的结合能同样符合这一规律。这说明，稠环芳烃的分子量与干酪根分子间的结合强度有着一定的关系。当多核芳烃中芳环数量相等时，常规连接形式的稠环芳烃吉布斯自由能最低，聚合连接稠环芳烃、环状连接稠环芳烃与干酪根结构间的吉

布斯自由能均较大。这说明分子质量在与固体有机质分子结合的过程中起到了决定性的作用。在干酪根成熟度相同的情况下，稠环芳烃分子量越大，与干酪根之间的吉布斯自由能越低，结合越紧密。

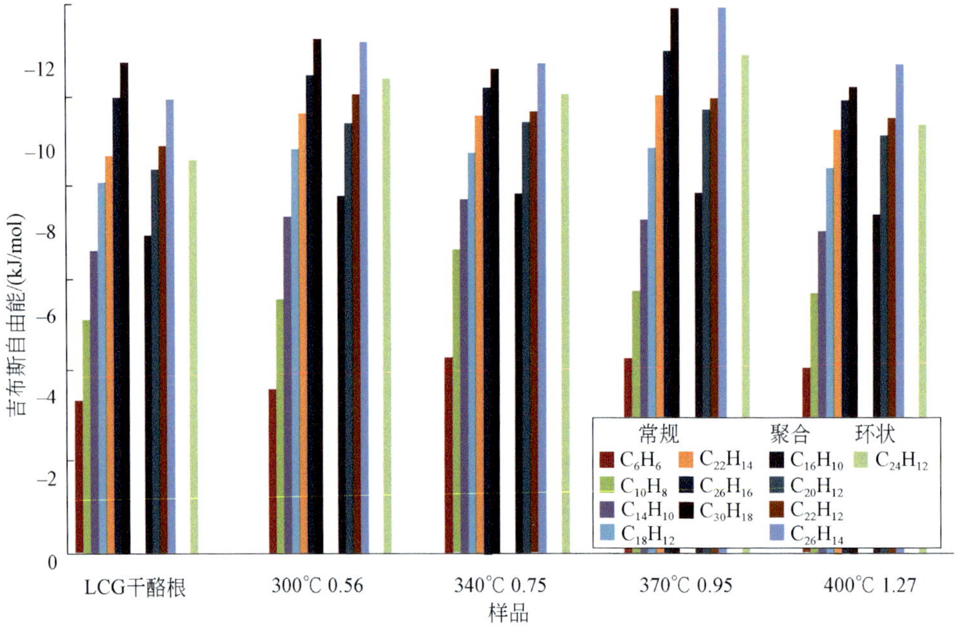

图 2.85　干酪根分子与不同类型稠环芳烃分子间吉布斯自由能分布变化

0.56，0.75，0.95，1.27 表示 Easy R^0，%

4. 稠环芳烃衍生物

在图 2.86 中，稠环芳烃衍生物主要包括甲基萘、正丙基萘、正戊基萘、三基萘以及五甲基萘五种化合物。在同一成熟度的干酪根样品中，萘分子为相关化合物中吉布斯自由能最高的芳烃化合物，所有的衍生物与干酪根的结合能力都强于萘分子。同时，甲基萘、正丙基萘、正戊基萘三种化合物遵循吉布斯自由能逐渐降低的规律，说明三种化合物中正戊基萘与干酪根样品结合最为紧密。在多甲基萘中，甲基萘的吉布斯自由能大于三甲基萘又大于五甲基萘，这说明当化合物缩合度相等时，在体系内的甲基数量及分子质量的共同影响下，五甲基萘在三种化合物中与固体有机质结合最为紧密。

在衍生物中，正丙基萘与三甲基萘、正戊基萘与五甲基萘的分子质量相同，但在样品中，三甲基萘与五甲基萘的吉布斯自由能分别低于正丙基萘与正戊基萘两种化合物。这进一步证明了亚甲基在固-液有机质相互作用时的影响力较低，当化合物分子质量相同时，甲基数量直接对有机质结合产生决定影响。

（三）固-液有机质相互作用机理

通过一系列的计算结果可知，影响固-液有机质分子间相互作用的因素主要包括化合物分子量、体系内甲基数量。综合所有计算结果，结合化合物及干酪根分子的缩合程度演化阶段，全面探究固-液有机质分子间的相互作用机理。

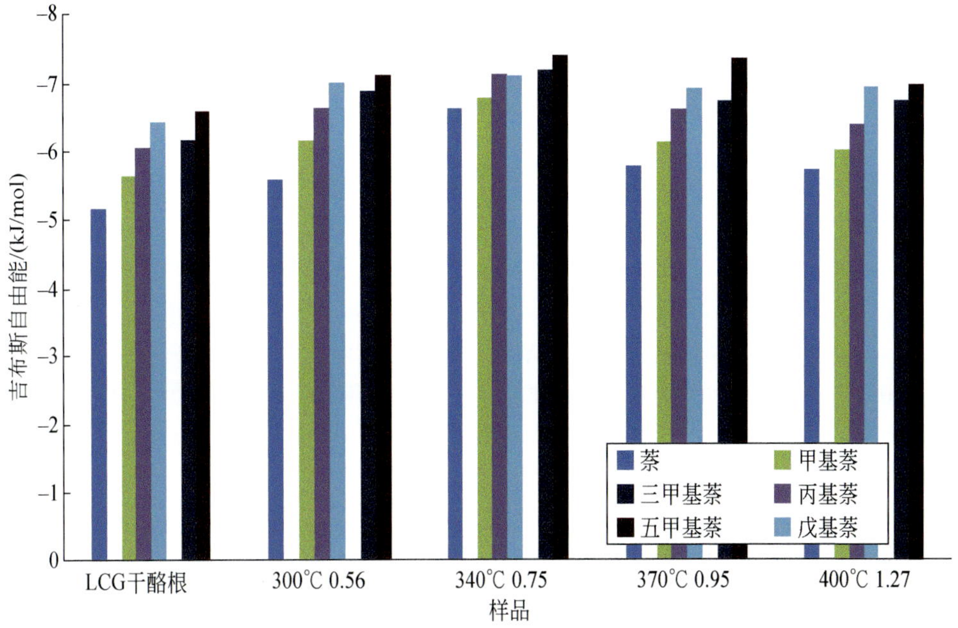

图 2.86 干酪根分子与不同类型芳烃衍生物分子间吉布斯自由能分布变化

0.56，0.75，0.95，1.27 表示 Easy R^o，%

1. 分子间相互作用影响因素

分子量。据正构烷烃、环烷烃、稠环芳烃分子与干酪根对接的计算结果，正构烷烃分子量与吉布斯自由能在 C_2—C_{14} 阶段呈正比关系，而后维持在低位并波动上升；环烷烃与稠环芳烃化合物的分子量与干酪根的结合强度成正比。随着稠环芳烃衍生物的分子量逐渐增大，萘-甲基萘-正丙基萘-正戊基萘化合物系列与同等成熟度干酪根分子间的吉布斯自由能呈下降趋势。

由此可见，化合物分子量在固-液有机质分子间相互作用过程中有着较大的影响，在石油内大部分的环烷烃及稠环芳烃化合物均随着分子质量上升，与干酪根结合更加紧密，饱和烃化合物则在 C_{15}—C_{20} 区间更倾向于与干酪根结合。

甲基含量。随着链烷烃异构体中甲基数量的增加，同等分子质量下甲基最多的类型-7 异构体与干酪根分子的结合力更强。三甲基萘和五甲基萘与干酪根之间的吉布斯自由能分别低于同等分子质量的正丙基萘和正戊基萘。并且根据链烷烃计算结果，正十六烷的异构体与干酪根分子间的吉布斯自由能普遍大于分子量更大的正构烷烃化合物，其中结合最紧密的类型-7 i-C_{16} 在多个样品中与干酪根的结合能力强过了所有的正构烷烃。这说明，甲基含量与分子质量对固-液有机质分子间相互作用力有一定影响。

缩合度（X_{BP}）影响。分子量大致相等的链烷烃和稠环芳烃化合物与干酪根分子进行比较，稠环芳烃化合物与干酪根的结合能力明显强于链烷烃类化合物。这说明在不同化合物之间，化合物的缩合度对固-液有机质分子间相互作用力有着较大的影响。同一连接方式下稠环芳烃缩合度增加同样会造成吉布斯自由能降低。但当稠环芳烃的芳环连接形式发生变化时，聚合连接方式的稠环芳烃化合物与干酪根的连接能力低于芳环数相等的常规连接方式，而六环化合物的环状连接方式低于同样为六环的聚合连接方式。这种情况下，虽然聚合连接方式的 X_{BP} 更高，但由于聚合连接的稠环芳烃化合物分子量低于同等芳环数量的常规性化合物，受到分子质量的制约，高缩合度化合物的结合能力反而低于常规性连接方式。

不同成熟度的干酪根样品与同等缩合度下稠环芳烃化合物分子间的吉布斯自由能同样有所差异，成熟度为 0.95%的干酪根分子模型几乎与所有的稠环芳烃化合物分子间的吉布斯自由能为最低值，即结合能力最强。根据干酪根三维分子结构，成熟度 0.95%的干酪根分子结构模型的 X_{BP} 最高，这一点说明高缩合度的固体有机质分子能够更好地固定高缩合度的稠环芳烃化合物，同时印证了体系 X_{BP} 对吉布斯自由能分布的影响。稠环芳烃衍生物与成熟度 0.75%的干酪根分子结合最为紧密，根据已有研究，该成熟度下的干酪根样品中甲基含量最高，与衍生物中的甲基作用力更强。这一现象说明，当稠环芳烃衍生物中有甲基存在时，体系内甲基含量会降低缩合度对分子间相互作用力的影响。

2. 分子间相互作用力机理

综合来看，固-液有机质相互作用过程中受到化合物分子质量、体系内甲基含量以及整体缩合度的影响。三个影响因素相互作用，之间没有明显的优先级。在饱和烃化合物中，干酪根更倾向于富集环烷烃、C_{15}—C_{20} 区间的正构烷烃以及甲基数量更多的异构体；在芳香烃化合物中，干酪根更容易富集甲基数量多的稠环芳烃衍生物。但相比于饱和烃，干酪根与芳香烃化合物分子间的结合能力普遍较强，说明干酪根对芳香烃化合物有着明显的选择性吸附现象，而饱和烃则更容易从固体有机质中饱和并排出、富集成藏。

三、单相矿物微观表面力学性能特征及主控因素

（一）页岩样品及前处理

SQ-1 浅井位于重庆市南川区三泉镇，对该井中五峰组和龙马溪组页岩的岩心样品进行连续采集，取样间隔为 1 m 或 0.5 m，取样长度约 2 cm。本节选取 27 个岩心样品。TOC 含量的测定、矿物组分分析、元素分析、总孔隙度实验分析及纳米孔体积测定的相关数据来自文献 Zheng 等（2018），对 SQ-78.8、SQ-81.1、SQ-83 和 SQ-90 岩心样品进行了矿物组分的补样分析。

纳米压痕的页岩样品用岩心或岩屑制备，设置为 1～10 mm 厚。压痕前样品表面粗糙度的处理对结果至关重要，选取垂直于层理面方向（X1）和平行于层理面方向（X3）的取心样品先进行切割，再将其用树脂浸渍胶结，后用装有不同粒度砂纸（粒度为 400～2000 目）的旋转圆盘进行打磨、抛光，最后采用 6 μm、1.0 μm、0.5 μm 金刚石悬浮液对其进行精抛光。最后对部分样品，如 SQ-89 进行氩离子抛光处理。

（二）纳米压痕基本原理及实验

纳米压痕原理是使用小尺度的载荷（0.1～500 mN）将金刚石压头压入样品表面，根据测量的连续载荷与位移的变化得到载荷-位移曲线（*P-h* 曲线），然后通过建立的数学模型计算得到样品的硬度和弹性模量。图 2.87（a）为纳米压痕示意图。图 2.87（b）给出了典

型的 P-h 曲线，其中分为加载、保载和卸载三个阶段，P 为加载的载荷；P_{max} 为最大载荷；h 为压痕深度，h_{max} 为最大压痕深度；h_f 为完全卸载后的残余压痕深度；S 为接触刚度，它是根据卸载曲线上部的斜率获得的；卸载曲线和横坐标及平行于纵坐标的直线的三角区域为弹性功（W_e），加载曲线、横坐标与卸载曲线之间的区域为塑性功（W_p）。总功（W_t）为弹性功和塑性功之和。

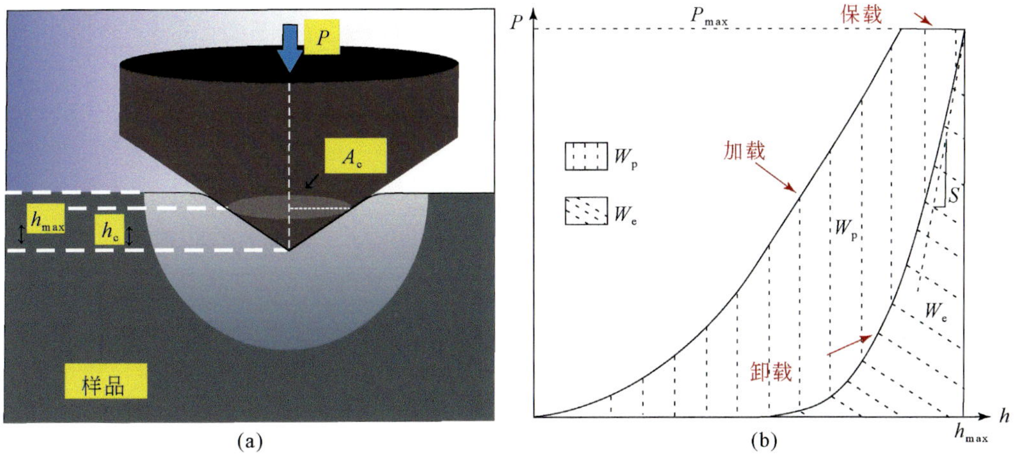

图 2.87　纳米压痕示意图（a）和典型的纳米压痕 P-h 曲线（b）

h_c-压头与被测样品之间接触的深度；A_c-压头与被测样品之间的接触面积

通过应用一个连续尺度力学模型，可以从 P-h 曲线中得到样品的硬度（H）和等效弹性模量（E_r）：

$$H=\frac{P_{max}}{A}$$

$$E_r=\frac{S\sqrt{\pi}}{2\beta\sqrt{A}}$$

式中，A 为最大载荷处的接触面积；S 为接触刚度；β 为压头校正系数，对于常用的 Berkovich 压头，β=1.034。

$$\frac{1}{E_r}=\frac{1-v^2}{E}+\frac{1-{v_b}^2}{E_b}$$

式中，E、v 分别为被测样品的弹性模量和泊松比；E_b、v_b 分别为压头的弹性模量和泊松比。对于金刚石压头，E_b=1141 GPa，v_b=0.07。对于页岩材料，泊松比为 0.2～0.3，而当泊松比的不确定度为 0.1 时，会导致测量的弹性模量约 5%的不确定度。本节选取的页岩泊松比为 0.30。

纳米压痕实验采用的是安东帕公司生产的 NHT^3 型纳米压痕仪，装有金刚石 Berkovich 压头。压头主要参数为：框架刚度为 500 N/m，弹簧柔度为 0.571 mm/N，其尖端曲率半径为 50～100 nm。压痕仪的载荷范围为 0.1～500 mN。载荷和位移的分辨率分别为 20 nN 和

0.01 nm。纳米压痕仪配有高倍数显微镜，其最高放大倍数可达 4000 倍，能进行矿物原位力学性能分析。对于研究页岩单相矿物及有机质的力学性能，设定最大深度一般不超过 500 nm，对于研究页岩的整体力学性能及影响因素时，实验采用仪器自带的“标准”模式，P_{max} 设定为 400 mN 并保持 2 s，加卸载速率都为 800 mN/min。在每个页岩样品表面进行包含至少 7×7 的矩阵压痕（27 个垂直和平行层理面的样品合计 4646 个压痕点）的弹性模量和硬度的实验数据测量。对于所有测试，压头在距离样品表面 2000 nm 处开始以 2000 nm/min 的速率接近和远离样品。在压入样品之前，使用标准熔融硅样品校准尖端形状和测量的力学参数。在压痕实验后，利用扫描电镜和高倍数显微镜对样品表面压痕点特定区域进行原位分析，确定不同压痕点区域的力学参数。

（三）页岩单相矿物力学性质的精确定位与测定

由于页岩是多相复合体材料，且单相之间是相互作用的。因而对单相力学性质的测量，要综合考虑压痕尺寸效应以及基底效应的影响。因而需要选择一定的压深范围，以确保材料在压痕测试过程中排除基底效应和尺寸效应的影响。本节采用了动态压痕技术（nano-DMA）和高倍数显微镜（4000×）及扫描电镜对页岩基质单相进行压痕精确定位（图 2.88），通过一次压痕过程就获得了力学深度剖面，帮助识别尺寸效应和基底效应的影响以及确定所测单相的真实力学性质（Yang et al.，2020）。

图 2.88 显示了光学显微镜图像和相应的 SEM 图像，以及压痕后页岩基质的 EDS 光谱。硅酸盐矿物主要为石英和长石，纳米压痕光学显微镜下，石英颗粒是半透明的，反射光下显示出深灰色，晶粒尺寸较大，大多在 15～40 μm，并且呈现出各种不规则形状，具有直边和锐边，机械抛光的石英颗粒具有最光滑、最干净的表面，这是区别于其他矿物最明显的形态特征。长石颗粒一般也呈深灰色，在大多数情况下，表现为柱状或板状的形态，这是长石族矿物的特征结晶形式，机械抛光的长石表面非常光滑，但表面通常混有杂质，不如石英表面纯净（注：长石分为斜长石和正长石，显微镜反射光下无法区分，所以测的是斜长石和正长石的一种）。碳酸盐矿物主要有白云石颗粒和方解石颗粒。白云石颗粒一般在 20～50 μm，在反射光下呈淡白色，通常呈现菱形或近似菱形形状，它比方解石的自形程度更好。方解石颗粒较白云石更小，反射光下比白云石颜色较暗，大部分形状不太规则，很少见到自形晶，机械抛光的方解石通常在表面上呈现规则间隔的条纹，且表面有溶蚀现象，出现一定的溶蚀孔隙，这是区分其他矿物的重要特征。黏土基质是高度致密的板状黏土颗粒，较少的有机质、黄铁矿、碳酸盐矿物等混合组成的复合体，在页岩中连续分布，一般在黏土含量高的页岩中作为支撑骨架，其他硅酸盐和碳酸盐硬矿物颗粒嵌入其中，黏土基质复合体尺寸较小，需通过高倍数显微镜找到基质比较富集的区域。有机质以分散形式存在于矿物基质中，孔隙充填，无特定形态，反射光下呈灰白—白色。页岩中的黄铁矿含量过少，且一般以星状团簇出现，单晶颗粒太小，故没有进行原位测试。一般情况下，显微镜下页岩基质的反射光亮度顺序是黄铁矿＞有机质、碳酸盐矿物＞硅酸盐矿物。总的来说，通过光学纳米压痕仪自带的光学显微镜就能辨别页岩中的不同矿物及有机质组分。EDS 测定的压痕位置的元素组成与光学显微镜下鉴定的矿物成分一致。在光学显微镜和 SEM 上，

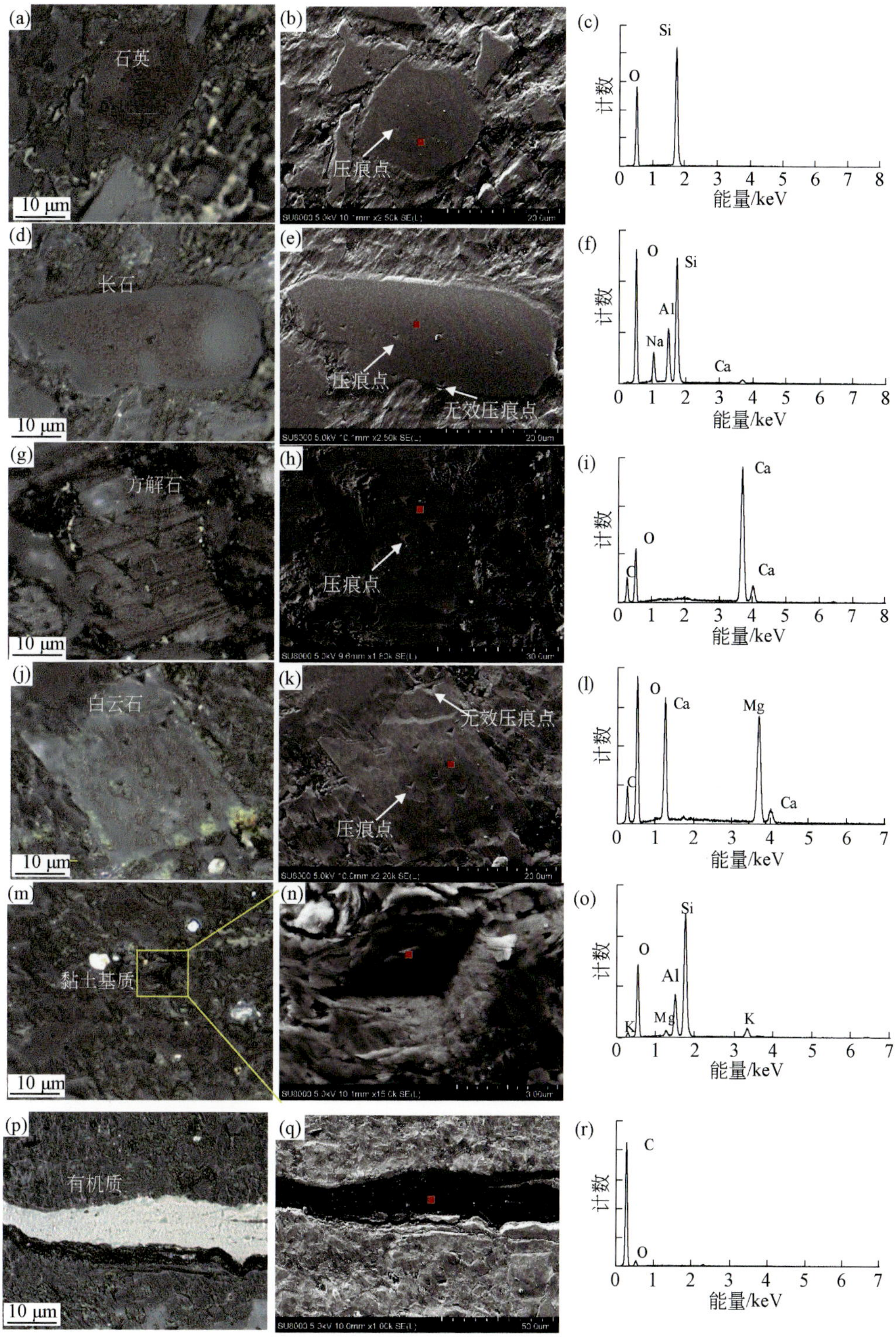

图 2.88　纳米压痕后页岩基质的光学显微图像（a、d、g、j、m、p）和相应的 SEM 图像（b、e、h、k、n、q）以及光谱（c、f、i、l、o、r）图像

光谱图像显示了页岩基质矿物和有机质（OM）的相应 EDS 数据。SEM 图像中的红点显示了 EDS 光谱的位置

都无法发现有机质（organic matter，OM）表面上的残留印迹，可能是压痕位移太小或压痕过程中存在较大的变形恢复。在长石和白云石的晶体附近也进行纳米压痕实验，发现这些压痕点的力学性能比在矿物颗粒中间的力学性能的数值偏小，是无效的压痕数据。图 2.89

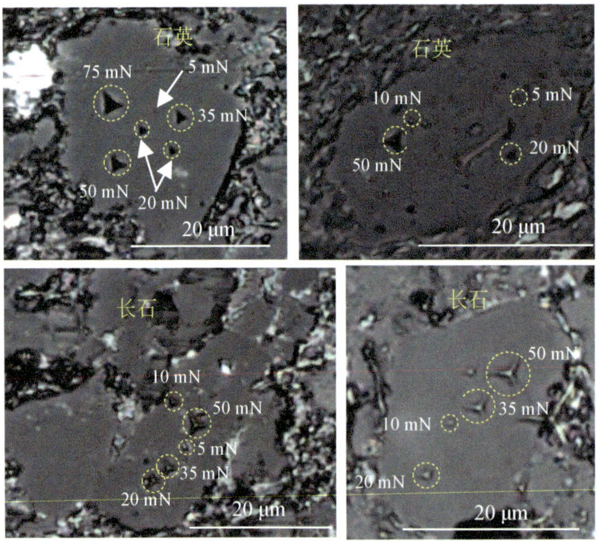

(a)石英和长石在不同压痕载荷下的压痕

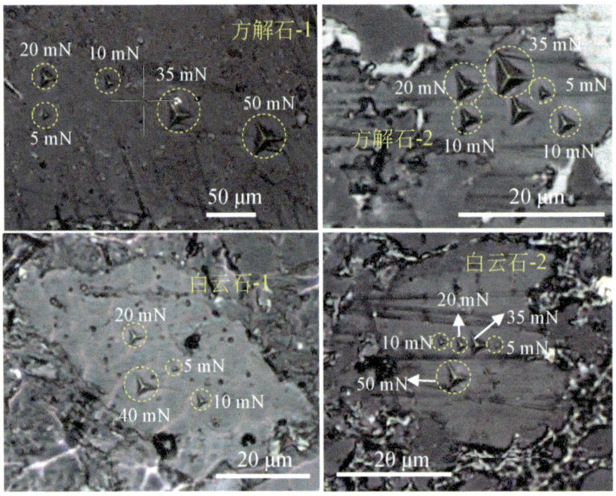

(b)方解石和白云石在不同压痕载荷下的压痕

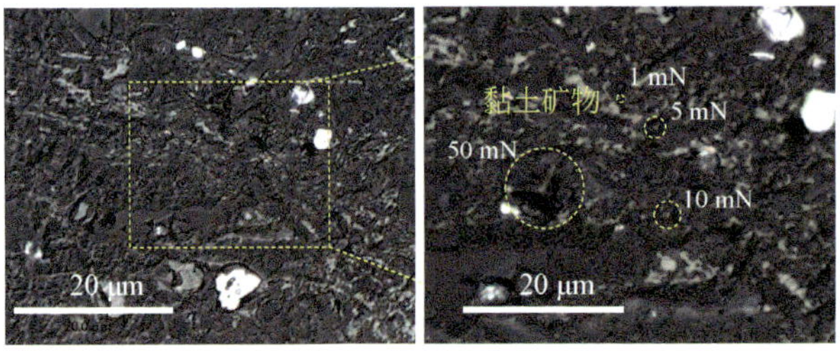

(c)黏土矿物在不同压痕载荷下的压痕

图 2.89　不同矿物在不同压痕载荷下的压痕印记

显示了不同载荷下不同矿物的压痕实验，纳米压痕的残余痕迹表明：随着材料硬度的增加而减小：黏土基质＞碳酸盐矿物＞硅酸盐矿物。

通过大量的单相矿物和有机质的压痕测试表明，页岩基质矿物力学性质本征参数（平台处）的压深（h）参考标准为 200 nm＜h＜d/50（d 为基质矿物直径）。对于颗粒为 200 nm＜h＜d/10 的有机质，使用该压深能够准确获得页岩基质单相矿物或有机质的力学性质参数，因为在 h＜200 nm 会受到尺寸效应（indentation size effect，ISE）的影响，h＞d/50 会受到基底效应（substrate effect，SE）的影响（图 2.90）。

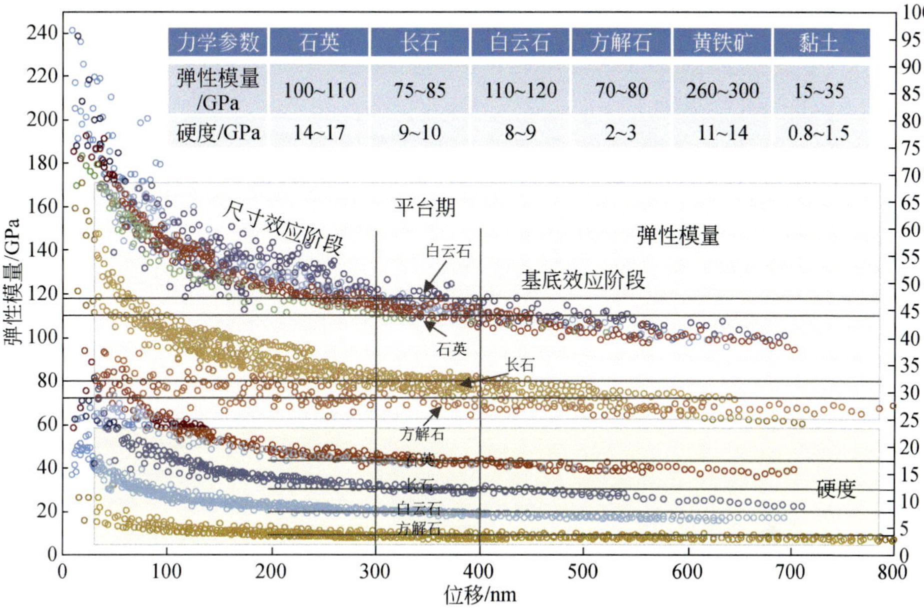

图 2.90　不同页岩基质矿物的弹性模量和硬度的深度分布

大量单相矿物的压痕测试表明，典型矿物的弹性模量和硬度如下：石英弹性模量（E）在 100 GPa 左右，硬度（H）在 14～17 GPa；长石弹性模量在 70～80 GPa，硬度在 7～9 GPa；方解石弹性模量在 70～80 GPa，硬度在 2～3 GPa；白云石弹性模量在 110～120 GPa，硬度在 7～8 GPa；黏土弹性模量在 20～35 GPa，硬度在 1～2 GPa；有机质弹性模量＜15 GPa，硬度＜1.5 GPa（Yang et al.，2020）。

（四）页岩基质有机质力学性质特征及影响因素

通过对五峰组和龙马溪组页岩的有机质，即笔石（Gra）和沥青（SB）进行测试，借助纳米动态热机械分析（nano-DMA）模式进行大量的纳米压痕实验，并建立用于页岩基质有机质力学性质参数获取的方法，原位分析有机质在不同成熟度下的光学显微镜图像（图 2.91）与 SEM 图像及孔隙率的特征（图 2.92）；为了确定孔隙发育程度对有机质力学性能的影响，选择了 SQ-89 样品中三种具有代表性的不同孔隙发育程度的有机质：非颗粒状笔石、颗粒状笔石和团块焦沥青。图 2.92 表明非颗粒状笔石具有较高的反射率，而颗粒状笔石具有很低的反射率，笔石表面的颗粒主要是由于内部孔隙的相对发育。由于孔隙吸收一部分入射光，从而减少了有机质表面反射光的强度，使得有机质表面成粒状。我们通过 SEM 图像验证了这一认识，即非颗粒状笔石表面没有孔（图 2.92），而颗粒状笔石含有丰富的孔。而团块状焦沥青显示出粒状形态，但不如颗粒状笔石粗糙，其反射率介于非颗粒状笔石和颗粒状笔石之间。基于对非颗粒状笔石和颗粒状笔石之间的表面光学差异，推断团块焦沥青应该包含内部孔隙，但不像颗粒状笔石那样发育。SEM 图像进一步证实了这一推断，表明团块焦沥青的有机孔比颗粒状笔石的孔小且稀疏（图 2.92）。

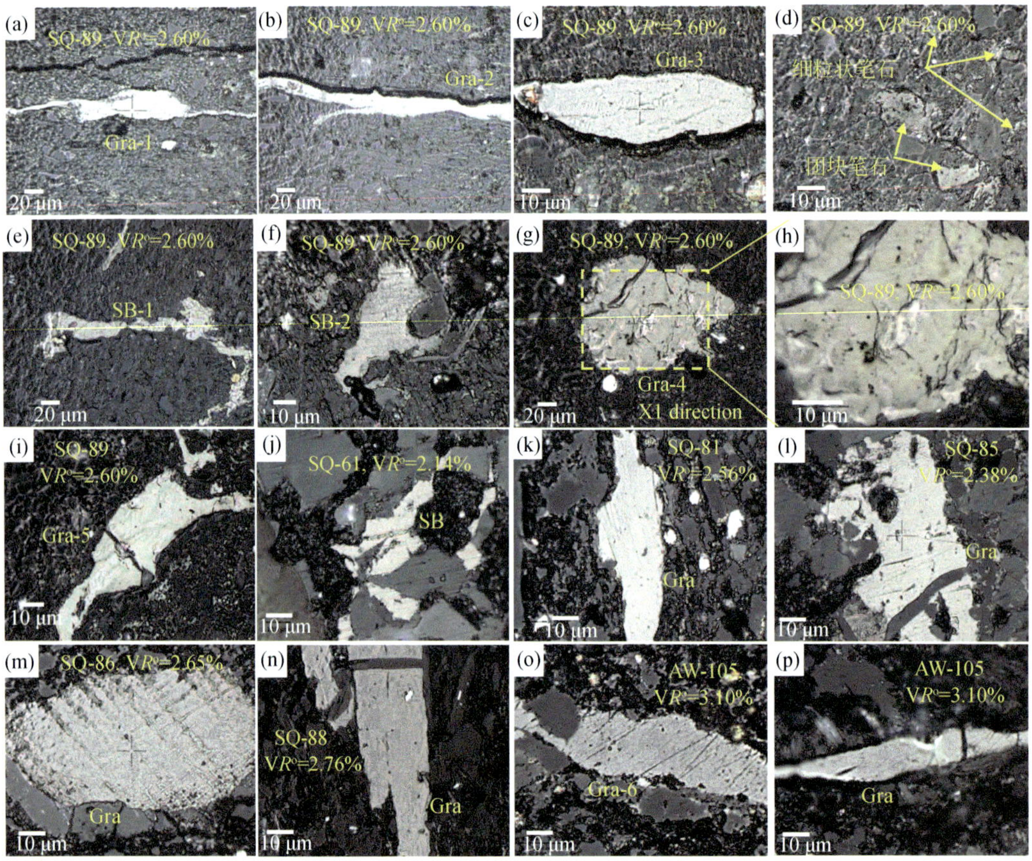

图 2.91　不同成熟度有机质光学显微镜图像

SQ-89 等代表样品名称；Gra-笔石；SB-沥青

对于无孔的非颗粒状笔石，获得的弹性模量和硬度分别为 7.0～7.5 GPa 和 0.8～0.9 GPa。相反，孔隙高度发育的颗粒状笔石的力学性能显著降低，弹性模量和硬度分别为 4.5～5.5 GPa 和 0.3～0.4 GPa。对于中等孔隙发育的焦沥青，其弹性模量略低于无孔隙的非颗粒状笔石，为 6.6 GPa，而硬度降低比较明显，为 0.5～0.6 GPa。上述结果表明，孔隙发育降低了有机质的弹性模量和硬度，但后者的降低程度更大。有机孔发育会降低力学参数测试值，但降低的幅度并不显著。

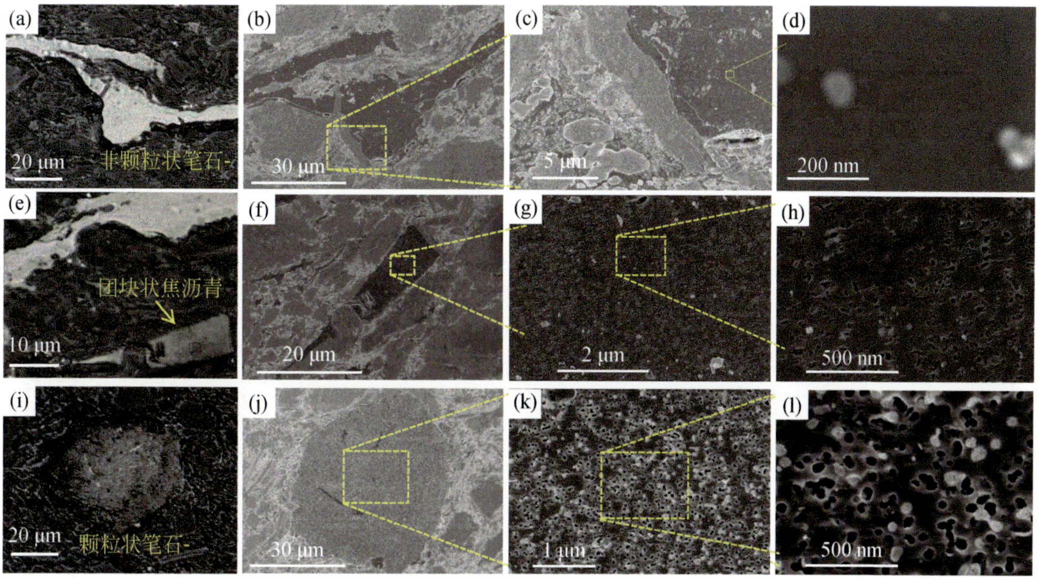

图 2.92 不同孔隙发育的有机质颗粒的光学显微镜图像及对应的 SEM 图像

(a) 非颗粒状笔石和 (b) ～ (d) 对应的 SEM 图; (e) 团块状焦沥青和 (f) ～ (h) 对应的 SEM 图; (i) 颗粒状笔石和 (j) ～ (l) 对应的 SEM 图

四、下马岭组页岩干酪根力学性质演化特征及控制因素

(一) 有机质力学性能热演化规律

为了确定有机质力学性能随着热演化程度的变化规律，通过热模拟实验、激光拉曼实验、^{13}C 固体核磁共振、高分辨率显微镜（4000 倍）和纳米压痕实验揭示了不同成熟度（Easy R^o）的干酪根的原位力学性能演化，并探究了其主控因素。干酪根表面微观力学参数值随 Easy R^o（0.7%～4.5%）增大而增大；在热降解生油-湿气阶段力学参数增长量较小；弹性模量从 3.44 GPa±0.29 GPa 上升到 5.56 GPa±0.30 GPa，硬度从 0.18 GPa±0.01 GPa 上升到 0.42 GPa±0.03 GPa。干气阶段，其力学性能参数增长量较大，上升较快；弹性模量从 5.56 GPa±0.3 GPa 迅速上升到 9.71 GPa±1.0 GPa，硬度从 0.42 GPa±0.03 GPa 上升到 1.47 GPa±0.31 GPa（图 2.93），其高成熟阶段的力学参数标准差较大，主要与其表面结构各向异性程度较高有关。

干酪根力学参数随成熟度增大而增大可以从压痕曲线及压痕响应图反映。随着成熟度增大，干酪根压痕的位移逐渐变小（图 2.94、图 2.95），表明它变得越来越坚硬。另外，对于成熟度较低（Easy R^o 为 0.7%～1.7%）的干酪根样品，压痕后可发现压痕印迹，随着热演化程度增大，印记逐渐消失（图 2.96），说明了干酪根随着成熟度增加塑性变形越来越少。而随着热演化程度增大，其弹性功/总功（W_e/W_t）越来越大，表明随着热演化的进行，其弹性变形越来越大。弹性变形的增大表明干酪根残渣的结构可能向类似石墨结构的有机质演化。因为，在 Easy R^o 为 4.5%的干气阶段，它显示出特别高的弹性功占比（87.7%），接近于石墨的纯弹性变形。

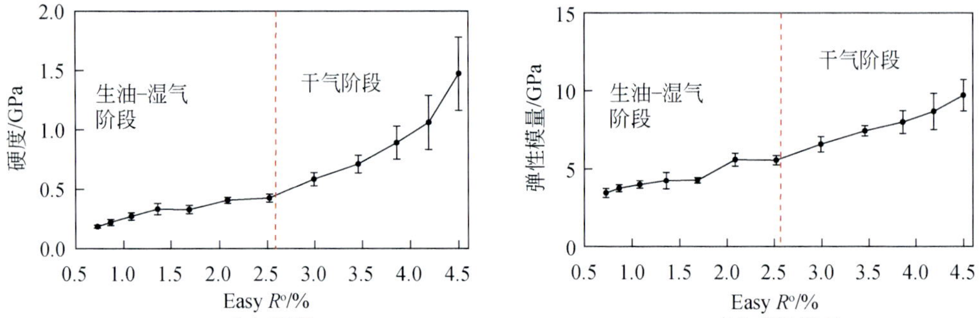

（a）硬度　　　　（b）弹性模量

图 2.93　干酪根表面微观力学参数随成熟度的演化趋势图

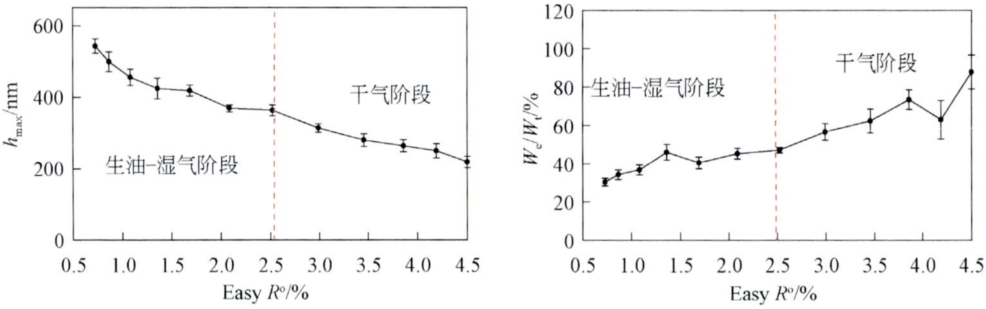

(a)　　　　(b)

图 2.94　干酪根样品压痕最大深度（a）和弹性功/总功（b）随成熟度的演化趋势图

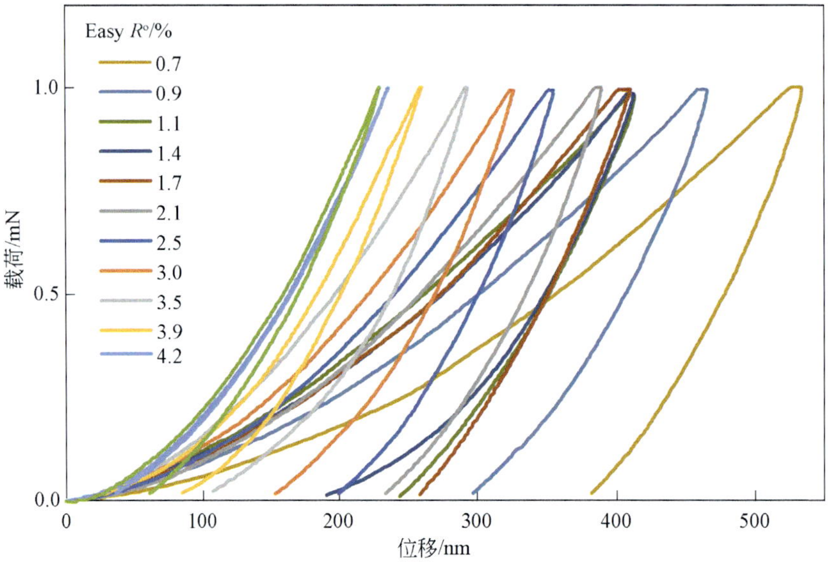

图 2.95　不同成熟度的干酪根样品的典型载荷-位移曲线

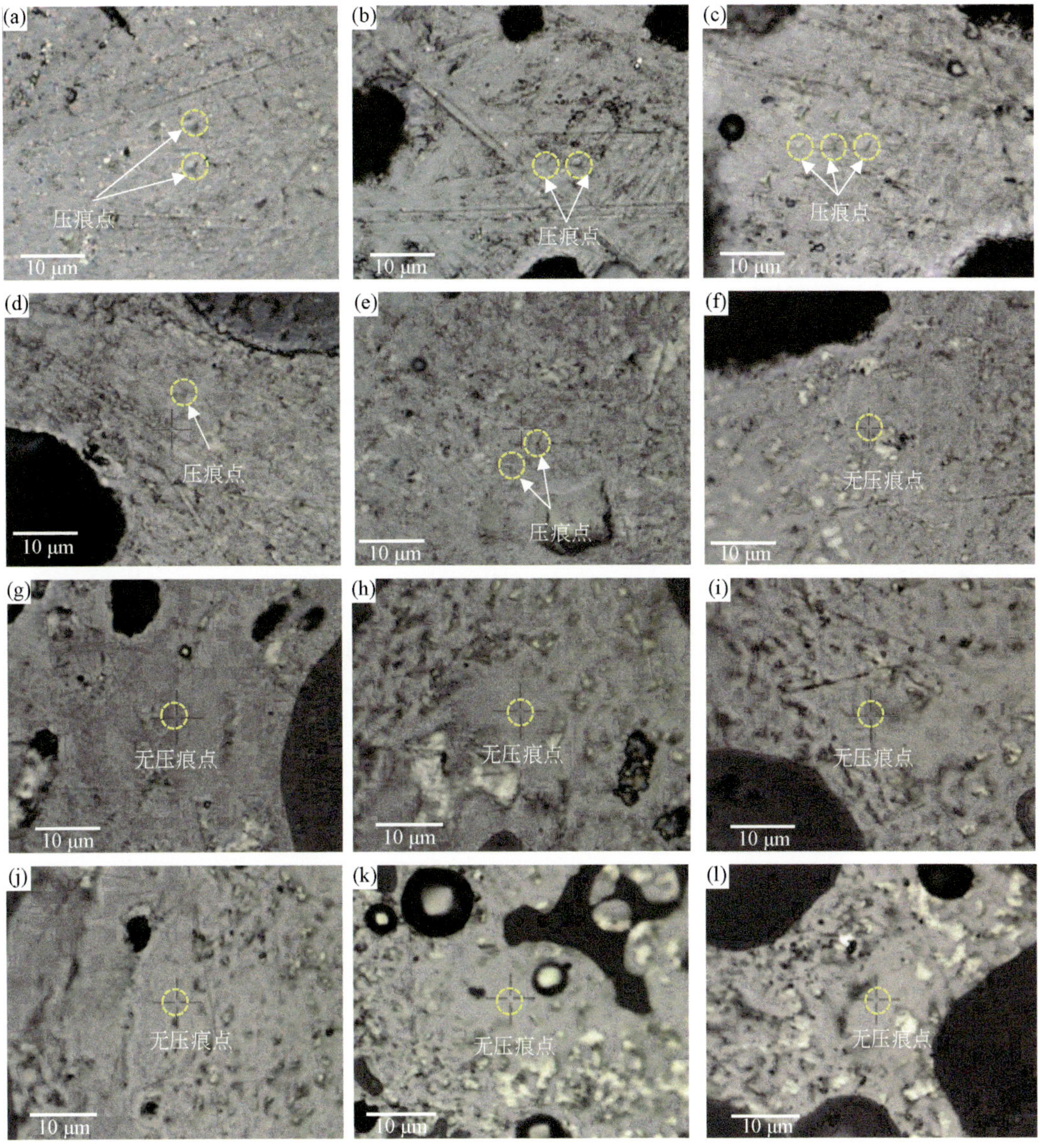

图 2.96　干酪根样品压痕位置的典型光学显微镜图像

注：图像按成熟度（Easy R^o）增加的顺序排列（a）0.7%；（b）0.9%；（c）1.1%；（d）1.4%；（e）1.7%；（f）2.1%；（g）2.5%；（h）3.0%；（i）3.5%；（j）3.9%；（k）4.2%；（l）4.5%。黄色圆圈表示压痕的位置；（a）～（e）在干酪根样品表面可观察到压痕后的残余压痕；（f）～（l）图像显示压痕后没有压痕印记

（二）有机质力学性能热演化控制因素

通过 ^{13}C 固体核磁共振及拉曼光谱特征实验分析，得出干酪根化学结构参数变化。并与前期测量的干酪根的力学参数进行对比及相关性分析。在生油-湿气阶段和干气阶段，干酪根力学性能与峰位差［RBS，指拉曼光谱中 D 峰（与无序结构相关）和 G 峰（与石墨化程度相关）的峰位移差］都表现出很好的线性正相关（R^2>0.85），其中弹性模量与 RBS

表现出更好的线性相关性（R^2>0.91）（图 2.97）。根据拉曼光谱结果，有机质结构缺陷的减少和有序程度的增加（分子排列从混沌和混合层状的分子结构到更有序的分子结构）可能导致有机质力学性能的增加。

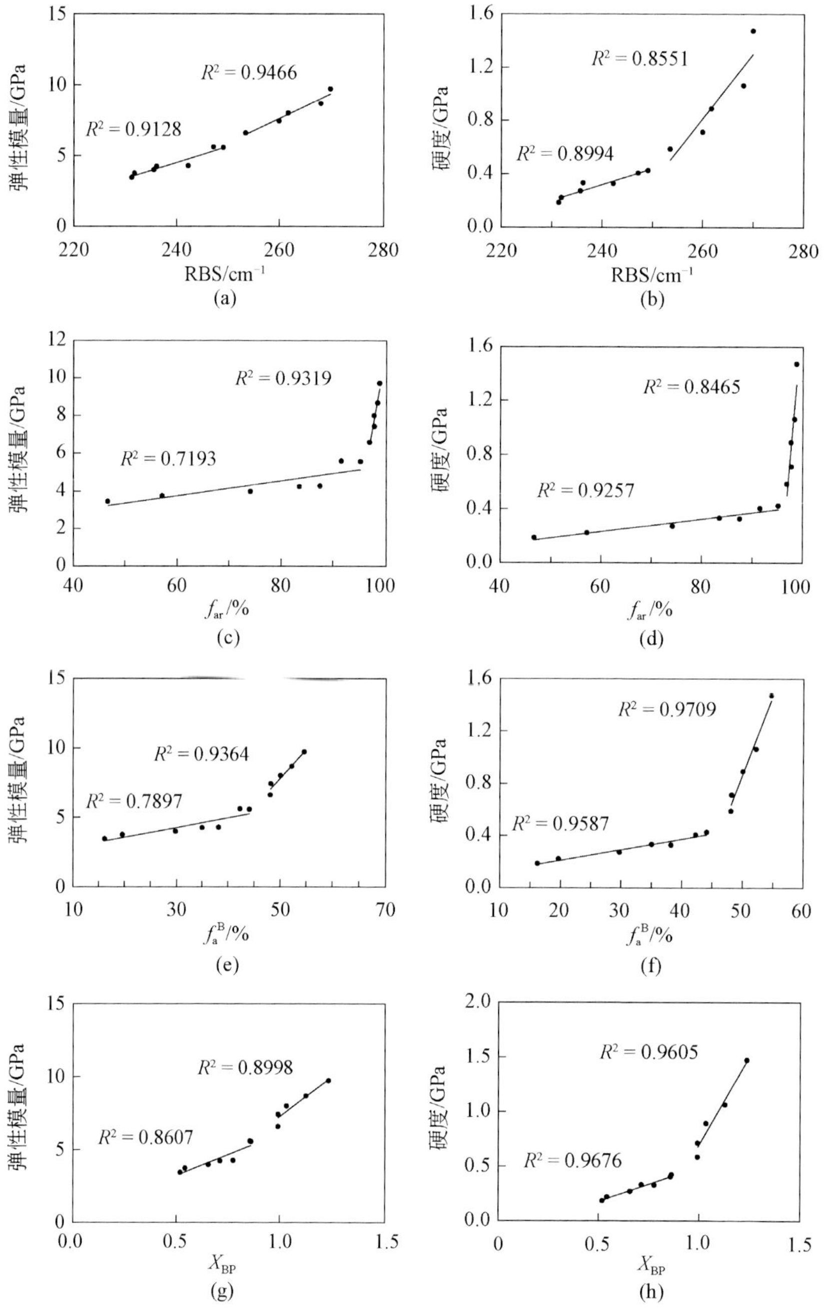

图 2.97　干酪根表面微观力学参数与其化学结构参数的关系

（a）、（c）、（e）、（g）为弹性模量与化学结构参数的关系；（b）、（d）、（f）、（h）为硬度与化学结构参数的关系干酪根力学参数（弹性模量和硬度）和化学结构参数［芳碳率（f_{ar}）、桥接芳碳占比（f_{aB}）和桥头芳香碳与芳香碳周围碳的比值（X_{BP}）］都存在很好的正相关性（R^2>0.71）（图 2.97），表明芳碳率、桥接芳碳占比以及桥头芳香碳与芳香碳周围碳的比值的增加都可能促使干酪根力学参数的增加。暗示着随着成熟度增加，有机质中脂肪族碳不断裂解，大量熔融芳香族碳形成，以及芳香层之间收缩，由于芳构化作用的增加（图 2.98），有机质的密度会增加，有助于其力学参数的增加，并最终向石墨状结构的有机质演化。因此，最终说明干酪根力学性能随成熟度的演化主要受控于其内部化学结构。

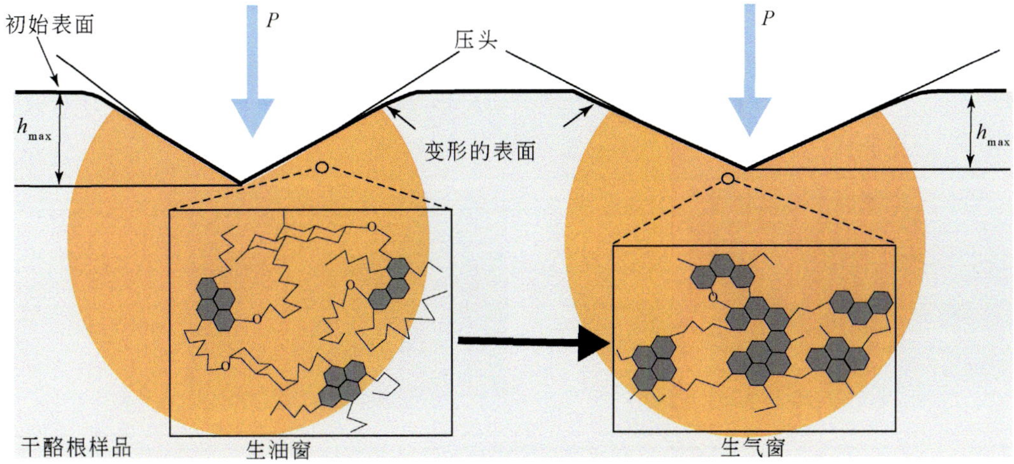

图 2.98 干酪根样品在生油窗和生气窗时的纳米压痕示意图

五、载荷和加载应变率对页岩整体力学性质及蠕变特征的影响

（一）微观力学参数测试方法

图 2.99 为 SQ-78b 样品（X3）在压痕实验后的压痕点的电子背散射衍射（electron backscattering diffraction，BSE）图和相分布图。石英颗粒较大，且表面十分平滑，主要含 Si 和 O 元素。有机质在 BSE 图中呈现黑色无固定形态的长条状特征，黏土常与有机质结合，且主要含有 Al、Si、O 等元素。根据图像特征，在矩阵压痕中选择了典型的富黏土区、富有机质区和富石英区的三个压痕点进行分析。富石英区的压痕痕迹直径约为 20 μm，而其他两种区域的压痕痕迹直径则大于 30 μm。另外，富石英区周围发现有微裂缝，富黏土区和富有机质区没有发现明显的裂缝。富有机质区中有机质上并没有发现压痕痕迹，这与前人的报道是一致的（Liu et al.，2019），表明高演化阶段的有机质具有很高的弹性。

图 2.100 为不同压痕点区域的载荷-位移图。在富石英区，曲线出现加载“突进”现象（位移的突然增加），与发生裂纹有关（Zhao J et al.，2019）。富石英区的最大压痕位移明显小于富有机质区和富黏土区，而后两者的最大压痕位移相当。富石英区的弹性模量和硬度最高（E=31.70 GPa，H=0.93 GPa），而富有机质区（E=26.67 GPa，H=0.85 GPa）和富黏土矿物区（E=26.32 GPa，H=0.77 GPa）的力学参数比较接近（表 2.6）。另外，所有压痕点的

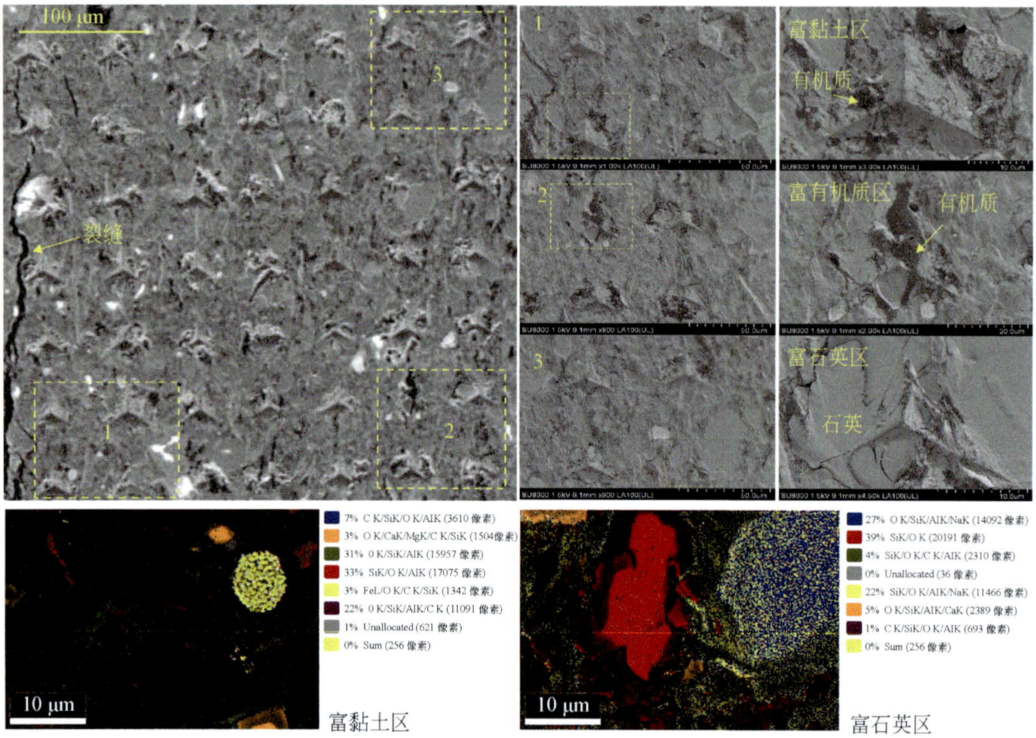

图 2.99　不同压痕点区域的 BSE 图和相分布图

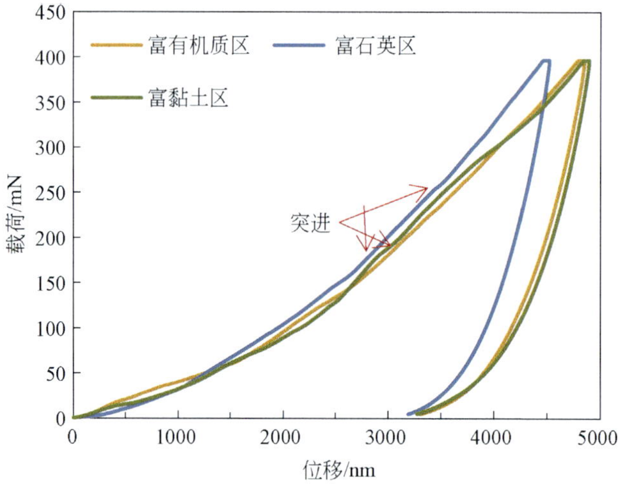

图 2.100　不同区域压痕点的载荷-位移曲线

力学参数平均值为 E=29.26 GPa，H=0.91 GPa，与上述三个区域的力学参数非常接近。这表明，可以通过大载荷下力学参数的平均值来表征页岩的微观力学性能。前人通过 Weibull 模型对该方法进行了分析，通过不同复合相区域的压痕点力学参数对比，也验证了大载荷下力学参数取平均值的方法的可行性。相对来说，其力学参数平均值的标准差偏高，要获取更为可靠的值，需要进行更多的矩阵压痕，来消除页岩强烈的非均质性所带来的影响。

表 2.6　不同区域压痕点的力学参数

样品	层理面	压痕点区域	E/GPa	H/GPa
SQ-78b	X3	富黏土区	26.32	0.77
		富有机质区	26.67	0.85
		富石英区	31.70	0.93
		所有压痕区域	29.26±4.41	0.91±0.20

（二）微观力学参数测试影响因素

建立了用于页岩整体力学性能、蠕变参数的测试方法，并揭示了 200～400 mN 载荷和 0.05～0.1 s^{-1} 加载应变率对页岩的整体力学性能、蠕变参数的影响较小（图 2.101）。根据蠕

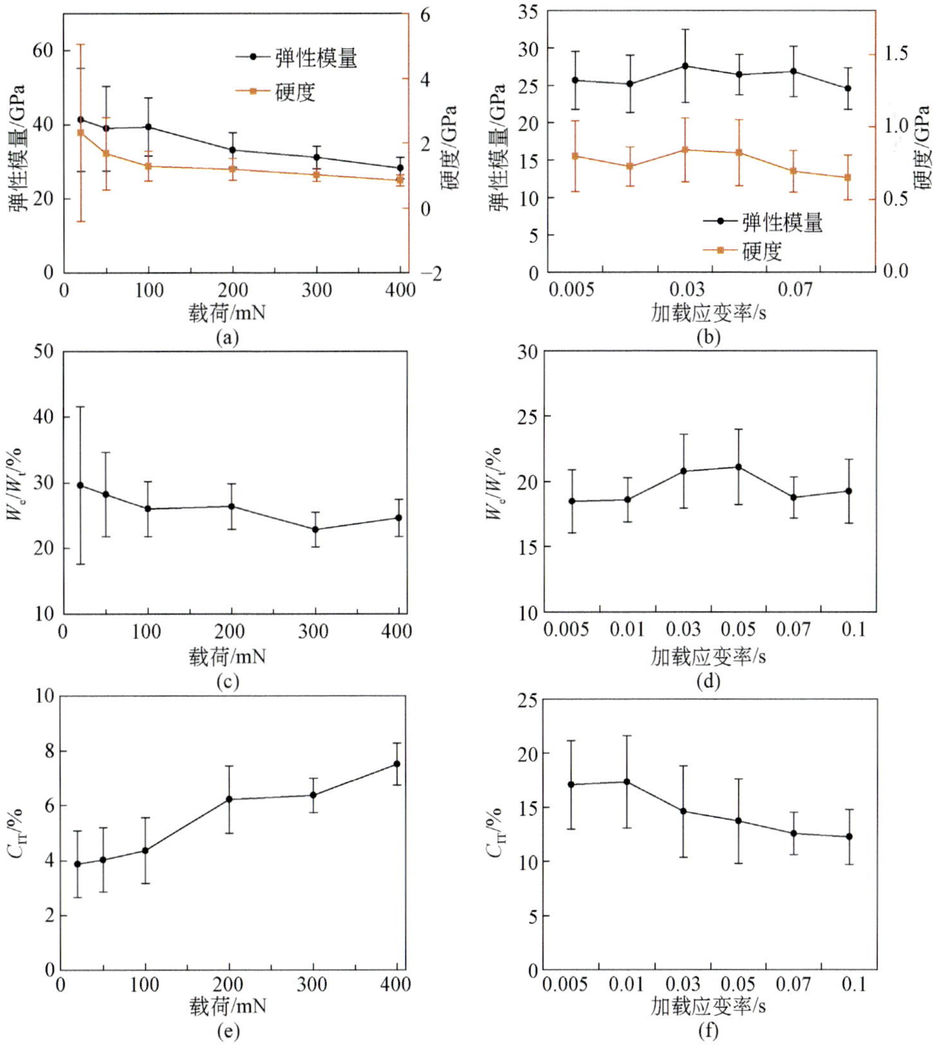

图 2.101　不同载荷和加载应变率对页岩力学性能与蠕变参数的影响

（a）、（c）、（e）为弹性模量和硬度、弹性功/总功（W_e/W_t）和压入蠕变率 C_{IT} 随压痕载荷的变化；（b）、（d）、（f）为弹性模量和硬度、W_e/W_t 和 C_{IT} 随加载应变率的变化，每个点为 6×6 矩阵的平均值；误差棒为所有压痕点的标准差

变经验公式，拟合计算了页岩的压痕蠕变应变率敏感指数 m（无量纲，用来反映材料内部流动性的参数），m=0.070（图 2.102）。拟合计算了不同载荷下和不同加载应变率下的页岩压痕蠕变应变率敏感指数。m 与压痕载荷呈正相关，与加载应变率呈弱的负相关关系。在不同的加载应变率下 m 为 0.040～0.124（图 2.103），表明位错幂律蠕变可能是控制页岩变形的主要机制。

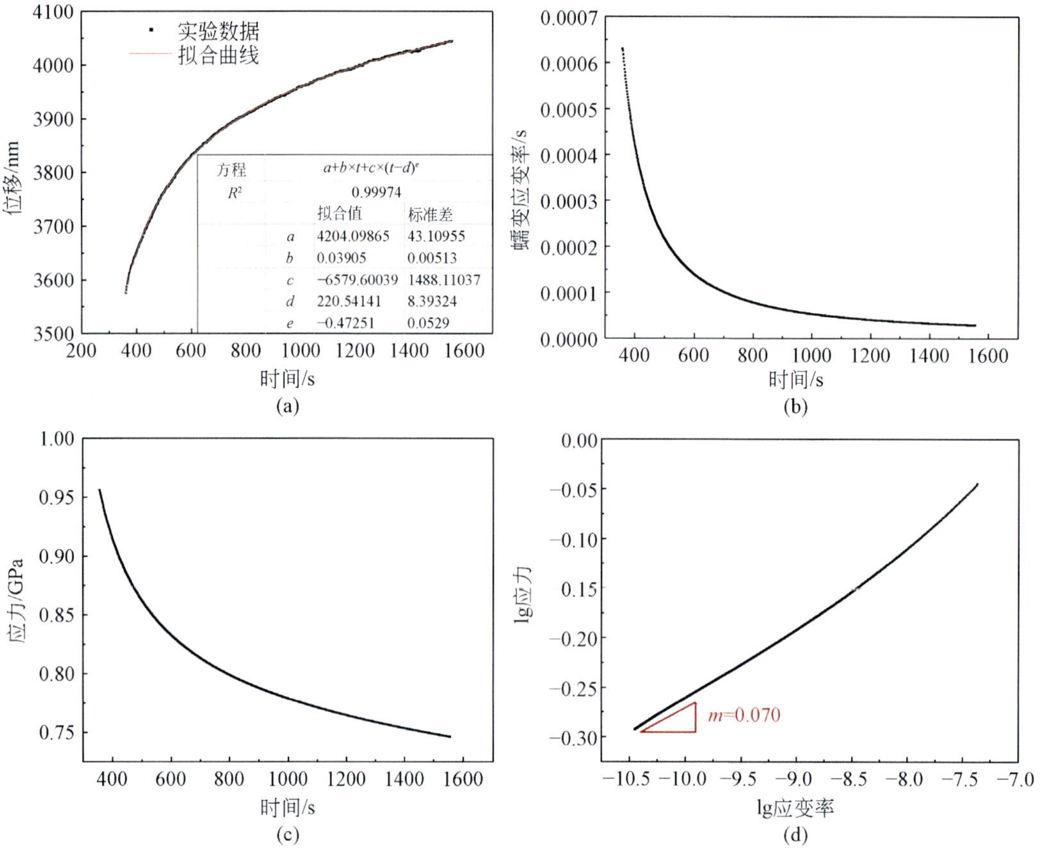

图 2.102　时间对位移（a）、蠕变应变率（b）、应力（c）的影响以及应变对应力的影响（d）

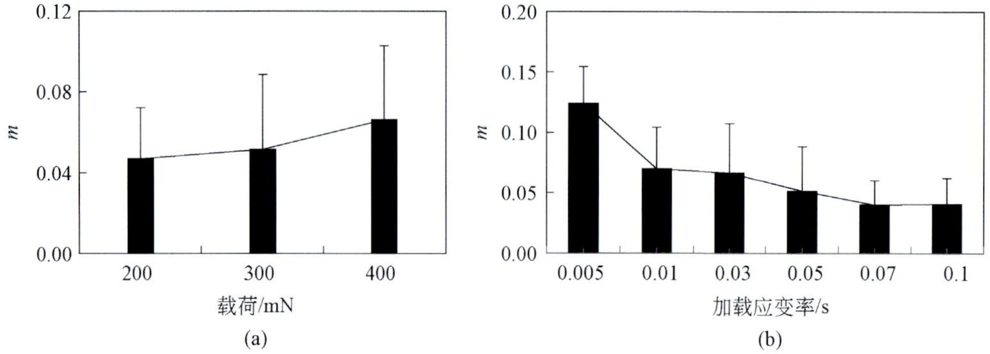

图 2.103　不同压痕载荷（a）和不同加载应变率（b）下蠕变应变率敏感指数

六、五峰组—龙马溪组页岩微观力学性能及影响因素

（一）浅井页岩样品岩石学及微观力学性能特征

SQ-1 浅井岩性自下而上依次为泥灰岩、硅质页岩、碳质页岩、黑色页岩、砂质泥岩和泥岩；根据相关的生物地层、岩相学和自然伽马，可以划分层序地层，SQ-1 井龙马溪组可以被划分成两个部分，下段鲁丹阶（60.5～84.7 m）由黑色碳质页岩组成。上段下埃隆阶（11～60.5 m）由黑色页岩和灰黑色泥质砂岩组成。五峰组页岩（84.7～89.6 m）被划分为凯迪阶（86.0～89.6 m）和赫南特阶（84.7～86.0 m）。图 2.104 是 27 个页岩样品的组分及微观力学参数（弹性模量和硬度）随采样深度的变化。页岩成分组成纵向变化较大，自下而上总体表现为石英体积分数和 TOC 质量分数由低→高→低，黏土矿物体积分数由高→低→高的变化趋势。微观力学参数在垂直（X1）层理面和平行（X3）层理面上变化趋势相近，也表现

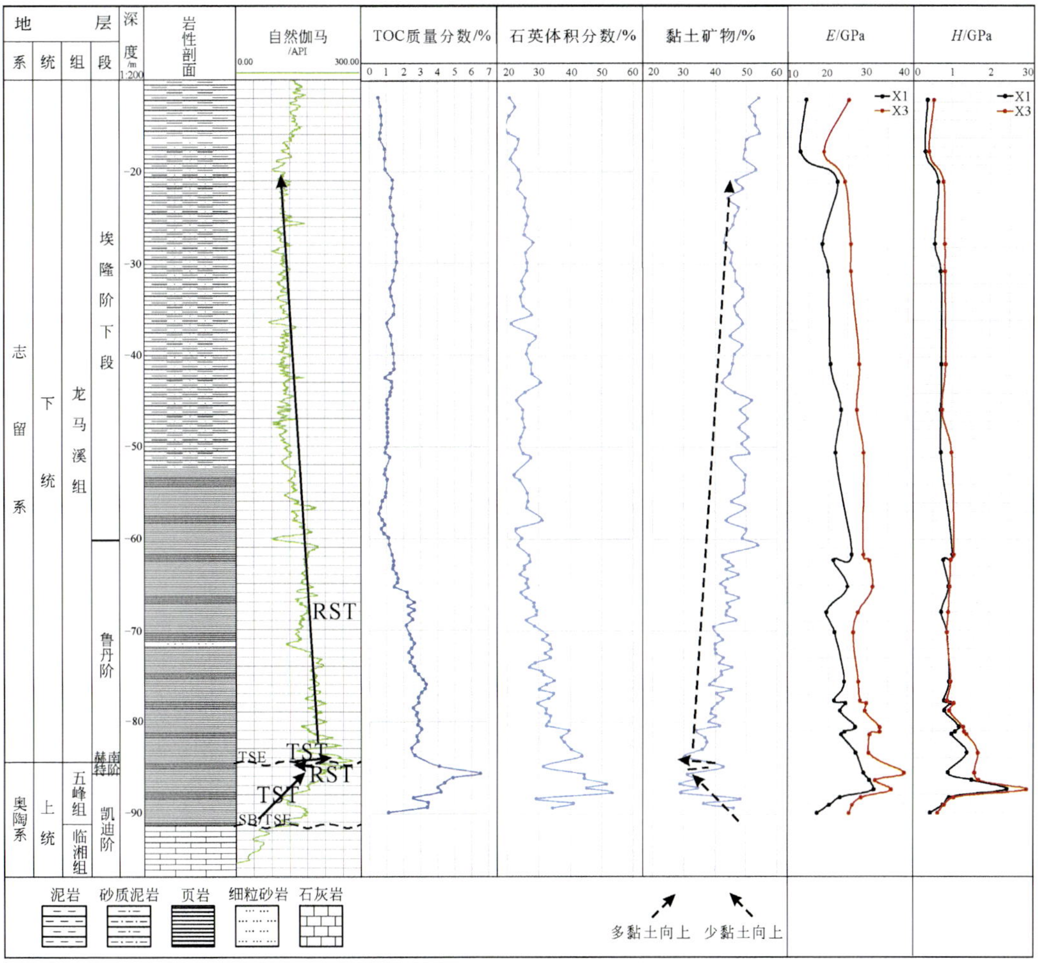

图 2.104 SQ-1 井的测井、地球化学参数、岩性及微观力学参数综合柱状图

出由低→高→低的变化趋势，和石英体积分数、TOC 质量分数变化比较一致。石英体积分数最大值（53.3%）出现在五峰组中部（87.6 m），此处的 TOC 质量分数也位于高值点（4.2%），其力学参数也很高，特别是硬度，其在 X3 层理面高达 2.9 GPa，远超其他采样点的样品。该采样点位于海侵体系域中，发育有黑色笔石页岩，其特别高的石英体积分数可能与生物作用有关。总体上，五峰组和龙马溪组鲁丹阶的底部都具有较高的石英体积分数，导致其弹性模量和硬度也较高，这更有利于工程开发过程中形成天然微裂缝以及后期的水力压裂改造。表 2.7 是页岩样品组分及微观力学参数。五峰组的页岩石英体积分数、TOC 质量分数、微观力学参数的平均值都相对较高，而碳酸盐矿物和黏土矿物体积分数则相反。微观力学参数在 X1 层理面上都比 X3 层理面上的更小。

表 2.7　页岩样品组分及微观力学参数

层位	TOC 质量分数/%	石英体积分数/%	黏土矿物体积分数/%	碳酸盐矿物体积分数/%	*E*/GPa		*H*/GPa	
					X1	X3	X1	X3
龙马溪组	0.53～3.34（1.9）	19.6～43.6（29.3）	30.3～54.3（43.1）	5.1～10.7（7.3）	12.8～27.1（21.9）	18.8～31.2（28.4）	0.3～1.4（0.8）	0.4～1.7（1.0）
五峰组	1.13～6.53（3.9）	29.3～23.3（41.7）	28.8～48.1（36.7）	4.5～5.7（5.1）	20.1～31.6（26.8）	25.3～39.2（31.1）	0.7～2.4（1.3）	0.8～2.9（1.6）

注：数据表示最低值～最高值（平均值）。

（二）页岩组分对页岩微观力学性能的影响

龙马溪组页岩由石英、长石、方解石、白云石、黄铁矿和黏土矿物（伊利石和绿泥石等），以及不同的有机质（沥青或笔石）、孔隙和其他缺陷组成。对于龙马溪组页岩中不同矿物的弹性模量之前已有研究，其中石英为 105～110 GPa，长石为 75～85 GPa，方解石为 70～75 GPa，白云石为 115～120 GPa，黏土矿物为 30 GPa。由于需要将 TOC 含量和黏土矿物含量累加，所测得的矿物含量为体积分数，而 TOC 含量为总有机碳的质量分数，因此，转换为体积分数（V_{om}）的表达式为

$$V_{om}=\mathrm{TOC}\rho_b/C_{om}\rho_{om} \tag{2.2}$$

式中，ρ_b 为页岩密度，此处取 2.67g/cm^3；C_{om} 为经验系数，因为有机质不仅由碳组成，还含有氧、氮和硫等元素，实际值介于 0.6～1.0，它从未成熟页岩的约 0.7，增加到生气窗页岩的约 1.0。因为五峰组—龙马溪组页岩处于高成熟阶段，因此取 1.0；ρ_{om} 为有机质密度，由于生气阶段页岩的有机质密度较大，此处取 1.35g/cm^3（Charlton et al.，2021）。最后将各参数代入式（2.2）进行总有机质体积分数的计算。需要说明的是，本节孔隙度是用高压压汞实验测得的孔径大于 3 nm 的页岩样品，共 13 个样品，而孔体积是 CO_2 和 N_2 气体吸附测得的 0.33～100 nm 的纳米孔体积，共 19 个样品。

无论是 X1 层理面和 X3 层理面，石英含量与弹性模量之间的线性正相关性都较好［图 2.105（a）］，因为石英是典型的脆性矿物，它们含量的增加有助于页岩测得的弹性模量的增加。与石英相反，弹性模量和黏土矿物含量在不同层理面呈现出较好的负相关性［图 2.105（b）］，因为黏土矿物是页岩中典型的塑性矿物。图 2.108（c）～（f）表明长石、方解石、

白云石、黄铁矿的含量并未表现出与弹性模量的正相关性，甚至弹性模量和方解石含量有负相关的趋势［表 2.8，图 2.105（c）］，此规律也与以往宏观三轴实验所得的结果相一致。这可能是因为它们含量较少，且都以孤立颗粒的形式出现在页岩基质中，分散的硬颗粒无法成为页岩的支撑骨架，故不会增加页岩的脆性。与无机矿物相比，有机质具有较低的密度和机械强度，被认为是富有机质页岩中最软的成分，其弹性模量一般小于 20 GPa。然而，弹性模量和 TOC 含量在不同层理面上却都表现为一定的正相关［图 2.105（g）］。这与之前微观力学研究的报道是相反的。但是，宏观测试方法也发现了页岩力学参数和 TOC 含量的正相关关系。其主要原因是 TOC 含量的地层分布与石英含量、力学参数分布非常相似，有机质对页岩力学性能的影响可能被生物石英所抵消。具体地说，TOC 含量增加过程中，五峰组—龙马溪组页岩样品的支撑骨架从塑性的黏土矿物转变为脆性的石英，同时，该地层页岩样品的有机质主要赋存在石英原生粒间孔隙之间，难以作为受力载体，自生石英对样品力学参数的增加作用抵消了 TOC 含量的影响。由于泥页岩中的黏土矿物常与有机质结合，很容易形成软组分的有机质-黏土复合体，进而在黏土含量高的页岩中成为支撑骨架。通过弹性模量和黏土矿物+TOC 含量的相关性也发现，它们之间呈一定的负相关，但较纯黏土矿物含量相关性弱［图 2.105（h），表 2.8］。

弹性模量和石英+白云石含量、石英+碳酸盐矿物含量和 QFCP（石英、长石、碳酸盐矿物和黄铁矿总含量）都存在较强的正相关性［图 2.105（i）、(j)］。一般认为孔隙度与页岩力学参数呈负相关关系。然而，本节中弹性模量和孔隙度、孔体积、比表面积并没有表示出一定的相关性［图 2.105（m）～（r）］，甚至有弱的正相关趋势（表 2.8）。其原因主要是在五峰组—龙马溪组页岩中，较高的 TOC 含量通常导致较高的孔隙度和孔体积（表 2.8），而有机质又促进生物石英的产生，孔隙对页岩力学性能的影响可能也被生物石英所抵消。另外，弹性模量与各个组分存在的相关性几乎都是在 X1 层理面比 X3 层理面更强，这可能主要与矿物组分沉降取向以及沉降环境力学特性有关。

图 2.106 表明页岩弹性模量和硬度存在很强的线性正相关性，尤其是在 X1 层理面，其 R^2=0.74，表明页岩中各力学参数的一致性，组分对硬度的影响与弹性模量的影响是相当的。表 2.8 是通过 SPSS 软件对页岩样品进行的力学参数和矿物组分、TOC 含量（体积分数）、孔隙度、孔体积的相关性分析，总体上其结果和线性拟合的结果是一致的，页岩微观力学参数与石英含量、QC（石英和碳酸盐矿物总含量）和 QFC（石英、长石和碳酸盐矿物总含量）呈很强的正相关性，与黏土矿物含量、黏土矿物和 TOC 总含量呈显著负相关性。

总之，微观力学参数主要与石英、黏土矿物含量和黏土矿物-有机质复合体密切相关，这两种矿物以及黏土矿物-有机质复合体也是页岩主要的基质支撑骨架。另外，页岩的组分受控于沉积-成岩作用，沉积的地质环境是矿物或有机质组分的形成基础，成岩作用、构造作用和成熟度等因素对矿物或有机质组分都会有所改造。页岩在沉积成岩过程中通过改变矿物类型、组合，矿物择优取向、颗粒形状、接触关系、空间结构、碳酸盐等胶结物和胶结程度等从而影响页岩力学性能的表达，而不仅仅是组分含量的影响。因此，页岩微观力学性能的决定性因素还需进一步综合研究。

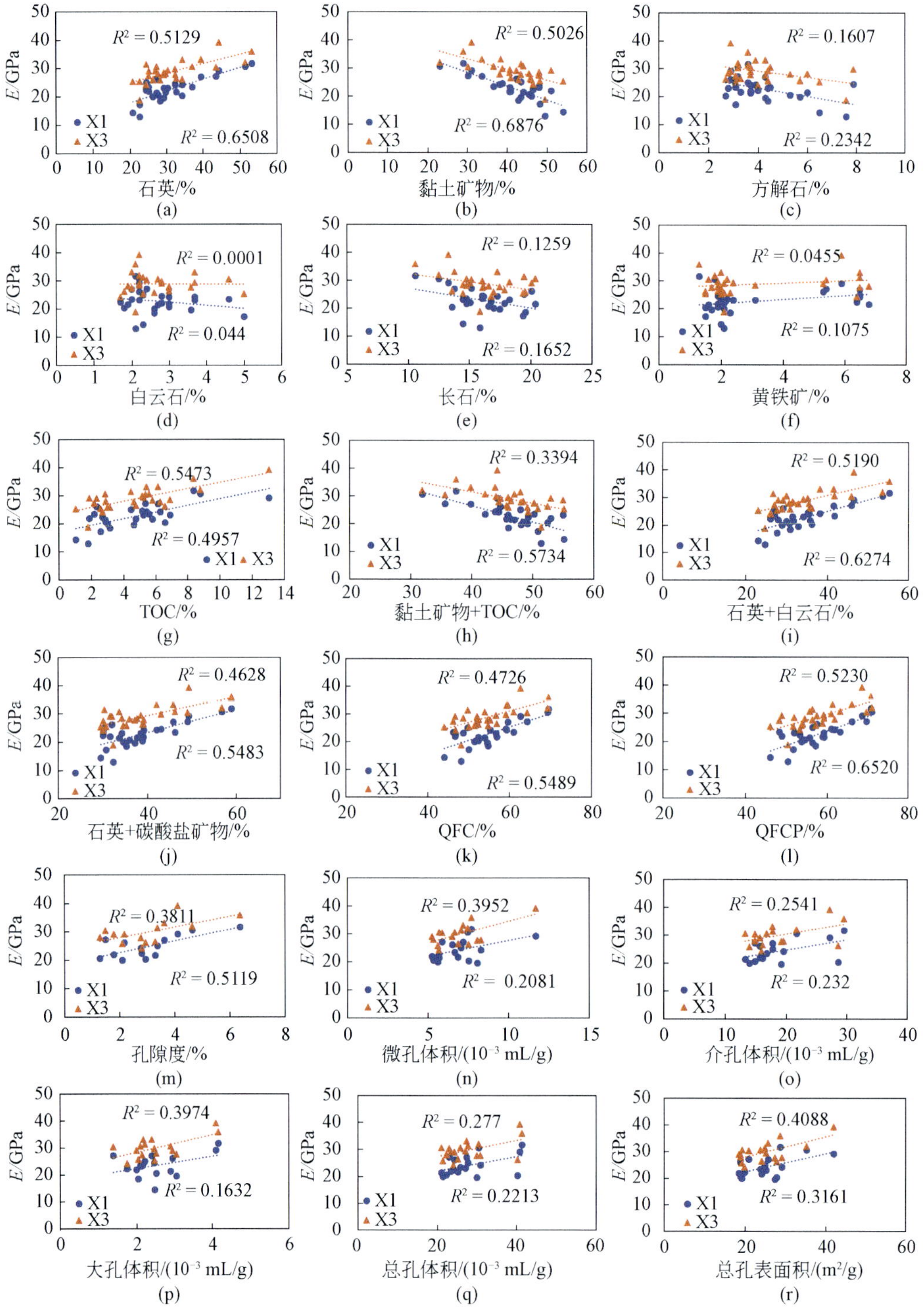

图 2.105　页岩弹性模量和其组分之间的关系

表 2.8　力学参数和矿物组分含量、TOC 含量（体积分数）、孔隙度和孔体积的相关性矩阵

	TOC	石英	黏土矿物	长石	方解石	白云石	黄铁矿	O/C	QC	QFC	孔隙度	孔体积	*E*-X1	*E*-X3	*H*-X1	*H*-X3
TOC	1.00															
石英	0.74	1.00														
黏土矿物	−0.71	−0.93	1.00													
长石	−0.47	−0.66	0.43	1.00												
方解石	−0.38	−0.31	0.26	−0.02	1.00											
白云石	0.09	−0.12	0.05	0.37	−0.02	1.00										
黄铁矿	0.18	0.05	−0.23	0.00	−0.13	−0.38	1.00									
O/C	−0.45	−0.85	0.95	0.34	0.15	0.11	−0.20	1.00								
QC	0.69	0.94	−0.96	−0.42	−0.19	0.10	−0.02	−0.90	1.00							
QFC	0.58	0.77	−0.88	−0.07	−0.22	0.25	−0.02	−0.86	0.93	1.00						
孔隙度	0.80	0.66	−0.51	−0.30	−0.38	0.10	0.07	−0.22	0.47	0.31	1.00					
孔体积	0.76	0.38	−0.25	−0.48	−0.48	0.05	−0.03	0.04	0.28	0.12	0.66	1.00				
E-X1	0.60	0.80	−0.83	−0.41	−0.48	−0.21	0.34	−0.77	0.73	0.64	0.11	0.32	1.00			
E-X3	0.64	0.69	−0.68	−0.32	−0.41	−0.02	0.21	−0.57	0.66	0.60	−0.06	0.42	0.81	1.00		
H-X1	0.48	0.85	−0.79	−0.52	−0.32	−0.18	0.09	−0.79	0.79	0.66	0.27	0.32	0.86	0.67	1.00	
H-X3	0.57	0.88	−0.80	−0.57	−0.35	−0.12	0.08	−0.75	0.82	0.67	0.13	0.42	0.85	0.78	0.95	1.00

注：QC 代表石英和碳酸盐矿物总含量；QFC 代表石英、长石和碳酸盐矿物总含量；O/C 代表黏土矿物和 TOC 总含量；*E*-X1 代表垂直层理面弹性模量；*E*-X3 代表平行层理面弹性模量；*H*-X1 代表垂直层理面硬度；*H*-X3 代表平行层理面硬度。

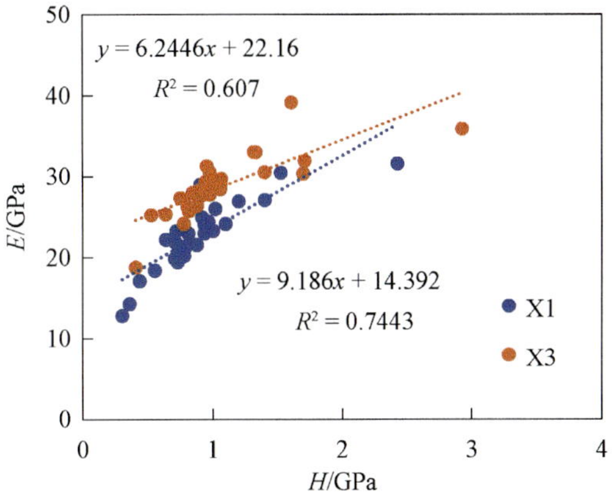

图 2.106　页岩弹性模量和硬度的关系

（三）元素对微观力学性能的影响

页岩由矿物构成，而矿物是由化学元素组成，元素含量的变化能反映矿物含量的变化。前人利用元素成分的分析方法准确地评价了海相页岩的脆性。本节通过页岩微观力学参数与其主要元素的氧化物的相关性进行分析。由于自生石英含量和过量 Si 含量（质量分数）密切相关，其中，过量 Si 含量计算公式如下：

$$Si_{过量}=Si_{样品}-(Si/Al)_{背景}\times Al_{样品}$$

式中，$(Si/Al)_{背景}$采用平均页岩比值 3.11。

对于海相页岩，石英、黏土矿物、方解石含量可以分别通过 SiO_2、Al_2O_3 和 CaO 含量来反映。图 2.107 反映了弹性模量与样品中主要氧化物的相关性关系，这与矿物的相关结

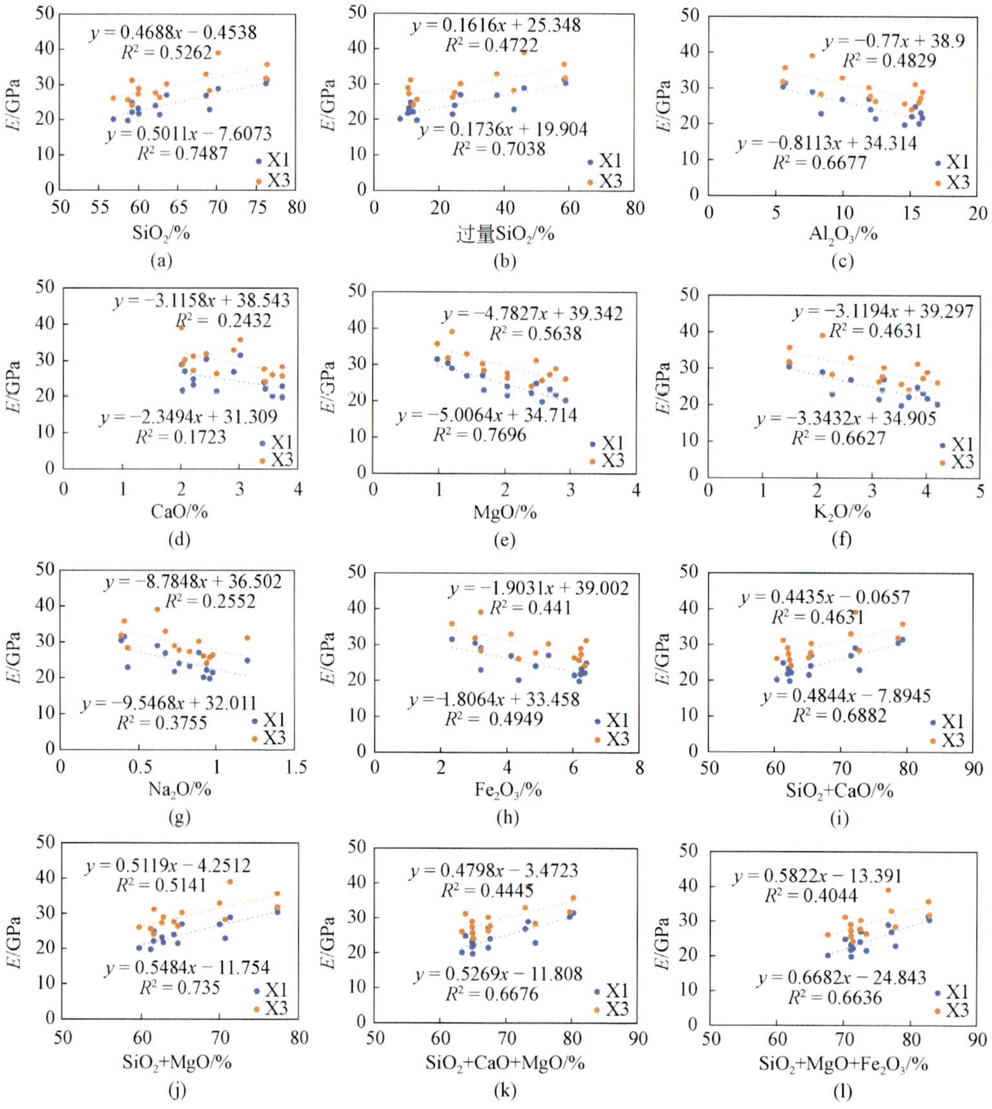

图 2.107　弹性模量和各元素氧化物含量之间的关系

果高度相似。具体而言，无论是在 X1 层理面还是 X3 层理面，弹性模量与 SiO_2 含量、过量 Si 含量呈线性正相关，这表明自生石英对页岩微观力学参数的增加贡献较大；而与 Al_2O_3 含量呈线性负相关，与 CaO 含量呈负相关，与 K_2O 含量呈负相关性，原因可能是页岩中 K 元素的来源主要有黏土矿物和钾长石，研究区页岩中黏土含量较高，所以 K 元素的变化可能主要也是黏土矿物导致的。Na 元素可能也主要存在于黏土矿物中，因此，也与弹性模量存在负相关性。总的来说，CaO、MgO、K_2O 和 Na_2O 含量相对较少（普遍小于 4%），且变化不大，相较于 SiO_2、Al_2O_3 含量来说，其变化对于力学参数的影响很小，即使有一定的相关性，也不是页岩力学参数变化的主要因素。这类似于矿物含量与力学参数的关系，低含量的矿物都以孤立颗粒的形式出现在页岩基质中，单独进行力学参数和它们的相关性分析，可能会造成结果的不确定性。图 2.107 表明弹性模量和 SiO_2+CaO 含量、SiO_2+CaO+MgO 含量都存在较强的正相关性，这与矿物的分析结果是一致的，但是 SiO_2 含量中加入 CaO 和 MgO 一定程度上削弱了其与力学参数的相关性。同样，弹性模量与元素氧化物含量的相关性几乎都是在 X1 层理面比 X3 层理面更强。

第三章　深层油气稳定性与相态演化

第一节　原油不同组分不同赋存环境稳定性

一、原油不同组分稳定性及演化

利用正戊烷（n-$C_{20}H_{42}$）和正二十烷烃（n-C_5H_{12}）两个化合物分别代表原油中长链烷烃和小分子轻烃组分，选择 5 组岩石样品（R1、R2、R3、R4、R5）分别来自塔里木盆地和四川盆地的钻孔岩心样品，其中 R1、R2、R3 分别来自塔里木盆地中深 5 井寒武系阿瓦塔格组（$Є_2a$）、吾松格尔组（$Є_1w$）和肖尔布拉克组（$Є_1x$）储层，而 R4、R5 分别来自四川盆地下志留统龙马溪组（S_1l）页岩。利用两个烃类化合物与不同岩石样品，以及加水/不加水等要素开展了不同系列配伍条件下的模拟实验研究工作；另外，实验研究了环烷烃芳构化过程中的地球化学特征、原油热解进程中成熟度参数分析，最后面向塔中深层油藏开展了应用探讨。

（一）n-C_5H_{12} 和 n-$C_{20}H_{42}$ 的烃-水-岩相互作用热模拟实验

为了探讨原油中不同组分的热稳定性演化地球化学特征，选用正戊烷（n-C_5H_{12}，简称 C_5）、正二十烷烃（n-$C_{20}H_{42}$，简称 C_{20}）分别作为短链和长链饱和烃类的代表，5 组岩石粉末样品作为无机添加剂（经过 400℃高温煅烧 24 h 处理，以除去其中有机质的残余生烃潜力，避免其在黄金管热模拟体系中热解生烃），分为有水和无水介质条件，针对 C_{20} 化合物在恒温 360℃条件下、黄金管封闭体系中进行 72 h 的热解实验；而针对 C_5 则在不同热解时间（72 h、216 h、360 h 和 720 h）下，模拟研究不同成熟度阶段不同岩性储层和水对饱和烃类裂解作用的影响。同时，单独对 R1、R2、R3、R4、R5、C_5、C_{20} 在有水和无水介质中在相同条件下进行热解，作为对照实验。

岩石样品经过 XRD 和电感耦合等离子体质谱法（inductively coupled plasma mass spectrometry，ICP-MS）分析，分别得到岩石的矿物组成和微量元素组成，在矿物组成上这 5 组岩石添加剂相差较大。阿瓦塔格组（R1）和吾松格尔组（R2）岩石矿物组成相近，均以白云石和硬石膏为主要成分，两种矿物的总含量（质量分数）均达到了 80%以上；其次是石英，含量在 5%～8%；R1 含有少量的黄铁矿和钠长石，合计不到 10%。肖尔布拉克组（R3）主要含有白云石和石英两种矿物，含量分别为 87.8%和 12.2%。龙马溪组两组岩石（R4、R5）矿物组成类似，矿物含量均表现为伊利石＞石英＞斜长石＞绿泥石、方解石＞白云石＞黄铁矿。其中伊利石、石英和斜长石总含量占比达到了 75%以上。R4、R5 样品的 TOC 质量分数分别为 0.39%和 3.59%（基于 Rock-Eval 分析），实测镜质组反射率（R^o）分别为 2.1%和 2.3%。

在微量元素组成上，来自塔里木盆地中深 5 井寒武系的 3 组碳酸盐岩与来自四川安页 1 井龙马溪组的两组页岩差异巨大，各区块样品之间也存在一定差异。阿瓦塔格组（R1）和吾松格尔组（R2）微量元素组成相似，均以 Sr 和 Ti 含量（质量分数）最高。其中，Sr 含量高达 1500 ppm 以上，Ti 含量也在 100～200 ppm，其他微量元素含量均小于 100 ppm。肖尔布拉克组（R3）以 Ti 和 Mn 含量最高，分别为 250 ppm 和 148 ppm，其他微量元素含量均小于 100 ppm。龙马溪组两组页岩中微量元素含量分布相似，均以 Ti 含量最高，其次为 Ba、Mn、Sr、Rb、V、REE、Zn、Cr、Zr 以及其他微量元素。其中，Ti 的含量在 3000～5000 ppm，Ba 含量在 760 ppm 左右，而 Mn、Sr、Rb、V、REE、Zn、Cr、Zr 等元素的含量也在 100 ppm 以上。

在加入正二十烷烃（C_{20}）的实验分组中，气态烃产物以乙烷（C_2）、丙烷（C_3）和丁烷（C_4）为主，甲烷（C_1）含量最低（图 3.1），各气体组分的产率在 0～3 mL/g。在无水条件下，加入岩石粉末后使得气态烃产率总体降低，但这种降低的幅度随着 R1、R2、R3、R4 岩石粉末的变化而逐渐减小；岩石粉末为 R5 时 C_{20} 裂解气态烃的产率略高于未加入添加剂的 C_{20} 对照组。在有水条件下，未加入岩石粉末的 C_{20} 对照组中，其气态烃的产率与无水体系下是一致的。但是，当加入 R1 和 R2 两种岩石粉末后，气态烃产率有所增加，特别是加入 R1 后尤为明显；当加入 R3、R4、R5 后，气态烃产率逐渐降低。

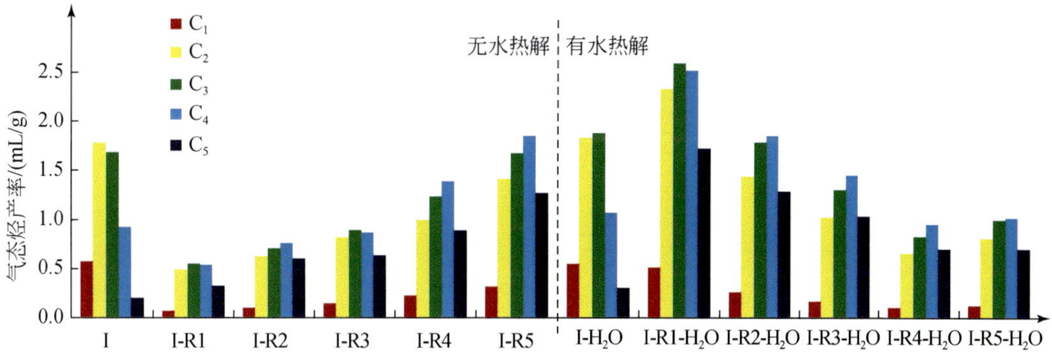

图 3.1　C_{20} 裂解气态烃的产率分布

从气态烃产率的变化来看，R5、R1-H_2O 和 R2-H_2O 三组对 C_{20} 烷烃的裂解气态烃产率具有一定的促进作用，而其他系列中无机添加剂的加入对 C_{20} 烷烃的裂解生气具有抑制作用。无水体系条件下，气态烃产率在添加了 R1、R2、R3 和 R4 后逐渐升高，表明这种抑制作用逐渐降低。在未加入岩石粉末时，水的加入对 C_{20} 裂解基本没有影响。但在有水体系条件下，加入了 R3、R4 和 R5 后这种抑制作用呈现出逐渐增大的趋势；在含水条件下，R1、R2 中含有大量的硬石膏，使得 C_{20} 在高温高压下容易发生 TSR 反应，使得它们的气态烃产率相对于未加入添加剂的 C_{20} 对照组有一定程度的增加。

在 360℃条件下，C_5 的黄金管封闭体系热解实验中，热解 72 h、216 h、360 h、720 h 后样品的 Easy R^o 分别为 1.2%、1.4%、1.5%和 1.7%。5 组岩石粉末在未加入 C_5 条件下的空白实验中，均未检测到烃类化合物的存在，表明整个 C_5 热模拟实验过程中，加入的岩石添加剂不会对生烃产生贡献。

不同实验条件下，C_5的热解气态烃产物的分布如图 3.2 和图 3.3 所示。在 72 h 热解条件下（Easy R^o=1.2%）：除 R3 外，加入岩石粉末后，C_5在无水和有水体系中裂解气态烃产率均有所提高。而水的加入均提高了C_5气态烃的裂解率，包括添加了 R3 的实验分组。在无水条件下，加入碳酸盐岩 R1、R2、R3 后的气态烃产率低于加入龙马溪组页岩的热解实验分组，而加入水以后，却呈现出相反的特点。

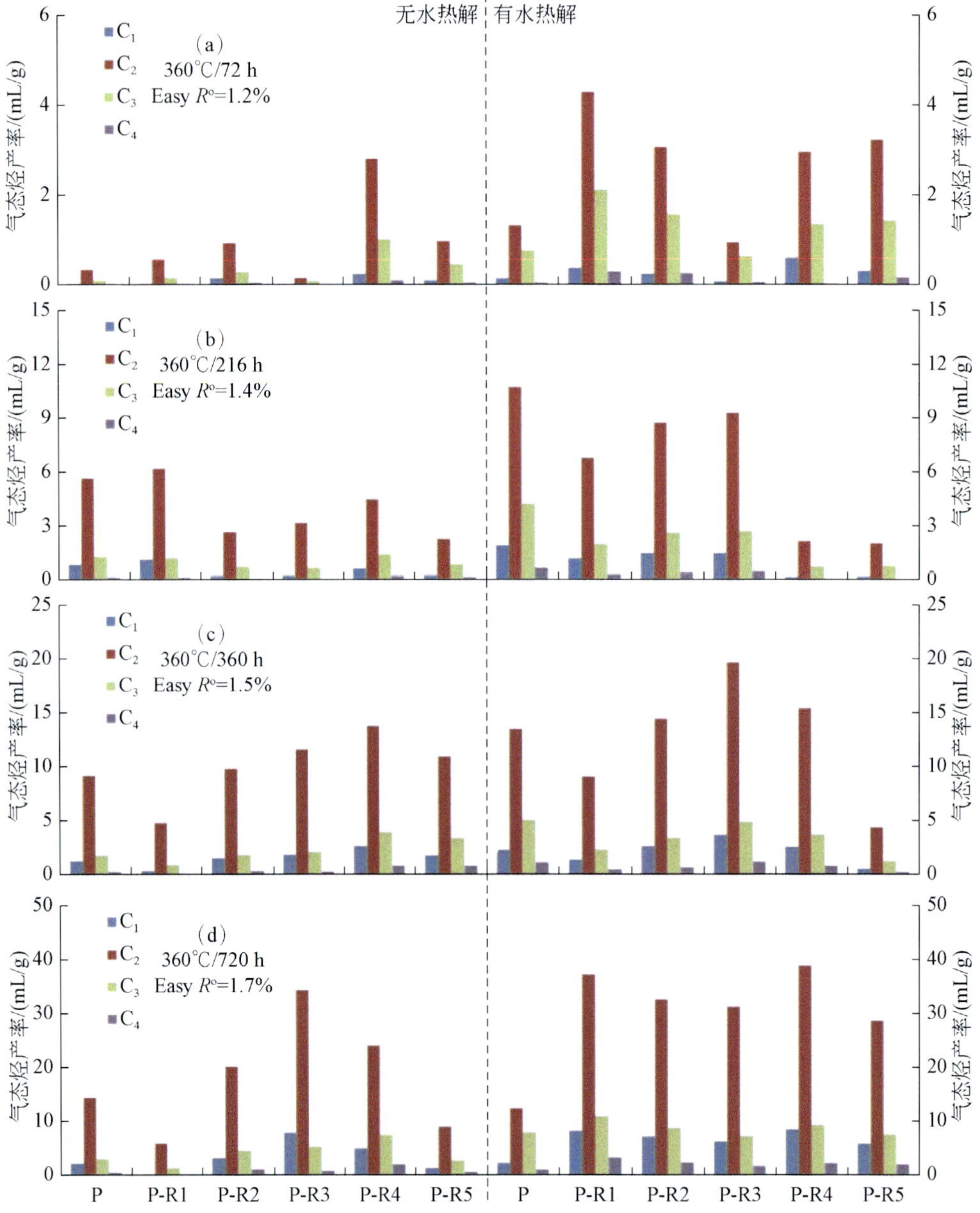

图 3.2　正戊烷 360℃热解气态烃的产率分布

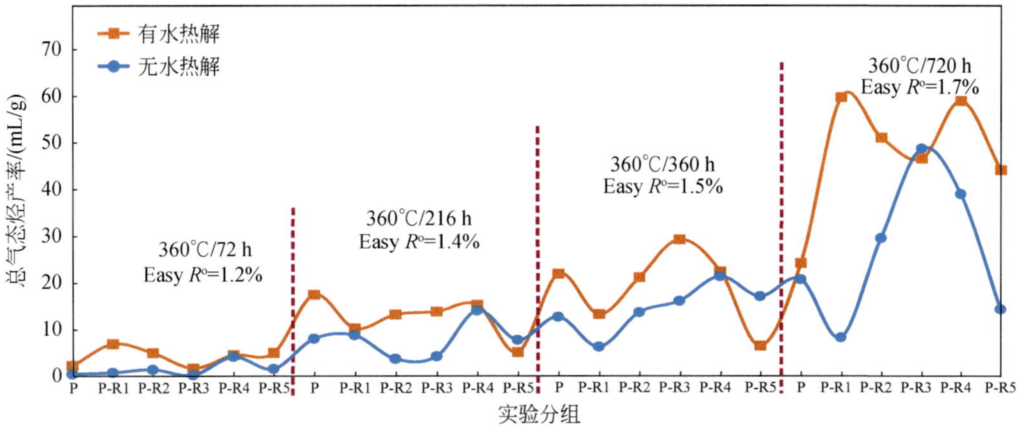

图 3.3 正戊烷 360℃热解总气态烃（C_1—C_4）的产率分布

在 216 h 热解条件下（Easy R^o=1.4%），除 R1 外，加入岩石粉末后，C_5 在无水和有水体系中裂解气态烃产率均有所降低。除 R5 外，而水的加入基本提高了 C_5 气态烃的产率。除 R4 外，加入中深 5 井寒武系碳酸盐岩岩石粉末后气态烃产率均高于加入龙马溪组页岩分组。360 h 热解条件下（Easy R^o=1.5%），加入 R3、R4 岩石粉末后，气态烃产率有所提高，而加入 R1 的实验分组气态烃产率则降低。在 720 h 热解条件下（Easy R^o=1.7%），在无水体系条件下，加入 R2、R3、R4 后，气态烃产率提高，而加入 R1、R5 后则降低。在有水体系条件下，加入岩石粉末均提高了气态烃产率。水的加入，明显提高了气态烃产率。

总体来看，无论是在何种实验条件下，C_5 热解气态烃类组分中均以 C_2 烷烃为主要成分，其次为 C_3 烃类，以及 C_1 和 C_4 烃类。随着温度升高，各气态烃产率以及 C_1—C_4 总产率基本呈现逐渐升高的趋势。水的加入改变了各气体烃产物的绝对产率，但基本上没有改变各气态烃产率的分布模式，大多数情况下提高了气态烃产率，显示了水对 C_5 气态烃裂解的促进作用。

在 C_4 组成上，所有热模拟实验分组的 i-C_4/n-C_4 均小于 0.5（图 3.4）。特别地，对于同一

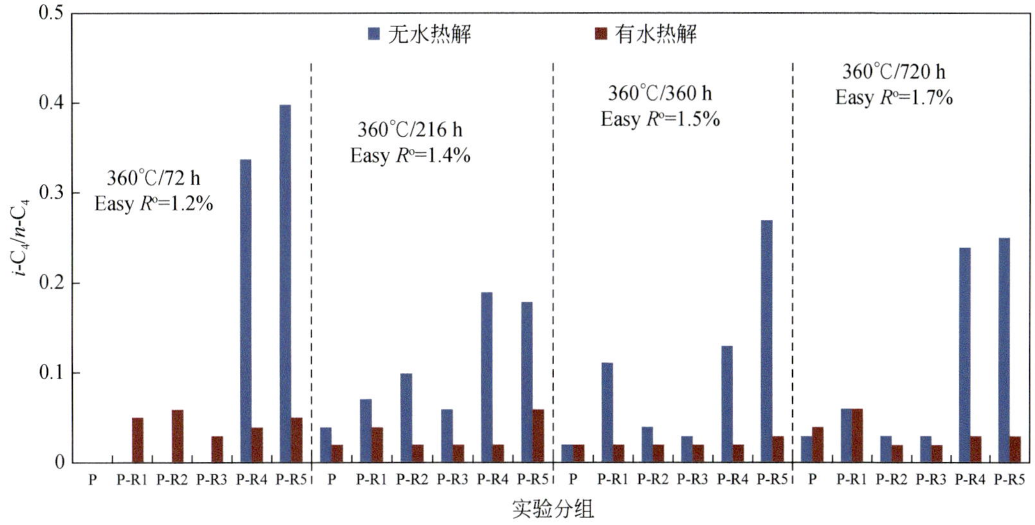

图 3.4 正戊烷 360℃热解气态烃产物中 i-C_4/n-C_4 分布

加热时间条件下加入了页岩粉末（R4、R5）的无水体系中，i-C_4/n-C_4均是最高的。在加入了页岩粉末（R4、R5）的无水体系中，72 h 热解条件下的 i-C_4/n-C_4 高于更长热解时间的结果。

在成油环境中，有机质成熟过程中轻烃的生成以均裂方式（自由基）断裂为主，一般 i-C_4/n-C_4< 1 或者趋于 1。本次模拟实验中，i-C_4/n-C_4 均小于 1，表明无论有水还是无水条件下，C_5 的裂解以自由基裂解方式为主。但是，在加入页岩的无水体系中，i-C_4/n-C_4 明显高于其他分组，显示了加入页岩后 C_5 裂解反应发生了一定的变化。i-C_4 被认为主要出现在催化反应中，而 i-C_4/n-C_4 常常用作正碳离子化程度的指标，也认为在有机质成熟过程中直链正构烷烃主要通过自由基断裂反应来形成，而带支链的异构烷烃主要是通过碳正离子反应来形成的，并且低温条件下以碳正离子断裂为主，而高温条件下以自由基断裂占优势。i-C_4/n-C_4 在加入页岩中独特的相对高值表明，该页岩对 C_5 的裂解起到了一定催化作用，使得烃类发生异构化作用，而正碳阳离子机制可能是主要异构化机制。

前人研究表明，黏土矿物对于烃类的裂解具有催化作用，可以产生碳正离子、异构烷烃。暴露于黏土矿物侧端的 Fe^{3+}和 Al^{3+}等离子由于配位不足，存在一个对外来电子对有高度亲和力的空轨道，形成酸性环境。黏土矿物的这种催化活性主要是通过其表面的路易斯酸的催化作用来实现的。龙马溪组页岩以黏土矿物为主要成分，其次为石英，不含碳酸盐矿物，而中深 5 井寒武系碳酸盐岩以碳酸盐矿物为主要成分，其次为石英，不含黏土矿物。因而，不同岩石粉末中黏土矿物的差异是造成 i-C_4/n-C_4 差异的原因。对于加入 R4、R5 的实验，加入水后其 i-C_4/n-C_4 反而变低，表明水对黏土矿物的正碳离子催化作用具有抑制作用。实验条件下有水体系中 i-C_4/n-C_4 低于无水体系，可能是由于水可以在黏土矿物表面形成水润型隔膜，而这种隔膜又进一步阻断了有机物与黏土矿物的接触。

（二）环烷烃芳构化过程中稳定碳氢同位素演化特征

烃类的芳构化过程涉及脂肪环上多个 C—H 键的断裂和脱氢作用，必将引起芳烃及其前驱物的氢同位素分馏。脂肪环上的 C—H 键可以由不同的碳、氢同位素组成，通常包括 ^{12}C—^{1}H、^{12}C—^{2}H、^{13}C—^{1}H、^{13}C—^{2}H（含 ^{14}C、^{3}H 组成的化学键忽略不计）。由于它们的键能不同，断裂的先后顺序也会存在差异，将会导致芳烃及其前驱物的碳同位素随着氢同位素的演化发生相应的改变。因此，烃类芳构化形成的芳烃将产生重要的氢同位素分馏，同时芳烃碳同位素也将随之发生协同演化。关于芳烃演化过程中氢、碳同位素的演化还未见报道，值得深入研究和探讨。

甲苯是最简单的含烷基取代基的芳烃化合物，广泛分布在油气藏中，被认为与甲基环己烷具有成因联系。对正丁基环己烷（BCH）进行热解模拟实验，在热解产物中检测到大量的甲基环己烷和甲苯，本工作以正丁基环己烷为热解对象，通过黄金管热模拟实验来研究甲苯-甲基环己烷演化过程中氢同位素的分馏及其氢碳同位素的协同演化特征，为油气藏中甲苯-甲基环己烷成因研究和应用探讨提供实验数据。

BCH 热解的主要反应产物为环己烷、甲基环己烷、甲苯、甲基环己烯、乙基环己烷、乙苯、丙基环己烷等（图 3.5）。随着热解时间的延长，BCH 浓度逐渐降低，到 720 h 后基本反应完全。反应产物中，环己烷、甲基环己烷为主要成分，甲基环己烯、丙基环己烷在高温阶段逐渐消失，甲苯的浓度随着反应时间的延长而逐渐增大，到了 720 h 后成为主要产物之一。以环己烷、甲基环己烷、甲苯、乙基环己烷和丙基环己烷为含六元环的反应产物，分别计算各个时间阶段产物中它们的相对含量（质量分数），详细情况如图 3.5 中饼状图。在这些环烷烃产物中，甲基环己烷和环己烷的相对含量相对稳定，主要分布在 30%～40%和 20%～27%；乙基环己烷和丙基环己烷相对含量随着成熟度的增加而逐渐减小，前者由 19%减小到 5%，后者由 14%减小至 1%。甲苯的相对含量随着成熟度的增加而逐渐增大，从 7%增大到 44%。

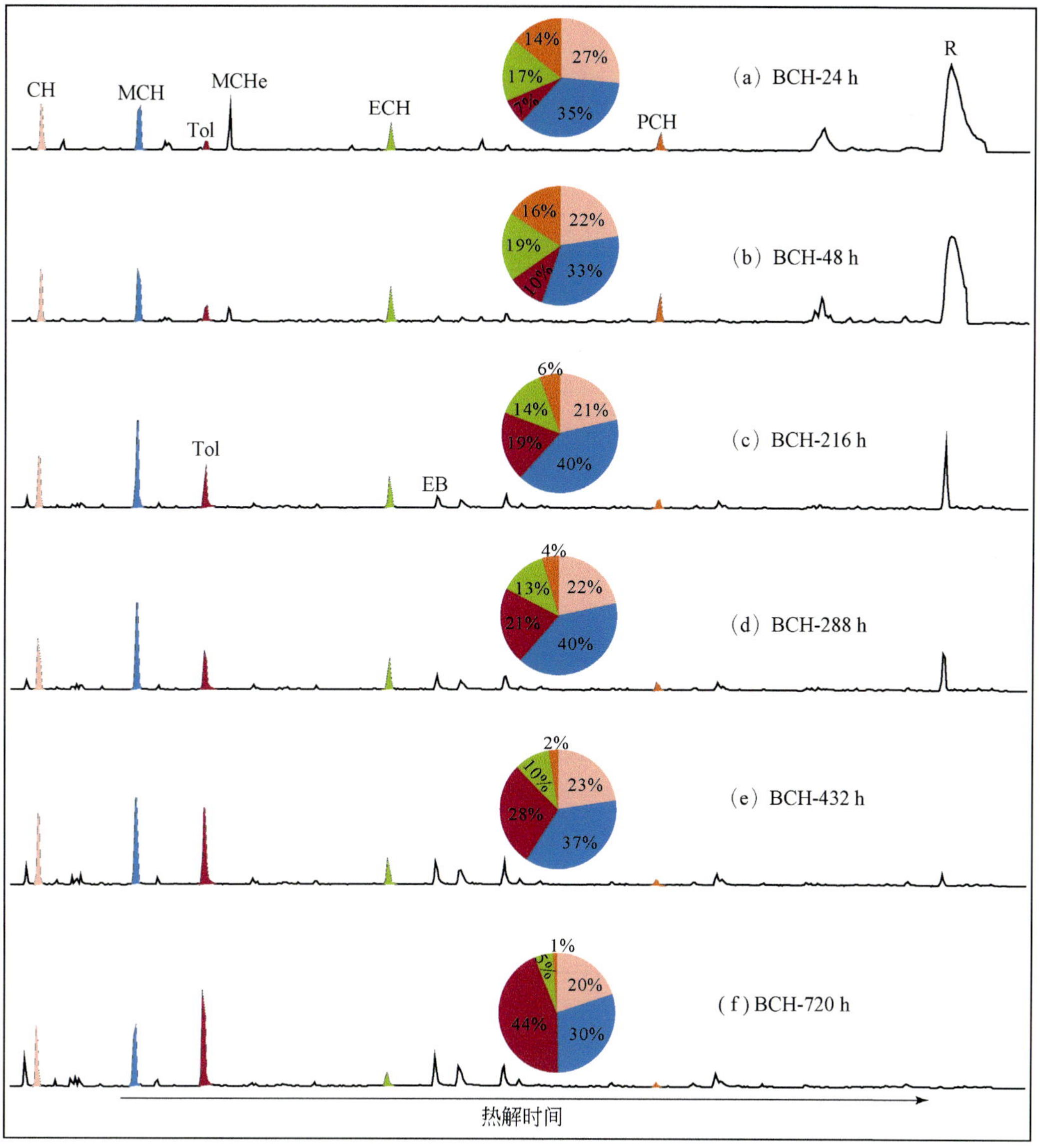

图 3.5　丁基环己烷热解产物分布特征

CH-环己烷，MCH-甲基环己烷，Tol-甲苯，MCHe-甲基环己烯，ECH-乙基环己烷，EB-乙苯，PCH-丙基环己烷，R-残余正丁基环己烷

BCH 热解 24 h 后，甲基环己烷和甲苯发生巨大的氢同位素分馏效应，甲基环己烷的氢同位素比值为-128.7‰，甲苯的氢同位素比值为 33.6‰，$\Delta\delta D_{Tol\text{-}MCH}$（$\delta D_{Tol}-\delta D_{MCH}$）达 162.3‰。相对于起始 BCH 氢同位素的差值，$\Delta\delta D_{MCH\text{-}BCH}$为-46.5‰，而$\Delta\delta D_{MCH\text{-}Tol}$达 115.8‰。BCH 热解 24 h 后，甲基环己烷和甲苯碳同位素的分馏程度较小，甲基环己烷的碳同位素比值为-27.0‰，甲苯的氢同位素比值为-28.2‰。相对于起始 BCH 碳同位素的差值，$\Delta\delta^{13}C_{MCH\text{-}BCH}$为-1.4‰，$\Delta\delta^{13}C_{MCH\text{-}Tol}$达-2.6‰。

随着反应时间延长，甲基环己烷的氢同位素总体上逐渐偏重，720 h 后达到-28.2‰（图 3.6），而甲苯的氢同位素总体上则逐渐偏轻，720 h 后为达到-2.6‰。$\Delta\delta D_{MCH\text{-}BCH}$逐渐增大，720 h 后达到-54.0‰，而$\Delta\delta D_{MCH\text{-}Tol}$逐渐减小，720 h 后为 79.6‰。随着热解时间延长，甲基环己烷和甲苯的碳同位素具有一致的演化趋势，即逐渐偏重。$\Delta\delta^{13}C_{MCH\text{-}BCH}$逐渐增大至 6.8‰，$\Delta\delta^{13}C_{Tol\text{-}BCH}$逐渐增大至 2.8‰。

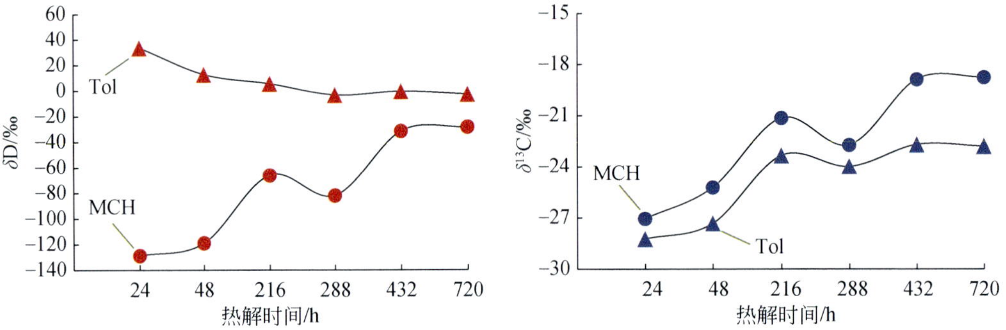

（a）氢同位素演化特征　　（b）碳同位素演化特征

图 3.6　甲苯和甲基环己烷的稳定碳氢同位素演化特征

将$\Delta\delta D_{Tol\text{-}MCH}$、$\Delta\delta^{13}C_{Tol\text{-}MCH}$分别与 Easy R^o 作相关性分析，详细情况如图 3.7（a）、（b）所示。随着成熟度增加，$\Delta\delta D_{Tol\text{-}MCH}$、$\Delta\delta^{13}C_{Tol\text{-}MCH}$均逐渐减小，但是$\Delta\delta D_{Tol\text{-}MCH}$值与 Easy R^o 具有良好的线性关系［图 3.7（a）］，而$\Delta\delta^{13}C_{Tol\text{-}MCH}$与 Easy R^o 线性关系较差［图 3.7（b）］。由此可见，$\Delta\delta D_{Tol\text{-}MCH}$对有机质成熟度具有一定的指示意义。

前面提到，MCH 可以看作是 Tol 的前驱物，它们的相对含量随成熟度的增加而呈现此消彼长的关系。将$\Delta\delta D_{Tol\text{-}MCH}$、$\Delta\delta^{13}C_{Tol\text{-}MCH}$分别与 Tol/(Tol+MCH)作相关性分析，再将 Easy R^o 分别与 Tol/MCH、Tol/(Tol+MCH)作相关性分析，详细情况如图 3.7（c）～（f）所示。

图 3.7（c）～（f）分析结果显示：随着 Tol/(Tol+MCH)增大，$\Delta\delta D_{Tol\text{-}MCH}$、$\Delta\delta^{13}C_{Tol\text{-}MCH}$逐渐减小，而 Easy R^o 随着 Tol/MCH、Tol/(Tol+MCH)增大逐渐增大。当 Tol/(Tol+MCH)小于 0.44 时，$\Delta\delta D_{Tol\text{-}MCH}$、Easy R^o 与 Tol/(Tol+MCH)［图 3.7（c）、（e）］具有良好的线性关系，而$\Delta\delta^{13}C_{Tol\text{-}MCH}$、Easy R^o 与 Tol/MCH［图 3.7（d）、（f）］线性关系较差。这些线性拟合结果表明，当 Tol/(Tol+MCH)在一定范围内［如 Tol/(Tol+MCH)小于 0.44)］时，可以反映有机质成熟度状况；当超过此范围时，甲苯和甲基环己烷可能达到平衡状态，Tol/(Tol+MCH)不能真实反映成熟度状况。

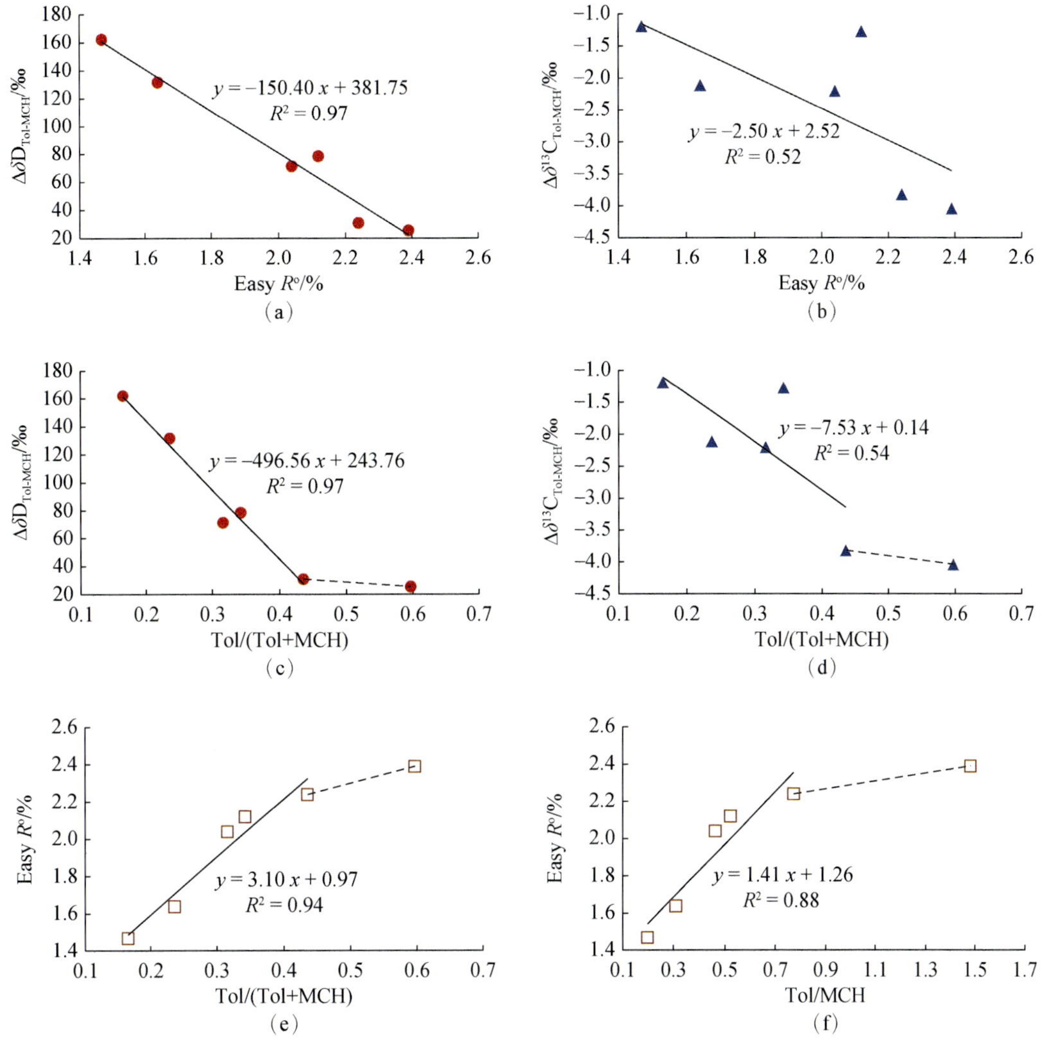

图 3.7　一些参数的相关性分析

(a) $\Delta\delta D_{Tol\text{-}MCH}$-Easy R^o; (b) $\Delta\delta^{13}C_{Tol\text{-}MCH}$-Easy R^o; (c) $\Delta\delta D_{Tol\text{-}MCH}$-Tol/(Tol+MCH); (d) $\Delta\delta^{13}C_{Tol\text{-}MCH}$-Tol/(Tol+MCH);
(e) Easy R^o-Tol/(Tol+MCH); (f) Easy R^o-Tol/MCH

(三)原油热解产物中烃类成熟度参数演化特征

选择塔里木盆地英买力地区 YM2(O)井(5940～5953 m)和 YM34(S)井(5387.08 m)以及塔中地区 TZ62(S)井(4700.50～4758.00 m)原油开展热模拟生成轻质油的实验。其中 YM2(O)和 TZ62(S)来自海相不同层系烃源岩，而 YM34(S)来自陆相烃源岩，通过对不同来源(海相和陆相)、不同层位(奥陶系和志留系)的原油进行对比、探讨不同含油气系统中进入高成熟度阶段烃类芳构化特征及其地球化学意义。模拟实验采用高压黄金管限定体系，共设置 6 个温度点(330℃、350℃、370℃、390℃、410℃和 430℃)，样品量分别为 90 mg、80 mg、70 mg、60 mg、50 mg 和 40 mg，2 h 升温至目标温度，恒温 72 h，压力为 50 MPa。

1. 原油及其热解产物中正戊烷可溶组分演化特征

塔里木盆地三个原油样品及其不同温度热解产物烃类特征如图 3.8 所示，从初始的 330℃到 430℃，Easy R^o 从 0.89%升到 2.28%。Easy R^o 达到 2.28%时，还是以轻质油形式存在。在原油的初始状态，即原油未发生热解作用时，正构烷烃碳数分布范围较广，从 C_7 到 C_{35} 均有分布。低温热解阶段，即 Easy R^o 达到 0.89%时，奇偶优势和双峰群分布特征消失，低碳数正构烷烃相对含量降低，以中高碳数正构烷烃为主，随着热解温度的升高，峰群往前移，逐渐变为以中低碳数为主；随着热演化程度进一步加强（Easy R^o>1.5%），中高碳数正构烷烃消耗严重，以低碳数正构烷烃及芳烃为主；Easy R^o 达到 1.91%和 2.28%时，热解产物以芳烃化合物为优势。

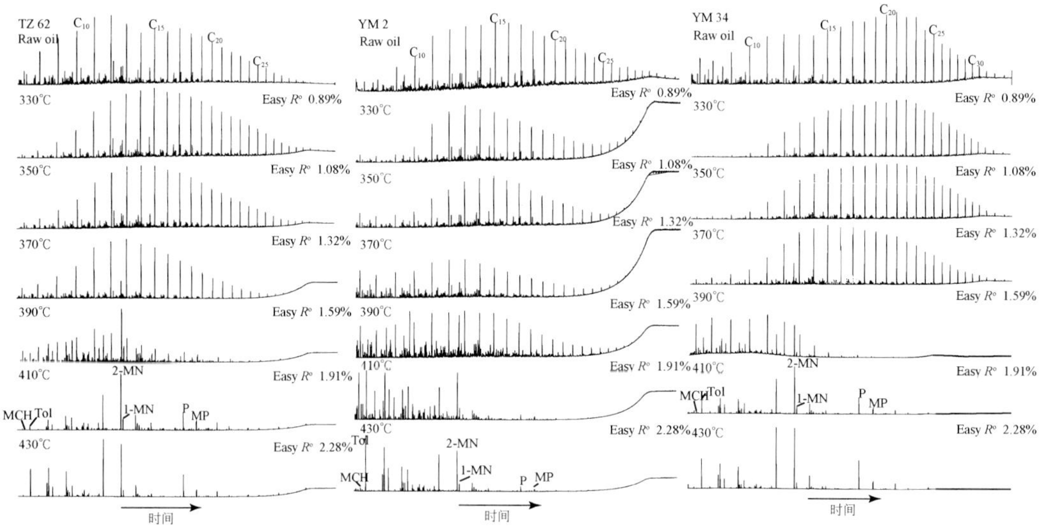

图 3.8　三个原油及其热解产物正戊烷可溶组分的总离子流图

Raw oil 表示未经热解处理的原油，每个热解模拟温度点对应一个 Easy R^o。C_{10}、C_{15}、C_{20}、C_{25}、C_{30} 分别为对应碳数的正构烷烃。MCH-甲基环己烷；Tol-甲苯；2-MN-2-甲基萘；1-MN-1-甲基萘；P-菲；MP-甲基菲

从中高碳数正构烷烃热解生成低碳数正构烷烃，油藏进入轻质油热演化阶段（Easy R^o>1.5%），此时原油中烃类长链组分基本被破坏，留下以小分子为主的烃类，图 3.8 中 YM34 井和 TZ62 井原油在 Easy R^o 为 1.59%时，烃类中长链组分已基本被破坏，而 YM34 井原油在 Easy R^o 为 1.91%时烃类中长链组分也消耗殆尽。在轻质油阶段，油藏中芳构化作用变得重要，其中一环、二环芳烃化合物为主要组成部分。这说明轻质油藏中芳构化是重要的演化过程，此时芳烃化合物是重要研究对象。

由此可见，常用原油成熟度参数所能达到的使用范围是有限的，在中—低成熟阶段，一些常用的成熟度参数比较有效，在高成熟阶段，该类成熟度参数可能逐渐消失，而到了高—过成熟阶段，一些常用成熟度参数的生标化合物已严重热解损耗、相关参数不可用。本节主要依据以上三个原油热解产物分布特征，探讨不同热解阶段常用成熟度参数的有效

性，并探讨高—过成熟阶段油藏中芳烃成熟度参数的应用可行性。

2. 原油热解进程中常用成熟度参数的演化特征

萜类一些常用指示成熟度的参数在进入轻质油阶段逐渐失效。由图 3.9 可知，萜类在 Easy R^o 达到 1.59%时基本裂解消耗完，样品萜烷浓度低于仪器检测限。有些萜烷成熟度参数达到最高值后就失效了，继续热解则含量持续减少，直至裂解消耗完全。C_{31}-22S/(22S+22R)藿烷及 C_{32}-22S/(22S+22R)藿烷也是常用的成熟度参数，C_{32}-22S/(22S+22R)藿烷随成熟度增加到生油门限，C_{32}-22S/(22S+22R)藿烷指数逐渐增大，而后发生倒转。实际检测结果表明，C_{32}-22S/(22S+22R)藿烷指数达到 0.75 后开始发生倒转，继续热解藿烷就基本消耗殆尽，该参数失效。

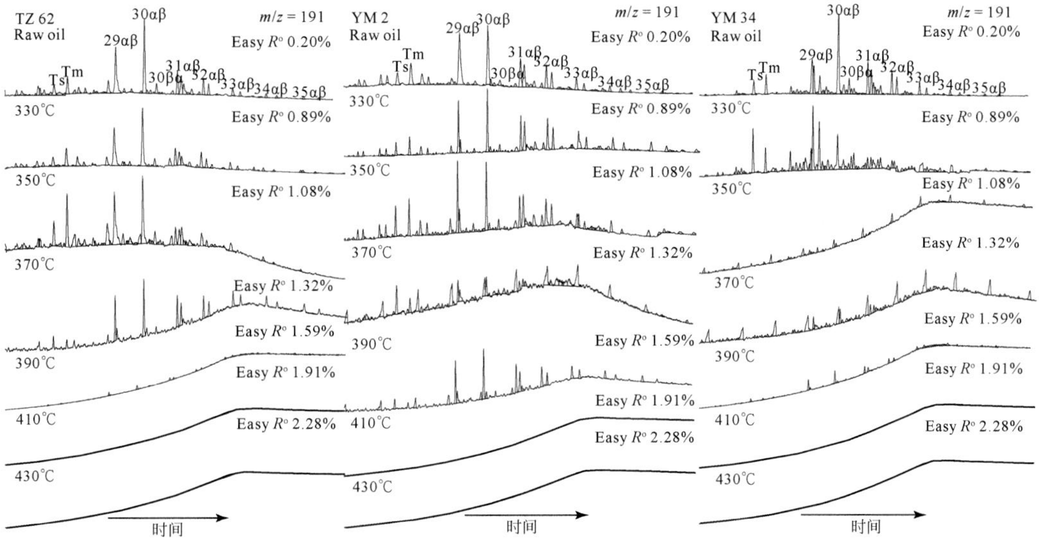

图 3.9　三个原油及其热解模拟实验产物中萜烷分布特征

Ts-18α(H)-22,29,30-三降藿烷；Tm-17α(H)-22,29,30-三降藿烷；29αβ-17α(H)-21β(H)-21 乙基藿烷；30αβ-17α(H)-21β(H)-21 异丙基藿烷；31αβ～35αβ：C_{31}—C_{35} 升藿烷

在 Easy R^o 达到 1.08%时，C_{27}—C_{29} 规则甾烷绝对含量大幅降低（图 3.10），甚至低于仪器检测限，YM34 井的热解产物在 Easy R^o 达到 1.59%时仍能检测到 C_{27}—C_{29} 规则甾烷，这是由于原油中高分子量的烃类在高温高压下持续裂解，形成分子量较低的甾烷类化合物，因此甾烷类化合物含量会在较高成熟阶段出现短暂增高，然而原油本身具有继承性的甾烷类化合物在高成熟阶段早已热解失效，因此，后期热解生成的甾烷类参数已不具备地球化学意义。

甾烷成熟度参数中，常用指标有 C_{29}20S/(20S+20R)、C_{29}ββ/(αα+ββ)及芳香族甾类化合物。C_{29}20S/(20S+20R)和 C_{29}ββ/(αα+ββ)随着成熟度的增高，比值先增大后平稳最后降低，前期升高主要是由于 S 构型比 R 构型、ββ构型比αα构型稳定性更高，在高温热解阶段，热稳定性达到平衡，比值基本变化不大，后期短暂降低可能是因为高成熟阶段长链烃类的裂解作用生成。

甲基菲指标$\left[\text{MPI}, \dfrac{1.5(2\text{-甲基菲}+3\text{-甲基菲})}{\text{菲}+1\text{-甲基菲}+9\text{-甲基菲}}\right]$和甲基菲比值$\left(\text{MPR}, \dfrac{2\text{-甲基菲}+3\text{-甲基菲}}{1\text{-甲基菲}+9\text{-甲基菲}}\right)$也是常用的芳烃成熟度参数，由于 1-甲基菲（1-MP）和 9-甲基菲（9-MP）稳定性较差，随着成熟度的增加，1-MP 和 9-MP 发生重排，生成更稳定的 2-甲基菲（2-MP）和 3-甲基菲（3-MP）。基于甲基菲比值的成熟度计算参数 Rc 是分段式计算的，所得的结果会呈跳跃性变化，且在实际地质样品中，轻质油阶段三环芳烃化合物含量已较低，相关参数的获取较困难，而一环、二环的芳烃化合物值得重视。

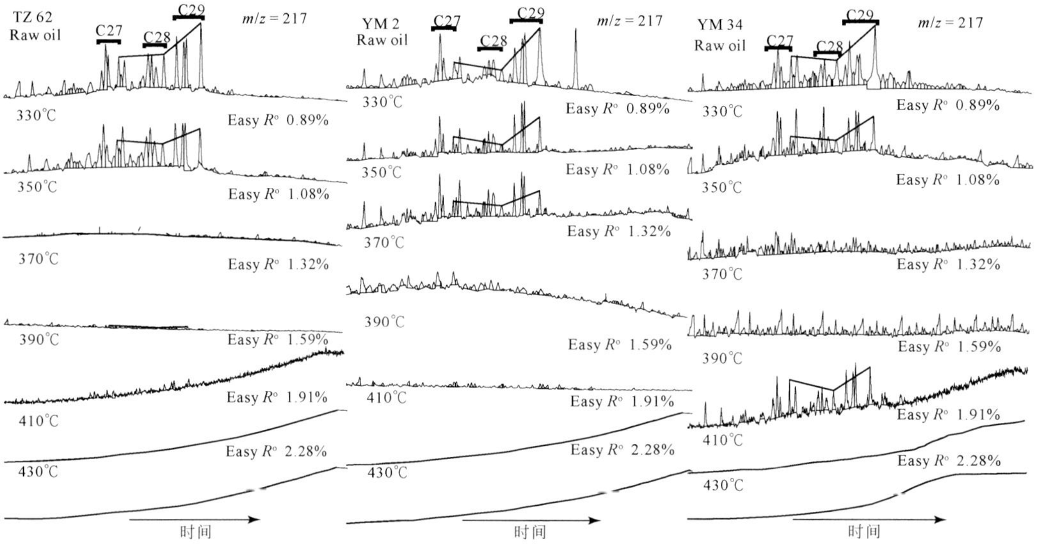

图 3.10　三个原油及其热模拟实验产物中甾烷分布特征

C_{27}-C_{27}规则甾烷；C_{28}-C_{28}规则甾烷；C_{29}-C_{29}规则甾烷

以上讨论说明常用的生标参数在低成熟—成熟阶段能合理使用，但是到了高—过成熟阶段，不再适用于成熟度的表征。在高—过成熟阶段，轻质油中芳烃的含量逐渐增多，这是由于热演化过程中饱和烃发生芳构化，此时油藏中体现芳构化程度或一些热稳定性存在差异的芳烃化合物参数可望应用于成熟度表征。

3. 原油热解进程中轻质油演化阶段烃类成熟度参数探讨

甲基环己烷在热演化过程中会芳构化生成甲苯，虽然其他热裂解或环化方式也会生成甲基环己烷或者甲苯。在原油热演化进程中，通过甲基环己烷生成甲苯是甲苯富集的重要方式。因此，将甲基环己烷与甲苯的比值用于探讨原油热演化特征是较为合适的，特别是在高—过成熟阶段，仍能检测出大量的甲基环己烷和甲苯，基于该芳烃产物及其前驱物，推断 Tol/(MCH+Tol)与热演化程度具有相关性。

根据三个原油样品各演化阶段的 Tol/(MCH+Tol)关系（图 3.11），可以看出其良好的线性关系，TZ62 和 YM2 井原油各热演化阶段 Tol/(MCH+Tol)线性关系 R^2 分别达到 0.9726 和 0.9821，而 YM34 井的原油各热演化阶段 Tol/(MCH+Tol)线性关系 R^2 也达到 0.9022。因此，从模拟实验所得结果来说，Tol/(MCH+Tol)是一个很好探讨原油热演化的参数，从生油窗阶

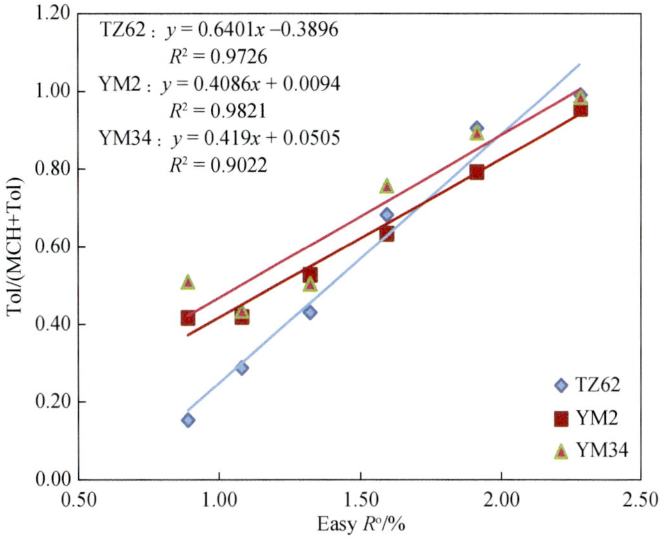

图 3.11　三个样品的 Easy R^o 与 Tol/(MCH+Tol)的关系

段到高—过成熟阶段都可适用。

Tol/(MCH+Tol)是基于 MCH 与 Tol 的消长关系所得。而轻质油芳烃组分中还含有大量的萘系列化合物，原油中甲基萘是萘系列化合物中丰度最高的，也有科研工作者对烷基萘参数进行探讨。根据烷基萘的热稳定性关系，即β位置上的烷基萘比α位置上的烷基萘更稳定，因此，在热演化进程中，1-甲基萘（1-MN）会重排形成更稳定的 2-甲基萘（2-MN），根据热稳定性关系，推断 2-MN/(1-MN+2-MN)存在较好的线性关系。

根据三个原油样品各热演化阶段的 2-MN/(1-MN+2-MN)关系（图 3.12），可以看出 1-甲基萘转化为更稳定的 2-甲基萘的关系。TZ62 和 YM2 井原油各热演化阶段的 Easy R^o 与 2-MN/(1-MN+2-MN)呈线性关系，R^2 分别为 0.975 和 0.9742，而 YM34 井原油各热演化阶段的 Easy R^o 与 2-MN/(1-MN+2-MN)也呈线性关系，R^2 达到 0.9379。该参数能较好地应用于油藏热演化的各个阶段。图 3.11 和图 3.12 中不同原油热解结果的相关性方程式不同，这是由原油起始的地球化学性质差异决定的。但本工作中不同原油热解实验结果均说明在高成熟阶段原油中 Tol/(MCH+Tol)或 2-MN/(1-MN+2-MN)与成熟度之间具有良好的相关性，这在具体的不同含油气系统中分别可以讨论其地球化学意义。

以上原油热解模拟实验结果表明，Tol/(MCH+Tol)和 2-MN/(1-MN+2-MN)与成熟度具有良好的线性关系，与其他常用的生标化合物组成的参数相比，显示出在高—过成熟阶段仍可获得较好的应用。虽然以上实验结果来自封闭的高压黄金管限定体系，这与实际油藏环境存在一定的差异，但地质条件下当油藏演化至高—过成熟阶段时往往存在于深埋的高温高压环境中，其热演化地球化学特征也在很大程度上受到封闭性的约束。结合其他地球化学结果的讨论，将以上两个参数应用于塔里木盆地塔中深层轻质油藏探讨其成藏演化特征，发现这两个参数可以较好地指示油藏的热演化程度，显示出良好的应用前景。

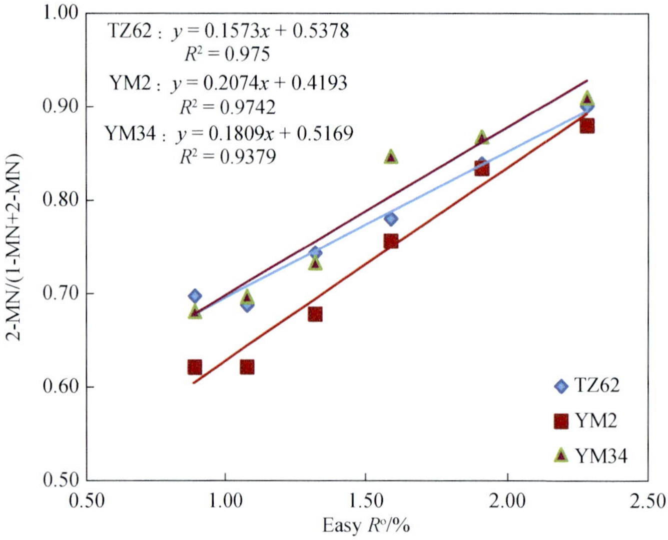

图 3.12　三个样品的 Easy R^o 与 2-MN/(1-MN+2-MN)的关系

（四）塔中深层原油稳定性分析

储层是原油富集成藏的一个重要条件，储层为具有一定连通孔隙，能够使流体储存并在其中渗透的岩石层位。储层中的孔隙、裂隙为油气的运移、渗透提供通道，而储层岩性的不同主要影响了储层的致密程度、孔隙度、渗透性等，通常却较少研究储层岩性在化学层面上对原油储存的影响作用。塔里木盆地的储层以碎屑岩和碳酸盐岩为主，其中塔中海相油气藏主要分布在碳酸盐岩储层中。储层储集性优越，特点是储层种类齐全、岩石物性好、地层层位厚、埋藏深度大、分布范围广，各个储层都取得较好的工业油气进展。

塔里木盆地塔中地区碳酸盐岩储层是塔里木盆地油气藏的重要储层，盆地内发育的储层主要分布于新元古界和古生界，主要包含上震旦统—奥陶系和石炭系—下二叠统两大段。目前主要开发的储层分布层位在中上奥陶统和石炭系—下二叠统下部（以灰岩储层为主），以及上震旦统—中下奥陶统和下石炭统（白云岩储层）。塔里木盆地塔中地区奥陶系碳酸盐岩探明储量较大，并且在塔里木盆地寒武系的碳酸盐岩储层也不断发现新的油藏，显现出碳酸盐岩储层巨大的勘探潜力。塔里木盆地塔中地区勘探主要面向奥陶系储层的良里塔格组、鹰山组、一间房组及吐木休克组等，其储层类型丰富，其中泥晶棘屑灰岩、层间古岩溶和古潜山风化壳型储层是较为重要的储层类型，主要岩性是灰岩及白云岩。塔里木盆地奥陶系的具体岩性特征如图 3.13 所示，奥陶系的主要储层埋藏深度在 6000 m 以下，主要储层由上至下分别为良里塔格组、一间房组及鹰山组，最上方为桑塔木组厚层—巨厚层状泥岩、粉砂岩及粉砂质泥岩优质盖层。良里塔格组分为三段，其岩性为深灰色、灰色、灰褐色厚层状粉晶灰岩、泥晶灰岩、含泥灰岩、砂屑灰岩，埋藏范围在 6040～6170 m；一间

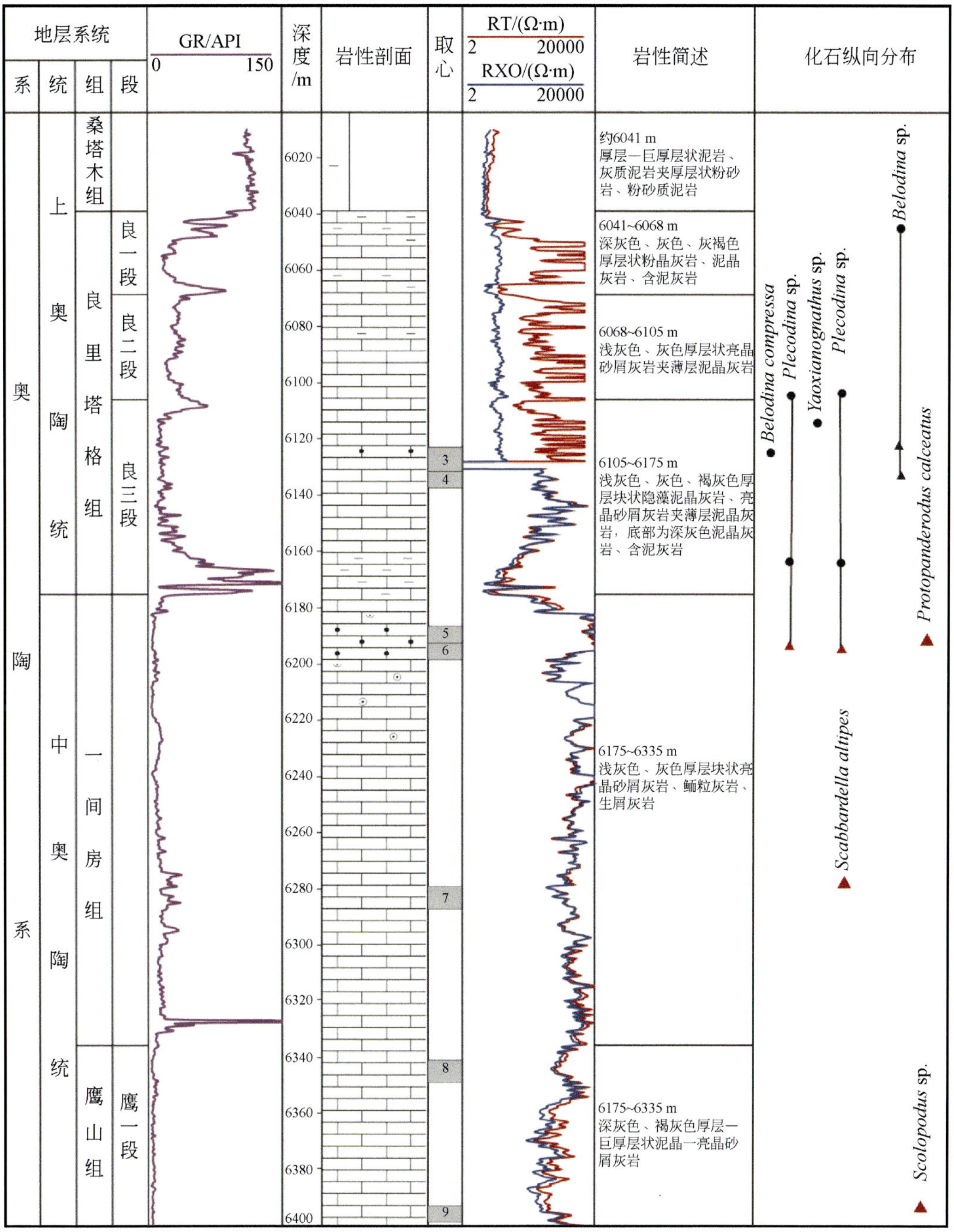

图 3.13 塔里木盆地奥陶系综合柱状图①

① 引自中石油勘探院内部资料，2014 年。

房组在 6175～6335 m，岩性为浅灰色、灰色层状亮晶砂屑、鲕粒灰岩和生屑灰岩；鹰山组在 6335 m 以下，岩性为深灰色、褐灰色厚层—巨厚层状泥晶—亮晶砂屑灰岩。图 3.13 中不同组更替区域的自然伽马有较大的波动。

塔里木盆地塔中地层水为矿物质丰富的高矿化水，有可溶于水的离子及有机物，水型多为氯化钙型，少数为硫酸钠型（如塔中 10 井），阴离子以氯离子、硫酸根离子、碳酸氢根离子为主，阳离子以钾离子、钠离子、钙离子和镁离子为主；硫酸钠型地层水受构造活动影响形成，不利于油气保存。总矿化度在 22～320 g/L，最高达 297 g/L，比海水的盐度（35 g/L）高得多，地层深度较大区域的地层水矿化度比浅层地层低，石炭系地层水矿化度为 130 g/L，志留系地层水矿化度为 110 g/L，寒武系—奥陶系地层水矿化度为 140 g/L。高的矿化度反映地层水的流动性较弱，地层水长时间与储层接触，溶蚀地层中的盐层，导致地层水高盐度；地层水长时间处于滞留状态也有利于油气的稳定保存；而且多个油气井的统计资料证明，油气藏地层水矿化度、正向指数（变质系数和钙镁系数）与负向指数（钠氯系数和碳酸盐平衡系数）可以比较准确地反映油气的富集程度，由此得出石炭系东南部地区可以很好地使油气藏稳定保存，而奥陶系塔中北坡 1 号构造带对油气藏的保护作用最佳。

塔里木盆地广泛分布有储集空间巨大的古岩溶储层、古潜山风化壳性储层，有效储集空间的储层都有地层水的显示，因此塔里木盆地的地层水分布十分广泛。在含油气系统中，水层与油层的分布相互叠层，这与塔里木盆地海相碳酸盐岩岩溶形成的喀斯特地貌有关，具体油、气、水分布如图 3.14 所示。水分子可以在油层与岩石之间形成隔膜，延缓已生成

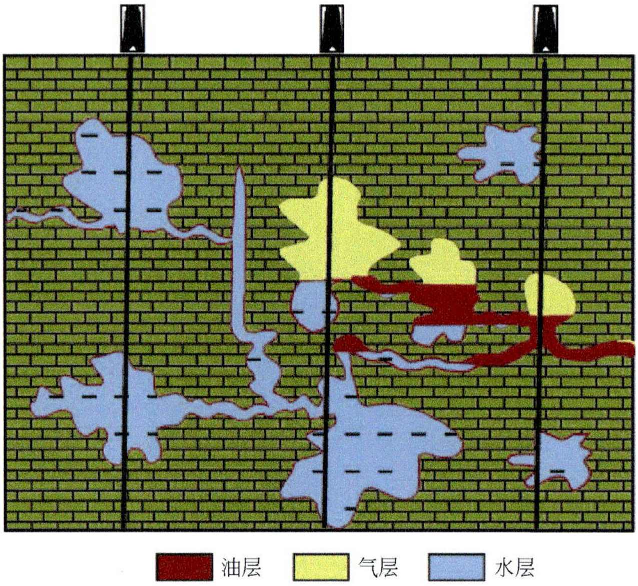

图 3.14　塔里木盆地碳酸盐岩储层中油、气、水分布示意图[①]

① 引自中石油勘探院内部资料，2008 年。

烃类化合物的进一步裂解，同时会导致油藏中的反应机制发生转变（即一部分自由基反应转变为离子反应）。而且油藏储层的温度普遍低于160℃，这一温度区间对水分子的化学活泼性增加不大，其相态、基本性质并未发生大的改变。从一定程度上说明了塔里木盆地地层水的广泛分布有利于已存在的油气藏稳定保存。

在震旦纪末期塔里木盆地塔中区域中央隆起大部分的古地温梯度均高于28℃/km，其中以中央隆起的中部和东部最高，可达30℃/km，随后塔里木盆地的古地温梯度不断上升，直至寒武纪末期，中央隆起的古地温梯度比震旦纪上升了2℃/km；而到奥陶纪末期，塔里木盆地地温情况发生改变，以阿瓦提凹陷的低地温梯度区域不断扩大为特征，此时中央隆起的古地温梯度并未发生明显变化；中央隆起古地温梯度下降现象在晚古生代最为明显，塔里木盆地总体古地温梯度减少至23℃/km，并在中生代处于相对稳定阶段，二叠纪末期（250 Ma）塔里木盆地古地温梯度与古生代末期基本持平；新生代塔中地区古地温梯度略有上升，表现为中央隆起高于23℃/km。

塔里木盆地在早古生代主要处于高地热阶段，即所谓的“热盆”演化阶段，寒武系—中上奥陶系烃源岩从志留纪开始生油，烃源岩在石炭纪进入生油高峰期。在晚古生代末期，盆地抬升发生热衰减使塔里木盆地逐渐变“冷”，到二叠纪塔里木盆地进入“冷盆”阶段，这个阶段对塔里木盆地烃类的保存具有重大意义。在塔里木盆地处于“冷盆”阶段，油气藏中的有机质裂解速率大大减慢，已经产生的烃类化合物在低热流条件下有利于稳定保存，虽然目前寒武系烃源岩进入过成熟阶段，但是油气窗时期形成的原油在经过一系列运移在“冷盆”阶段得以保存下来，烃源岩形成的原油中仍有烃类化合物存在，因此塔里木盆地二叠纪以来长期处于“冷盆”状态是深层油气藏得以稳定保存的一个关键因素。

塔里木板块演化史上分为三次拉张及三次挤压，第一次拉张发生在震旦纪—奥陶纪，形成了盆地东部的库-满拗拉槽；第二次拉张发生在早二叠世，形成了克拉通内裂谷盆地，伴有广泛的火山活动；第三次拉张发生在侏罗纪，在南北山前带形成了内陆断陷盆地。第一次挤压发生在志留纪—泥盆纪，由于南昆仑洋的关闭，形成了塔西南前陆盆地，在台盆区表现为石炭系与泥盆系及下伏地层广泛的角度不整合，形成了盆地的下构造层；第二次挤压发生在晚二叠世—三叠纪，由于古特提斯洋关闭和塔里木板块向南天山俯冲造山，海水退出塔里木，分别形成了塔西南和库车两个前陆盆地，在台盆区东部侏罗系与三叠系及下伏地层呈角度不整合，在塔中地区则缺失侏罗系，从而形成了盆地的中构造层；第三次挤压发生在新近纪，由于印度板块与欧亚板块碰撞，昆仑山、天山崛起，形成南、北两个再生前陆盆地。三次挤压分别形成了三期前陆盆地。

塔里木盆地是典型的叠合型盆地，其地质活动活跃，经历多次构造沉降与抬升，多次构造运动造成油气藏多次生烃、排烃、运移成藏以及成藏后再调整。以塔中鹰山组含油气系统为例可以反映塔里木盆地塔中地区的油气分布特征（图3.15）：油藏中没有统一的油水界面，油气藏从上到下分别为伴生凝析气藏、油层、水层。在上覆地层有分散且规模较小的油层和水层，且这种广泛分布的非稳态油藏的部分油藏还在动态调整中。

这类油藏存在气层、油层、水层相互层叠分布，表明油藏经历的后期调整过程较为复杂。一系列构造活动使塔里木盆地发育广泛的断裂，沟通了不同层位的储层，油藏中的几种主要流体从深部沿着运移通道向上运移，并富集成藏。当原油经调整后聚集在深度比烃源岩浅的储层时，原油流体更利于稳定保存。虽然非稳态调整不利于深部油藏的稳定保存，但却可以使调整至浅层储层的油藏有更高的热稳定性，从整体上说，这样的调整有利于塔中区域海相油藏的稳定保存。

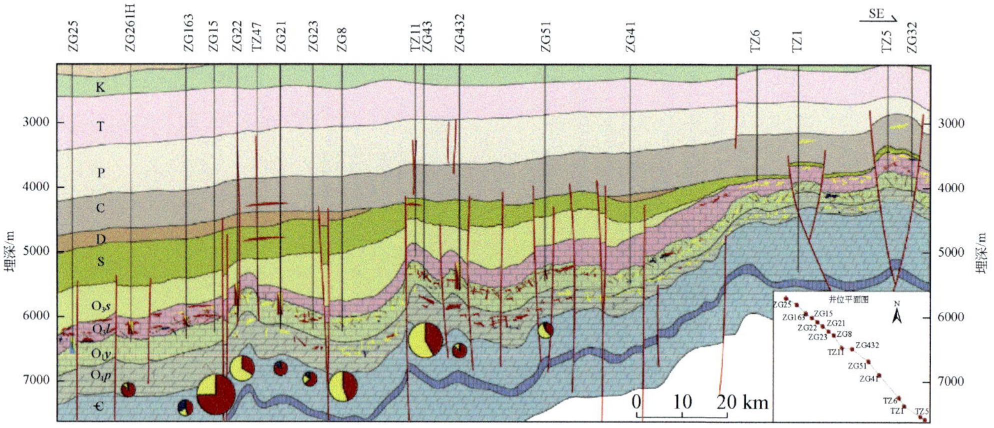

图 3.15 塔中区域鹰山组油气藏准层状分布示意图[①]

二、不同赋存环境原油稳定性

传统石油理论认为油气资源只有在特定的地质条件下（即“石油液态窗”）才能以液态的形式存在。普遍认为这个石油液态窗通常对应的实际地层温度为 60～135℃。但是，近年来越来越多的勘探实践证实石油液态窗可以更高，且它会随着原油的性质以及地质条件而发生改变。即地层温度是控制原油稳定性的重要因素，但并不是唯一因素。典型的油气储层按岩石类型主要可以分为碎屑岩储层和碳酸盐岩储层两大类。已有研究表明，矿物特别是黏土矿物对原油的热裂解过程具有较强的催化效应，因此原油的赋存环境可能也会对其稳定性产生重要影响。下文将详细阐述这两类主要的油气储集环境如何影响原油裂解过程，以及不同类型储集环境对典型原油稳定性的影响。

（一）矿物组分对原油裂解的影响机理

矿物的表面活性是表征其参与一系列物理化学反应的能力（表界面反应能力）的一个重要指标性参数。本质上来说，矿物的表面活性可通过矿物表面极性、荷电性、表面酸性这几个维度来衡量（袁鹏等，2012）。通常，矿物表面反应存在 4 种作用力，即表面 Lewis（L）酸与介质分子中的 Lewis 碱作用（强作用力）；表面电荷与介质中离子的静电作用（中作用力）；表面极性与介质中极性分子作用（弱作用力）；以及矿物表面与介质分子的范德瓦耳斯力（最弱的作用力）。决定矿物表面反应性的则为其表面功能基，而决定化学物质反应活性的是其反应的功能基。矿物的表面功能基不仅控制着其表面活性，还控制着其表面力学和电学性质。正是由于不同矿物在组成和结构上存在差异，因此它们的催化效果和反

① 引自中石油勘探院内部资料，2012 年。

应活性存在巨大差别。下文将重点阐述不同类型储层矿物对原油裂解催化过程的影响机理。

1. 碎屑岩矿物

碎屑岩是母岩机械破碎物经搬运、沉积、压实、胶结而成的岩石。碎屑岩的矿物成分以石英和长石为主，同时含有少量的黏土矿物及重矿物。通过选取纯的黏土矿物（伊利石、蒙脱石），以及碎屑岩的主要造岩矿物（石英、长石）及其配伍组合与典型原油的黄金管热模拟实验研究，可以揭示碎屑岩矿物对原油裂解行为的影响。

研究表明，各类碎屑岩矿物或矿物集合体并不会对原油裂解的反应过程产生显著的影响。即随着热演化程度增强，所有实验系列均呈现出高碳数的液态烃（C_{14+}）会不断发生裂解而导致其绝对含量逐步减少，中间的轻烃组分（C_6—C_{13}）以及除甲烷外的其他气态烃组分（C_2—C_6）则由于先受高碳数组分裂解生成的影响而逐步增大，随后由于温度进一步升高自身发生裂解而导致其含量逐步降低。作为最终产物的甲烷由于其只受生成作用影响其产率则随热解程度增加而单调递增（图 3.16）。

黏土矿物对有机质热解的影响主要表现在两个方面，即物理吸附和化学催化。通常黏土矿物都具有极强的物理吸附能力，而石英、长石这两类主要造岩矿物的物理吸附能力较弱。如蒙脱石、伊利石、高岭土的比表面积分别为 600 m^2/g 岩石、100 m^2/g 岩石和 20 m^2/g 岩石，均远大于方解石和石英的比表面积。通常认为黏土矿物首先将有机质吸附在表面，然后通过表面化学催化促进其热演化进程。而黏土矿物的催化活性主要来源于其表面的 Brønsted（B）酸性位和 Lewis（L）酸性位。其中的 L 酸中心通常位于黏土矿物表面的 Al^{3+} 和 Fe^{3+}，由于其配位不足，具有接收外来电子的轨道，从而具有 L 酸特征。黏土矿物的 L 酸中心通过接收电子来促进羧酸向 CO_2 转化，从而提高原油裂解过程中 CO_2 的产率。加入蒙脱石（存在大量 L 酸中心）后原油裂解所生成的 CO_2 产率增高的现象（图 3.17），在本节实验和 Pan 等（2010）的研究中均被发现。

B 酸中心则包括黏土矿物表面边缘的硅醇基（Si—OH）和铝醇基（Al—OH_2OH），此外被带黏土矿物的带负电荷表面所捕获的 H_3O^+也能充当 B 酸中心。由于 B 酸中心容易诱导碳正离子的形成，当反应体系中存在 B 酸性位时有机质的热解过程将转变为碳正离子反应路径。通常烷烃与极强的给质子酸结合可形成正碳离子。而正碳离子的稳定性按叔碳离子＞仲碳离子＞伯碳离子＞甲基正碳离子的顺序递减，因此该反应机制下裂解反应将以生成更为稳定的叔碳、仲碳离子，从而形成高度支链化的产物占主导。因此，B 酸中心的存在会显著地促进异构化反应，从而导致异构、支链烃类的生成（Pan et al.，2010；Bu et al.，2017）。同样发现存在大量 B 酸中心的蒙脱石加原油热解实验系列相比石英、长石乃至伊利石都具有更高的 i-C_4/n-C_4 及 i-C_5/n-C_5（图 3.18），表明蒙脱石显著地促进了原油裂解中异构化反应。总的来说，B 酸中心对于烷烃类化合物的热解行为影响极为有限。此外，黏土矿物对有机质热解行为的影响不仅与其组成、类型及含量有关，还与有机质自身性质紧密相关（Bu et al.，2017）。例如，黏土矿物中的 B 酸中心可以促进脂肪酸及硬脂胺的裂解，但由于 B 酸中心可以通过催化 C—N 键的裂解促进 Hoffmann 脱除反应的进行，最终导致其抑制了卤代有机质的裂解过程（Bu et al.，2017）。由于绝大多数的原油中卤代烃的含量往往非常低，因此 B 酸中心对于原油整体的热解行为影响极为有限。

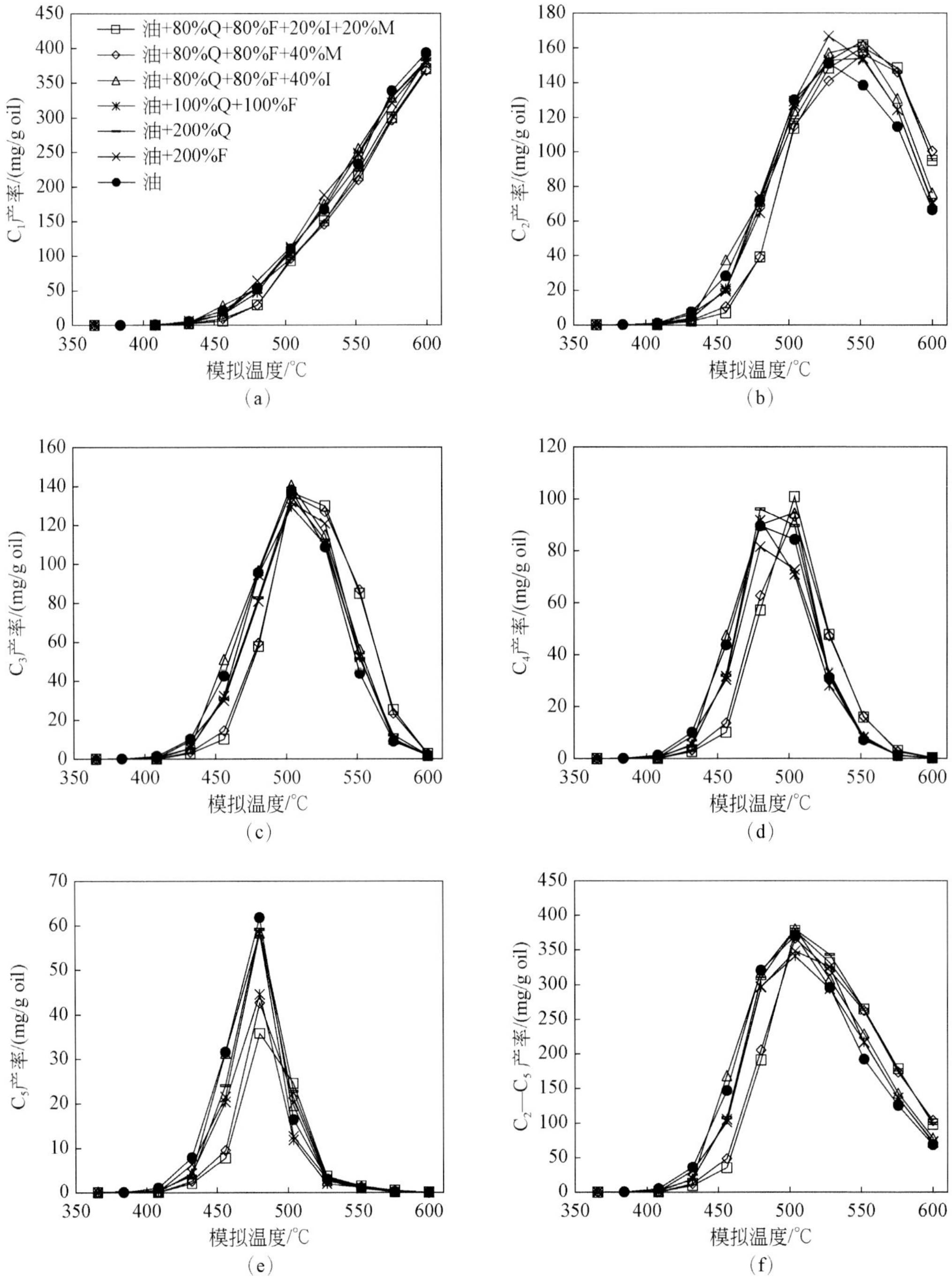
油+80%Q+80%F+20%I+20%M
油+80%Q+80%F+40%M
油+80%Q+80%F+40%I
油+100%Q+100%F
油+200%Q
油+200%F
油
C1产率/(mg/g oil)
C2产率/(mg/g oil)
C3产率/(mg/g oil)
C4产率/(mg/g oil)
C5产率/(mg/g oil)
C2—C5产率/(mg/g oil)
模拟温度/℃
(a)
(b)
(c)
(d)
(e)
(f)

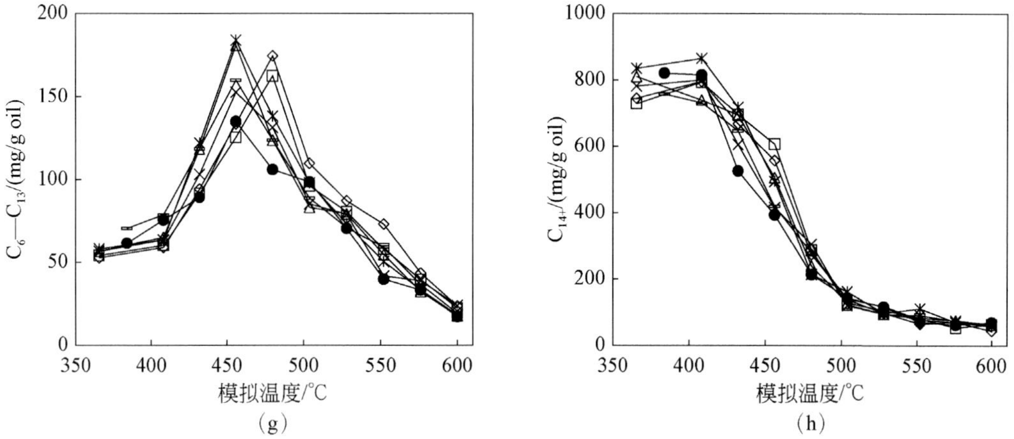

图 3.16 碎屑岩矿物存在条件下原油热解过程中气态烃产率随温度变化关系图

Q-石英；F-长石；I-伊利石；M-蒙脱石；图例中百分比为不同种类纯矿物的加入量相对原油的质量分数（下同）

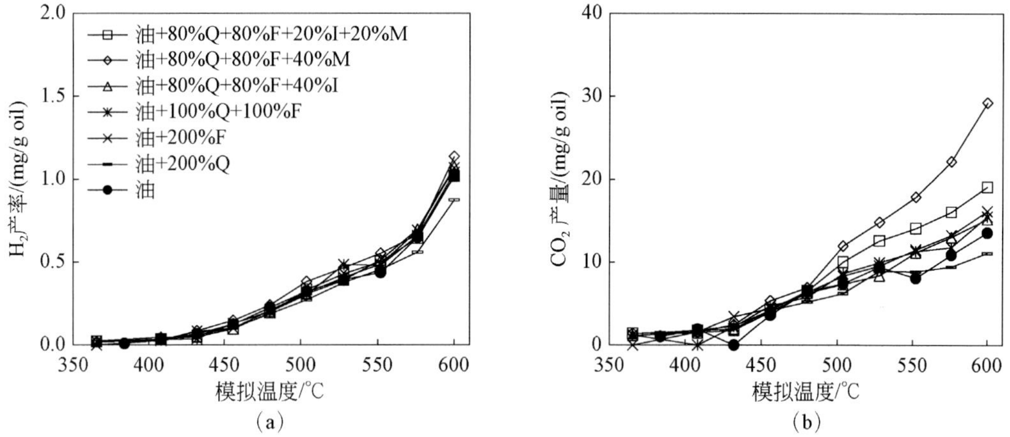

图 3.17 碎屑岩矿物存在条件下原油热解过程中非烃气产率随温度变化关系图

2. 碳酸盐岩矿物

碳酸盐岩储层主要分为灰岩和白云岩两大类，它们的主要组成矿物为 $CaCO_3$、$MgCO_3$、$CaMg(CO_3)_2$。已有研究表明，碳酸盐岩矿物晶体结构为立方或斜方晶系，不能像黏土矿物那样以层间结构结合有机质，所以有机质不易进入矿物晶格，只能残留于晶粒间隙中。此外，碳酸盐矿物对脂肪酸酯生烃过程的低温催化作用主要与其中的过渡金属有关，过渡金属的含量决定了其催化活性强弱，表明碳酸盐岩矿物的催化活性可能更多地与其所含的过渡金属离子有关。白云石（或其中所含的 $MgCO_3$）会诱导含硫原油发生 TSR 反应，从而造成一定程度的有机质损耗。

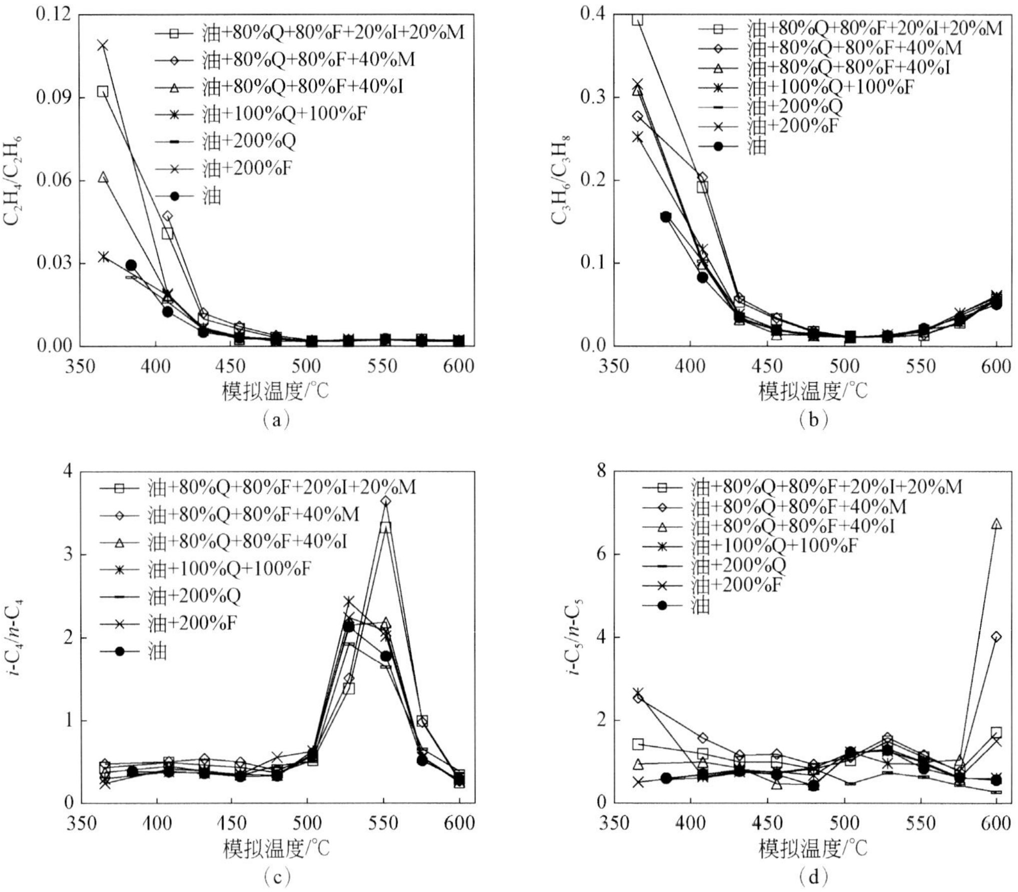

图 3.18　碎屑岩矿物存在条件下原油热解生成各气体组分指标随温度变化关系图

图 3.19 展示了原油裂解实验中 C_1、C_2、C_3、C_4、C_5、C_6—C_{13}、C_{14+}等各组分产率随热解温度的变化关系。结果表明不同种类的碳酸盐岩矿物对原油热解行为的影响有所差异。具体来说，添加碳酸钙（$CaCO_3$）的原油裂解实验结果与纯原油的实验结果非常相似，但与添加碳酸镁（$MgCO_3$）或白云石的实验结果有所不同。这意味着 $CaCO_3$ 的存在与否，以及以何种比例加入，其对原油的热裂解行为均没有显著的影响。前人对干酪根（Tannenbaum and Kaplan，1985；Huizinga et al.，1987）或原油（Pan et al.，2010）的研究均表明方解石对它们的热裂解行为无显著影响。实验结果还显示，白云石的存在使 C_1、C_2、C_3、C_4、C_5、C_6—C_{13}、C_{14+}的产率略有降低。同时，$MgCO_3$ 和 $MgCO_3$-$CaCO_3$ 混合油的实验结果也与白云石加入系列的实验结果相似。这表明白云石对原油热解的影响很可能与白云石中 $MgCO_3$ 组分有关。

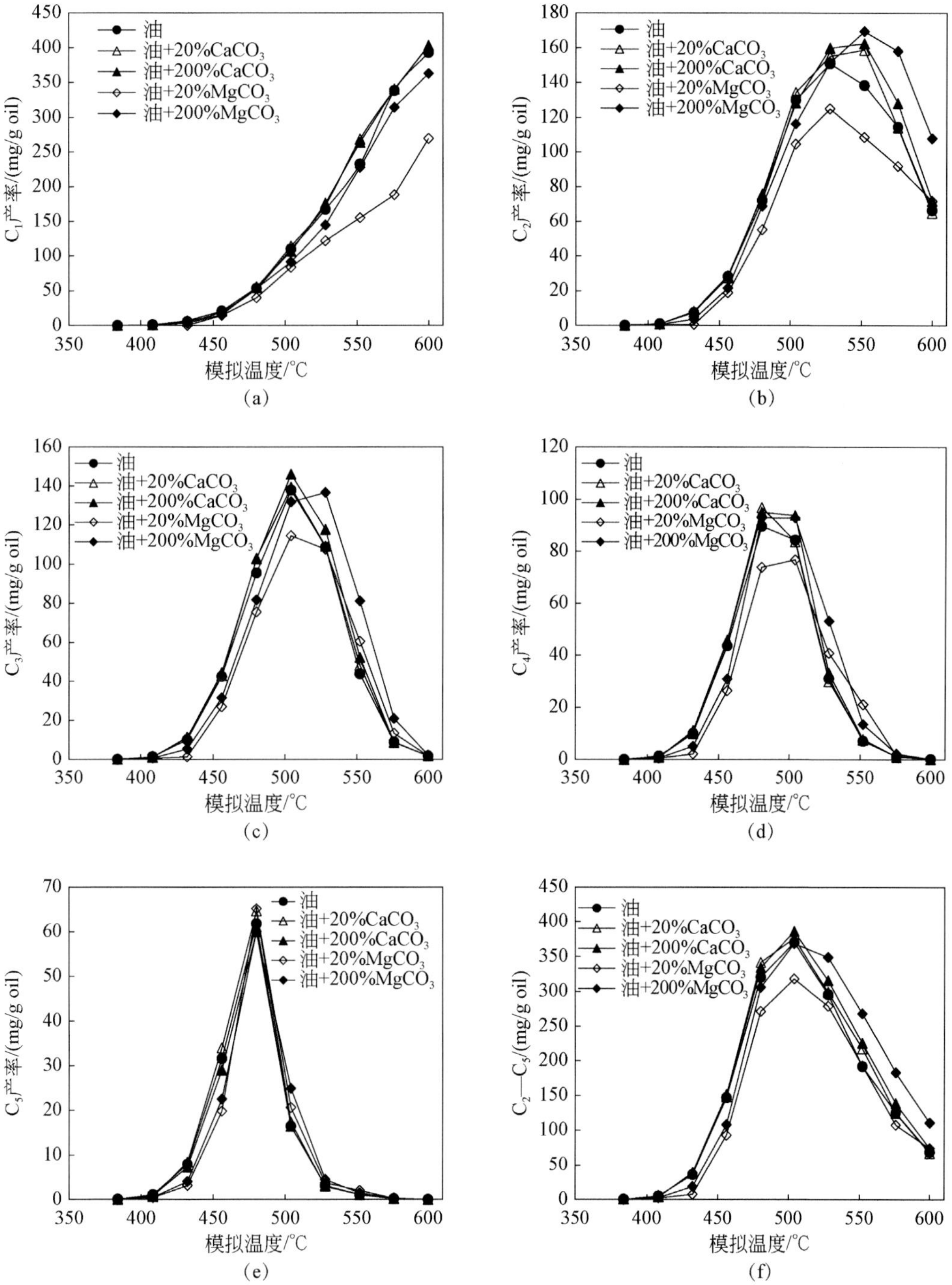
油
油+20%CaCO3
油+200%CaCO3
油+20%MgCO3
油+200%MgCO3
C1产率/(mg/g oil)
C2产率/(mg/g oil)
C3产率/(mg/g oil)
C4产率/(mg/g oil)
C5产率/(mg/g oil)
C2—C5/(mg/g oil)
模拟温度/℃
(a)
(b)
(c)
(d)
(e)
(f)

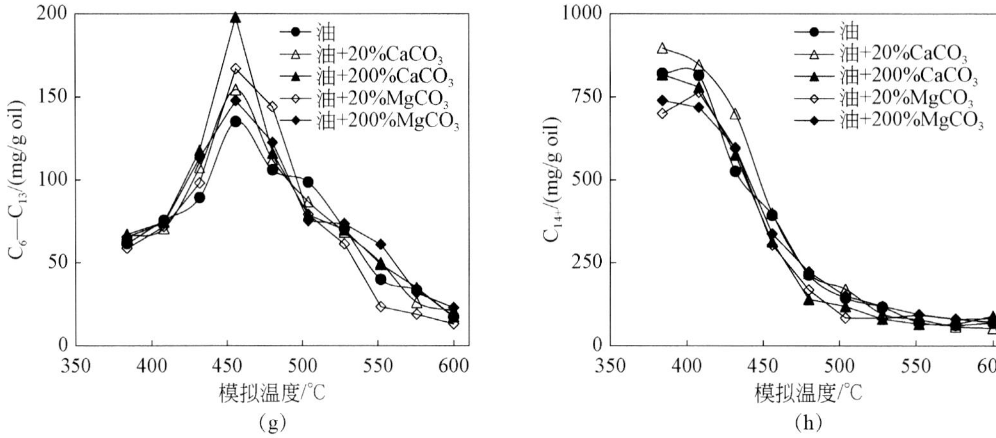

图 3.19 碳酸盐岩矿物存在条件下原油热解过程中气态烃产率随温度变化关系图

白云石被广泛用做生物质气化反应的催化剂。它可以在 600～900℃内将焦油转化为气态产物（如 CO、H_2 和 CH_4）（Hervy et al.，2019；Islam，2020）。而上述反应过程中真正的催化活性中心其实是在 600℃以上的高温下白云石裂解所生成的 CaO 和 MgO。由于本节使用的模拟温度较低（≤600℃），因此上述催化机制无法解释本节中白云石对油气裂解过程的催化过程。此外，碳酸盐岩矿物系列实验获取的烯烃与烷烃比值和异构烷烃与正构烷烃比值并未与纯原油热模拟实验存在显著差异（图 3.20）。而前人研究指出原油与黏土矿物混合的热模拟实验产物中往往会由于酸催化作用导致上述几个比值发生变化（Pan et al.，2010；Bu et al.，2017）。因此，这种酸催化作用同样无法解释碳酸岩盐介质条件下的原油裂解过程。

虽然含白云岩系列实验中 CO_2 产率与纯原油热解实验的演化趋势相似［图 3.20（a）］，但这两个系列之间在生成的 CO_2 的碳同位素组成（$\delta^{13}C$）上仍存在显著差异［图 3.20（b）］。CO_2 的$\delta^{13}C$ 往往蕴含了成因和来源信息。通常，有机成因的 CO_2 具有较轻的$\delta^{13}C_{CO2}$（普遍＜-10‰），而无机成因（普遍＞-8‰）的$\delta^{13}C$ 将更为偏重且与其周围的碳酸盐岩相当。与纯原油系列相比，含白云岩与 $MgCO_3$ 的系列实验所生成的 CO_2 的$\delta^{13}C$ 更为偏重，表明很可能存在无机 CO_2 的贡献［图 3.20（b）］。碳酸镁（$MgCO_3$）被认为可在 230～680℃内发生热分解反应。如此大范围的分解温度是由于碳酸镁的分解温度易受到水的存在和/或晶体杂质和缺陷的影响。这表明本实验中可能存在 $MgCO_3$（白云石）和 H_2O 之间由于加热发生反应从而生成无机二氧化碳，参见反应：

$$MgCO_3(\text{白云石})+H_2O \longrightarrow Mg(OH)_2+CO_2 \quad (R3.1)$$

而含 20%$MgCO_3$ 以及含 10%$MgCO_3$ 和 10%$CaCO_3$ 的模拟实验系列中 CO_2 的$\delta^{13}C$ 值在热模拟温度达 528℃后（-23.48‰）急剧增加（552℃时为-10.65‰）的现象也可以进一步佐证上述推测。

还发现含 $CaCO_3$ 系列的原油裂解实验中所生成的 CO_2 的$\delta^{13}C$ 也明显重于纯原油裂解所生成 CO_2 的$\delta^{13}C$［图 3.21（b1）］。这种偏重及$\delta^{13}C$ 相对恒定的 CO_2 很可能是原油裂解过程中有机成因的 CO_2 与围岩不断反应并最终达到重新平衡的结果，因为贫 ^{13}C 的 CO_2 应比富

^{13}C 的 CO_2 更容易与 Ca^{2+} 发生反应（Hao et al.，2015a）。事实上，在易发生 TSR 反应的地质环境中，由于 TSR 反应易于生成 CO_2，普遍存在极度偏重且与围岩中无机碳的 $\delta^{13}C$ 相近的 CO_2 气体。

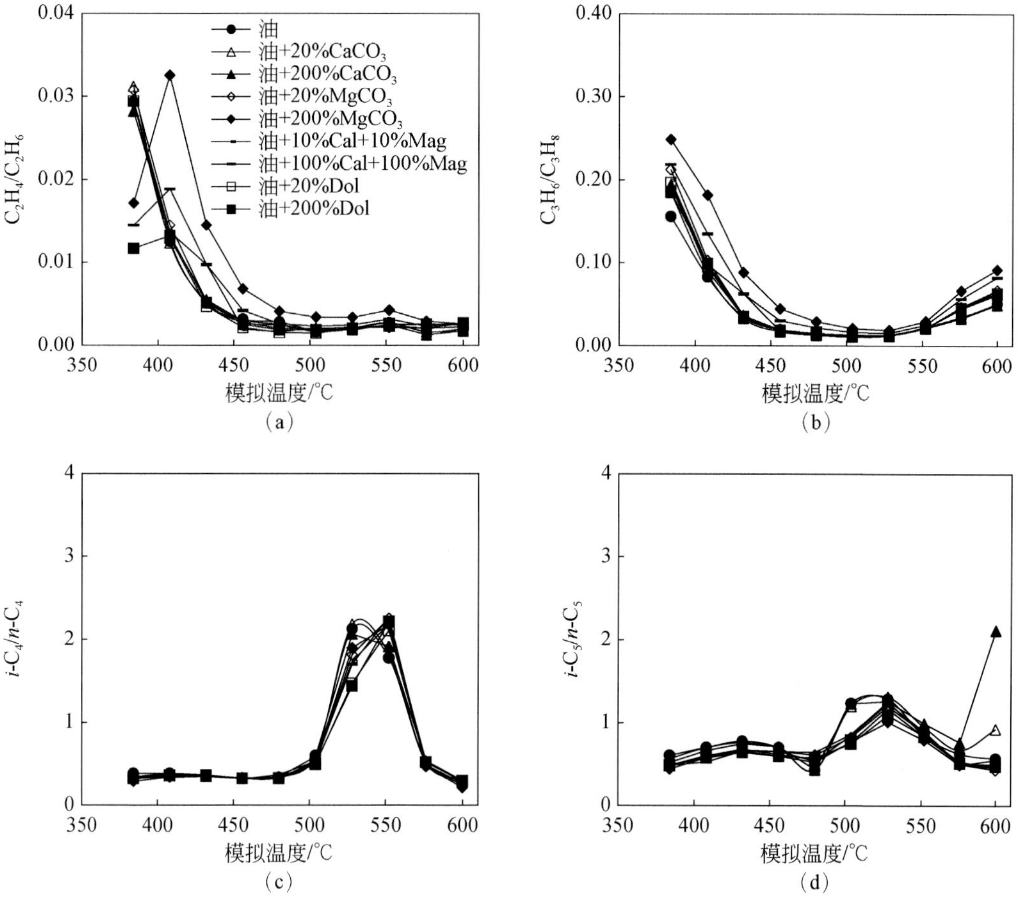

图 3.20 碳酸盐岩环境下原油裂解产物中烯烃/烷烃（C_2H_4/C_2H_6，C_3H_6/C_3H_8）（a）（b）及异构烷烃/正构烷烃（i-C_4/n-C_4，i-C_5/n-C_5）（c）（d）变化关系图

Cal 表示方解石；Mag 表示 $MgCO_3$；Dol 表示白云石

如图 3.22 所示，低浓度（20%）的白云石/$MgCO_3$ 系列所生成的 H_2S 产率是显著高于高浓度（200%）白云石/$MgCO_3$ 系列。这很可能是由于原油裂解所生成的 H_2S 一部分被吸收/转化成其他形式（如硫酸根离子），导致原油裂解生成的 H_2S 量减少。即 $Mg(OH)_2$ 可以与 H_2S 反应形成硫酸镁（$MgSO_4$），具体反应式如下：

$$Mg(OH)_2+xH_2S \longrightarrow Mg(OH)_2 \cdot (H_2S)x \longrightarrow Mg(HS)_2+2O_2 \longrightarrow MgSO_4 \quad (R3.2)$$

而且上述（R3.2）反应所需的反应物（O_2）可以从水在金属负载的催化剂上受热分解得到：

$$2H_2O \longrightarrow 2H_2+O_2 \quad (R3.3)$$

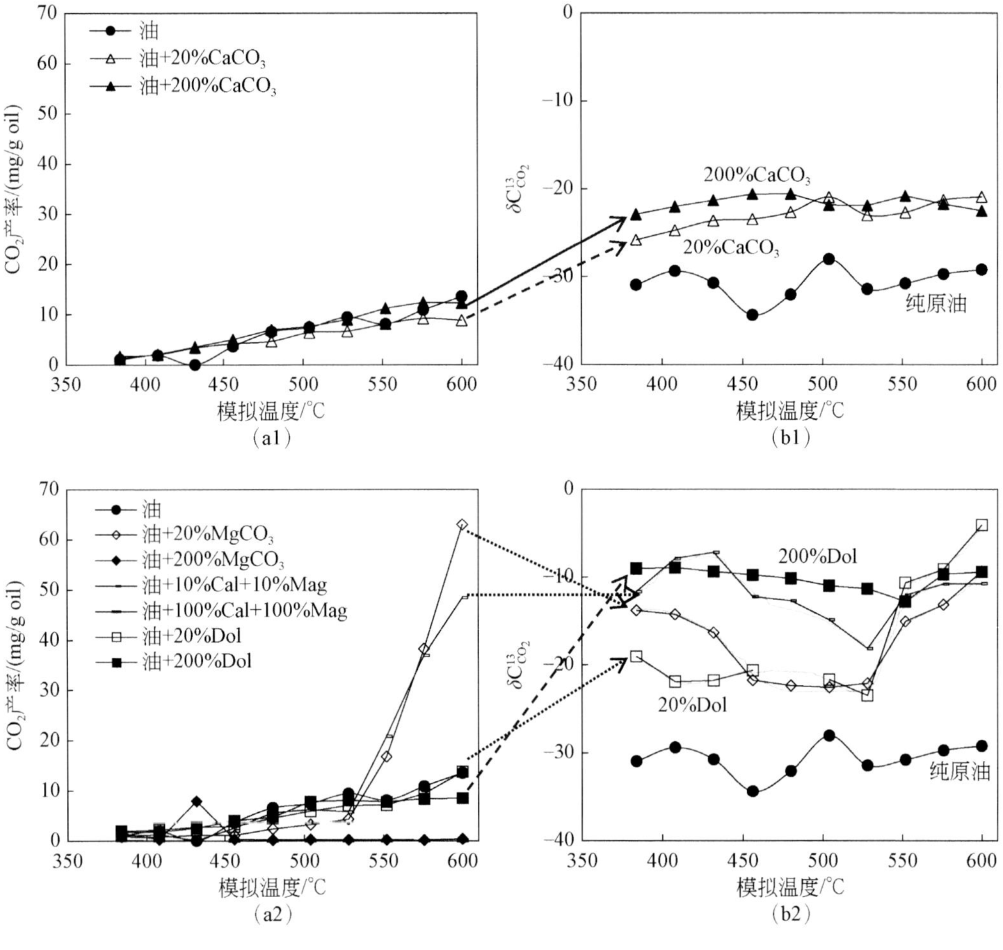

图 3.21 碳酸盐岩环境下原油裂解 CO_2 的产率及 $\delta^{13}C_{CO_2}$ 随热解温度的变化关系图

（a）CO_2 产率；（b）CO_2 的 $\delta^{13}C$

反应（R3.3）容易发生在以痕量存于白云石或 $MgCO_3$ 矿物晶格中的惰性金属或过渡金属上，但不会受到 CaO/MgO 氧化物的催化（Hervy et al.，2019）。而较高含量的白云石/$MgCO_3$ 可以提供更多的过渡金属。因此，较高含量的矿物将有助于（R3.2）和（R3.3）反应的进行。因此，如果上面推测的以（R3.1）、（R3.2）及（R3.3）反应为主导的催化机理成立，则会在具有较高比例矿物质（白云石/$MgCO_3$）的样品中检测到高 H_2 和 SO_4^{2-} 产率和低 H_2 产率。实际上本研究也确实发现，高浓度（100%和 200%）的白云石/$MgCO_3$ 系列相比（10%和 20%）低浓度系列，会有更高的 H_2 和 SO_4^{2-} 产率（图 3.23）以及更低的 H_2S 产率（图 3.22）。

实验结果还表明，$MgCO_3$ 和白云石系列所生成的气态烃（C_1—C_5）的产率明显低于纯原油系列（图 3.18）。上述结果表明，白云石或 $MgCO_3$ 由于热稳定性稍差易于热解生成 $Mg(OH)_2$，随后所生成的 $Mg(OH)_2$ 会吸收原油裂解生成的 H_2S 并转变成 SO_4^{2-}，最后 SO_4^{2-} 在 H_2O 和 H_2S 共存条件下可以引发 TSR 反应。同时，TSR 反应可导致碳氢化合物的破坏，以及 CO_2 和 H_2S 的产生。即白云岩储层对原油的裂解过程是否有影响与原油组成，特别是

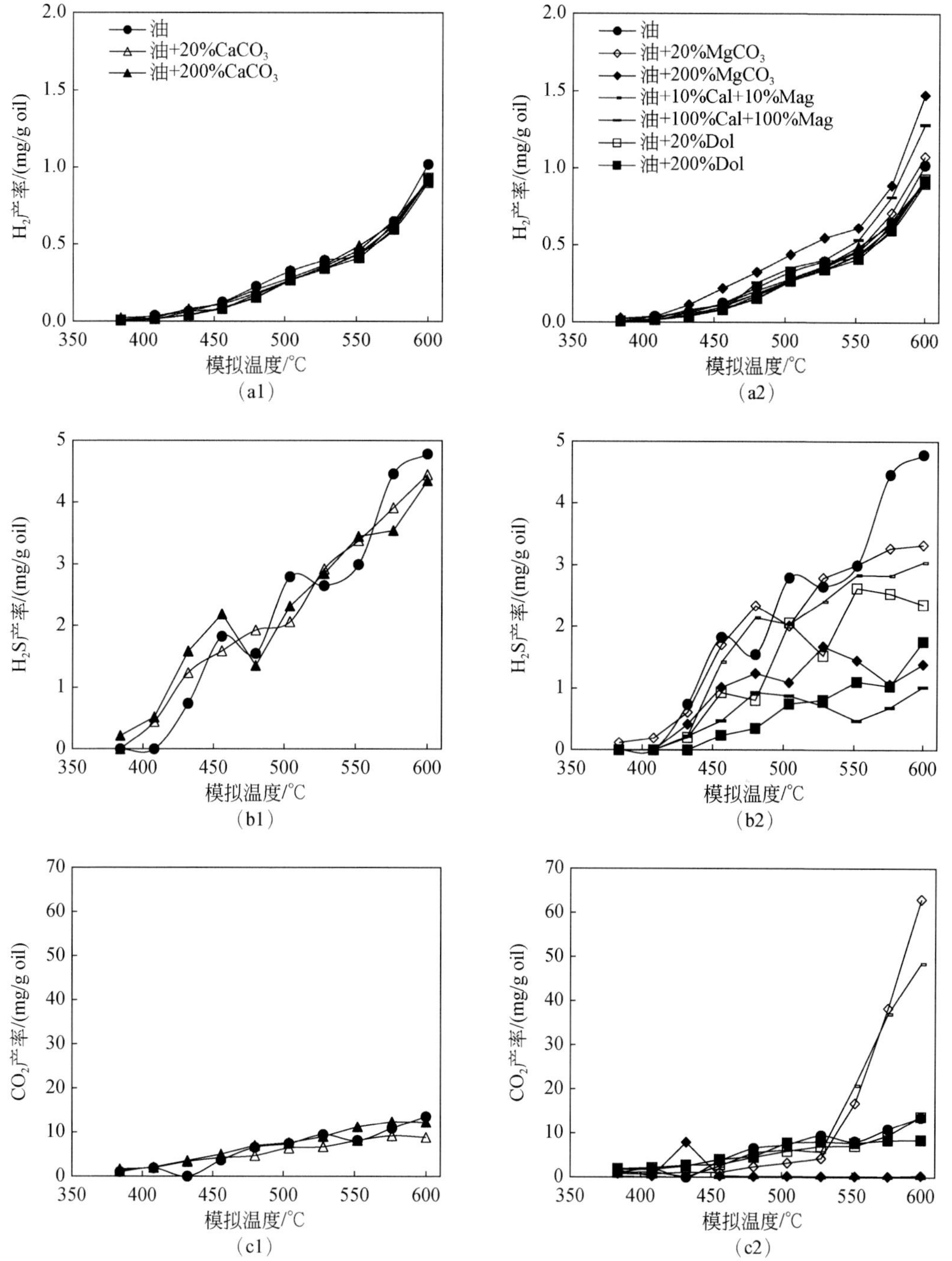

图 3.22　碳酸盐岩矿物存在条件下原油裂解生成的 H_2、H_2S 及 CO_2 随热解温度的变化关系图

（a）H_2 产率；（b）H_2S 产率；（c）CO_2 产率；左边是 $CaCO_3$ 系列，右边是 $MgCO_3$ 和白云岩系列

有机硫含量密切相关。当原油中含有一定量的有机硫时，白云石会促进其转变成 SO_4^{2-}，从而激活 TSR 反应并进一步破坏原油裂解生成的气态烃，造成气态烃的产率下降。当然，上述机理仍需要进一步的研究确认。此外，Belete 等（2019）对 $CaCO_3$ 的热解实验研究表明，

在 0.1 mbar 水蒸气存在条件下 $CaCO_3$ 也只会在温度高于 960 K（687℃）时发生显著裂解并生成大量 CO_2。这表明即使含有水，$CaCO_3$ 仍然较 $MgCO_3$ 更难热解。因此，当仅 $CaCO_3$ 存在时，是难以发生上述 SO_4^{2-}生成反应的。同时，TSR 反应更易于通过［$MgSO_4$］接触离子对而不是 SO_4^{2-}发生反应。这意味着在纯 $CaCO_3$ 的原油裂解实验中应该可以忽略 TSR 反应的影响。

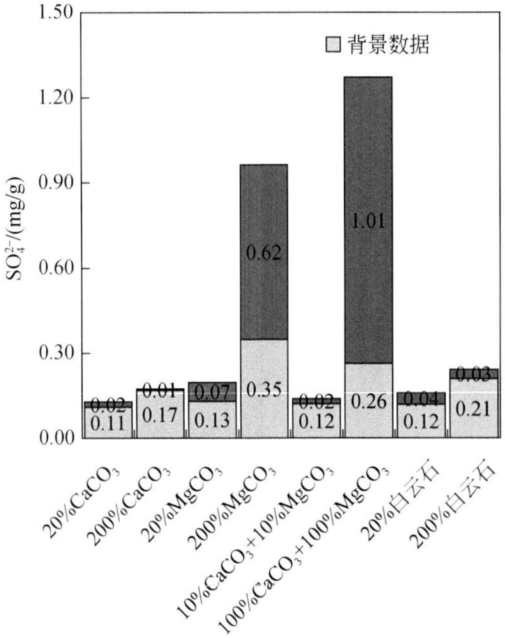

图 3.23　600℃时不同碳酸盐岩矿物存在条件下原油裂解产物中 SO_4^{2-}浓度

SO_4^{2-}在原油、$CaCO_3$、$MgCO_3$ 及白云石纯矿物中的浓度分别为 0.1 mg/g 原油、0.03 mg/g 矿物、0.12 mg/g 矿物、0.05 mg/g 矿物

（二）储集环境对原油各组分稳定性的影响

1. 碎屑岩储层环境

通过不同类型碎屑岩矿物及其混合物与原油的热裂解实验，可以查明各典型碎屑岩矿物对原油裂解催化能力的强弱，以及各类碎屑岩矿物之间是否存在相互抑制或促进作用。在石英、长石及其混合物存在的条件下，原油裂解产物的各组分绝对含量均无显著影响，对于绝大部分的气态烃（C_1—C_5）以及非烃气体（H_2、CO_2、H_2S）的影响质量分数低于 10%（图 3.24）。而轻烃（C_6—C_{13}）和重烃（C_{13+}）则随热解温度增加呈波浪变化，但整体变化幅度也基本在 20%范围内。这主要是由于石英结构简单，表面只有一种 Si—O 断键，基本不具 B 酸和 L 酸中心。因此石英对于原油热裂解几乎没有催化能力。长石则可存在硅醇基 Si—OH、铝醇基 Al—OH 等。但矿物表面要想形成上述功能基，需要矿物块体中与之成键的邻位原子发生“丢失”，或者点阵平面被突然截断，产生过来电荷或悬键再与外来分子或离子发生吸附形成功能基（袁鹏等，2012）。研究表明长石对原油热解的催化能力仍然较弱。

而当伊利石（40%原油质量）存在时，气态烃（C_1—C_5）以及非烃气体（H_2、CO_2、H_2S）产率的影响仍然较小，普遍低于 10%。但在 432～456℃阶段，轻烃（C_6—C_{13}）的变化率达 30%～46%，在 480～504℃时，其变化率也达-22%～-23%。而重烃在 456～528℃阶段的变化率则处于-20%～-35%。这表明伊利石对原油裂解行为的影响并不太大，仅稍

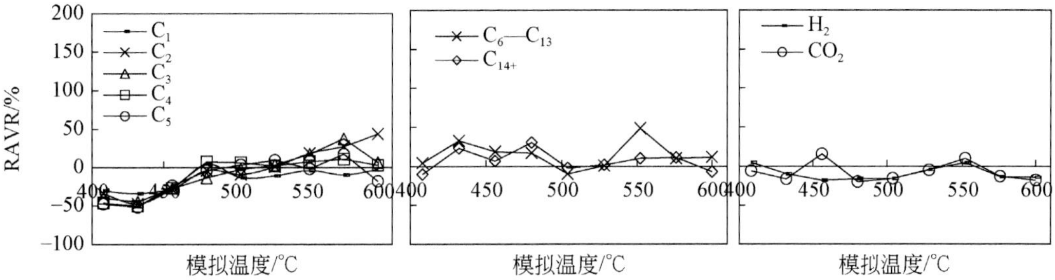

（a）200%Q

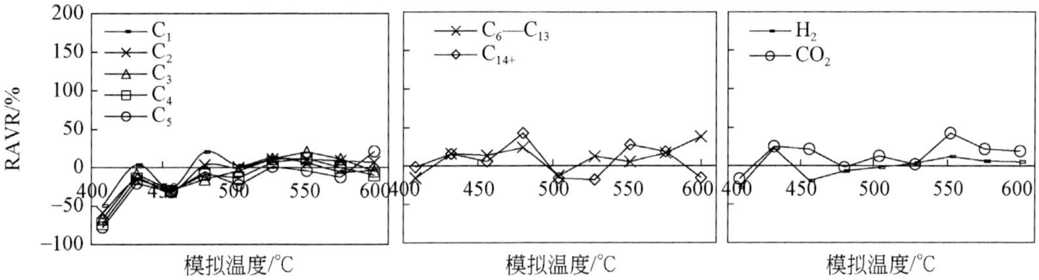

（b）200%F

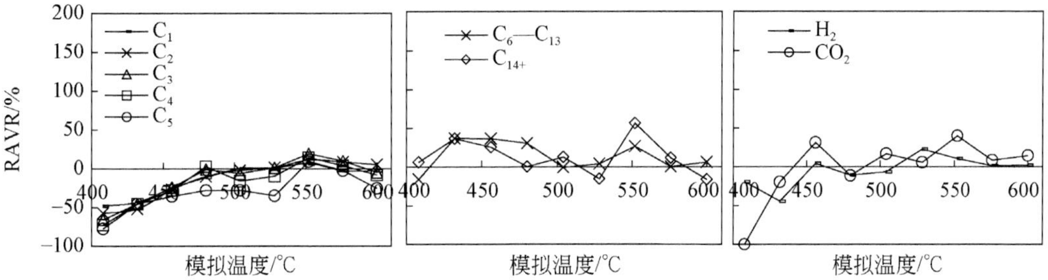

（c）100%Q+100%F

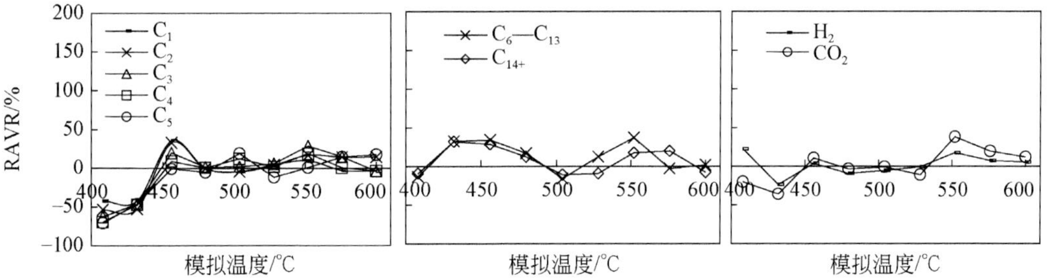

（d）80%Q+80%F+40%I

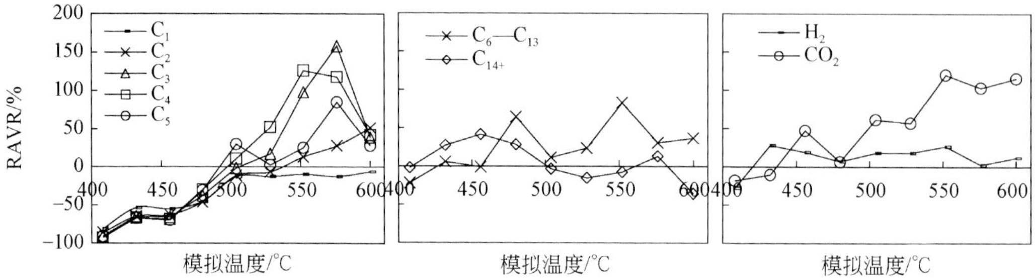

（e）80%Q+80%F+40%M

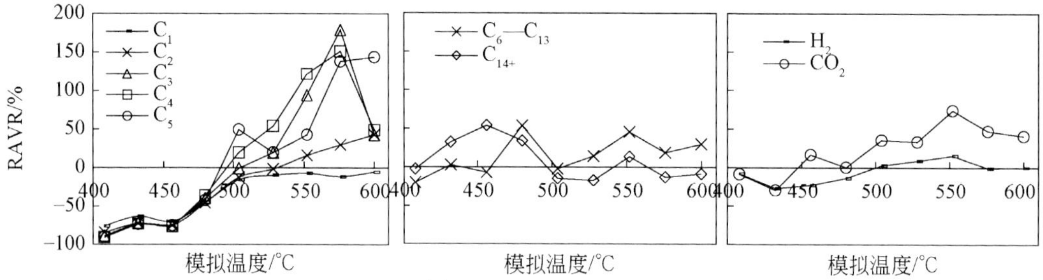

（f）80%Q+80%F+20%I+20%M

图 3.24　碎屑岩矿物存在时对原油裂解各组分的影响程度随温度变化关系图

RAVR 为相对变化系数

大于长石及石英。但当蒙脱石存在时，即使其含量只占原油的 20%，C_1—C_2 的产率仍明显受到了抑制，普遍达-30%，C_3—C_5 的产率则在＞500℃阶段显著增加到 100%左右。这表明蒙脱石的存在抑制了高碳数气态烃向低碳数气态烃裂解的过程。对轻烃产率的影响则是在＜486℃阶段为促进作用（9%～39%），而在＞486℃阶段转变为抑制作用（-12%～-43%），重烃则主要表现为抑制作用（3%～-41%）。此外，蒙脱石含量的差异基本不影响其对原油裂解行为的影响程度。

此外，Pan 等（2010）的研究认为蒙脱石上的羟基官能团或其层间水可以与原油组分发生自由基反应生成 H_2、CO_2，最终蒙脱石的存在会增加原油裂解生成的 H_2、CO_2 的量。但是在开展的模拟实验中，仅观测到 CO_2 产量的增加，并未发现 H_2 产量的增加（图 3.17、图 3.24）。这主要是由于 Pan 等（2010）的研究用了 2 倍原油质量的蒙脱石，但本节中蒙脱石的含量最高仅为原油质量的 40%。即几乎可以忽略不计蒙脱石上的羟基官能团，或其层间水并未显著地促进原油中 H_2、CO_2 的生成。而单一的 CO_2 产量的增长则主要是蒙脱石上的 L 酸催化促进了原油中的羧基生成 CO_2。在 Pan 等（2010）的研究中所使用的原油主要为饱和烃（占原油质量的 81.7%），仅含少量的非烃及极性组分（约 10.4%），而本节所使用的原油中饱和烃含量（51.4%）更低，但非烃及极性组分含量则更高（达 28.5%）。即本节所选的原油具备通过蒙脱石脱羧生成大量 CO_2 的条件。

伊利石的催化效果显著低于蒙脱石，则主要是由于伊利石矿物上的催化活性中心少于蒙脱石。如前所述，蒙脱石的催化活性更多的是来源于蒙脱石表面的硅醇基（Si—OH）和铝醇基（Al—OH_2OH）。并且蒙脱石矿物层间大量存在的层间水被认为是一种重要的 B 酸中心。但是随着蒙脱石通过脱除层间水而逐渐向伊利石转化，上述 B 酸中心也逐渐消失。

伊利石矿物表面偏碱性环境可能比蒙脱石能保留的 H_3O^+（一种 B 酸中心）更少。最终，伊利石不论是在矿物表面，还是层间所存在的 B 酸中心都显著地低于蒙脱石。因此蒙脱石对原油裂解的催化活性比伊利石更强。综合分析表明不同类型碎屑岩矿物对原油裂解的影响存在显著差异，其影响程度由高到低依次为蒙脱石＞伊利石＞长石＞石英。

石英、长石是主要的碎屑岩矿物，前面的研究已经讨论了它们对于原油裂解行为的影响。结果表明原油裂解行为会随着储层介质环境的变化而发生改变，而原油裂解所生成的各组分的质量分数将同样发生改变。随后通过将各温度点模拟实验得到的原油裂解产物组分进行 PVT（压力、体积、温度）模拟计算，可以研究在不同介质环境下原油裂解产物的组分和相态演化规律。此外，为了将本节的结果合理外推到实际地质过程中，还通过 Easy R^o 方法（Sweeney and Burnham，1990）来计算不同实验温度下的成熟度（Easy R^o）。通过计算，本节样品的 Easy R^o 处在 0.79%～3.87%（热模拟温度范围为 384～600℃），基本上覆盖了目前世界上绝大多数含油气储层的成熟度范围。通常来说计算得到的 Easy R^o 往往要高于实际的成熟度，但 Hill 等（2007）通过对 Barnett 页岩样品的研究指出当 Easy R^o 低于约 2.0%时，Easy R^o 几乎与其实际的 R^o 一致。此外，Zeng 等（2019）对来自中国的六个煤炭的研究也得出了类似结果。即通过 Easy R^o 成熟度标尺以及 PVT 相态演化图版分析，可以开展储存矿物环境的变化对原油组分和相态演化特征影响的研究。

进一步研究表明，石英和长石都几乎不会影响原油的相态演化特征（图 3.25）。当有少量的伊利石时，原油的相态演化特征也未发生太大变化，仅在 Easy R^o=1.47%时，其相包络线的最大露点温度增加了大约 35℃。而当蒙脱石存在时，原油的相态演化特征则发生了较为显著的变化。在较低演化阶段（Easy R^o=0.79%～1.47%），其露点温度升高而泡点压力有所降低。在此阶段，露点温度的变化值也是逐步从 Easy R^o=0.79%时的 3℃逐渐上涨到 Easy R^o=1.47%时的 93℃，泡点压力的变化值也是逐步从 Easy R^o=0.79%时的 1.2 MPa 逐渐上涨到 Easy R^o=1.47%时的 4 MPa 左右。而在较高演化阶段（Easy R^o=2.19%～3.5%），主要表现为露点温度升高（10～15℃）。

受后期风化淋滤及成岩作用影响，长石、云母等会逐步转化为高岭土、蒙脱石、伊利石等黏土矿物。并且这一过程受到碎屑岩物质组成、地层流体及钾离子含量、系统开放度等因素的影响。一般认为来自烃源岩的有机酸或大气水溶解长石会形成高岭石/伊利石。此外，原始砂岩地层中蒙脱石含量往往不高，但同期形成的火山物质中含较多蒙脱石。而伴随着储层不断深埋，其地温和压力都逐步增大，最后将导致蒙脱石逐步发生伊利石化。因此在深部地层中，碎屑岩储层中绝大部分的蒙脱石往往已经伊利石化或呈伊/蒙混层状态。本节表明，在以砂岩或石英砂岩为主的碎屑岩储层环境下，原油裂解行为不会发生太大变化。但当储层中存在少量黏土矿物，特别是蒙脱石时，原油中高碳数烃类物质的裂解会受到抑制，即原油的稳定性会有所提高。而伊利石对于原油的裂解行为的影响则小很多。

2. 碳酸盐岩储层环境

碳酸盐岩对有机质热演化过程的影响则受到矿物类型和含量的共同控制。在 20%碳酸钙条件下，对于绝大部分的气态烃（C_1—C_5）以及非烃气体（H_2、CO_2、H_2S）的影响为相对变化系数低于 10%（图 3.26）。而轻烃（C_6—C_{13}）和重烃（C_{13+}）则随热解温度增加呈波浪状变化，但整体变化幅度基本都低于 20%。当碳酸钙含量增加到原油的 200%时，气态

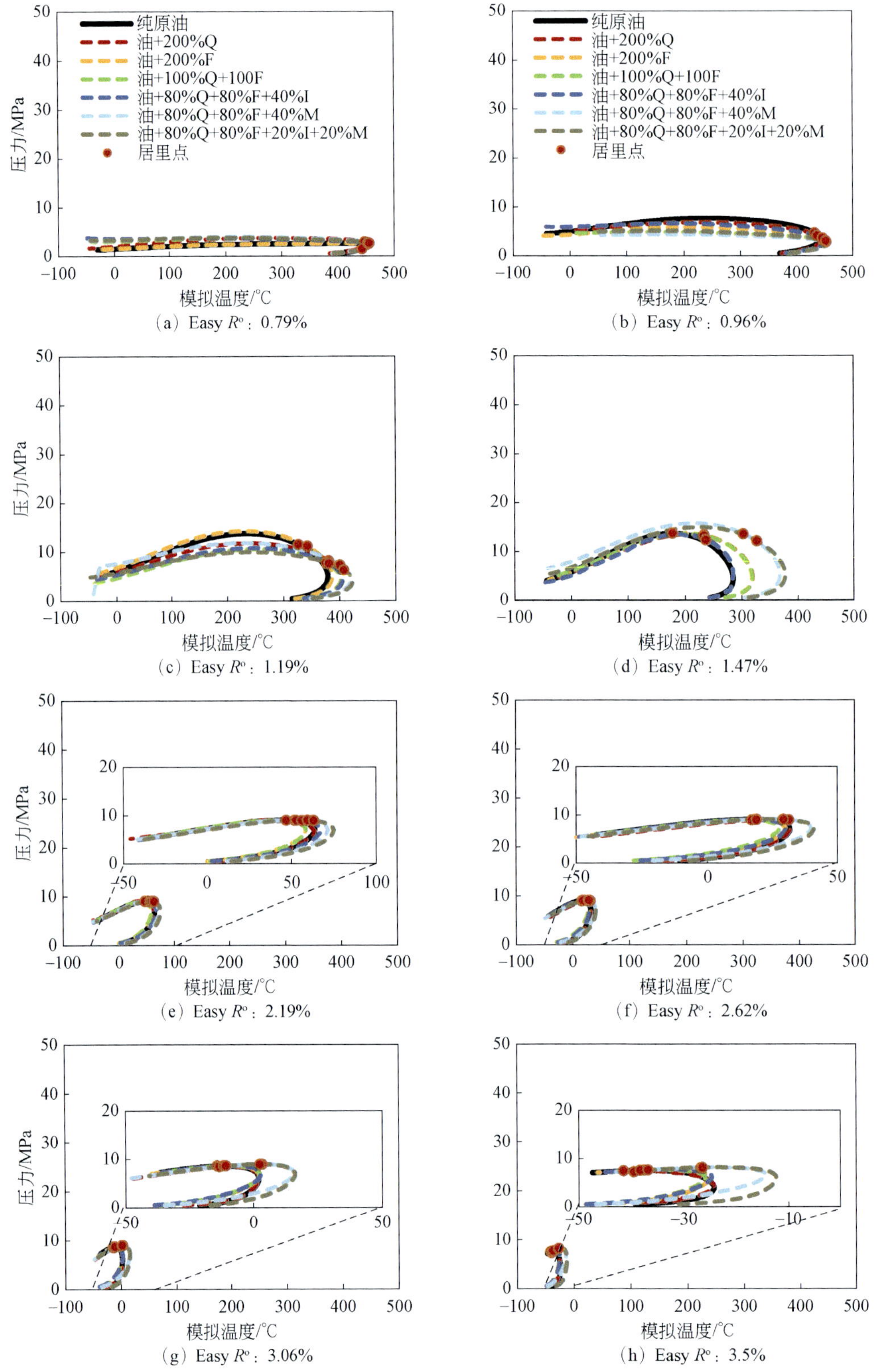

图 3.25　碎屑岩矿物存在条件下原油热解各温度点的相包络线演化图

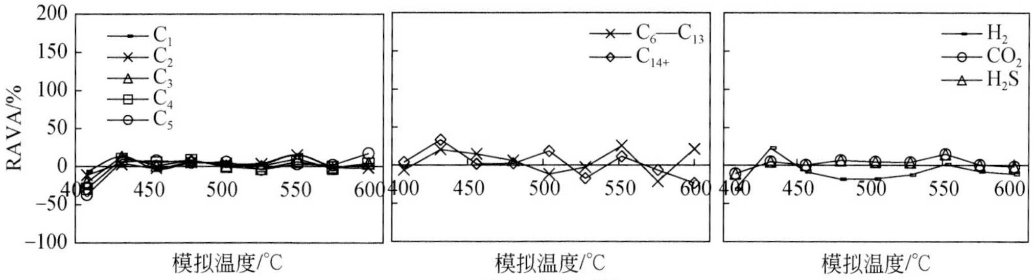

(a) 20%$CaCO_3$

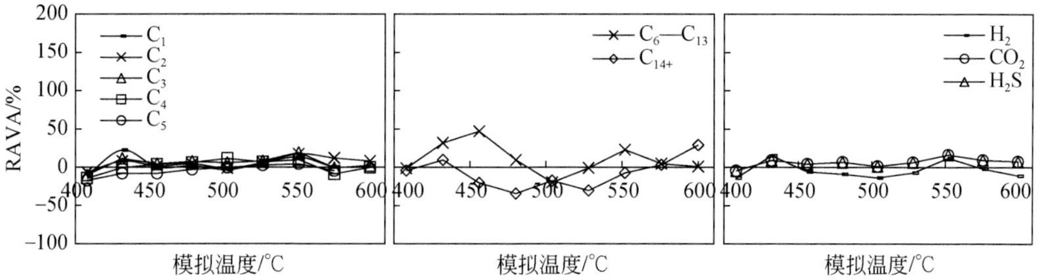

(b) 200%$CaCO_3$

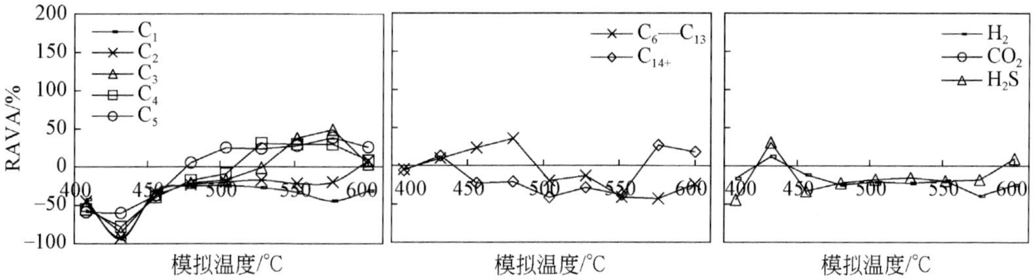

(c) 20%$MgCO_3$

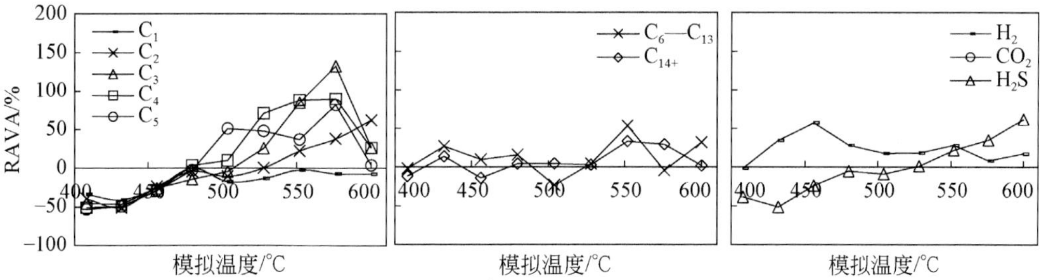

(d) 200%$MgCO_3$

图 3.26　碳酸盐岩矿物存在时对原油裂解各组分的影响程度随温度变化关系图

烃（C_1—C_5）以及非烃气体（H_2、CO_2、H_2S）产率的影响仍然较小，普遍低于 10%。但在 432～456℃阶段，轻烃（C_6—C_{13}）的相对变化系数达 30%～46%，在 480～504℃时，其相对变化系数也达-23%～-22%。此外重烃在 456～528℃阶段的相对变化系数也达-35%～-20%。这表明碳酸钙对原油裂解的影响将随油藏中原油与碳酸钙矿物的相对含量的变化而发生改变。碳酸钙矿物对轻烃及重烃组分裂解的催化效果明显随其浓度的增大而增大。但总体而言，碳酸钙对原油裂解产物的组分特征的影响并不太大。

碳酸镁对原油裂解的影响则与碳酸钙对原油裂解的影响存在显著差异。当碳酸镁的含量是原油的 20%时，C_1—C_2 的产率明显受到了抑制，相对变化系数普遍大于-30%，C_3—C_5 的产率则在＞500℃阶段显著增加，相对变化系数达 40%左右。这表明碳酸镁的存在抑制了高碳数气态烃向低碳数气态烃裂解的过程。对轻烃（C_6—C_{13}）产率的影响则是在＜486℃阶段为促进作用（相对变化系数为 9%～39%），在＞486℃阶段则转变为抑制作用（相对变化系数为-43%～-12%）。重烃（C_{13+}）则主要表现为抑制作用（相对变化系数为-41%～3%）。这可能是由于碳酸镁的存在在＜486℃阶段促进了长链的重烃不断裂解成轻烃，而当温度＞486℃时，轻烃组分也开始进一步裂解。而碳酸镁含量的变化同样会对原油裂解的催化作用产生影响。当碳酸镁的含量增加到原油的 200%时，其对原油裂解的影响程度显著增强。主要表现在两个方面：一是在＞500℃阶段时，C_2 产率显著增加；二是 C_3—C_5 的产率在＞500℃阶段的相对变化系数最大值达 150%左右。碳酸镁含量的变化也会改变其对原油裂解行为的影响。200%的碳酸镁系列相比 20%的碳酸镁系列，对轻烃和重烃裂解的抑制作用似乎并不强烈。此外在＞500℃阶段，前者对 C_2 的生成是促进作用，而后者则是抑制作用。这一现象表明随着碳酸镁含量的增加，其对原油裂解的影响由低浓度时的抑制作用变为高浓度时的促进作用。

前文已提及碳酸盐岩的催化作用主要是由于其晶体中存在的金属离子（Mg^{2+}、Ca^{2+}）以及极少量的过渡金属离子所提供。由于过渡金属的量一般极少，所起到的催化效果往往不做考虑，因此两类碳酸盐岩矿物对于有机质热裂解行为的影响的差异更有可能是它们的金属离子所导致的。由于碳酸镁比碳酸钙的溶解度更高，相同条件下在水溶液体系中碳酸镁中 Mg^{2+}浓度将高于碳酸钙中 Ca^{2+}浓度。即同等条件下碳酸镁相比碳酸钙反应体系中将存在更多的金属离子，从而具有更强的催化活性。而当镁离子的浓度升高到一定程度时，促进了原油裂解过程中 H_2S 的生成（图 3.22）。已有研究表明，当热解反应体系中存在 H_2S 时，会促进不稳定的有机含硫化合物的形成从而加速原油的裂解。即当足够量碳酸镁存在条件下，原油裂解过程得到了极大地促进，与此同时原油的稳定性也降低了。

通过前文基于 Easy R^o 成熟度标尺的原油裂解产物 PVT 相态演化图分析，同样可以开展碳酸盐岩矿物的变化对原油组分和相态演化特征影响的研究（图 3.27）。如图 3.27 所示，当 Easy R^o 小于 1.2%或大于 1.5%时，碳酸钙和白云石的存在对于原油裂解产物的相图影响较小，仅轻微改变了其露点温度（＜15℃）和泡点压力（＜0.1MPa）。但是当 Easy R^o 在 1.2%～1.5%时，白云石的存在会显著地改变原油裂解产物的相包络线。特别是当 Easy R^o 在 1.47%时，相包络线的露点温度升高了 35℃，且泡点压力下降了 1.3MPa。这应该与碳酸镁抑制了原油裂解有关，即碳酸镁的存在使得原油中残余更多的具有高露点温度的长链烃类物质，从而导致其相包络线的露点温度升高。而且 Easy R^o 在 1.2%～1.5%时也对应着气态烃/凝析油气生成的转折点。因此，基于模拟实验结果，白云岩储层环境对于处在凝析油气阶段的含硫的原油的 PVT 相态存在较为显著的影响。即赋存于白云岩储层中的含硫的凝析油气资源，需要充分考虑白云岩对于其油气赋存相态演化过程的影响，才可能制定出更为合理的油气开采方案。

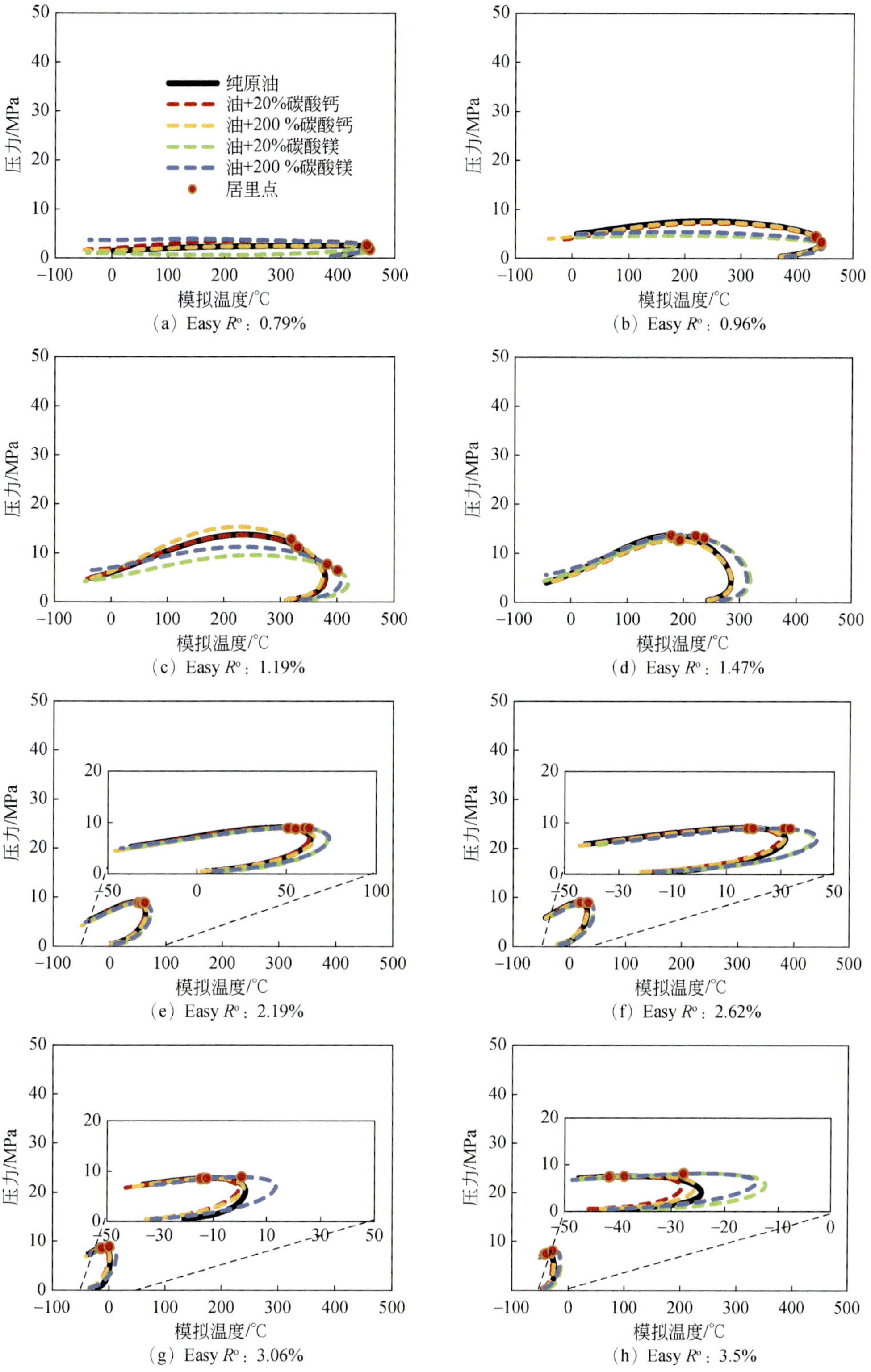

（a）Easy R^o：0.79%　（b）Easy R^o：0.96%

（c）Easy R^o：1.19%　（d）Easy R^o：1.47%

（e）Easy R^o：2.19%　（f）Easy R^o：2.62%

（g）Easy R^o：3.06%　（h）Easy R^o：3.5%

图 3.27　碳酸盐岩矿物存在条件下原油热解各温度点的相包络线演化图

碳酸盐岩的储集空间通常为孔隙、溶洞和裂缝。它们是在地质历史时期经历了一个复杂且长期的过程而形成的，沉积环境、热动力场、地下或地表水化学场，乃至构造应力场均对其形成和发展有重要影响。由于碳酸盐岩的易溶性和不稳定性，其储集空间往往具有孔隙类型多、变化快、成因复杂等特征。通过上述分析，认为不同的储层环境，包括储集孔隙类型和储集矿物种类均会对原油裂解行为产生一定程度的影响。就储层岩性而言，灰岩储层对原油裂解的影响相比白云岩储层要弱一些。此外，油气与储层矿物的接触程度也对储层中原油的裂解行为产生影响。即溶洞型储层相比孔隙型储层由于接触面更小影响也更小。绝大部分学者认为深层碳酸盐岩的储集空间以有机酸、TSR、热液活动等成因形成的埋藏溶蚀空洞为主。例如，塔里木盆地轮南、塔中及塔北地区的奥陶系鹰山组油气藏均为发育于潜山、风化壳或层间的岩溶型储层。那么基于本节研究，可以推测在此类溶洞型碳酸盐岩储层中，原油裂解行为受介质环境的影响并不会太强烈。

原油的储层矿物环境的差异确实会对其裂解行为以及其稳定性产生影响。这种影响在碳酸盐岩储层，以及较纯的石英及长石组成的碎屑岩储层中往往较小，但在存在黏土矿物，特别是蒙脱石时，上述影响将会显著地放大。此外，原油自身性质的差异也会导致其在同一赋存环境中表现出不同的裂解行为。因此，针对具体的油气藏开展深部烃类流体的相态研究，最好的办法是直接进行相态取样分析。当不满足取样条件或仅在勘探初期无法取样时，通过明确的原油与深部储层样品一起开展热模拟实验而获取的原油组分数据，较纯原油的热模拟实验数据可能更接近实际地质情况。

三、轻质油凝析油稳定保存深度下限

深层油气作为我国油气资源勘探的重点领域，是保证国家能源安全的重要阵地。然而复杂的油气演化历史、构造运动、成藏条件、次生作用等因素导致对深层油气相态稳定性及演化规律等问题认识不清。本节以塔里木台盆区轻质油和正常油为研究对象，利用油气相态模拟、高压釜-黄金管热模拟实验、生烃动力学参数拟合、盆地模拟等技术手段，讨论轻质油和正常油裂解过程中各油气演化阶段的深度保存下限。

（一）样品信息及实验方法

本节相关研究所用到的正常油样品为塔中 104 井石炭系原油，储层埋深为 3647～3669 m，颜色呈棕黑色，族组分中饱和烃含量在 50%左右，沥青质含量低于 10%，（20℃）原油密度为 0.867 g/cm^3，主碳数为 n-C_{11}，全油碳同位素值为-33.13‰。轻质油样品为中古 511-7x 井奥陶系原油，储层埋深为 4818～5415 m，颜色呈淡黄色，族组分中饱和烃含量高，在 80%以上，主碳数为 n-C_{10}，全油碳同位素值为-31.43‰。

正常油与轻质油的裂解实验方法主要采用封闭体系条件下的高压釜-黄金管热模拟实验方法（刘金钟和唐永春，1998），设计取样点的温度为 336～600℃，对应的 Easy R^o 分别为 0.73%～4.45%和 0.57%～3.87%，将各取样点的样品通过气相色谱仪进行气态烃（C_1—C_5）产率的测定，并利用 Kinetic2000 软件完成原油裂解生气动力学模型的建立。

（二）原油裂解生气动力学模型及裂解阶段划分

原油裂解过程中，气态烃产率总的变化呈现先缓慢增加，后快速增加，最后又趋于平稳的规律。而轻质油与正常油裂解过程的不同主要体现在当实验温度达到 600℃时正常油的体积产率已达到最大值，而轻质油的产率仍略有上升趋势，且产率明显高于正常油。利用原油裂解过程中气态烃产率数据，通过 Kinetic2000 软件拟合的结果显示正常油的活化能分布范围为 58～63 kcal/mol，主活化能为 60 kcal/mol，频率因子为 10^{14} s^{-1}，轻质油的活化能分布范围为 59～70 kcal/mol，主活化能与正常油相同，频率因子为 10^{14} s^{-1}（图 3.28）。

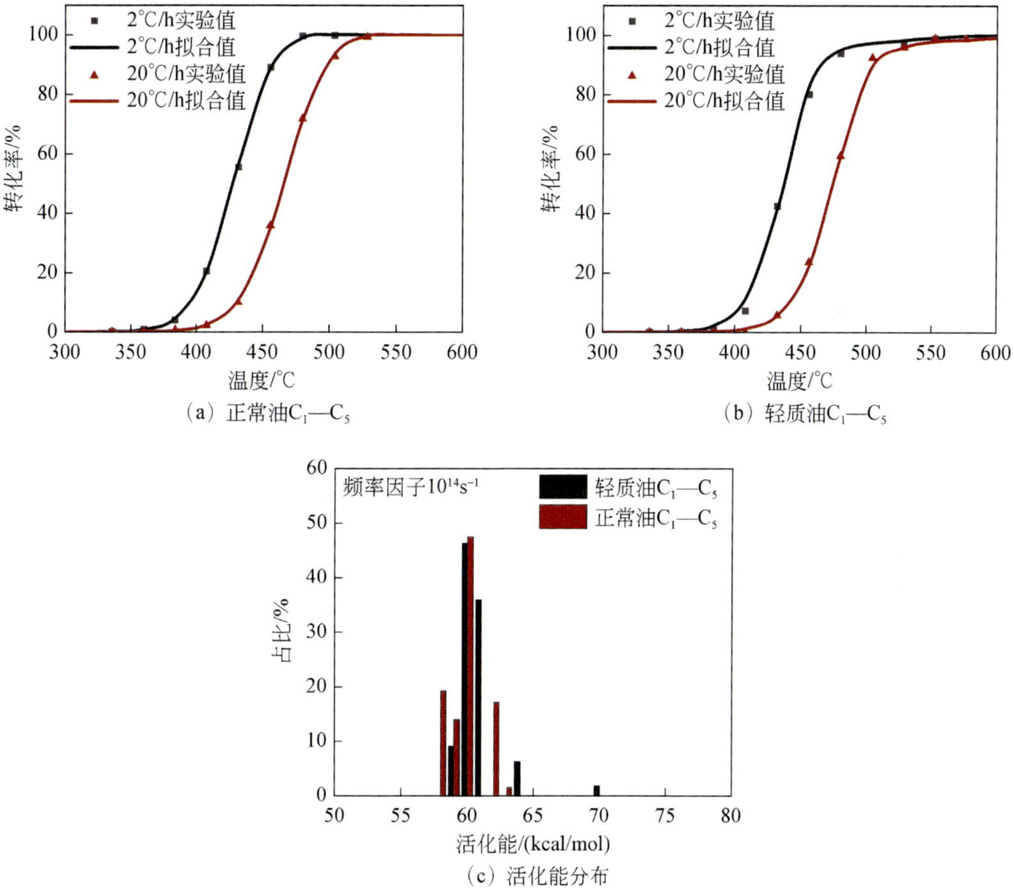

图 3.28　正常油与轻质油裂解生气动力学模型及拟合结果

有学者指出，轻质油顶界的气油比为 800 scf/bbl（142 m^3/m^3），轻质油阶段结束进入凝析油气阶段的气油比界限为 5000 scf/bbl（890 m^3/m^3）（Waples，2000），凝析油气阶段结束进入湿气阶段的气油比界限为 20000 scf/bbl（3562 m^3/m^3），以及干气阶段的气油比在 70000 scf/bbl（12467 m^3/m^3）以上（杨海军和朱光有，2013；Dan，2006）。Claypool 和 Mancini（1989）提出原油裂解比例（C）与气油比（gas-oil ratio，GOR）的关系式：

$$C=\mathrm{GOR}/(3000+\mathrm{GOR}) \tag{3.1}$$

利用式（3.1）结合上述各气油比界限可计算出进入轻质油阶段、凝析油气阶段、湿气阶段和干气阶段分别对应的原油裂解生成 C_1—C_5 的转化率分别为21%、62.5%、87%和96%。对应实验条件下的转化率结果显示，对于正常油来说，裂解过程中各油气演化阶段对应的成熟度阶段依次为轻质油阶段（Easy R^o=1.40%～1.80%）、凝析油气阶段（Easy R^o=1.80%～2.10%）、湿气阶段（Easy R^o=2.10%～2.40%）、干气阶段（Easy R^o>2.40%）。轻质油在实验条件下裂解过程中各油气演化阶段对应的成熟度阶段依次为凝析油气阶段（Easy R^o=1.90%～2.20%）、湿气阶段（Easy R^o=2.20%～2.60%），以及干气阶段（Easy R^o>2.60%）。对比各油气演化阶段的成熟度划分结果，显示轻质油进入各阶段的成熟度均略高于正常油，且后期成熟度的差值扩大。

（三）固定地质升温速率下正常油与轻质油的热稳定性

塔里木台盆区代表性钻井的盆地模拟结果显示深部地层（奥陶系和寒武系）沉积过程中的平均升温速率为 1℃/Ma，局部时间段存在较高升温速率，为 5℃/Ma。基于此，本小节利用动力学参数，计算了地质温度 0～300℃内，1℃/Ma 及 5℃/Ma 两种升温速率下正常油与轻质油的裂解生气特征及各油气演化阶段的温度界限（图 3.29）。

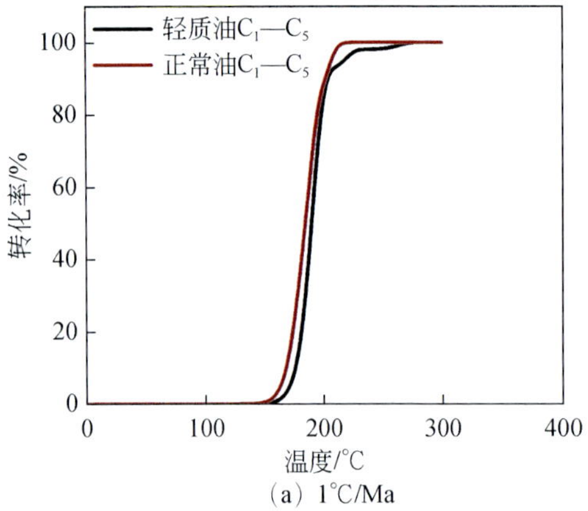

（a）1℃/Ma

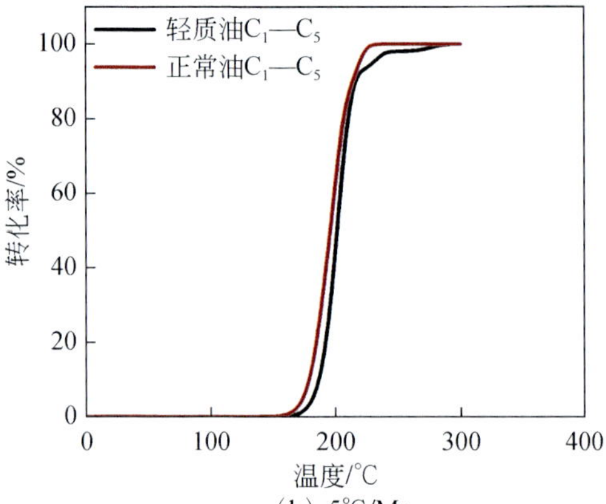

（b）5℃/Ma

图 3.29　固定地质升温速率下正常油与轻质油裂解生气转化率

1℃/Ma 地质升温速率下，正常油开始裂解生气的地质温度为 124℃，轻质油开始裂解生气的温度为 131℃。裂解生气转化率达到 21%时，对应的正常油裂解进入轻质油阶段所需要的地质温度为 174℃。转化率达到 62.5%即开始进入凝析油气阶段时，正常油和轻质油所处的地质温度分别为 189℃和 193℃。转化率达到 87%即开始进入湿气阶段时，正常油和轻质油所处的地质温度分别为 199℃和 202℃。开始进入干气阶段即转化率达到 96%时，正常油和轻质油所需的地质温度分别为 209℃和 221℃。当地质温度达到 262℃时，正常油裂解生气的转化率达到 100%，而地质温度演化至 281℃时，轻质油的转化率才达到 100%。

5℃/Ma 地质升温速率下，正常油开始裂解生气的地质温度为 133℃，轻质油开始裂解生气的温度为 140℃。裂解生气转化率达到 21%时，对应的正常油裂解进入轻质油阶段所需要的地质温度为 185℃。转化率达到 62.5%即开始进入凝析油气阶段时，正常油和轻质油所处的地质温度分别为 200℃和 205℃。转化率达到 87%即开始进入湿气阶段时，正常油和轻质油所处的地质温度分别为 211℃和 214℃。开始进入干气阶段即转化率达到 96%时，正常油和轻质油所需的地质温度分别为 221℃和 233℃。当地质温度达到 275℃时，正常油裂解生气的转化率达到 100%，而地质温度演化至 295℃时，轻质油的转化率才达到 100%。

综合 1℃/Ma 及 5℃/Ma 两种固定地质升温速率下正常油与轻质油裂解生气转化率演化特征与成熟度 Easy R^o 计算结果，可以总结出在实际地质升温速率下，正常油的裂解生气过程可依次划分为轻质油阶段（Easy R^o=1.60%～1.90%）、凝析油气阶段（Easy R^o=1.90%～2.20%）、湿气阶段（Easy R^o=2.20%～2.50%）、干气阶段（Easy R^o＞2.50%）。轻质油的裂解生气过程可依次划分为凝析油气阶段（Easy R^o=2.00%～2.30%）、湿气阶段（Easy R^o=2.30%～2.80%）、干气阶段（Easy R^o＞2.80%），轻质油进入各阶段的成熟度都要略高于正常油，且后期成熟度的差值扩大。

（四）塔里木台盆区实际钻井中正常油与轻质油的热稳定性

本节应用动力学参数于塔里木台盆区实际钻井中，讨论了正常油和轻质油在实际储层中的裂解生气特征（图 3.30）。

对于塔北地区来说，跃满区块奥陶系储层中正常油与轻质油在二叠纪才开始裂解生气，之后转化率缓慢增加，新近纪以来转化率增长变快，现今正常油和轻质油的转化率分别为 13%和 5%，原油裂解程度低，初始原油状态保持较好。新垦区块奥陶系储层的埋深比跃满区块稍浅，储层成熟度低于跃满区块，正常油与轻质油从新近纪才开始裂解，现今正常油和轻质油的转化率仅为 5%和 2%，裂解程度较低，初始原油状态同样保持较好。哈 6 区块石炭系储层埋深较浅，正常油和轻质油同样均从新近纪才开始裂解生气，现今转化率极低，原油几乎没有裂解。而热普区块白垩系储层由于成熟度低，尚未演化达到原油裂解所需的条件，因而正常油和轻质油均保持了初始油相状态。

在顺托果勒地区，顺托 1 井奥陶系储层中正常油和轻质油均从志留纪开始裂解，之后转化率缓慢增加，正常油在二叠纪进入轻质油演化阶段，转化率增长变快，在三叠纪之后增长趋缓。正常油和轻质油分别在三叠纪末期和侏罗纪开始进入凝析油气阶段，之后分别在早白垩世和晚白垩世进入湿气阶段，现今正常油和轻质油的转化率分别为 96%和 92%，均尚未进入干气演化阶段。顺南 5 井奥陶系储层中正常油和轻质油在奥陶纪末期开始裂解，之后转化率缓慢增加。二叠纪时期转化率增长变快，正常油在三叠纪初期进入轻质油演化阶段，并在侏罗纪进入凝析油气演化阶段，而轻质油在古近纪才开始进入凝析油气演化阶段。现今正常油和轻质油裂解生气的转化率分别为 86%和 80%，都仍处于凝析油气演化阶段的末期。满深 1 井奥陶系储层中正常油和轻质油分别在泥盆纪和石炭纪开始裂解生气，之后转化率的增长相比顺托 1 井和顺南 5 井稍显缓慢，正常油在白垩纪才开始进入轻质油演化阶段，现今正常油和轻质油裂解生气的转化率分别为 49%和 29%，均尚未进入凝析油气演化阶段。对于顺北 5 井来说，正常油和轻质油分别在二叠纪和三叠纪开始裂解，之后转化率的增加非常缓慢，现今正常油和轻质油裂解生气的转化率分别在 3%和 1%上下，原油几乎没有裂解，初始原油状态保持较好。

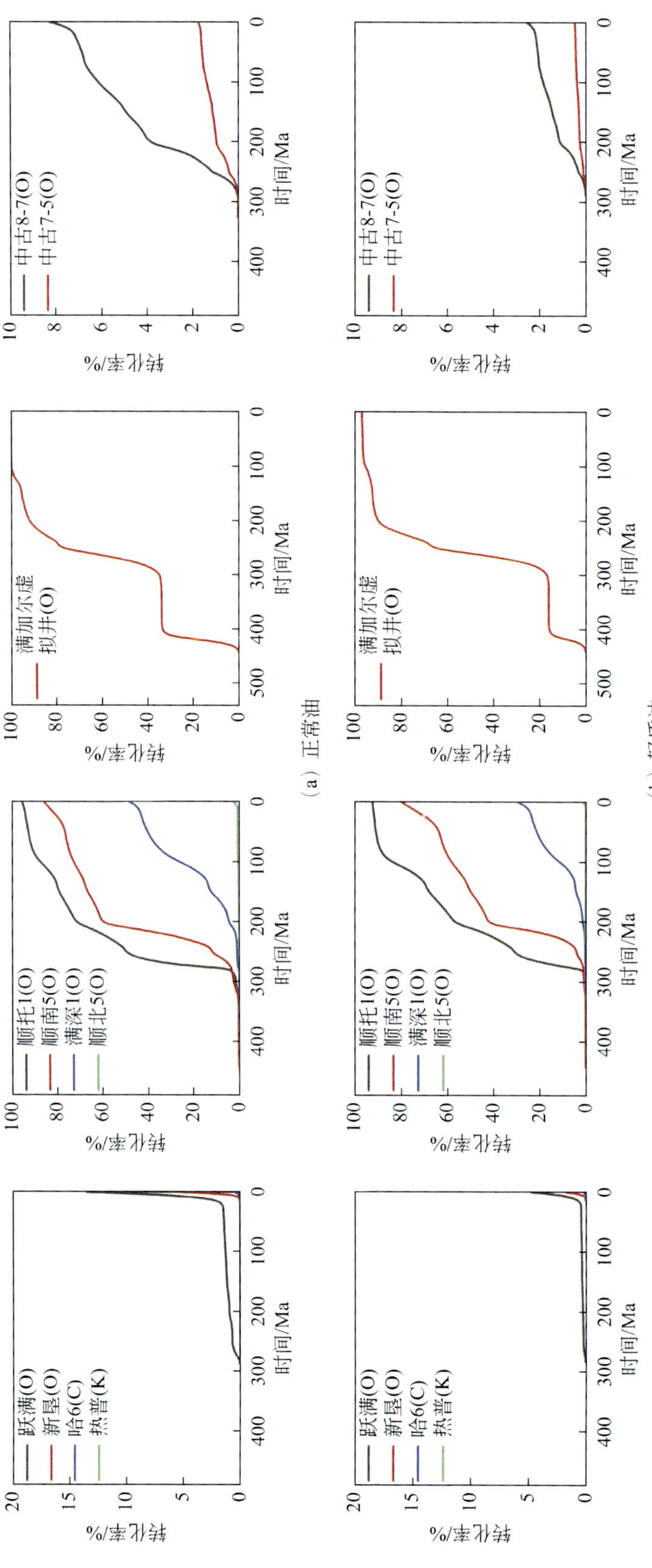

（a）正常油

（b）轻质油

图3.30　塔里木台盆区实际钻井中正常油与轻质油的热稳定性

满加尔地区虚拟井位于临近塔中东部地区的满加尔拗陷区，在其奥陶系储层中正常油和轻质油均从志留纪早期开始裂解，转化率增长较快，正常油在志留纪即进入轻质油演化阶段。泥盆纪—石炭纪转化率几乎不变，二叠纪之后转化率继续快速增加，正常油和轻质油分别在二叠纪和三叠纪开始进入凝析油气演化阶段，并都在三叠纪进入湿气演化阶段。三叠纪之后转化率的增长再次趋缓，正常油和轻质油均在白垩纪开始进入干气演化阶段，白垩纪之后转化率趋于稳定，现今正常油和轻质油的转化率都接近100%，原油总体保存条件差。

对于塔中地区，中古8-7井和中古7-5井奥陶系储层中正常油和轻质油都分别从石炭纪和二叠纪开始裂解，转化率增长速度总体较慢，正常油和轻质油现今的转化率仍然保持在较低水平，均低于10%，原油裂解程度较低，初始原油状态保存较好。

（五）塔里木台盆区现今热状态下正常油与轻质油的深度保存下限

塔里木台盆区深层—超深层液态烃的存在突破了传统油气理论对于油气保存的认识，深层原油的保存下限问题近年来受到学者的广泛关注。为探究塔里木台盆区现今热状态条件下不同区域正常油与轻质油裂解过程中各油气演化阶段的深度保存下限，基于第三小节所述，在实际地质升温速率下，正常油裂解生气过程中轻质油阶段、凝析油气阶段和湿气阶段的成熟度上限分别为Easy R^o=1.90%、2.20%和2.50%，轻质油裂解生气过程中轻质油阶段、凝析油气阶段和湿气阶段的成熟度上限分别为Easy R^o=2.00%、2.30%和2.80%，本节利用盆地模拟得出的现今研究井位成熟度 Easy R^o 与埋藏深度的关系曲线来探究各油气演化阶段的深度保存下限。现今未达到相应成熟度阶段的钻井，如塔中、塔北地区的部分研究井位，则根据已有成熟度 Easy R^o 与埋藏深度的关系曲线来拟合延伸曲线，从而预测相应油气演化阶段的深度保存下限（图3.31）。

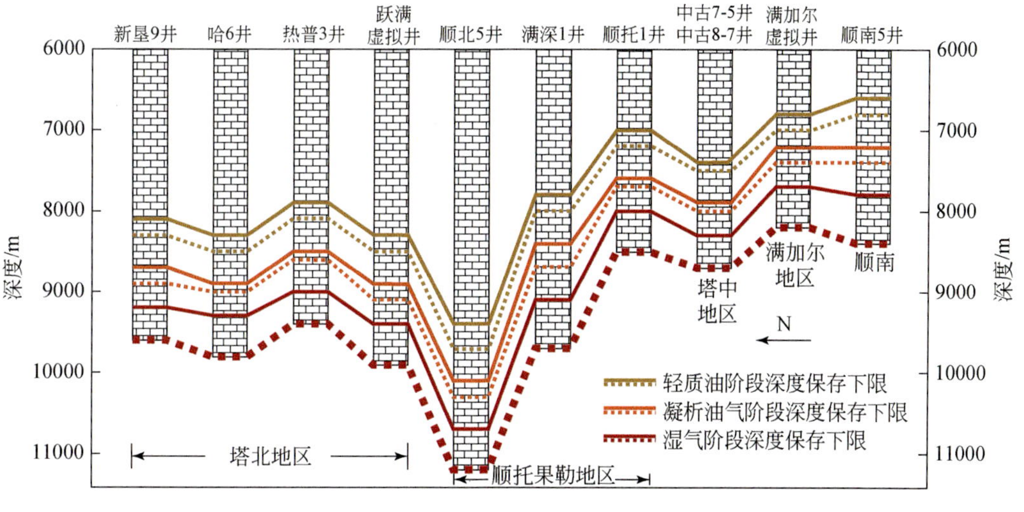

图3.31　塔里木台盆区原油热裂解生气过程中各油气演化阶段的深度保存下限预测

塔北地区各研究井位成熟度 Easy R^o 和埋藏深度的关系曲线及各油气演化阶段的深度保存下限预测结果显示，新垦区块正常油和轻质油裂解生气过程中轻质油阶段的深度保存下限分别在 8100 m 和 8300 m 左右，凝析油气阶段的深度保存下限分别在 8700 m 和 8900 m 左右，湿气阶段的深度保存下限分别在 9200 m 和 9600 m 左右。在哈 6 区块中，正常油和轻质裂解生气过程中轻质油阶段的深度保存下限分别在 8300 m 和 8500 m 左右，凝析油气阶段的深度保存下限分别在 8900 m 和 9000 m 左右，湿气阶段的深度保存下限分别在 9300 m 和 9800 m 左右。在热普区块中，正常油和轻质油裂解生气过程中轻质油阶段的深度保存下限分别在 7900 m 和 8100 m 左右，凝析油气阶段的深度保存下限分别在 8500 m 和 8600 m 左右，湿气阶段的深度保存下限分别在 9000 m 和 9400 m 左右。在跃满区块中，正常油和轻质油裂解生气过程中轻质油阶段的深度保存下限分别在 8300 m 和 8500 m 左右，凝析油气阶段的深度保存下限分别在 8900 m 和 9100 m 左右，湿气阶段的深度保存下限分别在 9400 m 和 9900 m 左右。

顺托果勒地区各研究井位成熟度 Easy R^o 和埋藏深度的关系曲线及各油气演化阶段的深度保存下限预测结果显示，在顺北 5 井中，正常油和轻质油裂解生气过程中轻质油阶段的深度保存下限分别在 9400 m 和 9700 m 左右，凝析油气阶段的深度保存下限分别在 10100 m 和 10300 m 左右，湿气阶段的深度保存下限分别在 10700 m 和 11200 m 左右。在满深 1 井中，正常油和轻质油裂解生气过程中轻质油阶段的深度保存下限分别在 7800 m 和 8000 m 左右，凝析油气阶段的深度保存下限分别在 8400 m 和 8700 m 左右，湿气阶段的深度保存下限分别在 9100 m 和 9700 m 左右。在顺托 1 井中，正常油和轻质油裂解生气过程中轻质油阶段的深度保存下限分别在 7000 m 和 7200 m 左右，凝析油气阶段的深度保存下限分别在 7600 m 和 7700 m 左右，湿气阶段的深度保存下限分别在 8000 m 和 8500 m 左右。在顺南 5 井中，正常油和轻质油裂解生气过程中轻质油阶段的深度保存下限分别在 6600 m 和 6800 m 左右，凝析油气阶段的深度保存下限分别在 7200 m 和 7400 m 左右，湿气阶段的深度保存下限分别在 7800 m 和 8400 m 左右。

满加尔地区虚拟井成熟度 Easy R^o 和埋藏深度的关系曲线及各油气演化阶段的深度保存下限预测结果显示，正常油和轻质油热裂解生气过程中轻质油阶段的深度保存下限分别在 6800 m 和 7000 m 左右，凝析油气阶段的深度保存下限分别在 7200 m 和 7400 m 左右，湿气阶段的深度保存下限分别在 7700 m 和 8200 m 左右。

塔中地区研究井位成熟度 Easy R^o 和埋藏深度的关系曲线及各油气演化阶段的深度保存下限预测结果显示，对于中古 8-7 井和中古 7-5 井，两者的热演化程度接近，因此深度保存下限也相近，正常油和轻质油裂解生气过程中轻质油阶段的深度保存下限分别在 7400 m 和 7500 m 左右，凝析油气阶段的深度保存下限分别在 7900 m 和 8000 m 左右，湿气阶段的深度保存下限分别在 8300 m 和 8700 m 左右。

第二节　复杂次生过程对原油组成与赋存相态的影响

为评估传统液态烃收集方法带来的影响并发展更为有效的液态烃收集方法，本节首先详细比较原油的黄金管封闭体系热模拟实验后采用的液氮直接冷冻收集法和传统液态烃收集法在轻烃产率、轻烃分子组成和稳定碳同位素组成上的差别。然后，采用黄金管封闭体系热模拟实验将四种同源且具有不同生物降解程度的原油人工熟化到不同的成熟度，来模拟先后经历了早期生物降解作用与后期热成熟作用的油藏的复杂次生蚀变作用。结合液氮直接冷冻法，通过分析热模拟实验之后的气态烃产物、轻烃产物和极性化合物的产率和组成的变化，揭示了原油经历的早期生物降解作用对后期裂解生成天然气、轻质油/凝析油的潜力、组成和生烃时机的影响。在此基础上，通过 PVTsim 软件模拟了原油在早期生物降解作用和后期热演化作用相叠加下的赋存相态的演化过程，揭示了早期生物降解作用和后期热演化作用相叠加对原油赋存相态的影响。

一、黄金管封闭体系热模拟实验后两种液态烃收集方法的对比

近年来在塔里木盆地和准噶尔盆地发现了大量的轻质油/凝析油资源，其富含的轻烃形成过程和机理有待进行深入的研究。轻烃通常指的是碳数在 C_6 到 C_{13} 之间的烃类化合物，因为其碳数介于气态烃和液态烃之间，所以具有沸点低、易挥发的特点。轻烃的物理性质决定了其很难按照典型的气态烃或液态烃的收集方法来收集。轻烃的数量和组成对于油气流体的赋存相态的影响很大。目前轻烃的基础研究比较薄弱，尤其是关于轻烃的各种技术方法有待加强。

黄金管封闭体系热模拟实验是常用的热模拟实验方法，大量用于干酪根、原油等的热演化过程及其热解产物的分子地球化学特征的研究。干酪根和原油在黄金管封闭体系热模拟实验中产生的液态烃中含有大量的轻烃，以往的研究者常采用传统的液态烃收集法对轻烃加以收集和分析。已有研究表明，传统的液态烃收集法带来的轻烃差异化蒸发损失会造成模拟实验产物与地质条件下的凝析油/轻质油之间存在较大的差别。对于传统的液态烃收集方法会带来多大的轻烃蒸发损失量，以及蒸发损失对轻烃参数的影响有大多不是很清楚。因此本节推荐液氮直接冷冻收集法，并与传统液态烃收集法进行对比。

（一）样品和实验方法

为了揭示早期生物降解作用和后期热演化作用相叠加对原油生气行为的影响及其机理，从准噶尔盆地选用了一系列同源且具有不同生物降解程度的原油，用热模拟实验模拟了这些原油/沥青的热解生气过程，并对热解产物进行分析。所用样品包括未降解原油 H153、轻度—中度降解原油 XQ025、重度降解原油 P661 和严重降解原油 P60。随着生物降解程度升高，原油样品的饱和烃含量逐渐降低，极性组分（非烃+沥青质）含量逐渐升高（表 3.1）。如图 3.32 所示，H153 饱和烃的总离子流图（TIC）基线平直，正构烷烃分布完整。XQ025 总离子流图出现了“UCM 鼓包”，还可见少量残余的正构烷烃。P661 和 P60 总离子流图中可见“UCM 大鼓包”，正构烷烃被消耗殆尽。此外，P661 和 P60 中含有丰富的 25-降藿烷，表明其遭受了强烈的生物降解作用。

黄金管封闭体系热模拟实验方法步骤见 Liao 等（2012）和 Huang 等（2023）。简单来说，黄金管封闭体系热模拟实验压力 50 MPa，升温速率有 2℃/h 和 20℃/h 两种，初始温度均为 250℃，最终温度均为 600℃，共设 12 个温度点。

表 3.1　准噶尔盆地原油样品的基本地球化学信息

样品号	δ^{13}C(VPDB)/‰	降解程度	PM 降解等级	饱和烃/%	芳烃/%	极性组分/%
H153	−29.6	未降解	0	81.2	7.7	11.1
XQ025	−29.0	轻度—中度降解	3～4	54.1	26.7	19.2
P661	−30.5	重度降解	5～6	46.2	10.3	43.6
P60	−30.6	严重降解	9	29.0	8.3	62.6

注：Peters 和 Moldowan（1993）生物降解等级，简称 PM 降解等级。

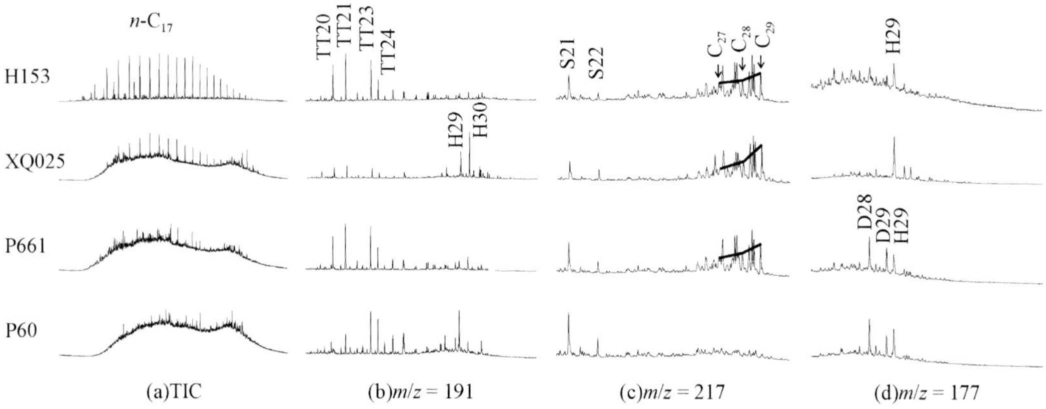

图 3.32　四种原油的饱和烃质谱图

1. 原油热解后的液态烃收集方法

传统液态烃收集法（traditional liquid hydrocarbon collection method，TLH）[图 3.33（a）]：先在真空系统中刺破作为热解容器的黄金管，并在线测试气态烃，之后用液氮局部冷冻一个跟真空系统相连的收集瓶来收集轻烃，随后在收集瓶中快速加入正戊烷，同时将含有残余烃的黄金管剪开并浸入上述收集瓶中，拧紧瓶盖后超声 2 min 使液态烃均匀溶解在正戊烷中。

液氮直接冷冻收集法（liquid nitrogen direct freezing collection method，LNDF）[图 3.33（b）]：热解实验后先用液氮冷阱充分冷冻装有热解油的黄金管至少 5 min，然后取出黄金管，快速剪开并放入装了适量的冷的正戊烷的收集瓶中，以尽可能地减少轻烃产物的挥发；随后拧紧瓶盖超声 2 min 使热解油充分溶解于正戊烷中。

2. 液态烃产物的定量分析及单体烃碳同位素分析

定量热解油中的单个化合物使用 n-$C_{12}D_{26}$ 作为内标物，采用配备 FID 检测器的 Agilent 7890B 型气相色谱（GC）进样分析。色谱方法见 Huang 等（2023）。表 3.2 列出了轻烃化合物及其缩写。采用 Isoprime GC-IRMS 型气相色谱-同位素比值质谱仪对液态烃单体的碳同位素值进行分析。

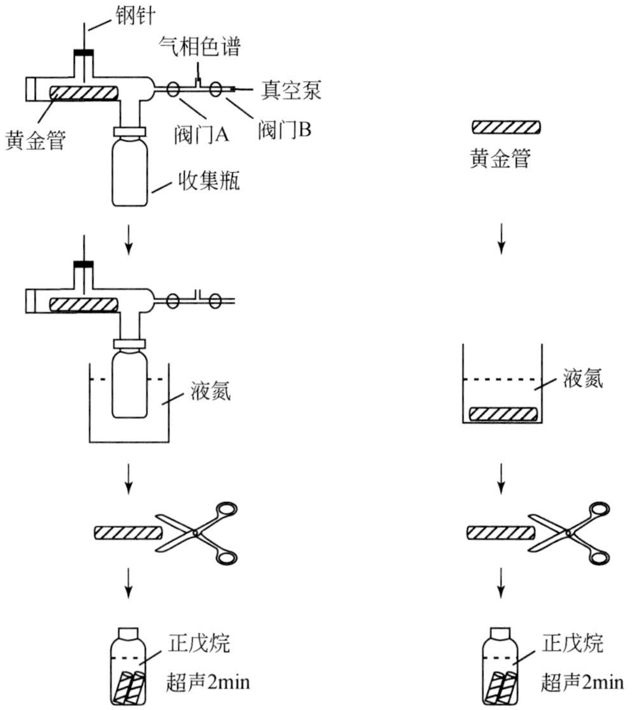

（a）传统液态烃收集法示意图　　（b）液氮直接冷冻收集法示意图

图 3.33　两种液态烃收集方法示意图

表 3.2　轻烃化合物及其缩写

编号	轻烃化合物	缩写	编号	轻烃化合物	缩写
1	正己烷	n-C_6	16	反-1,2-二甲基环戊烷	t-1,2-DMCP
2	2,2-二甲基戊烷	2,2-DMP	17	2,2,4-三甲基戊烷	2,2,4-TMP
3	甲基环戊烷	MCP	18	正庚烷	n-C_7
4	2,4-二甲基戊烷	2,4-DMP	19	甲基环己烷	MCH
5	2,2,3-三甲基丁烷	2,2,3-TMB	20	甲苯	Tol
6	苯	Ben	21	2-甲基庚烷	2-MHEP
7	3,3-二甲基戊烷	3,3-DMP	22	3-甲基庚烷	3-MHEP
8	环己烷	CH	23	正辛烷	n-C_8
9	2-甲基己烷	2-MH	24	正壬烷	n-C_9
10	2,3-二甲基戊烷	2,3-DMP	25	正葵烷	n-C_{10}
11	1,1-二甲基环戊烷	1,1-DMCP	26	正十一烷	n-C_{11}
12	3-甲基己烷	3-MH	27	正十二烷	n-C_{12}
13	顺-1,3-二甲基环戊烷	c-1,3-DMCP	28	正十三烷	n-C_{13}
14	反-1,3-二甲基环戊烷	t-1,3-DMCP	29	正十四烷	n-C_{14}
15	3-乙基戊烷	3-EP			

（二）蒸发作用对轻烃生成潜力和时机的影响

图 3.34 显示了不同成熟度下两种方法收集的轻烃（C_6–C_{13}）总产率。在整个热演化过程中，与液氮直接冷冻收集法相比，传统液态烃收集法造成了轻烃的大量损失，相同条件下轻烃减少量占液氮直接冷冻收集法的 10%～75%（图 3.34）。尤其是在轻烃大量生成阶段（Easy R^o=1.08%～1.67%），轻烃的损失最为显著（图 3.34）。例如，在 Easy R^o=1.35%时，传统液态烃收集法获得的轻烃产率仅为液氮直接冷冻收集法获得的轻烃产率的 47.2%，而在 Easy R^o=1.67%时，为 35.6%（图 3.34）。这说明传统液态烃收集法收集轻烃过程中蒸发作用显著降低了原油裂解的轻烃产率。Fingas（1997）认为原油蒸发损失的质量与时间近似呈对数关系。因此，轻烃的大量损失可能发生在蒸发的最初几个小时（Cañipa-Morales et al.，2003；Xiao et al.，2012）。在采用传统液态烃收集法时，由于需要测试气态产物，刺穿的黄金管会在真空管中暴露 0.5～2 h，这足以导致大量轻烃组分的损失。此外，真空管中的压力比较低，因此也促进了热解油中轻烃的蒸发；而且真空管系统的总容积比较大（35 mL），仅通过局部冷凝 4 mL 的收集瓶，容易造成处于挥发状态的轻烃收集不完全。因此，采用传统液态烃收集法可能导致大量轻烃的蒸发损失，从而使对轻质油或凝析油的资源量的评估严重偏低。

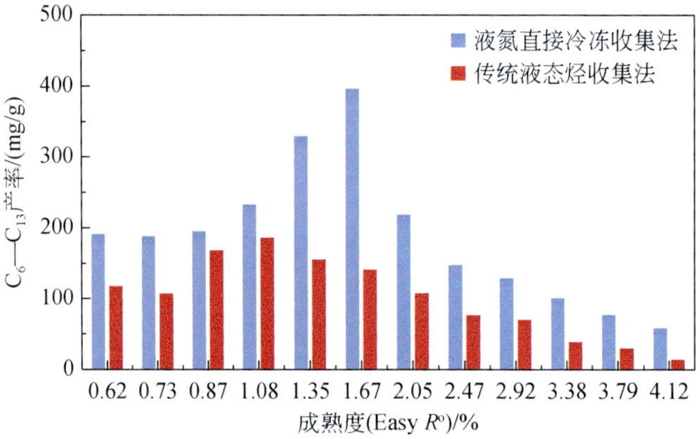

图 3.34　两种收集方法获得的不同成熟度下的轻烃（C_6–C_{13}）总产率

值得注意的是，传统液态烃收集法获得的轻烃产率峰值对应的成熟度 Easy R^o 为 1.08%，远低于液氮直接冷冻收集法获得的轻烃产率峰值对应的 1.67%。这主要是由于在 Easy R^o=1.67%时传统液态烃收集法获得的 C_6–C_8 短链轻烃大量损失，导致轻烃（C_6–C_{13}）总产率显著下降。

（三）蒸发作用对各类轻烃参数的影响

图 3.35 展示了不同成熟度下传统液态烃收集法相对于液氮直接冷冻收集法获得的轻烃参数的偏差。传统液态烃收集法导致的各轻烃参数发生偏差的方向和大小不同。例如，传统液态烃收集法导致 *t*-1,2-DMCP/1,1-DMCP、N_2/P_3、P_2/P_3、2,3-DMP/P_3、3-EP/P_3 和 Tol/*n*-C_7 偏正，而导致 2,2-DMP/P_3、2,4-DMP/2,3-DMP、2,4-DMP/P_3、q/t、*t*-1,3-DMCP/

t-1,2-DMCP、异庚烷值和 C_7 链烷烃/环烷烃偏负（图 3.35）。轻烃参数发生偏差的方向和大小与不同的轻烃化合物蒸发速率的差异密切相关。轻烃的蒸发损失量不仅与蒸发时间有关，而且还受化合物分子量和分子构型的影响（Cañipa-Morales et al.，2003；Xiao et al.，2012；孙秀丽等，2013）。这可能导致轻烃化合物的浓度和分布发生变化，进而影响相关轻烃参数的解释和应用。

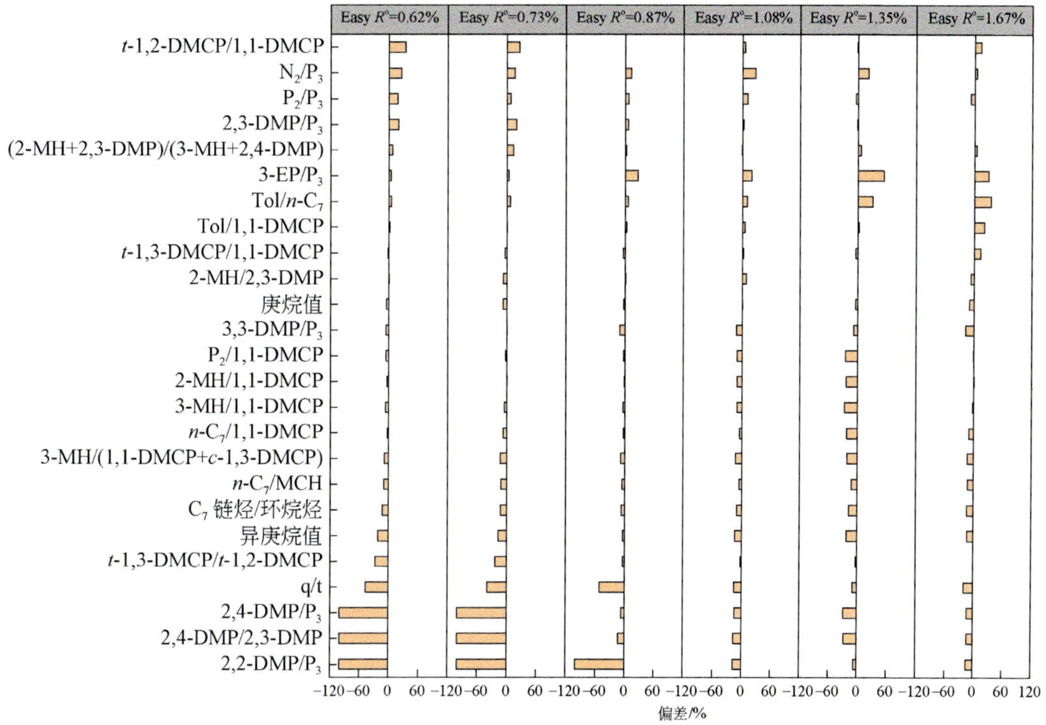

图 3.35　传统液态烃收集法造成的轻烃参数偏差

（四）传统液态烃收集法对轻烃单体碳同位素组成的影响

在传统液态烃收集法中，蒸发作用导致残余油中 C_6—C_8 的轻烃化合物逐渐富集 ^{13}C，而 C_{9+} 没有发生明显的碳同位素分馏，这与之前的观察结果基本一致（Xiao et al.，2012；Liang et al.，2017）。Xiao 等（2012）认为原油蒸发过程中碳同位素分馏效应主要受范德瓦耳斯力的影响，导致含有较重同位素的分子容易在残余油中富集。而 Shin 和 Lee（2010）认为气相扩散会导致含有重同位素的挥发性有机化合物（如 *n*-C_6、Ben、Tol）在残余油中逐渐富集。尽管对蒸发过程中碳同位素的分馏机制有不同的解释，但普遍认为该过程遵循 Rayleigh 模型（Shin and Lee，2010；Xiao et al.，2012）。在本节中，当 C_6—C_8 轻烃化合物的蒸发损失超过 80%时，$\Delta\delta^{13}C$（$\Delta\delta^{13}C=\delta^{13}C_{TLH}-\delta^{13}C_{LNDF}$）值超过 1‰［图 3.36（a)］。随着碳数的增加，由于蒸发损失的减少，碳同位素的分馏效应降低［图 3.36（b)］。

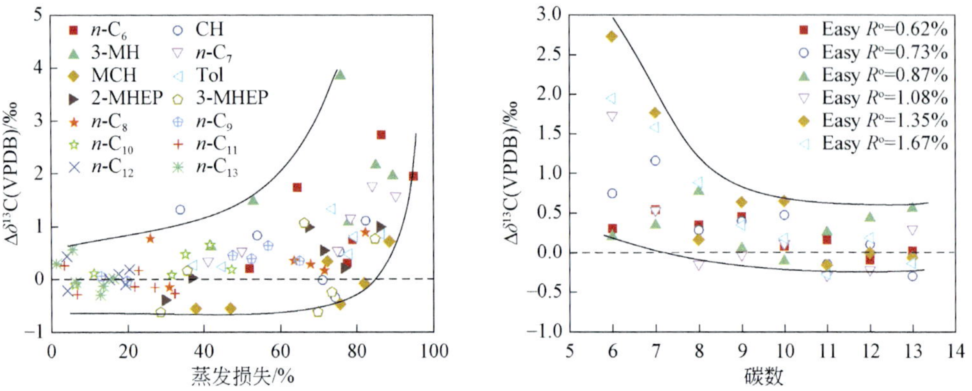

（a）Δδ^{13}C与蒸发损失　　（b）Δδ^{13}C与构烷烃碳数

图 3.36　轻烃单体碳同位素的蒸发分馏

二、生物降解作用耦合热演化作用对原油产气行为的影响

（一）叠加次生蚀变作用对液态烃和固体沥青产率的影响

图 3.37 展示了四种原油在 20℃/h 和 2℃/h 升温速率下的轻烃（C$_6$—C$_{13}$）、重烃（C$_{14+}$）

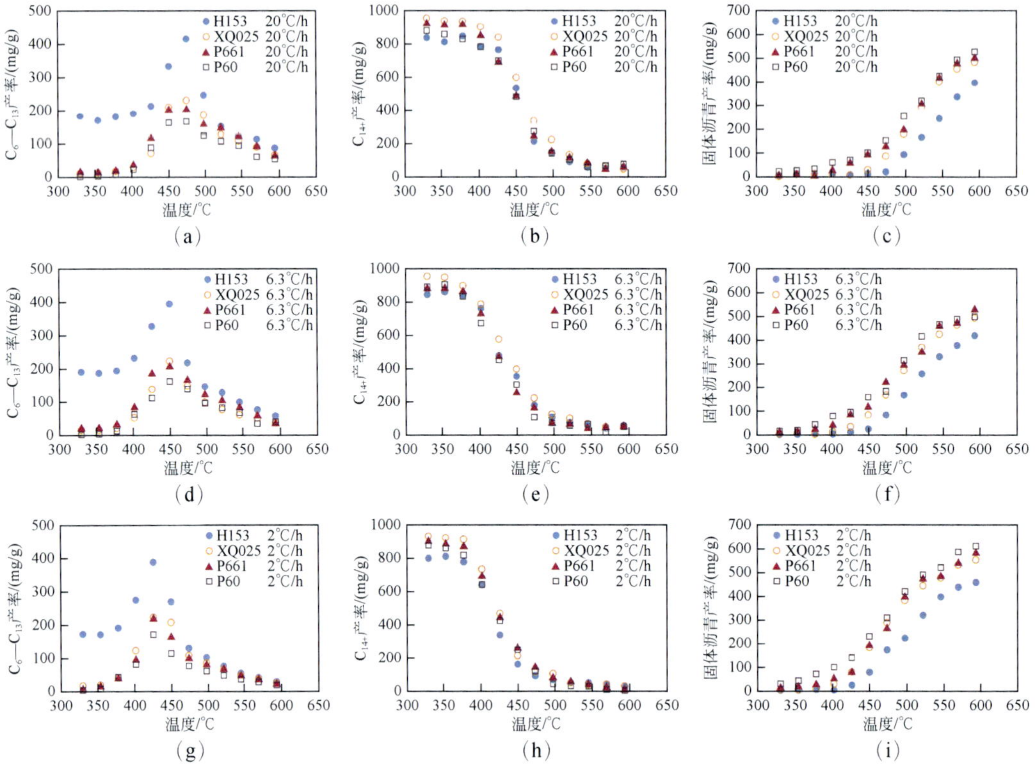

图 3.37　四种原油的轻烃（C$_6$—C$_{13}$）产率、重烃（C$_{14+}$）产率和固体沥青产率

（a）、（b）、（c）为 20℃/h 升温速率下轻烃、重烃、固体沥青的产率；（d）、（e）、（f）为 6.3℃/h 升温速率下三者的产率；（g）、（h）、（i）为 2℃/h 升温速率下三者的产率

和固体沥青的产率。在相同的热解温度下，未降解油的轻烃产率明显高于轻度—中度、重度和严重降解油。这说明早期生物降解作用削弱了原油裂解生成轻烃的能力。原油热演化过程中重烃（C_{14+}）的产率变化与轻烃不同。随着热演化程度的升高，重烃（C_{14+}）产率逐渐降低（图 3.35）。此外，C_{14+}组分产率快速降低的温度区间与轻烃产率快速升高的温度区间相对应，Easy R^o 均为 1.1%～1.7%。这表明原油热解过程中重烃的裂解可能对轻烃的生成有重要的贡献。在热演化过程中，未降解油的固体沥青产率明显低于生物降解原油的固体沥青产率。这主要是因为生物降解作用会导致原油中多环烷烃/芳烃富集，而这些多环烷烃/芳烃在热演化作用下更容易结焦。

（二）生物降解作用对原油裂解生气潜力的影响

图 3.38 展示了在三种升温速率（20℃/h、6.3℃/h 和 2℃/h）下四种原油在不同热解温

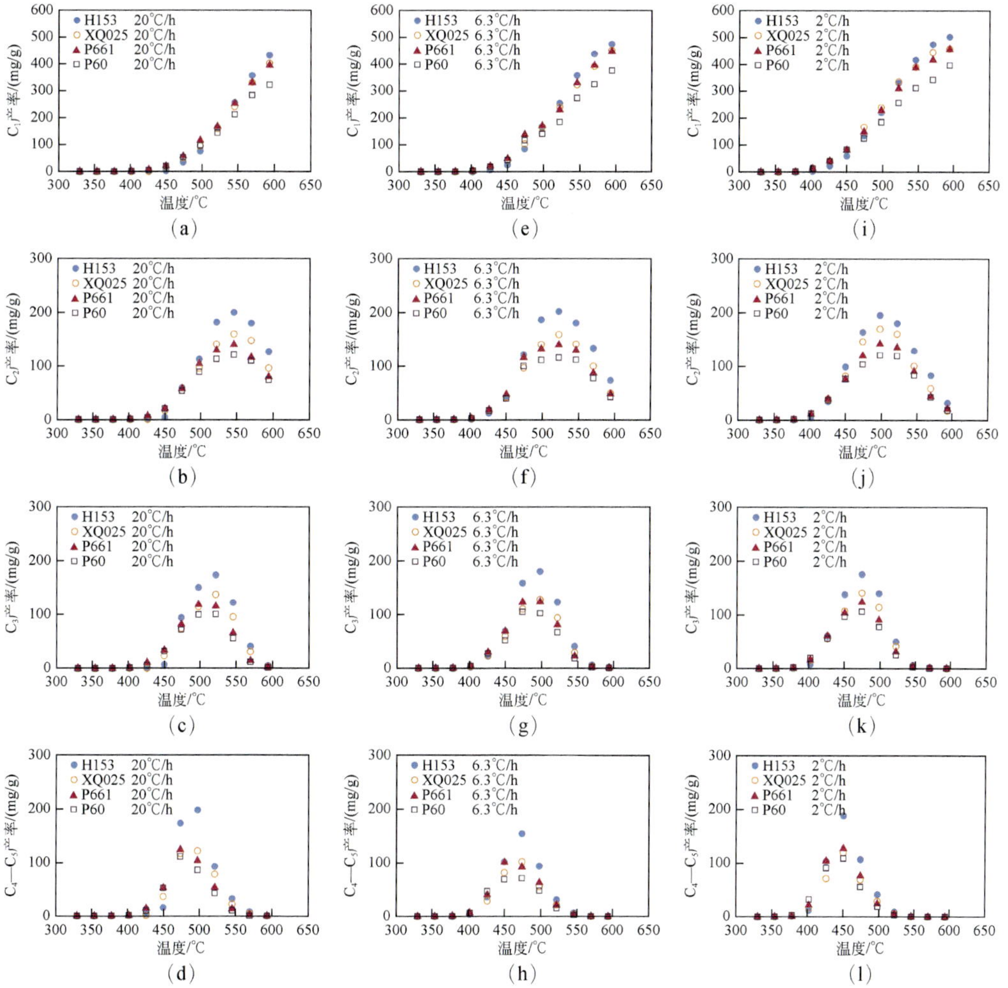

图 3.38　四种原油在不同升温速率下裂解过程中气态烃的产率

(a)、(b)、(c) (d) 为 20℃/h 升温速率下 C_1、C_2、C_3、C_4—C_5 产率；(e)、(f)、(g)、(h) 为 6.3℃/h 升温速率下，四者的产率；(i)、(j)、(k)、(l) 为 2℃/h 升温速率下，四者的产率

度的气态烃产率。当 Easy R^o＜1.9%时，重度和严重生物降解的原油 P661 和 P60 释放的气态烃产率略高于未降解原油 H153 和轻度—中度生物降解原油 XQ025；而当 Easy R^o＞1.9%时，H153 和 XQ025 的气态烃产率显著高于 P661 和 P60。在热解实验的最高成熟度水平下（2℃/h 的 594℃），H153 的 C_1 最终产率为 504.9 mg/g，P60 的 C_1 最终产率为 398.5 mg/g，C_1 产率减少量可达 106.4 mg/g（约占未降解原油释放 C_1 的 20%）。在相同升温速率下，四种原油达到乙烷产率峰值的温度相似。此外，相同升温速率下，随着生物降解程度升高其乙烷的最大产率逐渐降低。在相同升温速率下，四种原油达到 C_3 和 C_4—C_5 产率峰值的温度大致相似。此外，H153 的 C_3 和 C_4—C_5 产率峰值明显高于 P661 和 P60 的 C_3 和 C_4—C_5 产率峰值。上述结果表明生物降解会削弱原油裂解生成气态烃的潜力。

在相同热解温度下，生物降解油的 CO_2 产率显著高于未降解油，并且随着生物降解程度的升高，CO_2 的产率增高。此外，当 Easy R^o 在 1.1%～1.4%时（对应 20℃/h 的 426～450℃），生物降解油释放 CO_2 的速率明显升高（图 3.39），这可能与羧酸类化合物的脱羧反应有关。不同降解程度原油的 CO_2 释放速率和最终产率不同，可能是不同降解程度原油中羧酸类化合物的含量和类型不同。

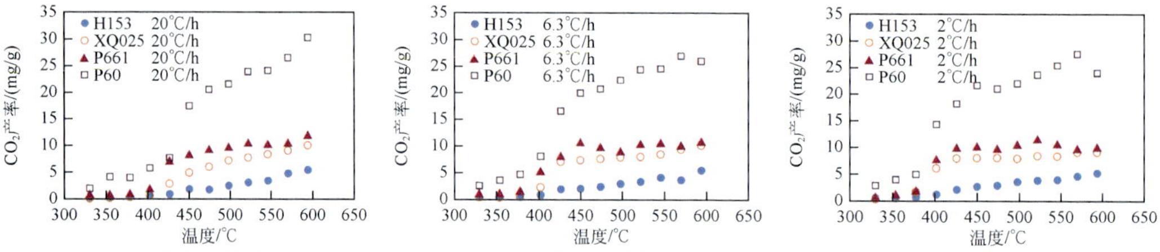

（a）20℃/h　　（b）6.3℃/h　　（c）2℃/h

图 3.39　四种原油在不同升温速率下裂解释放 CO_2 的产率

上述结果表明，不同生物降解程度的原油在热演化过程中产气的能力不同。这是因为随着生物降解程度的增加，原油饱和烃含量逐渐降低，非烃和沥青质含量逐渐增加，最终气体产率降低与其生物降解导致初始饱和烃含量降低有非常明显的相关性［图 3.40（a）］。

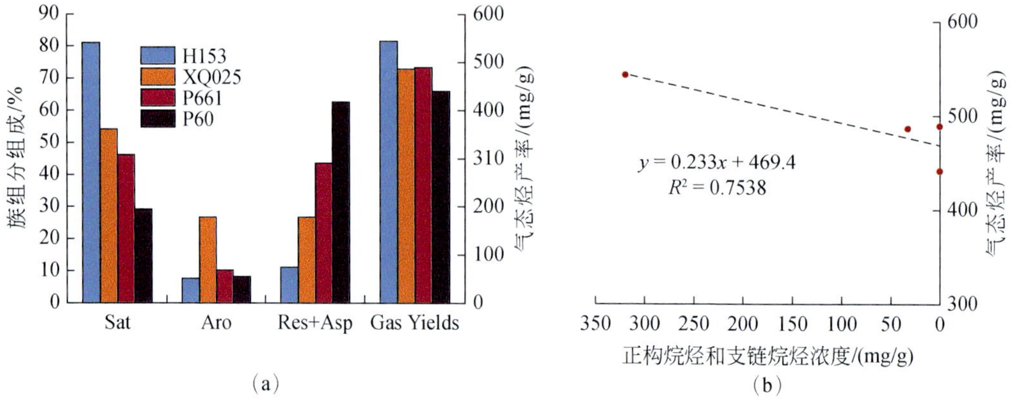

（a）　　（b）

图 3.40　四种原油裂解的气态烃最终产率与族组分以及正构烷烃和支链烷烃的浓度关系

（a）四种原油的族组成分布及其裂解的最终气体产率；（b）四种原油的初始正构烷烃和支链烷烃的浓度与原油裂解的最终气态烃产率的近线性关系

在封闭体系中，原油裂解实际上是一个氢再分配过程，最终形成富氢的烃类气体和贫氢的固体沥青（Hill et al.，2003；Behar et al.，2008；Fusetti et al.，2010a）。在较高的热演化阶段，体系内氢的总量决定了烃类气体的最高产率。原油中的链烷烃是最富氢的组分（$H=2n+2$，H 为氢数，n 为碳数）。未降解原油中链烷烃含量丰富，其对应的烃类气体产率也就比较高；随着生物降解程度的升高，原油中富氢的链烷烃被逐渐消耗，其对应的烃类气体产率也就相应地降低［图 3.40（b）］。因此，生物降解作用对富氢化合物的选择性消耗是导致生物降解程度高的原油通过裂解形成烃类气体的潜力下降的主要原因。

王铜山等（2007）发现原油裂解过程中固体沥青的产率和气态烃总产率存在一定的线性关系，并建立了基于储层固体沥青预测原油裂解气资源量的模型。然而，上述研究显示油藏早期发生的生物降解作用在降低原油生气潜力的同时，还提高了原油通过裂解形成固体沥青的能力。随着生物降解程度的升高，原油裂解过程中的固体沥青产率和气态烃产率的拟合线的斜率逐渐降低（图 3.41），这说明在形成相同量的固体沥青，未降解原油裂解生成的气态烃量要高于生物降解原油生成的气态烃量。在早期生物降解作用和随后的热演化作用的叠加影响下，若仍按照正常油的固体沥青产率评估其裂解气资源量，将会导致严重的高估。

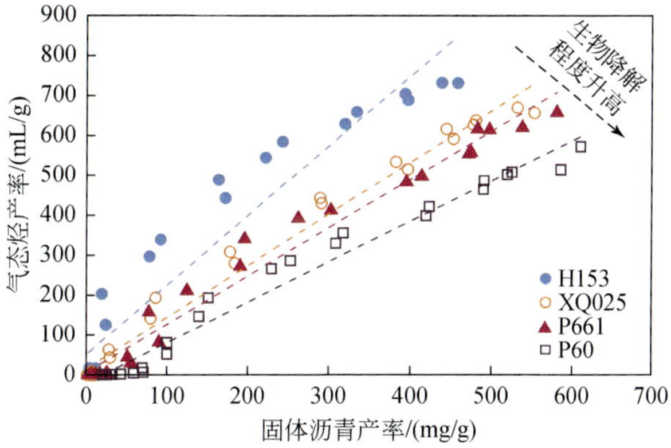

图 3.41　四种原油裂解的固体沥青产率和气态烃产率的关系

（三）叠加次生蚀变作用对气体产物的化学组成的影响

不同生物降解程度的原油在热演化过程中释放的烃类气体的化学组成也不同（图 3.42）。在生油窗内，重度和严重生物降解原油（P661 和 P60）所释放的气体比未降解和轻度—中度生物降解原油（H153 和 XQ025）释放的烃类气体更干。随着热演化程度升高，C_2—C_5 气态烃发生二次裂解形成更稳定的甲烷，气体产物以甲烷为主，四种原油释放的烃类气体的干燥系数均逐渐接近于 1。

天然气的化学组成常常被用来判识其来源，例如 $\ln(C_1/C_2)$与 $\ln(C_2/C_3)$图常被用来区分原油裂解气和干酪根裂解气（Behar et al.，1992）。从图 3.43 中可以看出，在生油窗内，生物降解油裂解形成的天然气 $\ln(C_1/C_2)$指数高于未降解原油裂解形成的天然气 $\ln(C_1/C_2)$指数，而四种原油释放的天然气 $\ln(C_2/C_3)$指数差异均较小。

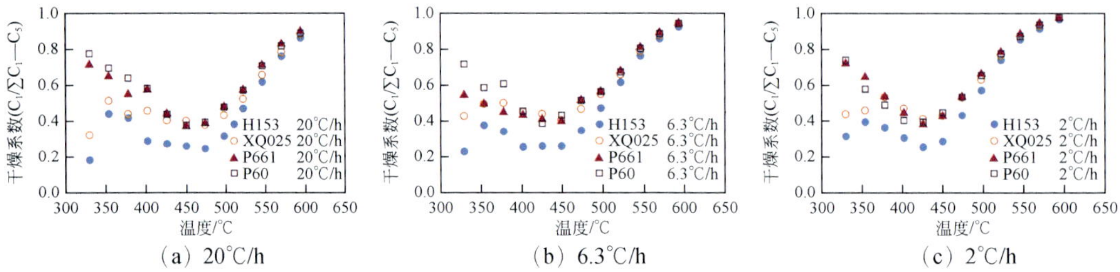

图 3.42　四种原油裂解释放的烃类气体的干燥系数随热解温度的变化

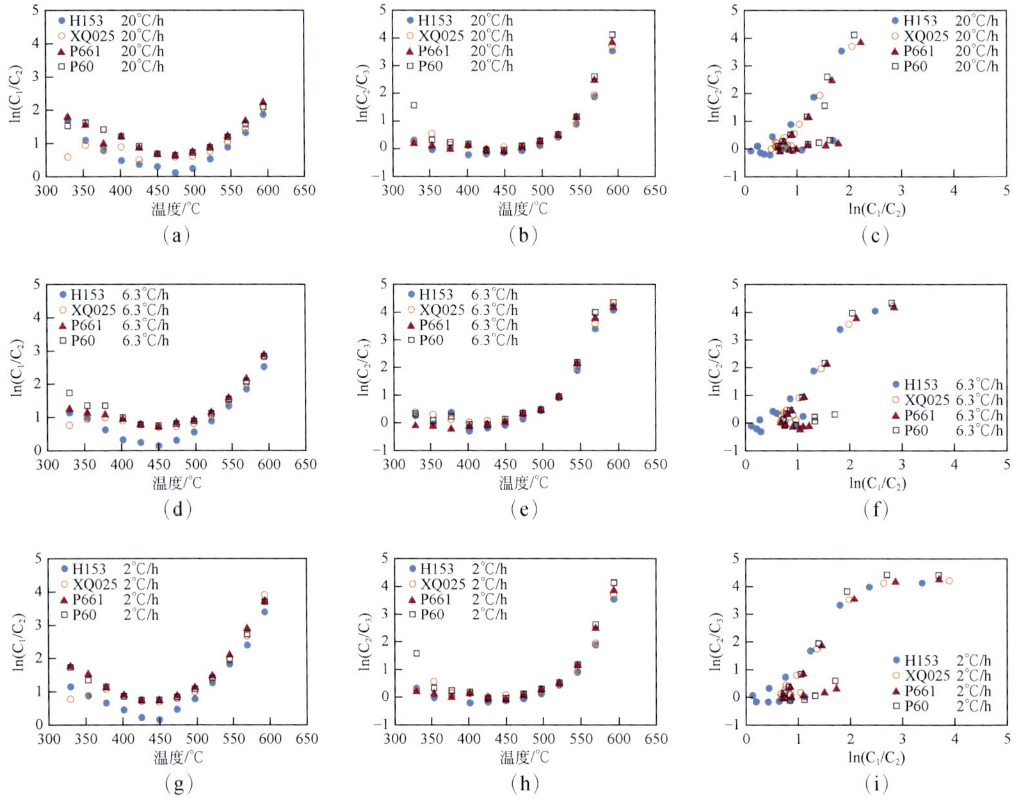

图 3.43　早期生物降解作用和后期热成熟作用相叠加对 $\ln(C_1/C_2)$指数、$\ln(C_2/C_3)$指数和 $\ln(C_1/C_2)$与 $\ln(C_2/C_3)$图版的影响

（a）、（b）、（c）为 20℃/h 升温速率下 $\ln(C_1/C_2)$指数、$\ln(C_2/C_3)$指数和 $\ln(C_1/C_2)$和 $\ln(C_2/C_3)$图版的影响；（d）、（e）、（f）为 6.3℃/h 升温速率下三者的影响；（g）、（h）、（i）为 2℃/h 升温速率下三者的影响

（四）叠加次生蚀变作用对气态烃的碳同位素的影响

图 3.44 展示了四种原油在热裂解过程中释放的气态烃的碳同位素值。原油热解过程中释放的甲烷随热解温度升高先逐渐富集 ^{12}C，之后由于较高的热应力变得逐渐富集 ^{13}C（图 3.44）。在生油窗内，生物降解程度较高的原油释放的甲烷更富 ^{13}C（图 3.44）。然而，随着热演化程度的进一步升高，四种原油样品释放的甲烷碳同位素的差异逐渐减小。乙烷和丙

烷碳同位素随热解温度的变化趋势与甲烷相似。即先逐渐富集 ^{12}C，之后在更高的热演化阶段逐渐富集 ^{13}C（图 3.44）。与甲烷相比，四种原油热解释放的乙烷和丙烷碳同位素值的差异较小（图 3.44），只是在低热演化阶段，生物降解油释放的乙烷和丙烷比未降解油释放的乙烷和丙烷略微富集 ^{13}C（图 3.44）。

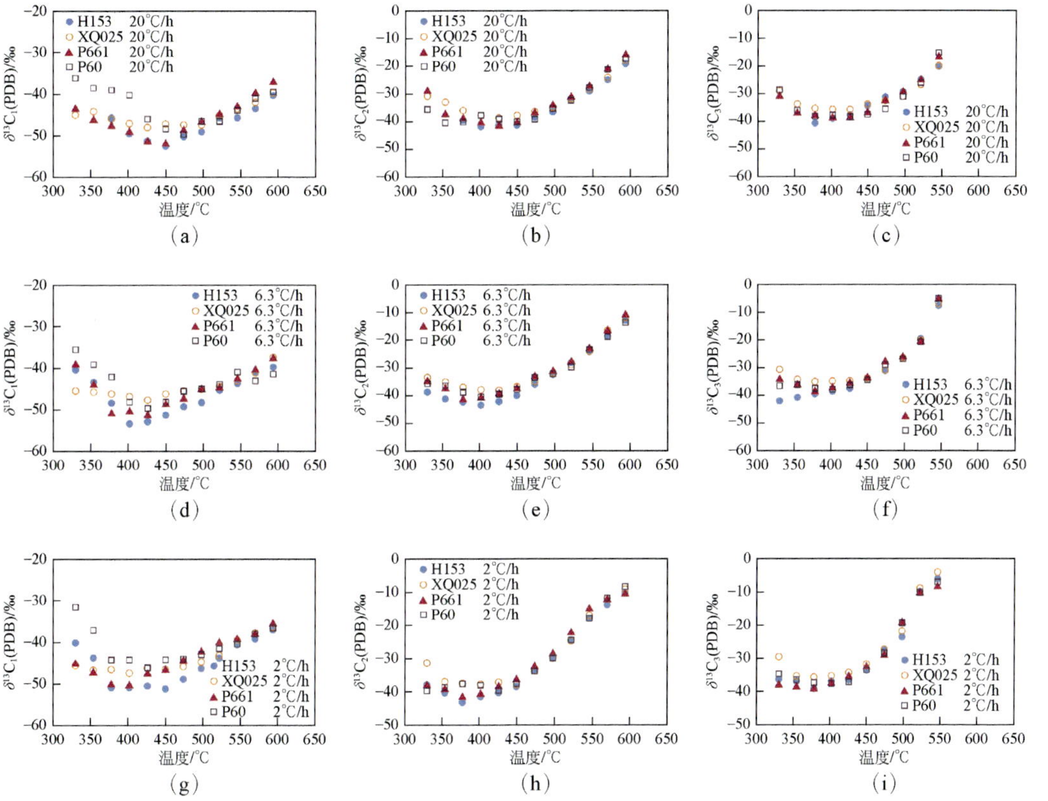

图 3.44　四种原油裂解释放的气态烃的碳同位素值

（a）、（b）、（c）为 20℃/h 升温速率下气态烃的碳同位素值；（d）、（e）、（f）为 6.3℃/h 升温速率下气态烃的碳同位素值；（g）、（h）、（i）为 2℃/h 升温速率下气态烃的碳同位素值

三、生物降解作用耦合热演化作用对原油裂解生成轻烃的影响

分析和比较了同源且具有不同生物降解程度原油被人工熟化到不同成熟度时轻烃产物的产率和分子参数的差异。在此基础上，探讨了不同程度生物降解作用对原油裂解生成轻烃的潜力和轻烃参数的影响。

（一）生物降解作用对轻烃生成潜力的影响

图 3.45 展示了四种原油热解过程中 C_6—C_{13} 轻烃总产率随成熟度（Easy R^o）的变化。随着成熟度的升高，四种原油的轻烃产率均先升高后降低，在 Easy R^o=1.71%左右时达到产率最大值（图 3.45）。在相同成熟度下，生物降解原油的轻烃产率显著低于未降解原油，且

随着生物降解程度的升高（从 H153 到 P60），轻烃产率逐渐降低。例如，在 Easy R^o=1.71% 时，未降解原油 H153 的轻烃产率高达 416.4 mg/g，而严重生物降解原油 P60 的轻烃产率仅为 167.6 mg/g，仅为前者的 40.2%。说明生物降解作用显著降低了原油裂解生成轻烃的生成潜力。

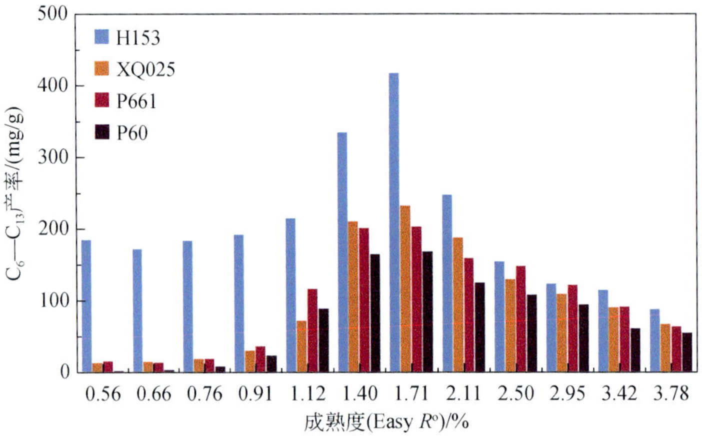

图 3.45　四种原油裂解过程中 C_6—C_{13} 轻烃总产率随成熟度的变化

随着生物降解程度升高，原油的饱和烃含量降低，重质组分（非烃和沥青质）含量升高，与此同时原油裂解的最大轻烃产率逐渐降低［图 3.46（a）］。表明生物降解作用对饱和烃的消耗会导致轻烃生成潜力的下降。原油在封闭体系中的裂解实际上是一个氢再分配过程，原油中的高分子量烃类和氮硫氧（NSO）化合物在热演化过程中逐渐转化为更富氢的低分子量烃（轻烃组分和烃类气体）和贫氢的焦沥青。正构烷烃和支链烷烃是原油中最富氢的组分，其在生物降解过程中被选择性消耗可能直接导致生物降解油的轻烃生成潜力下降［图 3.46（b）］。未降解原油中正构烷烃和支链烷烃含量丰富，其对应的轻烃组分产率也最高。

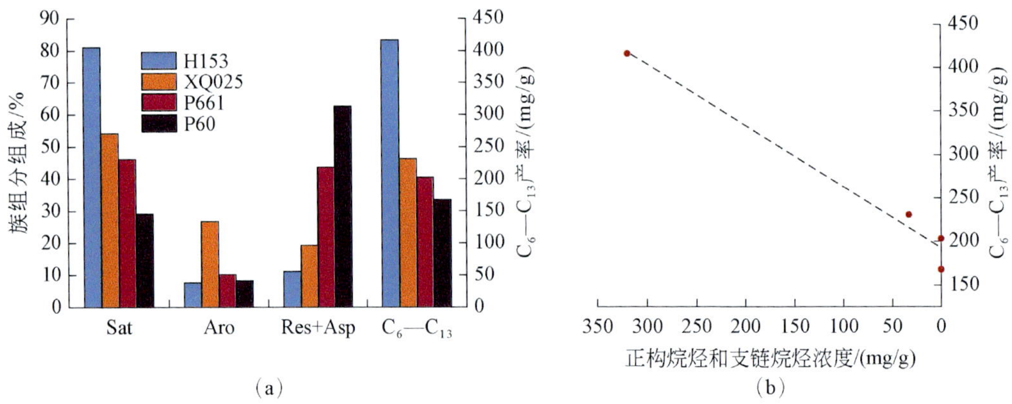

图 3.46　四种原油裂解的轻烃中最大产率与族组分以及初始正构烷烃和支链烷烃浓度的关系

（a）四种原油的族组分与热解形成的轻烃的最大产率之间的关系；（b）初始正构烷烃/支链烷烃浓度与原油热解形成的轻烃最大产率之间的关系。Sat-饱和烃；Aro-芳香烃；Res-胶质；Asp-沥青质随着生物降解程度的升高，原油中富氢的正构烷烃和支链烷烃被逐渐消耗，特别是重度和严重降解原油中的正构烷烃和支链烷烃几乎被完全消耗，导致对应的轻烃组分产率也就越低［图 3.46（b）］。因此，生物降解作用对富氢化合物的选择性消耗是生物降解程度高的原油通过裂解生成轻烃组分的潜力下降的主要原因。

（二）叠加次生蚀变作用对轻烃分子组成和轻烃参数的影响

1. 用于油-油对比的轻烃参数图版

Halpern（1995）提出的基于 C_7 化合物的星状图（C_7OCSD）被广泛用于油-油对比（Halpern，1995；Wever，2000；Lerch et al.，2016）。通常，具有相同来源的原油的 C_7OCSD 图是相似的（Halpern，1995）。在热演化过程中，重度生物降解原油 P661 和严重生物降解原油 P60 的 C_7OCSD 图具有较好的相似性［图 3.47（c）、（d）］，但与非生物降解原油 H153 和轻度—中度生物降解原油 XQ025 的 C_7OCSD 图存在明显差异［图 3.47（a）、（b）］。在热

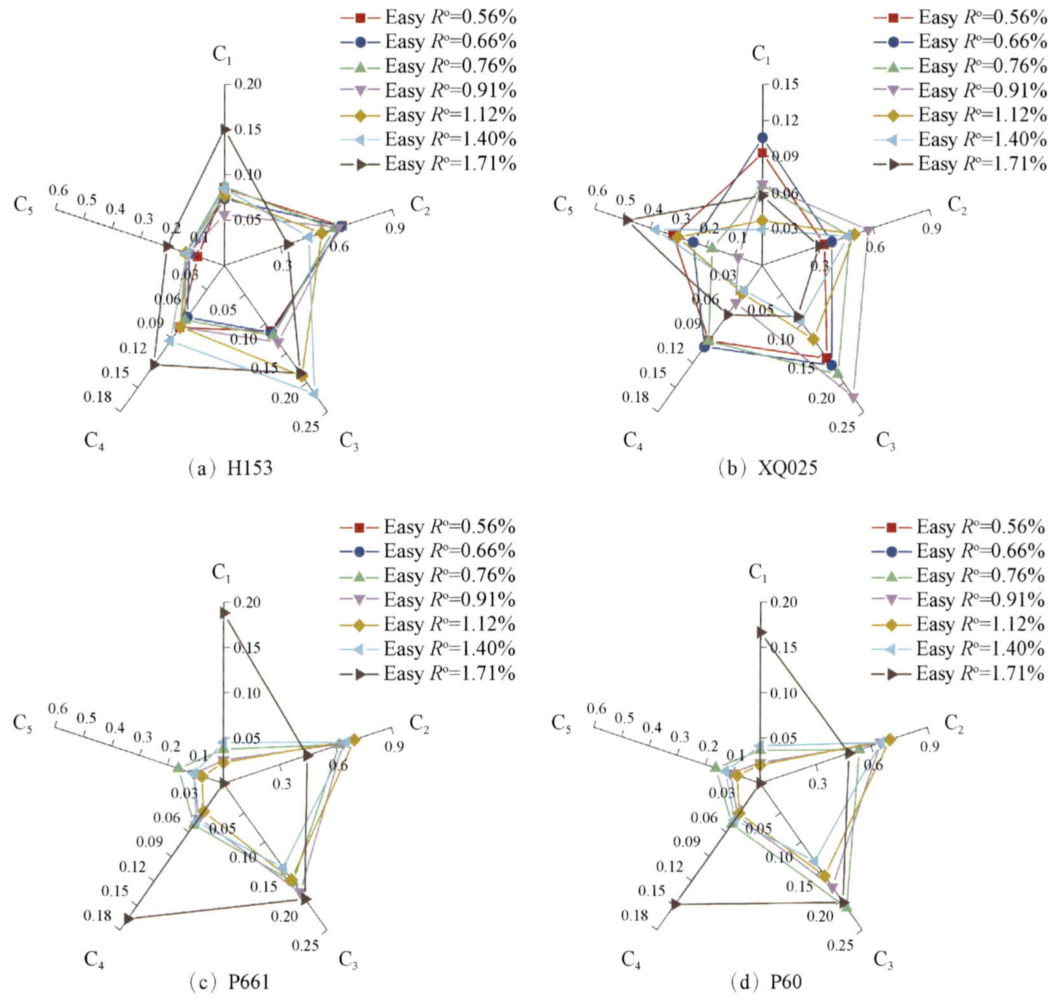

图 3.47　热解油的 C_7OCSD 星状图（Halpern，1995）

演化过程中，未降解原油和生物降解原油在 P_3 与（P_2+N_2）图和 P_2 与 N_2/P_3 图［图 3.48（a）、（b)］中存在明显差异，这可能导致油源的判识出现偏差。此外，从图 3.48（c）中可以看出，四种原油的(2-MH+2,3-DMP)/(3-MH+2,4-DMP)非常接近 1.0，即四种原油的这些化合物的浓度随成熟度的变化显著。因此，在早期生物降解作用和随后热演化作用的叠加影响下，（2-MH+2,3-DMP）与（3-MH+2,4-DMP）图仍然能适用于油-油对比。

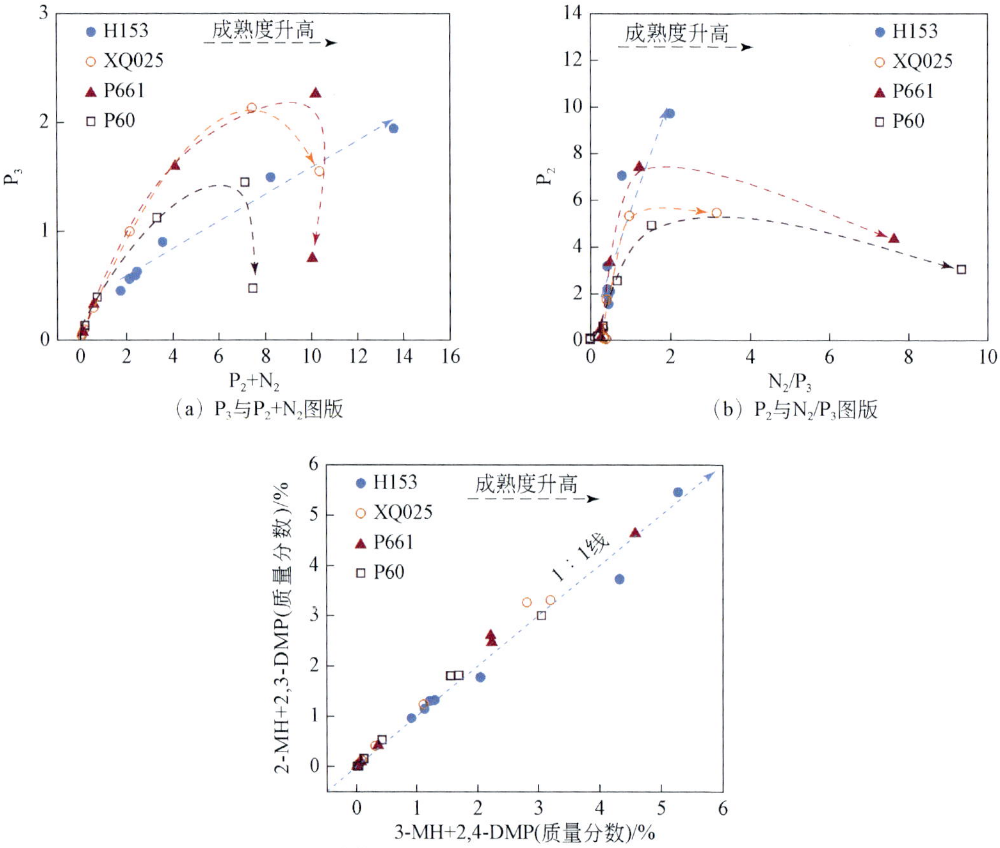

（a）P_3与P_2+N_2图版　（b）P_2与N_2/P_3图版

（c）2-MH+2,3-DMP与3-MH+2,4-DMP图版

图 3.48　Easy R^o 在 0.5%～1.7%的热解油的 Mango 轻烃参数图版

2. 成熟度相关的轻烃参数

正链烷烃与环烷烃的比值被广泛用作成熟度指标（Philippi，1975；Thompson，1979，1983），如庚烷值、异庚烷值和 n-C_7/MCH（Thompson，1979，1983）。这些指标通常被认为随成熟度的升高而升高（Philippi，1975；Thompson，1979，1983；Mango，1997）。图 3.49 展示了四种原油的热解油中与成熟度相关的轻烃参数。随着生物降解程度的升高，基于链烷烃与环烷烃比值的轻烃参数如庚烷值、异庚烷值、n-C_7/MCH、C_7-paraffins/naphthenes 和%$R^o{}_{(V)}$［图 3.49（a）～（d）、（f)］，在更低的 Easy R^o 时达到最大值。图 3.49 展示了热解油中与成熟度相关的轻烃参数。在热演化作用下，链烷烃/环烷烃型成熟度参数在生物降解原油中比在未降解原油中更早达到最大值，其顺序依次为 P60、P661、XQ025 和 H153。

此外，生物降解原油的热解油中庚烷值、异庚烷值和%$R^o_{(J)}$均显著低于未降解原油的相应值［图 3.49（a）、（b）、（e）］。生物降解原油的热解油中 2,4-DMP/2,3-DMP 值随成熟度先减小后增大，这与未生物降解原油的热解油中 2,4-DMP/2,3-DMP 值随成熟度升高而持续升高有所不同。总的来说，如果原油经历了早期生物降解和后期热演化作用的叠加，采用基于轻烃参数的成熟度评估方法具有一定的不确定性。

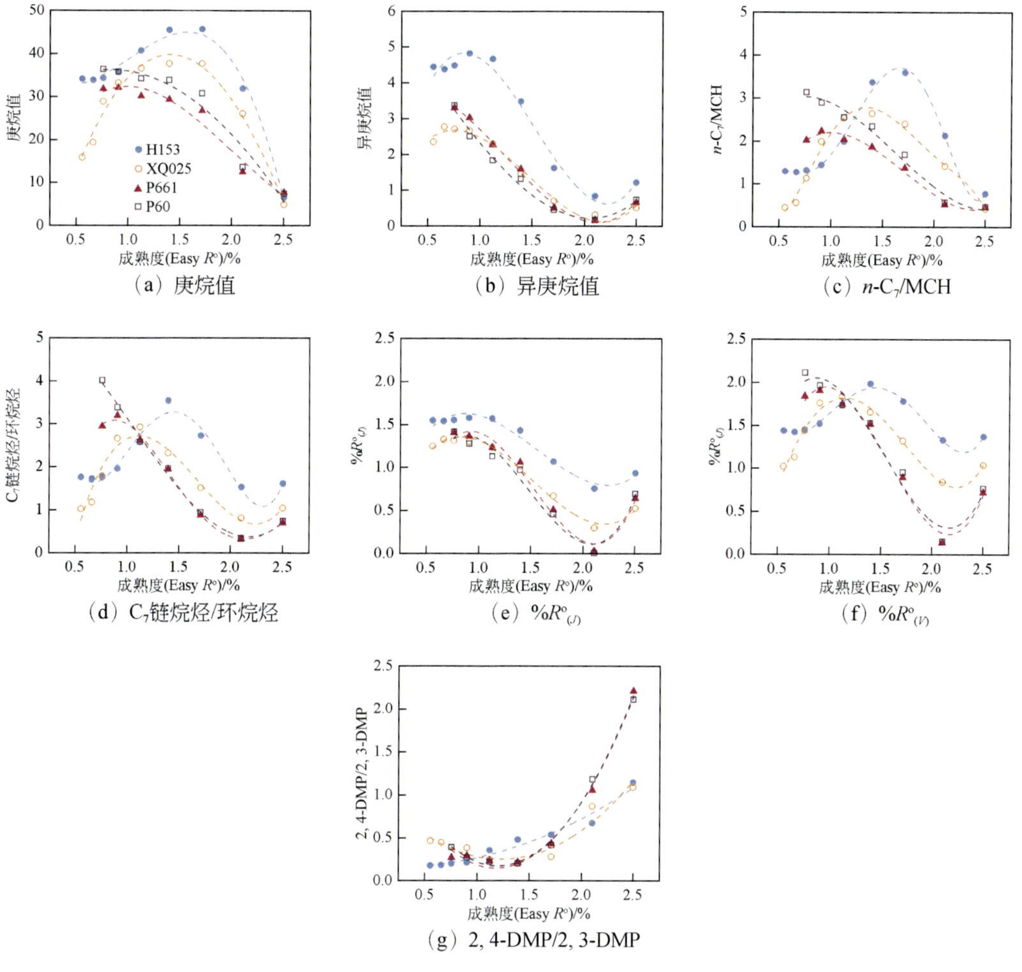

图 3.49　热解油中成熟度相关的轻烃参数的变化

3. 识别原油次生蚀变类型的轻烃图版

Halpern 提出的包含 8 个 C_7 轻烃参数（Tr1～Tr8）的 C_7 油转换星状图（C_7OTSD）常被用于区分由次生蚀变作用（如蒸发、生物降解和水冲）引起的原油组分的变化（Halpern，1995；Lerch et al.，2016；Murillo et al.，2016）。然而，C_7OTSD 图很容易受到热演化作用的影响。例如，随着成熟度的升高（Easy R^o=0.9%～1.4%），H153 的 C_7OTSD 图逐渐向外扩大［图 3.50（a）］，这种扩大在叠加次生蚀变作用下更为明显［图 3.50（b）～（d）］，特别是在 P661 和 P60 中。此外，在热演化过程中，初始生物降解程度越高的原油的 C_7OTSD

图在相对较低的 Easy R^o 时扩大到其最大值。例如，H153 和 XQ025 的 C_7OTSD 图在 Easy R^o 约为 1.4%时达到最大值［图 3.50（a）、（b）］，而 P661 和 P60 的 C_7OTSD 图分别在 Easy R^o 约为 1.1%和 0.9%时达到最大值［图 3.50（c）、（d）］。

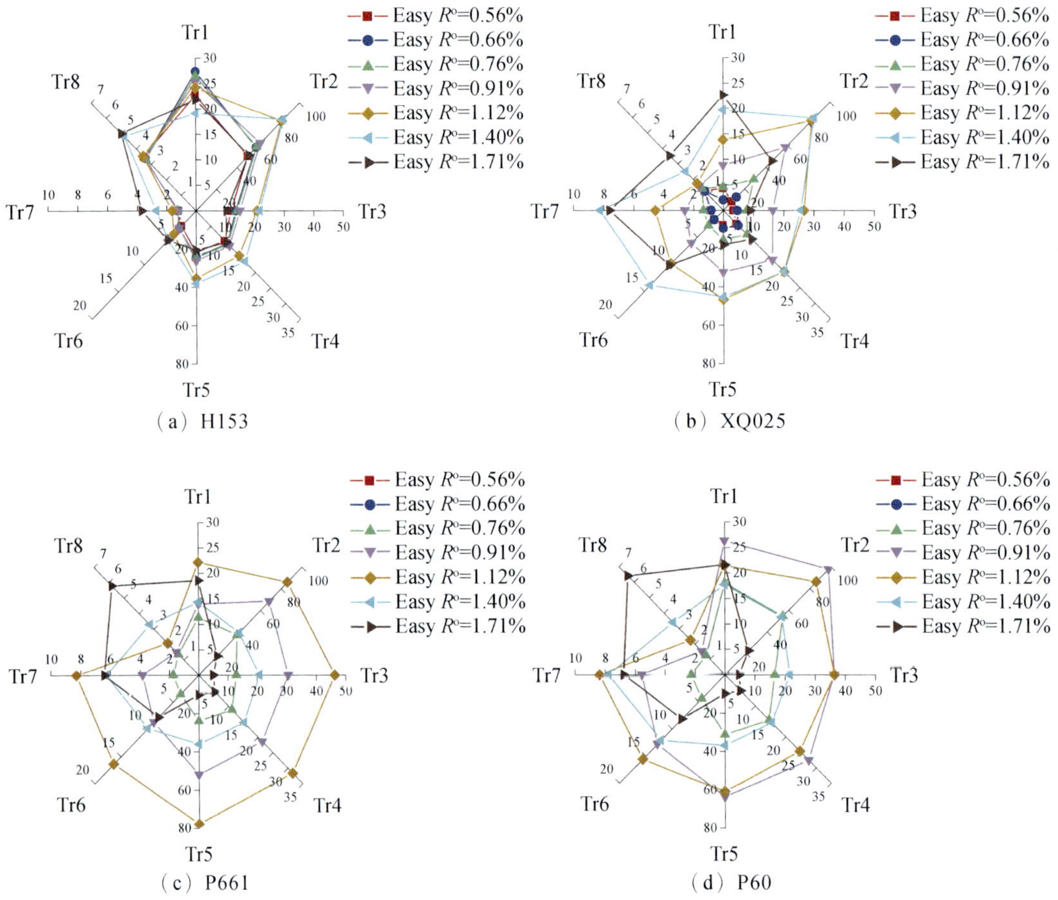

图 3.50　叠加次生蚀变作用对 C_7 油转换星状图（C_7OTSD）的影响

此外，Thompson 提出的庚烷值与异庚烷值图版和 n-C_7/MCH 与 Tol/n-C_7 图版被广泛用于识别蒸发分馏、热演化、水洗和生物降解作用（Thompson，1983，1987）。在庚烷值与异庚烷值图版中，四种原油的分布存在显著差异［图 3.51（a）］。随着成熟度升高（Easy R^o），未降解油 H153 和轻度—中度生物降解油 XQ025 在庚烷值与异庚烷值图版中的变化趋势相似［图 3.51（a）］。即随着成熟度升高，庚烷值逐渐增大，而异庚烷值先增大后快速降低。然而，随着成熟度的升高，P661 和 P60 的庚烷值和异庚烷值都在减小［图 3.51（a）］，从过成熟区逐渐过渡到成熟区［图 3.51（a）］，这与未降解油 H153 和轻度降解原油 XQ025 的庚烷值和异庚烷值随 Easy R^o 的变化情况完全不同。在 n-C_7/MCH 与 Tol/n-C_7 图中，随着成熟度升高，未降解油 H153 表现出典型的成熟（热蚀变）特征［图 3.51（b）］，这与 Thompson（1983）的报道是一致的。轻度—中度生物降解油 XQ025 随着成熟度的升高而逐渐失去生物降解特征，随后主要表现为受热演化作用的影响［图 3.51（b）］。然而，重度降解油 P661

和严重降解油 P60 在 n-C_7/MCH 与 Tol/n-C_7 图中随成熟度的变化趋势与 H153 和 XQ025 几乎相反。P661 和 P60 的 n-C_7/MCH 降低的同时 Tol/n-C_7 逐渐升高［图 3.51（b）］，表现出类似于 Thompson（1983）报道的蒸发分馏的趋势。因此，遭受过叠加次生蚀变影响的原油，尤其是遭受了重度以上生物降解作用的原油已不宜采用上述两个图版来判识原油的次生蚀变作用类型。

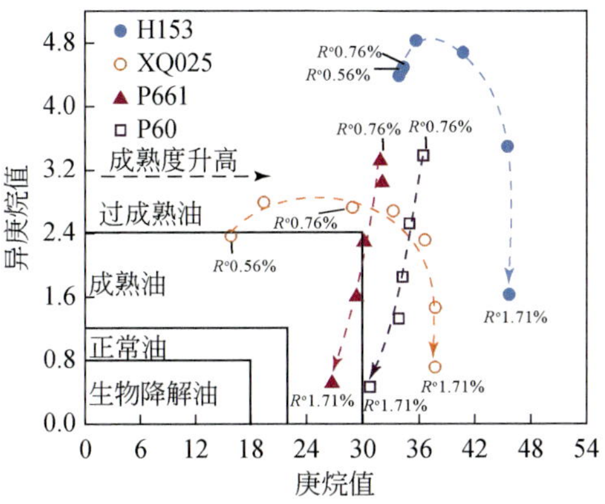

（a）庚烷值与异庚烷值图版

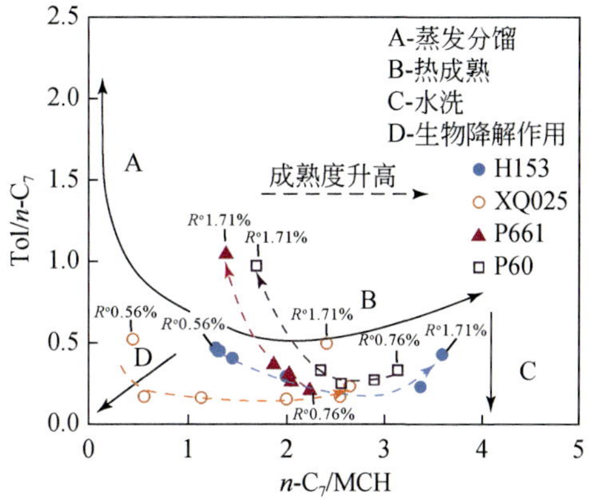

（b）n-C_7/MCH与Tol/n-C_7图版

图 3.51　在 Easy R^o 为 0.5%～1.7%四种原油的热解油轻烃参数在 Thompson 图版中的变化（Thompson，1983，1987）

上述结果表明，早期生物降解作用不仅会降低原油裂解的轻烃总产率，而且会影响轻烃产物的分子组成以及轻烃参数。早期生物降解作用和后期热演化作用叠加对轻烃组成的影响可归纳为以下原因：①初始原油中的轻烃丰度和分布不同。未降解原油中含有大量的初始轻烃组分，然而重度和严重降解原油中初始轻烃几乎被微生物消耗殆尽。②初始原油的族组分（饱和烃、芳烃、非烃和沥青质）差异显著，也就是说原油裂解产生的轻烃前体不同，导致裂解生成的轻烃类型有所不同。因此，在叠合盆地中应用上述轻烃参数时，应考虑是否发生生物降解及生物降解的强度。

四、生物降解耦合热演化作用对含杂原子极性化合物分布的影响

（一）含杂原子极性化合物的总体分布

图 3.52 展示了在负离子电喷雾电离（electrospray ionization，ESI）模式下用傅里叶变换离子回旋共振质量色谱（FT-ICR MS）检测到的不同热解油中的含杂原子极性化合物的种类。其中，含有两个氧原子的 O_2 类化合物主要是含有羧基的有机酸，在四个初始原油中均有着较高的相对丰度。值得注意的是，当 Easy R^o<1.2%时，H153 和 XQ025 的 O_2 类化合物相对丰度变化不大，而 P661 和 P60 热解油中的 O_2 类化合物的相对丰度明显降低。这是因为 H153 和 XQ025 的 O_2 类化合物与 P661 和 P60 的 O_2 类化合物在组成上存在差异，并且前者的热稳定性高于后者。Liao 等（2012）的研究表明，在未降解油和轻度降解原油中，O_2 类化合物以 DBE=1 的脂肪酸为主，而在重度—严重降解的原油中，O_2 类化合物

以环烷酸为主，而环烷酸的热稳定性要低于脂肪酸。当 Easy R^o>1.2%时，四种原油中 O_2 类化合物的相对丰度均大量降低，这可能是由于较高的热应力导致 O_2 类化合物发生了脱羧反应。

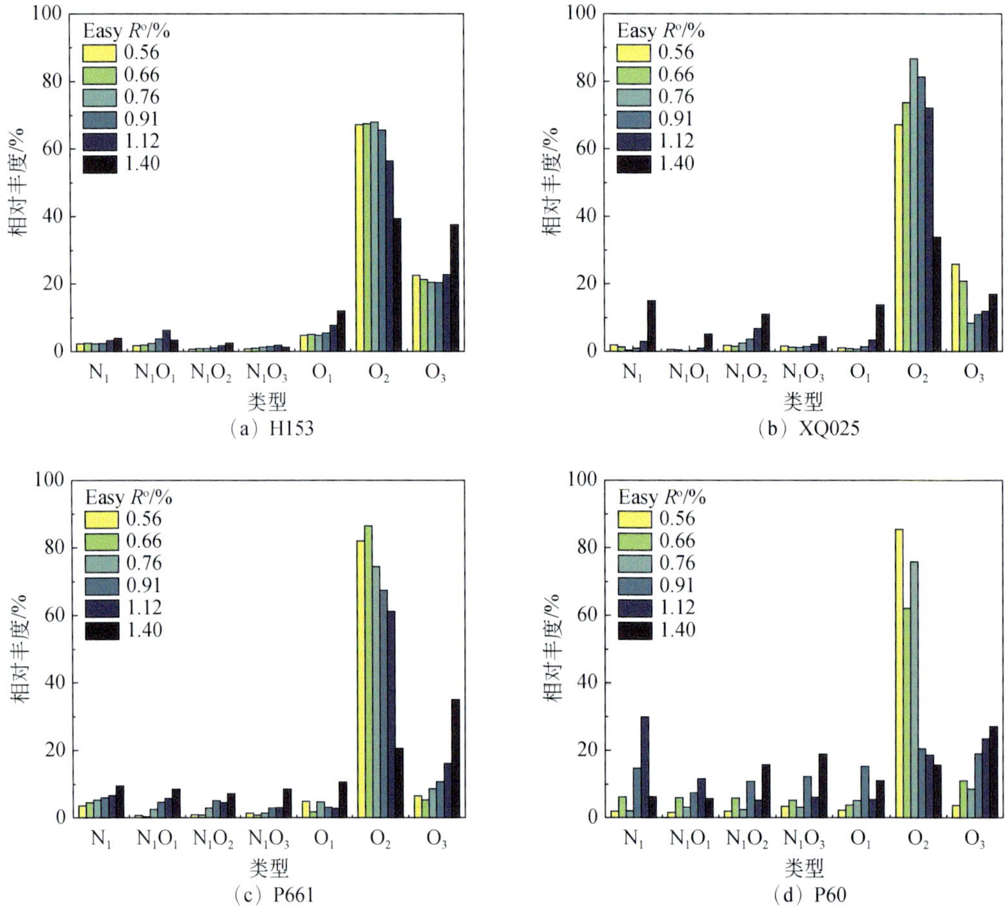

图 3.52 不同热演化程度的热解油中含杂原子极性化合物的分布情况

除 O_2 类化合物外，FT-ICR MS 还从四种原油及其热解油中检测到相对丰度较低的 N_1、N_1O_1、N_1O_2、N_1O_3、O_1 和 O_3 类化合物。随着成熟度升高，O_2 类化合物的相对丰度降低，而 N_1、N_1O_1、N_1O_2、N_1O_3、O_1 和 O_3 的相对丰度升高，这与这些极性化合物的热稳定性要高于 O_2 类化合物有关。此外，当 Easy R^o>1.0%时，严重降解油 P60 的 N_1、N_1O_1、N_1O_2、N_1O_3 和 O_1 类化合物的相对丰度高于其余三种油，这应该是 P60 中高含量的 O_2 类化合物裂解导致的。

（二）O_2 类化合物的分布

负离子 ESI 模式下从原油中检测到含氧化合物主要是酸性化合物，通常包括饱和脂肪酸、类异戊二烯酸、环烷酸和芳香酸（Meredith et al.，2000）。羧酸类化合物可能是生物降解的中间产物。Watson 等（2002）认为原油中的酸类可能有以下三种来源：烃源岩原生的酸、原油生物降解形成的酸和微生物代谢合成的酸。其中等效双键数目 DBE=1 的 O_2 类化合物主要是饱和脂肪酸，DBE=2～7 的 O_2 类化合物可能是含有 1～6 个脂环的环烷酸（Peters et al.，2005；Shi et al.，2010），DBE≥5 的 O_2 类化合物中可能还含有芳环（Nascimento et al.，1999；Rodrigues et al.，2000；Peters et al.，2005；Shi et al.，2010）。图 3.53 显示在未降解原油 H153 中 O_2 类化合物主要为饱和脂肪酸（DBE=1），应该主要是来源于烃源岩的原生有机酸（Watson et al.，2002）。随着生物降解程度的升高，饱和脂肪酸很明显地减少。在轻度—严重降解油（XQ025、P661 和 P60）中饱和脂肪酸（DBE=1）含量逐渐减少，而环烷酸（DBE=2～7）的含量逐渐升高，部分环烷酸应该是环烷烃类化合物的生物降解产物。

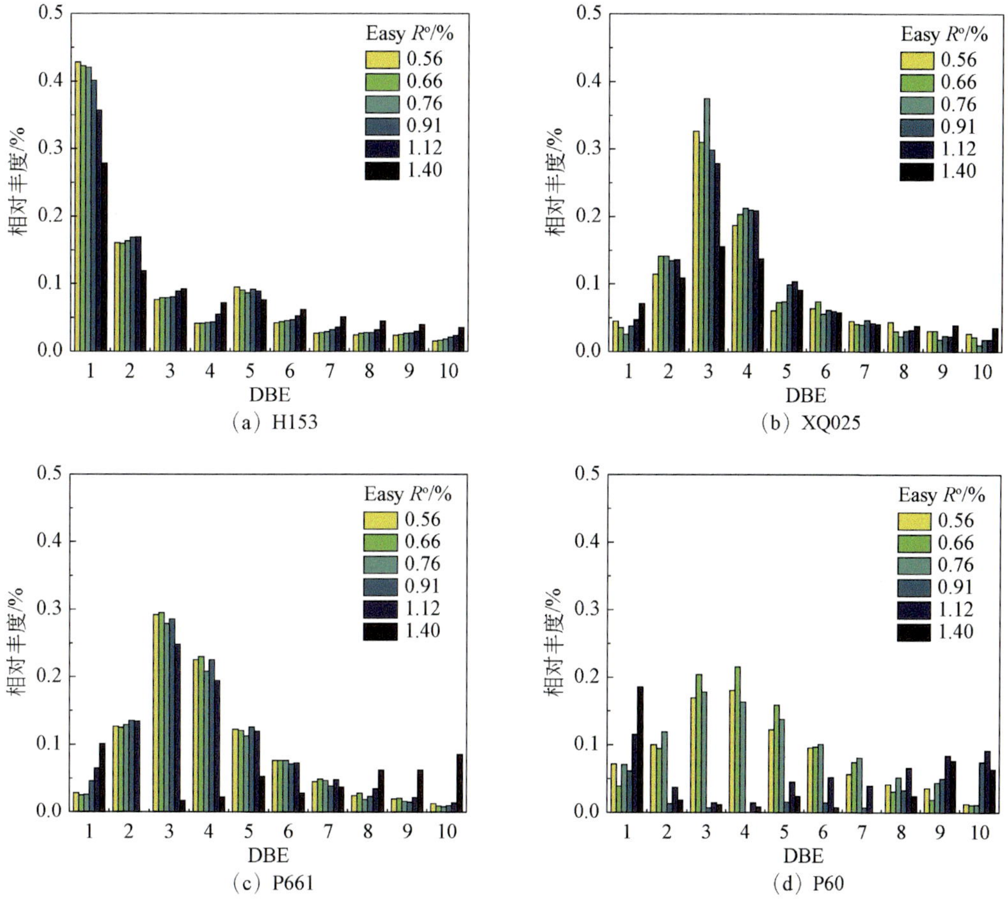

（a）H153　（b）XQ025　（c）P661　（d）P60

图 3.53 原油的热解油中不同 DBE（DBE=1～10）的 O_2 类化合物的相对丰度变化

图 3.53 展示了四个原油及其热解油中 DBE=1～10，不同 DBE 的 O_2 类化合物的相对丰度变化。未降解油 H153 中含有丰富的饱和脂肪酸，而在生物降解油（XQ025、P661 和 P60）中饱和脂肪酸的相对丰度明显降低，这说明饱和脂肪酸会被微生物进一步利用和消耗，导致其相对丰度降低而环烷酸相对丰度升高。在热成熟作用下，H153 中饱和脂肪酸的相对丰度随成熟度升高逐渐降低，而在 XQ025、P661 和 P60 中饱和脂肪酸的相对丰度随成熟度升

高而逐渐升高。这可能是由于在高热演化阶段（Easy R^o＞1.0%）的热解油中脂肪酸可能部分来源于生物降解油中高含量的重组分裂解，特别是通过碳碳键键合在沥青质分子骨架上的脂肪酸。Liao 等（2012）和 Pan 等（2013）的研究结果表明原油沥青质组分中也存在通过各种形式结合的饱和脂肪酸。

五、生物降解耦合热演化作用对油藏中烃流体相态演化的影响

结合前述四种不同生物降解程度的原油在 20℃/h 升温速率下的黄金管封闭体系中发生热解所产生的气液固产物的定量数据，结合 PVTsim 相态模拟软件模拟四种原油在热演化过程中的相态演化，并比较其相行为的差别，以此来解释生物降解作用对油藏中烃流体相态演化的影响。

根据热模拟实验热解产物的全组分质量分数，利用 PVTsim 相态模拟软件并采用 Peng-Robinson（PR）状态方程，可以对原油裂解后的油气流体的相态进行模拟。图 3.54 是原油裂解后的油气流体相包络线的演化图。随着热演化程度的升高，油气的露点温度逐渐降低而泡点压力逐渐升高，这与前人的研究相吻合（Di Primio et al.，1998）。在原油热演化过程中，原油的组分逐渐变轻导致原油的平均相对分子量和密度等特征发生规律性的变化，进而影响油气流体的相态特征。例如，随着成熟度升高，正常原油逐渐转变为轻质

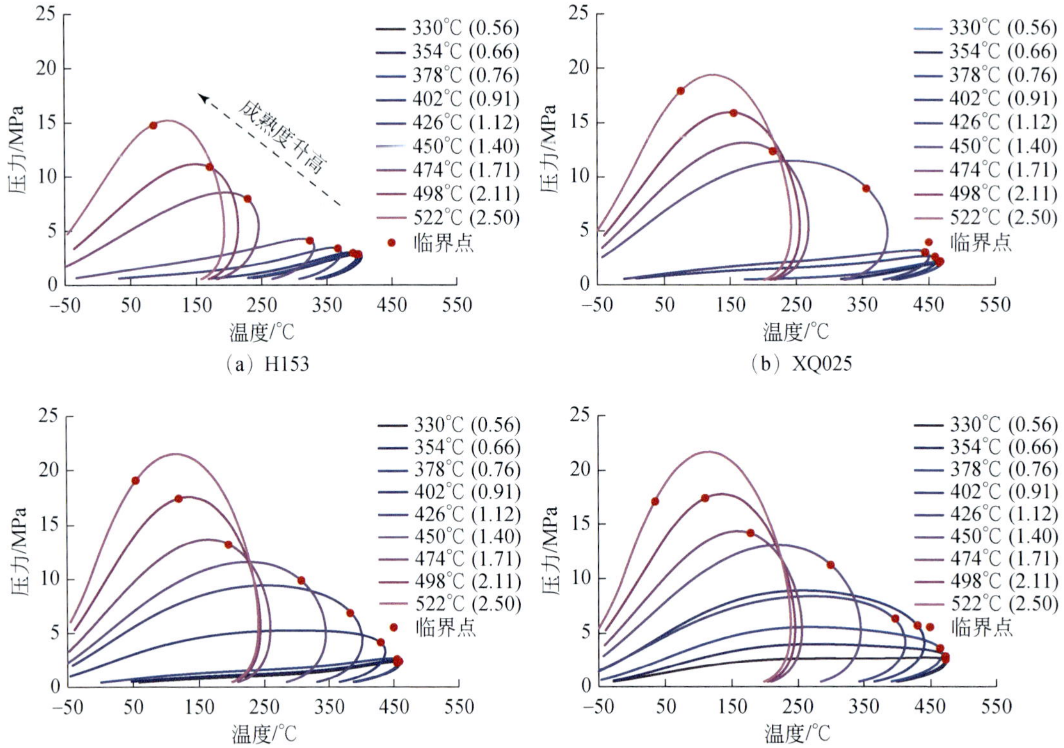

图 3.54　在 20℃/h 升温速率下原油裂解油气的相包络线

图例中括号中的数值为 Easy R^o，%

油、凝析油、湿气，甚至干气。在热演化程度不断加深的过程中，热稳定性低的长链烃类不断裂解成热稳定性高的短链烃类，并最终以气态烃为主。在此过程中，油气流体的气油比逐渐增大，油气流体的相态特征呈现出从高露点温度、低泡点压力向低露点温度、高泡点压力转变。此外，不同生物降解程度的原油在热演化过程中形成的油气流体相包络线具有明显差异（图 3.54）。在相同成熟度下，生物降解程度越高其泡点压力越高，露点温度也越高。

为了更进一步分析不同生物降解程度的原油在热演化过程中相包络线的演化差异，以 20℃/h 升温速率为例，将热演化过程分成了 Easy R^o=0.56%～1.2%（图 3.55）和 Easy R^o=1.2%～2.5%（图 3.55）两个演化阶段来讨论。在 Easy R^o=0.56%～1.2%阶段，四种原油中的高碳数组分含量高，所以均表现出较高的露点温度，而此时气体产率相对较低，泡点压力不高，都在 15 MPa 以下（图 3.55）。同时由于重度和严重生物降解原油 P661 和 P60 的高碳数组分含量更高，其露点温度高于未降解油 H153 和轻度—中度降解原油 XQ025。此外，P661 和 P60 中存在的大量有机酸和酯在该阶段发生了脱羧反应，释放了大量的 CO_2，导致油气流体的泡点压力高于相同成熟度下来自 H153 和 XQ025 的油气流体的泡点压力。在 Easy R^o=1.2%～2.5%时，热演化程度已经达到高—过成熟阶段，原油中的高碳数组分大部分裂解成小分子烃类和固体沥青，露点温度降低，而气态烃的大量生成导致

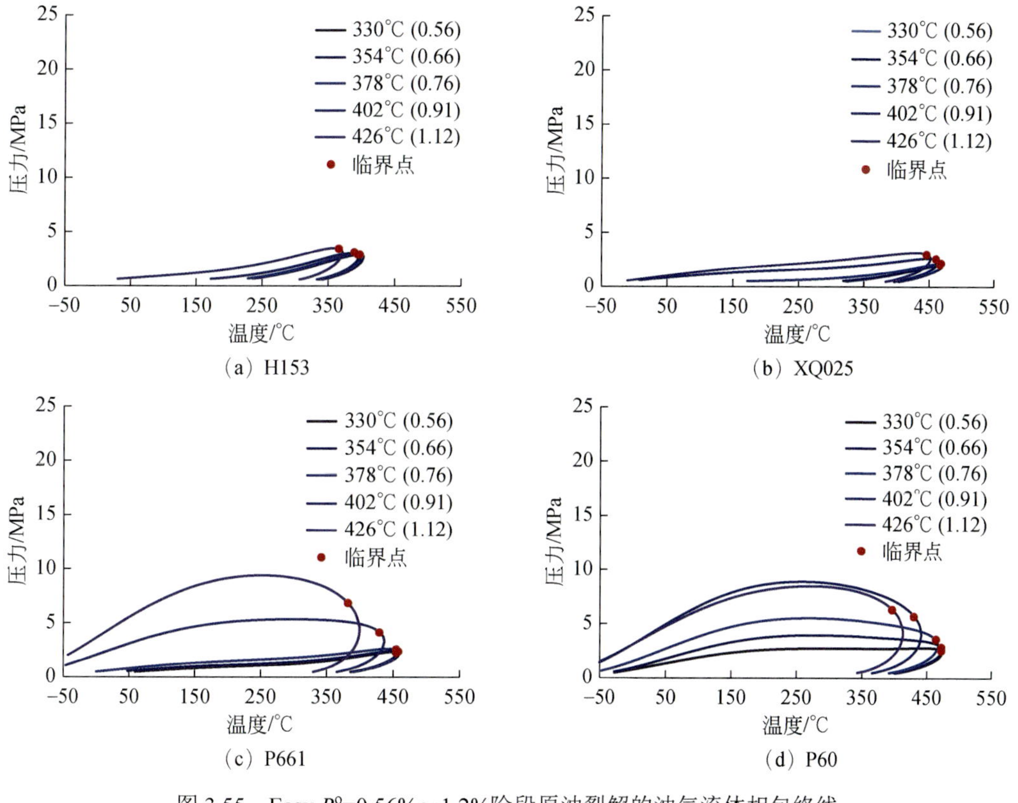

图 3.55　Easy R^o=0.56%～1.2%阶段原油裂解的油气流体相包络线

图例中括号中的数值为 Easy R^o，%

了高的泡点压力，达到 20 MPa 左右（图 3.56）。与此同时，未降解原油 H153 在该阶段的轻烃等液态烃组分含量高于相同成熟度下的 P661 和 P60，导致其泡点压力低于相同成熟度下的 P661 和 P60。

从图 3.57 可以看出，在热演化过程中，生物降解原油裂解后，油气流体的临界压力和

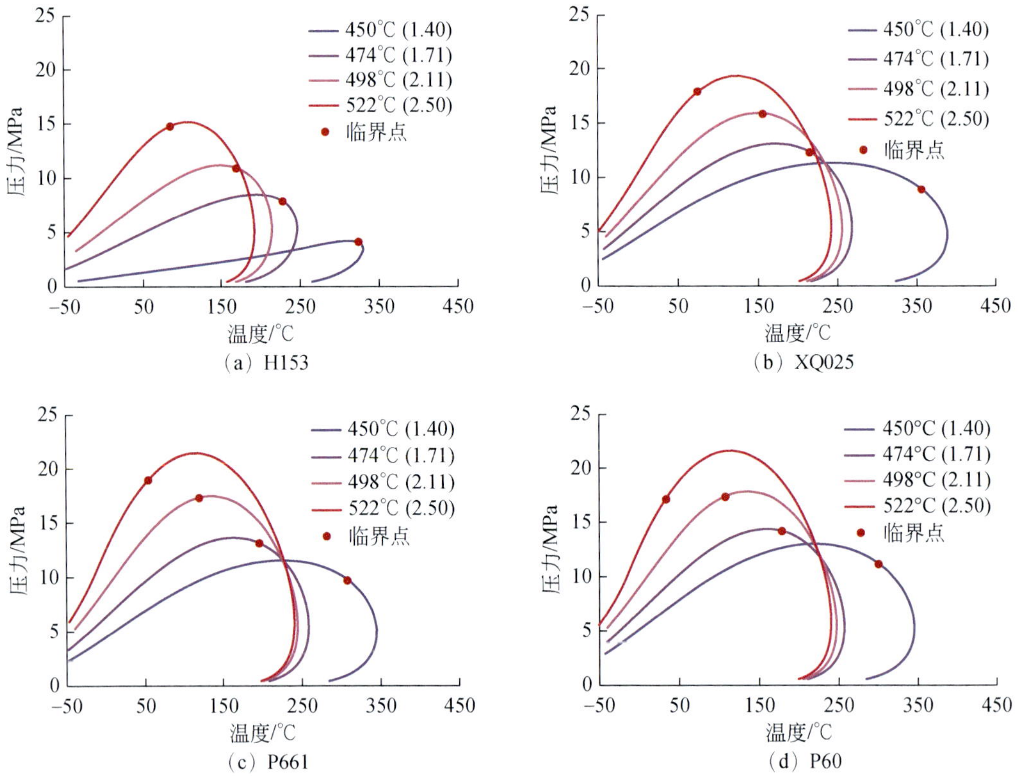

图 3.56　Easy R^o=1.3%～2.5%阶段原油裂解的油气流体相包络线

图例中括号中的数值为 Easy R^o，%

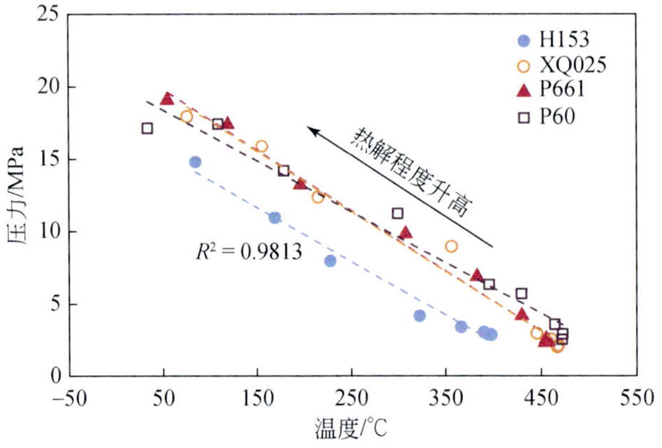

图 3.57　在 20℃/h 升温速率下四种原油的临界点分布

临界温度的变化范围明显要比未降解原油裂解后油气流体的临界压力和临界温度的变化范围要更宽一些。油气藏中油气相态常根据油气相包络线结合实际温压条件来判识。当油藏压力高于泡点压力且油藏温度低于临界温度时呈现单一液相；当油藏温压条件处在包络线以内，则呈现气液两相；当油藏温度高于露点温度且压力高于临界压力时，呈现单一气相。不同生物降解程度的原油在热演化过程中的相包络线和临界点存在明显的差异，可能会导致油气相态的预测出现偏差。

六、塔里木顺南 1 井和顺南 4 井油气相态演化的数值模拟及预测

通过将原油的黄金管封闭体系热模拟实验数据与实际地质背景资料相结合，利用 PetroMod 软件和 PVTsim 软件完成了塔里木盆地顺南 1 井和顺南 4 井油气相态演化的数值模拟及预测，并与现今烃流体的组成和相态进行了比较。

（一）顺南 1 井和顺南 4 井地层埋藏史、热演化史和压力史

顺南 1 井和顺南 4 井的埋藏史、热演化史和压力史相似（图 3.58）。由于构造位置相近，顺南 1 井揭露的地层层序与顺南 4 井也相似，仅在地层厚度和构造剥蚀量上略有差异［图 3.58（a）］。晚奥陶世，随着良里塔格组（O_3l）的快速沉积，地层埋深快速增加，地层温度也迅速升高到 140℃［图 3.58（a）］，Easy R^o 甚至达到了 1.0%左右［图 3.58（b）］，地层压力接近 40 MPa［图 3.58（c）］。之后加里东构造运动导致顺南地区地层遭受抬升剥蚀，地层温度和压力轻微降低。石炭纪后，构造活动相对稳定，随着地层埋深逐渐加大，地层温度和压力逐渐升高，成熟度也逐渐升高［图 3.58（b）］。顺南 1 井鹰山组现今地层温度约为 180℃，Easy R^o 达到了 2.1%左右；顺南 4 井鹰山组现今地层温度约 190℃，Easy R^o 也达到了 2.1%左右。地层温度和压力史与热流演化、岩性、埋藏史（抬升剥蚀和沉降等）密切相关，因此，不同时期的地层温度和压力处于动态变化之中［图 3.58（c）］。

（二）顺南 1 井和顺南 4 井奥陶系油气相态演化的模拟和预测

将原油裂解过程中的相包络线与顺南 1 井和顺南 4 井中下奥陶统鹰山组的地层温度-压力史相结合（图 3.58），通过数值模拟可以揭示从奥陶纪至今原油在鹰山组储层中的油气赋存相态演化过程。从数值模拟结果可以看出，顺南 1 井和顺南 4 井的温度-压力曲线分别在距今 34 Ma 和 49 Ma 穿过凝析气相和液相的边界线（图 3.59）。这说明顺南 1 井鹰山组中的油气在距今 34 Ma 时由液相进入凝析气相，而顺南 4 井鹰山组中的油气在距今 49 Ma 时由液相进入凝析气相。由于从 409 Ma（早海西期）至 34 Ma 期间，油藏所处的压力始终远大于相应成熟度下相包络线的泡点压力（饱和压力），因而顺南 1 井鹰山组原油从聚集成藏开始到距今 34 Ma 期间一直保持液相［图 3.59（a）］。中晚奥陶世之后随埋深增加地层压力缓慢升高，因而油藏得以长时间保持液相。相似地，从 409 Ma（海西期）至 49 Ma 期间，顺南 4 井鹰山组原油也一直保持液相［图 3.59（b）］。此外，根据温度-压力史和相包络线图的叠加判断顺南 1 井鹰山组中的油气现今仍处在凝析气相区，与实际的凝析气藏相符。然而根据温度-压力史和相包络线图的叠加判断顺南 4 井现今应为凝析气藏，但实际为干气藏，推测可能后期遭受了过成熟干气的侵入。

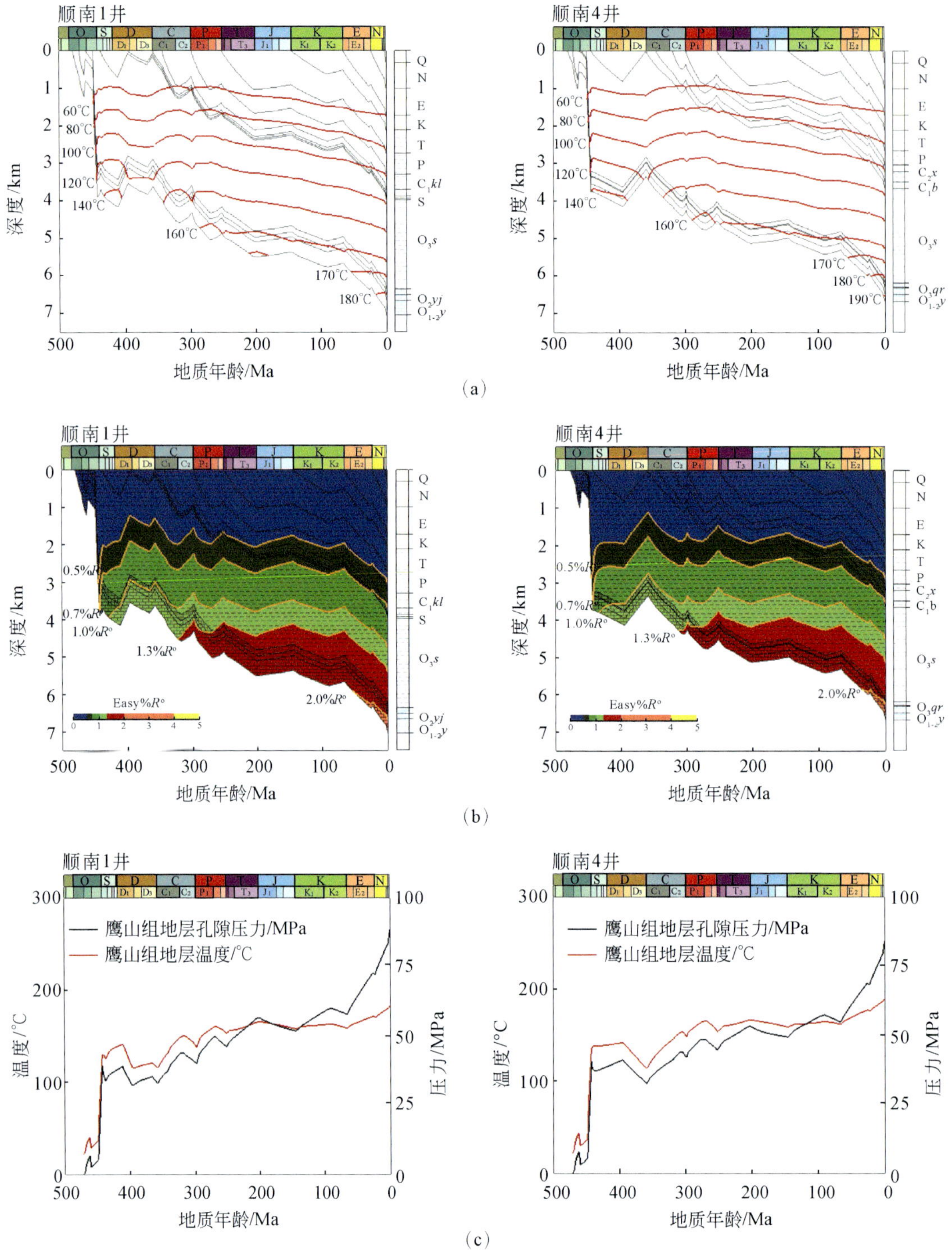

图 3.58　盆地模拟重建的顺南 1 井和顺南 4 井地层的埋藏史（a）、热演化史（b）和温度-压力史（c）

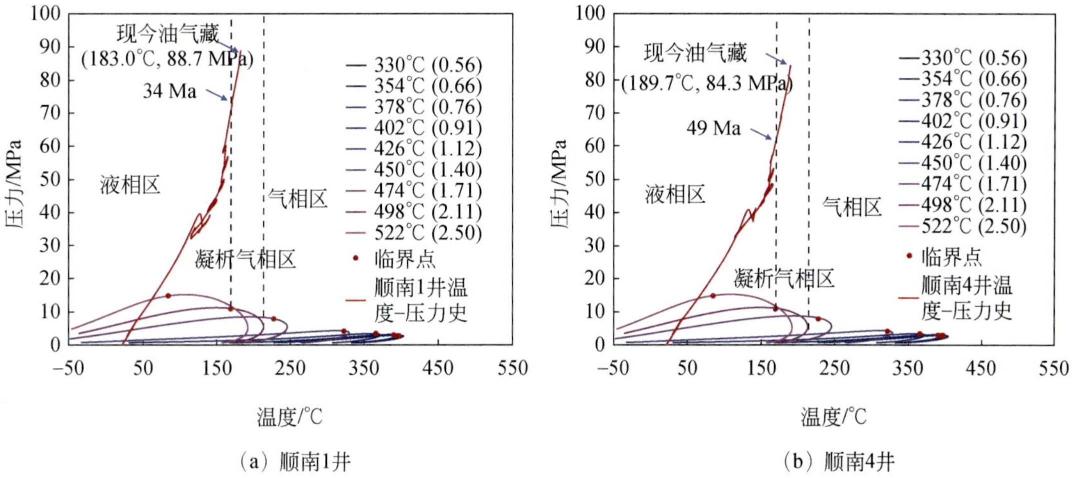

图 3.59　测的顺南 1 井和顺南 4 井中下奥陶统鹰山组中油气流体相态演化

图例中括号中的数值为 Easy R^o，%

顺南 1 井原油中检测出高含量的金刚烷（马安来等，2018）、轻芳烃及稠环芳烃，且原油单体碳同位素明显偏重（顾忆等，2020），以及储层中存在高反射沥青（庄新兵等，2017）。这说明顺南 1 井原油遭受过严重的热裂解。此外，Kissin（1987）发现未遭受任何分馏和次生蚀变的原油中正构烷烃的物质的量浓度的对数与碳数之间存在着线性关系：

$$\lg[\mathrm{MC}(n)] = a \times n + b \tag{3.2}$$

式中，MC(n)为碳数 n 的正构烷烃的物质的量浓度；a 为斜率因子；b 为截距。

顺南 1 井原油正构烷烃物质的量浓度与碳数分布呈现非常好的线性关系[图 3.60(a)]，指示其未受气侵、蒸发分馏或多期充注等的影响（Kissin，1987；Losh et al.，2002；顾忆等，2020）。

与顺南 1 井相似，顺南 4 井原油也曾遭受了强烈的热演化作用。顺南地区干气藏的形成可能与喜马拉雅期遭受了过成熟干气的气侵作用相关（云露和曹自成，2014；漆立新，2016；庄新兵等，2017）。针对顺南 4 井可能遭受气侵的推测，本节利用 PVTsim 软件模拟了顺南 4 井遭受气侵的情况［图 3.60（b）］。对成熟度 R^o 为 2.%时的油气流体组分（未遭受气侵）注入甲烷气体，并对其余组分进行归一化。当注入的甲烷占 85%质量分数时，通过 PVTsim 软件模拟出的相包络线（遭受气侵）与顺南 4 井实际的相包络线基本相似，因此推测顺南 4 井油气藏在距今 49 Ma 之后遭受过气侵作用，并且气侵流体应以甲烷气体为主。此外，王铁冠等根据顺南 4 井流体包裹体均一化温度推测顺南 4 井在 22～10 Ma（中新世）遭受过来自寒武系烃源岩过成熟干气的充注。因此，推测顺南 4 井油气藏在 49 Ma 进入凝析气相后在 22～10 Ma（中新世）遭受了来自寒武系烃源岩的过成熟干气的气侵作用，气侵通道可能为顺南地区发育的多条北东向断裂，气侵强度由东向西逐渐减弱，到顺南 1 井时已无明显气侵作用。

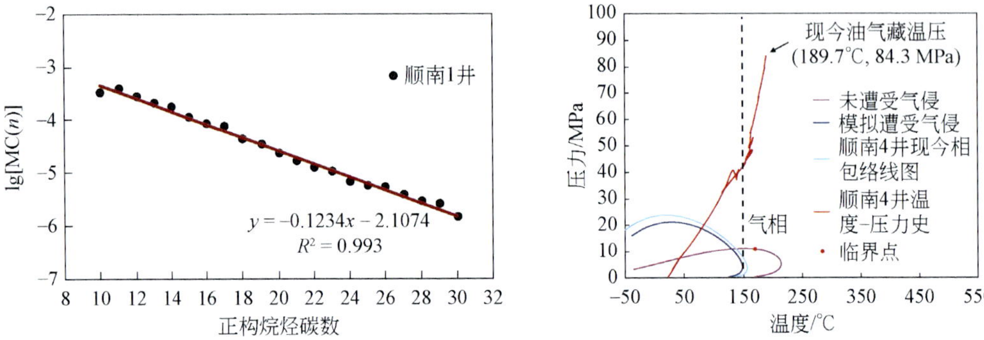

（a）顺南1井　　（b）顺南4井

图 3.60　顺南 1 井和顺南 4 井原油正构烷烃物质的量浓度及油气相态包络线图

（a）顺南 1 井凝析油中正构烷烃物质的量浓度的对数值与碳数的关系揭示其未受气侵影响；（b）考虑气侵作用时顺南 4 井油气流体相包络线演化

七、小　　结

（1）液氮直接冷冻收集法可以有效避免轻烃的蒸发损失，并揭示轻烃的原始/实际地球化学信息。

（2）生物降解程度越高的原油，其裂解释放的轻烃和烃类气体的能力越弱。生物降解过程中微生物对原油中富氢的链烷烃选择性去除会显著降低原油裂解生成轻烃和烃类气体的潜力。在相同的热演化阶段，生物降解油产生相同质量固体沥青时释放的烃类气体显著低于未降解油。在生油窗，生物降解程度更高的原油所产生的烃类气体更干燥和更富集 ^{13}C。

（3）在叠加次生蚀变作用影响下，C_7OCSD、P_3 与（P_2+N_2）和 P_2 与 N_2/P_3 等油-油对比图被严重修改，可能导致油-油对比出现严重偏差。在裂解过程中，生物降解油中与成熟度相关的大部分轻烃参数比未降解油的参数更低。在叠加次生蚀变作用影响下，用于识别次生蚀变类型的 C_7OTSD 图被严重修改而完全失效。在异庚烷值与庚烷值图和 Tol/n-C_7 与 n-C_7/MCH 图中，重度和严重生物降解油随着成熟度的变化趋势与未降解油随成熟度的变化趋势完全不同。

（4）原油及其热解油在负离子 ESI 模式下检测到的含杂原子极性化合物主要包括 N_1、N_1O_1、N_1O_2、N_1O_3、O_1、O_2 和 O_3 类化合物。生物降解作用会导致原油中 O_2 类化合物的相对富集和 N_1 类化合物的相对减少。而热演化作用会导致原油中 O_2 类化合物的相对减少和 N_1 类化合物的相对富集。脂肪酸要比环烷酸更容易受到生物降解作用的影响，而脂肪酸的热稳定性又要高于环烷酸。

（5）生物降解油裂解形成的油气流体的临界温度和临界压力的分布范围明显比未降解原油裂解形成的油气流体的临界温度和临界压力的分布范围要宽。顺南 1 井原油从距今 409 Ma（海西期）至 34 Ma 期间一直保持液相，并在 34 Ma 左右进入凝析气相，直到现今仍保持凝析气相；顺南 4 井原油从 409 Ma（海西期）至 49 Ma 期间一直保持液相，并在 49 Ma 左右进入凝析气相，在 22～10 Ma（中新世）遭受了过成熟干气的气侵作用，此后一直到现今相态为干气相。

第三节 塔里木台盆区油气相态模拟预测

一、油气相态模拟预测技术

近年来我国在深层—超深层油气勘探方面取得显著成效，但仍然面临勘探难度大、开发成本高、理论基础薄弱等问题。以塔里木盆地为例，深层—超深层油气资源集中在该叠合盆地下古生界构造层（寒武系—奥陶系），复杂的成藏历史和储层条件导致油气类型和相态物性复杂，形成以轻质油和凝析油为主的多相态多期次油气成藏体系（彭平安和贾承造，2021；杨海军等，2020a，2020b）。深层—超深层烃源岩生烃特性与相态演化规律认识不清，极大地阻碍了我国深层—超深层油气资源的相态分布预测与勘探开发（张水昌等，2021）。为了实现深层—超深层油气相态恢复与演化预测，基于盆地模拟、相态模拟和相态动力学方法的油气相态模拟预测技术，在深层—超深层油气相态分布与演化规律研究方面发挥了重要作用（Chen et al.，2019；Deng et al.，2019，2022；陈承声等，2023）。油气相态模拟预测技术涉及多种技术方法，包括但不限于基于 PetroMod 软件的盆地模拟技术、基于 PVTsim 软件的相态模拟技术、基于热模拟实验的相态动力学方法。总体思路为：采用盆地模拟技术与相态模拟技术相结合的方法，选用或者通过热模拟实验获得合适的相态动力学模型，在恢复烃源岩埋藏史、热演化史以及生烃史的基础上进行烃源岩生烃-相态物性模拟计算，定量恢复各阶段生烃流体相态物性特征，并进行源-储油气相态物性对比，探讨烃源岩生烃与相态物性演化过程对油气类型和相态多样性的影响与控制作用，揭示油气可能的来源与形成阶段，为油气相态预测及演化研究提供定量模型。本节重点介绍油气相态模拟技术的实施流程与注意事项，辅以塔里木盆地台盆区作为实际应用案例进行剖析，以期达到推广相关技术方法的目的并最终探讨未来可能的发展方向。

（一）基于 PetroMod 的盆地模拟过程

盆地模拟是研究地质问题和构建含油气系统的重要技术手段，旨在利用数理化方法定量模拟含油气盆地的地质属性和时空关系，以反演盆地的形成、发展和演化过程，重现油气的生成、运移、成藏和保存等动态地质过程。本节采用斯伦贝谢公司 PetroMod2016 盆地模拟软件进行地质建模，模拟结果的可靠性取决于关键参数的筛选和输入，以及最终模型校正的准确性。模型中需要输入的参数有地层数据（岩性、厚度、时代）、构造事件（不整合、剥蚀、沉积间断）、烃源岩地球化学特征（TOC、氢指数、生烃动力学模型）和边界条件（古水深、古热流、沉积物-水界面温度）等（Burgreen-Chan and Graham，2018；Hantschel and Kaurauf，2009）。模型校正参数则包括实测的成熟度（Easy R^{o}）、孔隙度、地层温度和地层压力等。

（二）基于热模拟实验的多组分相态动力学模型

当前建立相态动力学模型的主流方法是基于多升温速率热模拟实验（如 MSSV 快速热解或黄金管封闭体系热模拟实验）的全烃 14 组分（C_1、C_2、C_3、i-C_4、n-C_4、i-C_5、n-C_5、n-C_6、C_7—C_{15}、C_{16}—C_{25}、C_{26}—C_{35}、C_{36}—C_{45}、C_{46}—C_{55}、C_{55+}）相态动力学方法，即采用

与 PVT 模拟相同的烃类流体组分划分方案，适用于油气生成及其相态物性模拟，获得的相态动力学模型在多种烃源岩油气生成相态特征描述与原油属性预测方面得到了广泛应用（Di Primio and Horsfield，2006）。为了便于理解，本节援引 Tan 等（2013）发表的由澳大利亚北部 Georgina 盆地 Arthur Creek 组烃源岩样品未成熟干酪根的开放式和封闭式系统热解得出一级相动力学参数［图 3.61（a）］。在此基础上，进一步改进动力学模型，在已有的动力学模型中加入基于 Kimmeridge 黏土动力学模型的简单二次反应模型（Hantschel and Kaurauf，2009），将烃源岩封闭系统中的二次裂解效应考虑在内。如图 3.61（b）所示，符号 PK_P10、PK_P20、PK_P30…分别用于描述较高分子量组分 $C_7—C_{15}$、$C_{16}—C_{25}$、$C_{26}—C_{35}$…。从 PK_P10 到 PK_P60 的每个组分被裂解成甲烷（CH_4），具有正态活化能分布[图 3.61(b)]。因此当烃源岩处于相同成熟度阶段时，封闭系统（考虑二次裂解）生成的油气类型及其组成和性质将不同于开放源岩系统（不考虑二次裂解）。

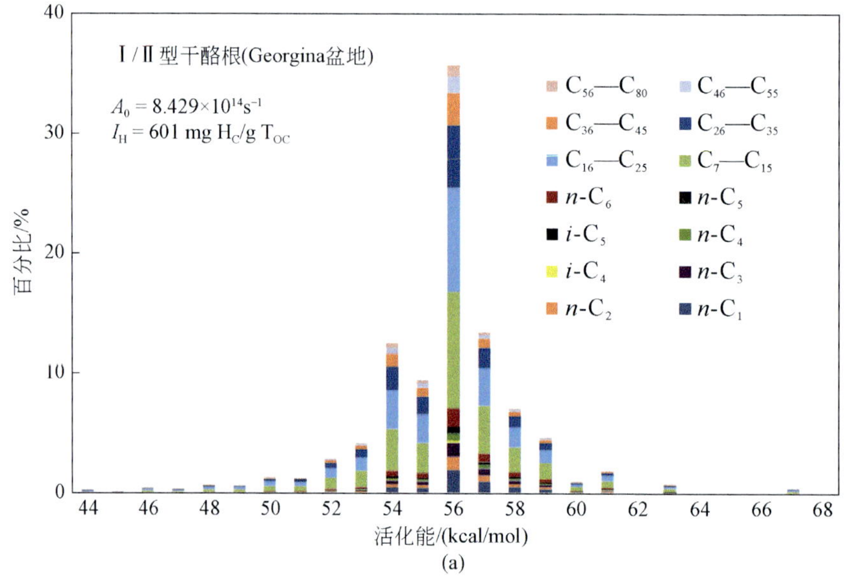

(a)

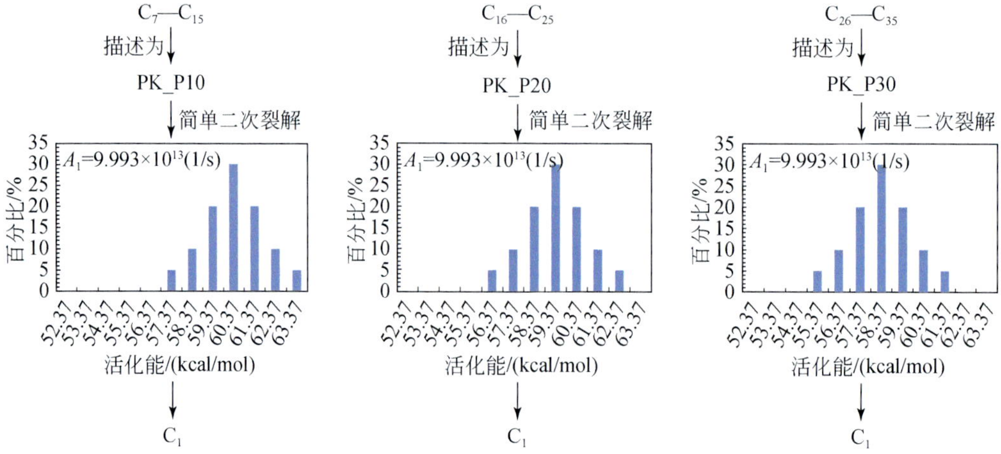

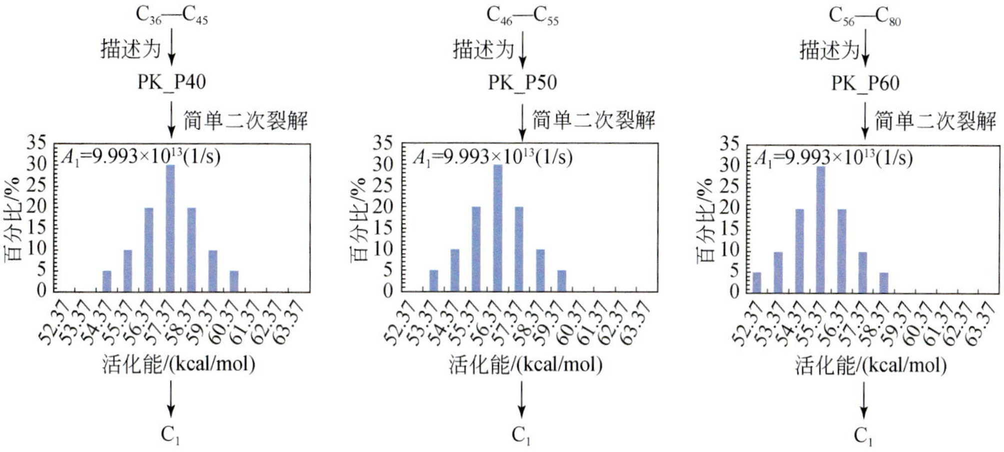

(b)

图 3.61 本节涉及的动力学模型参数（活化能分布及频率因子 A）

(a) 澳大利亚下寒武统样品组分动力学模型的活化能分布（Tan et al.，2013）；(b) C_7—C_{15}～C_{56}—C_{80} 重烃组分二次裂解的动力学参数（Hantschel and Kaurauf，2009）

（三）基于 PVTsim 的相态模拟过程

基于状态方程（equation of state，EOS）的 PVT 相态模拟方法能够有效建立油气相态模型并进行相关相态物性计算，在油气相态研究方面得到了广泛应用（Chen et al.，2019；Di Primio et al.，1998）。本节采用 Calsep A/S 公司开发的 PVTsim 相态模拟软件进行相关生烃流体的 PVT 相态模拟。该软件通过输入流体组分摩尔分数或质量分数，调用已有的各组分临界温度、临界压力、偏心因子等物理参数以及常用的状态方程（如 Soave-Redlich-Kwong EOS 模型和 Peng-Robinson EOS 模型）进行特定烃类流体相态物性模拟计算。根据地质模型与生烃模拟结果，提取不同成熟度和生烃转化率阶段的生烃流体组成，分别进行开放和封闭体系下相关烃源岩的生烃相态物性定量模拟研究。具体过程为：①将各阶段流体组成输入软件，并从数据库中调取各组分物性参数，选用可进行体积校正计算的 Peng-Robin-son EOS 模型，通过计算就可初步获取一系列相态模型；②通过必要的输出或特定条件下的闪蒸计算可以获取相包络线、黏度、密度（或 API 重度）、气油比（GOR）等相关物性参数；③在分析相态模型和物性参数合理性的基础上进行模型修正，获得一系列可代表实际生烃流体相态物性特征的相态模型，并最终应用于油气相态物性预测与对比研究。实践证明，PVTsim 相态模拟软件及其相关算法能够准确恢复包括正常油、轻质油和凝析气等烃类流体的相态物性特征，并在塔里木盆地油气相态物性研究方面得到广泛应用。

二、塔里木台盆区油气相态预测

当前，塔里木台盆区超深层油气勘探取得重要突破的代表性区块和井位有塔中中部隆起带（中深 1 井）、塔中东部潜山区（中深 5 井）、顺托果勒低凸起（4 口井）和塔北隆起轮南低凸起（轮探 1 井），储层为中下寒武统盐下白云岩和奥陶系白云岩，油气类型以轻质油和凝析油气为主。这一系列勘探突破证实了塔里木台盆区超深层寒武系—奥陶系碳酸盐岩广阔的油气资源勘探前景，尤其是发现和证实了一个以轻质油和凝析油气为代表的全新的超深层古克拉通碳酸盐岩勘探领域。它们实现重要勘探突破的关键在于塔中、顺托果勒及轮南地区具有稳定的继承性古隆起背景以及具备良好的下古生界生储盖组合配置。目前普遍接受的观点认为塔里木台盆区超深层烃源岩为古老的下寒武统玉尔吐斯组海相页岩，这是塔里木台盆区具备超深层油气勘探潜力的先决条件。同时，塔里木台盆区多期构造运动、烃源岩多期生排烃、多套储盖组合纵向叠置以及古油藏多期调整，决定了台盆区油气复式聚集特点。从以次生调整油气藏为主的深层与中浅层碎屑岩到以原生油气藏为主的超深层下古生界碳酸盐岩，揭示了塔里木盆地复杂的油气类型与相态特征，从而衍生出超深层高温高压条件下原生油气藏（轻质油藏）的生成、保存、相态物性演化以及成藏机制等问题。当前，理清超深层原生轻质油藏成藏机理、富集规律及其赋存相态特征面临三个难题。

一是超深层油气在高温高压条件下的原位赋存状态及其演化规律认识不清。油气赋存状态受组分、温度、压力、气油比以及次生改造影响，可能以液相、气-液共存相、凝析气相和气相赋存（Di Primio et al.，1998），尤其在超深层高温高压条件下相关油气藏现今以何种相态赋存、属于何种油气藏类型、地质历史时期相态及其物性如何演化等问题缺少系统研究。开展针对特定油气藏的烃类流体恢复、相态物性及其演化过程的定量研究具有重要的应用价值。正确认识超深层油气赋存相态特征及其演化历史对于超深层油气资源预测和勘探开发具有重要的指导意义。

二是部分区域，如满加尔拗陷，烃源岩埋深巨大（＞10000 m），缺少钻遇玉尔吐斯组烃源岩探井，一定程度上阻碍了相关区域烃源岩的埋藏史、热演化史，乃至生烃史的重建研究。因此克服这一现状，利用有限的地质资料建立探井未涉及区域的烃源岩地质模型，是合理恢复相关烃源岩埋藏史和热演化史以及研究烃源岩生烃历史、相态物性演化以及资源量评价的基础工作。

三是缺乏适用于玉尔吐斯组烃源岩的生烃动力学模型，导致烃源岩生烃过程及其相态物性研究受阻。从宏观角度看，烃源岩的生排烃过程是形成常规油气藏的重要来源。已有的勘探成果表明，海相页岩是我国深层—超深层油气和页岩油气的主要来源。可以定量描述生烃过程的时间-温度关系及生成烃类组成的常规生烃动力学方法已经广泛应用于油气生成量的定量预测。然而常规的生烃动力学模型对有机质在生烃过程中油气组成及物理性质的变化关注较少，尤其在缺乏能够用于热模拟—生烃动力学实验的低成熟烃源岩样品的情况下，准确预测和评价烃源岩生烃量、化学组成及其相态物理特征比较困难。相态动力学（phase kinetics）是研究烃源岩生烃—相态物性特征的主要手段，它结合了生烃动力学和烃类流体相态模拟技术（PVT simulation），能够有效预测和评价烃源岩在各个生烃阶段的烃类流体组成和相态物性特征（Di Primio and Horsfield，2006；Hantschel and Kaurauf，2009；Tan et al.，2013），但相关研究在此之前一直是我国油气地球化学领域的薄弱环节，特别是在我国油气资源勘探重点向深层—超深层油气战略转移的大背景下，这阻碍了常规油气相态预测和物性评价以及演化规律研究。当前，利用相态动力学方法结合盆地模拟和相态模拟技术恢复和预测超深层烃源岩生烃的组成与相态物性特征已成为可能。研究总结具有潜力的烃源岩生烃相态动力学规律对当前超深层油气相态预测与评价甚至于成藏规律研究具有重要意义。

本节重点总结油气相态模拟预测技术在塔里木台盆区的实际应用，成功实现三个区域六个井位的玉尔吐斯组烃源岩生烃流体演化与相态物性预测。具体内容可以归纳为，以满加尔拗陷虚拟井、顺托果勒低凸起（4 口井）和轮南低凸起轮探 1 井为研究对象，利用上述油气相态模拟预测技术定量模拟研究超深层下寒武统玉尔吐斯组生烃流体演化过程及其相态物性演化规律，实现塔里木台盆区超深层烃源岩产物特征的定量表征，并实际应用于超深层油气来源及油气类型和相态分布预测。根据玉尔吐斯组生烃-相态物性模拟结果揭示玉尔吐斯组烃源岩生烃相态物性演化规律，探讨烃类流体相态物性演化过程对塔里木台盆区油气类型和相态多样性的重要作用。

由于塔里木盆地寒武系成熟度高，缺少适用于寒武系烃源岩的多组分相态动力学模型，故目前针对玉尔吐斯组烃源岩生烃相态物性模拟研究还存在一定困难。基于此，研究采用澳大利亚北部 Georgian 盆地低成熟寒武系 Arthur Creek 组页岩相态动力学模型，模拟研究不同地区玉尔吐斯组烃源岩的生烃相态物性特征。历史上，塔里木克拉通和澳大利亚克拉通在裂解（0.7Ga 左右）之前都可以被视为罗迪尼亚超大陆的一部分。裂解之后，尽管二者离开了罗迪尼亚超大陆，但是在相当长的地质时期内塔里木一直保持相对靠近澳大利亚北部（Torsvik and Cooks，2013）。因此，早寒武世塔里木与澳大利亚北部之间可能存在相似的古地理和沉积环境，从而使玉尔吐斯组和 Arthur Creek 组烃源岩岩性基本相同。对比这两套烃源岩，它们均位于下寒武统底部，沉积期相同，都为海相黑色页岩，有机质类型相同，都由藻类/细菌（Ⅰ/Ⅱ型干酪根）组成（Ambrose et al.，2001；Tan et al.，2013；Zhu et al.，2018）。基于上述观点，认为这两套烃源岩可以相互类比。

（一）满加尔拗陷玉尔吐斯组烃源岩生烃相态物性

为定量模拟满加尔拗陷玉尔吐斯组烃源岩生烃流体相态及物性特征，研究从虚拟井地质模型中分布提取 9 个数据点的生烃流体组成以及地层温压数据，用于油气相态建模和物性计算。数据点 A～I 分布如图 3.62 所示，所有数据点皆落于晚加里东期—海西期生烃阶段，并分别对应成熟度 R^o 0.50%、0.65%、0.80%、0.90%、1.00%、1.20%、1.30%、1.50%和 1.80%，分别对应烃源岩生烃转化率 2%、5%、20%、40%、60%、85%、90%、95%和98%。各数据点分别进行开放（未考虑二次裂解）和封闭（考虑二次裂解）体系下烃源岩生烃流体组成模拟计算与数据提取，并分别进行油气相态建模和物性计算，以对比两种不同烃源岩体系的生烃流体相态物性演化特征。

1. 开放体系下烃类流体相图及其相态物性特征

图 3.63 显示了满加尔拗陷下寒武统玉尔吐斯组烃源岩开放体系下从低成熟到高成熟热演化过程中的生烃流体相图特征。

中奥陶世（早加里东期）烃源岩埋深约 2800 m，地层温压为 79℃、28 MPa，烃源岩开始生烃（R^o＜0.50%，TR＜2%），生成烃类流体相图包络线范围很小，最大凝析温度 634℃，最大凝析压力 4.1 MPa，临界点为 534℃、4.0 MPa，原位烃类流体呈液相，黏度、密度分别为 9.41 cP①和 0.862 g/cm³，地表原油黏度、密度分别为 11.60 cP 和 0.868 g/cm³（31.3 API），气油比为 0［图 3.63（a）］。

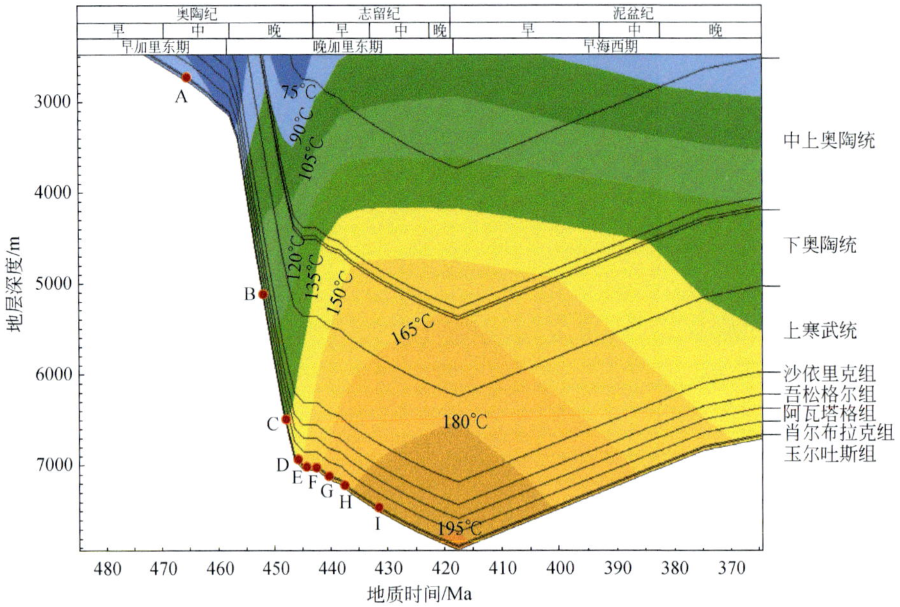

图 3.62　满加尔拗陷虚拟井数据点及其分布

中晚奥陶世（晚加里东期初期）烃源岩迅速深埋（2800～6500 m；80～138℃，28～83 MPa）并进入早期生烃阶段（0.50%＜R^o＜0.80%），生成烃类流体相图包络线范围随着成熟度增大而扩大［图 3.63（b）和（c）］。当 R^o=0.65%时，包络线最大凝析温度下降至 601℃，最大凝析压力膨胀至 5.2 MPa，对应临界点为 495℃、5.2 MPa，此时原位烃类流体呈液相，黏度、密度分别为 2.75 cP 和 0.841 g/cm³，地表原油黏度、密度分别为 4.59 cP 和 0.850 g/cm³（34.7 API），气油比为 5 m³/m³［图 3.63（b）］；当 R^o=0.80%时，包络线最大凝析温度下降至 582℃，最大凝析压力膨胀至 10.9 MPa，对应临界点为 451℃、10.2 MPa，此时原位烃类流体呈液相，黏度、密度分别为 1.48 cP 和 0.797 g/cm³，地表原油黏度、密度分别为 3.78 cP 和 0.844 g/cm³（36.0 API），气油比为 50 m³/m³［图 3.63（c）］。

奥陶纪末（晚加里东期中期）烃源岩持续埋深（6500～7000 m，138～166℃，83～94 MPa）并进入生烃高峰（0.80%＜R^o＜1.20%），生成烃类流体相图包络线范围继续扩大［图 3.63（d）、（e）、（f）］：当 R^o=0.90%时，包络线最大凝析温度下降至 579℃，最大凝析压力膨胀至 14.5 MPa，对应临界点为 432℃、13.1 MPa，此时原位烃类流体呈液相，黏度、密度分别为 0.96 cP 和 0.773 g/cm³，地表原油黏度、密度分别为 3.80 cP 和 0.843 g/cm³（36.1 API），气油比为 77 m³/m³；当 R^o=1.00%时，包络线最大凝析温度下降至 575℃，最大凝析压力膨胀至 16.2 MPa，对应临界点为 420℃、14.6 MPa，此时原位烃类流体呈液相，黏度、密度分别为 0.75 cP 和 0.760 g/cm³，地表原油黏度、密度分别为 3.73 cP 和 0.843 g/cm³（36.3 API），

① 1 cP=10^{-3} Pa·s。

气油比为 92 m^3/m^3；当 R^o=1.20%时，包络线最大凝析温度下降至 570℃，最大凝析压力膨胀至 17.5 MPa，对应临界点为 408℃、15.9 MPa，此时原位烃类流体呈液相，黏度、密度分别为和 0.64 cP 和 0.747 g/cm^3，地表原油黏度、密度分别为 3.56 cP 和 0.841 g/cm^3（36.6 API），气油比为 107 m^3/m^3［图 3.63（f）］。

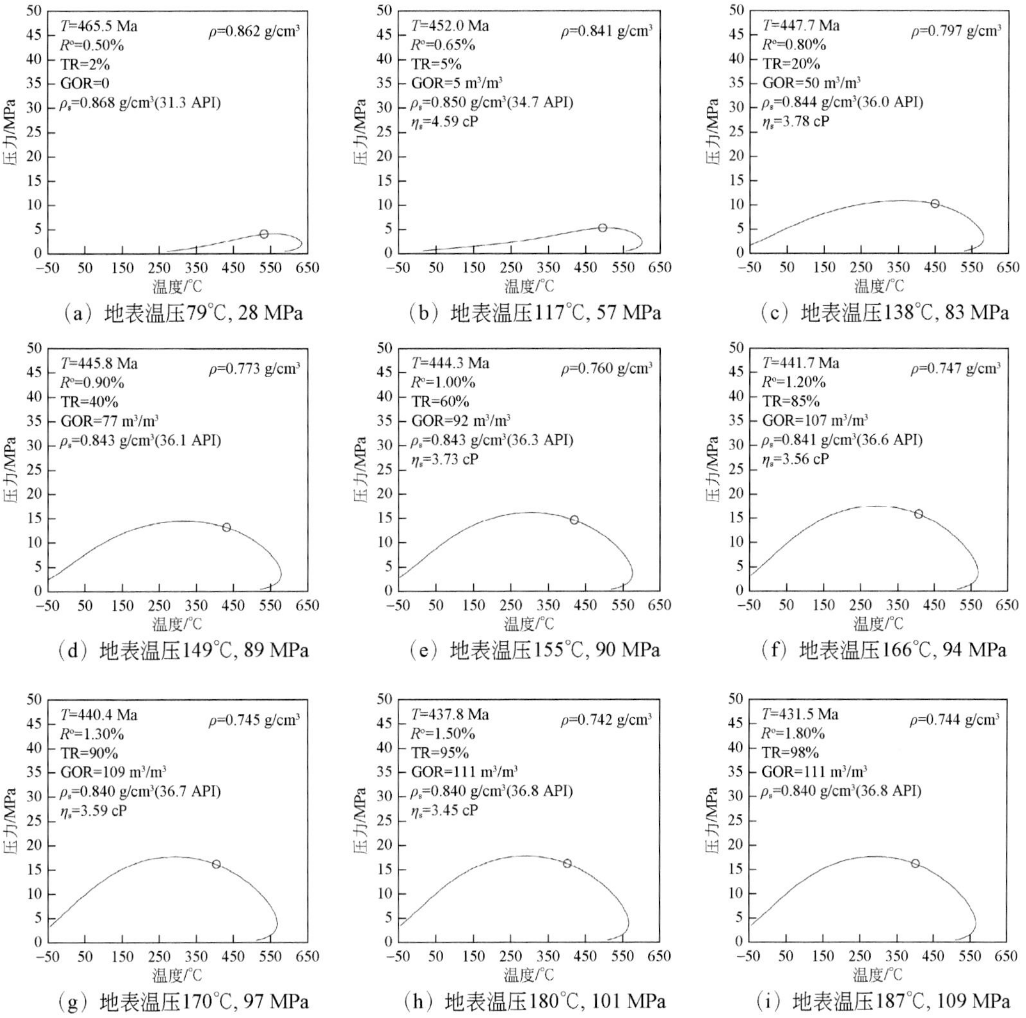

图 3.63　开放体系下满加尔拗陷玉尔吐斯组烃源岩热演化过程中烃类流体相图及其相态物性特征（晚加里东期—早海西期）

T 为时间；R^o 为成熟度；TR 为转化率；η和ρ为原位烃类流体黏度和密度；η_s 和ρ_s 为地表原油黏度和密度；GOR 为气油比

志留纪（晚加里东期后期）烃源岩缓慢埋深（6500～7500 m，166～187℃，94～109 MPa）并进入晚期生烃阶段（R^o＞1.20%），由于仅考虑烃源岩初次生烃不考虑烃类的二次裂解（开放体系），烃类流体相图包络线范围趋向稳定［图 3.63（g）、（h）、（i）］，最终，最大凝析温度为 567℃，最大凝析压力为 17.7 MPa，对应临界点为 403℃、16.1 MPa，此时原位烃类流体呈液相，黏度、密度分别为 0.55 cP 和 0.744 g/cm^3，地表原油黏度、密度分别为 3.42 cP

和 0.840 g/cm^3（36.8 API），气油比为 111 m^3/m^3［图 3.63（i）］。

2. 封闭体系下烃类流体相图及其相态物性特征

图 3.64 显示了满加尔拗陷下寒武统玉尔吐斯组烃源岩封闭体系下从低成熟到高成熟过程中的生烃流体相图特征。

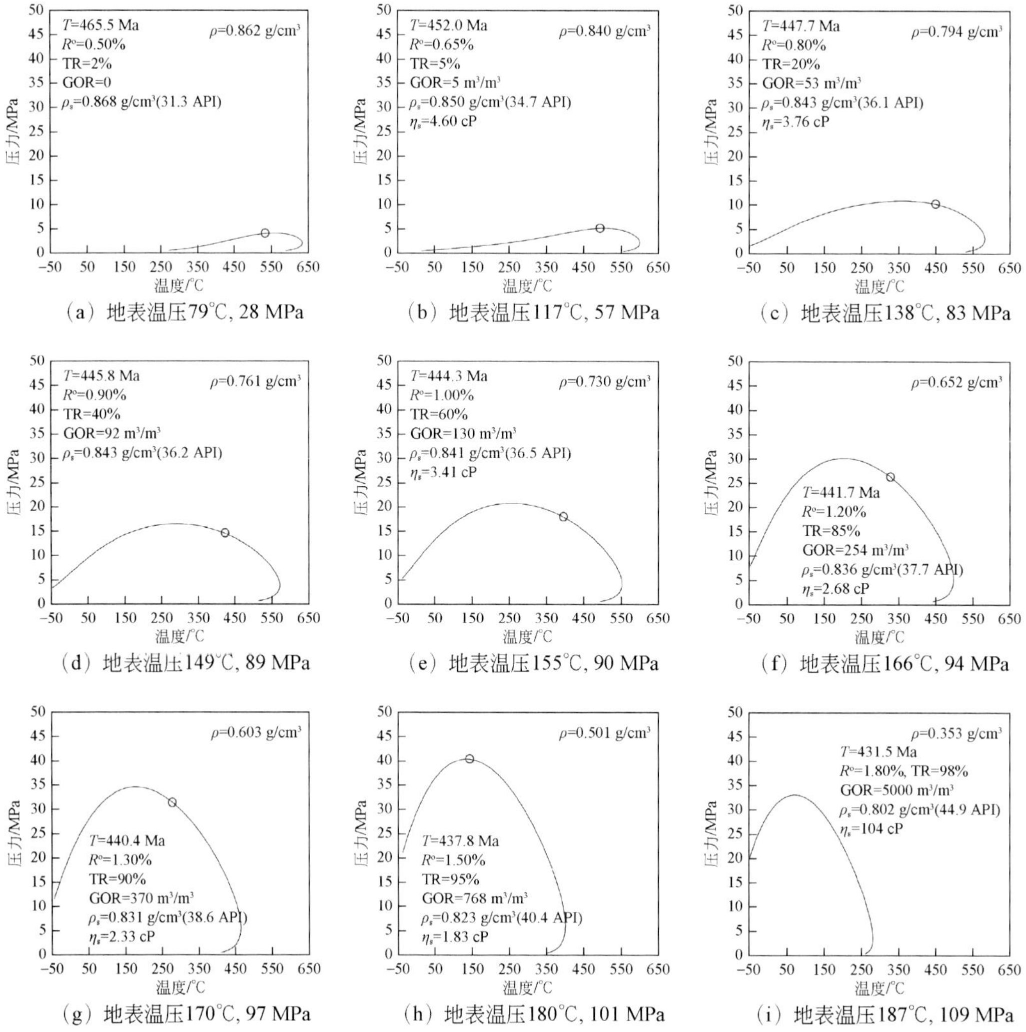

（a）地表温压79℃, 28 MPa　（b）地表温压117℃, 57 MPa　（c）地表温压138℃, 83 MPa

（d）地表温压149℃, 89 MPa　（e）地表温压155℃, 90 MPa　（f）地表温压166℃, 94 MPa

（g）地表温压170℃, 97 MPa　（h）地表温压180℃, 101 MPa　（i）地表温压187℃, 109 MPa

图 3.64　封闭体系下满加尔拗陷玉尔吐斯组烃源岩热演化过程中烃类流体相图及其相态物性特征（晚加里东期—早海西期）

中奥陶世（早加里东期）烃源岩埋深约 2800 m，地层温压为 79℃、28 MPa，烃源岩开始生烃（R^o<0.50%，TR<2%），生成烃类流体相图包络线范围很小，最大凝析温度为 634℃，最大凝析压力为 4.1 MPa，对应临界点为 534℃、4.0 MPa，原位烃类流体呈液相，黏度、密度分别为 9.41 cP 和 0.862 g/cm^3，地表原油黏度、密度分别为 11.60 cP 和 0.868 g/cm^3（31.3 API），气油比为 0［图 3.64（a）］。由于未发生烃类二次裂解，该阶段的烃类流体相态物性特征与开放体系完全一致。

中晚奥陶世（晚加里东期初期）烃源岩迅速深埋（2800～6500 m；80～138℃，28～83 MPa）并进入早期生烃阶段（0.50%＜R^o＜0.80%），生成烃类流体相图包络线范围随着成熟度增大而扩大［图 3.64（b）、（c）］：当 R=0.65%时，包络线最大凝析温度下降至 601℃，最大凝析压力膨胀至 5.2 MPa，对应临界点为 495℃、5.2 MPa，此时原位烃类流体呈液相，黏度、密度分别为 2.75 cP 和 0.840 g/cm^3，地表原油黏度、密度分别为 4.60 cP 和 0.850 g/cm^3（34.7 API），气油比为 5 m^3/m^3［图 3.64（b）］；当 R=0.80%时，最大凝析温度下降至 582℃，最大凝析压力膨胀至 10.9 MPa，对应临界点为 451℃、10.2 MPa，此时原位烃类流体呈液相，黏度、密度分别为 1.44 cP 和 0.794 g/cm^3，地表原油黏度、密度分别为 3.76 cP 和 0.843 g/cm^3（36.1 API），气油比为 53 m^3/m^3［图 3.64（c）］。该阶段只有极少量烃类发生二次裂解，故烃类流体相态物性特征与开放体系基本一致。

奥陶纪末（晚加里东期中期）烃源岩持续埋深（6500～7000 m，138～166℃，83～94 MPa）并进入生烃高峰（0.80%＜R^o＜1.20%），伴随着明显的烃类二次裂解，烃类流体相图包络线范围相对开放体系发生更为明显的扩大［图 3.64（d）、（e）、（f）］：当 R^o=0.90%时，包络线最大凝析温度下降为 570℃，最大凝析压力膨胀为 16.4 MPa，对应临界点为 424℃、14.4 MP，此时原位烃类流体呈液相，黏度、密度分别为 0.761 cP 和 0.78 g/cm^3，地表原油黏度、密度分别为 3.68 cP 和 0.843 g/cm^3（36.2 API），气油比为 92 m^3/m^3［图 3.64（d）］；当 R^o=1.00%时，包络线最大凝析温度下降为 552℃，最大凝析压力膨胀为 20.8 MPa，对应临界点为 398℃、17.9 MPa，此时原位烃类流体呈液相，黏度、密度分别为 0.54 cP 和 0.730 g/cm^3，地表原油黏度、密度分别为 3.41 cP 和 0.841 g/cm^3（36.5 API），气油比为 130 m^3/m^3［图 3.64（e）］；当 R^o=1.20%时，包络线最大凝析温度下降为 498℃，最大凝析压力膨胀为 30.0 MPa，对应临界点为 328℃、26.1 MPa，此时原位烃类流体呈液相，黏度、密度分别为 0.27 cP 和 0.652 g/cm^3，地表原油黏度、密度分别为 2.68 cP 和 0.836 g/cm^3（37.7 API），气油比为 254 m^3/m^3［图 3.64（f）］；总体上出现了轻质化特征，表现为气油比（53～254 m^3/m^3）和 API 重度（36.1～37.7 API）不断增大，黏度（3.76～2.68 cP）和密度（0.843～0.836 g/cm^3）逐渐降低。

志留纪（晚加里东期后期）烃源岩缓慢埋深（6500～7500 m，166～187℃，94～109 MPa）并进入晚期生烃阶段（1.20%＜R^o＜1.80%）。该阶段以烃类二次裂解为主，伴随着液态烃的大量裂解和气态烃的大量生成，烃类流体相图包络线表现为先膨胀后收缩的过程［图 3.64（g）、（h）、（i）］：当 R^o=1.30%时，包络线最大凝析温度下降为 464℃，最大凝析压力膨胀为 34.6 MPa，对应临界点为 278℃、31.4 MPa，此时原位烃类流体呈液相，黏度、密度分别为 0.19 cP 和 0.603 g/cm^3，地表原油黏度、密度分别为 2.33 cP 和 0.831 g/cm^3（38.6 API），气油比为 370 m^3/m^3［图 3.64（g）］；当 R^o=1.50%时，包络线最大凝析温度下降为 401℃，最大凝析压力膨胀为 40.5 MPa，对应临界点为 145℃、40.5 MPa，此时原位烃类流体呈凝析气相，黏度、密度分别为 0.11 cP 和 0.501 g/cm^3，地表原油黏度、密度分别为 1.83 cP 和 0.823 g/cm^3（40.4 API），气油比为 768 m^3/m^3［图 3.64（h）］；当 R^o=1.80%时，包络线最大凝析温度下降为 281℃，最大凝析压力收缩为 33.2 MPa，临界点消失，此时原位烃类流体呈气相，黏度、密度分别为 0.052 cP 和 0.353 g/cm^3，地表原油黏度、密度分别为 1.04 cP 和 0.802 g/cm^3（44.9 API），气油比高达 5000 m^3/m^3［图 3.64（i）］；总体上轻质化加剧并向凝析气和天然气演化，表现为气油比（254～5000 m³/m³）和 API（37.7～44.9 API）急剧增大，黏度（2.68～1.04 cP）和密度（0.836～0.802 g/cm³）显著降低。

3. 烃源岩生烃相态物性特征及其演化规律

图 3.65 可以直观看出，随着成熟度增加，开放体系下烃源岩生烃流体临界温度不断降低，而临界压力不断增大并终止于临界点（403℃，16.1 MPa），最大凝析温度不断降低而最大凝析压力不断增大并终止于 567℃和 17.7 MPa。不同于开放体系，封闭体系下烃源岩生烃流体临界温压和最大凝析温压演化更为复杂：临界温压在低成熟度阶段（R^o＜0.80%）具备与开放体系相同的演化过程，随着成熟度增加（R^o＞0.80%），烃类开始发生二次裂解，其临界温度表现为迅速降低而临界压力表现为迅速增大直至临界点消失［图 3.65（a）］；最大凝析温压在低成熟度阶段（R^o＜0.80%）同样具备与开放体系相同的演化过程，随着成熟度增加（R^o＞0.80%），烃类开始发生二次裂解，其最大凝析温度表现为迅速降低，而最大凝析压力则表现为先迅速增大后缓慢降低的过程，最大凝析压力拐点对应成熟度 R^o 约为 1.50%［图 3.65（b）］。

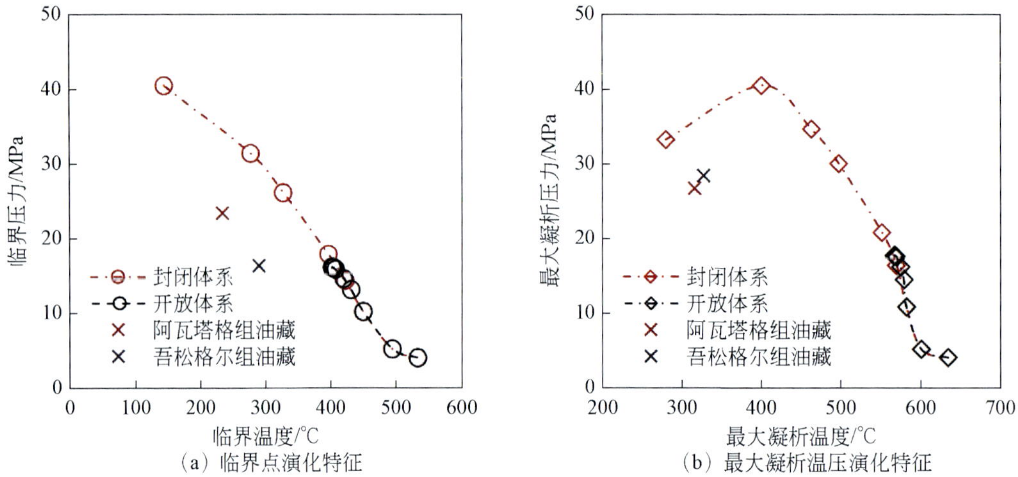

（a）临界点演化特征　（b）最大凝析温压演化特征

图 3.65　开放体系和封闭体系下满加尔拗陷玉尔吐斯组烃源岩生成的烃类流体临界点与最大凝析温压演化特征

这一结果表明，开放体系下总体较低的临界温压和最大凝析温压条件说明满加尔拗陷玉尔吐斯组烃源岩生成的烃类流体以低气油比的油藏为主，而封闭体系下大范围的临界温压和最大凝析温压演化进程说明烃源岩生成的烃类流体经历了从低气油比油藏到高气油比油气藏再到凝析气藏甚至干气藏的演化过程。

同样地，不同开放体系下烃源岩的生烃流体物性也存在明显差异，包括标准条件下的气油比、黏度、密度及 API 重度。烃源岩开放体系下生烃流体的气油比随着成熟度的增大而增大，并伴随着生烃结束而逐渐趋向最大气油比（111 m³/m³），之后则不再增大；烃源岩封闭体系下低成熟度阶段（R^o＜0.80%）的生烃流体气油比与开放体系下的演化过程一致，随着成熟度增加（R^o＞0.80%），烃类开始发生二次裂解，其气油比迅速增大并达到 5000 m³/m³，对应烃源岩成熟度 R^o 为 1.8%［图 3.66（a）］。烃源岩开放体系下生烃流体在标准条件下（地表条件）黏度、密度随着成熟度增加而减小，并伴随着生烃结束而逐渐趋向最小黏度 3.42 cP 和最小密度 0.840 g/m^3，之后不再减小；烃源岩封闭体系下低成熟度阶段（R^o<0.80%）的生烃流体在标准条件下的黏度、密度与开放体系下的演化过程一致，随着成熟度增加（R^o>0.80%），烃类开始发生二次裂解，其黏度、密度迅速降低并达到 1.04 cP 和 0.802 g/m^3，对应烃源岩成熟度 R^o 为 1.80% [图 3.66（b）、（c）]。烃源岩开放体系下生烃流体的 API 重度随着成熟度增加而增大，并伴随着生烃结束而逐渐趋向最大 API 重度（36.8 API），之后不再增大；烃源岩封闭体系下低成熟度阶段（R^o<0.80%）的生烃流体的 API 重度与开放体系下的演化过程一致，随着成熟度增加（R^o>0.80%），烃类开始发生二次裂解，其 API 重度迅速增大并达到 44.9 API，对应烃源岩成熟度 R^o 为 1.8% [图 3.66（d）]。值得注意的是，晚加里东期之后烃源岩虽然进一步成熟（现今成熟度 R^o 约为 3.70%），但都以生气态烃为主，未涉及显著的相态物性变化，这里不加赘述。

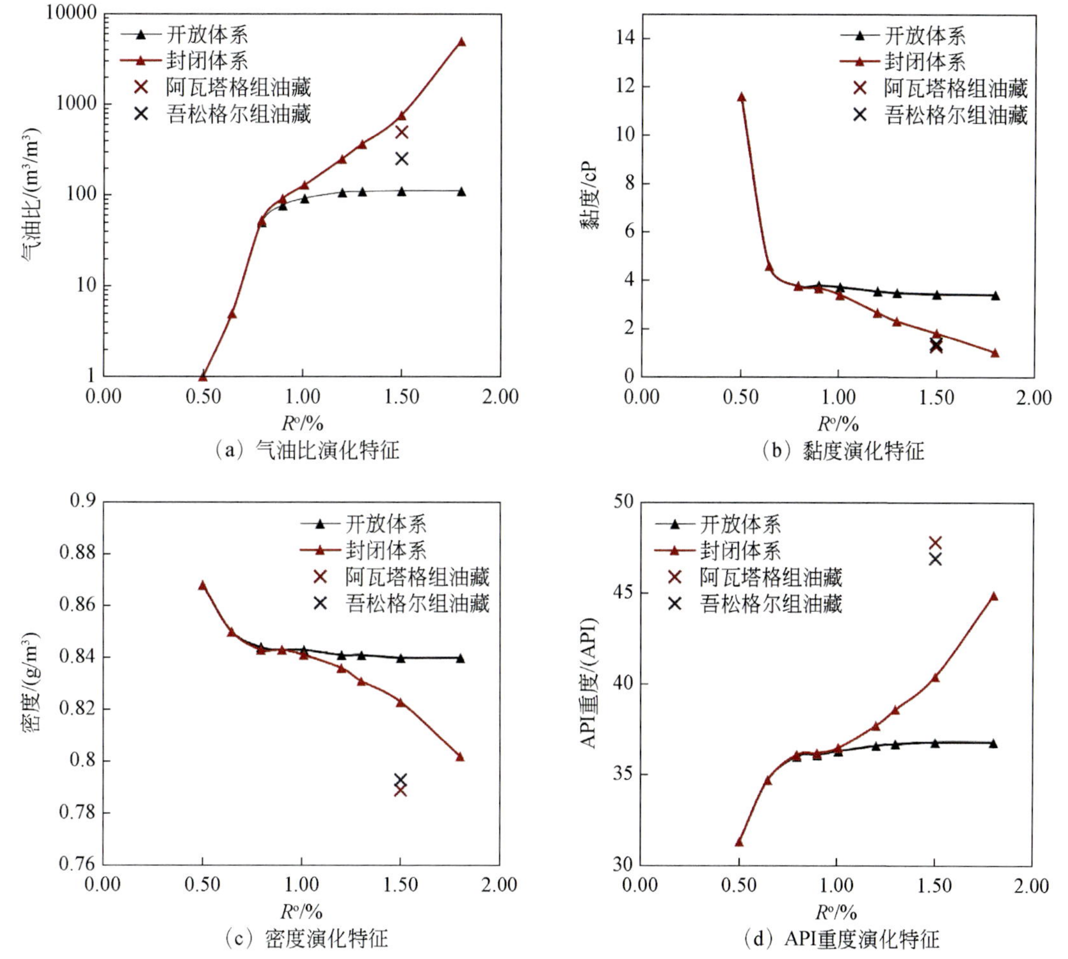

图 3.66　开放体系和封闭体系下满加尔坳陷玉尔吐斯组烃源岩生成的烃类流体在标准条件下（0.101 MPa，20℃）的物性演化特征

上述结果表明，在低成熟阶段（R^o＜0.80%），无论是开放体系还是封闭体系，满加尔拗陷玉尔吐斯组烃源岩生烃流体在标准条件下具有相同的物性特征，包括气油比、黏度、密度及 API 重度；而进入中—高成熟度阶段（R^o＞0.80%），烃类的二次裂解导致封闭体系下形成的烃类流体具有更高的气油比和 API 重度，以及更低的黏度和密度（图 3.66）。

中深 1 井阿瓦塔格组的轻质油藏的气油比约为 500 m^3/m^3，原油标准密度为 0.789 g/cm^3（47.8 API），黏度为 1.26 cP；PVT 分析结果显示原油流体临界点为 235℃、23.4 MPa，最大凝析温度为 317℃，最大凝析压力为 26.7 MPa。中深 5 井吾松格尔组的轻质油藏的气油比约为 255 m^3/m^3，原油标准密度为 0.793 g/cm^3（46.9 API），黏度为 1.38 cP；PVT 分析结果显示原油流体临界点为 291℃、16.3 MPa，最大凝析温度为 328℃，最大凝析压力为 28.4 MPa（Chen et al.，2019）。已有研究表明，塔中地区下古生界缺乏有效烃源岩，因此其北侧的满加尔拗陷下寒武统玉尔吐斯组烃源岩被认为是中深 1 井和中深 5 井中下寒武统轻质油最有可能的来源（Chen et al.，2019；Huang et al.，2016），因此可用于油藏与烃源岩生烃流体之间的相态物性对比研究，探讨烃源岩生烃物性与油气成藏的控制作用。如图 3.65 和图 3.66 所示，对比结果显示除了黏度，其他标准条件下（地表条件）的原油物性（气油比、密度和 API 重度）以及相图特征（临界点和最大凝析温压）都明显偏离烃源岩封闭体系演化线，表现为气油比［图 3.65（a）］、密度［图 3.66（b）］、临界点［图 3.65（a）］以及最大凝析温压［图 3.66（b）］明显偏低，而 API 重度明显偏高。这一现象说明，满加尔拗陷烃源岩生烃流体在长距离侧向运移成藏过程中可能存在明显的组分分异，即轻质组分较重质组分具有更好的流动性，能够运移更远距离。另外，虽然塔中地区晚期普遍发生气洗（分馏）改造作用，但是气洗（分馏）过程通常情况下带走轻质组分而使得滞留原地的油藏黏度、密度增大，因此气洗（分馏）改造作用不是导致轻质油明显偏轻的主要原因。

（二）塔北轮南低凸起玉尔吐斯组烃源岩生烃物性与相态

为定量模拟塔北轮南低凸起玉尔吐斯组烃源岩生烃流体相态及物性特征，研究从轮探 1 井地质模型中分布提取 10 个数据点的生烃流体组成以及地层温压数据，用于油气相态建模和物性计算。如图 3.67 所示，设置轮探 1 井数据点 A～J，其中 A～D 落于晚加里东期—早海西期生烃阶段，分别对应成熟度 R^o 为 0.50%、0.65%、0.73%和 0.77%，即分别对应烃源岩生烃转化率为 2%、5%、10%和 15%；E～J 落于燕山期—喜马拉雅期生烃阶段，分别对应成熟度 R^o 为 0.82%、0.90%、1.00%、1.35%、1.46%和 1.6%，即分别对应烃源岩生烃转化率为 20%、37%、53%、90%、95%和 97%。基于各数据点和 Arthur Creek 组页岩相态动力学模型（Tan et al.，2013），在轮探 1 井地质模型中计算并提取烃源岩生烃流体组成以及地层温压数据，进行塔北轮南低凸起下寒武统玉尔吐斯组烃源岩生烃流体相态模拟研究。

1. 开放体系下烃类流体相态与物性特征

中奥陶世（早加里东期）烃源岩埋深约 3000 m，地层温压为 84℃、30 MPa，烃源岩开始生烃（R^o＜0.50%，TR＜2%），生成烃类流体相图包络线范围很小，最大凝析温度 634℃，最大凝析压力 4.1 MPa，对应临界点为 534℃、4.0 MPa，原位烃类流体呈液相，黏度、密度分别为 8.99 cP 和 0.862 g/cm^3，地表原油黏度、密度分别为 11.52 cP 和 0.867 g/cm^3（31.3 API），气油比为 0［图 3.68（a）］。

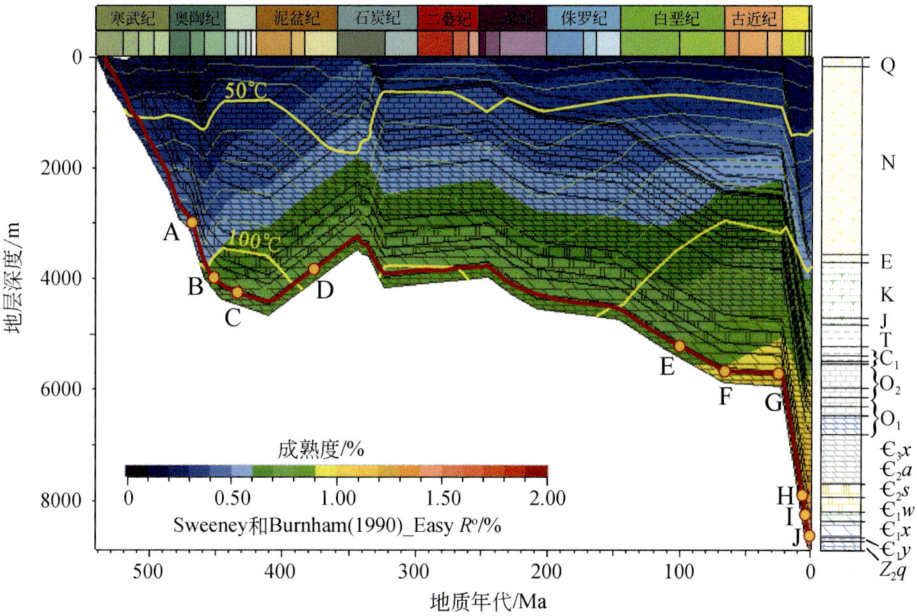

图 3.67 轮探 1 井数据点及其分布

晚奥陶世—泥盆纪（晚加里东期—早海西期）：晚奥陶世—志留纪（晚加里东期）烃源岩先缓慢深埋并进入早期生烃阶段，在志留纪末达到 4500 m 最大埋深后于泥盆纪（早海西期）缓慢抬升至 4000 m 并生烃停止；该阶段烃源岩成熟度较低，处在早期生烃阶段（0.5%<R^o<0.77%），生成烃类流体相图包络线范围随着成熟度增加而增大[图 3.68（b）、（c）、（d）]：当 R^o=0.65%时，对应埋深 4100 m，地层温压为 108℃、45.4 MPa，包络线最大凝析温度下降至 601℃，最大凝析压力膨胀至 5.2 MPa，对应临界点为 495℃、5.2 MPa，此时原位烃类流体呈液相，黏度、密度分别为 2.66 cP 和 0.838 g/cm³，地表原油黏度、密度分别为 4.58 cP 和 0.850 g/cm³（34.7 API），气油比为 5 m³/m³［图 3.68（b）］；当 R^o=0.73%，对应埋深 4200 m，地层温压为 113℃、46.3 MPa，包络线最大凝析温度下降至 588℃，最大凝析压力膨胀至 7.5 MPa，对应临界点为 470℃、7.4 MPa，此时原位烃类流体呈液相，黏度、密度分别为 1.66 cP 和 0.810 g/cm³，地表原油黏度、密度分别为 3.82 cP 和 0.844 g/cm³（35.9 API），气油比为 24 m³/m³［图 3.68（c）］；当 R^o=0.77%，对应埋深 4000 m，地层温压为 88℃、38.8 MPa，包络线最大凝析温度下降至 584℃，最大凝析压力膨胀至 9.5 MPa，对应临界点为 458℃、9.1 MPa，此时原位烃类流体呈液相，黏度、密度分别为 1.51 cP 和 0.799 g/cm³，地表原油黏度、密度分别为 3.76 cP 和 0.843 g/cm³（36.1 API），气油比为 40 m³/m³［图 3.68（d）］。

白垩纪—现今（燕山期—喜马拉雅期）：如图 3.67 埋藏史所示，玉尔吐斯组烃源岩埋深直到白垩纪才再次超过晚加里东期最大埋深并开始进一步生烃。该生烃过程从白垩纪（5000 m）开始并一直持续至今（约 8700 m），可进一步划分为白垩纪—古近纪（燕山期—早喜马拉雅期）缓慢生烃阶段和新近纪—现今（晚喜马拉雅期）。

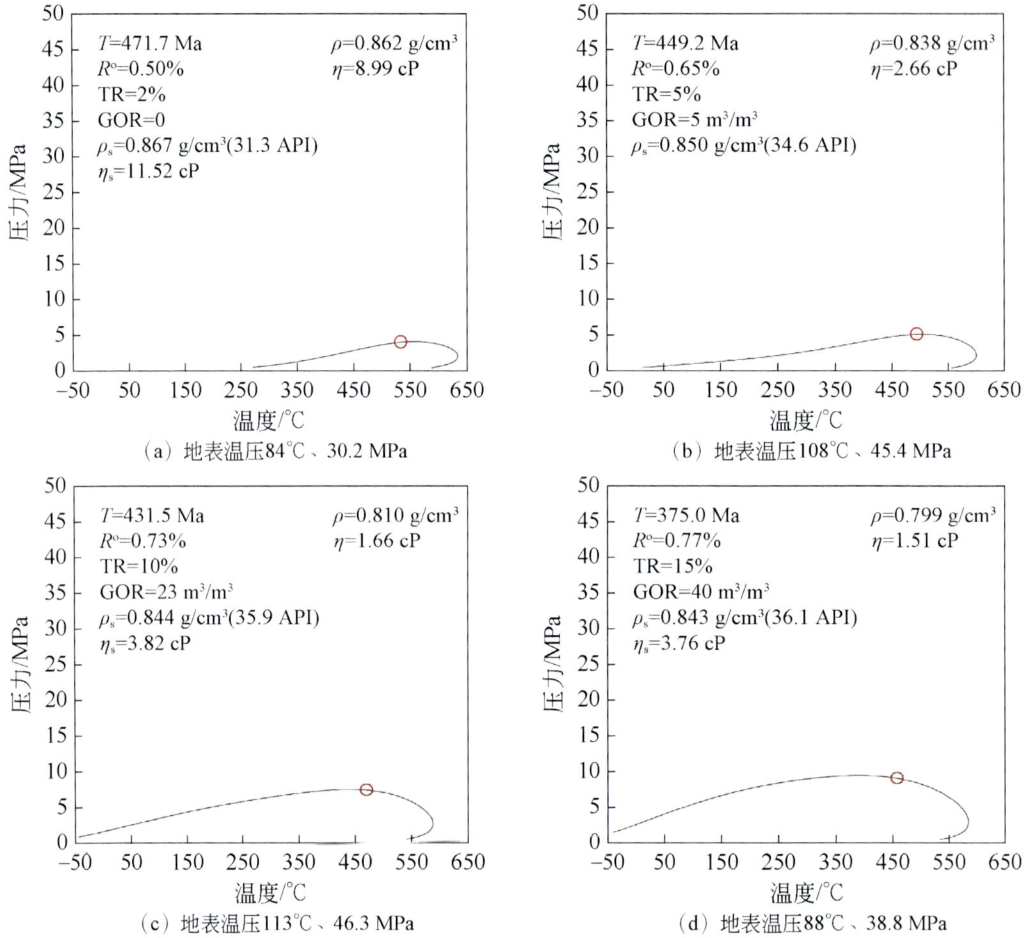

（a）地表温压84℃、30.2 MPa

（b）地表温压108℃、45.4 MPa

（c）地表温压113℃、46.3 MPa

（d）地表温压88℃、38.8 MPa

图 3.68　开放体系下轮南低凸起玉尔吐斯组烃源岩热演化过程中烃类流体相图及其相态物性特征（晚加里东期—早海西期）

（1）白垩纪—古近纪（燕山期—早喜马拉雅期）烃源岩缓慢埋深并进入生烃高峰（0.77%＜R^o＜1.0%），生成烃类流体相图包络线范围继续扩大［图 3.69（a）、（b）、（c）]：当 R^o=0.82%，对应埋深 5200 m，地层温压为 119℃、53.2 MPa，包络线最大凝析温度下降至 582℃，最大凝析压力膨胀至 11.0 MPa，对应临界点为 450℃、10.3 MPa，此时原位烃类流体呈液相，黏度、密度分别为 1.27 cP 和 0.786 g/cm^3，地表原油黏度、密度分别为 3.78 cP 和 0.843 g/cm^3（36.1 API），气油比为 50 m^3/m^3［图 3.69（a）]；当 R^o=0.90%，对应埋深 5500 m，地层温压为 130℃、58.0 MPa，包络线最大凝析温度下降至 579℃，最大凝析压力膨胀至 14.0 MPa，对应临界点为 434℃、12.7 MPa，此时原位烃类流体呈液相，黏度、密度分别为 0.97 cP 和 0.764 g/cm^3，地表原油黏度、密度分别为 3.82 cP 和 0.843 g/cm^3（36.1 API），气油比为 74 m^3/m^3［图 3.69（b）]；当 R^o=1.0%，对应埋深 5800 m，地层温压为 129℃、58.5 MPa，包络线最大凝析温度下降至 576℃，最大凝析压力膨胀至 15.8 MPa，对应临界点为 424℃、14.2 MPa，此时原位烃类流体呈液相，黏度、密度分别为 0.80 cP 和 0.752 g/cm^3，地表原油黏度、密度分别为 3.76 cP 和 0.843 g/cm^3（36.2 API），气油比为 88 m^3/m^3［图 3.69（c）]。

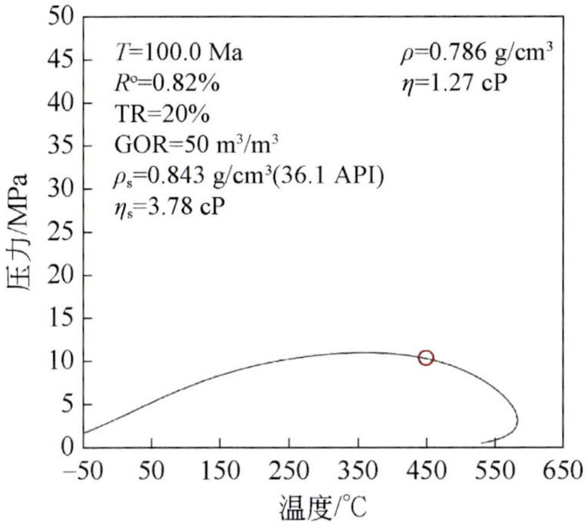

（a）地表温压119℃、53.2 MPa

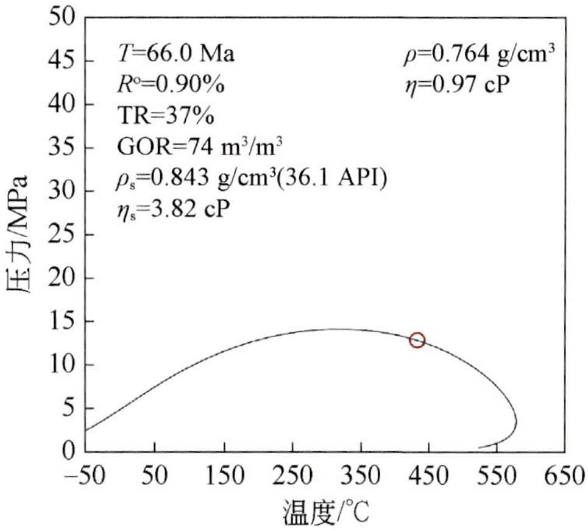

（b）地表温压130℃、58.0 MPa

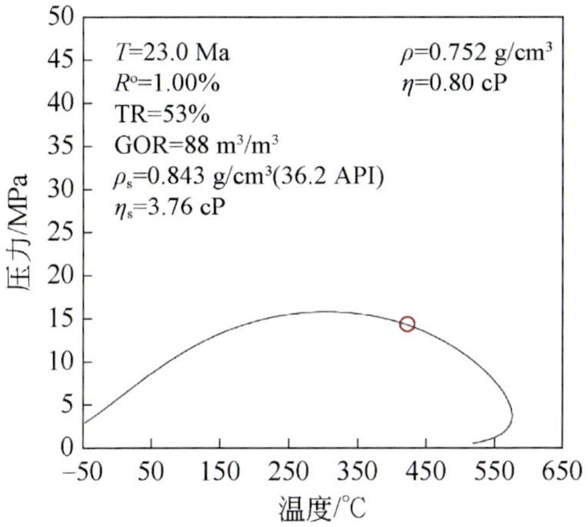

（c）地表温压129℃、58.5 MPa

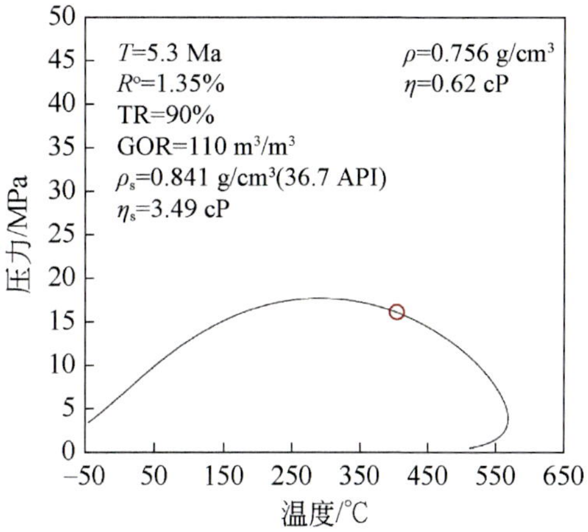

（d）地表温压170℃、118.4 MPa

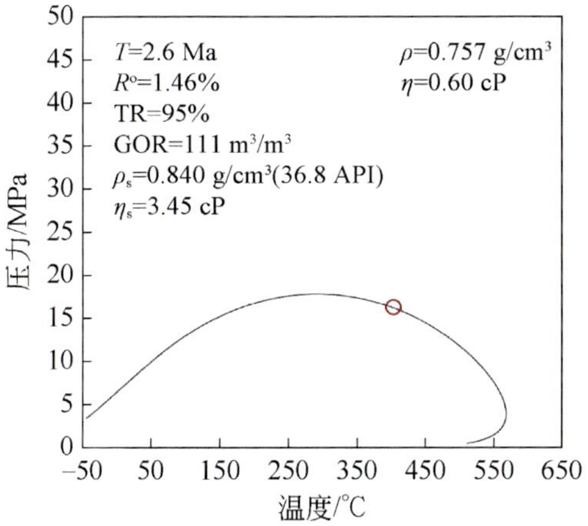

（e）地表温压175℃、125.8 MPa

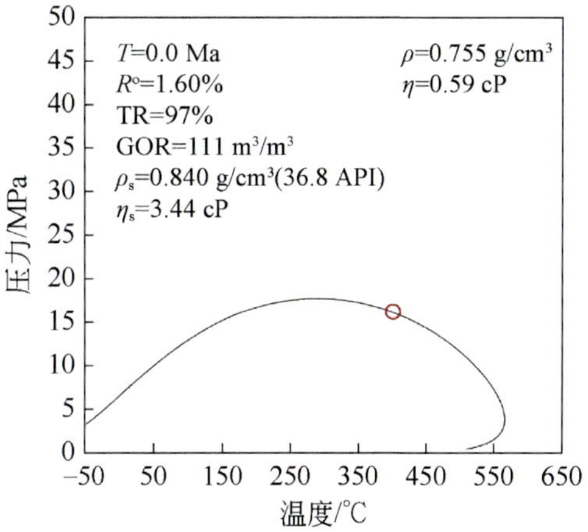

（f）地表温压180℃、126.6 MPa

图 3.69 开放体系下轮南低凸起玉尔吐斯组烃源岩热演化过程中烃类流体相图及其相态物性特征（燕山期—喜马拉雅期）

（2）新近纪—现今（晚喜马拉雅期）烃源岩快速埋深并进入晚期生烃阶段（1.0%＜R^o＜1.6%），由于仅考虑烃源岩初次生烃不考虑烃类的二次裂解（开放体系），烃类流体相图包络线范围趋向稳定［图 3.69（d）、（e）、（f）］，最终，最大凝析温度为 567℃，最大凝析压力膨胀至 17.8 MPa，对应临界点为 403℃、16.1 MPa，此时原位烃类流体呈液相，黏度、密度分别为 0.59 cP 和 0.755 g/cm^3，地表原油黏度、密度分别为 3.44 cP 和 0.840 g/cm^3（36.8 API），气油比为 111 m^3/m^3。

2. 封闭体系下烃类流体相态与物性特征

中奥陶世（早加里东期）烃源岩埋深约 3000 m，地层温压为 84℃、30.2 MPa，烃源岩开始生烃（R^o＜0.50%，TR＜2%），生成烃类流体相图包络线范围很小，最大凝析温度为 634℃，最大凝析压力为 4.1 MPa，对应临界点为 534℃、4.0 MPa，原位烃类流体呈液相，黏度、密度分别为 8.99 cP 和 0.862 g/cm^3，地表原油黏度、密度分别为 11.52 cP 和 0.867 g/cm^3（31.3 API），气油比为 0［图 3.70（a）］。由于未发生烃类二次裂解，该阶段的烃类流体相态物性特征与开放体系完全一致。

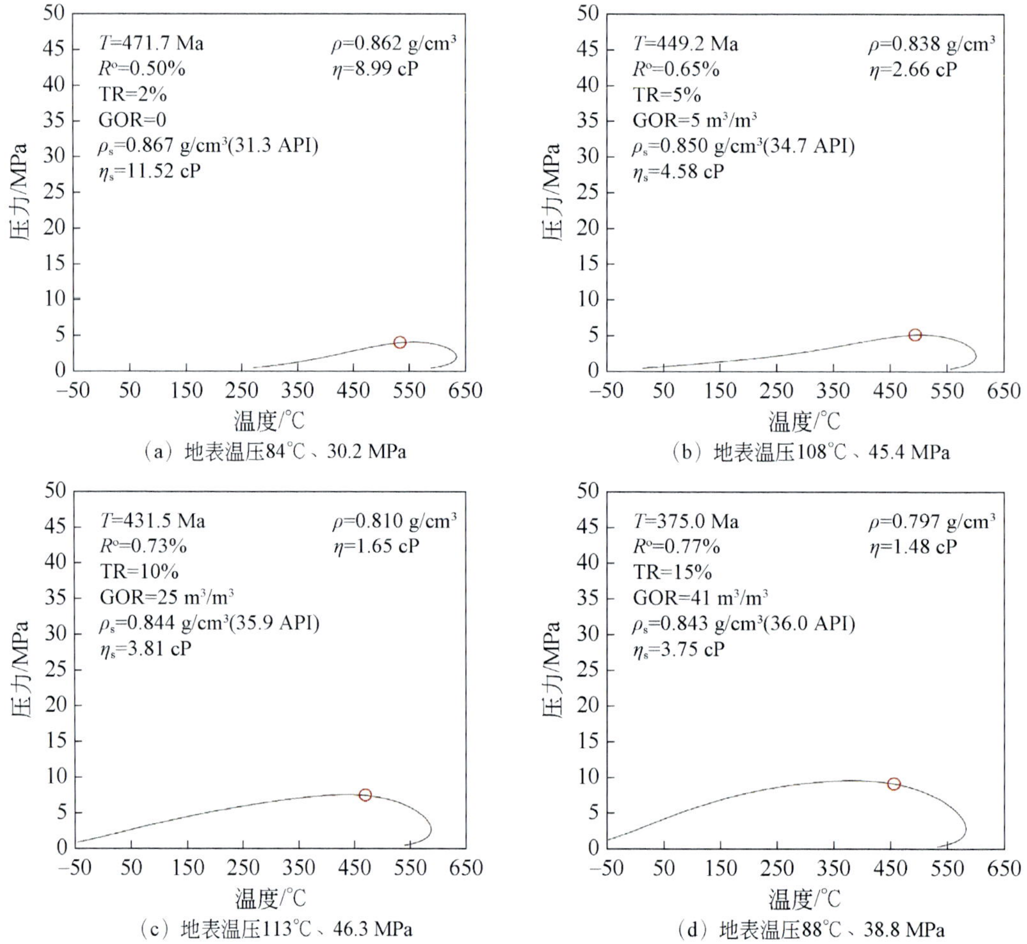

（a）地表温压84℃、30.2 MPa　（b）地表温压108℃、45.4 MPa
（c）地表温压113℃、46.3 MPa　（d）地表温压88℃、38.8 MPa

图 3.70　封闭体系下轮南低凸起玉尔吐斯组烃源岩热演化过程中烃类流体相图及其相态物性特征（晚加里东期—早海西期）

晚奥陶世—泥盆纪（晚加里东期—早海西期）：晚奥陶世—志留纪（晚加里东期）烃源岩先缓慢深埋并进入早期生烃阶段，在志留纪末达到 4500 m 最大埋深后于泥盆纪（早海西期）缓慢抬升至 4000 m 并生烃停止；该阶段烃源岩成熟度较低，处在早期生烃阶段（0.5%<R^o<0.77%），生成烃类流体相图包络线范围随着成熟度增加而增大[图 3.70（b）、（c）、（d）]：当 R^o=0.65%时，对应埋深 4100 m，地层温压为 108℃、45.4 MPa，包络线最大凝析温度下降至 601℃，最大凝析压力膨胀至 5.2 MPa，对应临界点为 495℃、5.2 MPa，此时原位烃类流体呈液相，黏度、密度分别为 2.65 cP 和 0.838 g/cm^3，地表原油黏度、密度分别为 4.58 cP 和 0.850 g/cm^3（34.7 API），气油比为 5 m^3/m^3[图 3.70（b）]；当 R^o=0.73%，对应埋深 4200 m，地层温压为 113℃、46.3 MPa，包络线最大凝析温度下降至 587℃，最大凝析压力膨胀至 7.6 MPa，对应临界点为 470℃、7.5 MPa，此时原位烃类流体呈液相，黏度、密度分别为 1.65 cP 和 0.810 g/cm^3，地表原油黏度、密度分别为 3.81 cP 和 0.844 g/cm^3（35.9 API），气油比为 25 m^3/m^3[图 3.70（c）]；当 R^o=0.77%，对应埋深 4000 m，地层温压为 88℃、38.8 MPa，包络线最大凝析温度下降至 583℃，最大凝析压力膨胀至 9.7 MPa，对应临界点为 457℃、9.2 MPa，此时原位烃类流体呈液相，黏度、密度分别为 1.48 cP 和 0.797 g/cm^3，地表原油黏度、密度分别为 3.75 cP 和 0.843 g/cm^3（36.0 API），气油比 41 m^3/m^3 [图 3.70（d）]。该阶段只有极少量烃类发生二次裂解，故烃类流体相态物性特征与开放体系基本一致。

白垩纪—现今（燕山期—喜马拉雅期）：如图 3.67 所示，玉尔吐斯组烃源岩埋深直到白垩纪才再次超过晚加里东期最大埋深并开始进一步生烃。该生烃过程从白垩纪（5000 m）开始一直持续至今（约 8700 m），可进一步划分为白垩纪—古近纪（燕山期—早喜马拉雅期）缓慢生烃阶段和新近纪—现今（晚喜马拉雅期）。

（1）白垩纪—古近纪（燕山期—早喜马拉雅期）烃源岩缓慢埋深并进入生烃高峰（0.77%<R^o<1.0%），伴随着明显的烃类二次裂解，烃类流体相图包络线范围相对开放体系发生更为明显的扩大［图 3.71（a）、（b）、（c）］：当 R^o=0.82%，对应埋深 5200 m，地层温压为 119℃、53.2 MPa，包络线最大凝析温度下降至 580℃，最大凝析压力膨胀至 11.4 MPa，对应临界点为 449℃、10.6 MPa，此时原位烃类流体呈液相，黏度、密度分别为 1.23 cP 和 0.783 g/cm^3，地表原油黏度、密度分别为 3.76 cP 和 0.843 g/cm^3（36.1 API），气油比为 53 m^3/m^3［图 3.71（a）］；当 R^o=0.90%，对应埋深 5500 m，地层温压为 130℃、58.0 MPa，包络线最大凝析温度下降至 571℃，最大凝析压力膨胀至 15.7 MPa，对应临界点为 427℃、13.9 MPa，此时原位烃类流体呈液相，黏度、密度分别为 0.80 cP 和 0.753 g/cm^3，地表原油黏度、密度分别为 3.71 cP 和 0.843 g/cm^3（36.1 API），气油比为 86 m^3/m^3［图 3.71（b）］；当 R^o=1.0%，对应埋深 5800 m，地层温压为 129℃、58.5 MPa，包络线最大凝析温度下降至 556℃，最大凝析压力膨胀至 19.7 MPa，对应临界点为 405℃、16.9 MPa，此时原位烃类流体呈液相，黏度、密度分别为 0.56 cP 和 0.725 g/cm^3，地表原油黏度、密度分别为 3.48 cP 和 0.842 g/cm^3（36.4 API），气油比为 120 m^3/m^3［图 3.71（c）］。总体上出现了轻质化特征，表现为气油比（53～120 m^3/m^3）和 API 重度（36.1～36.4 API）不断增大，黏度（3.76～3.48 cP）密度（0.843～0.842 g/cm^3）逐渐降低。

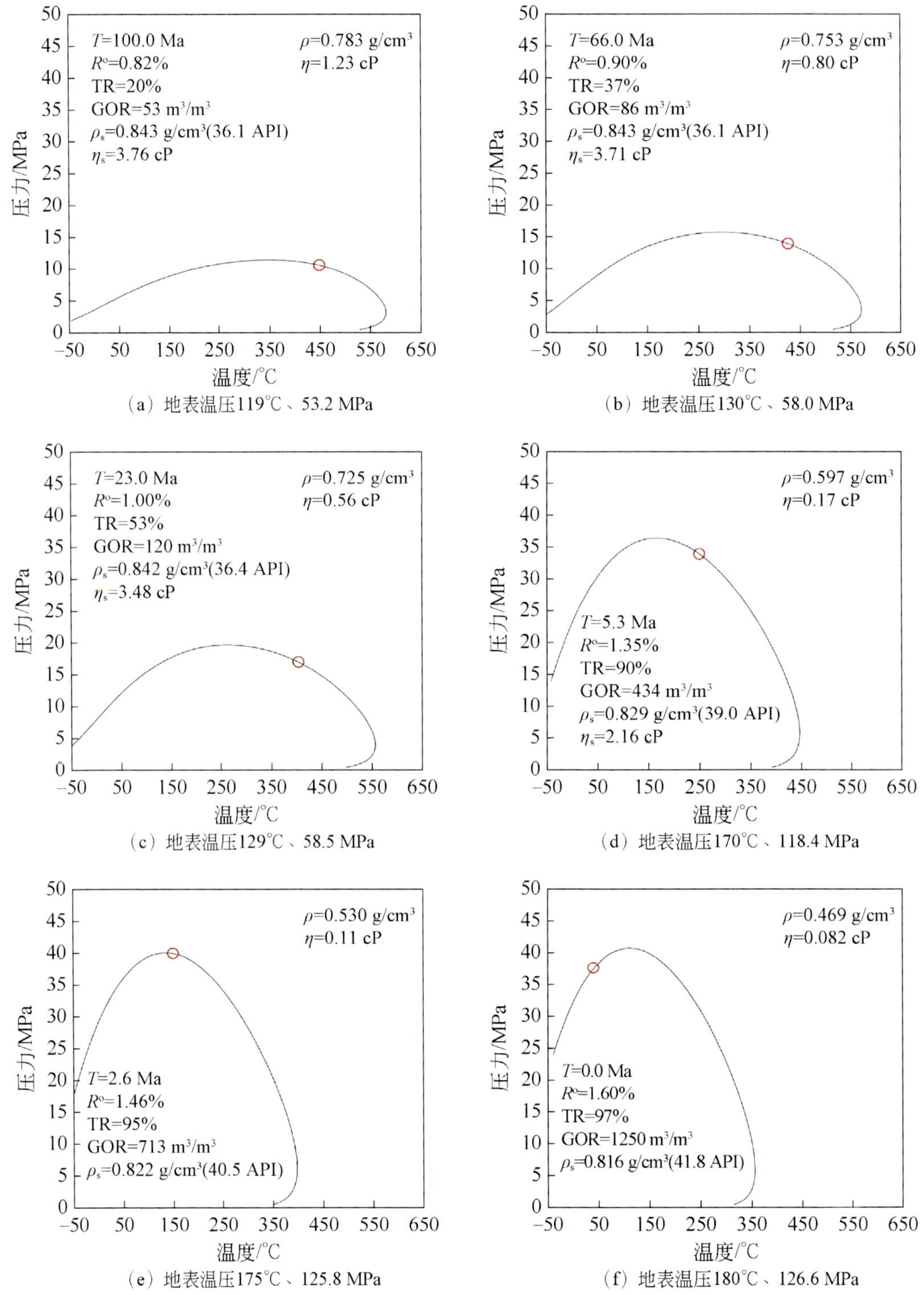

（a）地表温压119℃、53.2 MPa
（b）地表温压130℃、58.0 MPa
（c）地表温压129℃、58.5 MPa
（d）地表温压170℃、118.4 MPa
（e）地表温压175℃、125.8 MPa
（f）地表温压180℃、126.6 MPa

图 3.71 封闭体系下轮南低凸起玉尔吐斯组烃源岩热演化过程中烃类流体相图及其相态物性特征（燕山期—喜马拉雅期）

（2）新近纪—现今（晚喜马拉雅期）烃源岩快速埋深并进入晚期生烃阶段（1.0%＜R^o＜1.6%）。该阶段以烃类的二次裂解为主，伴随着液态烃的大量裂解和气态烃的大量生成，烃类流体相图包络线表现为先膨胀后收缩的过程［图 3.71（d）、（e）、（f）］：当 R^o=1.35%时，对应埋深 8000 m，地层温压为 170℃、118.4 MPa，包络线最大凝析温度下降为 446℃，最大凝析压力膨胀为 36.5 MPa，对应临界点为 250℃、33.9 MPa，此时原位烃类流体呈液相，黏度、密度分别为 0.17 cP 和 0.597 g/cm^3，地表原油黏度、密度分别为 2.16 cP 和 0.829 g/cm^3（39.0 API），气油比为 434 m^3/m^3［图 3.71（d）］；当 R^o=1.46%，对应埋深 8300 m，地层温压为 175℃、125.8 MPa。包络线最大凝析温度下降为 399℃，最大凝析压力膨胀为 40.0 MPa，对应临界点为 151℃、39.9 MPa，此时原位烃类流体呈凝析气相，黏度、密度分别为 0.11 cP 和 0.530 g/cm^3，地表原油黏度、密度分别为 1.81 cP 和 0.822 g/cm^3（40.5 API），气油比为 713 m^3/m^3［图 3.71（e）］；当 R^o=1.60%，对应埋深 8700 m，地层温压为 180℃、126.6 MPa。包络线最大凝析温度下降为 357℃，最大凝析压力膨胀为 40.7 MPa，对应临界点为 42℃、37.6 MPa，此时原位烃类流体呈凝析气相，黏度、密度分别为 0.082 cP 和 0.469 g/cm^3，地表原油黏度、密度分别为 1.54 cP 和 0.816 g/cm^3（40.5 API），气油比为 1250 m^3/m^3［图 3.71（f）］。总体上轻质化加剧并向凝析气演化，表现为气油比（120～1250 m^3/m^3）和 API 重度（36.4～40.5 API）急剧增大，黏度（3.48～1.54 cP）和密度（0.842～0.816 g/cm^3）显著降低。

3. 烃源岩生烃相态物性特征及其演化规律

由图 3.72 可以直观看出，随着成熟度增加，开放体系下烃源岩生烃流体临界温度不断降低，而临界压力不断增大并终止于临界点（403℃，16.1 MPa），最大凝析温度不断降低，而最大凝析压力不断增大并终止于 567℃和 17.8 MPa。不同于开放体系，封闭体系下烃源岩生烃流体的临界温压和最大凝析温压演化更为复杂：临界温压在低成熟度阶段（R^o＜0.80%）具备与开放体系相同的演化过程，随着成熟度增加（0.80%＜R^o＜1.60%），烃类开始发生二次裂解，其临界温度表现为迅速降低，而临界压力表现为先迅速增大后缓慢降低的过程，临界压力拐点对应成熟度 R^o 约为 1.50%［图 3.72（a）］；最大凝析温压在低

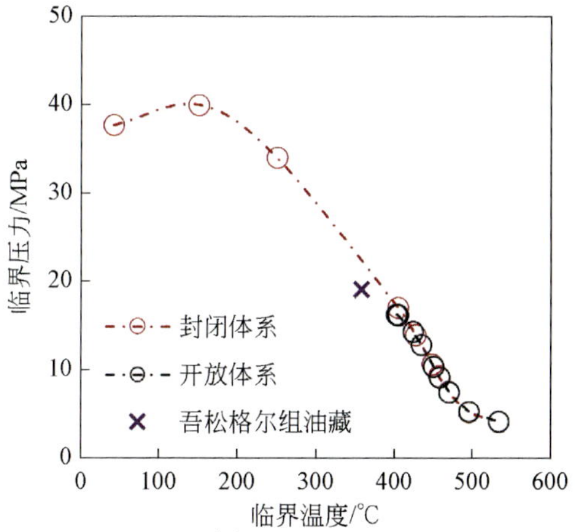

（a）临界点演化特征

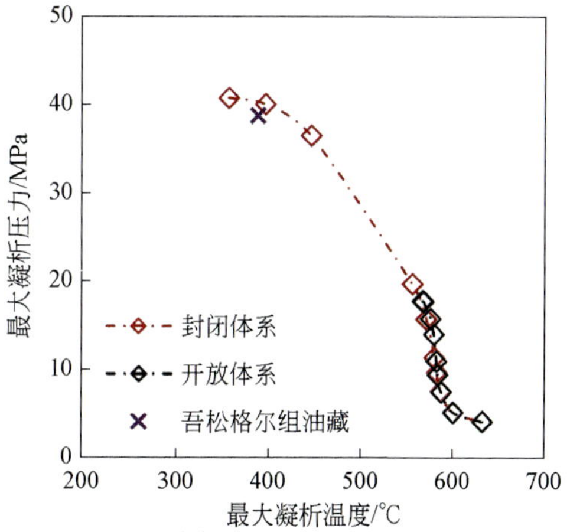

（b）最大凝析温压演化特征

图 3.72　开放体系和封闭体系下轮南低凸起玉尔吐斯组烃源岩生成的烃类流体临界点与最大凝析温压演化特征

成熟度阶段（R^o<0.80%）同样具备与开放体系相同的演化过程，随着成熟度增加（0.80%<R^o<1.60%），烃类开始发生二次裂解，其最大凝析温度表现为迅速降低，而最大凝析压力则表现为先迅速增大后缓慢增大的过程［图 3.72（b）］。这一结果表明，开放体系下总体较低的临界温压和最大凝析温压条件说明塔北轮南低凸起玉尔吐斯组烃源岩生成的烃类流体以低气油比的油藏为主，而封闭体系下大范围的临界温压和最大凝析温压演化进程说明烃源岩生成的烃类流体经历了从低气油比油藏到高气油比油气藏再到凝析气藏的演化过程。

同样地，不同开放体系下烃源岩的生烃流体物性也存在明显差异，包括标准条件下的气油比、黏度、密度及 API 重度。烃源岩开放体系下生烃流体的气油比随着成熟度增加而增大，并伴随着生烃的结束而逐渐趋向最大气油比（111 m^3/m^3），之后不再增大；烃源岩封闭体系下低成熟度阶段（R^o<0.80%）的生烃流体气油比与开放体系下的演化过程一致，随着成熟度增加（0.80%<R^o<1.60%），烃类开始发生二次裂解，其气油比迅速增大并达到最大气油比 1250 m^3/m^3［图 3.73（a）］。烃源岩开放体系下生烃流体在标准条件下（地表条

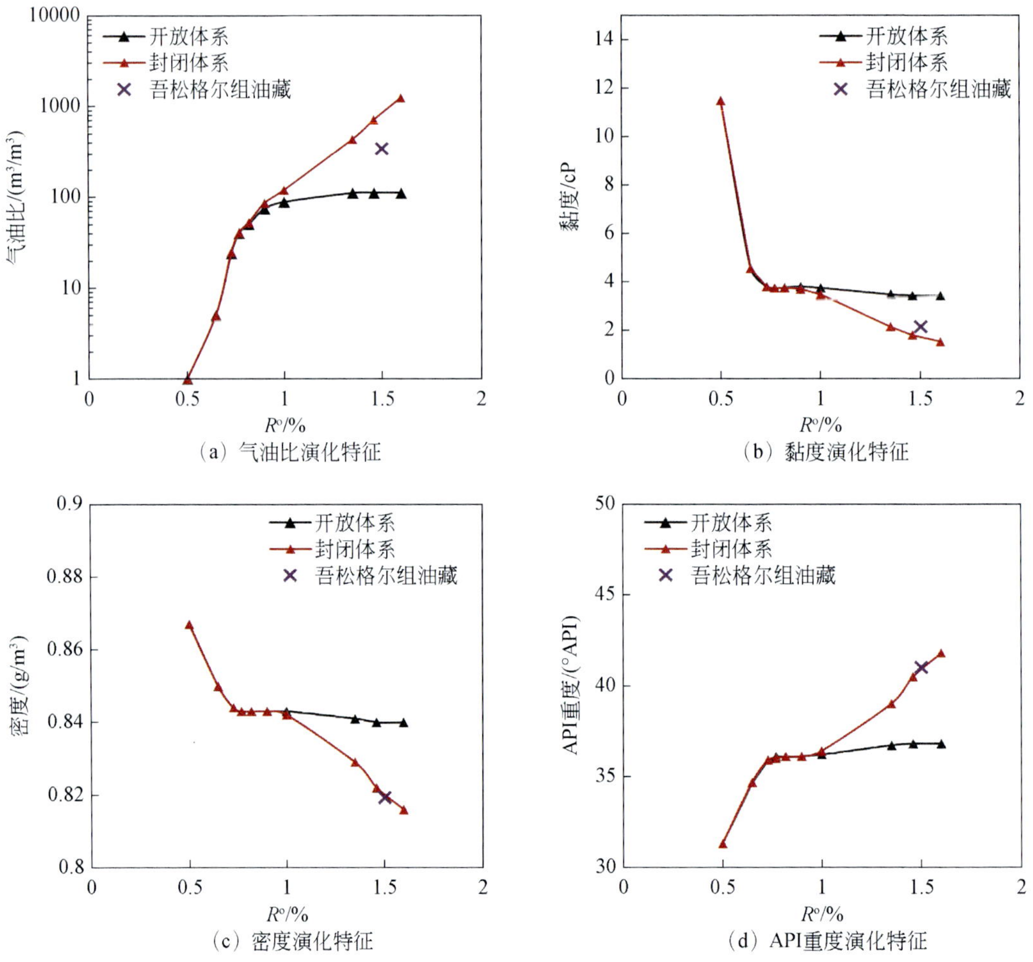

（a）气油比演化特征　（b）黏度演化特征
（c）密度演化特征　（d）API重度演化特征

图 3.73　开放体系和封闭体系下轮南低凸起玉尔吐斯组烃源岩生成的烃类流体在标准条件下（0.101 MPa、20℃）的物性演化特征

件）的黏度、密度随着成熟度的增大而减小，并伴随着生烃的结束而逐渐趋向最小黏度 3.44 cP 和最小密度 0.840 g/m^3，之后不再增大；烃源岩封闭体系下低成熟度阶段（R^o<0.80%）的生烃流体在标准条件下的黏度、密度与开放体系下的演化过程一致，随着成熟度增加（0.80%<R^o<1.60%），烃类开始发生二次裂解，其黏度、密度迅速降低并达到最小黏度 1.54 cP 和最小密度 0.816 g/m^3［图 3.73（b）、（c）］。烃源岩开放体系下生烃流体的 API 重度随着成熟度增加而增大，并伴随着生烃结束而逐渐趋向最大 API 重度（36.8 API），之后不再增大；烃源岩封闭体系下低成熟度阶段（R^o<0.80%）的生烃流体的 API 重度与开放体系下的演化过程一致，随着成熟度增加（0.80%<R^o<1.60%），烃类开始发生二次裂解，其 API 重度迅速增大并达到最大值（41.8 API）［图 3.73（d）］。

上述结果表明，在低成熟阶段（R^o<0.80%），无论是开放体系还是封闭体系，塔北轮南低凸起玉尔吐斯组烃源岩生烃流体具有相同的物性特征，包括气油比、黏度、密度及 API 重度；而进入中—高成熟度阶段（0.80%<R^o<1.60%），烃类的二次裂解导致封闭体系下形成的烃类流体具有更高的气油比和 API 重度，以及更低的黏度和密度（图 3.71）。

已有研究表明，轮探 1 井吾松格尔组的油藏气油比约为 340 m^3/m^3，原油标准密度为 0.819 g/cm^3（41.2 API），黏度为 2.16 cP；PVT 分析结果显示，原油流体临界点为 358℃、19.0 MPa，最大凝析温度为 388℃，最大凝析压力为 38.8 MPa，属于轻质油（杨海军等，2020a）。该轻质油藏位于玉尔吐斯组之上约 500 m 的吾松格尔组，且井区附近并未发现除玉尔吐斯组外的烃源岩，因此玉尔吐斯组烃源岩被认为是该轻质油藏的来源，可用于油藏与烃源岩生烃流体之间的相态物性对比研究，探讨烃源岩生烃物性与油气成藏的控制作用。如图 3.72 和图 3.73 所示，对比结果显示当烃源岩成熟度 R^o 约为 1.50%时，对应的生烃流体的最大凝析温压［图 3.72（b）］以及黏度［图 3.73（b）]、密度［图 3.73（c）］和 API 重度［图 3.73（d）］与轮探 1 井吾松格尔组轻质油的最大凝析温压以及黏度、密度和 API 重度吻合，说明该轻质油很可能来源于封闭体系下的烃源岩生烃流体，对应晚喜马拉雅期生烃-成藏阶段（新近纪—现今）。不同于塔中地区（中深 1 井和中深 5 井），塔北轮南低凸起玉尔吐斯烃源岩与吾松格尔组储层距离很近，纵向距离仅约 500 m，且烃类流体以垂向运移为主，难以发生明显的组分分异过程，故其轻质油相态物性特征并未明显偏离其烃源岩封闭体系演化线。然而，轻质油的气油比（340 m^3/m^3）以及与气油比相关的临界点（358℃，19.0 MPa）相较于烃源岩烃类流体明显偏低［图 3.73（a）和图 3.72（a）］，这可能与储层封闭性较差（地层压力约为 91 MPa，属正常压力系统）导致气态烃发生部分逸散损失有关。

（三）顺托果勒地区玉尔吐斯组烃源岩生烃物性与相态

1. 顺北 5 井油气相态预测

将寒武系烃源岩相态动力学参数应用于顺北 5 井盆地模型中（图 3.74），显示顺北 5 井寒武系烃源岩在奥陶纪进入成熟阶段，随后烃源岩生烃转化率在志留纪早期 441 Ma 达到 10%，烃源岩开始进入有效生烃阶段，中泥盆世 385 Ma 时烃源岩生烃转化率达到了 50%，进入大量生烃阶段，此时对应的成熟度为 Easy R^o=1.00%。二叠纪时期，烃源岩的成熟度为 Easy R^o=1.30%，转化率也在 282 Ma 超过了 90%，烃源岩生烃趋于结束，二叠纪之后烃源岩的成熟度和转化率均变化较小。

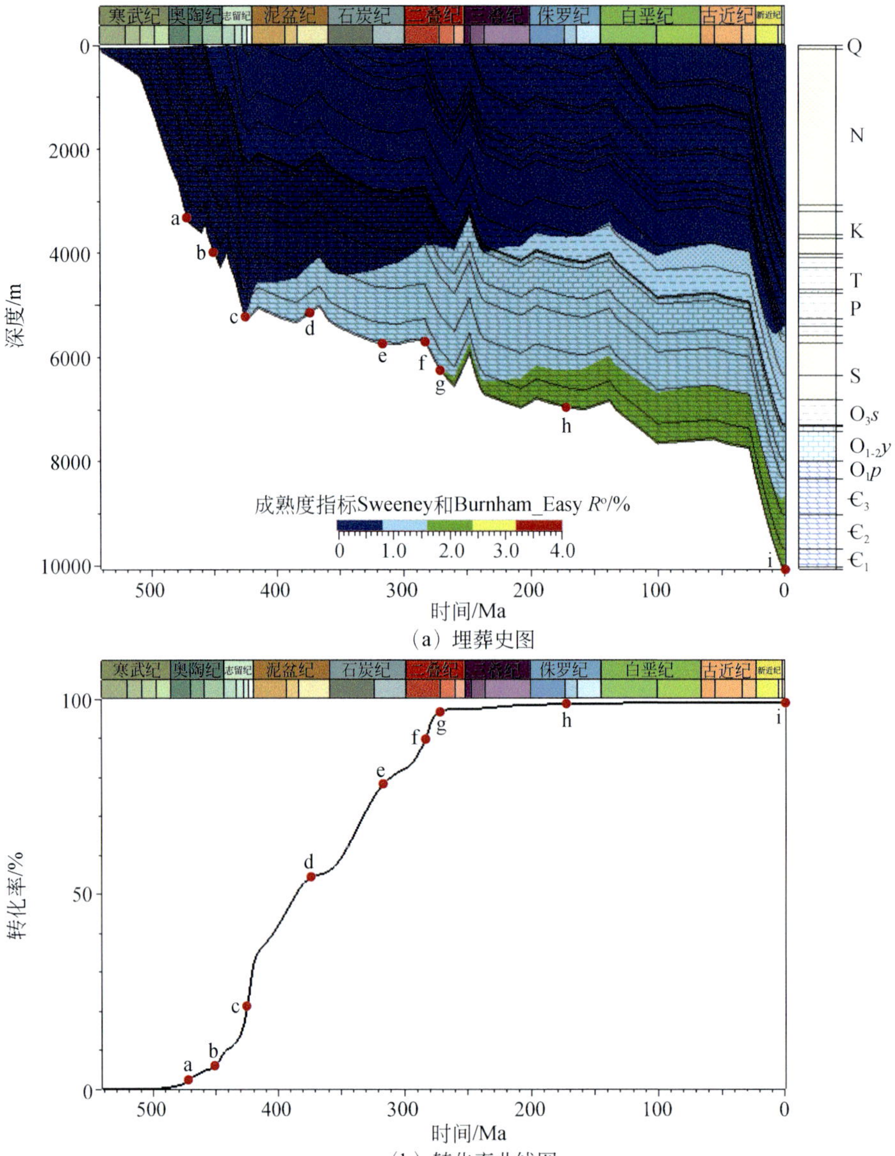

（b）转化率曲线图

图 3.74　顺北 5 井相态动力学研究选点分布图

基于生烃史和相态模拟技术，本节选择了 a～i 共计 9 个关键点位进行模拟，并讨论顺北 5 井寒武系烃源岩的生烃相态演化历史，模拟点的时间、埋藏深度、成熟度和转化率分别为奥陶纪 472 Ma，埋藏深度 3283 m，Easy R^o=0.51%，TR=2.02%；奥陶纪 450 Ma，埋藏深度 3971 m，Easy R^o=0.65%，TR=6.07%；志留纪 425 Ma，埋藏深度 5165 m，Easy R^o=0.80%，TR=20.79%；泥盆纪 373 Ma，埋藏深度 5142 m，Easy R^o=1.00%，TR=54.14%；石炭纪 316 Ma，埋藏深度 5718 m，Easy R^o=1.15%，TR=78.09%；二叠纪 283 Ma，埋藏深度 5649 m，Easy R^o=1.31%，TR=89.92%；二叠纪 271 Ma，埋藏深度 6255 m，Easy R^o=1.60%，TR=96.83%；侏罗纪 173 Ma，埋藏深度 6946 m，Easy R^o=1.90%，TR=98.63%；现今 0 Ma，

埋藏深度 10048 m，Easy R^o=2.14%，TR=99.16%。其中 a～c 点属于加里东期，d～g 点属于海西期，h～i 点属于燕山期—喜马拉雅期，选点标注在图 3.74 的埋藏史图和转化率曲线图上。下面分别就开放体系和封闭体系两种情况讨论顺北 5 井寒武系烃源岩的生烃相态演化历史。开放体系下顺北 5 井寒武系烃源岩生烃的相图及物性演化特征显示在图 3.75 和图 3.76 中。封闭体系下顺北 5 井寒武系烃源岩生烃的相图及物性演化特征显示在图 3.77 和图 3.78 中。

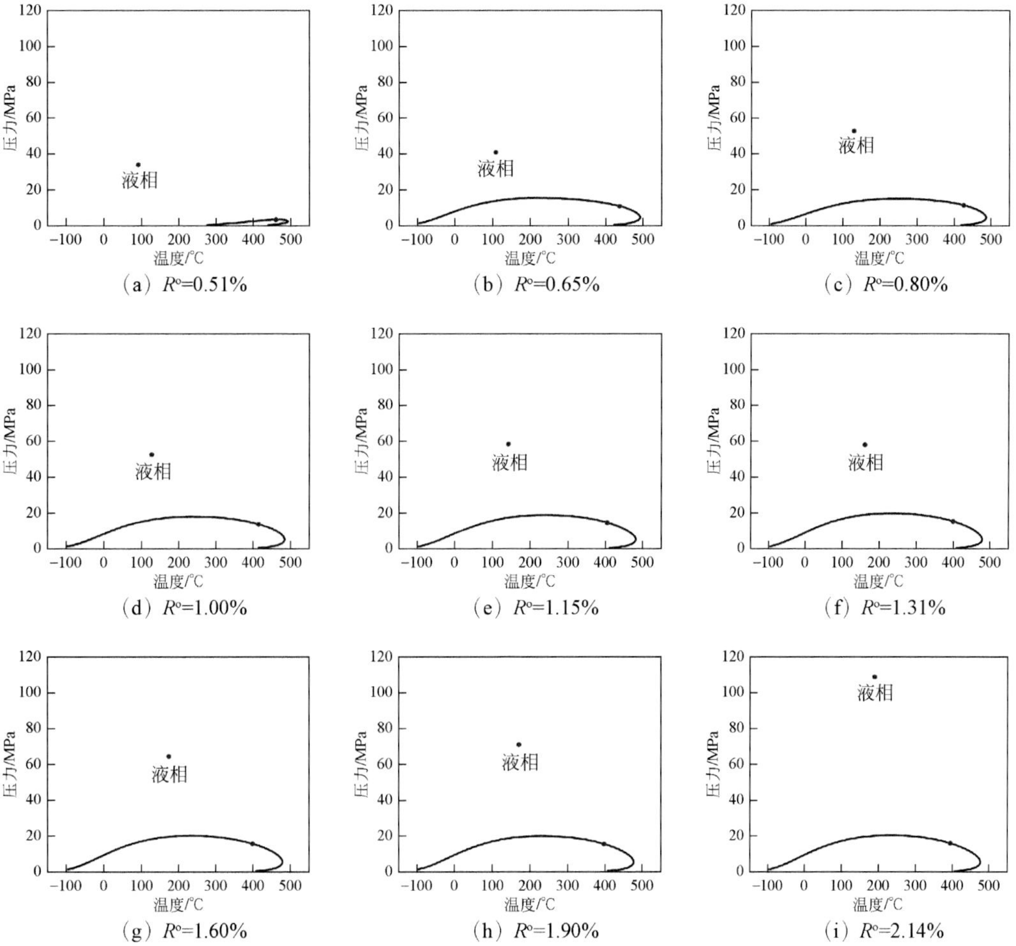

（a）R^o=0.51%　（b）R^o=0.65%　（c）R^o=0.80%
（d）R^o=1.00%　（e）R^o=1.15%　（f）R^o=1.31%
（g）R^o=1.60%　（h）R^o=1.90%　（i）R^o=2.14%

图 3.75　顺北 5 井开放体系下寒武系烃源岩生烃相图演化特征

1）顺北 5 井开放体系下烃类流体相态与物性特征

加里东期奥陶纪 472 Ma、奥陶纪 450 Ma 和志留纪 425 Ma 时，即在烃源岩埋深为 3283～5165 m，成熟度 Easy R^o 为 0.51%～0.80%，转化率 TR 为 2.02%～20.79%时，该阶段生烃产物中气态烃占比逐渐增高至 48%，相包络线范围逐渐增大，临界点逐渐左移，临界凝析温度和临界温度逐渐降低（493.1～486.4℃，461.2～425.6℃），临界凝析压力和临界压力逐渐增大（3.56～15.22 MPa，3.55～11.58 MPa）[图 3.75（a）、（b）、（c）]。生烃产物在烃源岩所处温度（91.7～129.7℃）和压力（34.03～52.87 MPa）条件下均保持液相状态，原位液相密度在 0.8361～0.7527 g/cm^3 波动，黏度在 2.5041～0.7329 cP 波动，标准状况（20℃、0.1MPa）下为气液两相，气油比小于 81 m^3/m^3，其中液相密度在 0.8435～0.7527 g/cm^3 波动，黏度在 3.4609～0.7329cP 波动（图 3.76）。

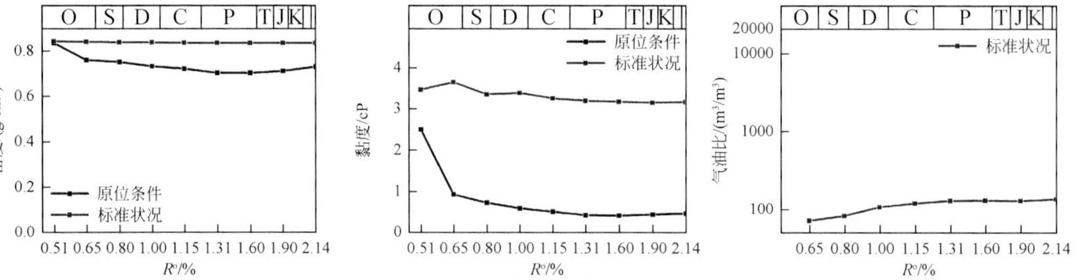

（a）密度　（b）黏度　（c）气油比

图 3.76　顺北 5 井开放体系下寒武系烃源岩生烃物性演化特征

海西期泥盆纪 373 Ma 至现今 0 Ma 过程中，即在烃源岩埋深为 5142～10048 m，成熟度 Easy R^o 为 1.00%～2.14%，转化率 TR 为 54.14%～99.16%过程中，烃源岩生烃产物的组分缓慢变化，气态烃占比由 54%缓慢增加至 59%，相包络线范围缓慢变化，临界点逐渐左移，临界凝析温度和临界温度逐渐降低（483.9～477.0℃，414.1～394.9℃），临界凝析压力和临界压力逐渐增大（18.18～20.44 MPa，13.78～16.02 MPa）[图 3.75（d）～（i）]。生烃流体在原位条件下同样始终保持液相状态，原位液相密度和黏度均呈现出先降低后略有增加的趋势，其中密度在 0.7347～0.7046 g/cm^3 变化，黏度在 0.5973～0.4132 cP 变化，标准状况下的气油比缓慢增加，变化范围为 105～134 m^3/m^3，液相密度基本稳定在 0.84 g/cm^3，液相黏度也在 3.3871～3.1510 cP 小幅度波动（图 3.76）。

2）顺北 5 井封闭体系下烃类流体相态与物性特征

封闭体系条件下，考虑二次裂解反应对烃源岩生烃相态演化过程的影响，但由于在加里东期奥陶纪 472 Ma、奥陶纪 450 Ma 和志留纪 425 Ma 尚未达到二次裂解反应发生所需要的条件，因而和开放体系在该阶段的生烃史及相态演化特征相同，开放体系下的相关结果已描述在上文中，在此不做赘述。

泥盆纪 373 Ma 至二叠纪 283 Ma 阶段（Easy R^o=1.00%～1.31%，TR 为 54.14%～89.92%），早期阶段生烃流体中气态烃的摩尔分数已超过开放体系下所生成的气态烃的最大摩尔分数（59%），之后气态烃摩尔分数快速增加至 78%。相包络线继续向高压低温方向移动，临界点位置左移，临界凝析压力和临界压力增大（22.40～38.87 MPa，16.53～33.40 MPa），临界凝析温度和临界温度降低（478.9～432.3℃，400.6～279.1℃）[图 3.77（d）、（e）、（f）]。烃源岩条件下流体仍保持液相状态，原位液相密度和黏度快速减小，密度由 0.7114 g/cm^3 降低至 0.5540 g/cm^3，黏度由 0.4770 cP 降低至 0.1474 cP，标准状况下的气油比由 136 m^3/m^3 增加至 384 m^3/m^3，液相密度由 0.8386 g/cm^3 缓慢降低至 0.8283 g/cm^3，黏度也由 3.3544 cP 降低至 2.4053 cP（图 3.78）。

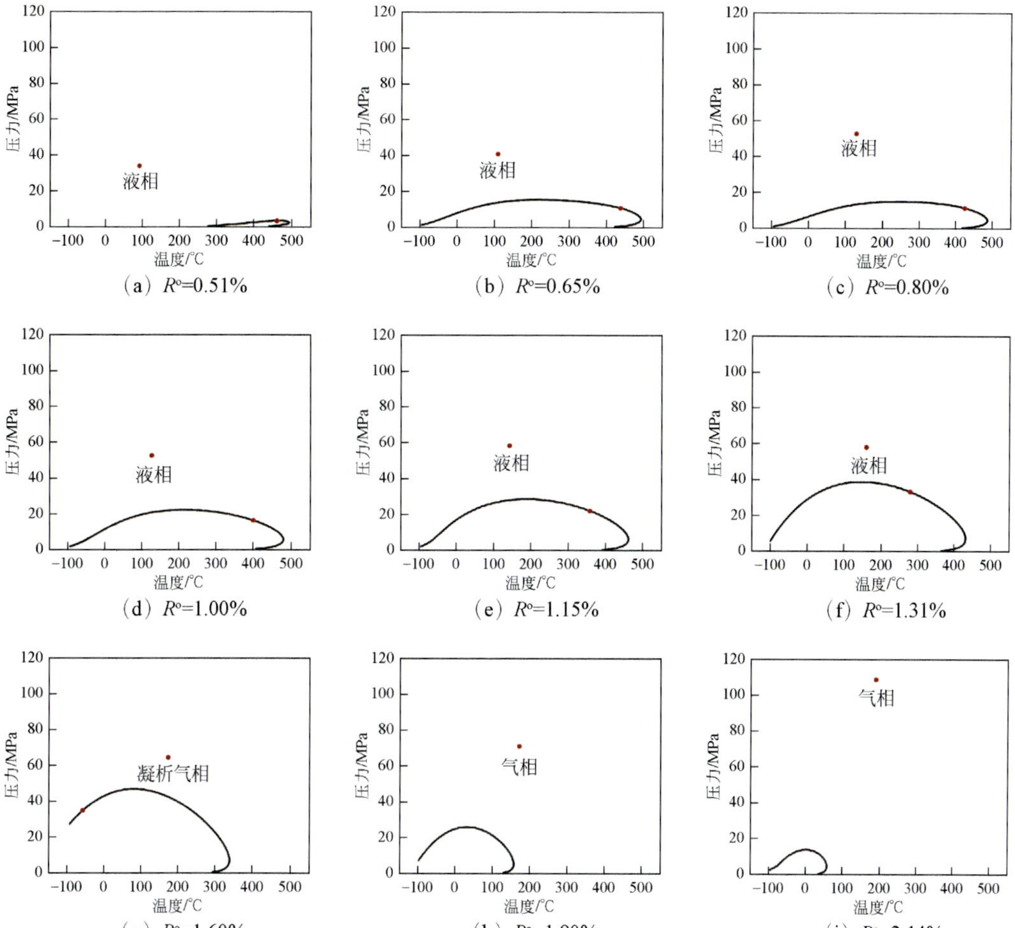

(a) R^o=0.51% (b) R^o=0.65% (c) R^o=0.80%

(d) R^o=1.00% (e) R^o=1.15% (f) R^o=1.31%

(g) R^o=1.60% (h) R^o=1.90% (i) R^o=2.14%

图 3.77 顺北 5 井封闭体系下寒武系烃源岩生烃相态演化特征

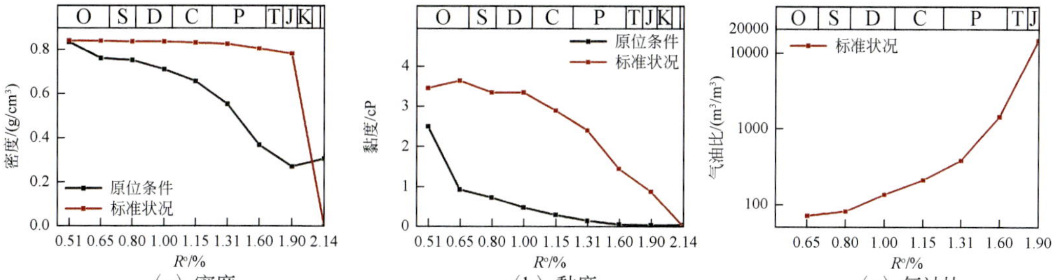

(a) 密度 (b) 黏度 (c) 气油比

图 3.78 顺北 5 井封闭体系下寒武系烃源岩生烃物性演化特征

二叠纪 271 Ma，埋藏深度为 6255 m，Easy R^o=1.60%，TR=96.83%时，气态烃摩尔分数已接近 91%。相包络线范围相比 f 点相图有了明显改变，临界凝析温度降低，临界凝析压力增加，两者分别为 339.2℃和 46.93 MPa，临界温度大幅度降低至-58.9℃，临界压力为 34.72 MPa［图 3.76（g）］。此时在烃源岩所处温度和压力条件下流体相态已由上一个点的液相转变为凝析气相状态，气相密度和黏度分别为 0.3693 g/cm^3 和 0.0559 cP，标准状况下依旧为气液两相，气油比快速增加至 1450 m^3/m^3，液相密度和黏度分别为 0.8079 g/cm^3 和 1.4566 cP（图 3.78）。

侏罗纪 173 Ma 至现今 0 Ma，Easy R^o=1.90%～2.14%，TR=98.63%～99.16%时，气态烃占比增加至接近 100%，因而该阶段相图相比 g 点相图大幅向低温低压区收缩，临界凝析温度和临界凝析压力降低幅度较大（157.3～58.66℃，25.80～13.88 MPa）[图 3.76（h）、（i）]。烃源岩条件下（171.5～189.7℃，70.96～108.89 MPa）流体转变为单一气相状态，标准状况下也由气液两相转变为单一气相（图 3.78）。

2. 满深 1 井油气相态预测

将寒武系烃源岩相态动力学参数应用于满深 1 井盆地模型中（图 3.79），显示满深 1 井寒武系烃源岩成熟度及转化率的演化进程相比顺北 5 井要更快。烃源岩的生烃转化率在奥陶纪末期 449 Ma 已经达到 10%，进入有效生烃阶段，之后在志留纪进入生烃转化率快速增长期，在志留纪中期约 430 Ma 生烃转化率已超过 50%，进入大量生烃阶段。志留纪结束时生烃转化率已超过 90%，之后生烃转化率增速变缓，烃源岩生烃趋于终止，二叠纪有一个短暂的快速增长期，之后烃源岩的转化率基本不变。

对于满深 1 井寒武系烃源岩的生烃相态演化历史讨论，本节选择了 a～i 共计 9 个关键点位进行模拟，模拟点的时间、埋藏深度、成熟度和转化率分别为奥陶纪 471 Ma，埋藏深度 3241 m，Easy R^o=0.50%，TR=1.95%；志留纪 443 Ma，埋藏深度 5246 m，Easy R^o=0.80%，TR=21.03%；志留纪 429 Ma，埋藏深度 5876 m，Easy R^o=1.02%，TR=59.44%；志留纪 420 Ma，埋藏深度 6243 m，Easy R^o=1.30%，TR=89.89%；泥盆纪 388 Ma，埋藏深度 6352 m，Easy R^o=1.50%，TR=95.55%；石炭纪 341 Ma，埋藏深度 6475 m，Easy R^o=1.60%，TR=96.70%；二叠纪 280 Ma，埋藏深度 7113 m，Easy R^o=2.21%，TR=99.34%；白垩纪 141 Ma，埋藏深度 7982 m，Easy R^o=2.72%，TR=99.63%；现今 0 Ma，埋藏深度 10198 m，Easy R^o=3.07%，TR=99.84%。其中 a～d 点属于加里东期，e～g 点属于海西期，h 点属于燕山期，i 点属于喜马拉雅期，选点标注在图 3.79 的埋藏史图和转化率曲线图上。下面分别就开放体系和封闭体系两种情况讨论满深 1 井寒武系烃源岩的生烃相态演化历史。开放体系条件下满深 1 井寒武系烃源岩生烃的相图及物性演化特征显示在图 3.80 和图 3.81 中。封闭体系条件下满深 1 井寒武系烃源岩生烃的相图及物性演化特征显示在图 3.82 和图 3.83 中。

1）满深 1 井开放体系下烃类流体相态与物性特征

加里东期奥陶纪 471 Ma 至志留纪 443 Ma 时，即烃源岩埋藏深度为 3200～5246 m，成熟度 Easy R^o 为 0.50%～0.80%，转化率 TR 为 2%～21.03%时，生烃产物中气态烃占比快速增加至 51%，相包络线范围快速增大，临界点左移，临界凝析温度和临界温度降低（508.6～483.9℃，483.2～418.0℃），临界凝析压力和临界压力快速增大（3.38～16.36 MPa，3.38～12.57 MPa）[图 3.80（a）、（b）]。生烃流体在烃源岩条件下（88.3～130.4℃，33.44～53.67 MPa）均保持液相状态，液相密度在 0.8467～0.7433 g/cm^3 波动，黏度在 4.1047～0.6455 cP 波动，标准状况下为气液两相，气油比快速增加至 92 m^3/m^3。

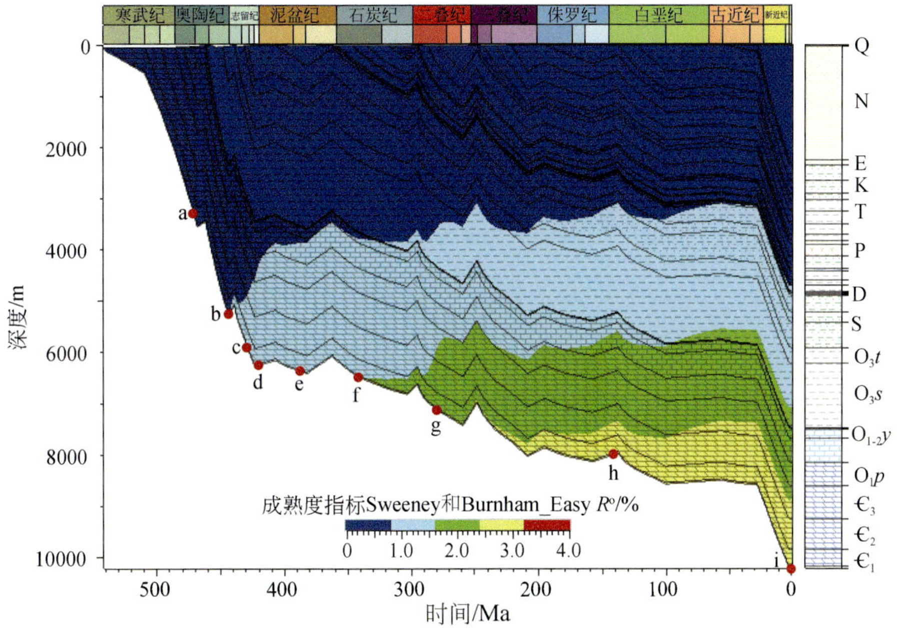

（a）埋葬史图

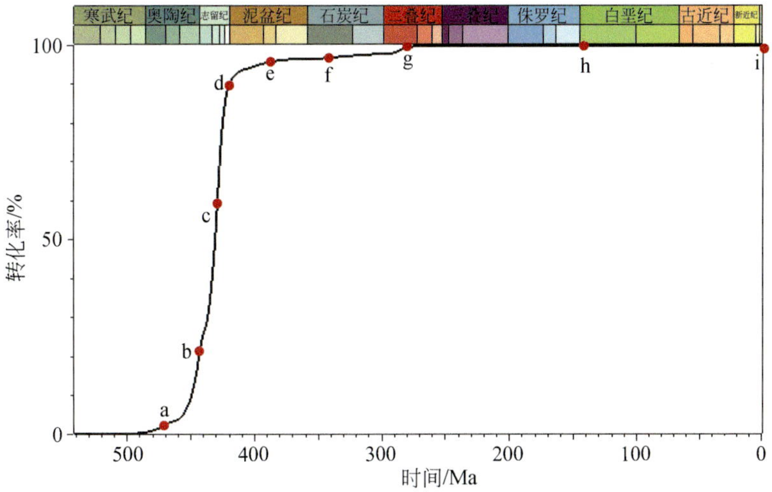

（b）转化率曲线图

图 3.79　满深 1 井相态动力学研究选点分布图

志留纪 429 Ma 至现今，烃源岩生烃缓慢变化，即在烃源岩埋藏深度为 5800～10198 m，成熟度 Easy R^o 为 1.02%～3.07%，转化率 TR 为 59.44%～99.34%时，烃源岩生烃产物的组分缓慢变化，气态烃占比由 55%缓慢增加至 59%，相包络线范围缓慢变化，临界点逐渐左移，临界凝析温度和临界温度逐渐降低（482.9～476.5℃，410.8～394.2℃），临界凝析压力和临界压力逐渐增大（18.67～20.45 MPa，14.24～16.04 MPa）[图 3.80（c）～（i）]。烃源岩条件下均为液相状态，原位液相密度和黏度均呈现先降低后略有增加的趋势，其中密度在 0.7267～0.6979 g/cm^3 变化，黏度在 0.5250～0.3718 cP 变化，标准状况下的气油比缓慢增加，变化范围为 111～134 m^3/m^3，液相密度基本稳定在 0.84 g/cm^3，液相黏度也在 3.3553～3.1365 cP 小幅度波动。

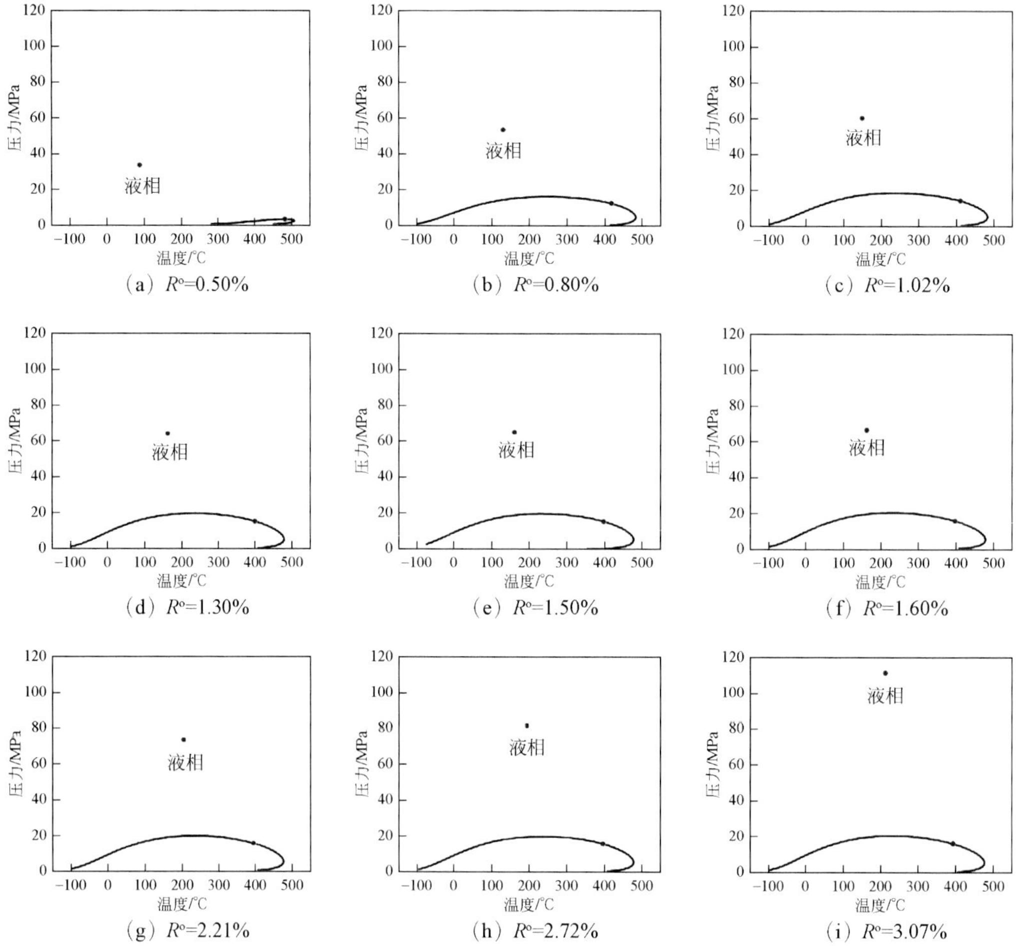

图 3.80　满深 1 井开放体系下寒武系烃源岩生烃相图演化特征

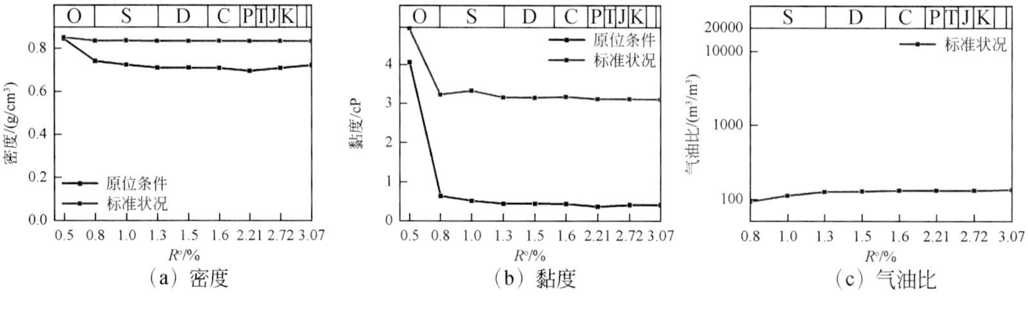

图 3.81　满深 1 井开放体系下寒武系烃源岩生烃物性演化特征

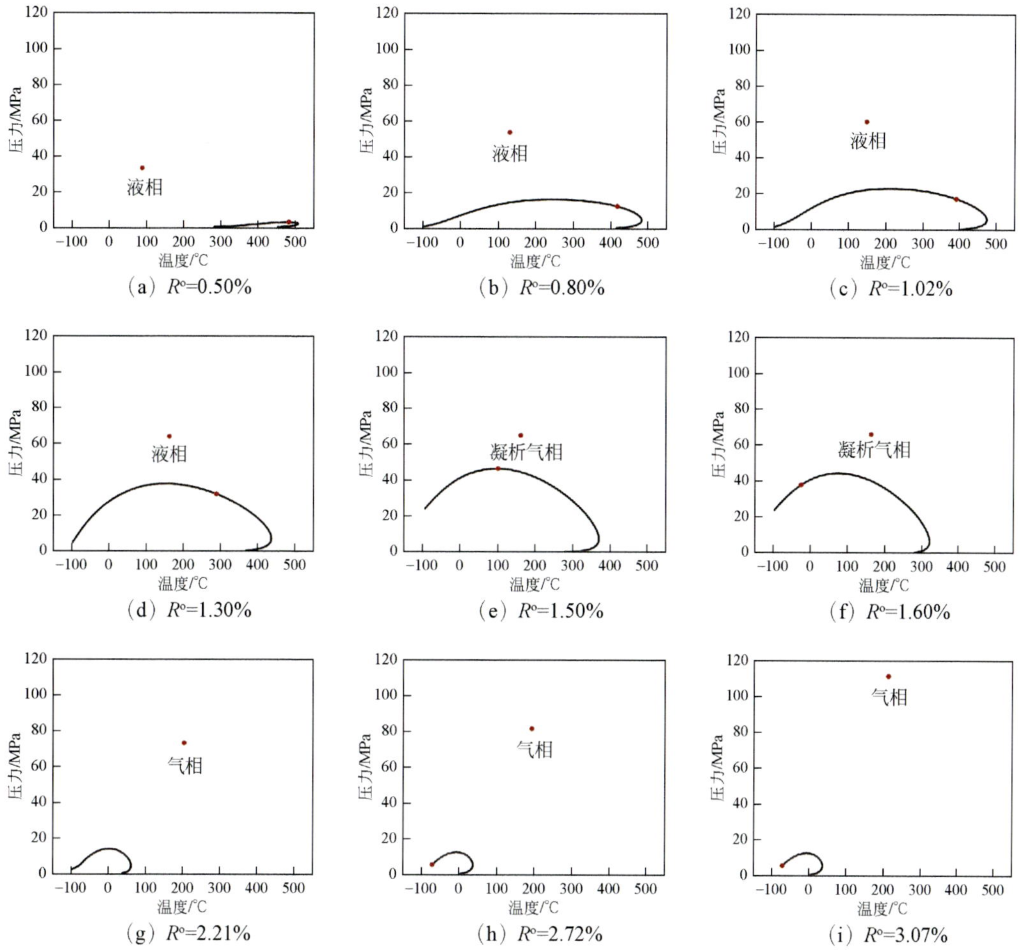

(a) R^o=0.50%　(b) R^o=0.80%　(c) R^o=1.02%

(d) R^o=1.30%　(e) R^o=1.50%　(f) R^o=1.60%

(g) R^o=2.21%　(h) R^o=2.72%　(i) R^o=3.07%

图 3.82　满深 1 井封闭体系下寒武系烃源岩生烃物性演化特征

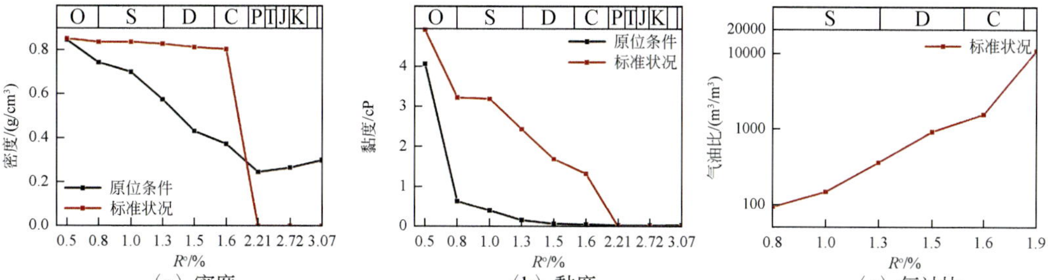

(a) 密度　(b) 黏度　(c) 气油比

图 3.83　满深 1 井封闭体系下寒武系烃源岩生烃物性演化特征

2）满深 1 井封闭体系下烃类流体相态与物性特征

封闭体系下，考虑二次裂解反应对烃源岩生烃相态演化过程的影响，但由于在加里东期奥陶纪 471 Ma 至志留纪 443 Ma 尚未达到二次裂解反应发生所需要的条件，因而和开放体系在该阶段的生烃史及相态演化特征相同，开放体系下的相关结果已描述在上文中，在此不做赘述。

志留纪 429 Ma 至 420 Ma 阶段内（Easy R^o=1.02%～1.30%，TR=59.44%～89.89%），气态烃占比由 61%增加至 77%，已超过开放体系下气态烃的最高含量，相包络线继续向高压低温方向移动，临界点位置进一步左移，临界凝析压力和临界压力增大（23.10～37.92 MPa，17.33～32.19 MPa），临界凝析温度和临界温度降低（475.5～436.6℃，392.6～289.0℃）[图 3.82（d）]。烃源岩条件下流体一直保持液相状态，原位液相密度和黏度快速降低，密度在 0.6991～0.5748 g/cm^3 变化，黏度在 0.4081～0.1643 cP 变化，标准状况下的气油比由 146 m^3/m^3 增加至 356 m^3/m^3，液相密度小幅度降低，黏度也由 3.2234 cP 降低至 2.4625 cP（图 3.83）。

泥盆纪 388 Ma 至石炭纪 341 Ma 时（Easy R^o=1.50%～1.60%，TR=95.55%～96.70%），气态烃占比逐步增加至 92%，相图的临界凝析压力接近 45 MPa，临界凝析温度降低，临界点明显左移[图 3.82(e)和(f)]。烃源岩所处温压条件下（161.1～162.6℃，65.07～66.30 MPa）生烃流体转变为凝析气相状态，标准状况下依旧为气液两相，气油比由 908 m^3/m^3 增加至 1543 m^3/m^3，液相密度接近 0.81 g/cm^3，黏度在为 1.3394～1.7130 cP 变化（图 3.83）。

二叠纪 280 Ma 至现今 0 Ma 时，气态烃含量进一步增加至现今的 99%，相图范围明显向低温低压区收缩［图 3.82（g）、(h)、(i)]。原位条件下和标准状况下生烃流体均变为单一气相状态，现今为纯气藏流体（图 3.83）。

3. 顺托 1 井油气相态预测

将寒武系烃源岩相态动力学参数应用于顺托 1 井盆地模型中显示（图 3.84），顺托 1 井寒武系烃源岩由于埋深更深，其成熟度及生烃转化率的演化进程要比顺北 5 井和满深 1 井更快。烃源岩在晚奥陶世 451 Ma 生烃转化率达到 10%，进入有效生烃阶段，在志留纪初期 443 Ma 进入大量生烃阶段（生烃转化率＞50%），随后转化率快速增加，志留纪 430 Ma 生烃转化率已超过 90%，有效生烃阶段结束，而同期满深 1 井仍处于主生烃期。

对于顺托 1 井寒武系烃源岩的生烃相态演化历史讨论，本小节同样选择了 a～i 共计 9 个关键点位进行模拟，模拟点的时间、埋藏深度、成熟度和转化率分别为奥陶纪 468 Ma，埋藏深度为 2899 m，Easy R^o=0.50%，TR=1.97%；奥陶纪 447 Ma，埋藏深度为 5039 m，Easy R^o=0.82%，TR=25.11%；志留纪 442 Ma，埋藏深度为 5222 m，Easy R^o=1.01%，TR=57.74%；志留纪 432 Ma，埋藏深度为 6030 m，Easy R^o=1.20%，TR=85.05%；志留纪 425 Ma，埋藏深度为 6352 m，Easy R^o=1.49%，TR=95.63%；泥盆纪 411 Ma，埋藏深度为 6369 m，Easy R^o=1.80%，TR=98.21%；石炭纪 350 Ma，埋藏深度为 6467 m，Easy R^o=2.02%，TR=98.96%；二叠纪 290 Ma，埋藏深度为 6980 m，Easy R^o=2.31%，TR=99.46%；现今 0 Ma，埋藏深度为 10169 m，Easy R^o=3.67%，TR=100%。其中 a～e 点属于加里东期，f～h 点属于海西期，i 点属于喜马拉雅期，选点标注在图 3.83 的埋藏史图和转化率曲线图上。下面分别就开放体系和封闭体系两种情况讨论寒武系烃源岩的生烃相态演化历史。开放体系下顺托 1 井寒武系烃源岩生烃的相图及物性演化特征显示在图 3.85 和图 3.86 中。封闭体系下顺托 1 井寒武系烃源岩生烃的相图及物性演化特征显示在图 3.87 和图 3.88 中。

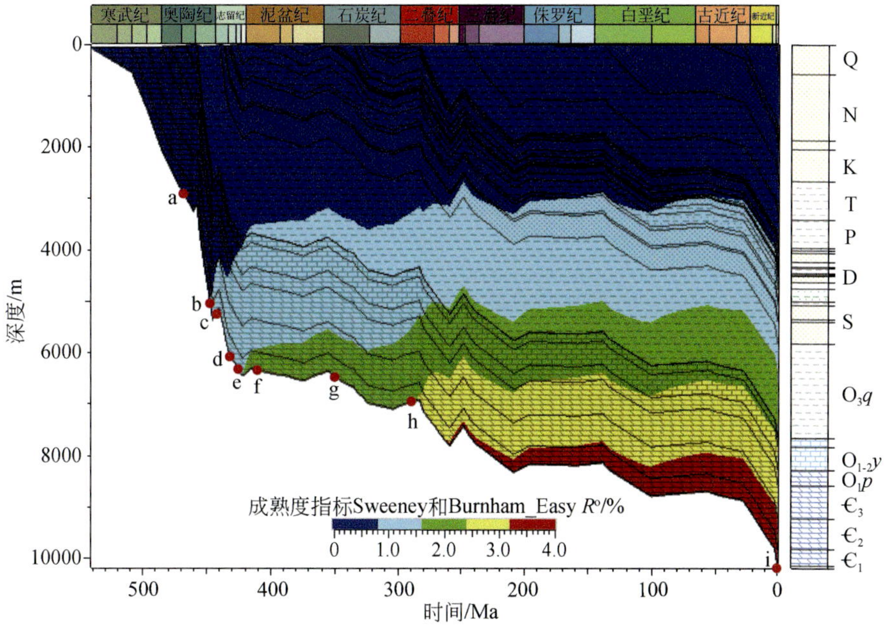

（a）埋葬史图

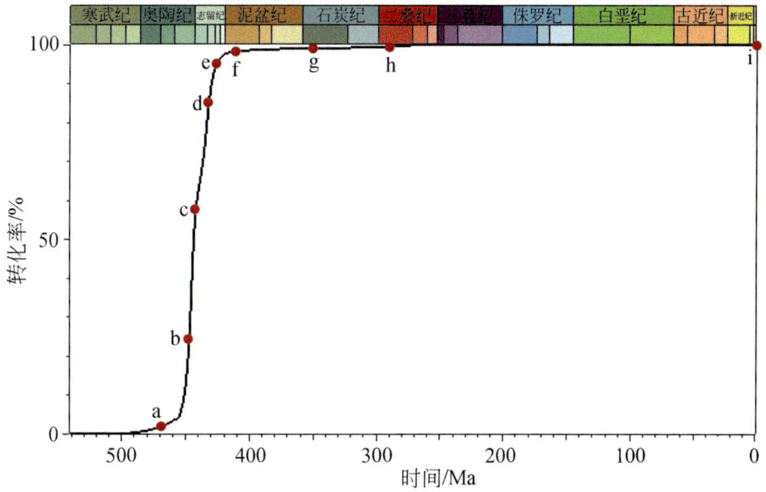

（b）转化率曲线图

图 3.84 顺托 1 井相态动力学研究选点分布图

1）顺托 1 井开放体系下烃类流体相态与物性特征

加里东期奥陶纪 468 Ma 至 447 Ma（a、b 点），即烃源岩埋藏深度为 3000～5039 m，成熟度 Easy R^o 为 050%～0.82%，转化率 TR 为 1.97%～25.11%时，生烃产物中气态烃逐步增高至 51%，相包络线范围快速增大，临界点左移，临界凝析压力快速增大至 16.40MPa [图 3.85(a)、(b)]。生烃产物在烃源岩所处温度(87.2～138.3℃)和压力(29.76～55.36 MPa)条件下均保持液相状态，原位条件下的液相密度为 0.8329～0.7429 g/cm^3，黏度为 2.2812～0.6340 cP，标准状况下始终为气液两相，气油比快速增加至 91 m^3/m^3（图 3.86）。

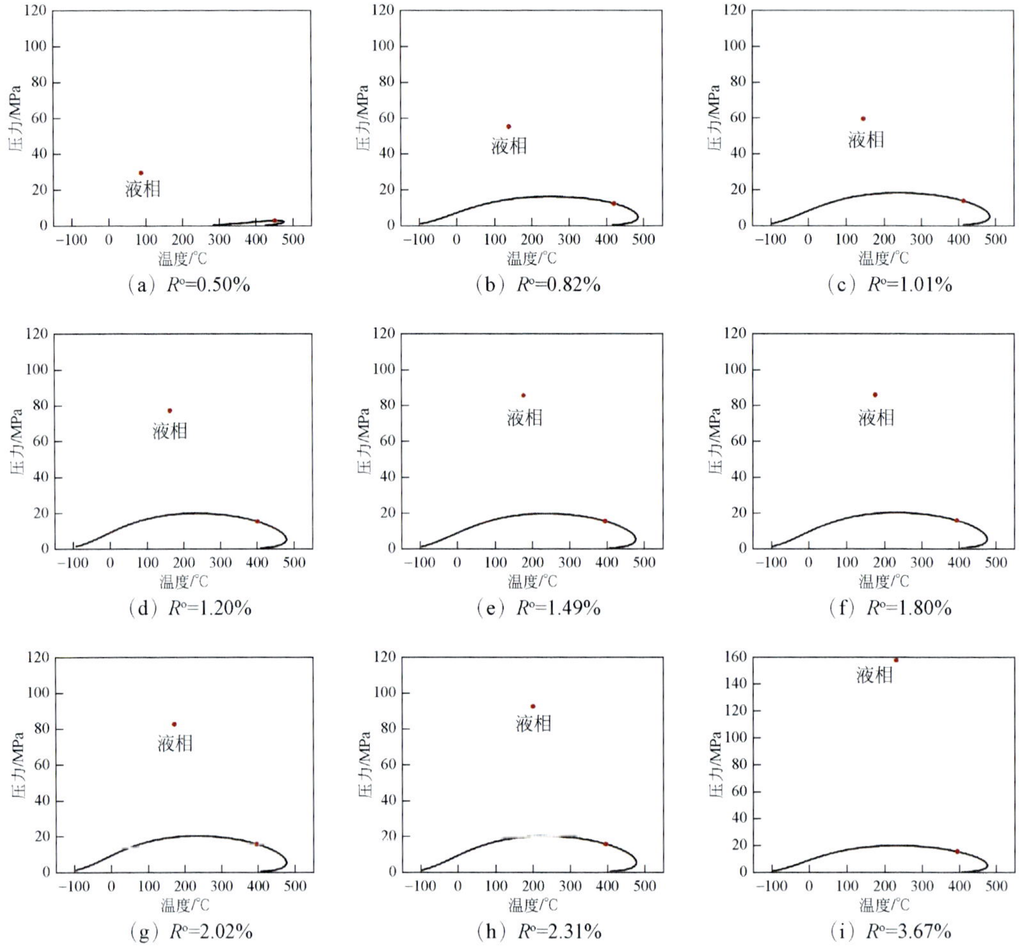

图 3.85　顺托 1 井开放体系下寒武系烃源岩生烃相态演化特征

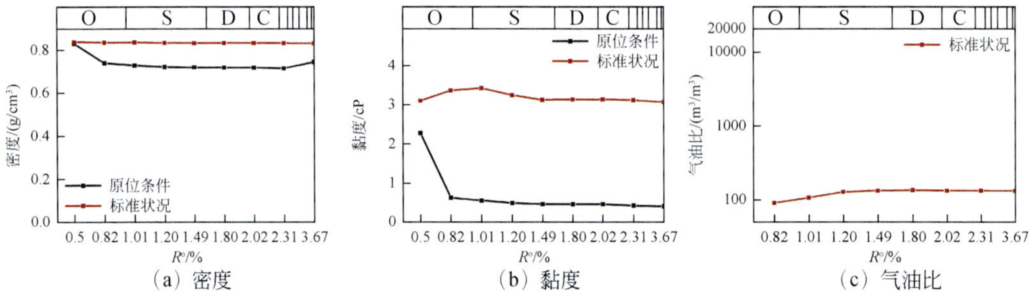

图 3.86　顺托 1 井开放体系下寒武系烃源岩生烃物性演化特征

志留纪 442 Ma 至现今 0 Ma，烃源岩持续深埋，成熟度逐渐增大至 Easy R^o=3.67%，转化率增加至 100%，烃源岩生烃组分缓慢变化，现今气态烃占比增加至 59%。相包络线范围缓慢变化，临界点逐渐左移，临界凝析温度和临界温度逐渐降低（484.6～476.1℃，414.1～394.4℃），临界凝析压力和临界压力逐渐增大（18.30～20.12 MPa，13.94～15.80 MPa）[图

3.85（c）～（i）]。烃源岩条件下生烃流体始终保持液相状态，原位液相密度和黏度均呈现先降低后略有增加的趋势，密度在 0.7475～0.7172 g/cm^3 变化，黏度在 0.5555～0.4053 cP 变化。标准状况下气油比缓慢增加，变化范围为 106～134 m^3/m^3，液相密度基本稳定在 0.84 g/cm^3，液相黏度也在 3.4306～3.0779 cP 小幅度波动（图 3.86）。

2）顺托 1 井封闭体系下烃类流体相态与物性特征

封闭体系下顺托 1 井在奥陶纪 468～447 Ma（Easy R^o=0.50%～0.82%）阶段尚未达到开始二次裂解反应发生所需要的条件，因而和开放体系在该阶段的生烃史及相态演化特征相同，开放体系下的相关结果已描述在上文中，在此不做赘述。

志留纪 442 Ma～ 432 Ma 阶段内（Easy R^o=1.01%～1.20%，TR 为 57.74%～85.05%），早期生烃流体中气态烃的含量已超过开发体系下的最大含量，末期增加至 72%。相包络线继续向高压低温方向移动，临界点位置左移，临界凝析压力增加至 32.79 MPa［图 3.87（c）、（d）]。烃源岩条件下（145.6～162.7℃和 59.58～77.30 MPa）流体仍保持液相状态，原位液

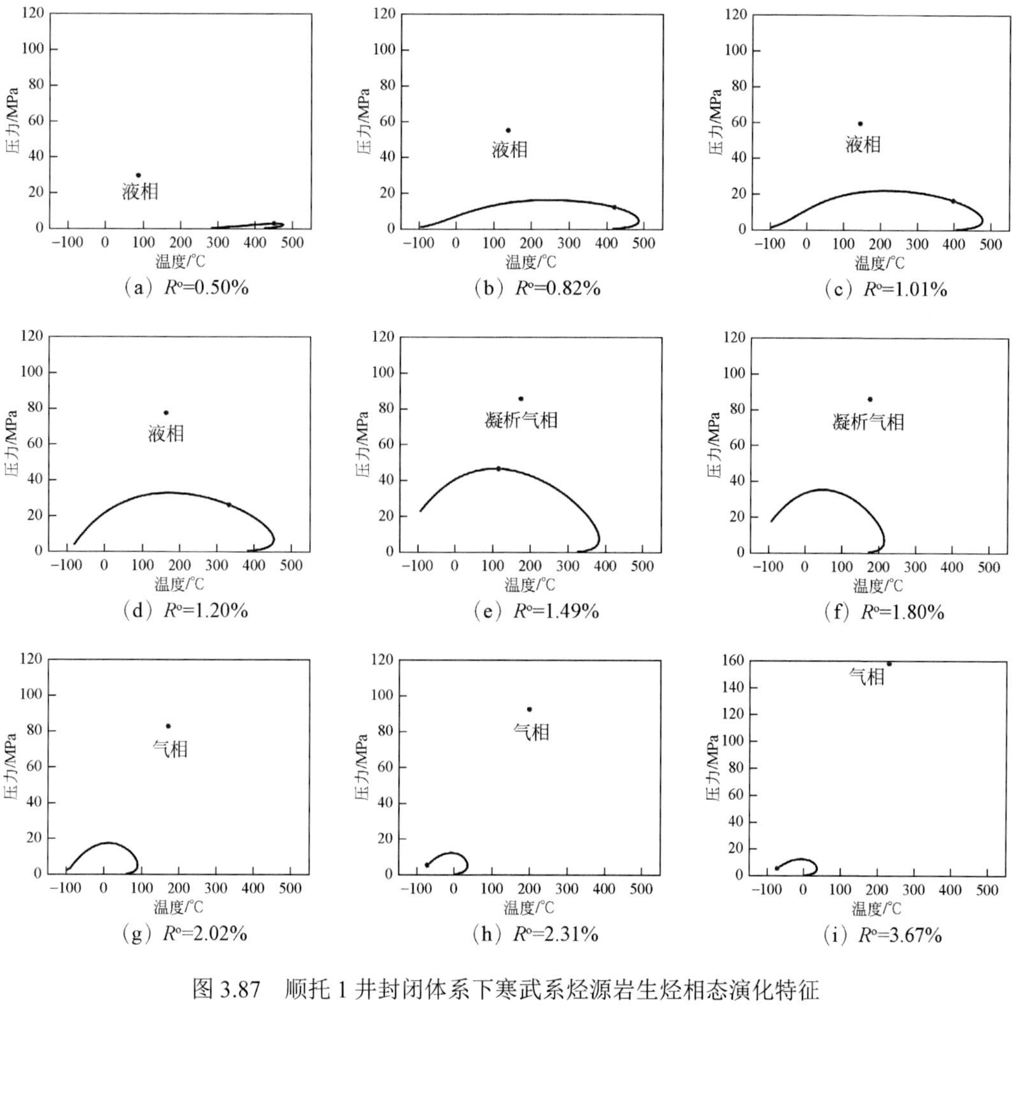

（a）R^o=0.50%　（b）R^o=0.82%　（c）R^o=1.01%
（d）R^o=1.20%　（e）R^o=1.49%　（f）R^o=1.80%
（g）R^o=2.02%　（h）R^o=2.31%　（i）R^o=3.67%

图 3.87　顺托 1 井封闭体系下寒武系烃源岩生烃相态演化特征

相密度由 0.7080 g/cm³ 降低至 0.6387 g/cm³，黏度由 0.4449 cP 降低至 0.2427 cP，标准状况下的气油比由 137m³/m³ 增加至 264m³/m³，液相密度由 0.8382 g/cm³ 小幅度降低至 0.8326 g/cm³，黏度也由 3.3118 cP 降低至 2.7453 cP（图 3.88）。

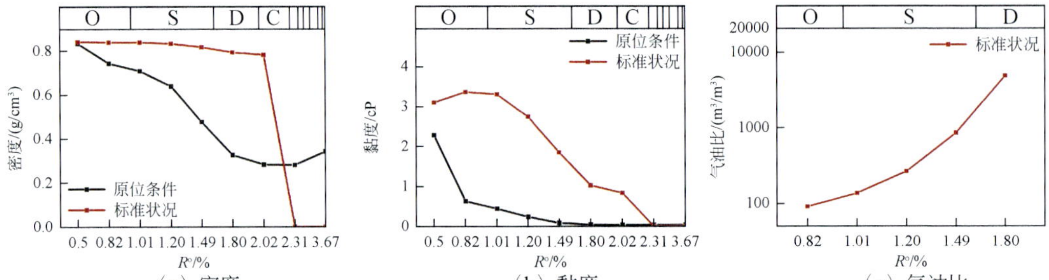

（a）密度　（b）黏度　（c）气油比

图 3.88　顺托 1 井封闭体系下寒武系烃源岩生烃物性演化特征

志留纪 425 Ma 至泥盆纪 411 Ma 阶段内（Easy R^o=1.49%～1.80%，TR 为 95.63%～98.96%），生烃流体中气态烃含量迅速增大至 96%。该阶段相图的临界凝析压力相比上阶段呈现先升高后降低的趋势，临界凝析温度大幅度降低，临界点左移［图 3.87（e）、（f）］。烃源岩所处温压条件下（约 176℃和 86 MPa）生烃流体转变为凝析气相状态，转变为凝析气相状态的时间要远早于满深 1 井，标准状况下依旧为气液两相，气油比由 848 m³/m³ 快速增加至 4887 m³/m³，液相密度在 0.8170～0.7928 g/cm³ 变化，黏度在 1.8536～1.0281 cP 变化（图 3.88）。

石炭纪 350 Ma～现今 0 Ma 阶段内，气态烃含量进一步增加至接近 100%，相图范围明显向低温低压区收缩［图 3.87（g）、（i）］。原位条件下生烃流体始终为单一气相状态，标准状况下也由气液两相转变为单一气相状态，现今为纯气藏流体。

4. 顺南 5 井油气相态预测

顺南 5 井处于相对隆起区，地温梯度较高，因而早期热演化程度在顺托果勒地区的研究井位中最高。将寒武系烃源岩相态动力学参数应用于顺南 5 井盆地模型中，显示其转化率在中奥陶世 454 Ma 超过 10%，进入有效生烃阶段，之后在晚奥陶世 449 Ma 大量生烃，最终在奥陶纪 445 Ma 烃源岩生烃转化率超过 90%，生烃趋于终结，奥陶纪之后转化率的增长较为缓慢（图 3.89）。对于顺南 5 井寒武系烃源岩生烃相态演化历史的讨论，我们选择了 a～i 共计 9 个关键点位进行模拟，模拟点的时间、埋藏深度、成熟度和转化率分别为奥陶纪 471 Ma，埋藏深度为 2704 m，Easy R^o=0.50%，TR=1.94%；奥陶纪 452 Ma，埋藏深度为 4565 m，Easy R^o=0.79%，TR=21.31%；奥陶纪 449 Ma，埋藏深度为 5179 m，Easy R^o=0.96%，TR=51.67%；奥陶纪 446 Ma，埋藏深度为 5808 m，Easy R^o=1.23%，TR=87.06%；志留纪 443 Ma，埋藏深度为 6318 m，Easy R^o=1.55%，TR=96.63%；泥盆纪 414 Ma，埋藏深度为 5596 m，Easy R^o=1.73%，TR=97.86%；石炭纪 327 Ma，埋藏深度为 6268 m，Easy R^o=1.80%，TR=98.26%；二叠纪 275 Ma，埋藏深度为 6562 m，Easy R^o=2.12%，TR=99.14%；现今 0 Ma，埋藏深度为 8838 m，Easy R^o=3.07%，TR=99.84%。其中 a～e 点属于加里东期，f～h 点属于海西期，i 点属于喜马拉雅期，选点标注在图 3.89 的埋藏史图和转化率曲线图上。下面分别就开放体系和封闭体系两种情况讨论寒武系烃源岩的生烃相态演化历史。开放体系条件下顺南 5 井寒武系烃源岩生烃的相图及物性演化特征显示在图 3.89 和图 3.90 中。封闭体系条件下顺南 5 井寒武系烃源岩生烃的相图及物性演化特征显示在图 3.91 和图 3.92 中。

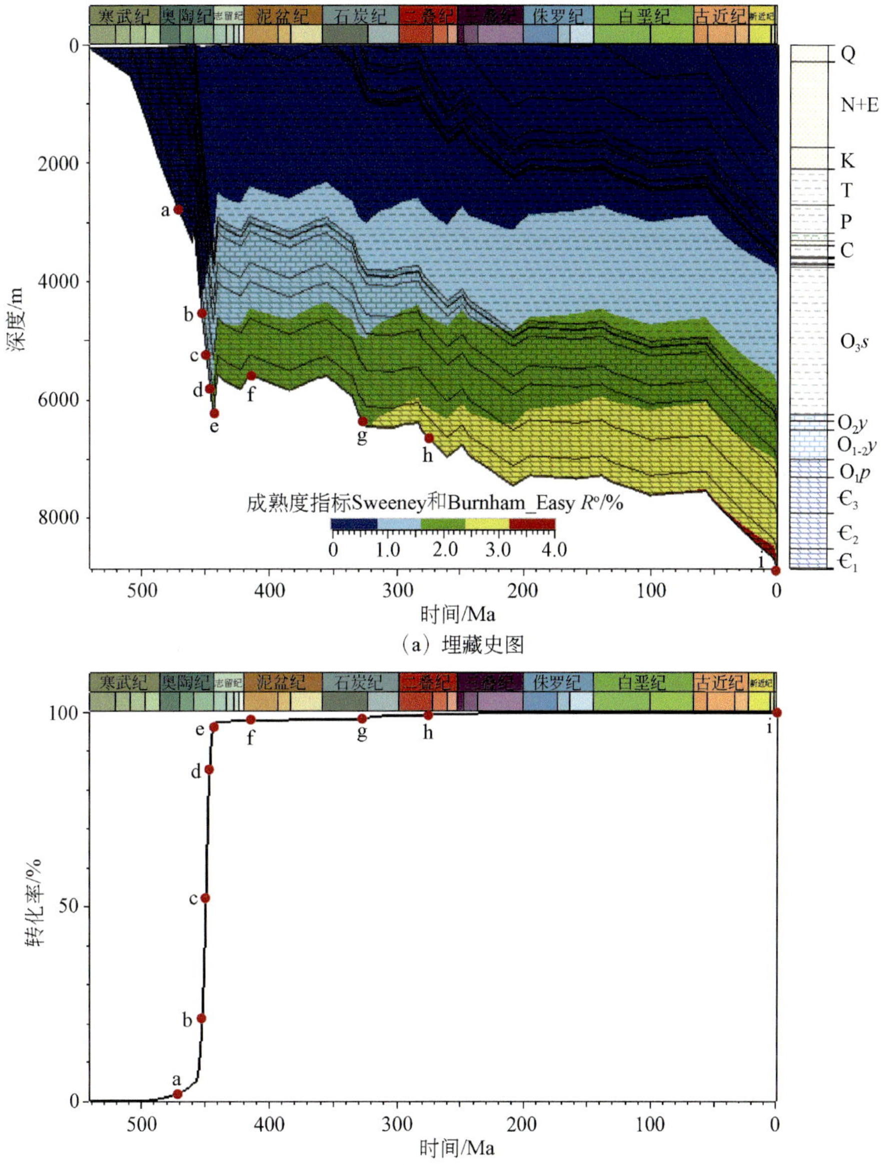

（a）埋藏史图

（b）转化率曲线图

图 3.89　顺南 5 井相态动力学研究选点分布图

1）顺南 5 井开放体系下烃类流体相态与物性特征

加里东期奥陶纪 471～452 Ma 时（a、b 点），即烃源岩埋藏深度小于 5039 m，成熟度 Easy R^o 为 0.50%～0.79%，转化率 TR 为 1.94%～21.31%时，生烃产物中气态烃占比逐渐增高至 47%，相包络线范围快速增大，临界点左移，临界凝析压力由 3.62 MPa 快速增大至 15.9 MPa[图 3.90(a)、(b)]。生烃产物在烃源岩条件下(87.4～137.6℃和 27.73～47.21 MPa)均保持液相状态，原位液相密度在 0.8264～0.7418 g/cm^3 波动，黏度在 1.9800～0.6341 cP 波动，标准状况下由单一液相转变为气液两相，气油比逐步增加至 82 m^3/m^3（图 3.91）。

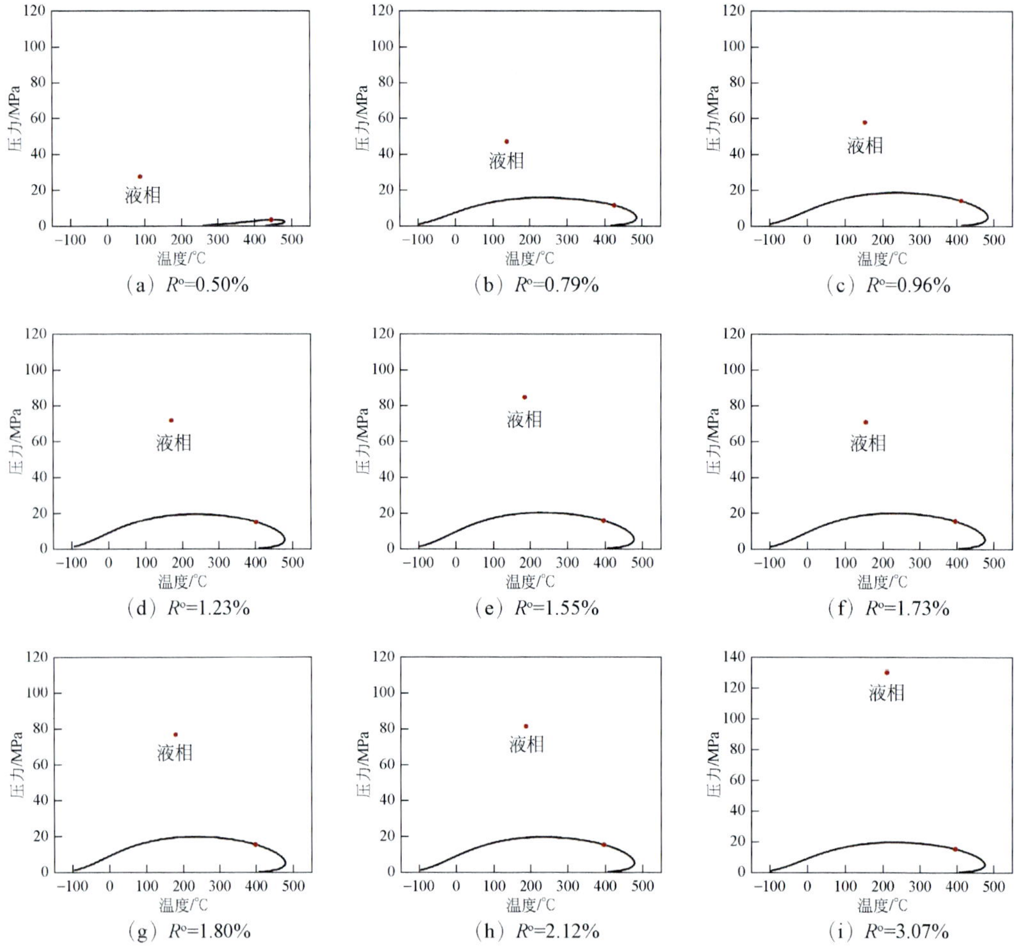

(a) R^o=0.50%　(b) R^o=0.79%　(c) R^o=0.96%

(d) R^o=1.23%　(e) R^o=1.55%　(f) R^o=1.73%

(g) R^o=1.80%　(h) R^o=2.12%　(i) R^o=3.07%

图 3.90　顺南 5 井开放体系下寒武系烃源岩生烃相图演化特征

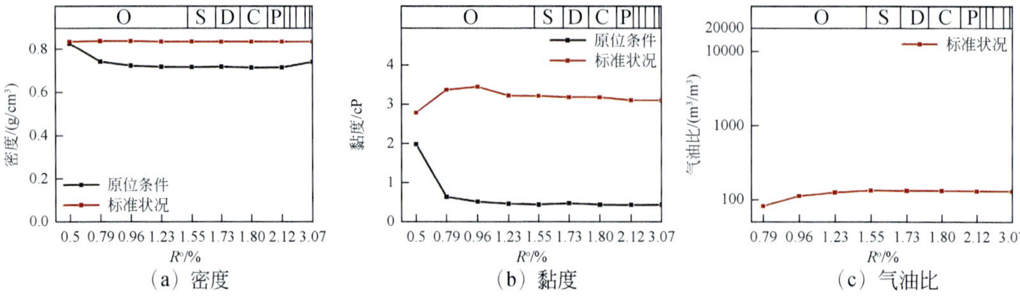

(a) 密度　(b) 黏度　(c) 气油比

图 3.91　顺南 5 井开放体系下寒武系烃源岩生烃物性演化特征

奥陶纪 449 Ma 至现今这一阶段中，烃源岩持续深埋，成熟度逐渐增大至 Easy R^o=3.07%，转化率增加至接近 100%，烃源岩生烃组分缓慢变化，现今气态烃占比增加至 59%。相包络线范围缓慢变化，临界点逐渐左移，临界凝析温度和临界温度逐渐降低（484.1～476.9℃，412.3～396.5℃），临界凝析压力和临界压力逐渐增大（18.70～19.82 MPa，14.25～15.54 MPa）[图 3.90（c）～（i）]。烃源岩条件下始终保持液相状态，原位液相密度和黏度均呈现出先降低后略有增加的趋势，其中密度在 0.7409～0.7146 g/cm^3 变化，黏度在 0.5110～0.4299 cP 变化，标准状况下的气油比缓慢增加，变化范围为 111～132 m^3/m^3，液相密度同样基本稳定在 0.84 g/cm^3，液相黏度也在 3.4444～3.0996 cP 小幅度波动（图 3.91）。

2）顺南 5 井封闭体系下烃类流体相态与物性特征

封闭体系下顺南 5 井在奥陶纪 471～452 Ma（Easy R^o=0.50%～0.79%）阶段尚未达到开始二次裂解反应发生所需要的条件，因而和开放体系在该阶段的生烃史及相态演化特征相同，开放体系下的相关结果已描述在上文中，在此不做赘述 [图 3.92（a）、（b）]。

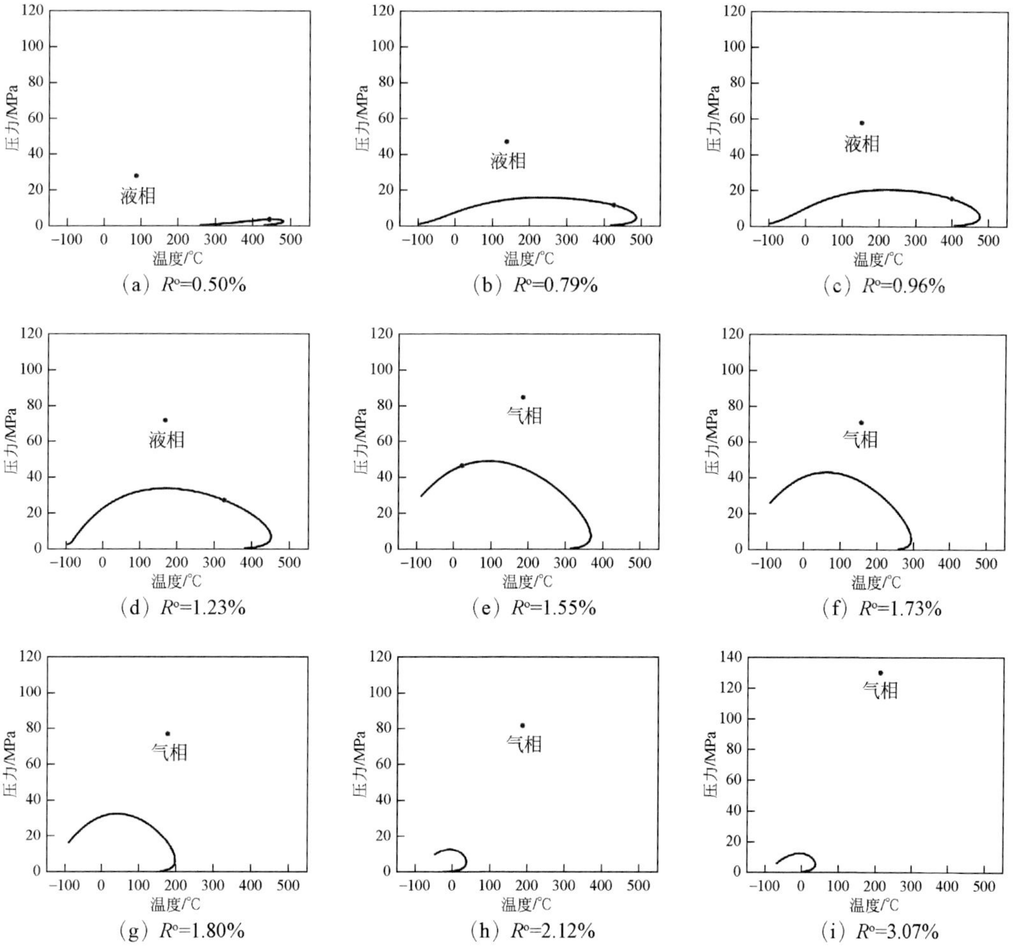

图 3.92　顺南 5 井封闭体系下寒武系烃源岩生烃相态演化特征

在封闭体系下奥陶纪 449～446 Ma 阶段内（Easy R^o=0.96%～1.23%）已经发生二次裂解反应，生成的组分中气态烃的摩尔分数已超过开放体系条件下所生成气态烃的最大含量，包络线逐步向高压低温方向移动［图 3.92（c）、（d）］。烃源岩条件下流体始终保持液相状态，原位液相密度和黏度减小，密度在 0.7087～0.6219 g/cm^3 变化，黏度在 0.4418～0.2183 cP 变化，标准状况下的气油比为 127～277 m^3/m^3，液相密度基本维持在 0.83 g/cm^3，黏度为 3.2046～2.7515 cP（图 3.93）。

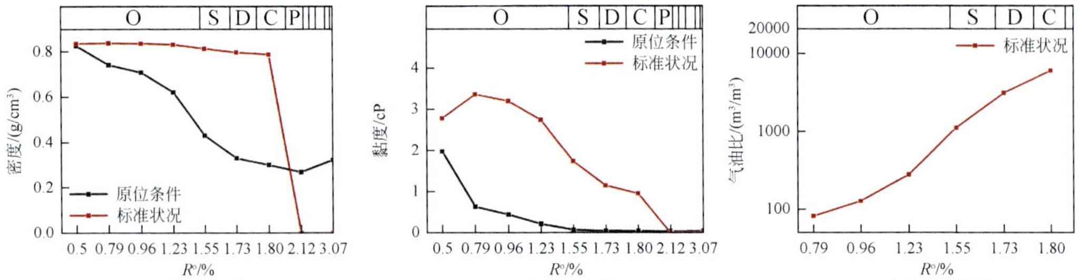

（a）密度　（b）黏度　（c）气油比

图 3.93　顺南 5 井封闭体系下寒武系烃源岩生烃物性演化特征

志留纪 443 Ma 至石炭纪 327 Ma（Easy R^o=1.55%～1.80%，TR=96.63%～98.26%）时，生烃流体中气态烃含量迅速增大至 97%，该阶段相图的临界凝析压力相比上一阶段呈现先升高后降低的趋势，临界凝析压力最高为 49.15 MPa，临界凝析温度大幅度降低至 198.0℃，临界点左移［图 3.92（e）、（f）、（g）］。烃源岩所处温度和压力条件下流体转变为凝析气相状态，转变为凝析气相状态的时间在顺托果勒地区研究井位中最早，标准状况下依旧为气液两相，气油比增加至 1115 m^3/m^3，液相密度在 0.8147～0.7891 g/cm^3 变化，黏度在 1.7405～0.9561 cP 变化（图 3.93）。

二叠纪 275 Ma 至现今（Easy R^o=2.11%～3.07%）这一阶段中，气态烃含量接近 99%，相包络线范围急剧缩小，临界凝析压力和临界凝析温度低至 12.64 MPa 和 36.8℃。烃源岩持续深埋，生烃流体在烃源岩温度和压力条件下以及标准条件下都转变为了单一气相状态。

5. 顺托果勒地区现今储层油气藏物性特征对比及成藏特征

本小节将顺北 5 井、满深 1 井、顺托 1 井和顺南 5 井奥陶系油气藏实测相包络线的特征点数值及油气藏物性特征数值（密度、黏度、气油比）与上述各井在开放体系和封闭体系下寒武系烃源岩的生烃相态演化过程进行对比，来进一步推断及预测顺托果勒地区奥陶系储层油气藏的来源。

顺北 5 井奥陶系油藏发现于 7315～7651 m 井段处，油藏压力为 85.87 MPa，油藏温度为 150.5℃，气油比为 72 m^3/m^3，原油密度（20℃）为 0.83 g/cm^3，相图的临界压力和临界凝析压力分别为 5.81 MPa 和 14.37 MPa，临界温度和临界凝析温度分别为 480.1℃和 484.9℃（Yang et al.，2021；马安来等，2020）。特征参数对比结果显示在图 3.94 中（实测数值以虚线显示在图中），综合判断顺北 5 井奥陶系油藏流体与寒武系烃源岩在中晚加里东期奥陶纪—志留纪 Easy R^o=0.51%～0.80%阶段的生烃流体特征较为接近，该阶段开放体系和封闭体系没有差异。

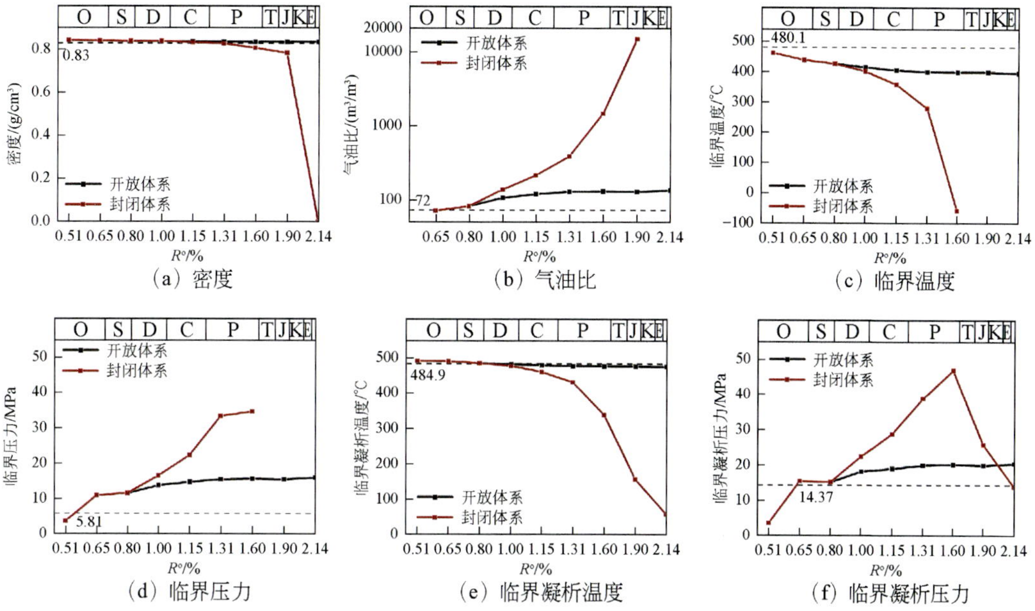

图 3.94 顺北 5 井奥陶系储层流体特征参数对比

满深 1 井在 7509.50～7665.62 m 井段奥陶系一间房组钻遇油藏，油藏日产油量为 49959 m^3，日产气量为 102.59 m^3，生产气油比为 567～620 m^3/m^3，地面原油密度（20℃）为 0.7936 g/cm^3，属于挥发性油藏范畴（杨海军等，2020b）。相图特征参数分别为临界温度 310.5℃，临界压力 29.46 MPa，临界凝析温度 415.0℃，临界凝析压力 36.59 MPa。图 3.95 为满深 1 井相态动力学计算所得的流体密度、气油比以及相图的临界温度、临界压力、临

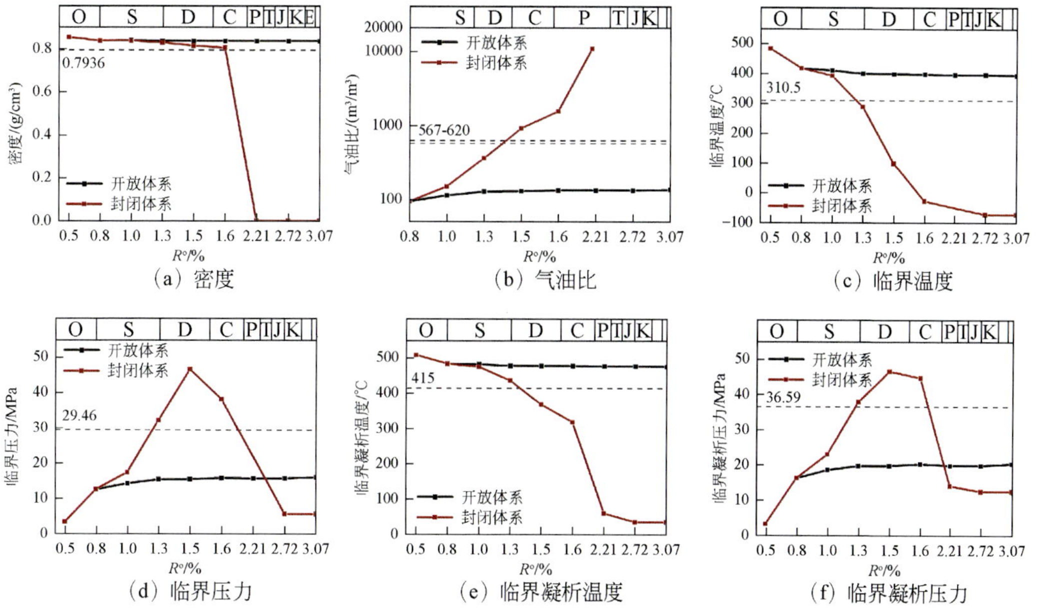

图 3.95 满深 1 井奥陶系储层流体特征参数对比

界凝析温度和临界凝析压力演化结果与实测数值的对比图。从图 3.95 可以看出，由于封闭体系考虑了二次裂解而与实际情况更为接近，整体上满深 1 井奥陶系油藏实测参数与封闭体系下寒武系烃源岩成熟度为 Easy R^o=1.20%～1.40%阶段的生烃流体相态特征吻合程度较好，对应到盆地模拟结果中显示现今满深 1 井奥陶系挥发性油藏与封闭体系下寒武系烃源岩在晚加里东期—早海西期生成的油气性质更为接近。

顺托 1 井奥陶系油气藏流体气油比大于 10000 m^3/m^3，原油密度为 0.7969 g/cm^3，属于凝析油，原油 Pr/Ph 为 1.17，指示原油成熟度高（漆立新，2016）。由于缺乏相图数据，因此仅根据密度和气油比与生烃流体演化过程对比（图 3.96），推断顺托 1 井奥陶系油气藏与寒武系烃源岩封闭体系下泥盆纪—石炭纪 Easy R^o=1.80%～2.02%阶段生烃流体比较接近（更临近 Easy R^o=1.80%阶段），即为早海西期生烃流体。根据该成熟度阶段，可以进一步预测顺托 1 井相图的特征介于图 3.85（f）和（g）之间，而更偏向于图 3.85（g），即临界凝析压力在 35.244 MPa 左右，临界凝析温度在 214.9℃左右，临界点位置偏左。而顺南 5 井奥陶系流体已为干气藏，缺乏对比指标，根据研究得出的寒武系烃源岩生烃相态演化过程，推断它来自晚海西期 Easy R^o=2.12%阶段之后的生烃流体。

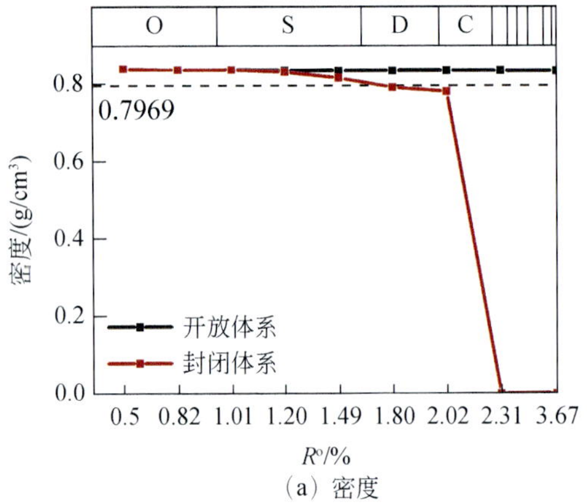

（a）密度

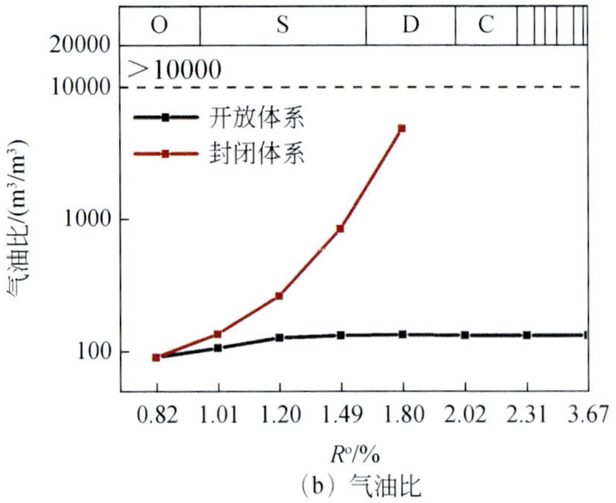

（b）气油比

图 3.96　顺托 1 井奥陶系储层流体特征参数对比

结合上述储层油气藏实测数值与寒武系烃源岩生烃相态演化模拟结果的对比，推断顺托果勒地区不同相态类型油气藏的分布主要受控于烃源岩的成熟度。研究区成藏条件优越，深大走滑断裂发育，主要活动期次为加里东晚期—海西早期，走滑断裂沟通了寒武系烃源岩与奥陶系储层，控制了油气的纵向运移，优化了奥陶系储层的孔渗性。顺北 5 井、满深 1 井和顺托 1 井奥陶系油气藏分别在寒武系烃源岩中晚加里东期（O～S）Easy R^o=0.51%～0.80%阶段、晚加里东期（S）Easy R^o=1.20%～1.40%阶段和早海西期（D）Easy R^o=1.80%～2.02%阶段生成之后沿走滑断裂运移至奥陶系储层中富集成藏。而顺南 5 井为干气藏，缺乏对比参数，从寒武系烃源岩生烃相态演化规律推断，其来自晚海西期 Easy R^o=2.12%阶段之后的生烃流体，并且有来自满加尔干气的充注。油气经运移成藏至储层层位后，最终形成工业性油气藏。

第四章　典型深层油气藏油气来源与充注过程

第一节　深层油气成因与充注过程分析技术

一、原油地球化学参数热演化特征

原油成熟度是衡量原油演化程度和烃类组分变化的重要参数。研究原油的热演化特征，可以揭示原油的形成机制和演化历史，为油气勘探和开发提供重要的理论支撑。原油中的生物标志化合物是研究原油成熟度最常用也是最重要的指标，目前的研究主要集中在利用生物标志化合物比值来研究原油的成熟度，对生物标志化合物浓度的热演化特征以及利用其研究原油成熟度关注较少。本章重点关注实际油藏原油样品中生物标志化合物的浓度随成熟度的变化特征，建立利用生物标志化合物浓度表征原油成熟度的理论基础与应用实例。

（一）原油中甾烷、萜烷浓度与热稳定性

1. 甾烷、萜烷热稳定性分类

常用来指示成熟度的饱和烃生物标志化合物指标可分为两类：一类指标指示的成熟度范围较窄，如 $C_{31\sim35}$22S/（22S+22R）藿烷和 C_{29}20S/（20S+20R）甾烷分别在生油门限之前和生油早期达到平衡值（Seifert and Moldowan，1978；Mackenzie，1984）；另一类指标指示的成熟度范围较宽，可以指示整个生油窗的成熟度，如 C_{23} 三环萜烷/(C_{23} 三环萜烷+C_{30} 藿烷)和 Ts/(Ts+Tm)（Seifert and Moldowan，1978；Mackenzie，1984；Graas，1990）。生物标志化合物成熟度指标（比值）取决于某一类生物标志化合物相对于另一类生物标志化合物的生成与分解速率，而生物标志化合物的浓度则取决于某一类生物标志化合物相对于原油主体成分生成与分解速率。已有一些文献报道了烃源岩中的生物标志化合物浓度和比值随成熟度或埋藏深度的变化特征（Requejo，1994；Dzou et al.，1995；Farrimond et al.，1998；Fang et al.，2019）。烃源岩中生物标志化合物的浓度与比值受沉积环境和岩相的变化影响较大（Moldowan et al.，1986；Farrimond et al.，1998；Peters et al.，2005；Fang et al.，2019）。相对于烃源岩，从油藏中采集的原油样品只是大范围烃源岩所生原油的一部分，受烃源岩沉积环境和岩相变化的影响较小。然而，油藏中的原油可能是不同烃源岩或同一烃源岩在不同生油阶段所生原油混合的产物。特别是多期原油充注的油气藏，原油的混合效应对于生物标志化合物的浓度和比值有重要影响。

饱和烃中的生物标志化合物为多环烷烃，相对于原油主体成分的正构烷烃和芳烃组分其热稳定性较低。随着成熟度增高，饱和烃生物标志化合物的浓度通常会降低。成熟度较高的原油生物标志化合物浓度通常低于成熟度低的原油（Farrimond et al.，1998；Wilhelms and Larter，2004；Peters et al.，2005）。当两类不同成熟度的原油等比例混合时，混合原油

中的生物标志化合物浓度和比值介于两类原油之间，但比值更接近于成熟度低、生物标志化合物浓度高的原油（Wilhelms and Larter，2004）。

烃源岩抽提物的浓度不能代表烃源岩中油的浓度，特别是在高成熟阶段，烃源岩生成油以轻组分为主。因此，在生油窗内，生物标志化合物的浓度随成熟度的变化趋势并不清晰。此外，很少有文献报道原油样品中生物标志化合物的浓度随成熟度的变化特征。塔里木盆地塔中、塔北地区是我国最重要的深层海相原油勘探区域，其油气相态类型分布多样，既有正常黑油，又有轻质油、凝析油，其成熟度分布涵盖了从生油高峰到生油窗晚期整个范围，因此本章选取塔里木台盆区作为研究区域（图 4.1），将选用同一生物标志化合物比

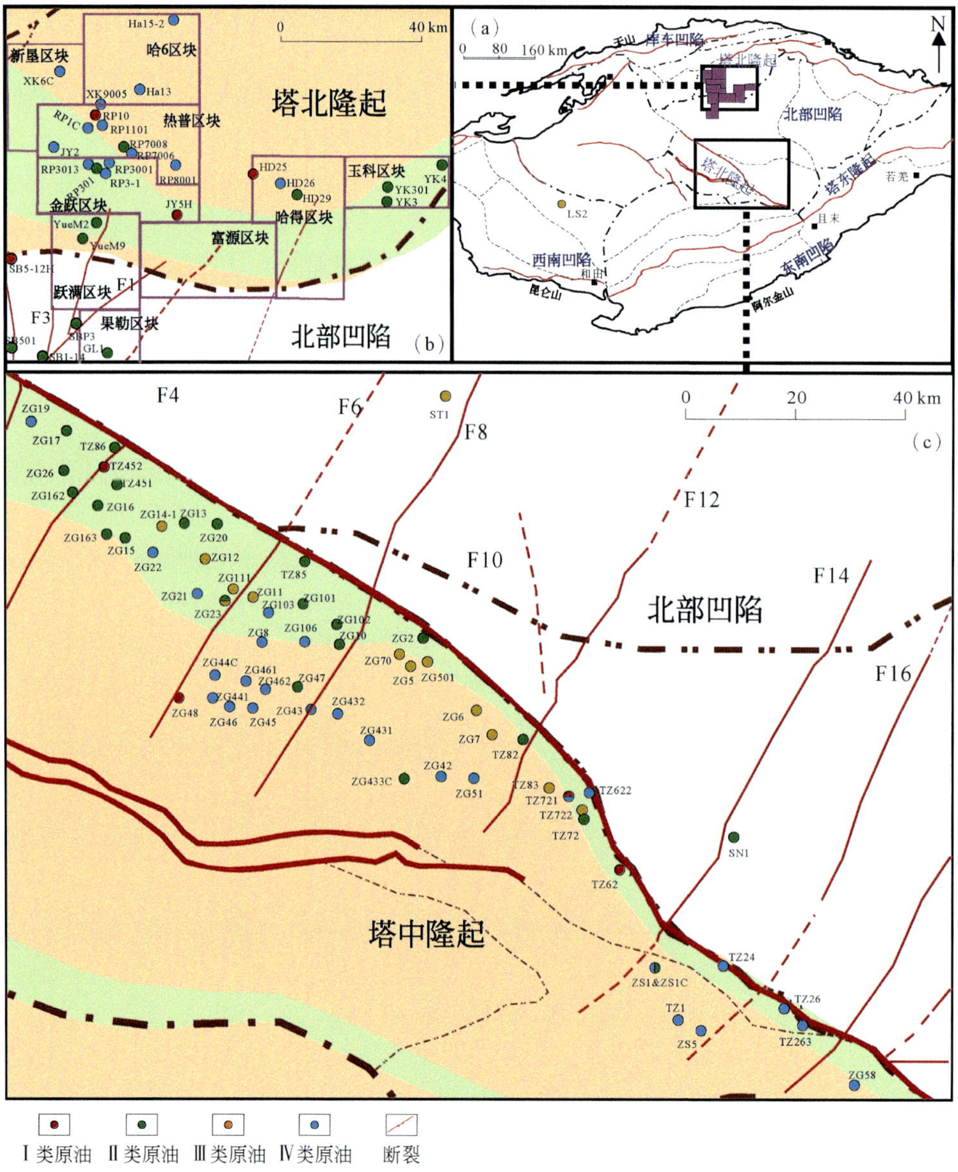

图 4.1　塔中和塔北地区原油采样位置图

值作为原油统一的成熟度指标，分析该指标与各主要甾烷、萜烷浓度相关关系，揭示实际油藏甾烷、萜烷的浓度随成熟度变化特征和热稳定性的差异规律。

1）原油甾烷、萜烷成熟度指标

C_{23} 三环萜烷/(C_{23} 三环萜烷+C_{30} 藿烷)、Ts/(Ts+Tm)、C_{29}Ts/(C_{29}Ts+C_{29} 藿烷)、C_{30} 重排藿烷/(C_{30} 重排藿烷+C_{30} 藿烷)和 C_{27} 重排甾烷/(C_{27} 重排甾烷+C_{27} 规则甾烷)是常用的甾烷、萜烷成熟度指标，并且指示的成熟度范围宽，涵盖整个生油窗（Seifert and Moldowan，1978；Sofer et al.，1986；Moldowan et al.，1986；Graas，1990；Peters et al.，2005）。C_{23} 三环萜烷/(C_{23} 三环萜烷+C_{30} 藿烷)与 Ts/(Ts+Tm)、C_{23} 三环萜烷/(C_{23} 三环萜烷+C_{30} 藿烷)与 C_{29}Ts/(C_{29}Ts+C_{29} 藿烷)在塔北地区 45 个原油中具有很好的相关关系，而在塔中地区 77 个原油中不具有相关性［图 4.2（a）、（b）］。C_{23} 三环萜烷/(C_{23} 三环萜烷+C_{30} 藿烷)与 C_{30} 重排藿烷/(C_{30} 重排藿烷+C_{30} 藿烷)和 C_{27} 重排甾烷/(C_{27} 重排甾烷+C_{27} 规则甾烷)在塔北与塔中地区原油中均具有一定的正相关关系［图 4.2（c）、（d）］。虽然 C_{21}/(C_{21}+ΣC_{29})甾烷一般不列入成熟度指标（Peters et al.，2005），但在塔北和塔中地区原油中该比值与 C_{23} 三环萜烷/(C_{23} 三环萜烷+C_{30} 藿烷)均具有一定的相关关系［图 4.2（e）］。

C_{23} 三环萜烷和 C_{30} 藿烷是原油中浓度较高的两个生物标志化合物，在 m/z=191 质量色谱图中不与其他化合物共逸出，容易准确定量。此外，这两个化合物分别属于三环与五环烷烃，热稳定性有较大的差异，C_{23} 三环萜烷/(C_{23} 三环萜烷+C_{30} 藿烷)是一个应用较广泛的成熟度指标（Seifert and Moldowan，1978；Graas，1990；Farrimond et al.，1998；Peters et al.，2005；Fang et al.，2019）。因此，选用 C_{23} 三环萜烷/(C_{23} 三环萜烷+C_{30} 藿烷)作为统一的成熟度标尺，展示塔北和塔中地区原油中一些主要甾烷、萜烷浓度随成熟度的变化特征。

2）Tm、Ts、C_{29} 藿烷和 C_{29}Ts 浓度与 C_{23} 三环萜烷/(C_{23} 三环萜烷+C_{30} 藿烷)图版

Tm 浓度随 C_{23} 三环萜烷/(C_{23} 三环萜烷+C_{30} 藿烷)增高具有明显降低的趋势，当 C_{23} 三环萜烷/(C_{23} 三环萜烷+C_{30} 藿烷)为 0.90 时，Tm 浓度降低到约为其初始值的 17%［图 4.3（a）］。Ts 浓度随 C_{23} 三环萜烷/(C_{23} 三环萜烷+C_{30} 藿烷)增高也具有降低的趋势，但降低的速度明显偏低，当 C_{23} 三环萜烷/(C_{23} 三环萜烷+C_{30} 藿烷)升高至 0.90 时，Ts 浓度只降低到其初始值的 41%［图 4.3（b）］，表明 Ts 比 Tm 热稳定性高，分解速率低，或者有部分 Ts 生成。Ts 浓度除与成熟度有关外，可能还与沉积环境、储层和烃源岩矿物组成有关（Seifert and Moldowan，1978；Moldowan et al.，1986；Peters et al.，2005）。例如，塔中 ZG462O 和 ZG441-2HO 油样具有异常偏高的 Ts 浓度，依据 Ts/(Ts+Tm)评估这两个油样的成熟度异常偏高［图 4.3（c）］，而依据 C_{23} 三环萜烷/(C_{23} 三环萜烷+C_{30} 藿烷)评估这两个油样的成熟度较低［图 4.3（b）］。

C_{29} 藿烷浓度随 C_{23} 三环萜烷/(C_{23} 三环萜烷+C_{30} 藿烷)的变化趋势类似于 Tm 浓度［图 4.3（d）］。C_{29}Ts 浓度随 C_{23} 三环萜烷/(C_{23} 三环萜烷+C_{30} 藿烷)增高而降低的速度明显低于 C_{29} 藿烷浓度，当 C_{23} 三环萜烷/(C_{23} 三环萜烷+C_{30} 藿烷)升高至 0.90 时，C_{29} 藿烷浓度降低至其初始浓度的 14%［图 4.3（d）］，而 C_{29}Ts 浓度降低至其初始浓度的 59%［图 4.3（e）］。

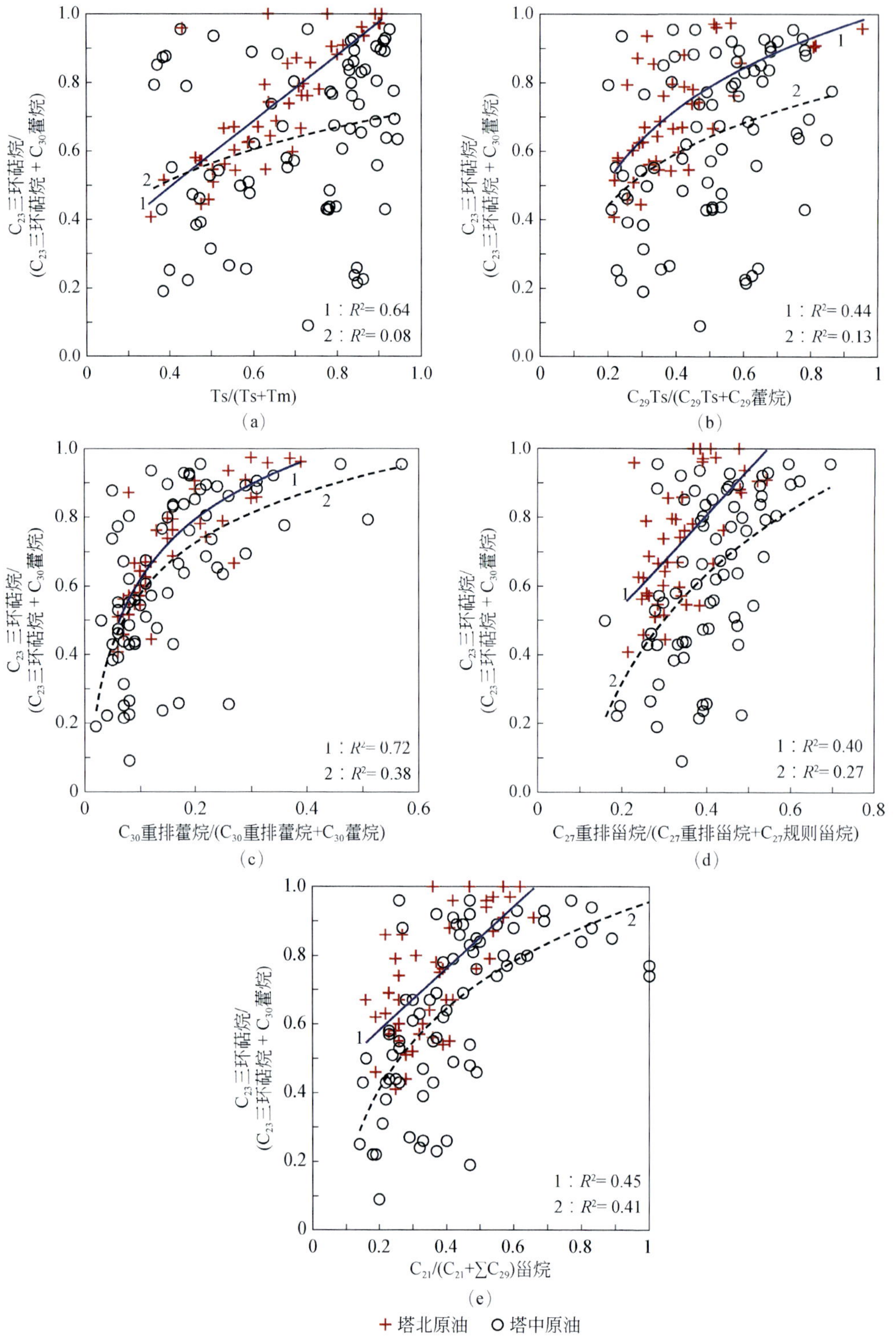

图 4.2 C_{23}三环萜烷/(C_{23}三环萜烷+C_{30}藿烷)与 Ts/(Ts+Tm)（a）、C_{29}Ts/(C_{29}Ts+C_{29}藿烷)（b）、C_{30}重排藿烷/(C_{30}重排藿烷+C_{30}藿烷)（c）、C_{27}重排甾烷/(C_{27}重排甾烷+C_{27}规则甾烷)（d）和 C_{21}/(C_{21}+ΣC_{29})甾烷（e）相关关系图

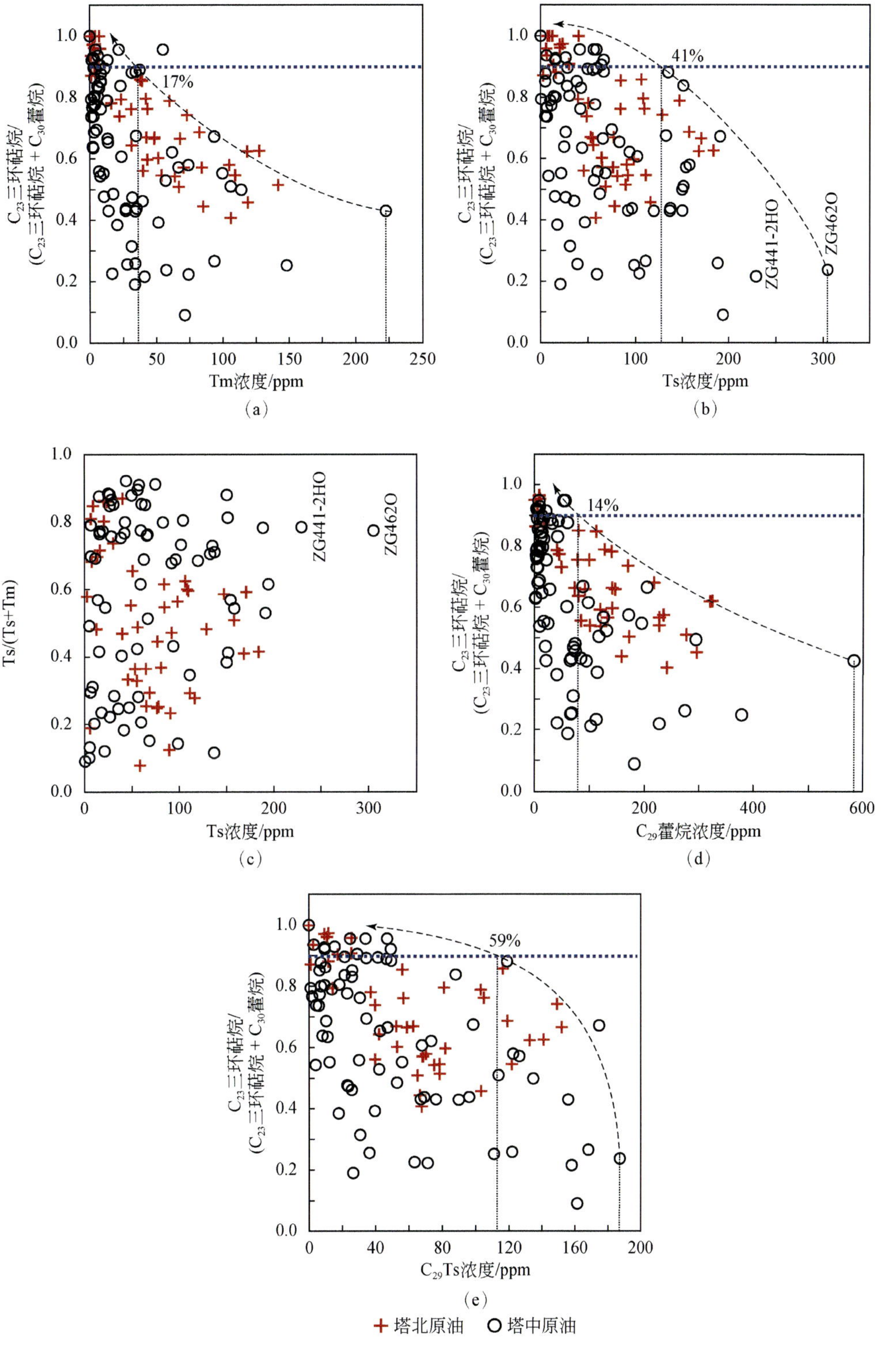

图 4.3 C_{23} 三环萜烷/(C_{23} 三环萜烷+C_{30} 藿烷)与 Tm 浓度（a）、Ts 浓度（b）（引自 Zhou et al.，2021）、C_{29} 藿烷浓度（d）和 C_{29}Ts 浓度（e），以及 Ts/(Tm+Ts)与 Ts 浓度（c）相关关系图

3）C_{30} 藿烷浓度和 C_{30} 重排藿烷浓度与 C_{23} 三环萜烷/(C_{23} 三环萜烷+C_{30} 藿烷)图版

C_{30} 藿烷浓度随 C_{23} 三环萜烷/(C_{23} 三环萜烷+C_{30} 藿烷)的变化趋势与 Tm 浓度和 C_{29} 藿烷浓度类似，并且当 C_{23} 三环萜烷/(C_{23} 三环萜烷+C_{30} 藿烷)为 0.90 时，C_{30} 藿烷浓度比 Tm 浓度和 C_{29} 藿烷浓度降低更多，约为其初始浓度的 8%［图 4.4（a）］。C_{30} 重排藿烷浓度在 C_{23} 三环萜烷/(C_{23} 三环萜烷+C_{30} 藿烷)＞0.60 时呈现降低趋势［图 4.4（b）］。但在 C_{23} 三环萜烷/(C_{23} 三环萜烷+C_{30} 藿烷)为 0.90 时，C_{30} 重排藿烷仍保持其初始浓度的 32%左右，比 C_{30} 藿烷具有更高的热稳定性。

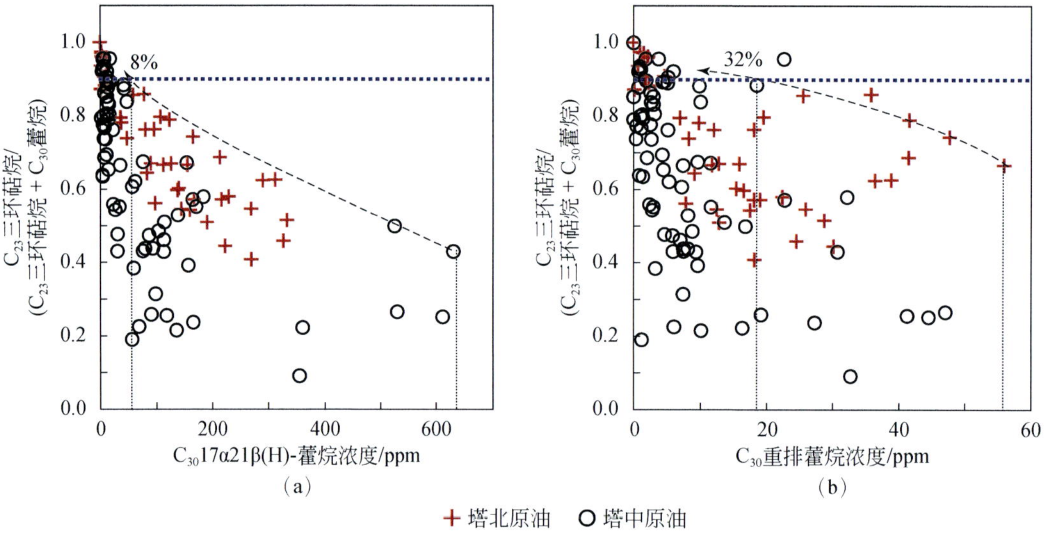

图 4.4　C_{23} 三环萜烷/(C_{23} 三环萜烷+C_{30} 藿烷)与 $C_{30}17\alpha21\beta$(H)-藿烷浓度（a）和 C_{30} 重排藿烷浓度（b）相关关系图

4）$C_{29}\alpha\alpha\alpha$20R 和 $C_{29}\alpha\alpha\alpha$20S 甾烷浓度、$C_{29}\alpha\alpha\alpha$(20S+20R)和 $C_{29}\alpha\beta\beta$(20S+20R)甾烷浓度与 C_{23} 三环萜烷/(C_{23} 三环萜烷+C_{30} 藿烷)图版

当 C_{23} 三环萜烷/(C_{23} 三环萜烷+C_{30} 藿烷)＜0.50 时，$C_{29}\alpha\alpha\alpha$20R 和 $C_{29}\alpha\alpha\alpha$20S 甾烷浓度、$C_{29}\alpha\alpha\alpha$(20S+20R)和 $C_{29}\alpha\beta\beta$(20S+20R)甾烷浓度有较明显的差异（图 4.5），主要体现在 TZ452O 和 TZ62O 油样上，这两个油样的 C_{29} 甾烷 20S/(20S+20R)和 $\alpha\beta\beta$/($\alpha\alpha\alpha$+$\alpha\beta\beta$)没有达到平衡值。JY5HO 油样中这两个比值达到平衡值。对比 JY5HO 油样，TZ452O 和 TZ62O 油样的 $C_{29}\alpha\alpha\alpha$20R 甾烷浓度较高，而 $C_{29}\alpha\alpha\alpha$20S 甾烷浓度接近。同时，TZ452O 和 TZ62O 油样的 $C_{29}\alpha\alpha\alpha$(20S+20R)甾烷浓度较高［图 4.5（c）］，而 $C_{29}\alpha\beta\beta$(20S+20R)甾烷浓度较低［图 4.5（d）］，表明 $C_{29}\alpha\alpha\alpha$20R 甾烷随成熟度增高向 $C_{29}\alpha\alpha\alpha$20S 甾烷转变，而 $C_{29}\alpha\alpha\alpha$20S 甾烷进一步向 $C_{29}\alpha\beta\beta$ 甾烷转变，因此，$C_{29}\alpha\alpha\alpha$20S 甾烷浓度没有明显增高。

当 C_{23} 三环萜烷/(C_{23} 三环萜烷+C_{30} 藿烷)＞0.50 时，C_{29} 甾烷各异构体的浓度随该比值增高具有降低的趋势（图 4.5），当 C_{23} 三环萜烷/(C_{23} 三环萜烷+C_{30} 藿烷)为 0.9 时，C_{29} 甾烷各异构体的浓度为其初始浓度的 39%～52%，可见各异构体浓度降低的速率均低于 Tm、C_{29} 藿烷和 C_{30} 藿烷浓度（图 4.3、图 4.4），表明 C_{29} 甾烷的热稳定性高于这 3 个五环萜烷。C_{29} 甾烷各异构体浓度随 C_{23} 三环萜烷/(C_{23} 三环萜烷+C_{30} 藿烷)升高而降低的速率相近，但

C_{29}ααα20S 甾烷和 C_{29}αββ（20S+20R）甾烷浓度高于 C_{29}ααα20R 甾烷和 C_{29}ααα(20S+20R) 甾烷浓度（图 4.5）。这一结果符合 C_{29} 甾烷立体异构化反应机理，并且在生油高峰前，两个异构化指标 C_{29} 甾烷 20S/(20S+20R)和αββ/(ααα+αββ)达到平衡值，分别为 0.55 和 0.60 左右（Seifert and Moldowan，1978；Mackenzie，1984；Peters et al.，2005）。

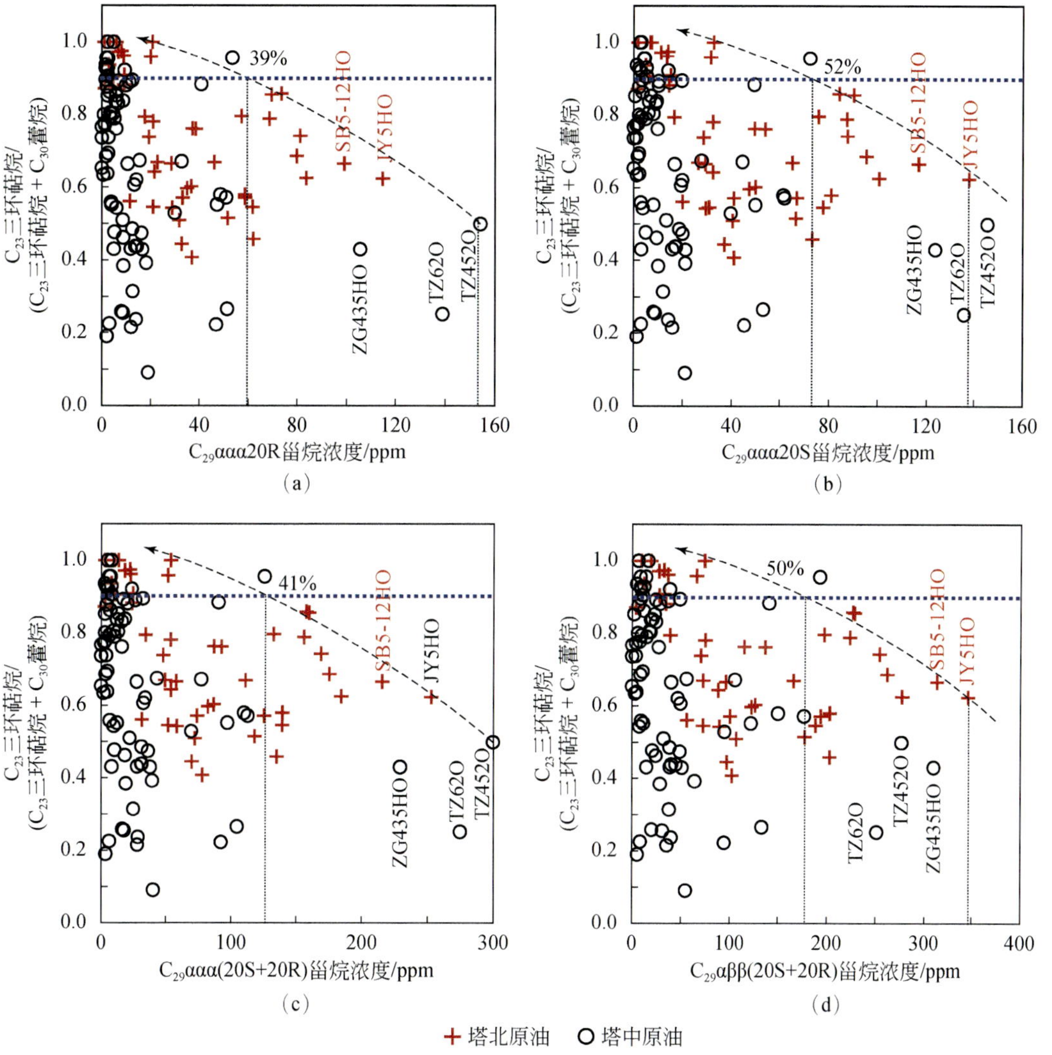

图 4.5 C_{23} 三环萜烷/(C_{23} 三环萜烷+C_{30} 藿烷)与 C_{29}ααα20R（a）、C_{29}ααα20S（b）、C_{29}ααα(20S+20R)（c）和 C_{29}αββ(20S+20R)（d）甾烷浓度相关关系图

5）C_{27} 规则甾烷浓度和 C_{27} 重排甾烷浓度与 C_{23} 三环萜烷/(C_{23} 三环萜烷+C_{30} 藿烷)图版

C_{27} 规则甾烷浓度随 C_{23} 三环萜烷/(C_{23} 三环萜烷+C_{30} 藿烷)的变化特征与 C_{29} 规则甾烷各异构体浓度类似［图 4.6（a）］，当 C_{23} 三环萜烷/(C_{23} 三环萜烷+C_{30} 藿烷)为 0.90 时，C_{27} 规则甾烷浓度约为其初始浓度的 52%，C_{29} 规则甾烷异构体浓度约占其初始浓度的 39%～52%，表明 C_{27} 规则甾烷与 C_{29} 规则甾烷异构体的热稳定性相近。当 C_{23} 三环萜烷/(C_{23} 三环

萜烷+C_{30}藿烷)＜0.60 时，C_{27}重排甾烷浓度随 C_{23}三环萜烷/(C_{23}三环萜烷+C_{30}藿烷)增高具有升高趋势；当 C_{23}三环萜烷/(C_{23}三环萜烷+C_{30}藿烷)＞0.60 时，C_{27}重排甾烷浓度具有降低趋势，但降低速率低；当 C_{23}三环萜烷/(C_{23}三环萜烷+C_{30}藿烷)为 0.90 时，C_{27}重排甾烷仍保持其初始浓度的 76%［图 4.6（b)］，比 C_{27}规则甾烷具有更高的热稳定性。

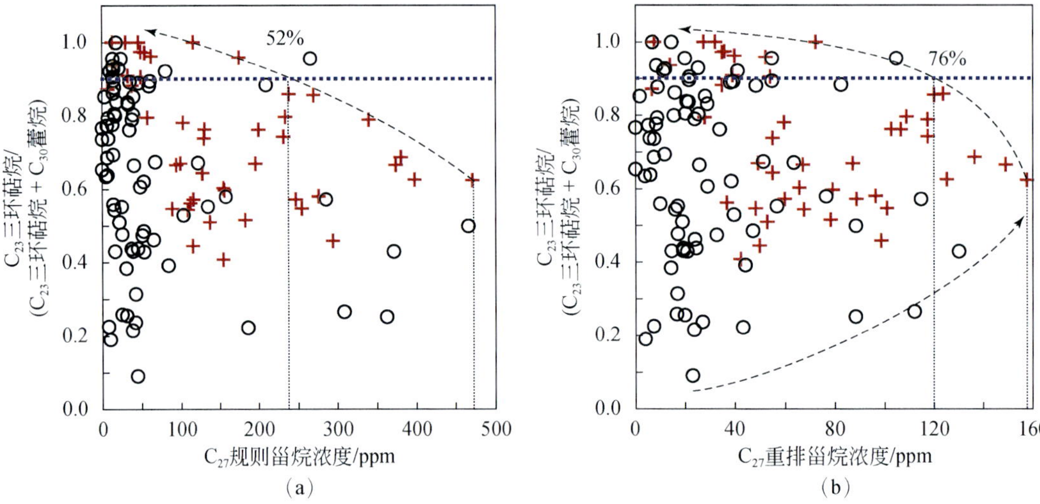

图 4.6　C_{23}三环萜烷/(C_{23}三环萜烷+C_{30}藿烷)与 C_{27}规则甾烷（a）和 C_{27}重排甾烷（b）浓度相关关系图

6）C_{29}规则甾烷总浓度（ΣC_{29}）、C_{21}甾烷浓度和 C_{23}三环萜烷浓度与 C_{23}三环萜烷/(C_{23}三环萜烷+C_{30}藿烷)图版

C_{29}规则甾烷总浓度（ΣC_{29}）随 C_{23}三环萜烷/(C_{23}三环萜烷+C_{30}藿烷)的变化特征与 C_{27}规则甾烷和 C_{29}规则甾烷各异构体浓度相近[图 4.7(a)]，当 C_{23}三环萜烷/(C_{23}三环萜烷+C_{30}藿烷)为 0.90 时，ΣC_{29}约为其初始浓度的 54%。C_{21}甾烷浓度和 C_{23}三环萜烷浓度随 C_{23}三环萜烷/(C_{23}三环萜烷+C_{30}藿烷)的变化趋势则与 C_{27}重排甾烷相似，当 C_{23}三环萜烷/(C_{23}三环萜烷+C_{30}藿烷)较低时，这两个化合物的浓度随 C_{23}三环萜烷/(C_{23}三环萜烷+C_{30}藿烷)增高具有升高趋势；而当 C_{23}三环萜烷/(C_{23}三环萜烷+C_{30}藿烷)较高时，这两个化合物的浓度随 C_{23}三环萜烷/(C_{23}三环萜烷+C_{30}藿烷)增高具有缓慢降低趋势［图 4.7（b)、(c)］。当 C_{23}三环萜烷/(C_{23}三环萜烷+C_{30}藿烷)为 0.90 时，C_{21}甾烷浓度和 C_{23}三环萜烷浓度分别占其初始浓度的 87%和 81%，因此 C_{27}重排甾烷、C_{21}甾烷和 C_{23}三环萜烷具有相近的热稳定性。

依据上述各类甾烷、萜烷浓度随 C_{23}三环萜烷/(C_{23}三环萜烷+C_{30}藿烷)升高发生变化的趋势，将这些甾烷、萜烷分为三类：第一类包括 Tm、C_{29}藿烷和 C_{30}藿烷等五环三萜烷，随 C_{23}三环萜烷/(C_{23}三环萜烷+C_{30}藿烷)增高，这类化合物浓度降低速率较快，当 C_{23}三环萜烷/(C_{23}三环萜烷+C_{30}藿烷)为 0.90 时，这类化合物浓度占其初始浓度的 8%～17%，具有较低的热稳定性；第二类包括 Ts、C_{29}Ts 和 C_{30}重排藿烷等五环三萜烷，也包括 C_{27}和 C_{29}规则甾烷各异构体，随 C_{23}三环萜烷/(C_{23}三环萜烷+C_{30}藿烷)增高，这类化合物浓度降低较慢，当 C_{23}三环萜烷/(C_{23}三环萜烷+C_{30}藿烷)为 0.90 时，这类化合物浓度占其初始浓度的

32%～59%，具有中等热稳定性；第三类包括 C_{27} 重排甾烷、C_{21} 甾烷和 C_{23} 三环萜烷，随 C_{23} 三环萜烷/(C_{23} 三环萜烷+C_{30} 藿烷)增高，这类化合物浓度先增高后降低，降低速率低于前两类化合物浓度，当 C_{23} 三环萜烷/(C_{23} 三环萜烷+C_{30} 藿烷)为 0.90 时，这类化合物浓度占其初始浓度的 76%～87%，热稳定性较高。

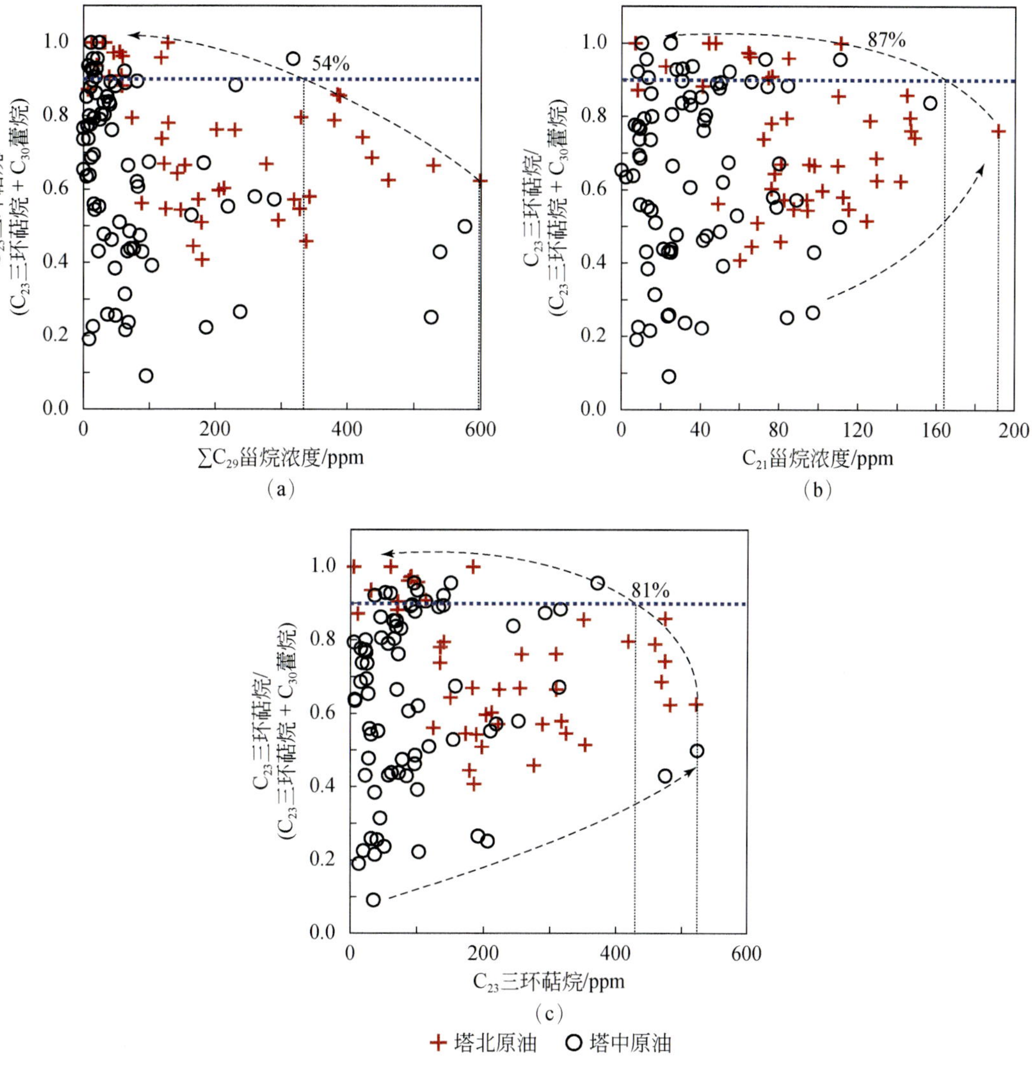

图 4.7 C_{23} 三环萜烷/(C_{23} 三环萜烷+C_{30} 藿烷)与 C_{29} 规则甾烷总浓度（ΣC_{29}）(a)、C_{21} 甾烷浓度（b）和 C_{23} 三环萜烷浓度（c）相关关系图

Ts/(Ts+Tm)、C_{29}Ts/(C_{29}Ts+C_{29} 藿烷)和 C_{30} 重排藿烷/(C_{30} 重排藿烷+C_{30} 藿烷)是基于第一类和第二类化合物的热稳定性差异；C_{27} 重排甾烷/(C_{27} 重排甾烷+C_{27} 规则甾烷)和 C_{21}/(C_{21}+ΣC_{29})甾烷是基于第二类与第三类化合物的热稳定性差异；C_{23} 三环萜烷/(C_{23} 三环萜烷+C_{30} 藿烷)则是基于第一类与第三类化合物的热稳定性差异，理论上具有更好的应用效果。

2. 原油生物标志化合物浓度和比值图版

1）理论模式

在图 4.8 中，如果单个原油样来源于相近成熟度的烃源岩，对应于同一成熟度比值，这类原油具有相对较高的生物标志化合物浓度。在图版中，这类原油分布在实线 A 附近。相反，如果单个原油样为混源原油，由来源于不同成熟度的烃源岩的原油混合而成，这类原油具有较低的生物标志化合物浓度。在图版中，这类原油分布在虚线 B 及 *Y* 轴附近（图 4.8）。

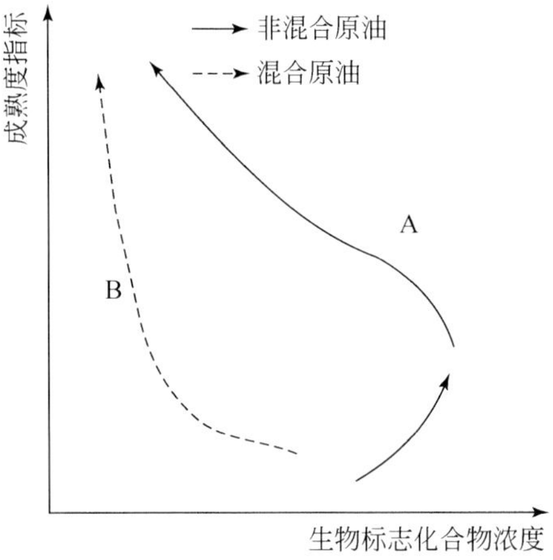

图 4.8　生物标志化合物浓度与成熟度指标图版

2）生物标志化合物浓度和比值图版判识台盆区原油成熟度

根据从塔北和塔中地区选取的 138 个原油样（图 4.1），45 个塔北油样和 93 个塔中油样在 C_{29} 规则甾烷 20S/(20S+20R)与 C_{29} 规则甾烷 20R 和 20S 异构体的浓度图版和 αββ/(ααα+αββ)与ααα异构体和αββ异构体浓度图版中的分布区域具有明显的差异（图 4.9）。C_{29} 规则甾烷 20S/(20S+20R) 和 αββ/(ααα+αββ) 是应用最广泛的成熟度指标（Mackenzie，1984；Seifert and Moldowan，1978）。在 138 个原油样中，5 个原油样（TZ452O、TZ62O、ZG435HO、JY5HO 和 SB5-12HO）具有最低的 C_{29} 规则甾烷 20S/(20S+20R)和最高的 C_{29} 规则甾烷 20R 和 20S 异构体浓度比值［图 4.9（a）、（b）］。表明这 5 个原油样具有最低的成熟度，也极少与较高的原油混合。在 93 个塔中原油样中，18 个原油样的 C_{29} 规则甾烷各个异构体浓度低于检测门限。大多数塔中原油与 C_{29} 规则甾烷 20S/(20S+20R)和 αββ/(ααα+αββ)相同的塔北原油相比，具有偏低的 C_{29} 规则甾烷各异构体浓度（图 4.9）。与塔北原油相比，塔中原油大多数是由成熟度差异较大的原油混合形成的，或由少量成熟度偏低的原油与大量高成熟原油混合形成。

C_{23} 三环萜烷/(C_{23} 三环萜烷+C_{30} 藿烷)也是一个常用分子成熟度指标，能够标定整个生油窗范围的成熟度（van Graas，1990；Peters et al.，2005）。除成熟度外，该指标也受油源和烃源岩岩相的影响（Seifert and Moldowan，1978；Peters et al.，2005）。当 C_{23} 三环萜烷/(C_{23} 三环萜烷+C_{30} 藿烷)相同时，大多数塔中原油比塔北原油 C_{30} 藿烷和 C_{23} 三环萜烷浓度偏低［图 4.10（a）、（b）］，与 C_{29} 规则甾烷相似（图 4.9）。这一结果进一步表明大多数塔中原油

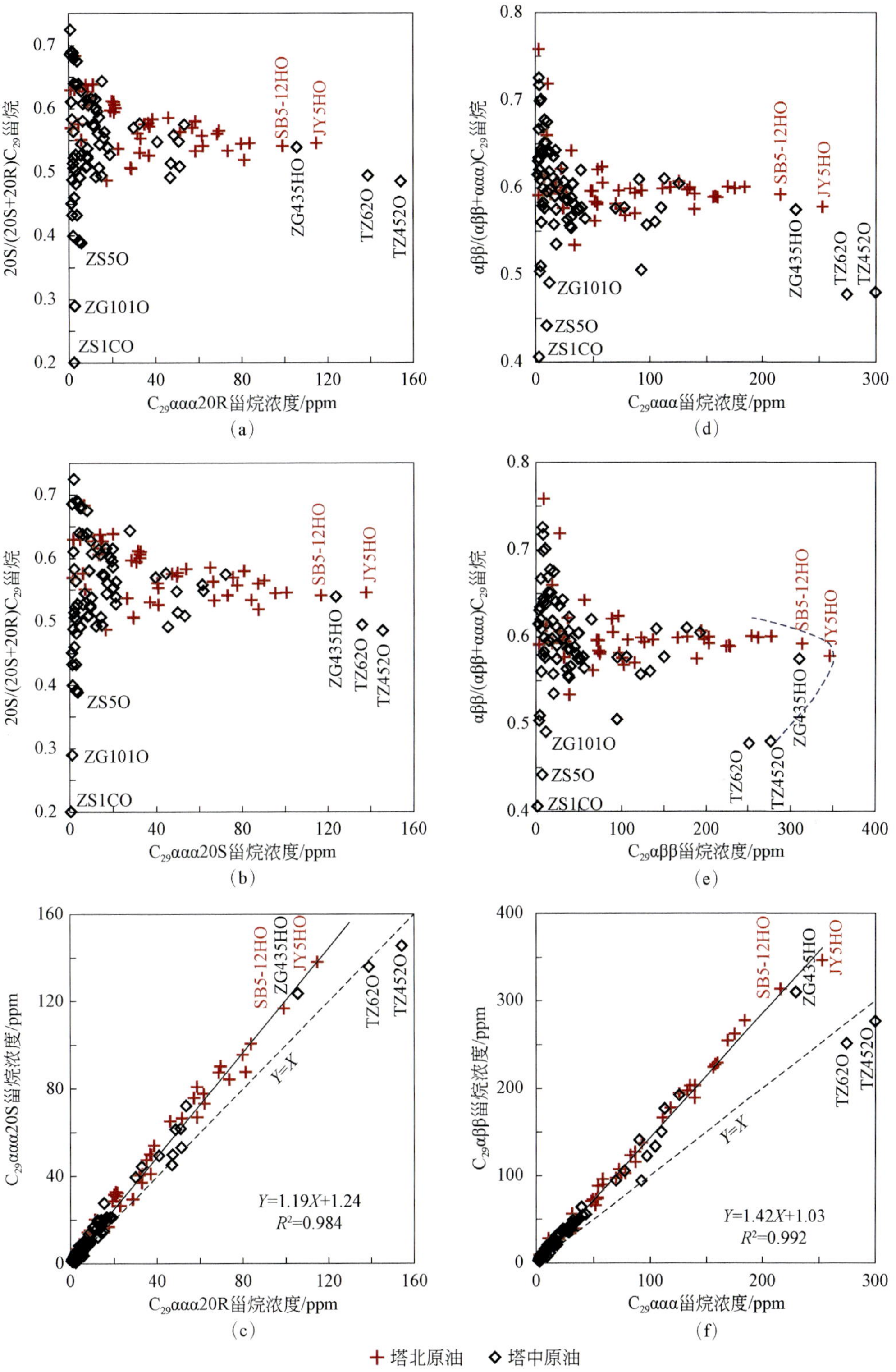

图 4.9　C_{29} 规则甾烷 20S/(20S+20R)和αββ/(αββ+ααα)与浓度相关关系图版

为混源原油，含有较高比例的高成熟原油组分。C_{30}藿烷浓度和C_{23}三环萜烷浓度没有相关关系［图 4.10（c）］，明显不同于C_{29}规则甾烷不同异构体浓度之间具有很好的相关关系［图 4.9（c）、（f）］。这一结果表明C_{30}藿烷和C_{23}三环萜烷的生成和裂解速率有极大的差异。

Ts/(Ts+Tm)也是一个指示整个生油窗成熟度的指标，受油源和烃源岩岩相影响较大（Seifert and Moldowan 1978；McKirdy et al.，1983；Rullkōtter and Nissenbaum，1985；Moldowan et al.，1986；Peters et al.，2005）。塔中原油 ZG435HO 和 TZ62O，以及塔北原油 Ha15-2O 和 RP10O 具有较低的 Ts/(Ts+Tm)和较高的 Tm 浓度，这几个原油具有较低的成熟度和较少受高成熟原油组分混合的影响［图 4.10（d）～（f）］。当 Ts/(Ts+Tm)＞0.75 时，塔中原油的 Ts 和 Tm 浓度普遍高于塔北原油［图 4.10（d）～（f），明显不同于C_{29}规则甾烷、C_{30}藿烷和C_{23}三环萜烷［图 4.10（d）～（f）］。这一结果表明 Ts/(Ts+Tm)和 Ts、Tm 浓度受烃源岩岩相影响较大，如黏土矿物的催化作用、Eh 和 pH 等（McKirdy et al.，1983；Rullkōtter and Nissenbaum，1985；Moldowan et al.，1986）。塔北原油的烃源岩更有利于 Ts 和 Tm 的生成。同样，Tm 浓度和 Ts 浓度没有相关关系，表明随成熟度增高，Tm 和 Ts 的生成和裂解速率有明显的差异。

依据上述结果，将研究区塔中和塔北原油分为四类油，分别代表不同的成熟度范围：①第Ⅰ类原油具有 $C_{29}\alpha\alpha\alpha$20R 浓度＞100 ppm，或 $C_{29}\alpha\alpha\alpha$甾烷(20R+20S)总浓度＞200 ppm，或C_{30}藿烷浓度＞300 ppm，包括 5 个塔北原油样和 6 个塔中原油样。这类原油具有较高甾烷、萜烷浓度，成熟度较低，生成于生油窗生油高峰期。②第Ⅱ类原油具有C_{23}三环萜烷/(C_{23}三环萜烷+C_{30}藿烷)＞0.70 和较低的甾烷、萜烷浓度，包括 23 个塔北原油样和 33 个塔中原油样。这类原油具有较高的成熟度，主要生成于生油窗生油晚期。③第Ⅲ类原油甾烷、萜烷浓度低于检测门限，包含 18 个塔中原油样和油样 LS2O。这类原油具有更高的成熟度，可能生成于凝析油-湿气阶段。④第Ⅳ类原油具有 C_{23}三环萜烷/(C_{23}三环萜烷+C_{30}藿烷)＜0.70，同时甾烷、萜烷浓度低于第Ⅰ类原油，包括余下的 17 个塔北原油样和 35 个塔中原油样。对于第Ⅳ类原油中 17 个塔北原油样，16 个原油样 $C_{29}\alpha\alpha\alpha$20R 甾烷浓度＞20 ppm，仅油样 RP3001O 的 $C_{29}\alpha\alpha\alpha$20R 甾烷浓度为 11 ppm。对于第Ⅳ类原油中 35 个塔中原油样，只有 5 个原油样 $C_{29}\alpha\alpha\alpha$20R 甾烷浓度＞20 ppm，有 30 个原油样 $C_{29}\alpha\alpha\alpha$20R 甾烷浓度＜20 ppm。在 23 个塔北第Ⅱ类原油样中，11 个原油样 $C_{29}\alpha\alpha\alpha$20R 甾烷浓度＜10 ppm，其余 12 个原油样 $C_{29}\alpha\alpha\alpha$20R 甾烷浓度＞10 ppm。在 33 个塔中第Ⅱ类原油样中，30 个原油样 $C_{29}\alpha\alpha\alpha$20R 甾烷浓度＜10 ppm，只有 3 个原油样 $C_{29}\alpha\alpha\alpha$20R 甾烷浓度＞10 ppm，介于 11～15 ppm。塔中的第Ⅱ类和第Ⅳ类原油样甾烷、萜烷浓度明显低于塔北对应类型的油样。

依据上述结果，推断塔中和塔北原油充注过程为：①第Ⅰ类和第Ⅱ类原油分别在第一和第二充注期进入塔北和塔中油气藏；②第Ⅰ类和第Ⅱ类原油混合，形成第Ⅳ类原油；③第Ⅲ类原油在第三充注期主要充注到塔中油气藏，而极少充注到塔北油气藏；④在塔中地区，第Ⅲ类原油与第Ⅱ类和第Ⅳ类原油混合，使塔中地区第Ⅱ类和第Ⅳ类原油甾烷、萜烷浓度普遍低于塔北对应类型的原油。

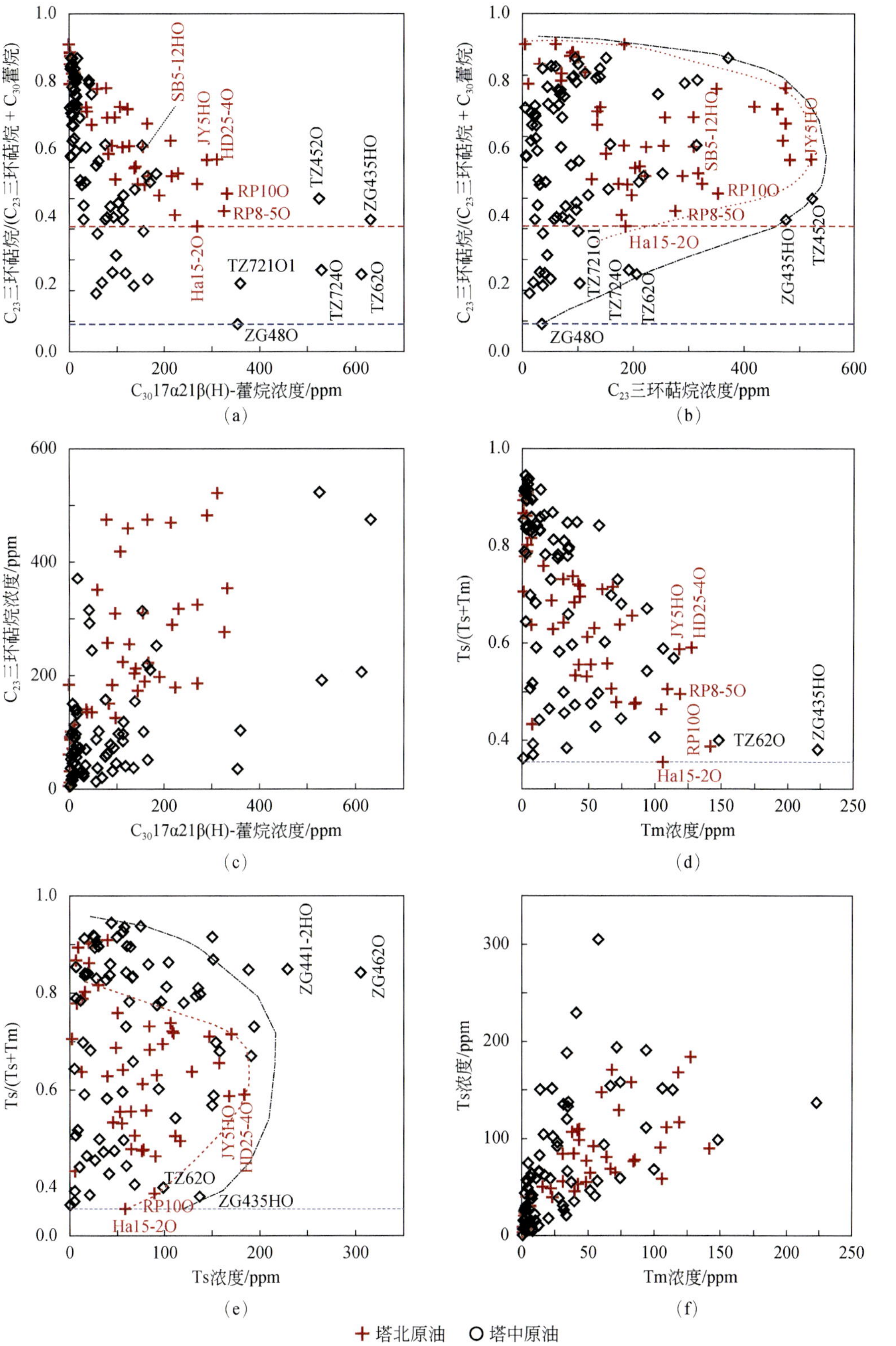

图 4.10　C_{23} 三环萜烷/(C_{23} 三环萜烷+ C_{30} 藿烷)和 Ts/(Ts+Tm)与对应生物标志化合物浓度相关关系图版

二、油气充注过程储层记录示踪技术

（一）油藏中晚期天然气充注过程的识别

1. 金刚烷指标识别晚期天然气充注

Dahl 等（1999）最早提出了 4-+3-甲基双金刚烷（4-+3-MD）与 $C_{29}\alpha\alpha\alpha$20R 甾烷浓度的关系图版，展示了油裂解程度和不同成熟度原油的混合作用［图 4.11（a）］，其研究表明，储层原油金刚烷浓度的演化过程如下。①生物标志化合物裂解区域：随着成熟度增加，绝大部分生物标志化合物热稳定性小于原油主成分，优先裂解，如 C_{29} 甾烷αααα20R 浓度逐渐

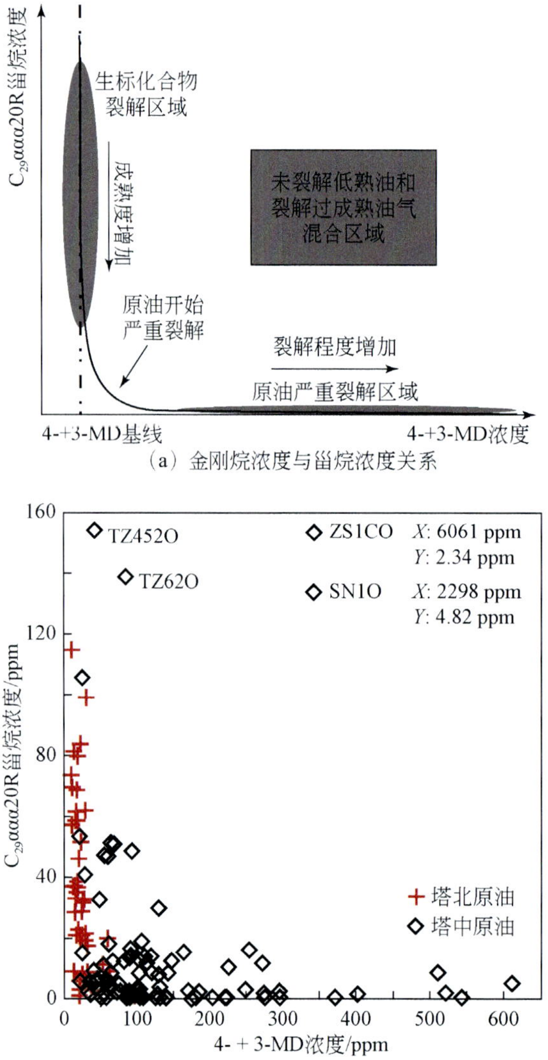

（a）金刚烷浓度与甾烷浓度关系

（b）$C_{29}\alpha\alpha\alpha$20R甾烷浓度与4-+3-MD关系图版

图 4.11　塔北和塔中原油金刚烷浓度与甾烷浓度相关关系图版

减少，但 4-+3-MD 浓度保持稳定，通常典型未经历明显裂解的原油 4-+3-MD 浓度介于 1～10 ppm。②原油严重裂解区域：原油主成分开始裂解，C_{29} 甾烷ααα20R 的浓度接近于 0，随着原油裂解程度增加，4-+3-MD 浓度逐渐增加，经历严重裂解的原油或混有这类高度裂解原油组分的混源原油 4-+3-MD 浓度介于 10～100 ppm。在 45 个塔北原油样中，40 个原油样 4-+3-MD 浓度介于 10～37 ppm，其他 5 个原油样介于 42～97 ppm［图 4.11（b）］。这 5 个原油样 C_{29}ααα20R 甾烷浓度介于 1～20 ppm。对于 92 个塔中原油样，10 个原油样 4-+3-MD 浓度介于 21～40 ppm，其他 82 个原油样介于 43～6061 ppm［图 4.11（b）］。前 10 个原油样 C_{29}ααα20R 甾烷浓度介于 2～106 ppm。对于后 82 个原油样，64 个原油样 C_{29} ααα 20R 甾烷浓度介于 1～154 ppm，其他 18 个原油样 C_{29}ααα20R 甾烷浓度低于检测门限［图 4.11（b）］。对于采自塔西南原油样 LS2O［图 4.11（b）］，其 4-+3-MD 浓度为 296 ppm，C_{29}ααα20R 甾烷浓度低于检测门限。

Dahl 等（1999）认为，典型未经历明显裂解的原油 4-+3-MD 浓度介于 1～10 ppm，而经历严重裂解的原油或混有这类高度裂解原油组分的混源原油 4-+3-MD 浓度介于 10～100 ppm。上述塔北、塔中和塔西南原油具有较高和极高的金刚烷浓度，大多数原油含有一定量的甾烷、萜烷，表明这些原油为不同成熟度油气组分的混合原油。既含有生油窗阶段中等成熟度原油，也含有高成熟度轻质油和凝析油，还含有晚期充注的干气组分，晚期充注的干气将大量金刚烷带入油气藏。

姥鲛烷（Pr）和植烷（Ph）热稳定性较正构烷烃 n-C_{17} 和 n-C_{18} 差，已有的原油加热模拟实验表明随温度、成熟度和油裂解程度升高，Pr/n-C_{17} 和 Ph/n-C_{18} 降低（Hill et al.，2003）。当 4-+3-MD 浓度低于 250 ppm 时，Pr/n-C_{17} 和 Ph/n-C_{18} 与 4-+3-MD 浓度具有一定的负相关关系，当 4-+3-MD 浓度高于 250 ppm 时，则(Pr+Ph)/(n-C_{17}+n-C_{18})与 4-+3-MD 浓度无相关关系［图 4.12（a）］。随着原油裂解程度增高，长链正构烷烃的含量逐渐降低，短链正构烷烃含量逐渐增高，使长链与短链正构烷烃比值逐渐降低。塔中和塔北 138 个原油样 Σn-$C_{15\sim35}$/Σn-$C_{9\sim14}$

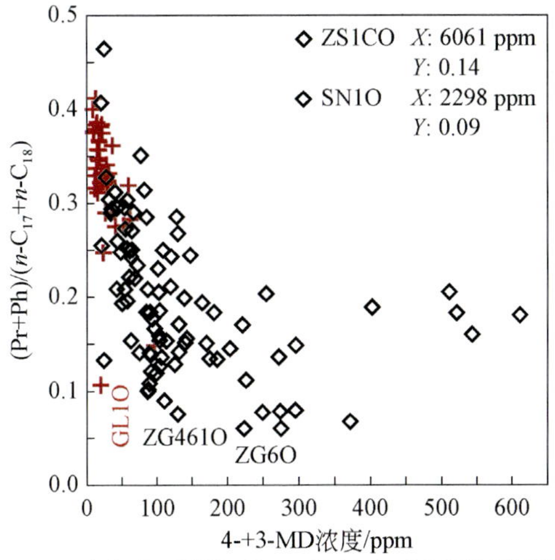

（a）(Pr+Ph)/(n-C_{17}+n-C_{18})与4-+3-MD浓度图斑

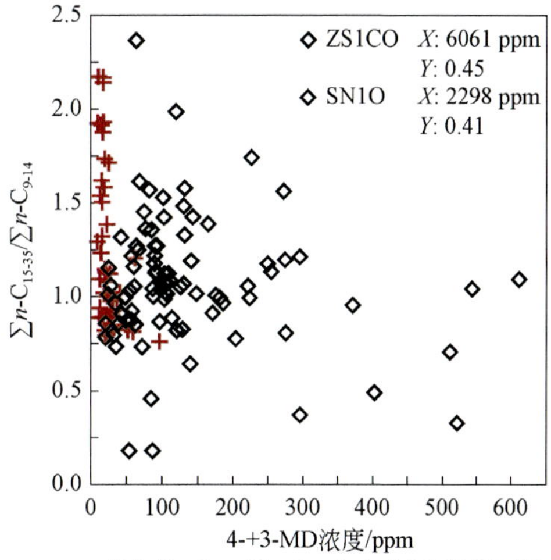

（b）$\sum n$-$C_{15\sim35}$/$\sum n$-$C_{9\sim14}$与4-+3-MD浓度图版

+ 塔北原油　◇ 塔中原油

图 4.12　塔北和塔中原油金刚烷浓度与(Pr+Ph)/(n-C_{17}+n-C_{18})和 Σn-$C_{15\sim35}$/Σn-$C_{9\sim14}$ 相关关系图版

比值与 4-+3-MD 浓度无相关关系［图 4.12（b）］。这一结果表明原油中的正构烷烃与金刚烷具有不同的来源，在不同的充注期进入油气藏。金刚烷是随晚期气充注进入油气藏。

随着原油成熟度和裂解程度增高，原油密度降低。原油密度与 4-+3-MD 浓度无相关关系［图 4.13（a）］。表明金刚烷浓度不能反映主体原油的成熟度及裂解程度，金刚烷与主体原油具有不同的来源。气体干燥系数（$C_1/\Sigma C_{1\sim4}$）与 4-+3-MD 浓度具有较好的非线性相关关系［图 4.13（b）］。气油比（GOR）与 4-+3-MD 浓度不具有相关性［图 4.13（c）］。然而，如果除去 4-+3-MD 浓度高于 300 ppm，或 GOR＞6000 的 5 个原油样的数据，则气油比与 4-+3-MD 浓度具有相对较差的线性相关关系［R^2=0.353，图 4.13（d）］。这一结果表明塔中和塔北原油金刚烷浓度反映了气体的成熟度与气体充注的规模，而不反映原油的成熟度和裂解程度。气油比与 4-+3-MD 浓度相关关系较差反映了不同油气藏对气态烃组分的保存程度存在差异。

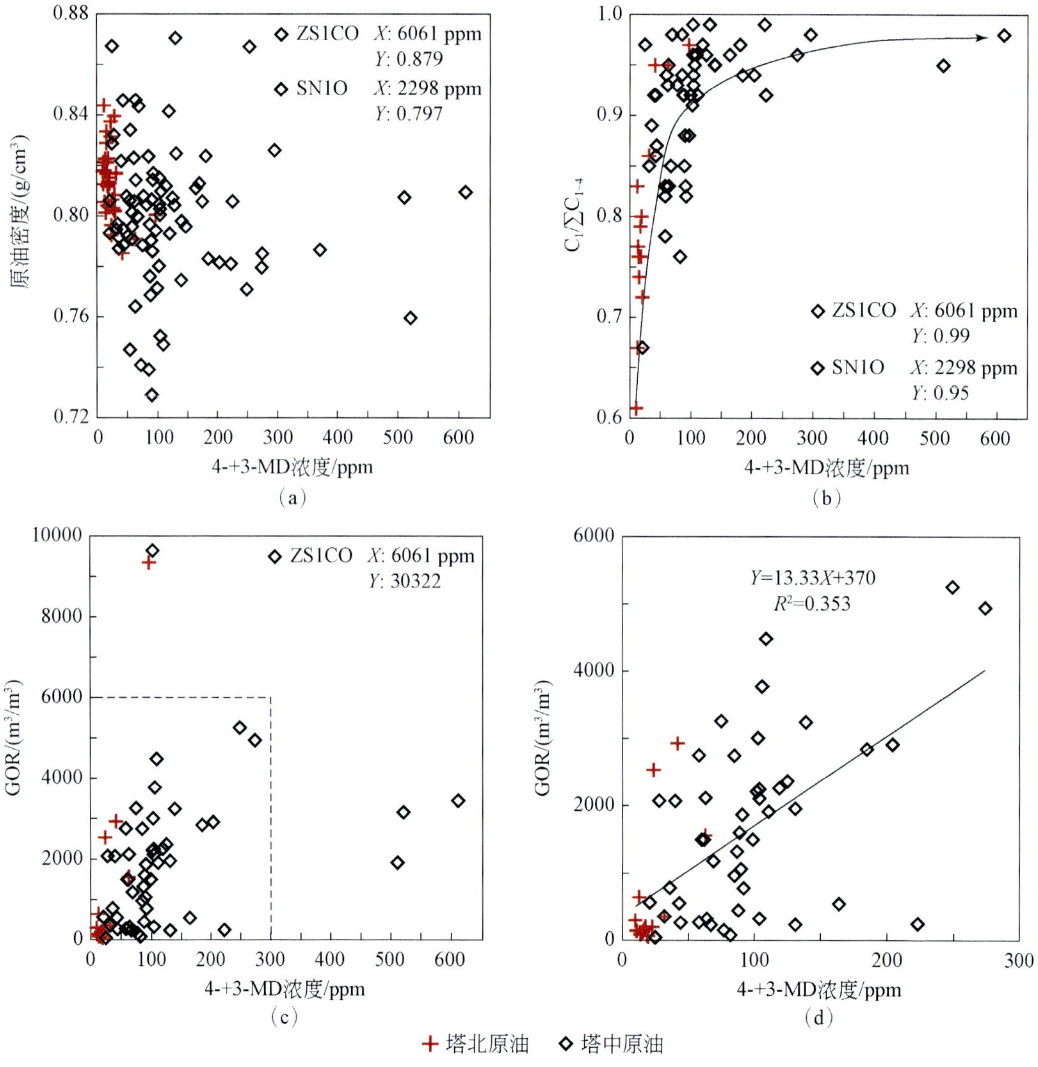

图 4.13 塔北和塔中原油 4-+3-MD 浓度与原油密度（a）、干燥系数（$C_1/\Sigma C_{1\sim4}$）（b）和气油比（GOR）（c、d）相关关系图版

Dahl 等（1999）认为，未经历明显裂解的 4-+3-MD 浓度介于 1～10 ppm。45 个塔北原油样 4-+3-MD 浓度介于 10～97 ppm，而 92 个塔中原油样 4-+3-MD 浓度介于 21～6061 ppm。依据 Dahl 等（1999）提出该背景值不高于 10 ppm 和塔中、塔北海相原油 4-+3-MD 浓度最低值接近 10 ppm，可以推断塔中、塔北地区未裂解海相原油 4-+3-MD 浓度背景值低于或接近 10 ppm。据此，可推断台盆区海相原油金刚烷浓度普遍偏高，是由于晚期气充注（第四期充注）将金刚烷带入油气藏。

由于不同油气藏的气保存程度不同，各油气藏原油样 4-+3-MD 浓度与气油比相关性变差［图 4.13（c）、（d）］。随初始原油充注到油气藏的气态烃为湿气，干燥系数为 0.60～0.70［图 4.13（b）］。随着晚期高成熟气的注入，油气藏中的气体干燥系数不断增高，因此，4-+3-MD 浓度与气体干燥系数具有较好的相关关系［图 4.13（b）］。总之，4-+3-MD 浓度反映了晚期气充注的规模与成熟度，与主体原油的成熟度无关。

2. 充注气体特征及气顶泄漏判识图版

许多油藏和凝析油气藏都经历过晚期天然气充注和气顶泄漏，如何判识和评价这两个过程对油气藏的影响至今鲜有研究，也缺少有效的地球化学指标。塔里木盆地西南拗陷柯克亚凝析油气田是 20 世纪 70 年代发现的一个背斜构造油气田。该背斜构造发育垂向断层并形成众多凝析油气层系（图 4.14），通过剖析不同含油层生物标志化合物、金刚烷和多

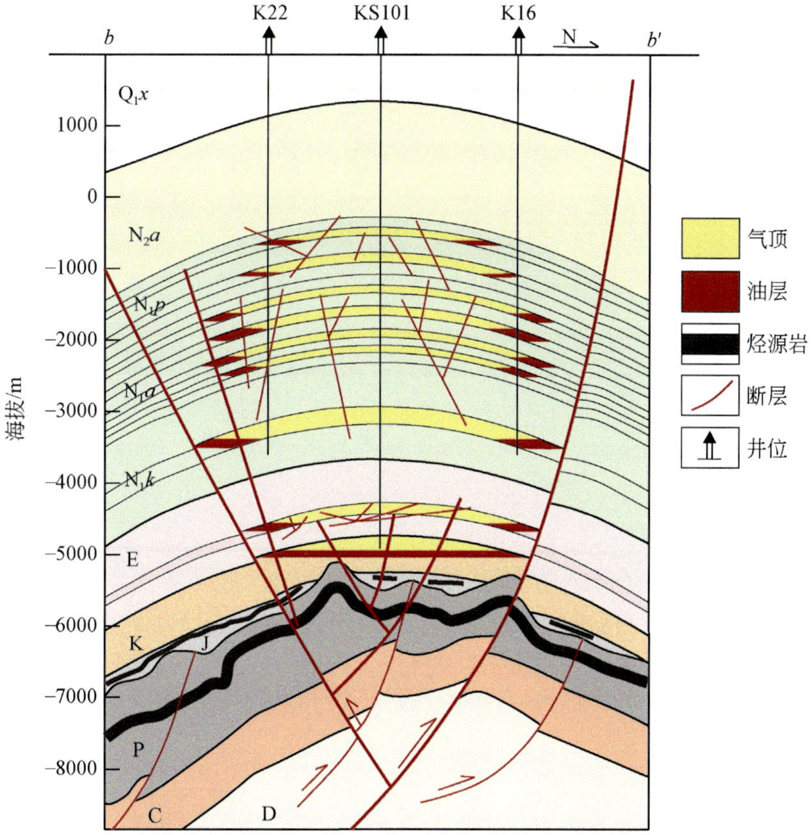

图 4.14　塔西南拗陷山前构造带柯克亚凝析油气田剖面图

环芳烃化合物的浓度和组成，以及单体烃同位素组成的差异，能够揭示晚期气充注和气顶泄漏对油气地球化学指标尤其是金刚烷指标的影响，建立晚期天然气充注和气顶泄漏成藏模式，利用金刚烷浓度和比值指标，对晚期不同类型气体充注规模和气顶泄漏程度进行评估，并应用到塔里木台盆区，同时为研究其他区域的油气藏晚期气充注和气顶泄漏提供参考案例。

1）研究区样品分布与研究方法

实验对塔西南拗陷昆仑山前构造带的 26 个原油样品（K-N1x，2182～6835 m）进行研究分析。原油样品都是采自常温常压的井口，但不是所有的样品都是真正意义上的凝析油，因为无法获知油气藏内确切的 PVT 数据。但是这些原油都曾处于气相，并在储层内或井口或分离器中凝析成液态。原油样品实验方法同塔里木台盆区原油样品的实验方法，主要通过在族组分分离前加入 5α雄甾烷、氘代二苯并噻吩（DBT-d8）、氘代金刚烷（AD-d16）分别进行甾萜烷、芳烃和金刚烷类化合物的定量分析。

2）柯克亚凝析油藏原油来源

塔西南拗陷昆仑山前构造带发育有三套潜在烃源岩：石炭系海相泥岩、二叠系湖相泥岩、中下侏罗统湖相泥岩和沼泽相煤岩（Li et al.，1999；肖中尧等，2002；侯读杰等，2003，2004；Wu et al.，2014；王强等，2014）。

前人研究发现二叠系普司格组烃源岩抽提物具有高重排藿烷含量的特征（肖中尧等，2002；曾昌民等，2011；王强等，2014）。与藿烷系列来源相似，重排藿烷系列的生物来源也与细菌生源相关，而高重排藿烷含量可能与黏土矿物的酸性催化有关（Moldowan et al.，1991；Farrimond et al.，1998；赵孟军和张水昌，2001）。根据柯克亚凝析油甾萜烷组成和正构烷烃单体碳同位素特征，将原油划分为三类（图 4.14）。22 个Ⅰ类原油样具有高 C_{30} 重排藿烷/(C_{30}重排藿烷+C_{30}藿烷)比值，较轻的正构烷烃单体碳同位素组成等特征［图 4.15（a）、（b）、（e）］，与二叠系普司格组（$P_{2\text{-}3}p$）烃源岩抽提物特征一致。1 个Ⅲ类原油样，与Ⅰ类原油具有不同的甾萜烷分布特征和略低的成熟度，但相似的正构烷烃单体碳同位素分布特征［图 4.15（a）、（b）、（e）］，可能来自与普司格组岩相不同的二叠系烃源岩。与Ⅰ类和Ⅲ类原油相比，3 个Ⅱ类原油样具有不同的正构烷烃单体碳同位素分布和甾烷、萜烷生标特征［图 4.15（a）、（b）、（e）］，并且Ⅱ类原油成熟度较低，处于生油窗早期，其 C_{29} 规则甾烷异构化参数 20S/20(R+S)、ββ/(αα+ββ)、C_{30} 藿烷浓度和 C_{29} 规则甾烷浓度都较低（图 4.15）。Ⅱ类原油可能来源于成熟度更低、时代更晚的烃源岩。由于柯克亚背斜形成于上新世中晚期（何登发等，1997；莫午零等，2013），此时二叠系烃源岩处于生油晚期阶段，石炭系处于过成熟生气阶段，侏罗系烃源岩处于未成熟阶段（莫午零等，2013）。石炭系烃源岩生油窗早于柯克亚背斜的形成，所生成的原油没有在该背斜圈闭聚集成藏。柯克亚凝析油气田主体原油为Ⅰ类原油，为二叠系普司格组烃源岩在生油中晚期阶段生成的原油，具有较高的成熟度。中下侏罗统烃源岩在柯克亚背斜形成之后进入生油窗，在生油早中期生成Ⅱ类原油充注至柯克亚背斜构造，具有较低的成熟度。

3）柯克亚凝析油藏金刚烷类化合物的组成分布

Dahl 等（1999）利用 4-+3-MD 浓度与 $C_{29}\alpha\alpha\alpha 20R$ 甾烷浓度的关系图，提出了原油热成熟过程和裂解过程中金刚烷浓度的两种变化趋势：①在生物标志化合物稀释区，

$C_{29}\alpha\alpha\alpha20R$ 甾烷浓度下降先于原油族组分裂解，而 4-+3-MD 浓度保持稳定；②在原油族组分开始裂解后的强裂解阶段，$C_{29}\alpha\alpha\alpha20R$ 甾烷浓度接近或低于检测水平，而 4-+3-MD 浓度随着成熟度和原油裂解程度的增加而增加。

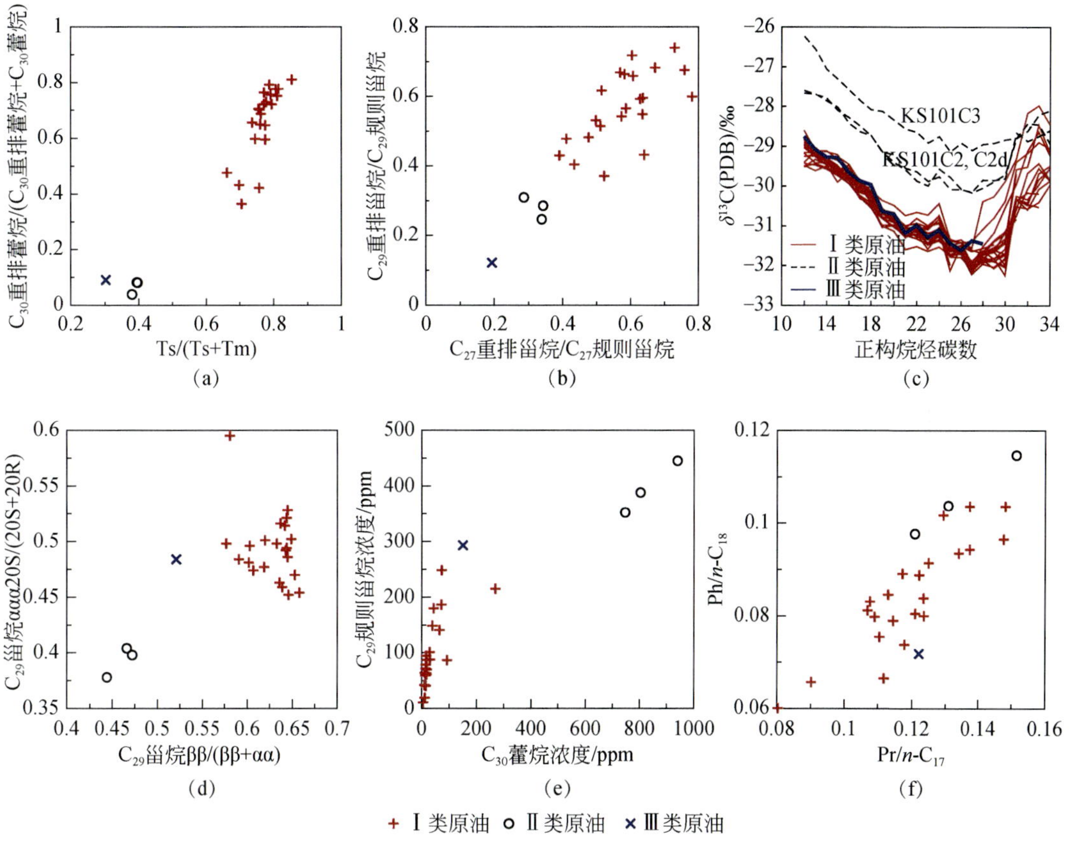

图 4.15　三类原油甾萜烷分子比值和浓度关系图（a、b、d～f）及正构烷烃单体碳同位素组成（c）分布图

在 22 个原油样中，4-+3-MD 浓度和 $C_{29}\alpha\alpha\alpha20R$ 甾烷浓度相关关系皆不遵循上述两种规律（图 4.16）。如油样 KS101C2 及其副本样品 KS101C2d 和 KS101C3 具有较高的 $C_{29}\alpha\alpha\alpha20R$ 甾烷浓度（112～115 ppm），以及极高的 4-+3-MD 浓度（2253～4296 ppm）。其他的 22 个原油样有较低的 $C_{29}\alpha\alpha\alpha20R$ 甾烷浓度（2～72 ppm），以及较低的 4-+3-MD 浓度（7～23 ppm）（图 4.16）。可以推断，柯克亚凝析油气田原油初始 4-+3-MD 浓度低于 7 ppm（现在油样中最低的值）。Dahl 等（1999）对全世界油藏的统计发现，未裂解原油的初始 4-+3-MD 浓度范围在 1～10 ppm（Dahl et al.，1999）。所有样品均检出 $C_{29}\alpha\alpha\alpha20R$，表明原油在储层内未经历裂解，4-+3-MD 浓度与原油成熟度没有明显关系，4-+3-MD 浓度的增加为连续充注的高成熟气体带入。

金刚烷化合物的分布和浓度在不同样品间有较大的差异（图 4.16）。油样 KS102C2 及其副本样品 KS101C2d、KS101C3 和 K2C2 具有较低的单金刚烷/双金刚烷（A/D）和甲基单金刚烷/甲基双金刚烷（MAs/MDs），分别介于 0.00～0.11 和 0.19～0.33。然而，其他的 21 个原油样具有较高的 A/D 和 MAs/MDs，分别介于 0.60～8.60 和 2.18～16.73[图 4.17(b)]。油样 KZ104C 及其副本样品 KZ104Cd 的 4-+3-MD 浓度分别为 14 ppm 和 15 ppm，A/D 分别为 2.00 和 2.11，MAs/MDs 分别为 5.48 和 5.01。油样 KS102C2 及其副本样品 KS101C2d 的 4-+3-MD 浓度分别为 2680 ppm 和 2523 ppm，A/D 皆为 0.10，MAs/MDs 分别为 0.28 和 0.33。

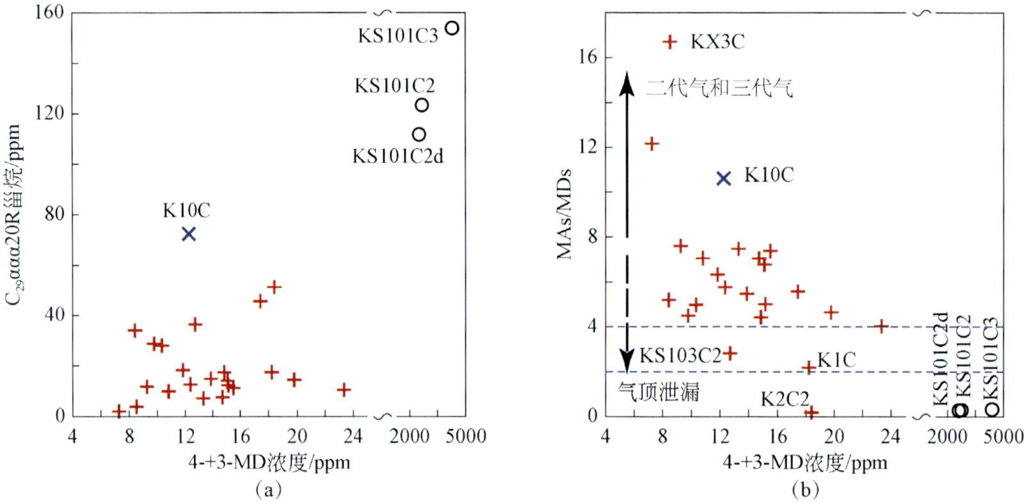

图 4.16 4-+3-MD 浓度和 $C_{29}\alpha\alpha\alpha$20R 甾烷（a）及甲基单金刚烷/甲基双金刚烷（MAs/MDs）（b）相关关系图

本书认为造成柯克亚凝析油藏金刚烷类化合物分布和浓度的较大差异是由晚期气体的充注，而不是早期原油自身携带导致。金刚烷类化合物分布和浓度的巨大差异不可能由于烃源岩的相态差异和成熟度差异造成，而是由于柯克亚背斜内储层晚期气体的充注和气顶气体的泄漏造成。

4）气体充注和气顶的泄漏对金刚烷类化合物分馏的影响机理

为了更好地解释柯克亚油气田金刚烷类化合物分馏作用机理，对油气藏和充注气体类型进行定义和区分（图 4.17）。原生气是来源于深部石炭系—二叠系烃源岩在过成熟阶段生成的气体（图 4.17）。这部分原生气溶解的液态烃（凝析油）含有高浓度金刚烷类化合物，其浓度由烃源岩内干酪根类型、岩相和成熟度决定。在过成熟气体充注之前，柯克亚油气田内各油气藏只充注了生油窗范围内未裂解的原油。首先把经历原生气充注的深部油气藏定义为油气藏 A（图 4.17）。原生气内溶解了高浓度金刚烷类化合物的液态烃组分与油气藏 A 内早期原油混合，导致该油气藏原油金刚烷类化合物浓度升高。原生气体持续不断地充注使得油气藏 A 形成了气顶，把油气藏 A 气顶的气体定义为二代气（图 4.16）。二代气中溶解的液态烃组分金刚烷化合物浓度远低于原生气，但是显著高于原生气充注前的初始原油。此外，由于分子量较小的单金刚烷和甲基单金刚烷更趋向于进入气相中，而分子量较大的双金刚烷和甲基双金刚烷更趋向于进入液相中（Moldowan et al.，2015；Chakhmakhchev et al.，2017），二代气中溶解的液态烃组分中 A/D 和 MAs/MDs 高于原生气和充注后的油层。油气藏 A 的盖层封闭性遭受间歇性破坏时，油气藏 A 的气顶气（二代气）就会泄漏。原生气持续不断地充注和气顶气间歇性地泄漏，会使得油气藏 A 油层内原油金刚烷化合物浓度不断升高，而 A/D 和 MAs/MDs 不断地降低。来自深部 6651～6835 m 白垩系储层的油样 KS102C2、KS101C2d 和 KS101C3 具有极高的 4-+3-MD 浓度，介于 2523～4296 ppm，和较低的 A/D 和 MAs/MDs，介于 0.10～0.11 和 0.28～0.33［图 4.15（b）］。这三个原油样的成因可以用原生气充注油气藏 A 和其气顶气（二代气）间歇性泄漏的机制来解释（图 4.17）。这三个原油样具有极高的金刚烷类化合物浓度和极低的 A/D 和 MAs/MDs，说明它们的油气藏经历了大量原生气充注和严重的气顶泄漏。

当二代气从油气藏 A 泄漏向上运移充注进入浅层油气藏后，把该浅层油气藏定义为油气藏 C，其形成的气顶气定义为三代气（图 4.17）。二代气中溶解的液态烃组分和初始原油混合，造成油气藏 C 内金刚烷类化合物浓度升高。三代气中溶解的液态烃组分金刚烷类化合物浓度低于二代气，但是高于油气藏 C 内的初始原油。由于油气藏 C 内的温度和压力相对油气藏 A 降低，金刚烷化合物组分在气液两相的分馏效应增强，导致三代气溶解的液态烃组分的 A/D 和 MAs/MDs 相对二代气更高。持续不断地二代气充注和三代气泄漏导致油气藏 C 内油层相对较高的金刚烷化合物浓度和较低的 A/D 和 MAs/MDs。来自 3319～3326 m 的西河甫组（N_1x）油样 K2C2 正好与油气藏 C 情况相符（图 4.17），其 4-+3-MD 浓度为 18 ppm，A/D 和 MAs/MDs 分别为 0.00 和 0.19［图 4.16（b）］。

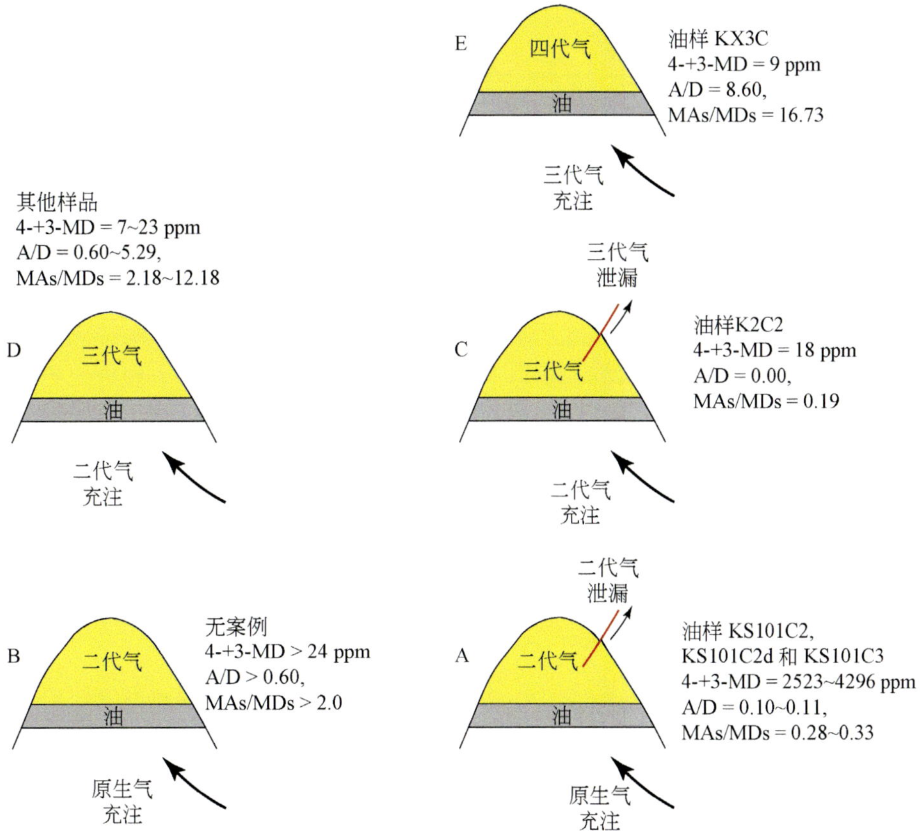

图 4.17 储层气体充注和气顶泄漏模式示意图

当三代气从油气藏 C 泄漏向上运移充注到更浅的油气藏后，把该浅层油气藏定义为油气藏 E，其形成的气顶气定义为四代气（图 4.17）。对于油气藏 E，其气顶保存完整没有发生泄漏（图 4.17）。与油气藏 A 和 C 相比，油气藏 E 现今原油有较低的 4-+3-MD 浓度和较高的 A/D 和 MAs/MDs。来自 3765～3820 m 的西河甫组油样 KX3C 正好符合油气藏 E 的情况（图 4.16），其 4-+3-MD 浓度为 9 ppm，A/D 和 MAs/MDs 分别为 8.60 和 16.73（图 4.17）。但是，充注 KX3C 油气藏的晚期气体并不是来源于 K2C2 油气藏泄漏的三代气（图 4.17），而是来源于与 K2C2 油气藏金刚烷分布特征类似，但深度大于 3765～3820 m 的油气藏 C。

除了 5 个原油样 KS102C2、KS101C2d、KS101C3、K2C2 和 KX3C，剩下的原油样的 4-+3-MD 浓度介于 7～23 ppm，而 A/D 和 MAs/MDs 分别介于 0.60～5.29 和 2.18～12.18。这些油样所代表的油气藏可归类到油气藏 D 中，它们经历了二代气充注但是没有出现或者仅出现少量盖层气体泄漏，或者介于油气藏 D 与 E 之间具有相对较高的 A/D 和 MAs/MDs，或者介于油气藏 D 与 C 之间具有相对较低的 A/D 和 MAs/MDs。这 24 个原油样没有出现属于油气藏 B 的情况，即发生了原生气充注但是没有发生气顶泄漏的情况（图 4.16）。油气藏 B 中的原油应该会有与油气藏 A 相当的较高的 4-+3-MD 浓度，但是比油气藏 A 更高的 A/D 和 MAs/MDs（图 4.17）。总的来说，油气藏中原油 4-+3-MD 浓度随着晚期过成熟气体充注而增加，尤其是原生气充注［图 4.16（b）和图 4.17］。而 A/D 和 MAs/MDs 随二代气和三代气充注程度增加而增加，随气顶泄漏程度增加而降低［图 4.16（b）和图 4.17］。

三、小　　结

根据塔中和塔北原油 C_{23} 三环萜烷/(C_{23} 三环萜烷+C_{30} 藿烷)与甾烷、萜烷浓度图版，将甾烷、萜烷分为成熟度不同的三类：第一类化合物浓度降低较快，热稳定性相对较低；第二类化合物浓度降低较慢，热稳定性中等；第三类化合物浓度先增高、后降低，降低速率低于前两类化合物浓度，热稳定性较高。基于第一、三类指标构建的 C_{23} 三环萜烷/(C_{23} 三环萜烷+C_{30} 藿烷)，则是基于第一类与第三类化合物之间的热稳定性差异具有更好的成熟度判识应用效果。在此基础上，构建生物标志化合物浓度与成熟度比值图版，利用该图版对塔中、塔北实际油藏进行实例研究，将塔中、塔北原油划分为四类油分别代表不同成熟度阶段充注的原油，并恢复了油藏充注与混合过程。在塔中和塔北地区至少可识别四期油气充注：第一期充注的Ⅰ类原油具有较高的生物标志化合物浓度，形成于生油窗生油早期至高峰期；第二期充注的Ⅱ类原油具有较高成熟度和相对较低的生物标志化合物浓度，形成于生油窗生油晚期；第三期充注的Ⅲ类原油不含生物标志化合物。浓度低于检测门限，形成生油窗末期至凝析油-湿气阶段；第四期充注以干气为主，并携带着高浓度金刚烷。在塔北地区以第一期和第二期充注为主，部分区域第四期充注比较明显。而在塔中地区油气藏则具有比较广泛的四期充注。塔中原油普遍含有高含量的金刚烷浓度（图 4.18），塔北地区原油金刚烷浓度普遍低于塔中地区原油，这表明塔中地区广泛存在第四期天然气充注。原油金刚烷浓度空间分布特征展示断层尤其是北东走向的断层控制了晚期油气运移和充注。

通过剖析塔里木盆地柯克亚凝析气田不同含油层生物标志化合物、金刚烷和多环芳烃化合物的浓度和组成分布的差异，揭示晚期气体充注和气顶泄漏对油藏不同分子量金刚烷组分分馏的控制作用，恢复了晚期天然气充注和气顶泄漏成藏模式，建立了甲基双金刚烷浓度与甲基单金刚烷/甲基双金刚烷图版，利用该图版可以评估晚期不同类型气体充注规模和气顶泄漏程度。

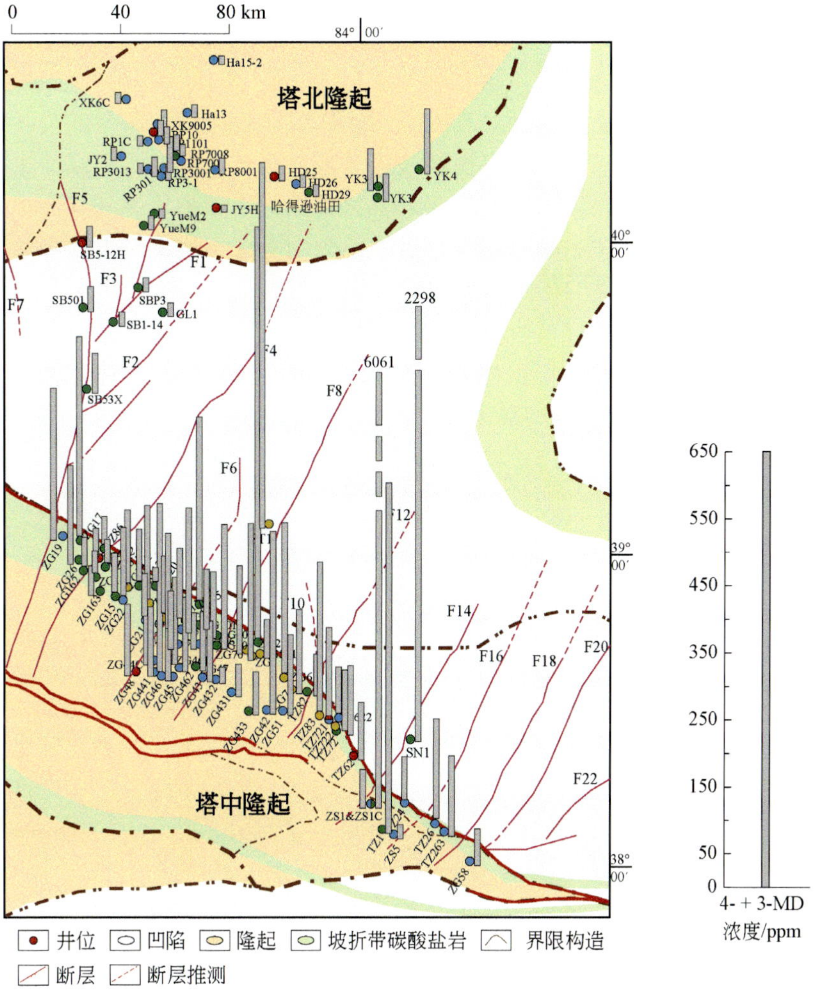

图 4.18　塔北和塔中原油金刚烷浓度空间分布特征

第二节　塔里木台盆区深层油气成因与成藏示踪

一、塔北地区油气成因与成藏过程

（一）塔北隆起原油来源与烃源岩岩相特征

1. 塔北原油生物标志化合物与烃源岩岩相特征

塔里木盆地克拉通地区发现了大量石油，尽管烃源岩位于总厚度超过 5 km 的寒武系和奥陶系中，但其来源仍有较大争议。根据 24-异丙基胆甾烷、24-二甲基胆甾烷、三芳甲藻甾烷和-4 甲基-24-乙基胆甾烷等生物标志化合物的分布，前人认为塔中和塔北隆起海相油绝大部分来源于中上奥陶统烃源岩（Hanson et al.，2000；Zhang et al.，2000；张水昌等，2001，2002，2004）。基于硫同位素和芳基类异戊二烯类化合物的研究，这些海相原油主要来源于寒武系—下奥陶统海相地层，特别是下寒武统玉尔吐斯组烃源岩（Sun et al.，2003；Cai et al.，2009，2015；Zhu et al.，2018）。基于原油及储层不同赋存状态，油组分的伽马蜡烷/C_{31}藿烷、C_{28}/(C_{27}+C_{28}+C_{29})甾烷比值和正构烷烃单体碳同位素分析，Yu 等（2011，2012）认为塔北隆起海相原油绝大部分来源于中上奥陶统烃源岩，而塔中隆起海相原油来自中上奥陶统和寒武系烃源岩两套烃源岩。Huang 等（2016）提出，塔中和塔北隆起原油常规萜烷和甾烷、正构烷烃分布、碳同位素和多环芳烃组成参数主要受热演化、生物降解和火成岩侵入或热液活动异常加热等因素的影响，而非烃源岩岩相。

生物标志化合物之间的浓度线性相关决定系数 R^2 反映了生物标志化合物的烃源岩岩相和热稳定性的异同，通过对常规生物标志化合物（如萜烷和甾烷类化合物）之间的浓度线性相关 R^2 系统分析，可以进一步研究塔北隆起烃源岩的地球化学和岩相变化特征。

图 4.19～图 4.21 展示了塔北 21 个常见的三环萜烷、五环萜烷与甾烷生物标志化合物

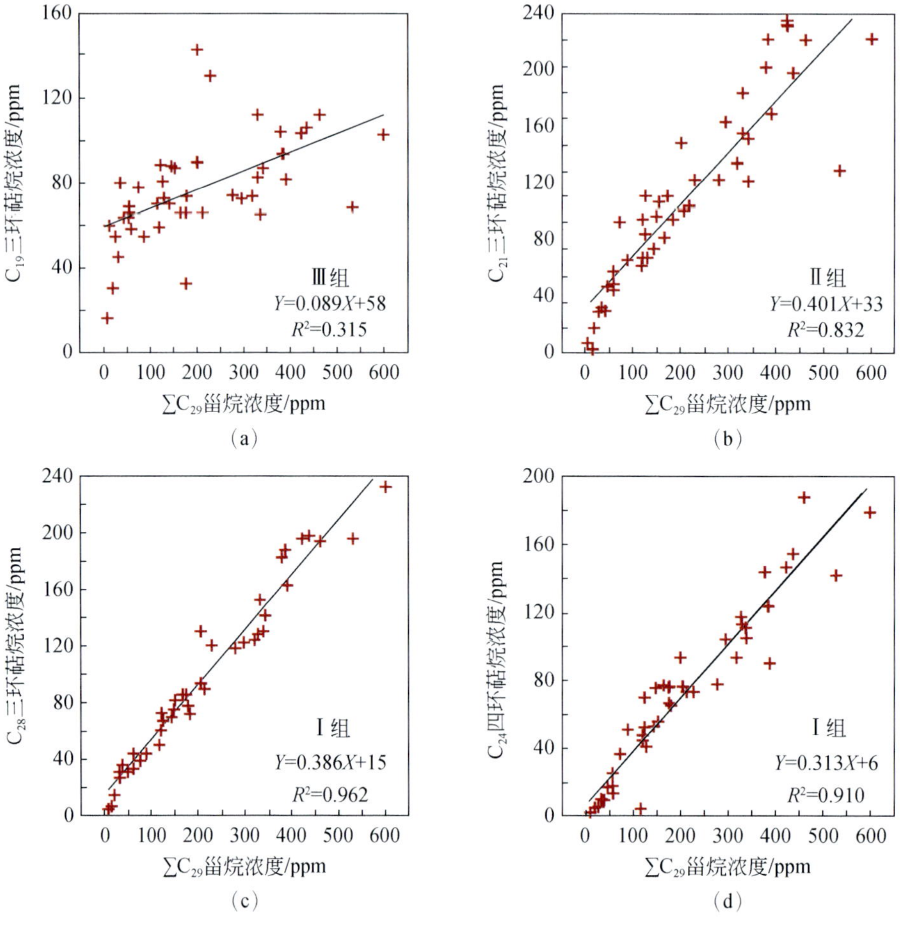

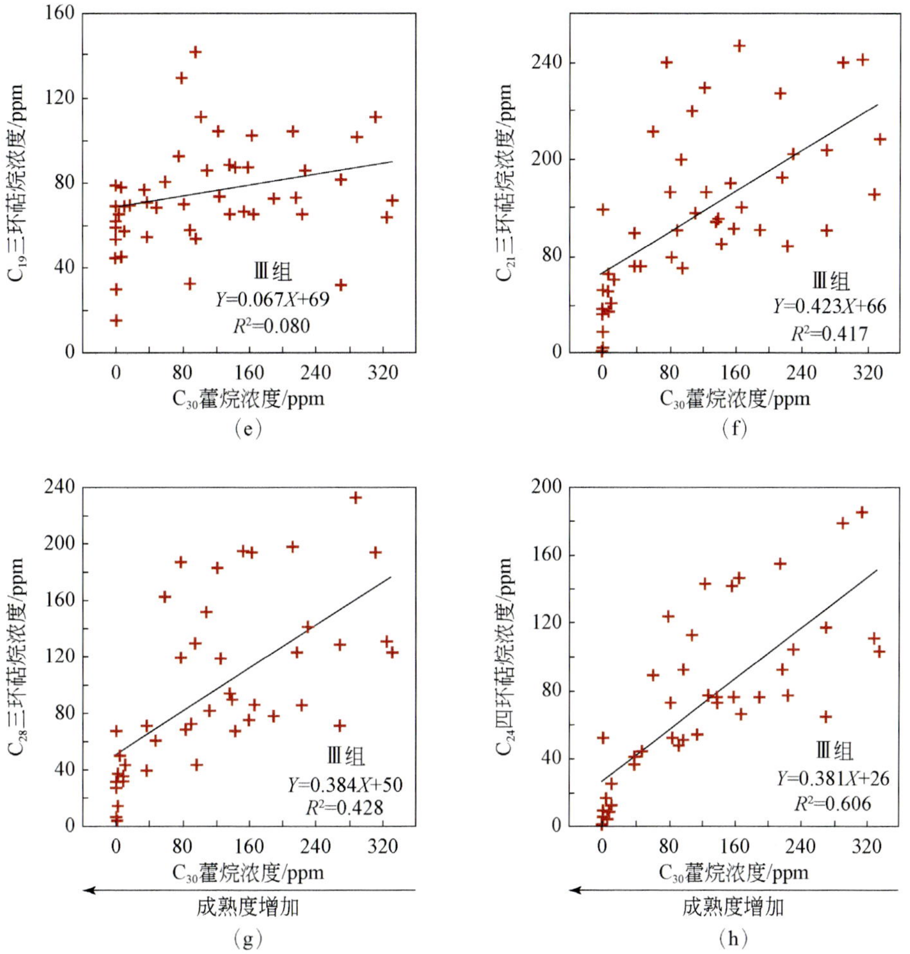

图 4.19　塔北原油部分甾萜浓度相关关系 1

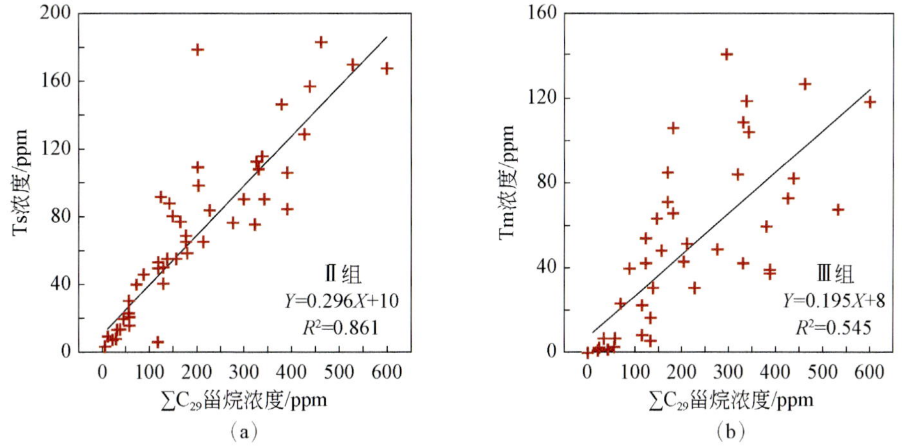

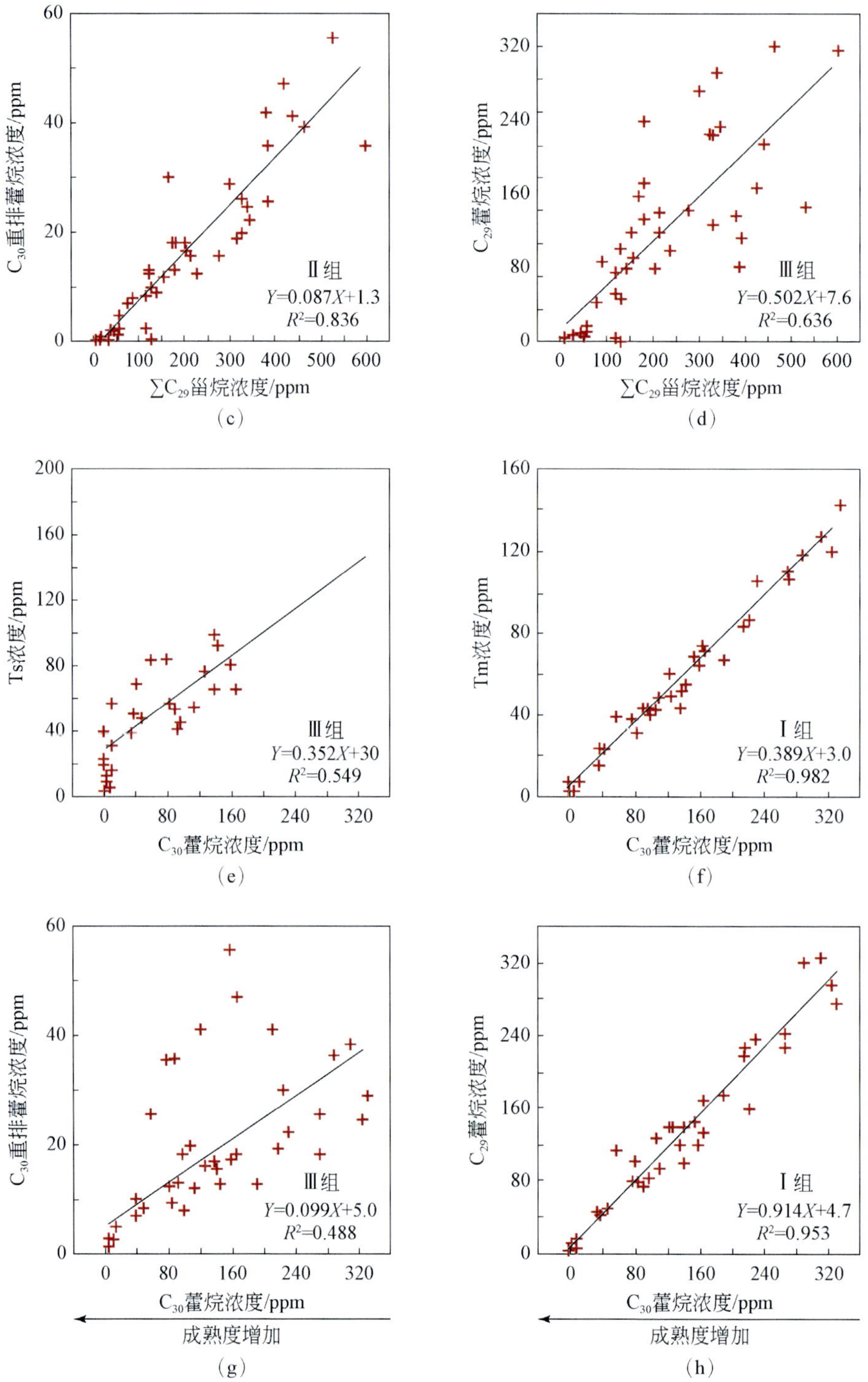

图 4.20　塔北原油生物标志化合物浓度相关关系 2

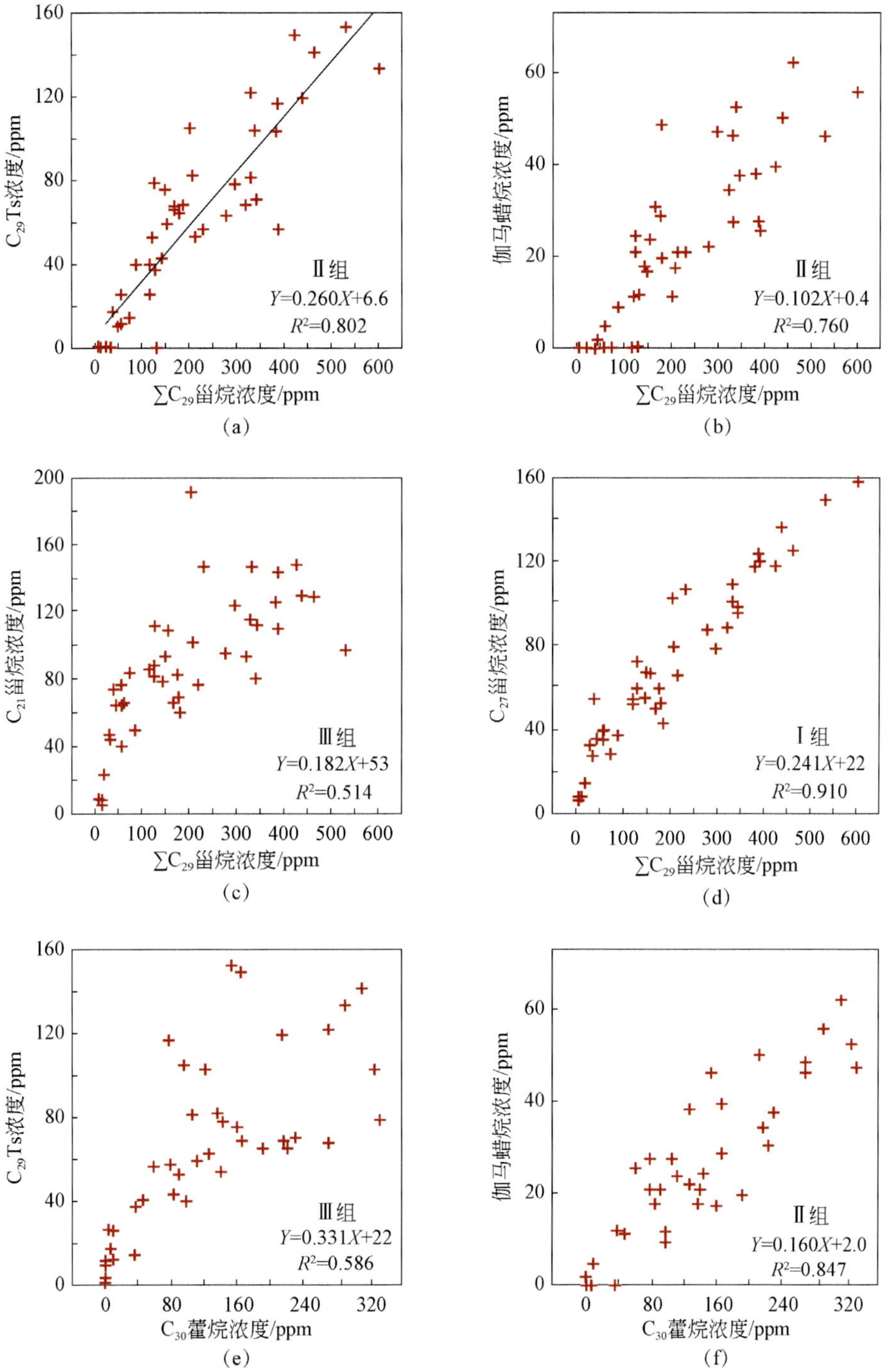

C29 Ts浓度/ppm
∑C29甾烷浓度/ppm
Ⅱ组
Y=0.260X+6.6
R2=0.802
(a)
伽马蜡烷浓度/ppm
∑C29甾烷浓度/ppm
Ⅱ组
Y=0.102X+0.4
R2=0.760
(b)
C21甾烷浓度/ppm
∑C29甾烷浓度/ppm
Ⅲ组
Y=0.182X+53
R2=0.514
(c)
C27甾烷浓度/ppm
∑C29甾烷浓度/ppm
Ⅰ组
Y=0.241X+22
R2=0.910
(d)
C29 Ts浓度/ppm
C30藿烷浓度/ppm
Ⅲ组
Y=0.331X+22
R2=0.586
(e)
伽马蜡烷浓度/ppm
C30藿烷浓度/ppm
Ⅱ组
Y=0.160X+2.0
R2=0.847
(f)

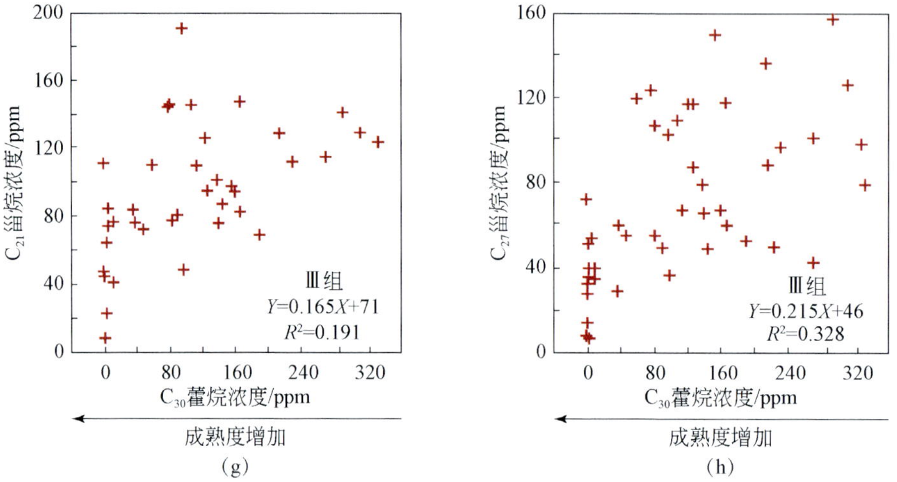

图 4.21　塔北原油生物标志化合物浓度相关关系 3

浓度之间的相关关系。45 个塔北原油样的 210 对生物标志化合物对中，51 对浓度线性相关 R^2>0.90，相关性极好，属Ⅰ型，70 对 R^2 介于 0.70～0.90，相关较好，属Ⅱ型。其余 89 对 R^2<0.70，相关性较差，归为Ⅲ型。塔北大量的Ⅰ型和Ⅱ型对（121 对）表明，塔北原油中的萜烷和甾烷主要来自高度均质化的单一烃源岩岩相，与先前的研究一致（Yu et al., 2011，2012）。

2. 塔北原油正构烷烃单体碳同位素特征

塔中原油的正构烷烃单体碳同位素组成分布范围较宽，整体上原油单体碳 $\delta^{13}C$ 主体介于–36‰～–29‰［图 4.22（a）］。与塔中原油正构烷烃单体碳同位素分布范围相比，塔北原油正构烷烃单体碳同位素组成分布范围相当集中，主体分布在–35.00‰～–33.00%［图 4.22（b）］。在第四章的第一节关于生物标志化合物浓度和成熟度指标图版对塔中和塔北的原油成熟度

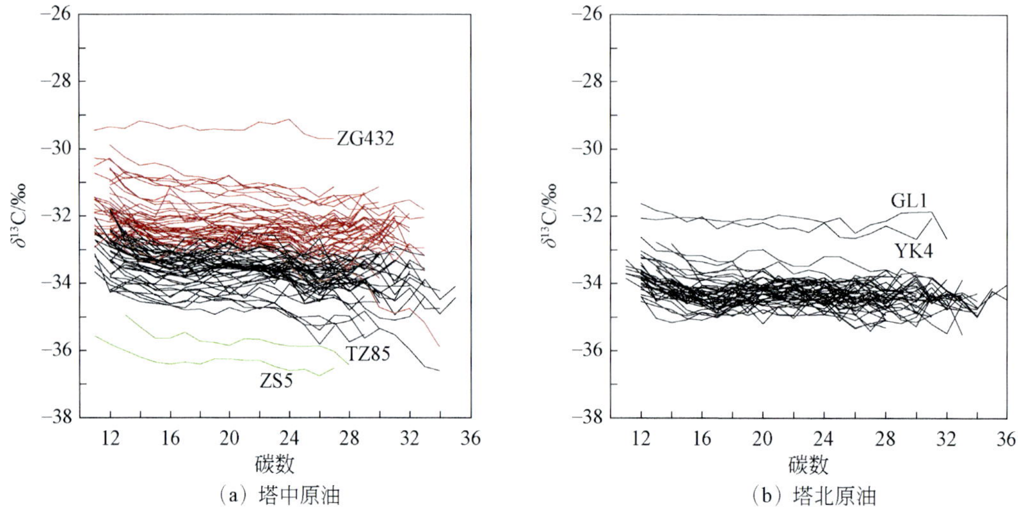

图 4.22　塔中、塔北原油正构烷烃单体碳分布特征图

评估表明，塔北原油成熟度分布范围较宽，从生油高峰的正常油到生油窗晚期的高成熟油均有分布，而塔北原油单体碳同位素分布则十分集中，这进一步表明塔北原油的烃源岩岩相十分均一。

3. 塔北原油来源

苏盖特布拉克和什艾日克是位于塔里木盆地西部柯坪地区的下寒武统典型剖面（Zhu et al.，2019）。在西部缓坡沉积相带中发育的下寒武统玉尔吐斯组烃源岩抽提物具有高的伽马蜡烷/C_{31}藿烷和$C_{28}/(C_{27}+C_{28}+C_{29})$甾烷（图 4.23）。在塔北隆起轮探 1 井中，下寒武统烃源岩发育在深水斜坡沉积相带，其伽马蜡烷/C_{31}藿烷和$C_{28}/(C_{27}+C_{28}+C_{29})$甾烷较高。在盆地东部隆起中，米兰 1 井和英东 2 井发育在深海大陆架相带，这两口井的下寒武统烃源岩抽提物显示出较高的伽马蜡烷/C_{31}藿烷和$C_{28}/(C_{27}+C_{28}+C_{29})$甾烷。而塔北原油伽马蜡烷/$C_{31}$藿烷和$C_{28}/(C_{27}+C_{28}+C_{29})$甾烷均较低，集中分布在较窄的范围（图 4.23）。发育在塔中隆起上的塔中 12 井中上奥陶统良里塔格组烃源岩抽提物及干酪根热解产物伽马蜡烷/C_{31}藿烷和$C_{28}/(C_{27}+C_{28}+C_{29})$甾烷较低。通过伽马蜡烷/$C_{31}$藿烷和$C_{28}/(C_{27}+C_{28}+C_{29})$甾烷的对比结果，可以发现塔北原油应该与中上奥陶统烃源岩相匹配。然而，塔中 12 井的烃源岩残余有机碳含量较低，TOC 质量分数仅为 0.20%。同时，目前在塔里木台盆区发现的中上奥陶统烃源岩规模有限，且并非高有机质丰度的优质烃源岩，与当前台盆区资源量不匹配。这表明，研究区塔北隆起的主体原油主要来自一套伽马蜡烷/C_{31}藿烷和$C_{28}/(C_{27}+C_{28}+C_{29})$甾烷较低的烃源岩，这套烃源岩可能发育在寒武系—奥陶系，但也不局限于该层系。

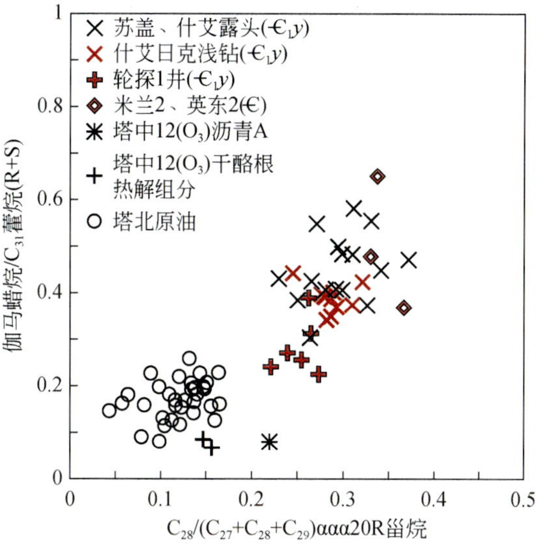

图 4.23 塔中、塔北原油伽马蜡烷/C_{31}藿烷和$C_{28}/(C_{27}+C_{28}+C_{29})$甾烷比值相关关系图

（二）塔北油藏生物降解史与成藏过程

塔里木台盆区油气藏经历多期成藏和各种后期改造过程，而生物降解作用对海相原油的影响最为深刻，形成了在塔中和塔北隆起区广泛分布的志留系沥青砂。此外，塔北隆起区的原油，尤其是塔河油田的原油普遍具有生物降解特征，为生物降解油与未降解原油的混合

物。在 20 世纪 90 年代及之前，一般认为原油生物降解作用和沥青砂的形成与构造运动（抬升剥蚀）密切相关，油藏暴露于地表或在浅层受地表水的冲洗，使原油遭受生物降解。而在 2000 年之后，对原油生物降解的认识发生了根本性地变化，认为原油生物降解发生在厌氧环境下由厌氧菌作用完成，而不是在氧化环境下由嗜氧菌作用完成。因此，塔里木盆地志留系油藏的生物降解作用与沥青砂的形成不仅发生于泥盆纪抬升剥蚀阶段，也可能发生于抬升剥蚀之后储层重新埋藏阶段，只要储层经历的地温低于 80℃。确定塔里木台盆区海相原油生物降解发生的时间和控制因素，对于认识生物降解原油和正常原油的来源是十分重要的。

大量研究表明，油气包裹体成分分析和含油储集岩连续抽提是恢复油藏初始注入原油地球化学特征、合理评价油藏油源的有效方法。应用含油储集岩各类油气组分分子地球化学分析数据，结合油源对比、烃源岩生烃史和储层热史分析，进一步探讨塔中和塔北隆起区海相原油的生物降解史。恢复原油生物降解史对于认识台盆区海相油气生成、聚集成藏和后期改造的整个过程具有重要意义。

塔河油田是塔里木盆地最大的油田，储量可达 10 亿 t，其中三分之二的储量来自奥陶系碳酸盐岩油藏。典型的塔河油田原油，尤其是奥陶系碳酸盐岩油藏中的原油为生物降解油与未降解油的混合物。这些油的气相色谱图同时具有生物降解大鼓包和分布完整的正构烷烃的特征（图 4.24）。

塔河油田奥陶系碳酸盐岩油藏原油主要储存在古溶洞中，这些溶洞是多期岩溶作用的结果。前人的研究已划分出两期主要的岩溶作用期：中加里东期和早海西期。中加里东期岩溶作用还可以进一步分为三幕：①中奥陶世晚期至晚奥陶世早期；②晚奥陶世中—晚期；③晚奥陶世晚期。早海西期岩溶作用发生在中泥盆世至早石炭世，强度大，持续时间长，不仅新形成了一大批溶洞，而且对中加里东期形成的溶洞进行了强烈改造。因此，早海西期岩溶作用对塔河油田奥陶系碳酸盐岩储层缝-洞孔隙结构的形成更加重要。

前人研究认为奥陶系碳酸盐岩油藏为多期充注。王铁冠等认为主要为两期充注，分别为中晚志留世（429～415 Ma）和中新世—上新世（8～2 Ma）。第一期充注的原油已遭受严重生物降解，而第二期充注的原油没有遭受生物降解，现今原油为典型生物降解油与未降解油的混合物（Wang et al.，2008）。顾忆等（2007）认为有五期有效的油气充注，第一期发生在石炭纪至二叠纪（晚海西期），第二期主要发生在白垩纪（印支期—燕山期），后面的三期均发生在新生代（喜马拉雅期）。在这五期油气充注中，晚海西期油气充注是主要的一期，但油气充注后遭受生物降解，并且由于盖层封闭性较差，部分油气可能散失。至于塔河油田发生在晚加里东期至早海西期之间（从中奥陶世至晚泥盆世），早期充注的原油已经完全被破坏，变成奥陶系碳酸盐岩储层中储层沥青和志留系沥青砂。

据此认为，顾忆等（2007）对塔河油田油气充注的认识比较合理。但是，控制奥陶系碳酸盐岩油藏原油生物降解的主要因素是石炭纪至新生代储层的温度，而不是盖层的封闭性。根据储层温度，可以将奥陶系碳酸盐岩油藏油气充注与生物降解划分为两个阶段（图 4.24）：①由于储层温度低，从石炭纪至白垩纪充注的原油已遭受严重的生物降解，形成生物降解油；②由于储层温度高，从晚白垩世至现今充注的原油不发生生物降解，为正常油，主要是轻质油。

塔北地区塔河油田奥陶系油藏以及之上的志留系、泥盆系、石炭系和三叠系砂岩油藏中的原油一般表现为生物降解油与未降解油的混合（图 4.24），从自由态、束缚态到包裹体饱和烃色谱图中的降解大鼓包（UCM）逐渐变得更加显著（图 4.25），表明早期充注的油气组分遭受严重的生物降解，晚期充注的原油未遭受生物降解。结合塔河油田 S99 井埋藏史和热史（图 4.26），可以推断奥陶系碳酸盐岩油藏未遭受生物降解的原油充注时间为古新世之后，志留系和泥盆系砂岩储层未遭受生物降解的原油充注时间为始新世之后，石炭系砂岩储层未遭受生物降解的原油充注时间为渐新世之后。揭示储层热史与原油生物降解的关系对于推断原油充注期乃至油源具有重要意义。

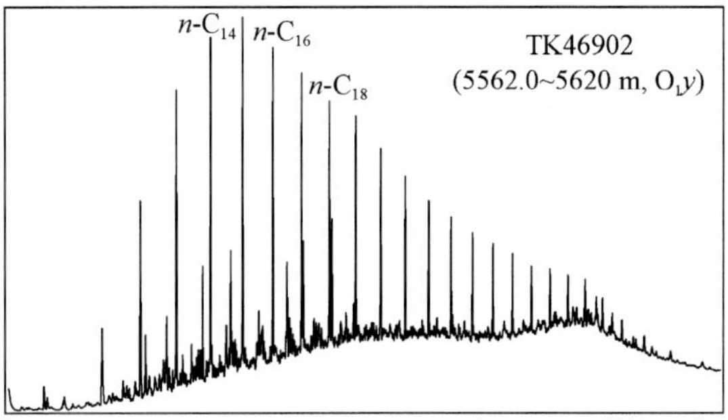

图 4.24　塔河油田奥陶系碳酸盐岩油藏原油样 TK46902 饱和烃色谱图

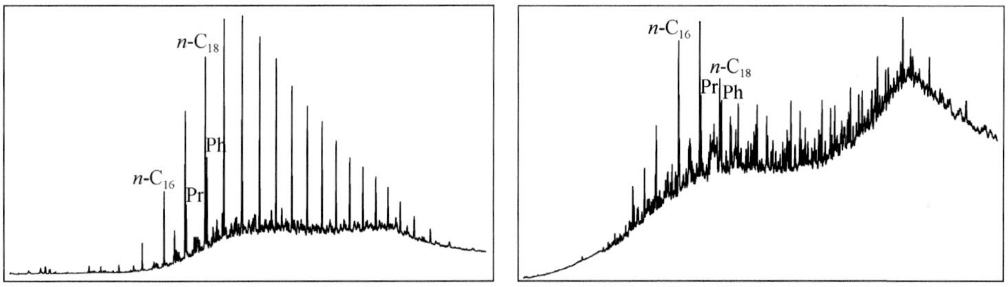

（a）自由态(S99-1a)　（b）包裹体(S99-1a)

图 4.25　塔河油田 S99 井奥陶系砂岩储层各类油气组分饱和烃色谱图

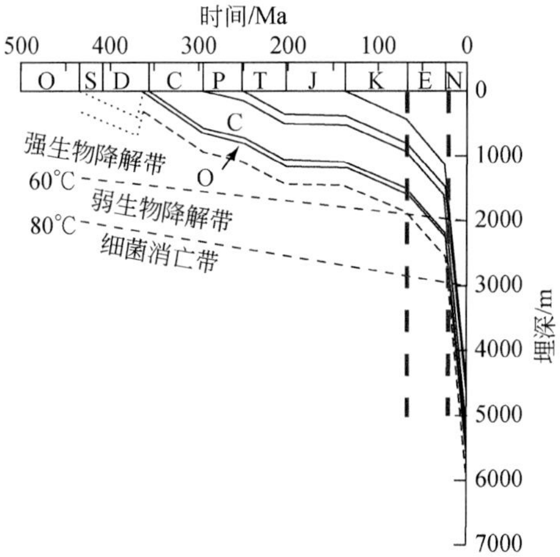

图 4.26　塔河油田 S99 井沉积埋藏史和热史

二、塔中地区油气成因与成藏过程

（一）塔中原油的来源及烃源岩相特征

1. 塔中原油生物标志化合物与烃源岩岩相特征

前文已述，塔北原油常见的21个甾萜烷生物标志物之间的浓度线性相关性较好，反映了塔北原油中的萜烷和甾烷主要来自高度均质化的单一来源。与塔北原油相比，77个塔中原油样的210对生物标志化合物对中，$R^2>0.90$的有13对，属于Ⅰ型；47对R^2介于0.70～0.90，属于Ⅱ型；其余171对的$R^2<0.70$，属于Ⅲ型。塔中原油中Ⅰ型和Ⅱ型生物标志化合物对较少，相应的Ⅲ型生物标志化合物对较多。这一结果表明塔中原油来自非均一岩相的烃源岩或来自不同烃源岩。这一结果进一步支持了以往研究（Pan and Liu，2009；Li et al.，2010，2015；Yu et al.，2011，2012）。

前人研究表明，具有较高C_{24}四环萜烷相对含量的原油可能来源于碳酸盐岩和蒸发岩相烃源岩（Palacas，1984；Connan et al.，1986）。部分塔中原油样的C_{24}四环萜烷相对含量明显高于塔北原油样（图4.27），塔中原油可能来源于碳酸盐岩和蒸发岩相烃源岩。此外，相对塔北原油，塔中原油样的C_{24}四环萜烷/(C_{24}四环萜烷+ΣC_{29}甾烷)和C_{24}四环萜烷/(C_{24}四环萜烷+ΣC_{27}重排甾烷)、Ts/(Ts+ΣC_{29}甾烷)和Ts/(Ts+ΣC_{27}重排甾烷)、C_{29}Ts/(C_{29}Ts+ΣC_{29}甾烷)和C_{29}Ts/(C_{29}Ts+ΣC_{27}甾烷)，均变化范围较宽［图4.27（b）］，主要是由于部分塔中原油样中C_{24}四环萜烷、Ts和C_{29}Ts的含量高于塔北原油样。这一结果表明塔中原油来自非均一岩相的烃源岩或来自不同烃源岩。

塔中原油的正构烷烃单体碳同位素组成分布范围较宽，原油样ZG432具有最重的正烷烃单体碳同位素组成，$\delta^{13}C$介于–29.70‰～–29.12%。原油样ZS5O1具有最轻的正构烷烃单体碳同位素组成，$\delta^{13}C$介于–36.77‰～–35.57%。其他塔中原油样正构烷烃单体碳同位素组成介于这两个原油样之间，整体上塔中原油样的单体碳$\delta^{13}C$介于–36‰～–29‰［图4.22（a）］。与塔北原油较窄的正构烷烃单体碳同位素组成分布范围相比，塔中原油分布范围较宽，超过了正常生油窗范围内因成熟度作用引起的碳同位素分馏范围3‰，这进一步支持了根据甾萜烷生物标志化合物浓度相关性分析得到的结论，即塔中原油来自非均一岩相的烃源岩或来自不同层系的烃源岩。

2. 塔中原油来源

前文已述，塔里木盆地不同沉积相带发育的寒武系烃源岩抽提物均具有较高的伽马蜡烷/C_{31}藿烷和C_{28}/(C_{27}+C_{28}+C_{29})甾烷，塔北原油这两个比值均较低，区别于寒武系烃源岩（图4.23）。与塔北原油分布范围相比，绝大多数塔中原油伽马蜡烷/C_{31}藿烷和C_{28}/(C_{27}+C_{28}+C_{29})甾烷较低，与塔北原油分布范围一致，但有少部分原油这两个比值较高，与寒武系烃源岩分布范围接近，如TZ452、TZ62、TZ24和TZ724（图4.28）。这四个原油具有较高的C_{30}藿烷浓度和较低的C_{23}三环萜烷/(C_{23}三环萜烷+C_{30}藿烷)，按照生物标志化合物浓度与比值图版划分为原油类型中的Ⅰ类油，即生油高峰阶段生成的正常成熟度原油［图4.10（a）］。较高的生物标志化合物浓度表明，这几个原油中的高的伽马蜡烷和C_{28}甾烷相对含量不是运移污染造成的，因此这几个原油样应该来自寒武系烃源岩生成的原油。其他塔中原油样

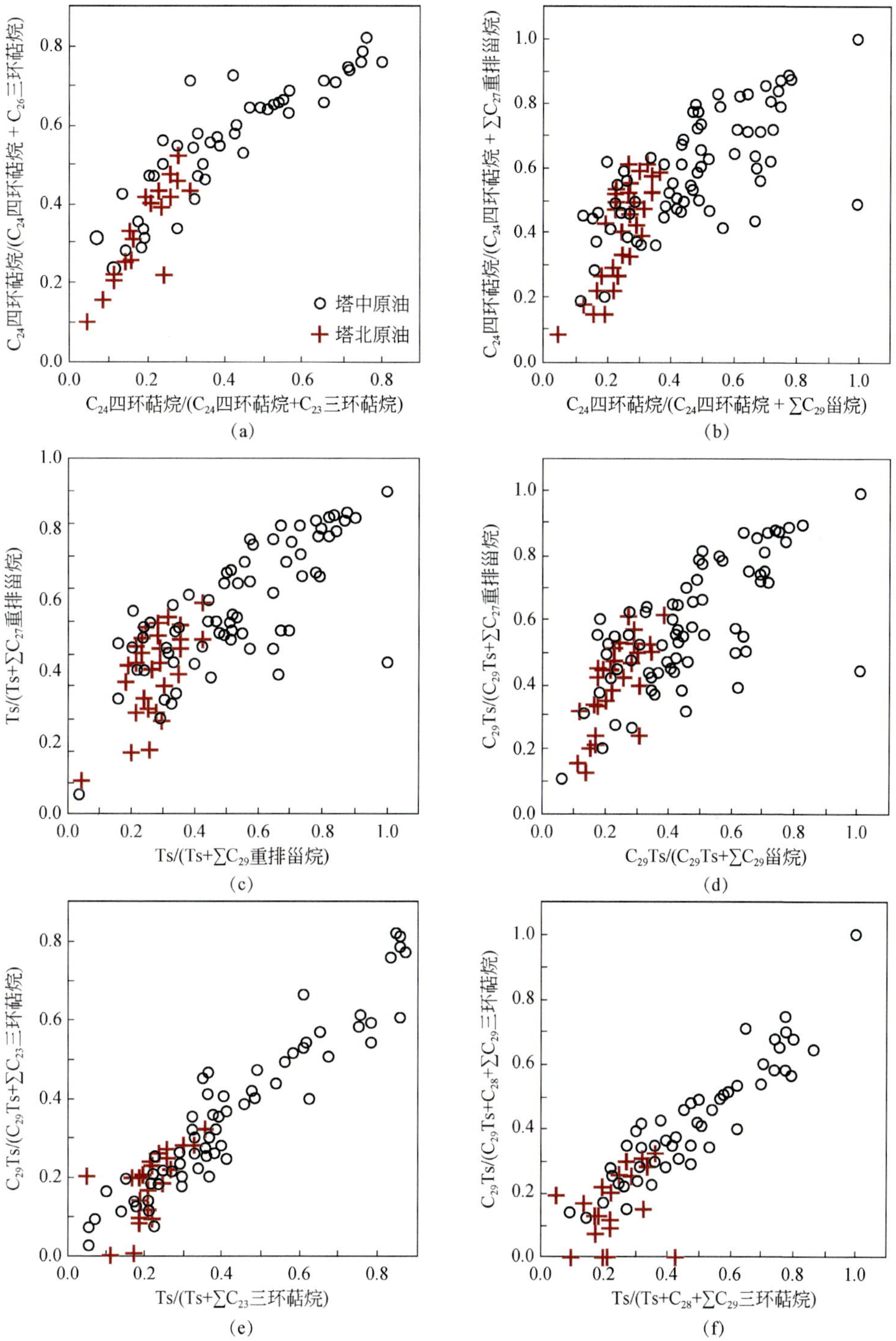

图 4.27 与烃源岩相相关的生物标志化合物指标相关关系图

(a) C_{24}四环萜烷/(C_{24}四环萜烷+ C_{23}三环萜烷)与C_{24}四环萜烷/(C_{24}四环萜烷+C_{26}三环萜烷)相关关系图；(b) C_{24}四环萜烷/(C_{24}四环萜烷+ Σ C_{29}甾烷)与C_{24}四环萜烷/(C_{24}四环萜烷+ Σ C_{27}重排甾烷)相关关系图；(c) Ts/(Ts+ Σ C_{29}重排甾烷)与Ts/(Ts+ Σ C_{27}重排甾烷)相关关系图；(d) C_{29}Ts /(C_{29}Ts + Σ C_{29}甾烷)与C_{29}Ts/(C_{29}Ts+ Σ C_{27}重排甾烷) 相关关系图；(e) Ts/(Ts+ Σ C_{23}三环萜烷)与C_{29}Ts/(C_{29}Ts+ Σ C_{23}三环萜烷)相关关系图；(f) Ts/(Ts+C_{28}+ Σ C_{29}三环萜烷)与C_{29}Ts/(C_{29}Ts+C_{28}+ Σ C_{29}三环萜烷)相关关系图

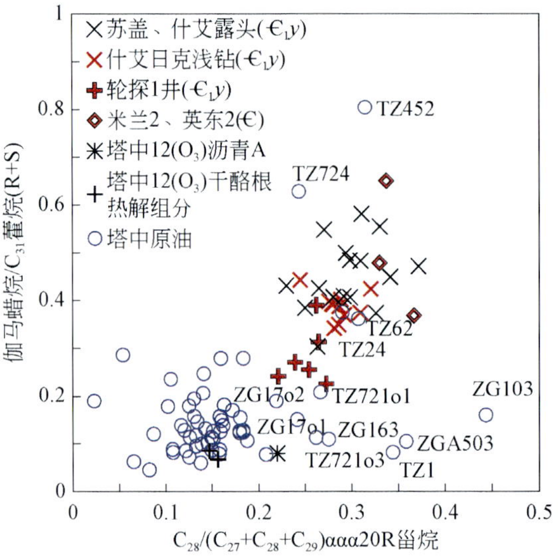

图 4.28　塔中、塔北原油 $C_{28}/(C_{27}+C_{28}+C_{29})$ααα20R 甾烷和伽马蜡烷/$C_{31}$ 藿烷(R+S)相关关系图

具有较低的伽马蜡烷/C_{31} 藿烷和 $C_{28}/(C_{27}+C_{28}+C_{29})$甾烷，与塔北原油样一致，是台盆区分布的主体原油，应该来自一套伽马蜡烷和 C_{28} 甾烷含量较低的烃源岩，这套烃源岩可能发育在中上奥陶统层系，但也不局限于该层系。从生物标志化合物参数对比结果来看，进一步表明塔北原油来自均一岩相的烃源岩，而塔中原油来自非均一的岩相或来自不同层系的烃源岩。

目前塔北隆起及顺北地区多口钻井钻揭的中上奥陶统烃源岩 TOC 质量分数均较低，已发现的优质中上奥陶统烃源岩面积和厚度不能匹配台盆区海相原油的资源量。而塔中和塔北油藏中现有原油的生物标志化合物组成特征与寒武系烃源岩不匹配，一方面已揭示的寒武系烃源岩成熟度普遍偏高，导致烃源岩抽提物生物标志化合物的特征代表性存疑，另一方面更可能台盆区原油主体烃源岩岩相仍未被发现，塔北原油来源于此套均一岩相的烃源岩，塔中原油部分来源于此套烃源岩，此外塔中原油还有一套蒸发岩相烃源岩的贡献。

（二）塔中油藏生物降解史与成藏过程

通过对塔中古生界油气藏储层样品的地球化学研究，初步认为，其经历了多次油气充注，在印支期之前充注的原油发生严重生物降解，在喜马拉雅期充注的原油未发生生物降解。

1）塔中隆起区志留系沥青砂生物降解

TZ11 井志留系沥青砂样品 TZ11-2 自由态油气组分饱和烃色谱和 m/z=191、m/z=217 质量色谱图如图 4.29 所示。自由态油气组分明显遭受强烈的生物降解，在饱和烃组分中正构烷烃与类异戊二烯烷烃基本消失。塔里木盆地的现今地温梯度一般为 20℃/km，现今地表温度为 20℃左右。假定从志留纪至现今地表温度均为 20℃，参考已有的盆地古地温研究成果，假定志留纪开始时的古地温梯度为 30℃/km，三叠纪开始时的古地温梯度为

25℃/km，一直降低至现今地温梯度。根据沉积埋藏史，恢复了 TZ11 井地层的热史（图 4.30）。在泥盆纪抬升剥蚀之后，志留系储层的升温速率很低，其古地温在古近纪之前一直低于 80℃。

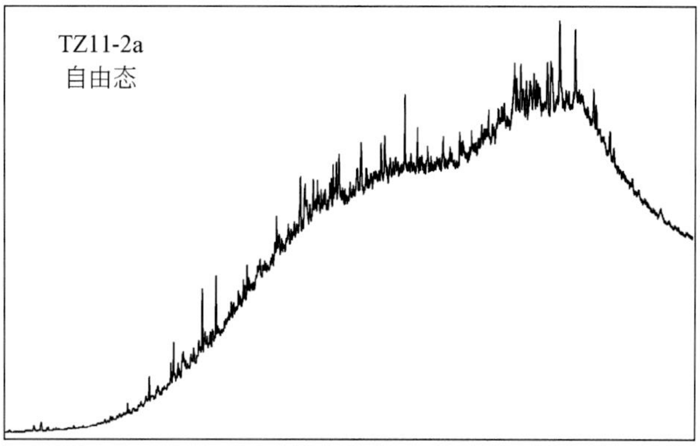

（a）饱和烃色谱

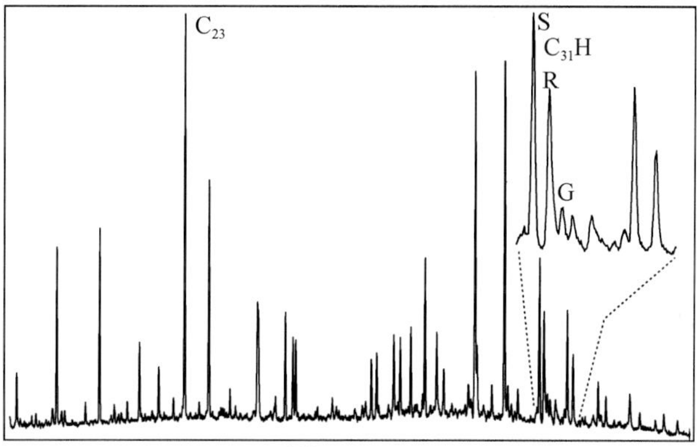

（b）$m/z = 191$

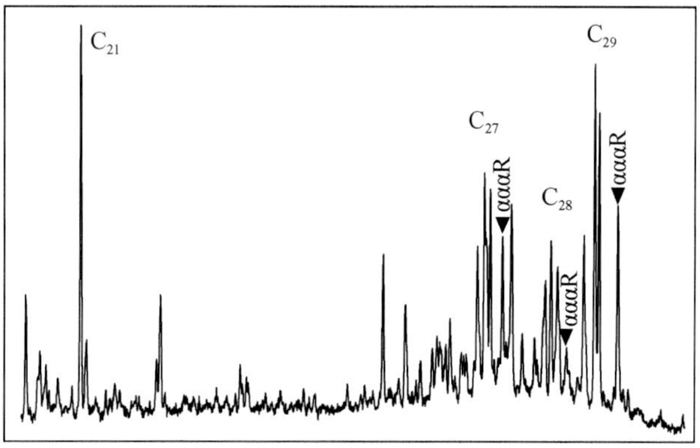

（c）$m/z = 217$

图 4.29　志留系沥青砂样 TZ11-2 饱和烃色谱、m/z=191 和 m/z=217 质量色谱图

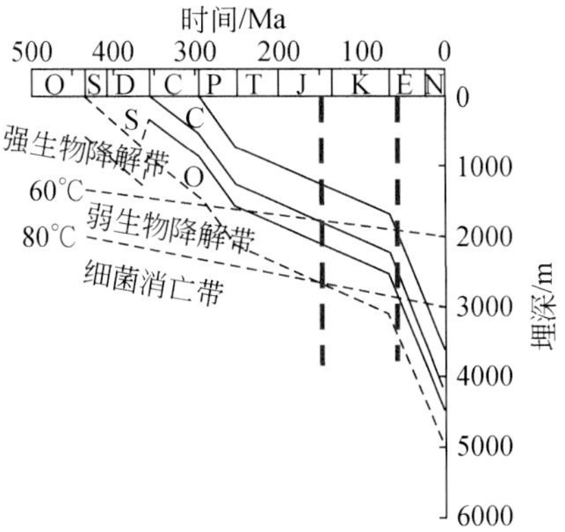

图 4.30 TZ11 井沉积埋藏史和热史

TZ401 井两个志留系沥青砂样 TZ401-3 和 TZ401-4 的自由态油气组分已经遭受了严重的生物降解，正构烷烃和类异戊二烯烷烃已经全部消失。应用连续抽提方法从两个沥青砂样品中分别提取了自由态油气组分、束缚态油气组分和油气包裹体组分。从这些油气组分中均可检测到高含量的 25-降藿烷系列化合物，并且 C_{28} 25-降藿烷/C_{29} 藿烷和 C_{29} 25-降藿烷/C_{30} 藿烷从自由态油气组分、束缚态油气组分至油气包裹体依次增高，如 TZ401-2 沥青砂样自由态组分这两个比值分别为 0.96 和 0.54，束缚态分别为 1.20 和 0.66，包裹体组分分别为 2.26 和 0.93；TZ401-4 沥青砂样自由态组分这两个比值分别为 2.76 和 1.30，束缚态分别为 3.13 和 1.23，包裹体组分分别为 5.78 和 2.17，反映了原油生物降解程度依次增高。这一结果表明这两个沥青砂样经历多期原油充注。油气包裹体含有更多早期充注的原油，而自由态油气组分含有更多晚期充注的原油，束缚态油气组分介于两者之间。与晚期充注的原油相比，早期充注的原油含有更高的 25-降藿烷系列化合物，表明经历了更高程度的生物降解。这一现象反映出早期充注的原油进入储层时，储层埋藏较浅，地温较低，因而更有利于原油生物降解。而晚期充注的原油进入储层时，储层埋藏深度增加，地温增高，相对不利于原油生物降解。进一步推断这两个沥青砂原油充注过程发在泥盆纪抬升剥蚀之后的沉降阶段。塔里木盆地台盆区经历泥盆纪抬升剥蚀之后，在泥盆纪晚期及之后基本处于沉降阶段。在新近纪之前，台盆区沉积速率较低，志留系储层的升温速率也很低（图 4.31）。TZ401 井沥青砂样 TZ401-3 和 TZ401-4 甾烷、萜烷分布特征受生物降解影响发生明显变化，而 TZ11 井沥青砂样 TZ11-2 甾烷、萜烷分布特征几乎没有发生变化，这说明 TZ401 井生物降解程度远高于 TZ11 井。对于这一结果可能有两方面的原因：①TZ401 井志留系储层与 TZ11 井相比沉降速率和升温速率低，更有利于生物降解；②TZ401 井志留系储层原油充注的时间可能比 TZ11 井早，原油充注时储层温度低，更有利于生物降解。

塔里木盆地志留系沥青砂广泛分布于塔中和塔北隆起区，估算在生物降解前沥青砂初始原油储量达 8.6 亿 t。在塔中隆起区沥青砂的分布明显受盖层控制，分布于中志留统塔塔埃尔塔格组下段红色泥岩段以下。这表明在泥盆纪抬升剥蚀过程中，志留系沥青砂古油藏的圈闭体系并未遭受破坏。志留系储层中的原油发生生物降解并形成沥青砂的关键原因在于：在泥盆纪抬升剥蚀之前，以及之后漫长的地质时期，志留系储层一直埋藏较浅，储层温度较低（<80℃），储层中的细菌广泛存在，有利于原油发生生物降解。直至白垩纪或古近纪，志留系储层温度才超 80℃，储层中的细菌不复存在，储层中的原油才不发生生物降解。

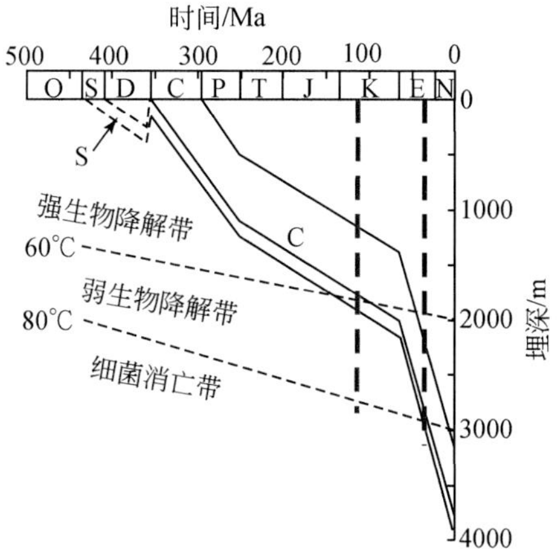

图 4.31　TZ401 井沉积埋藏史和热史

2）塔中隆起区石炭系砂岩油藏生物降解

图 4.32 为 TZ421 井油样 TZ421O（采自 3221～3223.5 m 井段上石炭统砂岩油层）和油砂样 TZ421-1（采自 3221.4 m 上石炭统砂岩油层）自由态组分、束缚态组分和油气包裹体的饱和烃色谱图。从油样、自由态组分、束缚态组分至油气包裹体，色谱图基线或“大鼓包”的高度依次升高。在塔中隆起区其他石炭系油砂样绝大多数也都能观察到这一现象。这一结果表明石炭系砂岩油层初始注入的原油发生了明显的生物降解，而晚期注入的原油没有发生生物降解。以前的研究认为塔中石炭系油藏原油在运聚过程中受到志留系沥青砂生物降解油的混染，因为石炭系砂岩油藏广泛含 25-降藿烷系列化合物。塔中石炭系和志留系砂岩储层原油族组分中胶质和沥青质组分含量明显比塔中奥陶系碳酸盐岩储层原油偏高（图 4.33），而正构烷烃与类异戊二烯烷烃分布特征则非常一致。以前的研究将石炭系和志留系砂岩储层的原油与奥陶系碳酸盐岩储层中的原油族组分的差异也归结为前者遭受了志留系沥青砂生物降解油的混染。TZ421 井与 TZ401 井距离很近，两井的储层具有相同的埋藏史和热史（图 4.31）。石炭系砂岩储层从沉积至古近纪之间漫长的地质年代埋藏浅，储层温度低于 80℃，在此期间充注到石炭系储层的原油都将发生生物降解（图 4.31）。生物降解对原油族组分和油砂束缚态组分和油气包裹体的影响应该归结于原油在石炭系储层内部的生物降解，而不是因为原油在运聚过程中受志留系沥青砂生物降解组分的混染。

在前面已讨论了志留系沥青砂原油充注与生物降解过程并不是发生于泥盆纪抬升剥蚀过程中，而主要发生在抬升剥蚀之后漫长的沉降过程中。石炭系砂岩储层的原油充注与生物降解也发生在其沉积至新生代之间漫长的沉降过程中。由于石炭系砂岩储层的埋藏深度和地温低于志留系砂岩储层，更有利于原油生物降解。然而，尽管志留系沥青砂广泛分布，在石炭系砂岩储层至今未发现沥青砂。造成这一现象的关键原因是中志留统塔塔埃尔塔格组下段红色泥岩段对油气的封盖作用。寒武系—奥陶系烃源岩生、排出的油气可以很容易注入此盖层之下的砂岩储层，并且发生生物降解形成志留系沥青砂。从石炭纪至白垩纪，只有少量油气能突破该盖层运聚至石炭系储层，并且发生生物降解。在新生代，受燕山-喜马拉雅运动的影响，塔中隆起区主要断裂带重新开启，大量油气才能突破上述重要盖层运聚至石炭系砂岩储层中。此时，石炭系砂岩储层的地温已接近或超过 80℃，储层中的细菌已被“杀死”，因此，新生代注入的油气不会发生生物降解。大量在新生代注入、未发生生物降解的正常原油将早期注入、已发生生物降解的原油完全稀释。这样，石炭系油砂中的束缚态组分和油气包裹体展示出明显的生物降解“大鼓包”，而自由态组分和原油则完全是正常原油（图 4.32）。

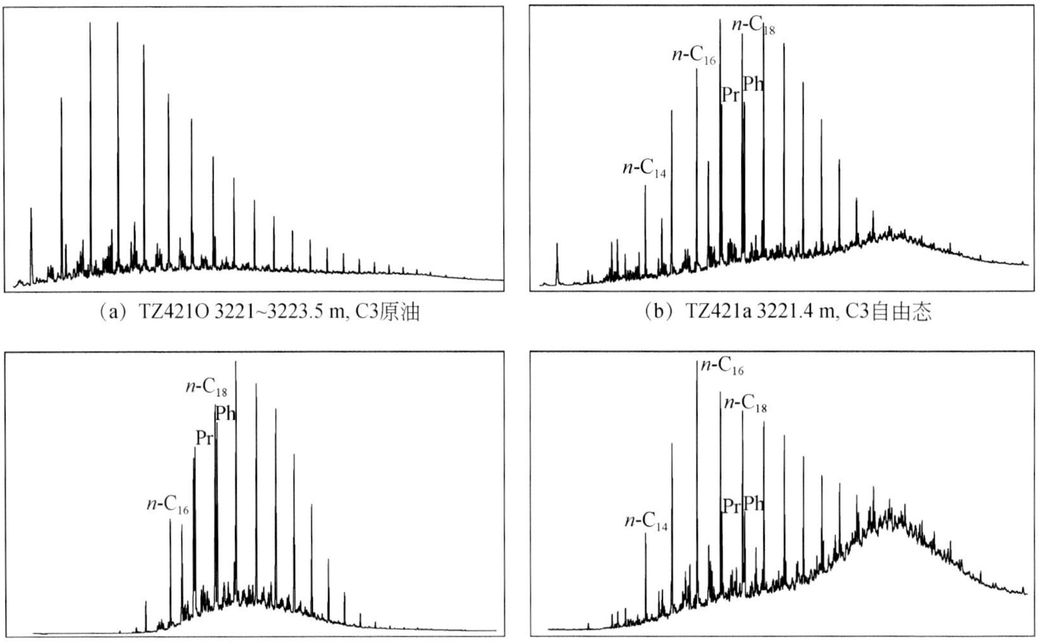

（a）TZ421O 3221~3223.5 m, C3原油　（b）TZ421a 3221.4 m, C3自由态

（c）TZ421b 3221.4 m, C3束缚态　（d）TZ421c 3221.4 m, C3包裹体

图 4.32　油样 TZ421O 和石炭系油砂样 TZ421-1 自由态组分、束缚态组分和油气包裹体饱和烃色谱图

3）塔中隆起区奥陶系碳酸盐岩油藏生物降解

塔中隆起区奥陶系碳酸盐岩油藏的原油几乎不发生生物降解。奥陶系储层中的原油一般含有很高的饱和烃组分和很低的胶质和沥青质组分（图 4.33）。造成这一现象的原因有以下几个方面：①奥陶系储层比志留系和石炭系储层具有较大的埋深和较高的地温；②奥陶系碳酸盐岩储层的孔隙主要为裂缝，其形成与断层活动密切相关，并与主要断裂带相连通，油藏分布于主要断裂带附近，尤其是塔中一号断裂带附近，油藏受地质热流体活动影响明显，有利于杀死储层细菌；③受断裂活动的影响，奥陶系碳酸盐岩油藏中的油气较容易转移到上部志留系砂岩储层中，形成广泛分布的志留系沥青砂；④奥陶系油藏可能主要保留了新生代晚期注入的油气，此时由于沉降幅度大，断层处于封闭状态。

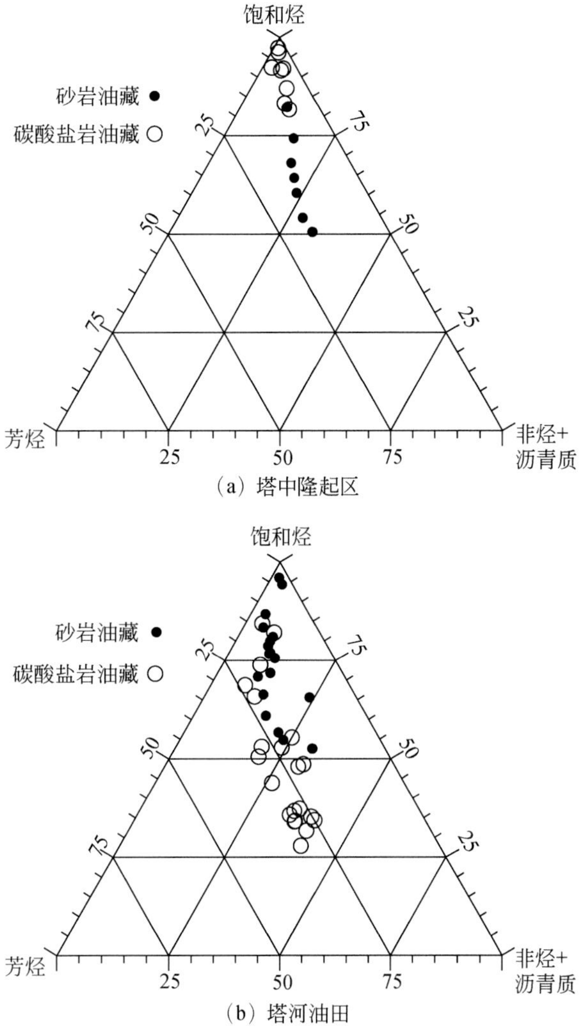

图 4.33　塔中隆起区和塔北塔河油田原油族组分三角图

综上，通过塔中隆起区志留系沥青砂和石炭系砂岩储岩连续抽提的研究，发现从原油、自由态组分、束缚态组分到油气包裹体，生物降解程度是增加的，结合储层埋藏史以及生物降解发生的条件（储层温度低于 80℃），推断在印支期（侏罗纪）之前充注到塔中志留系和石炭系储层中的原油会发生严重生物降解，在喜马拉雅期古近纪—新近纪充注的原油才能不发生生物降解，完整保存。塔中碳酸盐岩油藏原油及储层包裹体均未发现生物降解，并且奥陶系储层的原油一般含有很高的饱和烃组分和很低的胶质和沥青质组分，奥陶系油藏可能主要保留了新生代晚期注入的油气，此时由于沉降幅度大，断层处于封闭状态。

三、小　　结

基于生物标志化合物浓度相关关系分析、正构烷烃单体碳同位素组成分布范围的分析，研究区塔北原油来源于均一岩相的烃源岩，而塔中原油来自非均一岩相的烃源岩或不同层系的烃源岩。全部塔北原油和绝大部分塔中原油均具有较低的伽马蜡烷/C_{31}藿烷和$C_{28}/(C_{27}+C_{28}+C_{29})$甾烷比值，区别于寒武系烃源岩抽提物，表明台盆区分布的主体原油应该来自一套伽马蜡烷和C_{28}甾烷含量较低的烃源岩，这套烃源岩可能发育在寒武系—奥陶系。台盆区主力烃源岩相仍未被发现，塔北原油来源于此套均一岩相的烃源岩，塔中原油部分来源于此套烃源岩，还有一套蒸发岩相烃源岩的贡献。

塔里木盆地塔中隆起区志留系沥青砂和塔北隆起区塔河油田奥陶系碳酸盐岩稠油油藏油气充注与生物降解发生在泥盆纪抬升剥蚀之后漫长的沉降过程。控制沥青砂和稠油油藏生物降解的主要因素是从石炭纪至新生代沉降过程中储层的温度。油砂束缚态组分和油气包裹体色谱图展示了塔中隆起区和塔河油田石炭系油藏初始注入的原油均遭受严重的生物降解。根据储层热史，可以推断现今未遭受生物降解的正常原油和轻质油充注到塔中志留系砂岩储层的时间为中生代及之后，充注到塔中石炭系砂岩储层的时间为新生代，充注到塔河油田奥陶系碳酸盐岩储层和上覆砂岩储层的时间均为新生代。

第三节　四川盆地震旦系油气成因与成藏示踪

一、川中震旦系油气成因与充注过程

安岳气田震旦系—寒武系含气系统年代老、埋藏深，经历过多期构造运动及复杂的油气充注过程（王国芝等，2014；袁海锋等，2014a，2014b；张涛，2017；Liu et al.，2018a；Xu et al.，2018）。该气藏在后期的构造抬升过程中发生了大规模的改造及调整，使其油气成藏过程变得更加复杂（刘树根等，2015；梁霄等，2016；孙玮等，2017；Liu et al.，2018a；Xu et al.，2018），然而目前震旦系—寒武系储层的成藏过程仍然缺乏系统研究。另外，安岳气田震旦系—寒武系储层在白垩纪时埋深可达 8000 m，经历的地层温度可达 230℃以上，早期生成的原油已全部裂解为焦沥青和天然气（Zou et al.，2014b；Zhu et al.，2015；Zhang et al.，2018b；Zhao W et al.，2019）。大量研究表明，在封闭体系中，原油裂解生气会导致储层产生超压（Barker，1990；赵文智等，2006；Tian et al.，2008；Liu et al.，2010；刘德汉等，2013；Liu et al.，2018a）。然而目前灯影组储层压力系数为 1.06～1.14，处于常压状态，而上覆龙王庙组储层却处于超压状态，压力系数为 1.6（Liu Y et al.，2016；梁霄等，2016；Liu et al.，2018a）。前人研究认为灯影组天然气的散失量要远大于龙王庙组天然气的散失量，导致两套储层的压力系数具有较大差异（Zou et al.，2014a；Liu et al.，2018a）。然而灯影组储层在晚白垩世的构造抬升之前是否因原油裂解产生过超压仍然有待研究。

包裹体是油气成藏期次及储层温压条件的良好记录，许多学者利用烃类包裹体（液烃包裹体或含烃盐水包裹体）及共生盐水包裹体恢复了油气成藏期次及相应的温度压力条件（Aplin et al.，1999；Aplin et al.，2000；Thiéry et al.，2000；Liu et al.，2003；Liu et al.，2018b）。如 Aplin 等（2000）利用液态烃类包裹体等容线和共生盐水包裹体均一温度垂线的交点确定了北海油田成藏过程中的温度压力特征。然而，这种方法中盐水包裹体盐度及气液比等的测试可能存在较大误差（Liu et al.，2003）。此外，我国南方深层海相原油裂解气藏热演化程度普遍较高（赵文智等，2006），早期形成的原油包裹体经受了极端的热演化过程，其中液态烃类已裂解成焦沥青和天然气，不再符合均匀体系的状态方程（刘德汉等，2007），使得常规确定储层压力的方法无法应用于高—过成熟原油裂解的气藏研究中。近些年来，利用气体包裹体恢复储层压力的研究逐渐引起了国内外学者的重视（Liu et al.，2010；Fall et al.，2012；刘德汉等，2013；李文等，2018；Gao et al.，2019）。一些学者结合气体包裹体中甲烷的密度和共生盐水包裹体均一温度计算了捕获压力（Liu et al.，2010；Fall et al.，2012；刘德汉等，2013）。其中甲烷密度可通过均一温度的测定计算得到或根据甲烷激光拉曼位移的偏移量来确定（Lin et al.，2007；Lu et al.，2007；Liu et al.，2010；Fall et al.，2012；刘德汉等，2013）。利用上述方法，Liu 等（2010）在四川盆地普光气田三叠系储层中发现密度达 0.3477 g/cm^3 的气体包裹体，计算得到捕获压力可达 153～160 MPa，表明普光气田在原油裂解过程中形成了强烈的超压。Fall 等（2012）利用气体包裹体和共生盐水包裹体计算了 Piceance 盆地上白垩统 Mesaverde 群不同期次天然气的捕获压力，并恢复了其压力演化特征。然而，气体包裹体产出较少，且利用常规方法难以识别（Liu et al.，2010），因此利用这类包裹体恢复安岳气田震旦系—寒武系储层中油气成藏期次及储层温压条件的研究鲜有报道。

鉴于以上原因，本节通过对安岳气田震旦系—寒武系储层中的气体包裹体的显微观察、均一温度测定及拉曼光谱测试，分析两套储层中的油气成藏期次及储层压力演化特征。同时，也可为深层油气成藏研究提供一定的借鉴意义。然而受岩心样品条件所限，仅对安岳气田灯影组储层中的气体包裹体进行分析测试。

（一）样品信息与实验方法

1. 样品信息

研究样品采自高石梯—磨溪构造单元的高石 6 井、高石 102 井、磨溪 17 井、磨溪 102 井和磨溪 110 井等震旦系灯影组碳酸盐岩储层，样品孔深分布于 5039.3～5375.9 m（表 4.1）。

表 4.1 样品地质及地球化学信息

井名	深度/m	样品代号	BR^{oa}/%	BR^{ob}/%	BR^{oc}/%
高石 6	5366.3	GS6-1	2.51～4.68/3.85（23）	—	3.74～3.78/3.76（5）
高石 102	5039.3	GS102-1	2.89～5.22/3.66（34）	—	3.71～3.73/3.72（5）
	5069.6	GS102-2	2.17～5.11/3.66（40）	3.56～3.77/3.63（14）	3.72～3.79/3.75（5）
	5126.9	GS102-3	2.27～5.08/3.57（40）	—	3.74～3.78/3.76（5）
磨溪 17	5076.5	MX17-1	2.22～5.19/3.62（40）	—	3.74～3.78/3.76（5）
磨溪 102	5190.6	MX102-1	2.09～5.29/3.59（40）	—	3.70～3.75/3.73（5）
磨溪 110	5375.9	MX110-1	2.56～4.46/3.52（40）	—	3.71～3.73/3.72（5）

a. 实测储层沥青反射率。

b. 根据类型 I 气体包裹体中的焦沥青激光拉曼石墨峰（G 峰）和无序峰（D 峰）计算得到的沥青反射率（BR^o），计算公式为王茂林等（2015）提出的 $BR^o = 1.67\times(I_D/I_G)+2.58$，式中，$I_D$ 和 I_G 分别为 D 峰和 G 峰的激光拉曼信号强度。

c. 根据储层焦沥青激光拉曼石墨峰（G 峰）和无序峰（D 峰）计算得到的沥青反射率（BR^o），计算公式同上。

2. 包裹体薄片观察及沥青反射率测定

包裹体薄片观察用 Leica DMR XP 显微镜，观测物镜 2.5×～100×。沥青反射率测定用 3Y Leica DMR XP 显微光度计，测量波长 546 nm，标样 Cubic Zirkonia R^o=3.11%，浸油折光率 1.518，观测物镜 50×。包裹体温度测定用 LINKAM THMS-Q600 显微冷热台，温度测定软件为 Linkam Scientific LINKSYS 32，升温或降温速率为 0.5～20℃/min。

3. 沥青及包裹体激光拉曼测试

沥青及包裹体激光拉曼光谱分析采用 HORIBA-JY LabRAM 全自动显微激光拉曼光谱仪，Nd：YAG 激光器波长 532 nm，激光强度 30 mV，光栅 1800 线/mm，光栅狭缝 100 μm，曝光时间 10～20 s，扫描波数 100～4300 cm^{-1}，观测物镜 100×，仪器波数校正的硅标样的拉曼峰位移为 520.70 cm^{-1}。利用 Ne 灯对甲烷拉曼位移进行校正，校正公式为（Kim et al.，1986；Zhang et al.，2016）

$$\frac{v_{\text{true}} - 2836.98880}{v_{\text{meas}} - Ne_1} = \frac{3008.12744 - 2836.98880}{Ne_1 - Ne_2} \tag{4.1}$$

式中，v_{true} 和 v_{meas} 分别为甲烷拉曼位移的真实值和测量值；Ne_1 和 Ne_2 为 Ne 灯实测值。

4. 气体包裹体内甲烷密度计算方法

气体包裹体内甲烷密度计算采用两种方法，一种利用甲烷拉曼位移计算，具体方法见 Lu 等（2007），其计算公式为

$$\rho = -5.17331 \times 10^{-5} D^3 + 5.53081 \times 10^{-4} D^2 - 3.51387 \times 10^{-2} D \tag{4.2}$$

式中，$D=v_{\text{true}}-v_0$，v_{true} 为实测包裹体甲烷拉曼位移，v_0 为压力接近 0 时的甲烷拉曼位移。不同实验室测得的 v_0 值略有差异，本次实验测定得到的 v_0 为 2918.21 cm^{-1}。

另一种方法利用甲烷包裹体的均一温度进行计算，根据 Rackett（1970）和刘斌（2005），包裹体均一液体体积为

$$V_{\text{h}} = V_{\text{c}} Z_{\text{c}}^{(1-T_r)^{2/7}} \tag{4.3}$$

式中，V_{h} 为纯烃类包裹体均一液体体积（cm^3/mol）；V_{c} 为临界摩尔体积（甲烷为 98.63 cm^3/mol）；Z_{c} 为临界压缩因子（甲烷为 0.2864）；T_{r} 为对比温度，即均一温度 T_{h} 与临界温度 T_{c}（甲烷为 190.55 K）之比：

$$T_{\text{r}} = T_{\text{h}} / T_{\text{c}} \tag{4.4}$$

包裹体的流体密度ρ由相对分子质量 M（甲烷为 16.0426 g/mol）和均一液体体积 V_{h} 计算：

$$\rho = M / V_{\text{h}} \tag{4.5}$$

（二）灯影组储层流体包裹体类型与分布特征

1. 储层岩性特征

安岳气田震旦系灯影组储层以暗色泥晶白云岩为主，白云岩中溶蚀性孔洞和裂隙发育，

可以见到石英、方解石等矿物及沥青充填其中（图 4.34），表明该地区经历了多期流体充注。

前人研究表明，碳酸盐矿物中的流体包裹体在较高温度和压力条件下会发生强烈地重结晶和拉伸变形。这会导致气体包裹体的均一温度高于实际值，流体密度低于实际值，由此计算出来的包裹体压力会存在很大误差（Ujiie et al.，2008）。因此，本节主要选取力学性能较强的石英颗粒中的气体包裹体进行测试。灯影组储层中的石英可分为两种，一种为石英集合体，其中的一部分具有生长环带，粒径可达数毫米［图 4.34（a）］，另一种为石英颗粒，通常呈不规则状充填于白云孔洞中，这些石英颗粒粒度较小，通常为数微米到数十微米［图 4.34（b）、（c）］。裂隙中的方解石常沿白云石基质中的裂隙呈条带状分布，形状不规则［图 4.34（d）］。

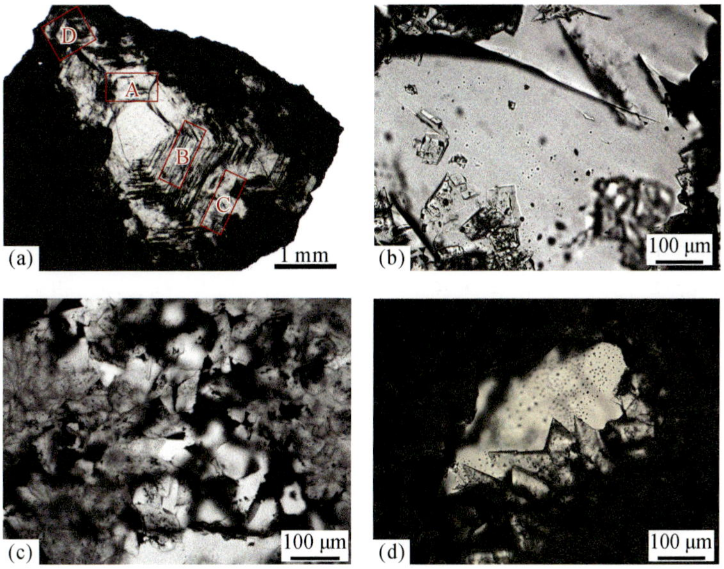

图 4.34 灯影组储层岩石学特征

（a）白云石基质中发育有气体包裹体的石英集合体，GS102-2；（b）白云石基质中的石英颗粒，GS102-3；（c）白云石基质中的石英胶结物和沥青，MX17-1；（d）GS6-1 样品白云石基质中的方解石脉

高石梯—磨溪地区灯影组储层发育大量包裹体，这些包裹体可赋存于白云石、石英和方解石中。根据显微镜下观察到的包裹体特征，可分为气体包裹体、沥青包裹体、沥青-气体-盐水三相包裹体及盐水包裹体。其中气体包裹体可赋存于石英集合体和不规则状石英颗粒中，根据其形态及分布特征可分为类型Ⅰ气体包裹体、类型Ⅱ气体包裹体和类型Ⅲ气体包裹体三大类。

2. 类型Ⅰ气体包裹体

类型Ⅰ为富含沥青和甲烷的气体包裹体，位于石英集合体中的区域 B 中，包裹体大小为 2～8 μm，常呈石英负晶形状，颜色均匀，不透明至半透明［图 4.35（a）］，表明其中沥青含量较高。激光拉曼测试表明，类型Ⅰ气体包裹体的气体成分以甲烷为主，含有少量 CO_2（图 4.36）。类型Ⅰ气体包裹体的甲烷拉曼位移为 2911.16～2911.79 cm^{-1}，平均值为 2911.58 cm^{-1}（图 4.42，表 4.2）。相比于普通的含甲烷包裹体（拉曼位移为 2917 cm^{-1} 左右），这类沥青包裹体中甲烷具有较小的拉曼位移，表明其密度和压力较大（Lin et al.，2007；Lu et al.，2007；Liu et al.，2010；刘德汉等，2013）。包裹体中的焦沥青具有明显的 D 峰（拉曼位移 1320～1330 cm^{-1}）和 G 峰（拉曼位移 1600～1610 cm^{-1}）。与类型 I 气体包裹体共生的盐水包裹体通常具有石英负晶形状，包裹体大小介于 2～8 μm。

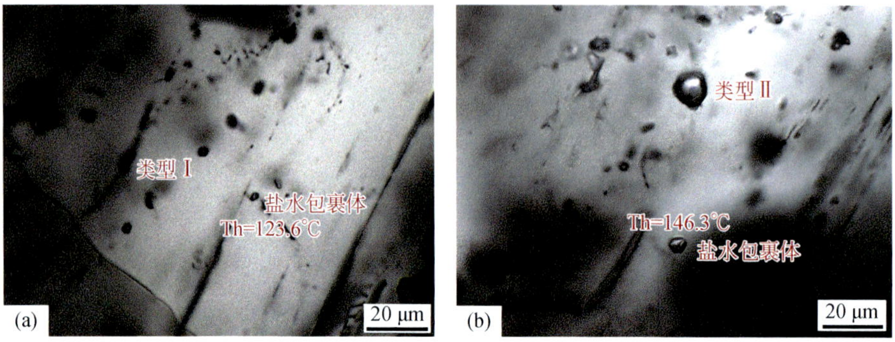

图 4.35 灯影组储层中类型 I 和类型 II 气体包裹体分布特征

（a）GS102-2 样品石英集合体区域 B 中类型 I 气体包裹体及其共生盐水包裹体；（b）GS102-2 样品石英集合体区域 C 中类型 II 气体包裹体与共生盐水包裹体

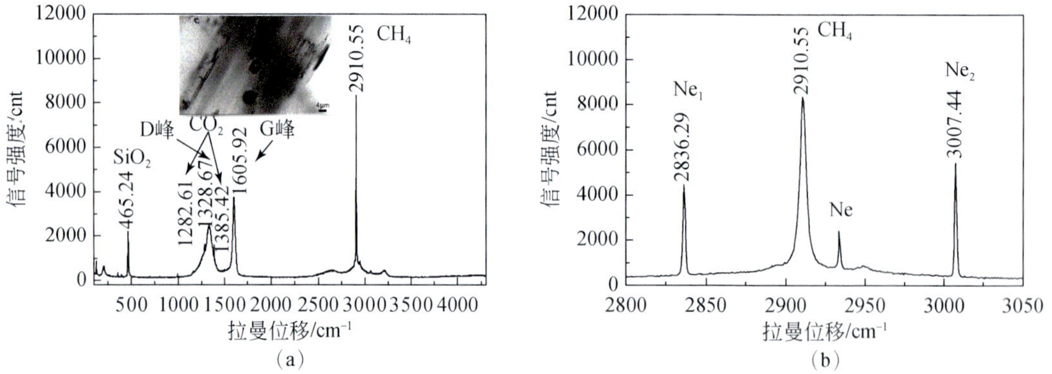

图 4.36 灯影组储层中类型 I 气体包裹体激光拉曼特征

（a）GS102-2 样品区域 B 中类型 I 气体包裹体拉曼图谱；（b）类型 I 气体包裹体甲烷拉曼位移校正

类型 I 气体包裹体中焦沥青与高密度甲烷共存，表明这类包裹体是早期捕获的原油包裹体（类型 I 原油包裹体）经过原位裂解形成的。有两方面的证据可支持这一结论。第一，与类型 I 气体包裹体共生的盐水包裹体均一温度为 120.3～136.9℃（表 4.2），在这种地层温度条件下，储层原油处于热稳定状态，不会发生二次裂解（Waples，2000）。第二，根据王茂林等（2015）提出的公式，利用包裹体中沥青的 D 峰和 G 峰计算得到的等效镜质组反射率为 3.63%，与拉曼计算的储层沥青等效镜质组反射率 3.75%相近（表 4.1），表明二者经受了相同的热演化过程。

3. 类型 II 气体包裹体

类型 II 气体包裹体同样含沥青和甲烷，主要位于石英集合体的区域 C 中，大小为 5～15 μm。与类型 I 不同的是，这类包裹体常呈圆形或近圆形，偶尔呈不规则状或石英负晶形状，透明度较类型Ⅰ高，通常为半透明至透明状，颜色不均匀，包裹体中有时可见少量不透明的焦沥青［图 4.35（b）］，表明这类包裹体同样经受了后期的高温裂解，但是单位体积内焦沥青产率较低。激光拉曼测试表明，类型Ⅱ气体包裹体的气体成分同样以甲烷为主，含有少量 CO_2（图 4.37）。类型Ⅱ气体包裹体的甲烷拉曼位移为 2911.79～2912.43 cm^{-1}，平均值为 2912.06 cm^{-1}（图 4.42，表 4.3）。其较小的甲烷拉曼位移同样表明这类包裹体具有较大的密度和压力（Lin et al.，2007；Lu et al.，2007；Liu et al.，2010；刘德汉等，2013）。类型Ⅱ气体包裹体的甲烷拉曼位移较类型Ⅰ气体包裹体的甲烷拉曼位移更大，表明其中的甲烷密度和压力较小（Lin et al.，2007；Lu et al.，2007；Zhang et al.，2016）。通常，类型Ⅱ气体包裹体的沥青峰比类型Ⅰ气体包裹体的沥青峰弱，表明类型Ⅱ气体包裹体焦沥青产率比类型Ⅰ气体包裹体焦沥青产率低，这与显微镜下观察到的现象一致。区域 C 中与类型Ⅱ气体包裹体共生的盐水包裹体通常呈圆形或近圆形，包裹体大小通常介于 2～10 μm。

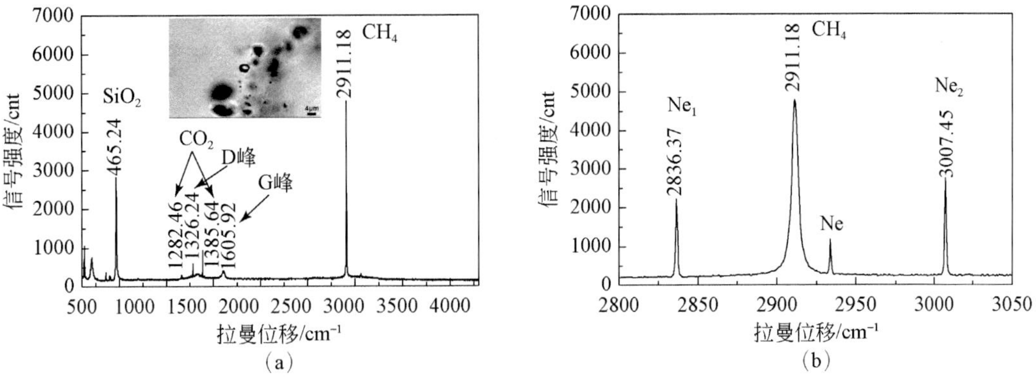

图 4.37　灯影组储层中类型Ⅱ气体包裹体激光拉曼特征

（a）GS102-2 样品区域 C 中类型Ⅱ气体包裹体拉曼图谱；（b）类型Ⅱ气体包裹体甲烷拉曼位移校正

类型Ⅱ气体包裹体中较低的甲烷密度和沥青含量表明这类包裹体同样是由早期捕获的原油经过原位裂解形成的，但原油的密度要比类型Ⅰ原油包裹体的密度低。这是因为在热裂解过程中，低密度原油生成的焦沥青比高密度原油生成的焦沥青少（Huc et al.，2000）。另外，与类型Ⅱ气体包裹体共生的盐水包裹体均一温度为 140.8～168.5℃（表 4.2），表明类型Ⅱ原油包裹体捕获时间晚于类型Ⅰ原油包裹体。在这一地层温度条件下，原油仍然可以保持独立相存在，但具有更大的气油比（Waples，2000；Tian et al.，2006），这会降低储层原油的密度。

4. 类型Ⅲ气体包裹体

类型Ⅲ为单一气相包裹体，这类包裹体主要发育于不规则状石英颗粒中，呈近圆形或不规则形状，透明度较高，大小为 2～12 μm（图 4.38）。激光拉曼测试表明单一气相包裹体成分以甲烷为主，含少量的 CO_2 和微量 H_2S（图 4.39）。H_2S 的存在是原油裂解阶段发生过 TSR 反应的证据（Zhu et al.，2015；Liu Q et al.，2016）。GS102-3 样品中的甲烷拉曼位移为 2911.16～2912.38 cm^{-1}，MX17-1 样品中的甲烷拉曼位移为 2911.16～2912.38 cm^{-1}（图 4.42，表 4.3）。类型Ⅲ气体包裹体不含焦沥青，表明这类包裹体并非来自早期原油包裹体的热裂解，而是源于原油裂解气的直接充注。这一结论同样与其共生盐水包裹体的均一温度（203.8～237.1℃）所记录的地层温度一致（表 4.2）。在这一温度条件下，储层原油可完全裂解为天然气（Schenk et al.，1997；Waples，2000；Tian et al.，2006）。另外，共生盐水包裹体均一温度同样与焦沥青反射率所记录的成熟度一致（Zou et al.，2014a；Gao et al.，2018；Liu et al.，2018a；Yang C et al.，2018）。

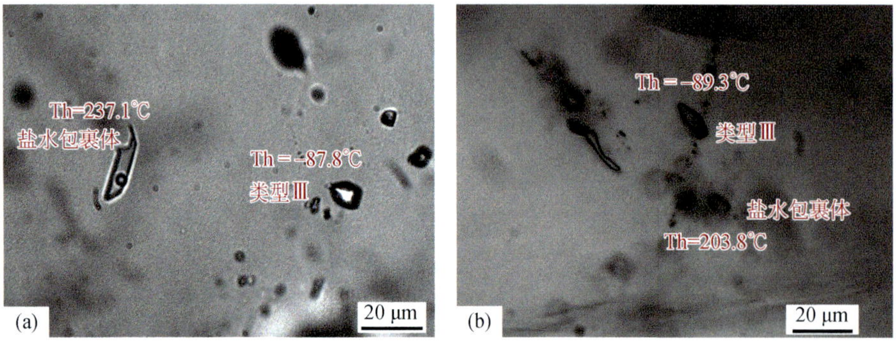

图 4.38　灯影组储层中类型Ⅲ气体包裹体分布特征

（a）不规则石英颗粒中圆形及不规则形状的高密度甲烷包裹体，GS102-3；（b）不规则石英颗粒中共生的单一气相包裹体和含甲烷盐水包裹体，MX17-1

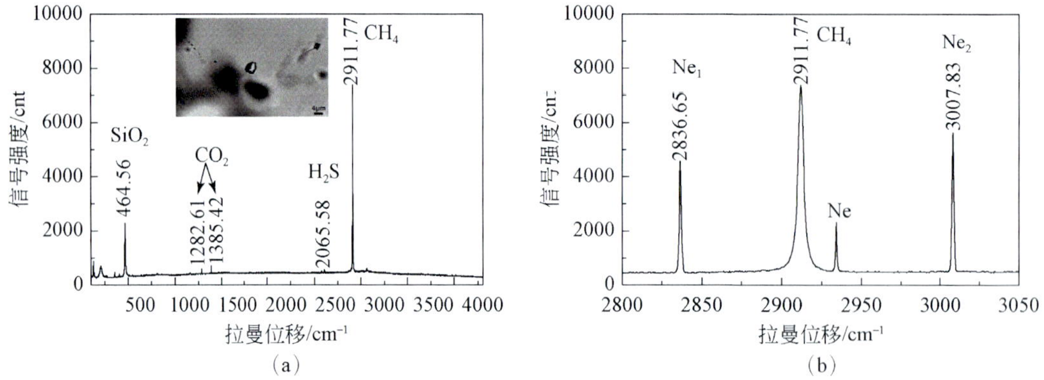

图 4.39　灯影组储层中类型Ⅲ气体包裹体激光拉曼特征

（a）GS102-3 样品中类型Ⅲ气体包裹体拉曼图谱；（b）类型Ⅲ气体包裹体甲烷拉曼位移校正

表 4.2　不同类型气体包裹体赋存状态及其共生盐水包裹体均一温度

样品	赋存矿物	气体包裹体类型	共生盐水包裹体均一温度/℃
GS6-1	白云石	—	123.0～131.4/128.8（4）
GS102-2	石英集合体区域 A	—	118.5～133.2/127.7（5）
GS102-2	石英集合体区域 B	类型Ⅰ	120.3～136.9/125.6（8）
GS102-2	石英集合体区域 C	类型Ⅱ	140.8～168.5/154.3（15）
GS102-2	石英集合体区域 D	—	197.1～223.2/208.3（9）
GS102-3	他形石英	类型Ⅲ	210.8～237.1/222.4（4）
MX17-1	他形石英	类型Ⅲ	203.8～225.7/214.1（3）
MX102-1	方解石	—	168.5～181.6/174.7（4）
MX110-1	方解石	—	159.7～176.8/170.7（5）

值得注意的是，许多热模拟实验研究表明，在 203.8℃的地层温度条件下，原油裂解气中含有大量的湿气（Behar et al.，1992；Horsfield et al.，1992；Schenk et al.，1997；Tian et al.，2012）。然而在四川盆地，原油裂解气在这一温度条件下通常具有干燥系数高的特征。例如，已被证实为原油裂解气的川东地区下三叠统天然气，干燥系数高达 0.99（Ma et al.，2008；Liu et al.，2010）。与单一气相包裹体共生的盐水包裹体均一温度范围为 185～200℃（Liu et al.，2010）。这可能与 TSR 反应加速原油热裂解有关。这与下三叠统和震旦系灯影组储层以及类型Ⅲ气体包裹体中 H_2S 的存在相一致（Liu et al.，2010；Liu Q et al.，2016）。

5. 沥青包裹体与三相包裹体

沥青包裹体主要分布于石英集合体的区域 B 和区域 C 中，区域 B 中的沥青包裹体常具石英负晶形状，大小为 2～8 μm，区域 C 中的沥青包裹体常呈圆形或近圆形，偶呈不规则状或石英负晶形状，包裹体大小为 5～10 μm［图 4.40（a）］。这两类沥青包裹体与类型Ⅰ和类型Ⅱ气体包裹体共生，激光拉曼测试在这类包裹体中未检测出气体成分，其焦沥青的 D 峰和 G 峰非常强烈［图 4.41（a）］，表明包裹体中沥青含量高。因此这些沥青包裹体可能同样源于原油包裹体的热裂解，只是后期包裹体破裂导致气体散失形成了纯沥青包裹体。区域 B 中的一部分沥青包裹体可能源于比类型Ⅰ原油包裹体捕获时间更早的原油包裹体，在这种情况下，更早期捕获的原油会具有更低的气油比和更大的原油密度，因此在热裂解过程中会产生更高的内部压力，导致气体包裹体发生破裂。

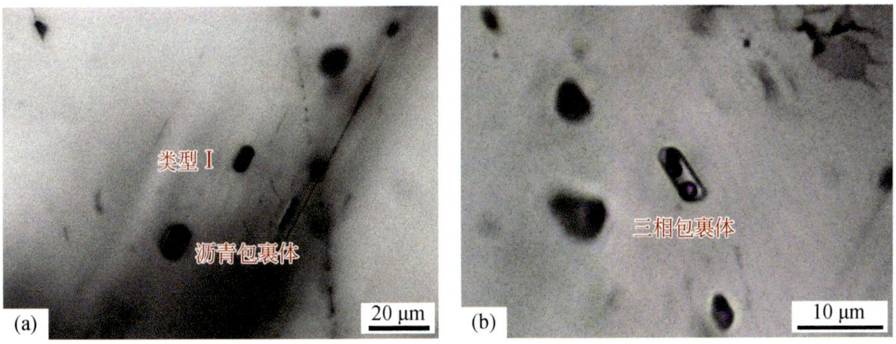

图 4.40　灯影组储层中沥青包裹体及三相包裹体分布特征

（a）GS102-2 样品石英集合体区域 B 中共生的类型Ⅰ气体包裹体和沥青包裹体；（b）GS102-2 样品石英集合体区域 B 中含焦沥青、甲烷和水的三相不混溶包裹体

沥青-盐水-甲烷三相包裹体同样分布于石英环带的区域 B 和区域 C 中，常呈圆形或近圆形，偶具石英负晶形状，大小为 3～12 μm，包裹体中可见较大的气泡和不透明的焦沥青［图 4.40（b）］。这类包裹体同样是原油原位裂解的证据，早期形成的油水不混溶包裹体经受了后期极高的地层温度，原油裂解为天然气和焦沥青，最终形成了这类三相不混溶包裹体。沥青-甲烷-盐水三相包裹体的拉曼图谱可见固体沥青峰、甲烷峰和水峰［图 4.41（b）］。需要注意的是，在石英集合体的区域 A 和区域 B 中，部分在显微镜下观察的两相盐水包裹体经激光拉曼测试表明其中存在部分焦沥青和甲烷，这类包裹体同样经受了不可逆的高温裂解，失去了其捕获时的温度压力信息，无法用于均一温度测试。

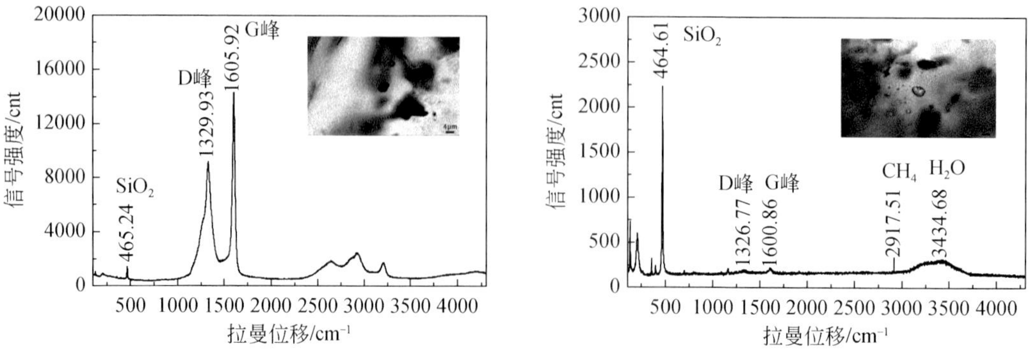

（a） （b）

图 4.41 灯影组储层中沥青包裹体和三相包裹体激光拉曼特征

（a）GS102-2 样品石英集合体区域 B 中的沥青包裹体拉曼图谱；（b）GS102-2 样品石英集合体区域 C 中的沥青-甲烷-盐水三相不混溶包裹体拉曼图谱

（三）甲烷密度及压力计算

1. 甲烷密度计算

根据气体包裹体的甲烷拉曼位移和均一温度，由式（4.2）和式（4.5）可以分别计算出气体包裹体中的甲烷密度（表 4.3）。利用甲烷拉曼位移计算得到区域 B 中类型Ⅰ气体包裹体具有最大的甲烷密度，其范围为 0.262～0.293 cm^3/g，平均值为 0.272 cm^3/g。区域 C 中类型Ⅱ气体包裹体的甲烷密度为 0.231～0.264 cm^3/g，平均值为 0.247 cm^3/g。类型Ⅲ气体包裹体的甲烷密度为 0.231～0.292 cm^3/g，平均值为 0.249 cm^3/g，略高于类型Ⅱ气体包裹体中的甲烷密度，而类型Ⅱ和类型Ⅲ气体包裹体中的甲烷密度远低于类型Ⅰ气体包裹体中的甲烷密度（图 4.42）。

表 4.3 气体包裹体甲烷拉曼位移及甲烷密度

气体包裹体类型	样品名称	赋存矿物	共生盐水包裹体均一温度/℃	实测激光拉曼位移/cm^{-1}	Ne 灯校正激光拉曼位移/cm^{-1}	甲烷密度 [a] /(g/cm^3)	气体包裹体均一温度/℃	甲烷密度 [b] /(g/cm^3)
类型Ⅰ	GS102-2	石英集合体区域 B	122.7；123.6	2910.55～2910.87 /2910.70（3）	2911.24～2911.51 /2911.37（3）	0.276～0.289 /0.283（3）	−96.2；−98.1	0.293；0.300
			120.3～123.3 /121.9（3）	2910.59～2911.06 /2910.86（3）	2911.16～2911.59 /2911.45（3）	0.272～0.293 /0.279（3）	−97.7	0.298
			126.1；129.5	2911.06～2911.17 /2911.10（5）	2911.61～2911.79 /2911.70（5）	0.262～0.271 /0.267（5）	—	—
			136.9	2911.07～2911.18 /2911.14（3）	2911.71～2911.74 /2911.72（3）	0.265～0.266 /0.265（3）	—	—
			—[c]	2910.99	2911.61	0.271	—	—

续表

气体包裹体类型	样品名称	赋存矿物	共生盐水包裹体均一温度/℃	实测激光拉曼位移/cm^{-1}	Ne灯校正激光拉曼位移/cm^{-1}	甲烷密度[a]/(g/cm^3)	气体包裹体均一温度/℃	甲烷密度[b]/(g/cm^3)
类型II	GS102-2	石英集合体区域C	152.8～168.5/158.3（3）	2911.32～2911.52/2911.43（3）	2911.99～2912.23/2912.09（3）	0.241～0.252/0.247（3）	—	—
			146.3～150.1/148.0（3）	2911.52～2911.82/2911.66（3）	2912.16～2912.37/2912.24（3）	0.234～0.244/0.240（3）	−84.6	0.229
			164.6；168.5	2911.45～2911.72/2911.62（4）	2912.31～2912.43/2912.32（4）	0.231～0.243/0.237（4）	−84.2；−84.5	0.224；0.227
			142.0；150.6	2911.34；2911.36	2911.88；2912.05	0.250；0.258	—	—
			157.9；166.7	2911.22；2911.74	2911.87；2912.25	0.240；0.258	—	—
			140.8	2911.22；2911.22	2911.76；2911.81	0.261；0.264	—	—
			145.6；159.2	2911.36；2911.38	2911.95；2911.99	0.252；0.254	—	—
			—[c]	2911.43～2911.64/2911.55（3）	2911.85～2912.23/2912.06（3）	0.241～0.259/0.249（3）	—	—
类型III	GS102-3	他形石英	229.6	2910.86；2913.57	2911.49；2911.92	0.256；0.277	−92.3；−87.7	0.254；0.277
			212.2	2911.56～2911.69/2911.64（4）	2912.21～2912.37/2912.29（4）	0.234～0.242/0.238（4）	—	—
			237.1	2911.43～2913.98/2912.22（4）	2912.06～2912.19/2912.10（4）	0.243～0.249/0.247（4）	−87.8	0.254
			210.8	2911.59～2911.77/2911.68（4）	2912.27～2912.38/2912.34（4）	0.234～0.239/0.236（4）	—	—
			—[c]	2911.55～2913.66/2911.88（9）	2911.16～2912.29/2912.34（9）	0.238～0.293/0.254（4）	−92.3～−90.2/−90.2（3）	0.268～0.277/0.274（3）
	MX17-1	他形石英	203.8	2911.18～2913.64/2911.95（4）	2911.85～2912.04/2911.95（4）	0.250～0.259/0.254（4）	−89.3	0.263
			225.7	2911.21；2911.33	2911.84；2911.92	0.256；0.260	—	—
			212.7	2911.18～2913.67/2911.85（4）	2911.79～2911.95/2911.88（4）	0.254～0.262/0.258（4）	−89.0	0.261
			—[c]	2911.33～2913.64/2911.73（20）	2911.89～2912.43/2912.13（20）	0.231～0.257/0.246（20）	−86.9	0.248

a. 根据气体包裹体甲烷拉曼位移计算得到的甲烷密度。

b. 根据气体包裹体均一温度计算得到的甲烷密度。

c. 没有共生盐水包裹体的气体包裹体。

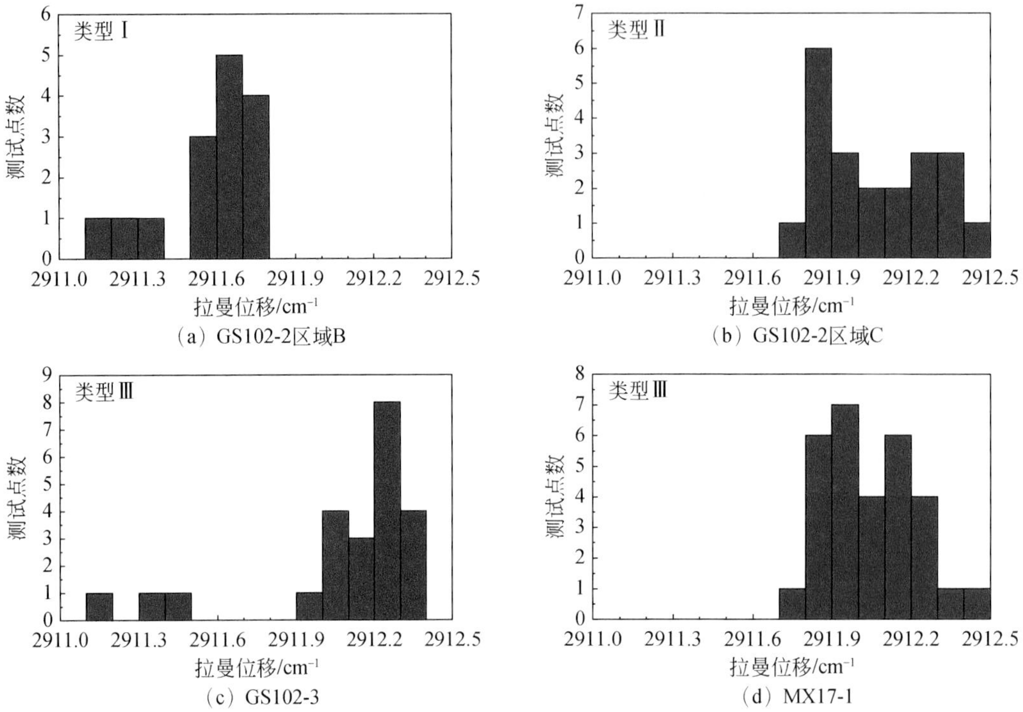

图 4.42 不同类型气体包裹体甲烷拉曼位移分布图

（a）图 4.34（a）石英集合体区域 B 中类型Ⅰ气体包裹体，GS102-2；（b）图 4.34（a）石英集合体区域 B 中类型Ⅱ气体包裹体，GS102-2；（c）和（d）分别为 GS102-3 和 MX17-1 中的类型Ⅲ气体包裹体

气体包裹体中的甲烷密度同样可以利用包裹体均一温度计算得到（表 4.3）。尽管拉曼测试表明气体包裹体中含有少量的 CO_2，但在显微测温过程中并没有观察到固体 CO_2 的出现，这是因为 CO_2 浓度太低无法形成可以进行显微观测的固体 CO_2（van den Kerkhof，1990）。三类气体包裹体的均一温度范围为–98.1～–84.2℃，均低于甲烷的临界温度（–82.1℃）。这一现象表明气体包裹体内的甲烷接近于纯甲烷，即 CO_2 含量低于 3%（摩尔分数）（Kisch and van den Kerkhof，1991）。在这种情况下，CO_2 的存在不影响甲烷均一温度的测试（Hashimoto et al.，2003）。

区域 B 中类型Ⅰ气体包裹体的均一温度介于–98.1～–96.2℃，对应的甲烷密度为 0.293～0.300 cm^3/g；类型Ⅱ气体包裹体均一温度介于–84.6～–84.2℃，对应的甲烷密度为 0.224～0.229 cm^3/g；类型Ⅲ气体包裹体均一温度介于–92.3～–86.9℃，对应的甲烷密度为 0.248～0.277 cm^3/g（表 4.3）。虽然由均一温度计算得到的甲烷密度和由拉曼位移计算得到的甲烷密度具有一定的差异，但两组数据均表明类型Ⅰ气体包裹体中的甲烷密度高于类型Ⅱ和类型Ⅲ气体包裹体中的甲烷密度（图 4.43）。

2. 包裹体内部压力计算

根据包裹体的甲烷密度，结合古地层温度，利用 Duan 等（1992）建立的方法可计算包裹体中的内部压力（表 4.3）。其中古地层温度可以用与气体包裹体共生的盐水包裹体均一温度来代替。类型Ⅲ气体包裹体为单一气相包裹体，包裹体在后期虽然经受了温度、压力条件的变化，但是气体组分不再发生变化，因此计算得到的包裹体压力可视为捕获压力。而类型Ⅰ和类型Ⅱ气体包裹体中焦沥青的存在表明包裹体经受了不可逆的裂解反应，其温度、压力条件不再符合均匀体系的 PVTX 状态方程，然而利用这类包裹体中的甲烷密度和类型Ⅲ气体包裹体共生的盐水包裹体均一温度可以计算得到其在最大地层埋深时封闭体系的压力，由此可与类型Ⅲ气体包裹体记录的储层压力进行对比，进而确定川中灯影组储层在原油裂解生成天然气的过程中储层是否处于封闭状态。

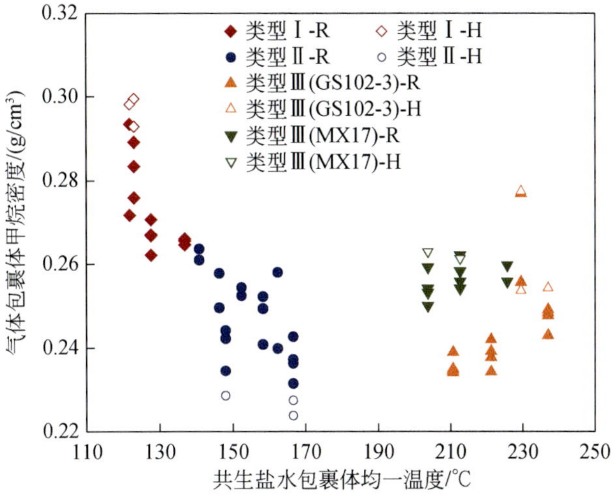

图 4.43 不同类型气体包裹体中的甲烷密度

-R 和-H 分别代表由拉曼位移和气体包裹体均一温度计算出来的甲烷密度

表 4.4 列出了利用三种不同类型的包裹体在类型Ⅲ气体包裹体捕获时的压力。根据拉曼位移计算的甲烷密度，GS102-3 和 MX17-1 类型Ⅲ气体包裹体的捕获压力分别为 93.3～134.1 MPa 和 105.4～117.1 MPa。根据均一温度计算的甲烷密度，二者的捕获压力范围分别为 111.4～134.1 MPa 和 116.1～117.0 MPa（图 4.44，表 4.4）。计算出来的捕获压力具有较大的范围，这和其他学者的研究结果类似，可能原因是储层压力的波动（Parris et al.，2003；Fall et al.，2012；高键等，2015；Gao J et al.，2017；李文等，2018）。

在类型Ⅲ气体包裹体捕获的地层温度条件下，类型Ⅰ和类型Ⅱ气体包裹体的内部压力见表 4.4。根据拉曼位移得到的甲烷密度，类型Ⅰ和类型Ⅱ记录的包裹体最大压力分别为 116.9～153.6 MPa 和 91.2～121.5 MPa［表 4.4，图 4.44（a）］。根据气体包裹体均一温度计算出来类型Ⅰ和类型Ⅱ包裹体的最大压力范围分别是 150.5～162.6 MPa 和 86.1～91.8 MPa［表 4.4，图 4.44（b）］。类型Ⅰ气体包裹体所记录的最大压力显著高于类型Ⅲ气体记录的捕获压力。如前所述，类型Ⅲ气体包裹体形成于干气充注阶段，因此其捕获压力代表储层压力，而类型Ⅰ气体包裹体记录的最大压力则代表在封闭体系中类型Ⅲ气体包裹体捕获时的储层压力。相对于类型Ⅰ气体包裹体，类型Ⅲ气体包裹体记录的压力降低表明灯影组储层并非一个封闭体系，这与前文半开放体系热模拟实验结果一致。但在原油裂解阶段，灯影组储层仍存在一定程度的超压，压力系数为 1.32～1.79。

表 4.4　利用表 4.3 中 GS102-3 样品和 MX17-1 样品中的类型Ⅲ气体包裹体的甲烷密度计算得到的类型Ⅲ气体包裹体捕获压力及相同温度条件下类型Ⅰ和类型Ⅱ气体包裹体的内压

样品	MX17-1	GS102-3	GS102-3	MX17-1	MX17-1	GS102-3	GS102-3
捕获温度/℃	203.8	210.8	212.2	212.7	225.7	229.6	237.1
捕获深度/km	6.56	6.81	6.86	6.88	7.35	7.49	7.75
压力/MPa[a]	—[g]	116.9～150.5/126.7	117.0～150.7/126.9	—	—	118.8～152.7/128.8	119.5～153.6/129.6
压力系数[a]	—	1.72～2.21/1.86	1.71～2.20/1.85	—	—	1.58～2.04/1.72	1.54～1.98/1.67
压力/MPa[b]	—	91.2～118.8/103.5	91.2～118.9/103.7	—	—	92.7～120.7/105.3	93.3～121.5/106.0
压力系数[b]	—	1.34～1.74/1.52	1.33～1.73/1.51	—	—	1.24～1.61/1.41	1.20～1.57/1.37
压力/MPa[c]	105.4～113.3/108.8	93.3～97.1/94.8	93.4～99.6/96.5	109.7～117.1/113.3	112.8～116.5/114.7	113.2～134.1/122.7	102.6～107.7/106.0
压力系数[c]	1.61～1.73/1.66	1.37～1.43/1.39	1.36～1.45/1.41	1.59～1.70/1.65	1.53～1.59/1.56	1.51～1.79/1.64	1.32～1.39/1.37
压力/MPa[d]	—	150.5～159.4/155.5	150.7～159.6/155.7	—	—	152.7～161.7/157.8	153.6～162.6/158.7
压力系数[d]	—	2.21～2.34/2.28	2.20～2.33/2.27	—	—	2.04～2.16/2.10	1.98～2.10/2.05
压力/MPa[e]	—	86.1～89.6/88.2	86.2～89.7/88.3	—	—	87.6～91.2/89.7	88.2～91.8/90.3
压力系数[e]	—	1.26～1.32/1.30	1.26～1.31/1.29	—	—	1.17～1.22/1.20	1.14～1.19/1.17
压力/MPa[f]	117.0	—	—	116.1	—	111.4～134.1/123.7	112.1
压力系数[f]	1.78	—	—	1.69	—	1.49～1.79/1.65	1.45

a. 根据类型Ⅰ气体包裹体甲烷拉曼位移得到的甲烷密度计算的压力及压力系数。
b. 根据类型Ⅱ气体包裹体甲烷拉曼位移得到的甲烷密度计算的压力及压力系数。
c. 根据类型Ⅲ气体包裹体甲烷拉曼位移得到的甲烷密度计算的压力及压力系数。
d. 根据类型Ⅰ气体包裹体均一温度得到的甲烷密度计算的压力及压力系数。
e. 根据类型Ⅱ气体包裹体均一温度得到的甲烷密度计算的压力及压力系数。
f. 根据类型Ⅲ气体包裹体均一温度得到的甲烷密度计算的压力及压力系数。
g. 无数据。

（四）油气成藏及储层压力演化过程

1. 安岳气田油气成藏过程

根据三种不同类型的气体包裹体及其共生盐水包裹体特征，结合川中地区震旦系灯影组的埋藏史和热史，灯影组储层的成藏期次可划分为四期。第一期为类型Ⅰ原油充注，被类型Ⅰ气体包裹体和沥青包裹体所记录。根据共生盐水包裹体均一温度（120.3～136.9℃）及灯影组储层热史，这一期原油充注事件发生在 251～204 Ma 的晚二叠世至三叠纪［图 4.45、图 4.46（a）］；第二期为类型Ⅱ原油充注，被类型Ⅱ气体包裹体所记录。根据共生盐水包裹体的均一温度（140.8～168.5℃），这一期原油充注发生在 202～169 Ma 的早中侏罗世［图 4.45、图 4.46（b）］；第三期为原油原位裂解生成干气，被类型Ⅲ气体包裹体所记录。GS102-3 样品和 MX17-1 样品中盐水包裹体的均一温度表明这

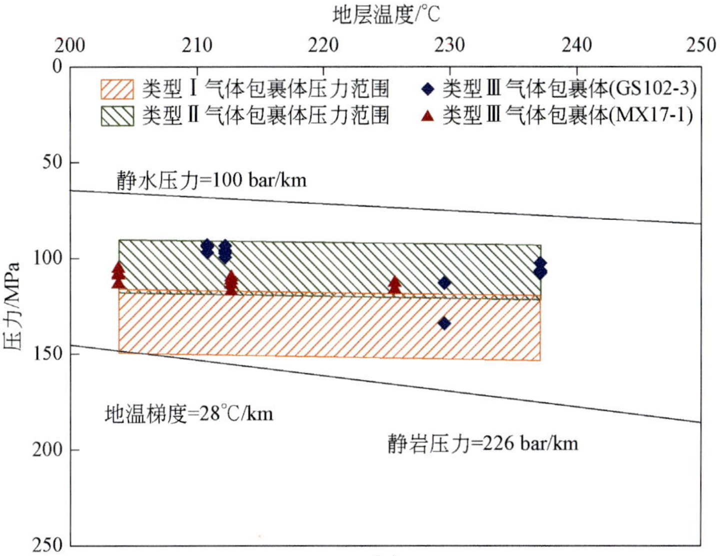

(a)

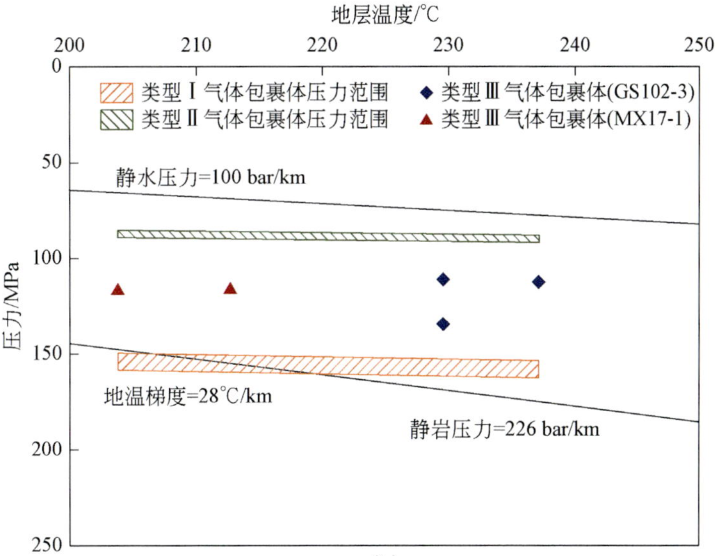

(b)

图 4.44　根据共生盐水包裹体均一温度和甲烷密度计算的类型Ⅲ气体包裹体捕获温度及压力

(a) 根据甲烷拉曼位移得到的甲烷密度进行计算；(b) 根据气体包裹体均一温度得到的甲烷密度进行计算。根据类型Ⅰ和类型Ⅱ气体包裹体中的甲烷密度，对这些包裹体在类型Ⅲ气体包裹体捕获时的内压进行计算

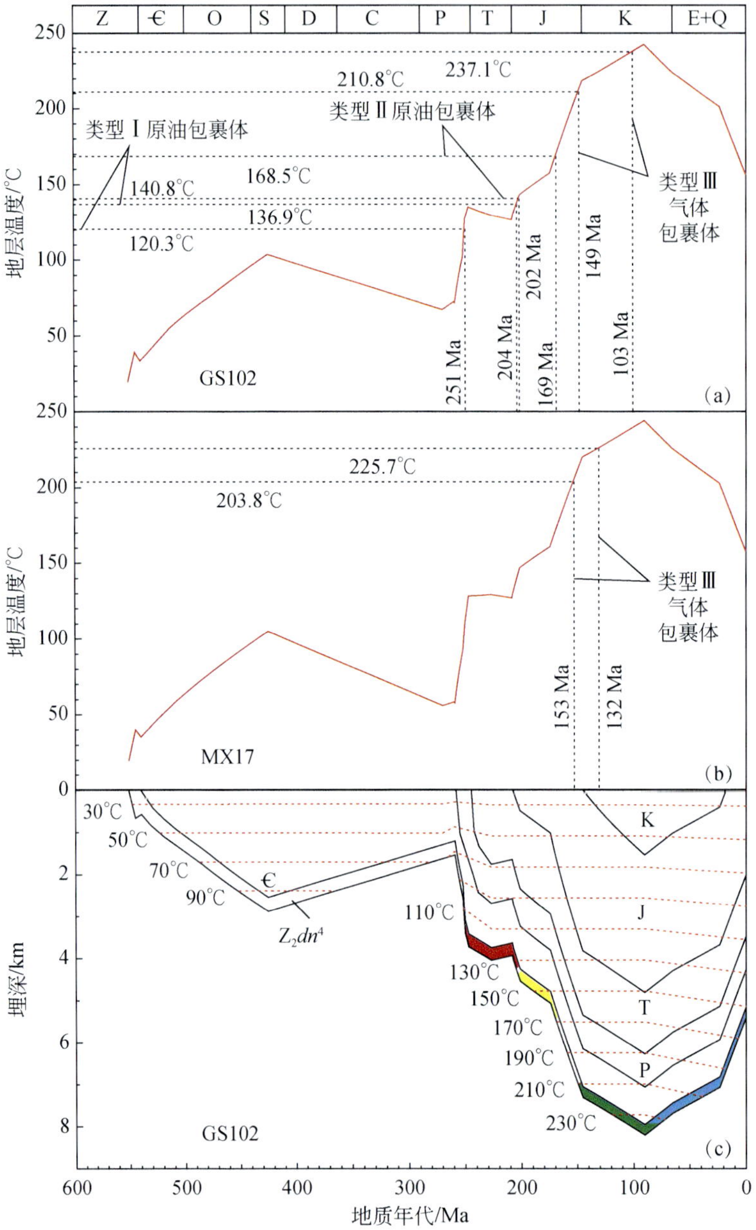

图 4.45　GS102（a）和 MX17（b）井中类型Ⅰ和类型Ⅱ原油及类型Ⅲ气体包裹体的捕获时间及 GS102 井震旦系储层的埋藏史和油气充注史（c）

一期干气充注发生在 153～103 Ma 晚侏罗世—早白垩世［图 4.45、图 4.46（c）］，此时气藏处于超压状态；第四期为 90 Ma 之后形成的常压气藏。这一阶段川中地区受到构造抬升的影响，早期形成的超压气藏遭受破坏并重新调整，最终形成现今的常压气藏［图 4.45、图 4.46（d）］。

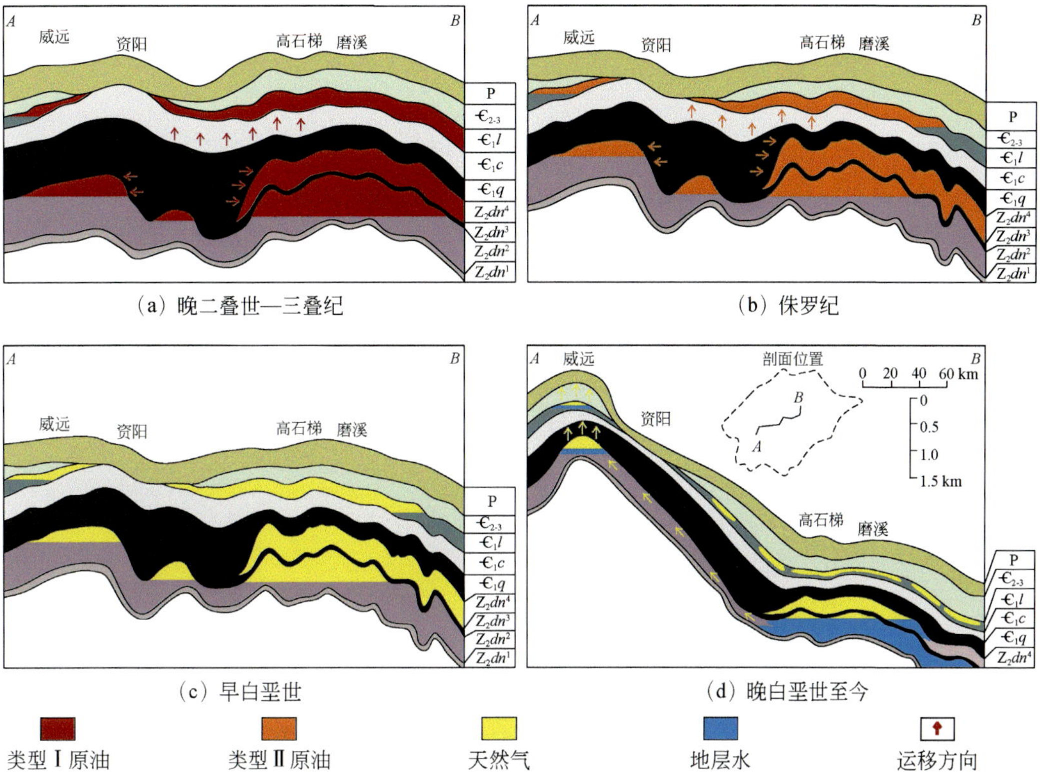

图 4.46　乐山-龙女寺古隆起演化过程及震旦系储层中的油气成藏过程（据 Luo et al.，2018 修改）

(a) 晚二叠世—三叠纪的类型Ⅰ原油充注形成古油藏；(b) 侏罗纪的类型Ⅱ原油充注形成古油藏；(c) 早白垩世原油原位裂解形成超压古气藏；(d) 晚白垩世之后构造抬升形成的常压气藏

2. 安岳气田灯影组储层压力演化过程

尽管灯影组储层在原油裂解过程中形成了强烈的超压，然而现今储层却处于常压状态，压力系数为 1.06～1.14（梁霄等，2016）。在 GS102-3 和 MX17-1 样品的现今埋藏深度，灯影组储层的温度和压力大概为 150℃和 56.5 MPa（Liu et al.，2018a）。如果在构造抬升阶段不发生天然气散失，根据类型Ⅲ气体包裹体中的甲烷密度及现今储层温压条件，计算得到 GS102-3 样品所在深度对应的储层压力为 86.7～123.4 MPa，对应的压力系数达到 1.69～2.41，远大于类型Ⅲ气体包裹体捕获时的压力系数。这表明储层的温度和压力虽然在构造抬升阶段有所降低，但在封闭体系中压力系数会急剧增加。在现今储层的温压条件下，甲烷密度约为 0.180 g/cm^3，远低于 GS102-3 和 MX17-1 样品中类型Ⅲ气体包裹体的平均密度（0.244 g/cm^3 和 0.256 g/cm^3）。因此，在构造抬升阶段，大概有 26.2%～29.7%的天然气发生了散失，或者储层空间增大 36%～42%来保存原油裂解生成的天然气。尽管在构造抬升阶段储层空间会有所增加，但其增加幅度远小于 36%～42%（罗冰等，2015；Liu Q et al.，2016；Xu et al.，2016），因此必然存在天然气的散失（梁霄等，2016；Liu et al.，2018a）。

二、川北震旦系油气成因与充注过程

在重建流体包裹体热再平衡与含油包裹体在较高地温条件下的演化过程，以及建立可用于油气成藏过程研究的流体包裹体选择标准后，可选择合适的 FIAs 对米仓山地区古油气藏油气成藏过程进行重建。

（一）流体包裹体组合特征

选取 4 个具有代表性的样品进行灯影组油气成藏过程研究（图 4.47）。S5 为一块内部包含沥青的自形重晶石［图 4.47（a）］。S6 为一块发育溶蚀孔洞的白云岩，溶蚀孔洞呈长条状，孔洞边缘内壁发育自形—半自形石英，孔洞中间为夹持在石英之间的沥青［图 4.47（b）］。S7 为一颗自形热液石英，其粒径约为 1.0 cm［图 4.47（c）］。S8 为一块在溶蚀孔洞中发育自形石英的白云岩样品，溶蚀孔洞边缘和石英晶体格架之间均发育沥青［图 4.47（d）］。

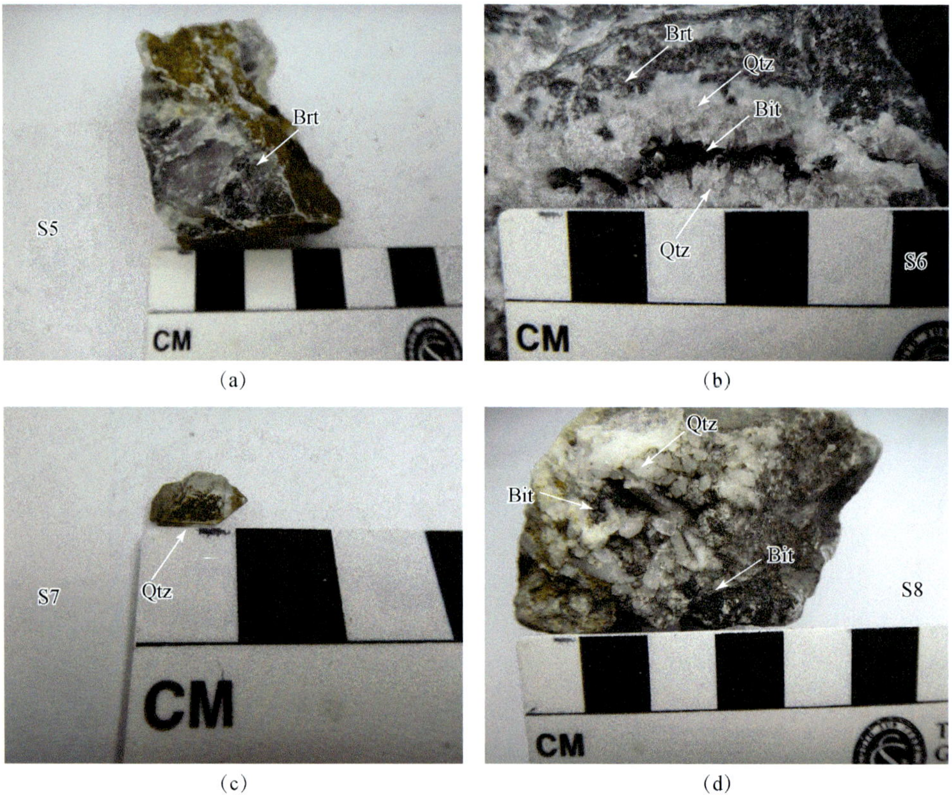

图 4.47　典型样品的手标本特征

（a）含沥青的自形重晶石，S5；（b）白云岩溶蚀孔洞中发育的自形—半自形石英与沥青，S6；（c）长度约 1.0 cm 的自形热液石英，S7；（d）白云岩溶蚀孔洞中发育自形石英与沥青，S8

上述 4 个样品中的流体包裹体类型主要为气液两相盐水包裹体（类型Ⅰ）、富气相包裹体（类型Ⅱ）、甲烷包裹体（类型Ⅲ）、沥青包裹体（类型Ⅳ）（图 4.48）。由于富气相盐水包裹体数量较少，下文将富液相气液两相盐水包裹体统称为气液两相盐水包裹体或盐水包裹体，而将富气相盐水包裹体统称为富气相包裹体。

气液两相盐水包裹体（类型Ⅰ）为石英中最为丰富的包裹体类型，主要由气相和液相组成，气相一般占 5%～25%（体积分数）。这一类包裹体通常呈负晶形，在形状上多为圆形、方形和椭圆形［图 4.48（a）］。气液两相盐水包裹体长度一般为 3.0～25.0 μm，少部分包含有子矿物［图 4.48（b）］。

富气相包裹体（类型Ⅱ）具有较大气液比的一类气液两相盐水包裹体，气相部分一般占体积分数 70%以上，长度通常为 13.0～24.0 μm［图 4.48（c）］。

甲烷包裹体（类型Ⅲ）多为透明状，负晶形。甲烷包裹体的形状多为近方形、长条形等，少数为长条形［图 4.48（d）］。甲烷包裹体常与气液两相盐水包裹体共生［图 4.48（e）］。

沥青包裹体（类型Ⅳ）为石英中另一类普遍发育的包裹体类型。沥青包裹体为黑色，具有不规则的形态，其体积范围较大，一般为 8.0～30.0 μm，少数可超过 50.0 μm［图 4.48（f）］。

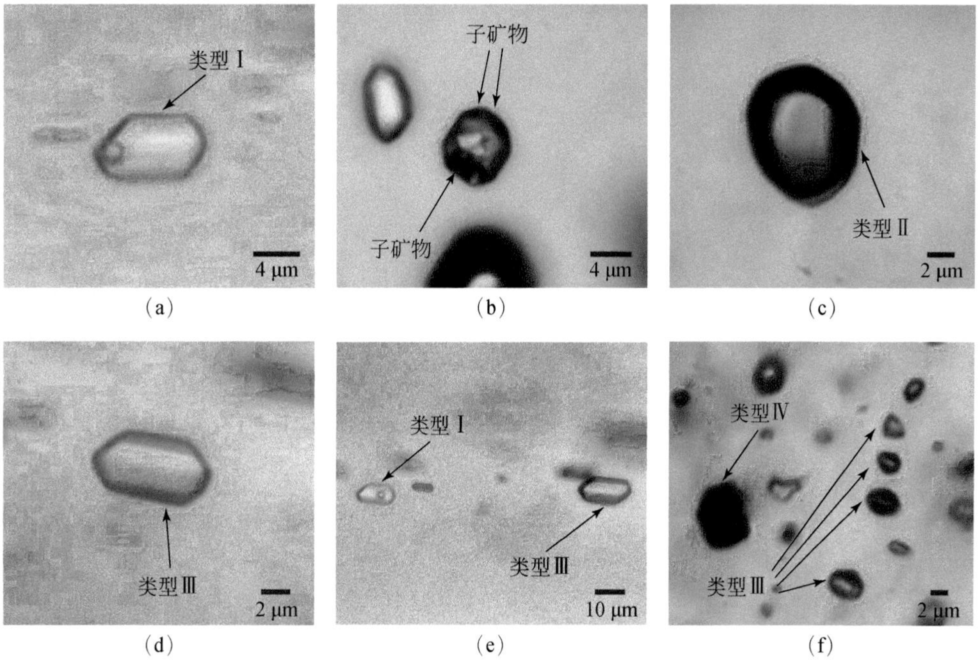

图 4.48　样品 S5、S6、S7 中的流体包裹体类型

（a）负晶形的气液两相盐水包裹体，S7；（b）含子矿物的气液两相盐水包裹体，S5；（c）富气相包裹体，S5；（d）负晶形的甲烷包裹体，S7；（e）负晶形的气液两相盐水包裹体与甲烷包裹体共生，S7；（f）沥青包裹体与甲烷包裹体，S6

对于流体包裹体的成因分类，如原生、次生成因，还是假次生成因，以及是捕获自均一流体还是不混溶流体，主要是依据流体包裹体的成分、气液比、形状、均一温度、FIAs产状与宿主矿物结构的关系等进行分析（Goldstein and Reynolds，1994；Kerkhof and Hein，2001）。显然，上述特征的分析主要是依据流体包裹体现今的特征。而流体包裹体现今的特征并不一定是其原始捕获时的特征，即流体包裹体可能经历了次生变化。在流体包裹体发生了次生变化的情况下，现今流体包裹体的成因并非其真正成因，其在捕获时以及捕获后所发生的所有变化过程，才是其真正成因。因此，本节对所有 FIAs 的成因描述，暂时均为推测性的，其最终成因在后续流体包裹体可用性评估内容中将予以确定。

对于 S5 中的 FIA-Ⅸ，其由气液两相盐水包裹体、富气相包裹体和沥青包裹体组成。FIA-Ⅸ呈现典型的带状分布，其边界相对清晰［图 4.49（a）］。由于 FIA-Ⅸ穿越宿主矿物

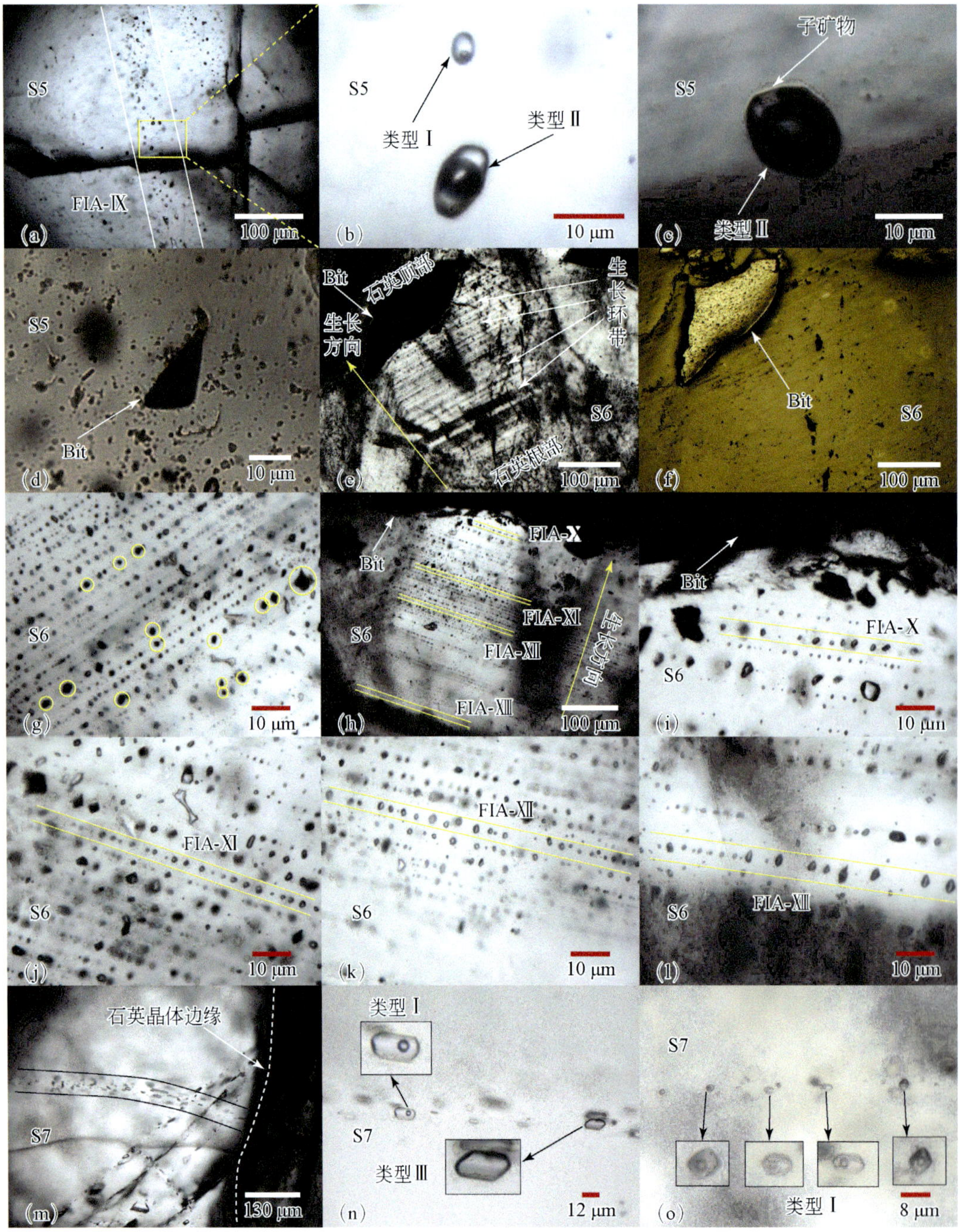

图 4.49　样品 S5、S6、S7 中的典型 FIAs 的特征

（a）S5 中带状分布的 FIA-Ⅸ；（b）FIA-Ⅸ中盐水包裹体具有不一致的气液比；（c）FIA-Ⅸ中的少数盐水包裹体发育子矿物；（d）FIA-Ⅸ中的唯一一个沥青包裹体；（e）S6 中热液石英发育典型的原生 FIAs，其顶部发育沥青，有微裂缝穿过生长环带，微裂缝中发育沥青；（f）反射光下观察到的微裂缝中沥青；（g）生长环带中呈直线分布的沥青包裹体；（h）生长环带中从生长方向的顶部向底部依次分布的 FIA-Ⅹ、FIA-Ⅺ、FIA-Ⅻ、FIA-XIII；（i-l）线状分布的 FIA-Ⅹ、FIA-Ⅺ、FIA-Ⅻ、FIA-XIII；（m）S7 中带状分布的 FIA-XIV；（n）FIA-XIV中气液两相盐水包裹体与甲烷包裹体共生；（o）FIA-XIV的气液两相盐水包裹体具有基本一致的气液比

重晶石的晶体裂缝，因此，其可能为一次生 FIA［图 4.49（a）］。FIA-Ⅸ的盐水包裹体具有不一致的气液比［图 4.49（b）］，这暗示其可能为一不混溶 FIA。在 FIA-Ⅸ的少数盐水包裹体中，发育子矿物［图 4.49（c）］。FIA-Ⅸ中的沥青包裹体仅发现一个［图 4.49（d）］。

对 FIA-Ⅸ中盐水包裹体的拉曼测试显示，其气相与液相主要成分均为 H_2O 与少量的水溶相 H_2S［图 4.50（a）、（b）］，这说明其气相与液相主要成分均为 H_2O，即包裹体中的 H_2O 发生了相态的分离。这暗示着 FIA-Ⅸ可能为一沸腾 FIA。对 FIA-Ⅸ中含子矿物包裹体测试，发现其子矿物为自然硫与方解石［图 4.50（c）、（d）］。

S6 中的自形石英中观察到显著的生长环带［图 4.49（e）］。沿着生长环带生长的方向，可见石英顶部有一颗较大的沥青［图 4.49（e）、（f）］。石英中发育两条较长的微裂缝，微裂缝中充填有沥青。在透射光下，微裂缝中的沥青显示出黑色［图 4.49（e）］，在反射光下，微裂缝中的沥青显示出黄褐色［图 4.49（f）］。其中一条微裂缝呈断续状，另一条从石英根部延伸至石英顶部，并与石英顶部的沥青相连［图 4.49（e）、（f）］。生长环带中发育一定数量的沥青包裹体［图 4.49（g）］。这些沥青包裹体呈明显的直线分布，且彼此之间互相平行，证明其并非偶然包裹体，应当为生长环带内的含油包裹体经热裂解后形成。由此可知，这些生长环带应当是石英形成于古油藏的证据之一。

FIA-Ⅹ、FIA-Ⅺ、FIA-Ⅻ、FIA-XIII发育于 S6 样品的石英生长环带中，其从石英顶部向根部依次分布［图 4.49（h）］。四个 FIA 均呈明显的直线分布［图 4.49（i）～（l）］，其中包裹体体积较小，其长轴长度介于 2.0～4.0 μm。对四个 FIA 内不同包裹体的拉曼分析显示，其中主要发育甲烷包裹体与沥青包裹体［图 4.50（e）、（f）］。这说明现今石英中生长环带内的 FIA 为油水不混溶 FIA 经裂解形成。值得注意的是，这 4 个 FIA 中均未见气液两相盐水包裹体。

发育于 S7 样品中的 FIA-XIV呈明显的带状分布，其边界相对清晰，且其长度穿过宿主矿物石英的晶体边缘，这暗示着其可能为一次生 FIA［图 4.49（m）］。镜下观察与激光拉曼分析显示，FIA-XIV主要由气液两相盐水包裹体与甲烷包裹体组成［图 4.49（n）、（o），图 4.50（g）、（h）］，气液两相盐水包裹体具有基本一致的气液比［图 4.49（o）］。由于 FIA-XIV不含沥青包裹体，因此，其应当捕获自古气藏。

镜下观察显示，S8 的包裹体在分布上较为杂乱，FIA 识别上相对困难。选取典型的包裹体组合（FIA-Ⅴ）进行研究。FIA-Ⅴ为一个近三角形的带状分布的包裹体组合，并且穿过石英裂隙，显示为一个次生包裹体组合［图 4.51（a）］。该包裹体组合主要发育盐水包裹体与甲烷包裹体［图 4.51（b）～（e）］，部分盐水包裹体与甲烷包裹体中含有沥青［图 4.51（d）、（e）］。FIA-Ⅴ中的盐水包裹体具有不一致的气液比［图 4.51（c）］。

对样品 S8 中的 FIA-Ⅴ进行拉曼检测，发现其盐水包裹体中的气相成分主要是 CH_4，部分包裹体中同时含有 CO_2，其液相成分主要是 H_2O［图 4.52（a）、（b）］。同时，拉曼光谱中可见明显的无序（1320～1330 cm^{-1}）与石墨（1600～1610 cm^{-1}）拉曼峰，证明其中富含焦沥青［图 4.52（a）、（b）］。FIA-Ⅴ中的甲烷包裹体主要成分为 CH_4 与 CO_2［图 4.52（c）～（f）］，其中，部分甲烷包裹体中检测到沥青［图 4.52（c）、（d）］，部分甲烷包裹体则未检测到沥青［图 4.52（e）、（f）］，这是该 FIA 一个值得注意的特征。

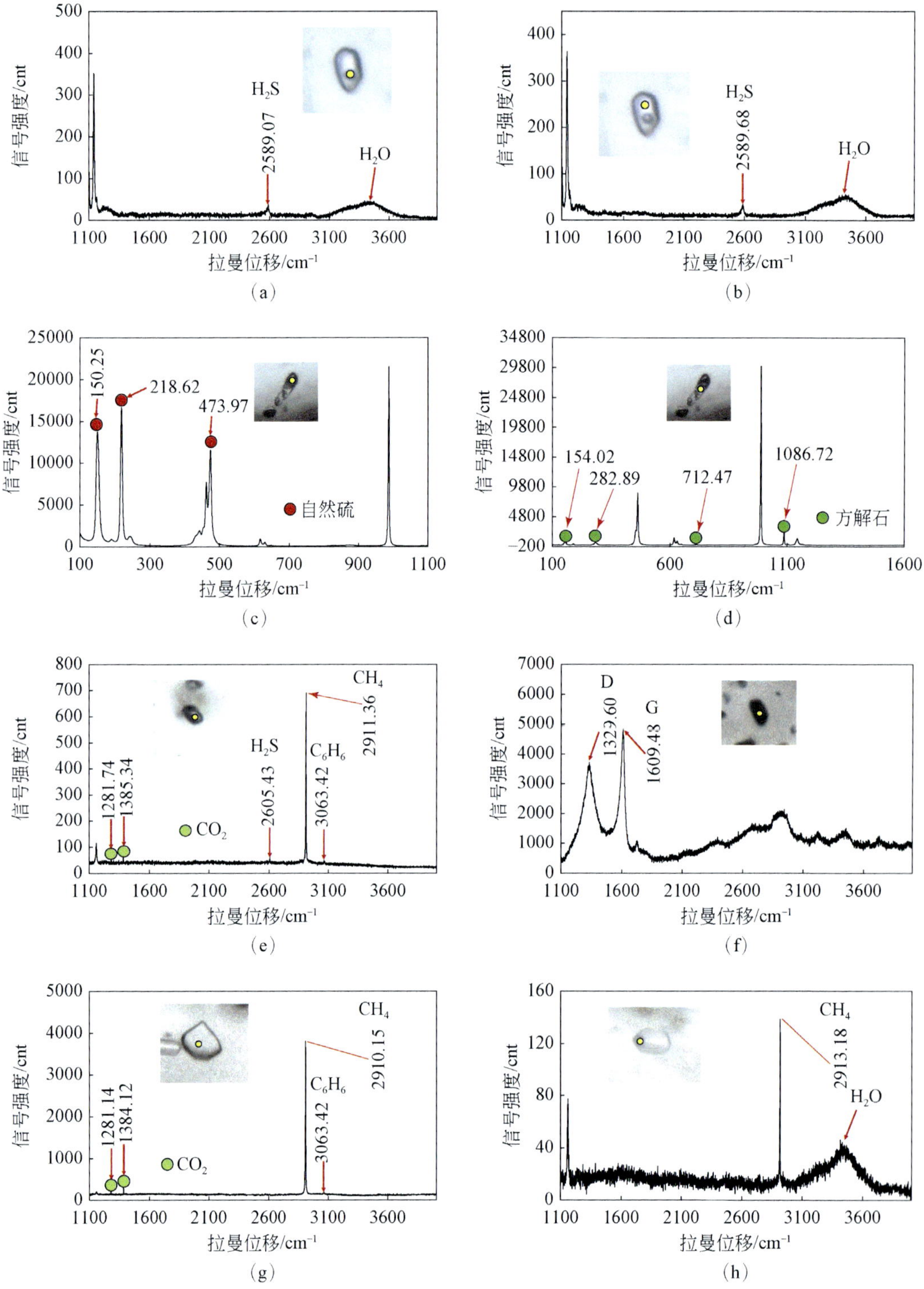

图 4.50　样品 S5、S6、S7 中不同 FIA 的激光拉曼光谱

(a)(b)FIA-Ⅸ中的气液两相盐水包裹体；(c)(d)FIA-Ⅸ中含子矿物的气液两相盐水包裹体；(e)FIA-Ⅺ中的甲烷包裹体；(f)FIA-Ⅻ中的沥青包裹体；(g)FIA-ⅩⅣ中的甲烷包裹体；(h)FIA-ⅩⅣ中的气液两相盐水包裹体

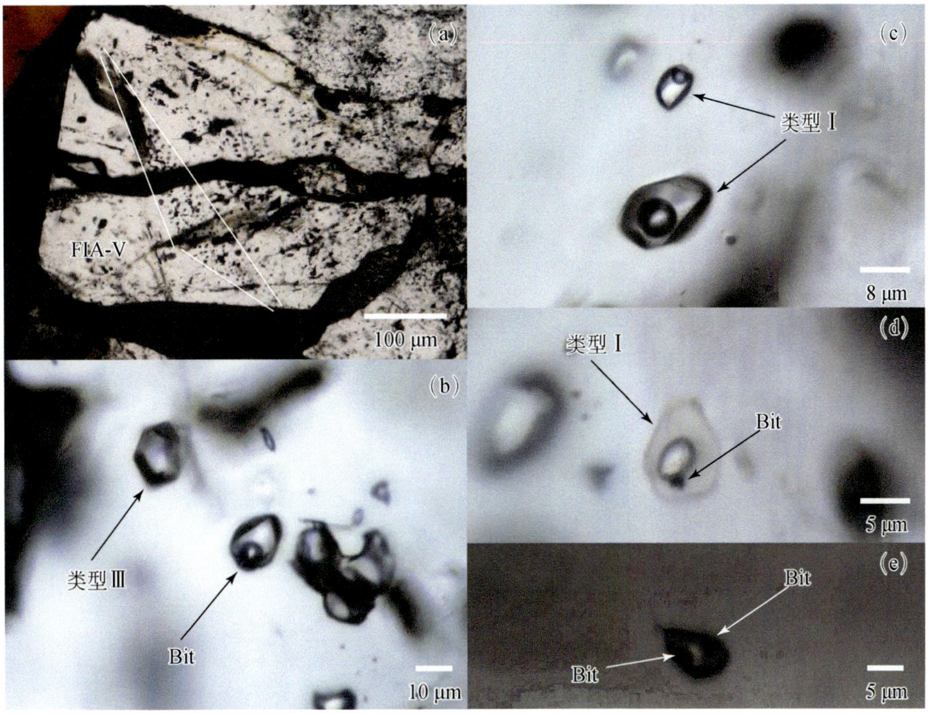

图 4.51　样品 S8 中 FIA-V 的镜下特征

（a）呈近三角形分布的 FIA-Ⅴ；（b）FIA-Ⅴ中甲烷包裹体与盐水包裹体共生；（c）FIA-Ⅴ中具有不同气液比的盐水包裹体；（d）FIA-Ⅴ中的含沥青盐水包裹体；（e）FIA-Ⅴ中的含沥青甲烷包裹体

（二）流体包裹体组合特征流体包裹体显微测温

对上述 6 个 FIAs 的显微测温结果总结于图 4.53 中。由于现今样品 S5 中的 FIA-Ⅸ的岩相学特征显示其可能为一沸腾 FIA，因此，其气液比最小与气液比最大的气液两相盐水包裹体可能为端元组分包裹体，被优先用于显微测温。同时，为了评估 FIA-Ⅸ是否经历了热再平衡，或是否受到了含油包裹体热裂解的改造作用，还对其他具有连续变化气液比的气液两相盐水包裹体进行了显微测温。对于 H_2O-NaCl 体系的盐水包裹体，其均一温度受气液比与盐度的控制，在盐度一定的情况下，那些气液比较大的富气相包裹体具有较高的均一温度，在气液比一定的情况下，随着盐度增大，富气相包裹体均一温度增加（Klyukin et al.，2019）。同时，重晶石是一种硬度较低的矿物。对重晶石中的包裹体加热，温度升得太高，包裹体极易破裂。鉴于此，对于 FIA-Ⅸ中气液比较大的富气相包裹体（非端元组分包裹体）未能获取其均一温度。

测温结果显示，FIA-Ⅸ中的气液两相盐水包裹体均一温度介于 116.8～173.4℃［图 4.53（a）］，其均一温度具有相对宽泛的范围，这与其不一致的气液比特征具有一致性。FIA-Ⅸ中的气液两相盐水包裹体的冰点温度介于–15.7～–2.5℃，对应的盐度介于 4.18%～19.21%［图 4.53（a）、（b）］。值得注意的是，在测温过程中，少数气液比较小的富液相盐水包裹体均一呈液相，少数气液比极大的盐水包裹体均一呈气相，且二者均一温度接近，分别为

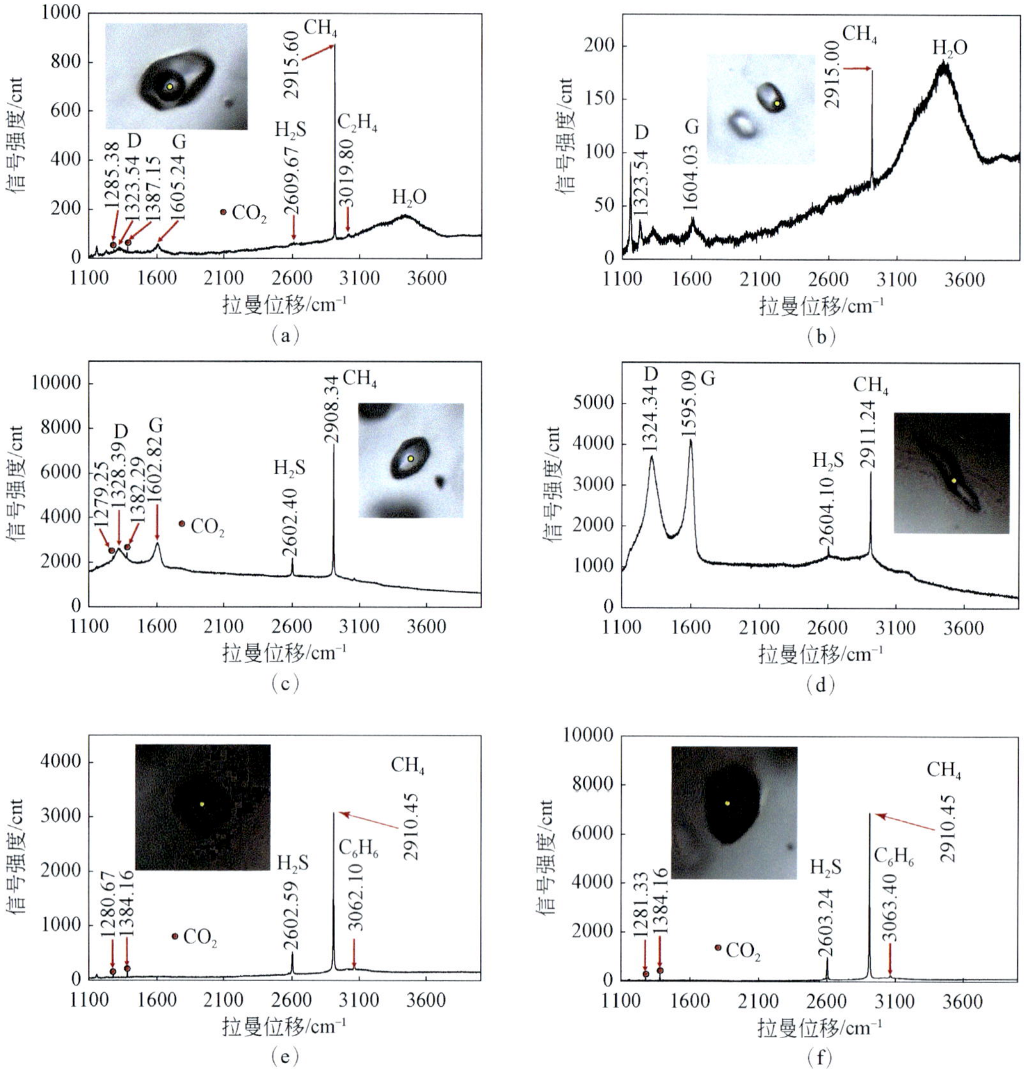

图 4.52　样品 S8 中不同 FIA-Ⅴ的激光拉曼光谱

116.8℃、121.9℃。

样品 S6 中的 FIA-Ⅹ、FIA-Ⅺ、FIA-Ⅻ、FIA-XIII的甲烷包裹体的均一温度范围分别为–82.3～–80.9℃、–83.3～–82.4℃、–85.0～–83.8℃、–86.1～–84.0℃，其平均值分别为–81.8℃、–82.8℃、–84.3℃、–84.7℃［图 4.53（c）]。上述 4 个 FIA 均具有相对狭窄的均一温度范围。几乎所有的甲烷包裹体的均一温度均低于纯甲烷包裹体的均一温度（–82.6℃）（Jacobsen et al.，1986），除了 FIA-Ⅹ中的甲烷包裹体。这说明除了 FIA-Ⅹ中的甲烷包裹体，其余 3 个 FIA 中的甲烷包裹体均为纯甲烷包裹体。由于 S6 中 FIA 中的甲烷包裹体体积均太小，难以观察其中固相 CO_2 的熔化温度，由此导致这些甲烷包裹体中 CO_2 的摩尔分数无法获取，其密度也就无法精确计算。因此，对于 S6 中甲烷包裹体的密度计算，主要是利用 BULK 软件，针对 FIA-Ⅺ、FIA-Ⅻ、FIA-XIII中的纯甲烷包裹体进行（Bakker，

2003）计算。FIA-Ⅺ、FIA-Ⅻ、FIA-ⅩⅢ中的甲烷包裹体密度分别为0.173～0.204 g/cm^3、0.213～0.228 g/cm^3、0.216～0.237 g/cm^3，其密度平均值分别为0.190 g/cm^3、0.220 g/cm^3、0.224 g/cm^3［图4.53（d）］。

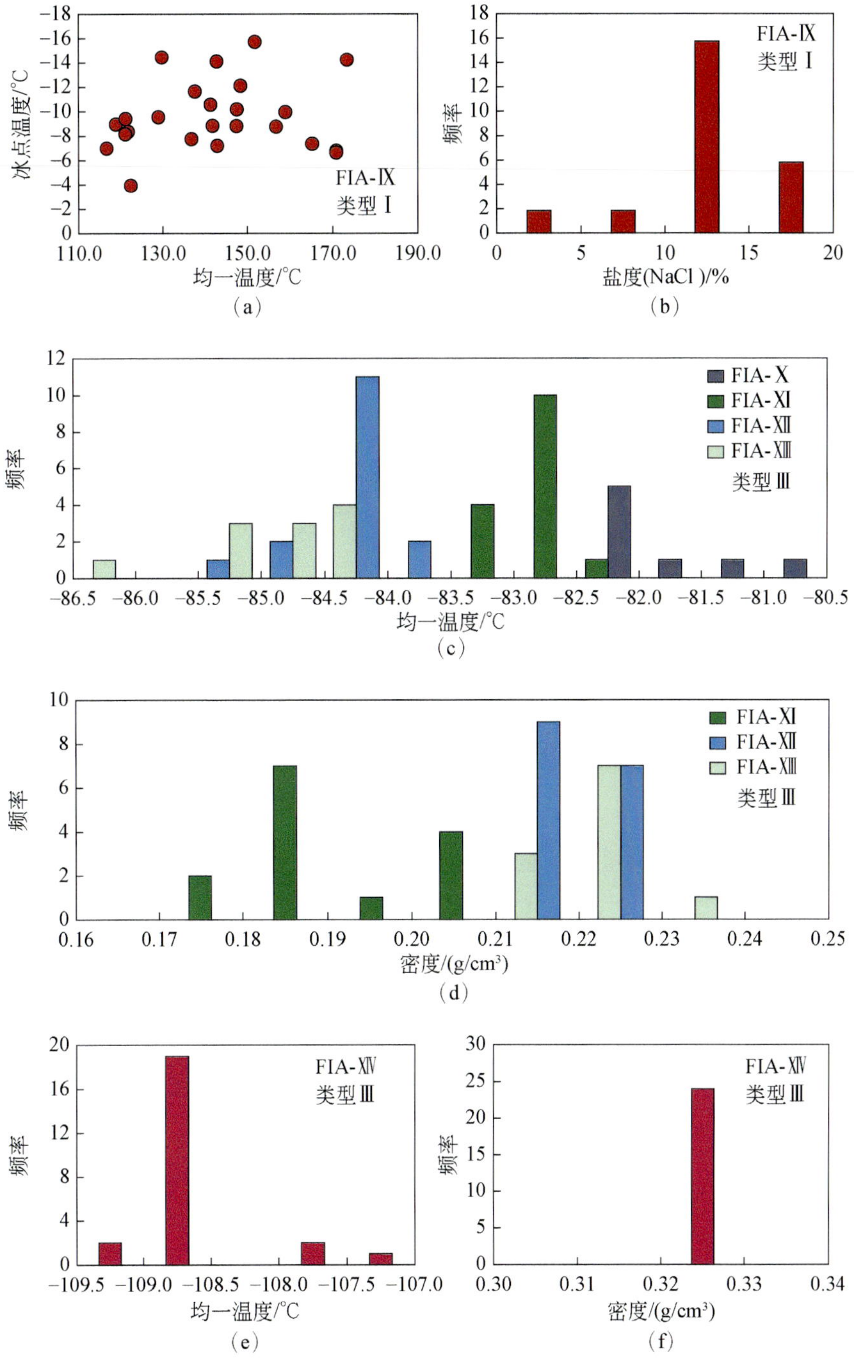

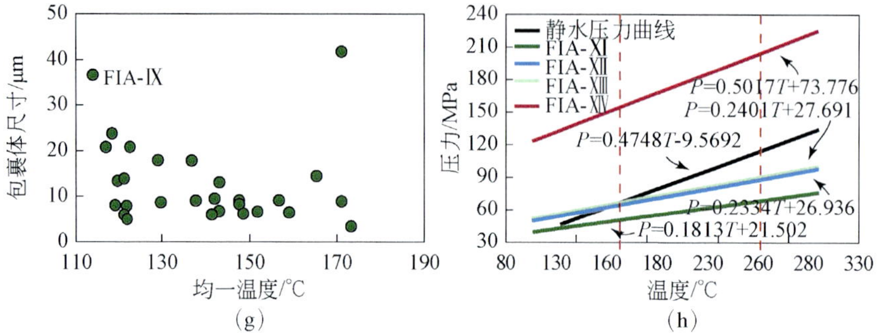

图 4.53　样品 S5、S6、S7 中不同 FIAs 的显微测温数据分析图

（a）FIA-Ⅸ中盐水包裹体的冰点温度随均一温度变化散点图；（b）FIA-Ⅸ中盐水包裹体盐度直方图；（c）FIA-Ⅹ、FIA-Ⅺ、FIA-Ⅻ、FIA-XⅢ中甲烷包裹体的均一温度直方图；（d）FIA-Ⅺ、FIA-Ⅻ、FIA-XⅢ中甲烷包裹体的密度直方图；（e）FIA-XⅣ中甲烷包裹体均一温度直方图；（f）FIA-XⅣ中甲烷包裹体密度直方图；（g）FIA-Ⅸ中盐水包裹体均一温度随体积变化散点图；（h）FIA-Ⅺ、FIA-Ⅻ、FIA-XⅢ、FIA-XⅣ中甲烷包裹体等容线与地层静水压力曲线对比图。图中灯影组地层静水压力曲线来自 Ge 等（2018）

对于样品 S7 中的 FIA-XⅣ，其盐水包裹体的冰点温度均未能获取，主要是因为包裹体中的冰块太过透明，难以观察。盐水包裹体测温显示，其具有超过 270.0℃的超高均一温度，并且当冷热台升温至 270.0℃时，盐水包裹体中的气泡仍然具有较大体积，即其离均一还有相当距离。为防止冷热台升温幅度过大造成流体包裹体的拉伸、破裂，在升温至 270.0℃后即降温，因此未能获取盐水包裹体的均一温度。对比米仓山地区灯影组地层沉积埋藏史，其最大地温约为 260.0℃。因此，FIA-XⅣ中盐水包裹体的均一温度已经远超灯影组所经历的最大地温。这说明 FIA-XⅣ中的盐水包裹体可能经历了热再平衡的改造。FIA-XⅣ中甲烷包裹体的均一温度范围介于−109.1～−107.4℃，计算得到的密度范围介于 0.322～0.327 g/cm^3，平均值为 0.325 g/cm^3［图 4.53（e）～（f）］。

FIA-Ⅴ中的气液两相盐水包裹体具有范围相对宽泛的均一温度，介于 199.6～272.4℃，平均值为 233.5℃［图 4.54（a）］。其冰点温度介于−4.1～−2.1℃，盐度范围介于 3.55%～6.59%［图 4.54（b）］。FIA-Ⅴ中的甲烷包裹体均一温度范围相对狭窄，介于−80.5～−74.6℃［图 4.54（c）］。总体上，甲烷包裹体的均一温度高于纯甲烷包裹体的临界温度（−82.6℃）（Jacobsen et al.，1986），说明其均非纯甲烷包裹体。

（三）流体包裹体次生变化评估

对现今的流体包裹体而言，其在捕获时以及捕获后的一切变化，可被总结为其成因。前人在对四川盆地海相油气藏的流体包裹体研究中，均忽视对流体包裹体成因的分析（Liu et al.，2016；Feng et al.，2017；Chen et al.，2017；Tian et al.，2020；Shen et al.，2021；Su et al.，2020），由此造成了其研究结论可能存在一定不确定性。前述章节以针对不含油的盐水包裹体、含油包裹体在高温条件下所发生的次生变化过程进行了揭示。这显然在一定程度上使对四川盆地深层海相油气藏中流体包裹体的研究更趋客观，但是同时也增加了流体包裹体研究的难度，因为这使得几乎所有用于油气成藏过程研究的流体包裹体都面临着是否在捕获后发生了次生变化的质疑。因此，有必要对选取的流体包裹体进行是否发生次生变化的评估，以决定其在油气成藏过程研究中的可用性。

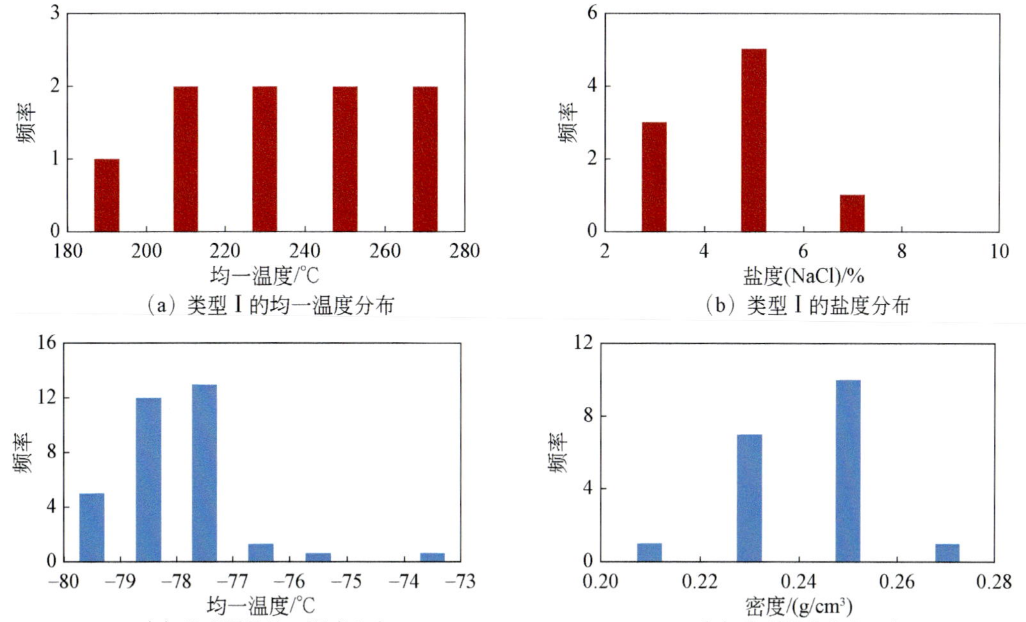

(a) 类型Ⅰ的均一温度分布 (b) 类型Ⅰ的盐度分布

(c) 类型Ⅲ的均一温度分布 (d) 类型Ⅲ的密度分布

图 4.54 样品 S8 中不同 FIA-Ⅴ的显微测温数据分析图

对流体包裹体在捕获后的次生变化的评估，主要针对的是热再平衡，以及包裹体内原油热裂解对流体包裹体的改造作用，其主要原则是利用流体包裹体捕获时的特征与现今流体包裹体的特征进行对比，若二者存在较大差别，则说明流体包裹体在捕获后发生了较显著的变化，其成分、温度数据则需谨慎使用，反之，则说明流体包裹体在捕获后未发生明显变化（Samson et al.，2003）。

1. 样品 S5

如前所述，FIA-Ⅸ现今的岩相学、激光拉曼分析所得到的成分、显微测温相变特征，均显示其可能为一沸腾 FIA，主要证据如下：①气液两相盐水包裹体与富气相包裹体二者共生［图 4.49（b）］；②气液两相盐水包裹体均一呈液相，富气相包裹体均一呈气相，二者均一温度接近。由于 FIA-Ⅸ中含有一个沥青包裹体［图 4.49（d）］，因此可以判断，其应当捕获自古油藏。假设 FIA-Ⅸ在捕获后发生了次生变化，则可能出现多种情况，具体如下。

（1）如 FIA-Ⅸ可能是从均一流体中捕获形成，经次生变化（拉伸、泄漏、再充填等）后形成现今的具有不混溶捕获特征的 FIA。前人研究已经证明，流体包裹体的大小与拉伸概率之间存在明显的正相关关系，即较大的包裹体往往比较小的包裹体更容易拉伸（Roedder，1984；Lacazette，1990），且发生拉伸的流体包裹体将产生比捕集温度更高的均一温度（Goldstein and Reynolds，1994）。因此，捕获自均一流体的流体包裹体若发生了拉伸作用，即热再平衡，则体积较大的包裹体往往比体积较小的包裹体具有更高的均一温度（Benison and Goldstein，1999）。FIA-Ⅸ中的流体包裹体体积与其均一温度之间显然没有正相关关系［图 4.53（g）］，这表明 FIA-Ⅸ并非捕获自均一流体，现今的 FIA-Ⅸ仍然保持着原始的不混溶捕获特征。

（2）FIA-Ⅸ中的流体包裹体发生破裂，即发生泄漏—再充填。由于 FIA-Ⅸ捕获自古油藏，因此，其中的流体包裹体若发生泄漏—再充填，势必包裹体内会重新充填后期古气藏中的流体，但是现今 FIA-Ⅸ中的流体包裹体均未检测到甲烷［图 4.50（a）～（d）］。这说明 FIA-Ⅸ中的流体包裹体在捕获后并未发生破裂。

（3）由于 FIA-Ⅸ中发现有一个沥青包裹体，因此其原始捕获时应当为油水不混溶 FIA。如果在后期古油藏向古气藏转化的过程中，FIA-Ⅸ中的含油包裹体由于原油热裂解的增压作用破裂，形成裂缝，其裂缝刺穿相邻流体包裹体，则可能会对相邻流体包裹体产生一定改造作用，相邻流体包裹体中会捕获含油包裹体裂解产生的甲烷。但是，现今 FIA-Ⅸ中的流体包裹体均未检测到甲烷［图 4.50（a）～（d）］。这说明 FIA-Ⅸ中的绝大部分流体包裹体并未受到含油包裹体在热裂解过程中的影响。这可能和 FIA-Ⅸ中含油包裹体的数量有关，其中仅发现 1 个沥青包裹体和 2 个含自然硫子矿物包裹体，说明其原始含油包裹体数量较少，因此在后期裂解时，未对 FIA 内大多数盐水包裹体构成影响。

（4）FIA-Ⅸ中盐水包裹体相对宽泛的盐度，也与其不混溶捕获的特征相一致（Goldstein and Reynolds，1994；Klyukin et al.，2019）。在 H_2O-NaCl 体系的不混溶 FIA 中常出现这种现象（Ni et al.，2015；Klyukin et al.，2019）。

总的来说，FIA-Ⅸ被认为是一种沸腾的 FIA，基本上保持了其原始特征，未发生显著次生变化。

2. 样品 S6

样品 S6 中 FIA-Ⅹ、FIA-Ⅺ、FIA-Ⅻ、FIA-ⅩⅢ等 4 个 FIA 中的甲烷包裹体具有相对狭窄的均一温度范围，并且每个 FIA 中甲烷包裹体的均一温度差异均在 1.0～3.0℃［图 4.53（d）］。Goldstein 和 Reynolds（1994）认为，均一流体中捕获的流体包裹体，其均一温度的差值范围在 10.0～15.0℃，可认为并未发生热再平衡。显然，上述 4 个 FIA 中甲烷包裹体均可被认为未发生热再平衡。

3. 样品 S7

样品 S7 中 FIA-ⅩⅣ的甲烷包裹体均一温度差值范围同样相对狭窄［图 4.53（e）］，这说明甲烷包裹体同样并未发生热再平衡。这可能是因为甲烷包裹体的等容线较盐水包裹体的等容线相对平缓的缘故。自然界中的 CH_4 与 H_2O，可以以均一相态存在，也可以以不混溶状态存在（Goldstein and Reynolds，1994）。因此，对于 FIA-ⅩⅣ中的 H_2O-CH_4 体系气液两相盐水包裹体，其可能是捕获自均一流体，也可能是捕获自不混溶流体。假设 FIA-ⅩⅣ中的盐水包裹体为不混溶捕获，则其盐水包裹体应当具有不一致的气液比，且其中应当有富气相包裹体，但是现今流体包裹体岩相学观察显示其盐水包裹体气液比基本一致，且其中并没有富气相包裹体［图 4.49（o）］，则说明其盐水包裹体可能经历了热再平衡。假设 FIA-ⅩⅣ中的盐水包裹体为均一捕获，则其均一温度范围相对狭窄，且均一温度范围必然在古气藏演化温度/灯影组地层温度范围内。但是，现今 FIA-ⅩⅣ中的盐水包裹体均一温度远远超过灯影组地层温度。这说明 FIA-ⅩⅣ中盐水包裹体应当经历了热再平衡。综上所述，FIA-ⅩⅣ中的盐水包裹体经历了热再平衡，均一温度明显高于捕获温度，FIA-ⅩⅣ中的甲烷包裹体并未遭受热再平衡改造。

（四）古压力评价

1. 古油藏阶段

对于沸腾包裹体，其捕获压力等于其饱和蒸气压，无须校正（Roedder and Bodnar，1980；Roedder，1984）。对于沸腾 FIA，其捕获温度为富液相盐水包裹体与富气相盐水包裹体等容线的交点，实际操作中，可使用二者均一温度的平均值（Roedder，1984）。FIA-IX 中富液相盐水包裹体与富气相盐水包裹体的均一温度分别为 116.8℃、121.9℃，其平均值 116.8℃，即 FIA-IX的捕获温度。利用前人提出的公式进行计算（Stanley，1985），得到其捕获压力为 0.17 MPa。

流体沸腾被视为热液金属成矿的一种重要机制，同时也是一种灵敏的地质压力计（Drummond and Ohmoto，1985；Li et al.，2017；Groff，2019；Zhang et al.，2019）。显然，通过 FIA-IX 计算所得的异常低的捕获压力（0.17 MPa），并非古油藏的常规压力，亦非地层埋藏压力。对于这种在热液成矿过程中发育的异常低压，一般认为与地震泵送（earthquake rupture）作用所导致的压力瞬时释放（flash vaporization）有关（Richard and Sibson，1987；Weatherley and Henley，2013）。所谓地震泵送作用，是指在构造活动的应力作用下，张性断裂在瞬时发生的张裂导致断裂之间的压力瞬时降低，流体发生沸腾的一种作用（图 4.55），该作用在热液流体的运移过程中常常扮演“抽水泵”的角色（Richard and Sibson，1987）。

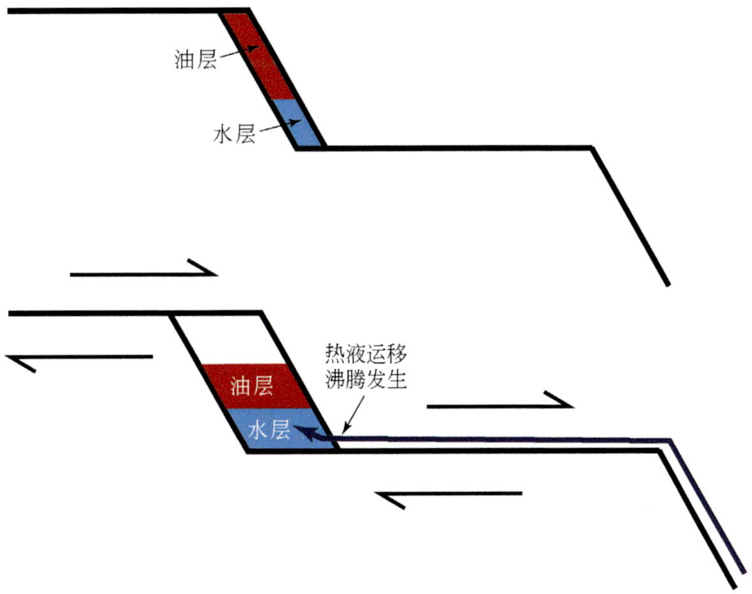

图 4.55　古油藏内地震泵送作用引起的流体沸腾示意图

对密西西比河谷型（Mississippi valley type，MVT）铅锌矿床成矿模式的显示，MVT 铅锌矿床的成矿流体在造山带的侧向挤压应力作用下，或在造山带附近由于地形高差形成的重力作用下，大规模向前陆盆地运移，金属硫化物由此发生沉淀成矿（Oliver，1986；Ge and Garven，1992；Appold and Garven，1999）。这与世界上大多数 MVT 铅锌矿床是在毗邻造山带的前陆盆地的挤压环境中发育的事实相一致，只有极少数矿床位于大陆伸展环境中（Leach and Taylor，1993）。米仓山地区马元铅锌矿恰好位于秦岭造山带南侧前陆盆地中，且米仓山地区灯影组古油藏的成藏期与华南板块向南俯冲、秦岭造山带侧向挤压，以及马元铅锌矿成矿等地质事件的发生时间相一致（Xiong et al.，2017，2019；Meng et al.，2005）。因此，华南板块向北俯冲和秦岭造山带的活动可能是脆性断裂活动和热液运移的驱动力（图 4.56）。由于流体的沸腾与脆性断裂的活动有关，因此沸腾条件下的异常低压代表的是古油藏内的短暂的瞬时压力，并非古油藏中的常态压力（Wang et al.，2018）（图 4.57）。

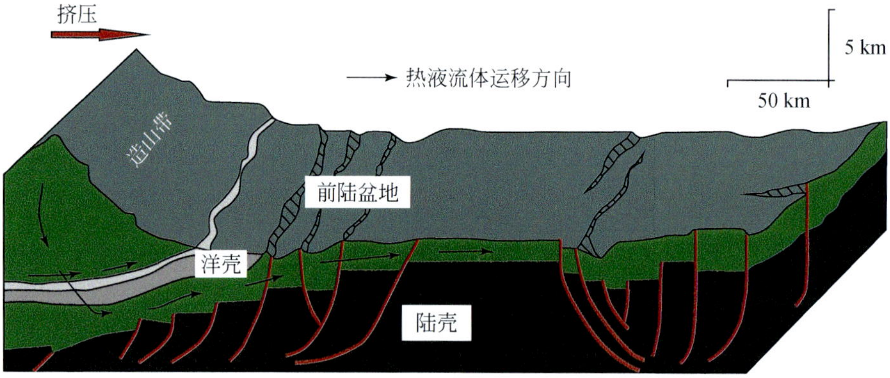

图 4.56　造山带构造驱动流体运移模式图（据 Oliver，1986；Appold and Garven，1999）

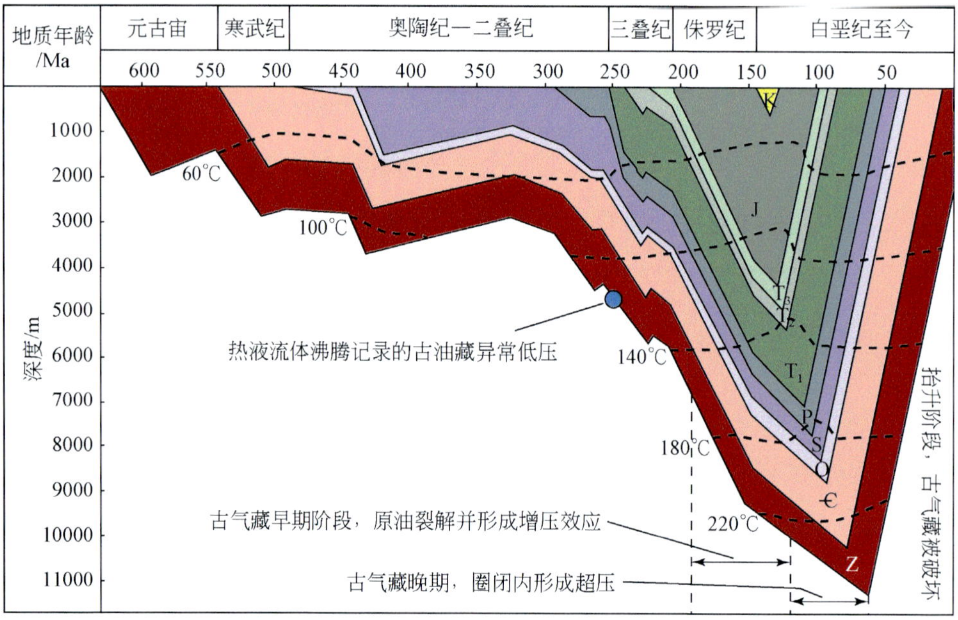

图 4.57　米仓山地区地层沉积埋藏史（据 Ge et al.，2018）

2. 古油藏向古气藏转化阶段

根据样品 S6 的 4 个 FIA（FIA-Ⅹ、FIA-Ⅺ、FIA-Ⅻ、FIA-Ⅷ）的测温数据及其计算得到的甲烷包裹体密度数据，结合 FIA 的分特特征，可以看出，从石英的顶部向根部依次发育，其甲烷包裹体均一温度具有依次降低的趋势，其密度则具有依次增大的趋势［图 4.52（c）、（d）］。该趋势较为细微，但仍然可以被看出来。这种密度上的细微差别，说明 4 个 FIA 中的甲烷包裹体并非同时捕获，而是按照一定的顺序依次捕获。一般来说，在定向排列的不同 FIA 出现均一温度连续变化的趋势，这种现象在生长环带中较为常见，因为生长环带代表的是宿主矿物定向生长的连续过程（Benison and Goldstein，1999；Goldstein and Reynolds，1994）。由于这 4 个 FIA 为油水不混溶 FIA 在古油藏进入生气窗后经过裂解再愈合形成，因此，如果可以证明这 4 个 FIA 是在宿主矿物石英破裂后重新愈合的过程中被依次捕获，则这是古油藏裂解增压的有力证据！

很可惜，要证明这 4 个 FIA 是在石英裂缝愈合过程中由于石英的愈合生长被依次捕获，是一件极其困难的事。选取发育于样品 S8 中的 FIA-Ⅴ为研究对象，以揭示古油藏在裂解过程中的增压现象。

对于地质条件下的流体，根据流体性质的不同，可以分为均一流体与非均一流体（Roedder and Coombs，1967；Goldstein and Reynolds，1994）。对于捕获自均一流体的 FIA，其具有一致的气液比，对于捕获自非均一流体的 FIA，其具有不一致的气液比（Goldstein and Reynolds，1994），这是众所周知的事实。油藏中油水共存的流体系统显然为不混溶的流体系统。对于捕获自古油藏中油水不混溶流体体系的 FIA，其油水体积比显然是不一致的，即某一 FIA 中会出现纯水包裹体、不同油水体积比的油水包裹体、纯油包裹体[图 4.58（a）]。研究区灯影组储层经历了从古油藏向古气藏转变的过程，现今的沥青反射率超过 4.00%。这样高成熟度的演化，足以将原油完全裂解成沥青和甲烷。当古油藏中的原油裂解形成天然气的同时，灯影组中的流体包裹体内的原油同样也发生热裂解。因此，在后期裂解过程中，若无其他变化，则油水不混溶 FIA 中的油水包裹体会裂解成含沥青的 CH_4-H_2O 体系包

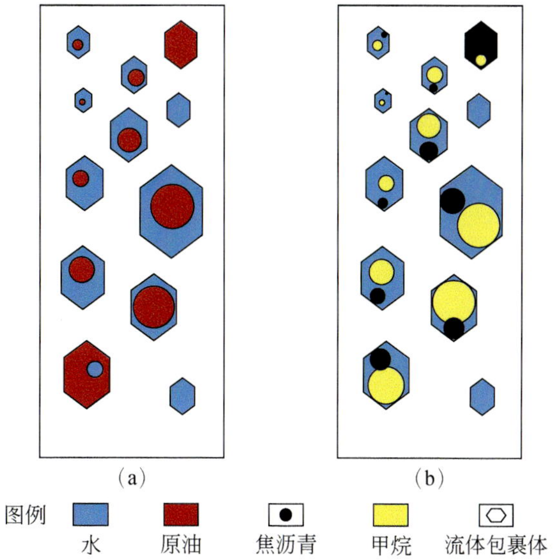

图 4.58 热裂解对油水不混溶 FIA 的成分改造作用示意图

注：图中将包裹体置于长方形方框中是为了说明其为一带状分布的 FIA，下同

裹体，纯水包裹体保持成分不变，纯油包裹体则会裂解为含沥青的甲烷包裹体，即裂解形成的新 FIA 中只要含甲烷的包裹体均含有沥青［图 4.58（b）］，且裂解新形成的 FIA 应当具有不一致的气液比［图 4.58（b）］。

对于 FIA-Ⅴ，镜下观察可见其中部分包裹体含有沥青（图 4.51），拉曼测试数据也显示，其中部分包裹体中含有沥青（图 4.52）。前述对油水不混溶包裹体经过热裂解后的包裹体类型及成分变化分析证明，油水不混溶包裹体经过热裂解后形成的新包裹体除纯水包裹体外，盐水包裹体与甲烷包裹体均含有沥青。然而，FIA-Ⅴ中的多数甲烷包裹体中并无沥青［图 4.52（e）、（f）］。因此，形成 FIA-Ⅴ的油水不混溶 FIA，在后期热裂解过程中，除了发生上述原油裂解成甲烷与沥青的物质成分外，同样在 FIA 中的不同包裹体之间发生了物质的量的变化。

由于流体包裹体是封闭体系，要实现 FIA 中不同包裹体的物质的量的变化，显然需要打破这种封闭体系，实现不同包裹体之间的沟通。对于油水不混溶包裹体组合，当包裹体内的原油发生热裂解时，包裹体内会发生增压，这种增压效应应当是包裹体体腔发生破裂的动力来源。

基于上述分析，FIA-Ⅴ的形成过程可以描述如下。首先，石英中捕获到油水不混溶 FIA［图 4.59（a）］。然后，随着侏罗纪—白垩纪灯影组地层的快速沉降，包裹体内的原油发生裂解，包裹体内部开始增压。当压力增大到超过包裹体体腔破裂压力时，包裹体出现裂缝［图 4.59（b）］。随着包裹体内原油的持续裂解，增压效应越来越明显，不同包裹体之间的裂缝开始连通，从而使不同包裹体内部的物质发生了交换［图 4.59（b）、（c）］。由于现今 FIA 具有不一致的气液比与均一温度，因此，可以推断包裹体内部增压到一定程度时，裂解形成的甲烷不会溶解于水中［图 4.59（b）］。另外，对于因为过热作用而爆裂的包裹体，其内部流体要么与周围孔隙流体连通，要么不连通，连通与否在于 FIA 长度是否穿过宿主矿物的晶体边缘（Goldstein and Reynolds，1994）。现今 FIA 长度显然已经穿过宿主矿物石

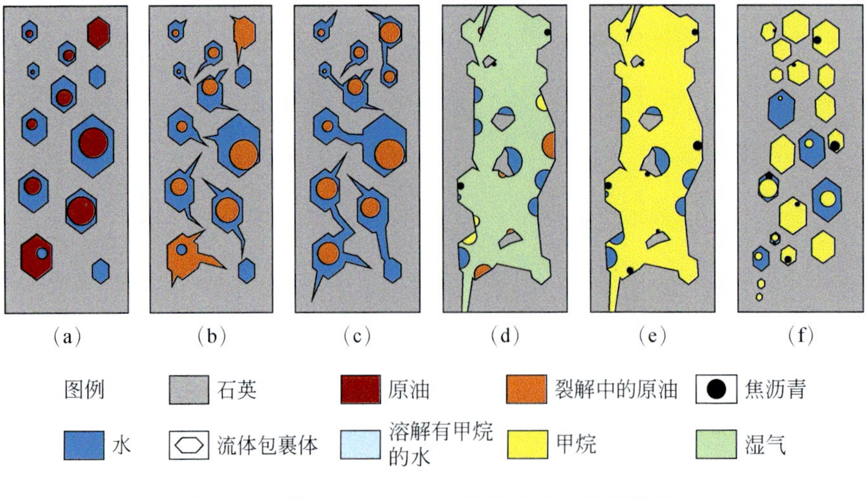

图 4.59 样品 S8 中的 FIA-Ⅴ的形成过程示意图

英的晶体边界［图 4.59（a）］，因此，由于超压形成的裂缝也应当穿过石英晶体边界［图 4.59（c）、（d）］。在新形成的裂缝中，沥青是不可移动的，但是，沥青生成的甲烷却充满裂缝。最终，在石英的颈缩、负晶形化等作用下，形成现今的气液比不一致的 FIA-Ⅴ［图 4.59（e）、（f）］。新形成的 FIA-Ⅴ中，部分甲烷包裹体含有沥青，部分甲烷包裹体不含沥青。FIA-Ⅴ的形成过程是古油藏在向古气藏转变过程中由于石油的裂解作用而发生增压效应的典型证据。

另外，从上述分析可以看出，由于 FIA-Ⅴ形成过程中，原油裂解增压形成裂缝穿过了宿主矿物石英的边缘，其经历了泄漏—再充填，重新捕获的物质为古气藏中的甲烷与水。因此，对 FIA-Ⅴ进行显微测温，所得的温压数据应该代表古油藏向古气藏转变过程中，也就是古气藏早期的成藏信息。同理，样品 S6 中的 FIA-Ⅹ、FIA-Ⅺ、FIA-Ⅻ、FIA-Ⅷ，也同样记录了古气藏早期的成藏信息。

由于 FIA-Ⅴ中的甲烷包裹体均一温度均高于纯甲烷包裹体的均一温度，因此，其密度难以通过热力学计算得到。利用样品 S6 中的 3 个 FIAs（FIA-Ⅺ、FIA-Ⅻ、FIA-Ⅷ）来评估灯影组古气藏早期的压力。

对于 FIA-Ⅹ、FIA-Ⅺ、FIA-Ⅻ、FIA-Ⅷ，由于其中并未发育气液两相盐水包裹体，因此，无法利用气液两相盐水包裹体的均一温度与地层埋藏史对比获取 FIA 的捕获时间（图 4.57），也无法根据气液两相盐水包裹体的均一温度确定 FIA 的捕获温度，自然也无法精确计算其捕获压力。因此，本次研究，利用上述 4 个 FIA 中甲烷包裹体的等容线与灯影组静水压力曲线进行对比，以评估古油气藏的压力系数。由于这 4 个 FIA 中甲烷包裹体的均一温度范围相对狭窄，因此，选择单个 FIA 中与甲烷包裹体均一温度平均值接近的甲烷包裹体作为代表，利用其等容线进行对比分析。甲烷包裹体等容线通过 ISOC 软件计算得到（Bakker，2003）。

前人研究表明，液态石油存在的上限温度范围为 150.0～175.0℃（Tissot and Welte，1984；Braun and Burnham，1990；Seewald，2003）。本次研究，以 160.0℃为上限温度。如图 4.53（h）所示，FIA-Ⅺ、FIA-Ⅻ、FIA-Ⅷ的等容线相对位置逐渐升高，当温度超过 160.0℃时，这 3 个 FIA 的等容线均位于静水压力曲线以下。这表明在古油藏裂解生气阶段，即古气藏的初始阶段，其内压由于原油热裂解而逐渐增加，但是内压始终小于静水压力。古气藏初期的异常低压应当继承自古油藏，这意味着秦岭造山带的活动，以及热液流体的入侵，对米仓山地区古油藏的保存条件构成了明显破坏（图 4.57）。

3. 古气藏阶段

样品 S7 中的 FIA-ⅩⅣ，其气液两相盐水包裹体已发生了热再平衡，故而 FIA-ⅩⅣ的精确捕获压力与捕获时间已无法确定。对其捕获压力的评估，仍然利用甲烷包裹体的等容线进行。FIA-ⅩⅣ中甲烷包裹体的等容线显著高于灯影组地层静水压力曲线［图 4.53（h）］，这说明 FIA-ⅩⅣ被捕获时，气藏内压力显著高于地层压力。结合样品 S6 中的 FIA-Ⅺ、FIA-Ⅻ、FIA-Ⅷ的增压效应记录，可以推断灯影组古气藏中的超压应当为原油热裂解作用形成。在 160.0～260.0℃，用包裹体等容式方程与静水压力曲线公式计算得到的压力系数在 1.79～2.32。对比四川盆地寒武系、志留系、二叠系和三叠系部分地层的现今压力系数，其范围为 1.20～2.20（Guo et al.，2012；Gao J et al.，2017；Li et al.，2021），这表明计算的压力系数是可靠的。

如前所述，样品 S6 中的 FIA-Ⅺ、FIA-Ⅻ、FIA-Ⅷ，样品 S7 中的 FIA-XⅣ，因气液两相盐水包裹体的不发育，或者经历了热再平衡而无法确定 FIA 的捕获时间。但是，可以确定的是，FIA-Ⅺ、FIA-Ⅺ、FIA-Ⅷ捕获自古气藏早期，FIA-XⅣ由于不含有沥青，其应当捕获自古油藏完全转化为古气藏之后，即 FIA-XⅣ晚于 S6 中的 FIA-Ⅺ、FIA-Ⅻ、FIA-Ⅷ形成。

（五）油气成藏过程重建

根据对不同样品中的 FIA 分析，米仓山地区灯影组古油气藏的演化过程可分为四个阶段，具体描述如下（图 4.60）。

古油藏成藏期是第一阶段，其成藏时间约从三叠纪开始。大量沥青包裹体的存在证明灯影组储层中发生过大规模的来自上覆郭家坝组烃源岩的原油充注［图 4.60（a)］。在古油藏成藏过程中，受秦岭造山带的侧向挤压，发生了大规模的热液活动，热液流体开始侧向运移并侵入古油藏，对古油藏的保存条件构成了一定程度的破坏［图 4.60（b)］。重晶石样品 S6 中 FIA-Ⅸ包裹体组合中极低的包裹体捕获压力（0.17 MPa）记录了热液流体侵入古油藏时流体的沸腾过程，其 116.8℃的捕获温度揭示该期热液活动发生于 248.6 Ma（图 4.57）。可以推测，在三叠纪秦岭造山带的持续活动下，米仓山地区灯影组储层内可能不只发生了一期热液流体的侵入与沸腾。反复的热液流体入侵，以及构造活动的不稳定性，可能形成了古油藏中长期的异常低压。从现今米仓山地区地震剖面来看，其逆断层基本上均从基底延伸至三叠系中（孙东，2011）。这也成为米仓山地区古油藏保存条件相对较差的间接证据。

古油藏向古气藏转化的过程是灯影组油气成藏的第二阶段。如果选择 160.0℃作为原油裂解的上限温度，该阶段应发生于 191.6 Ma 前后（图 4.57）。样品 S6 中的含沥青包裹体的甲烷 FIA 记录了原油裂解增压过程。但是，通过甲烷包裹体等容线估算的地层压力系数仍然小于 1.00，这种异常低压应当是继承自古油藏。

第三阶段是天然气成藏中晚期［图 4.60（c)］。由于热液石英中 FIA-XⅣ的气液两相盐水包裹体发生了热再平衡，无法获取其捕获温度及捕获时间，因此，该阶段的发生时间无法精确确定。但是可以推断，第三阶段的结束时间应在灯影组快速隆起之前，即 61.6 Ma 之前。在第三阶段，古气藏发育超压，气藏超压系数估计在 1.79～2.32。结合对样品 S6 中三个 FIA 的分析，古气藏中的超压主要来自原油裂解的贡献。此外，地层深埋过程中的压实作用和上覆侏罗系—白垩系盖层的封闭作用可能也起到了一定的作用［图 4.60（c)］。

灯影组油气成藏的第四个阶段发生在喜马拉雅运动以后，即 61.6 Ma 至今［图 4.60（d)］。在第四阶段，由于灯影组的剧烈隆起，天然气发生逸散，古气藏遭到破坏［图 4.60（d)］。

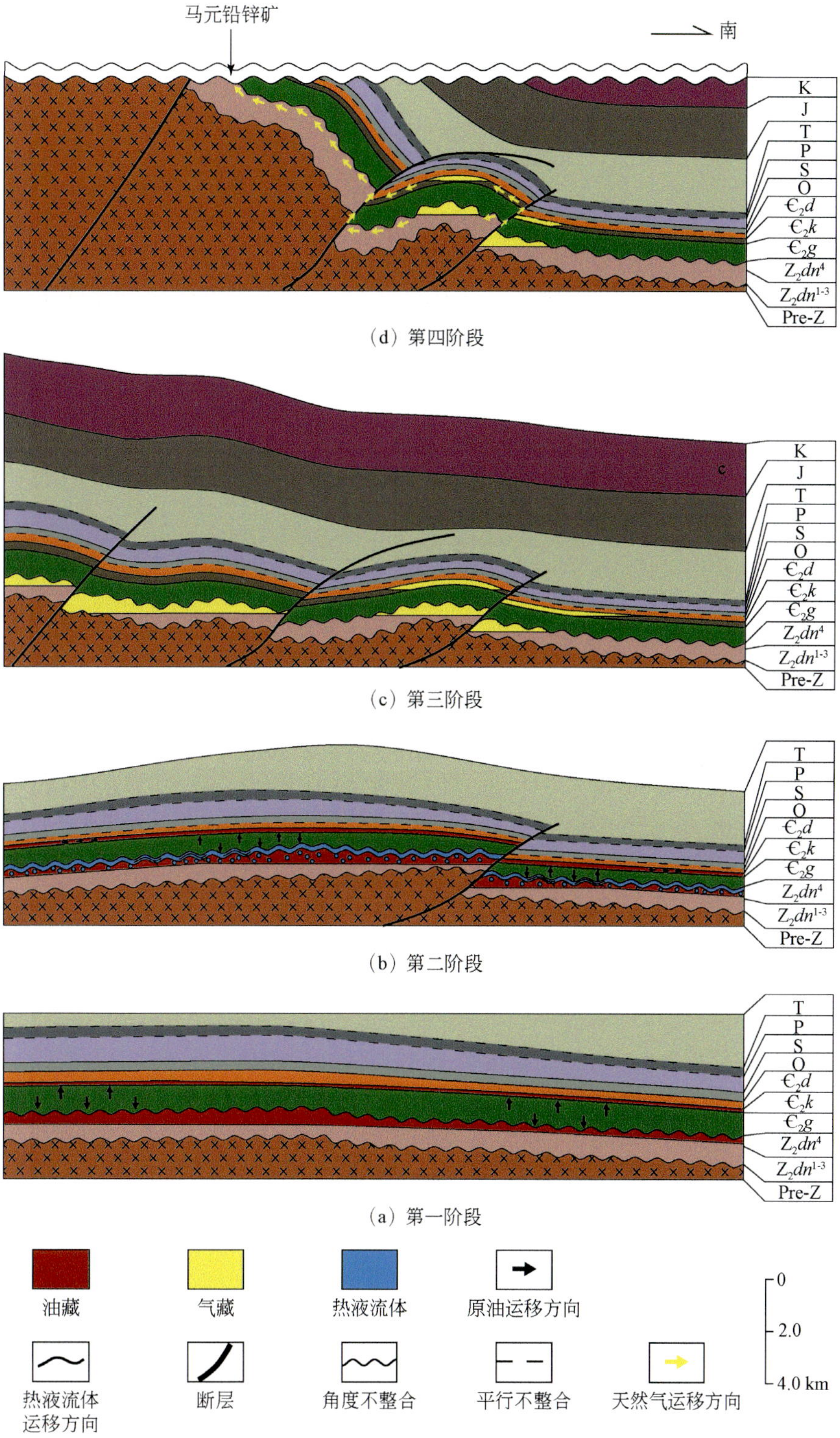

图 4.60　米仓山地区灯影组古油气藏成藏过程示意图

参 考 文 献

白晓，凌文黎，段瑞春，等. 2011. 扬子克拉通核部中元古代—古生代沉积地层 Nd 同位素演化特征及其地质意义[J]. 中国科学 D 辑：地球科学, 41(7): 972-983.

陈承声，邓瑞，张海祖，等. 2023. 塔里木盆地轮探 1 井下寒武统超深层油气相态演化定量模拟[J]. 天然气地球科学, 34(1): 96-110.

陈强路，杨鑫，储呈林，等. 2015. 塔里木盆地寒武系烃源岩沉积环境再认识[J]. 石油与天然气地质, 36(6): 880-887.

陈永权，严威，韩长伟，等. 2015. 塔里木盆地寒武纪—早奥陶世构造古地理与岩相古地理格局再厘定：基于地震证据的新认识[J]. 天然气地球科学, 26(10): 1831-1843.

陈永权，张艳秋，吴亚生，等. 2020. 塔里木盆地寒武系芙蓉统 SPICE 的发现与碳同位素地层学对比[J]. 中国科学：地球科学, 50(9): 1259-1267.

储呈林，陈强路，张博，等. 2016. 热液活动对东二沟剖面玉尔吐斯组烃源岩形成的影响[J]. 沉积学报, 34(4): 803-810.

杜金虎，潘文庆. 2016. 塔里木盆地寒武系盐下白云岩油气成藏条件与勘探方向[J]. 石油勘探与开发, 43(3): 327-339.

杜金虎，汪泽成，邹才能，等. 2016. 上扬子克拉通内裂陷的发现及对安岳特大型气田形成的控制作用[J]. 石油学报, 37(1): 1-16.

杜汝霖，田立富. 1985. 燕山青白口系宏观藻类龙凤山藻属的发现和初步研究[J]. 地质学报(3): 183-190.

冯连君，储雪蕾，张启锐，等. 2003. 化学蚀变指数(CIA)及其在新元古代碎屑岩中的应用[J]. 地学前缘, 10(4): 539-543.

高键，何生，易积正. 2015. 焦石坝页岩气田中高密度甲烷包裹体的发现及其意义[J]. 石油与天然气地质, 36(3): 472-480.

辜学达，刘啸虎. 1997. 四川省岩石地层[M]. 武汉：中国地质大学出版社.

谷志东，殷积峰，姜华，等. 2016. 四川盆地宣汉-开江古隆起的发现及意义[J]. 石油勘探与开发, 43(6): 893-904.

顾忆，邵志兵，陈强路，等. 2007. 塔河油田油气运移与聚集规律[J]. 石油实验地质(3): 224-230, 237.

顾忆，黄继文，贾存善，等. 2020. 塔里木盆地海相油气成藏研究进展[J]. 石油实验地质, 42(1): 1-12.

管树巍，吴林，任荣，等. 2017. 中国主要克拉通前寒武纪裂谷分布与油气勘探前景[J]. 石油学报, 38(1): 9-22.

管树巍，张春宇，任荣，等. 2019. 塔里木北部早寒武世同沉积构造：兼论寒武系盐下和深层勘探[J]. 石油勘探与开发, 46(6): 1075-1086.

何登发，陈红英，柳少波，等. 1997. 柯克亚凝析油气田的成藏机理[J]. 石油勘探与开发(4): 28-32, 99.

和源，周刚，李堃宇，等. 2021a. 川东北地区 WT1 井 7590—8060m 段地层归属的确定及其对油气勘探的启示[J]. 地质通报, 40(9): 1502-1513.

和源, 文龙, 罗冰, 等. 2021b. 四川盆地开江地区 WT1 井震旦系陡山沱组物源分析及构造背景判断[J]. 古地理学报, 23(4): 683-702.

侯读杰, 肖中尧, 唐友军, 等. 2003. 柯克亚油气田混合来源天然气的地球化学特征[J]. 天然气地球科学 (6): 474-479.

侯读杰, 赵增迎, 唐友军, 等. 2004. 柯克亚地区原油裂解气的地质-地球化学特征[J]. 天然气地球科学 (2): 137-141, 200.

胡国艺, 贺飞, 米敬奎, 等. 2021. 川西北地区海相烃源岩地球化学特征、分布规律及天然气勘探潜力[J]. 天然气地球科学, 32(3): 319-333.

花友仁. 1995. 扬子板块的地壳演化与地层对比[J]. 地质与勘探, 31(2): 15-22.

江卓斐. 2016. 扬子西缘新元古代冰川启动时间、期次及其构造-岩相古地理演化[D]. 北京: 中国地质大学(北京).

金承胜. 2015. 华南寒武纪早期海洋化学时空演化及其对早期动物演化的影响[D]. 武汉: 中国地质大学.

金强. 1998. 裂谷盆地生油层中火山岩及其矿物与有机质的相互作用——油气生成的催化和加氢作用研究进展及展望[J]. 地球科学进展, 13(6): 542.

金之钧. 2011. 中国海相碳酸盐岩层系油气形成与富集规律[J]. 中国科学 D 辑: 地球科学, 41(7): 910-926.

金之钧, 张刘平, 杨雷, 等. 2002. 沉积盆地深部流体的地球化学特征及油气成藏效应初探[J]. 地球科学, 27: 659-665.

李建忠, 陶小晚, 白斌, 等. 2021. 中国海相超深层油气地质条件、成藏演化及有利勘探方向[J]. 石油勘探与开发, 48(1): 52-67.

李婷婷, 朱光有, 赵坤, 等. 2021. 华南地区南华系大塘坡组黑色岩系地质地球化学特征与有机质富集机制[J]. 石油学报, 42(9): 1142-1162.

李文, 何生, 张柏桥, 等. 2018. 焦石坝背斜西缘龙马溪组页岩复合脉体中流体包裹体的古温度及古压力特征[J]. 石油学报, 39(4): 402-415.

李贤庆, 肖贤明, 米敬奎, 等. 2003. 天然气碳同位素动力学模型研究新进展[J]. 断块油气田, 10(3): 1-4.

李玉兰, 尹海鉴, 王约, 等. 2012. 黔东北伊迪卡拉(震旦)纪陡山沱期的古地理环境[J]. 贵州地质, 29(4): 295-300.

李智武, 冉波, 肖斌, 等. 2019. 四川盆地北缘震旦纪—早寒武世隆-坳格局及其油气勘探意义[J]. 地学前缘, 26(1): 59-85.

梁霄, 刘树根, 夏铭, 等. 2016. 四川盆地威远构造震旦系灯影组气烟囱特征及其地质意义[J]. 石油与天然气地质, 37(5): 702-712.

刘斌. 2005. 烃类包裹体热动力学[M]. 北京: 科学出版社.

刘德汉, 卢焕章, 肖贤明. 2007. 油气包裹体及其在石油勘探和开发中的应用[M]. 广州: 广东科技出版社.

刘德汉, 肖贤明, 田辉, 等. 2013. 论川东北地区发现的高密度甲烷包裹体类型与油裂解气和页岩气勘探评价[J]. 地学前缘, 20(1): 64-71.

刘金钟, 唐永春. 1998. 用干酪根生烃动力学方法预测甲烷生成量之一例[J]. 科学通报(10): 1187-1191.

刘静江, 李伟, 张宝民, 等. 2015. 上扬子地区震旦纪沉积古地理[J]. 古地理学报, 17(6): 735-753.

刘树根, 孙玮, 赵异华, 等. 2015. 四川盆地震旦系灯影组天然气的差异聚集分布及其主控因素[J]. 天然气工业, 35(1): 10-23.

刘树根, 王一刚, 孙玮, 等. 2016. 拉张槽对四川盆地海相油气分布的控制作用[J]. 成都理工大学学报(自然科学版), 43(1): 1-23.

刘树根, 刘殊, 孙玮, 等. 2018. 绵阳-长宁拉张槽北段构造-沉积特征[J]. 成都理工大学学报(自然科学版), 45(1): 1-13.

罗冰, 杨跃明, 罗文军, 等. 2015. 川中古隆起灯影组储层发育控制因素及展布[J]. 石油学报, 36(4): 416-426.

罗晓霞, 罗虎志, 张胜, 等. 2021. 盆地级超大连片地震资料处理技术应用及效果[C]//中国石油学会. 中国石油学会 2021 年物探技术研讨会论文集. 北京: 中国石油学会: 504-507.

马安来, 金之钧, 朱翠山, 等. 2018. 塔里木盆地中深 1C 井原油高聚硫代金刚烷及金刚烷硫醇的检出及意义[J]. 中国科学: 地球科学, 48(10): 1312-1323.

马安来, 金之钧, 李慧莉, 等. 2020. 塔里木盆地顺北地区奥陶系超深层油藏蚀变作用及保存[J]. 地球科学, 45(5): 1737-1753.

莫午零, 林潼, 张英, 等. 2013. 西昆仑山前柯东-柯克亚构造带油气来源及成藏模式[J]. 石油实验地质, 35(4): 364-371.

潘文庆, 陈永权, 熊益学, 等. 2015. 塔里木盆地下寒武统烃源岩沉积相研究及其油气勘探指导意义[J]. 天然气地球科学, 26(7): 1224-1232.

彭平安, 贾承造. 2021. 深层烃源演化与原生轻质油/凝析油气资源潜力[J]. 石油学报, 42(12): 1544-1555.

漆立新. 2016. 塔里木盆地顺托果勒隆起奥陶系碳酸盐岩超深层油气突破及其意义[J]. 中国石油勘探, 21(3): 38-51.

单长安, 张廷山, 郭军杰, 等. 2015. 中扬子北部上震旦统陡山沱组地质特征及页岩气资源潜力分析[J]. 中国地质, 42(6): 1944-1958.

帅燕华, 张水昌, 胡国艺, 等. 2019. 四川盆地高石梯-磨溪地区震旦系—寒武系天然气 TSR 效应及气源启示[J]. 地质学报, 93(7): 1754-1766.

孙东. 2011. 米仓山构造带构造特征及中—新生代构造演化[D]. 成都: 成都理工大学.

孙玮, 刘树根, 宋金民, 等. 2017. 叠合盆地古老深层碳酸盐岩油气成藏过程和特征 —— 以四川叠合盆地震旦系灯影组为例[J]. 成都理工大学学报(自然科学版), 44(3): 257-285.

孙秀丽, 万永刚, 刘照伟, 等. 2013. 挥发作用对 C5—C8 轻烃指标的影响: 模拟实验证据[J]. 石油学报, 34: 1060-1069.

田辉, 肖贤明, 李贤庆, 等. 2007. 海相干酪根与原油裂解气甲烷生成及碳同位素分馏的差异研究[J]. 地球化学, 36(1): 71-77.

汪泽成, 姜华, 王铜山, 等. 2014. 上扬子地区新元古界含油气系统与油气勘探潜力[J]. 天然气工业, 34(4): 27-36.

汪泽成, 刘静江, 姜华, 等. 2019. 中-上扬子地区震旦纪陡山沱组沉积期岩相古地理及勘探意义[J]. 石油勘探与开发, 46(1): 39-51.

汪正江, 汪泽成, 余谦, 等. 2021. 川东北新元古代克拉通裂陷的厘定及其深层油气意义[J]. 沉积与特提斯地质, 41(3): 361-375.

王国芝, 刘树根, 刘伟, 等. 2014. 川中高石梯构造灯影组油气成藏过程[J]. 成都理工大学学报(自然科学版), 41(6): 684-693.

王剑, 江新胜, 卓皆文, 等. 2000. 华南新元古代裂谷盆地演化[M]. 北京: 地质出版社.
王剑, 刘宝珺, 潘桂堂. 2001. 华南新元古代裂谷盆地演化 —— Rodinia 超大陆解体的前奏[J]. 矿物学报, 21(3): 135-145.
王剑, 肖洒, 杜秋定, 等. 2023. 四川盆地东北部地区陡山沱组黑色页岩古海洋环境与有机质富集机制[J]. 天然气工业, 43(4): 76-92.
王林. 2012. 华南埃迪卡拉纪陡山沱期古海洋环境的氧化还原特征[D]. 北京: 中国地质大学(北京).
王茂林, 肖贤明, 魏强, 等. 2015. 页岩中固体沥青拉曼光谱参数作为成熟度指标的意义[J]. 天然气地球科学, 26(9): 1712-1718.
王强, 彭平安, 曾建, 等. 2014. 叶城凹陷柯东 1 井凝析油及柯克亚原油的油源分析[J]. 地球化学, 43(5): 469-476.
王铜山, 耿安松, 熊永强, 等. 2007. 海相原油裂解生气实验产物的物质平衡计算: 一个基于储层固体沥青分析的原油裂解气资源量预测模型[J]. 科学通报, 52(7): 836-842.
王维红, 裴江云, 宋利伟, 等. 2014. 松辽盆地北部西坡地区二维资料连片处理[J]. 地球物理学进展, 29(6): 2761-2765.
王文之, 肖文摇, 和源, 等. 2019. 四川盆地震旦系陡山沱组烃源岩地球化学特征与有机质富集机制[J]. 高校地质学报, 25(6): 860-870.
王晓梅, 张水昌, 何坤, 等. 2021. 最小含氧带和硫化环境控制 14 亿年前有机质生烃能力[J]. 科学通报, 66: 3005-3017.
王自强, 尹崇玉, 高林志, 等. 2006. 用化学地层学研究新元古代地层划分和对比[J]. 地学前缘, 13(6): 268-270.
魏国齐, 王志宏, 李剑, 等. 2017. 四川盆地震旦系、寒武系烃源岩特征、资源潜力与勘探方向[J]. 天然气地球科学, 28(1): 1-13.
夏国栋, 冉波, 刘树根, 等. 2018. 绵阳-长宁拉张槽北段麦地坪组烃源岩特征 —— 以绵竹清平剖面为例[J]. 成都理工大学学报(自然科学版), 45(1): 14-26.
肖中尧, 唐友军, 侯读杰, 等. 2002. 柯克亚凝析油气藏的油源研究[J]. 沉积学报(4): 716-720.
谢树成, 殷鸿福, 史晓颖. 2011. 地球生物学: 生命与地球环境的相互作用和协同演化[M]. 北京: 科学出版社.
谢增业, 魏国齐, 张健, 等. 2017. 四川盆地东南缘南华系大塘坡组烃源岩特征及其油气勘探意义[J]. 天然气工业, 37(6): 1-11.
杨海波, 高鹏, 李兵, 等. 2005. 新疆西天山达鲁巴依蛇绿岩地质特征[J]. 新疆地质, 23(2): 123-126.
杨海军, 朱光有. 2013. 塔里木盆地凝析气田的地质特征及其形成机制[J]. 岩石学报, 29(9): 3233-3250.
杨海军, 陈永权, 田军, 等. 2020a. 塔里木盆地轮探 1 井超深层油气勘探重大发现与意义[J]. 中国石油勘探, 25(2): 62-72.
杨海军, 邓兴梁, 张银涛, 等. 2020b. 塔里木盆地满深 1 井奥陶系超深断控碳酸盐岩油气藏勘探重大发现及意义[J]. 中国石油勘探, 25(3): 13-23.
杨海军, 陈永权, 潘文庆, 等. 2021. 塔里木盆地南华纪—中寒武世构造沉积演化及其盐下勘探选区意义[J]. 中国石油勘探, 26(4): 84-98.
杨平, 谢渊, 李旭兵, 等. 2012. 雪峰山西侧震旦系陡山沱组烃源岩生烃潜力及油气地质意义[J]. 中国地质,

39(5): 1299-1310.
杨瑞东, 张传林, 罗新荣, 等. 2006. 新疆库鲁克塔格地区早寒武世硅质岩地球化学特征及其意义[J]. 地质学报, 80(4): 598-605.
杨暹和, 陈远德. 1981. 西南地区地层总结 —— 震旦系[R]. 成都: 成都地质矿产研究所.
杨雨, 罗冰, 张本健, 等. 2021. 四川盆地下寒武统筇竹寺组烃源岩有机质差异富集机制与天然气勘探领域[J]. 石油实验地质, 43(4): 611-619.
杨跃明, 文龙, 罗冰, 等. 2016. 四川盆地达州-开江古隆起沉积构造演化及油气成藏条件分析[J]. 天然气工业, 36(8): 1-10.
杨志如, 王学军, 冯许魁, 等. 2014. 川中地区前震旦系裂谷研究及其地质意义[J]. 天然气工业, 34(3): 80-85.
叶琴. 2018. 华南神农架-黄陵地区晚新元古代宏体藻类化石研究[D]. 武汉: 中国地质大学.
易士威, 李明鹏, 郭绪杰, 等. 2020. 塔里木盆地南华纪古裂谷对寒武系沉积的控制及勘探意义[J]. 石油学报, 41(11): 1293-1308.
袁海锋, 刘勇, 徐昉昊, 等. 2014a. 川中安平店-高石梯构造震旦系灯影组流体充注特征及油气成藏过程[J]. 岩石学报, 30(3): 727-736.
袁海锋, 赵明霞, 王国芝, 等. 2014b. 川中磨溪构造寒武系龙王庙组油气运聚期次[J]. 成都理工大学学报(自然科学版), 41(6): 694-702.
袁鹏, 刘红梅, 刘冬, 等. 2012. 油气形成过程中黏土矿物的催化作用: 几点思考[J]. 矿物学报, 32(S1): 70-71.
袁训来，肖书海，尹磊明，等. 2002. 陡山沱期生物群 —— 早期动物辐射前期的生命[M]. 合肥: 中国科学技术大学出版社.
袁训来, 王丹, 肖书海. 2009. 新元古代陡山沱期的动物[J]. 古生物学报, 48(3): 375-389.
云露, 曹自成. 2014. 塔里木盆地顺南地区奥陶系油气富集与勘探潜力[J]. 石油与天然气地质, 35(6): 788-797.
曾昌民, 张亮, 雷刚林, 等. 2011. 塔西南拗陷烃源岩生标特征对比及沉积环境指示意义[J]. 新疆地质, 29(3): 319-323.
张春宇, 管树巍, 吴林, 等. 2019. 塔西北地区早寒武世玉尔吐斯组热液作用及沉积模式[J]. 地学前缘, 26(1): 202-211.
张道亮, 杨帅杰, 王伟锋, 等. 2019. 川东北—鄂西地区下震旦统陡山沱组烃源岩特征及形成环境[J]. 石油实验地质, 41(6): 821-830.
张凤廉, 王华建, 张水昌, 等. 2021. 元古宙真核藻类演化及环境控制因素[J]. 地质学报, 95(5): 1334-1355.
张启锐, 储雪蕾. 2006. 扬子地区江口冰期地层的划分对比与南华系层型剖面[J]. 地层学杂志 (4): 306-314.
张水昌, Moldowan J M, Li M W, 等. 2001. 分子化石在寒武—前寒武纪地层中的异常分布及其生物学意义[J]. 中国科学 D 辑: 地球科学, 31(4): 299-304.
张水昌, 梁狄刚, 黎茂稳, 等. 2002. 分子化石与塔里木盆地油源对比[J]. 科学通报, 47(增刊): 16-23.
张水昌, 梁狄刚, 王飞宇, 等. 2004. 塔里木盆地海相油气的生成[M]. 北京: 石油工业出版社.
张水昌, 苏劲, 张斌, 等. 2021. 塔里木盆地深层海相轻质油/凝析油的成因机制与控制因素[J]. 石油学报, 42(12): 1566-1580.

张水昌, 王华建, 王晓梅, 等. 2022a. 中元古代海洋生物碳泵: 有机质来源、降解与富集[J]. 科学通报, 67(15): 1624-1643.

张水昌, 王华建, 王晓梅, 等. 2022b. 中元古代增氧事件[J]. 中国科学: 地球科学, 52(1): 26-52.

张涛. 2017. 川中磨溪-高石梯地区天然气成藏过程研究[D]. 西安: 西安石油大学.

张天怡, 黄士鹏, 李贤庆, 等. 2024. 四川盆地下寒武统筇竹寺组沉积地球化学特征与有机质富集机制[J]. 天然气地球科学, 35(4): 688-703.

张子虎. 2019. 华南寒武纪早期南华盆地东南缘深水区氧化还原状态时空波动及形成机制研究[D]. 武汉: 中国地质大学.

赵孟军, 张水昌. 2001. 17α(H)-重排藿烷在塔里木盆地中的指相意义[J]. 石油勘探与开发 (1): 36-38, 13-16.

赵文智, 胡素云, 汪泽成, 等. 2019. 中国陆上古老海相碳酸盐岩油气地质理论与勘探[M]. 北京: 石油工业出版社.

赵文智, 王兆云, 张水昌, 等. 2006. 油裂解生气是海相气源灶高效成气的重要途径[J]. 科学通报, 51(5): 589-595.

赵文智, 魏国齐, 杨威, 等. 2017. 四川盆地万源-达州克拉通内裂陷的发现及勘探意义[J]. 石油勘探与开发, 44(5): 659-669.

赵彦彦, 郑永飞. 2011. 全球新元古代冰期的记录和时限[J]. 岩石学报, 27(2): 545-565.

钟勇, 李亚林, 张晓斌, 等. 2013. 四川盆地下组合张性构造特征[J]. 成都理工大学学报(自然科学版), 40(5): 498-510.

周晓峰, 杨风丽, 杨瑞青, 等. 2020. 扬子克拉通埃迪卡拉系陡山沱组构造-岩相古地理恢复及油气意义[J]. 古地理学报, 22(4): 647-662.

朱光有, 赵坤, 李婷婷, 等. 2021. 中国华南陡山沱组烃源岩的形成机制与分布预测[J]. 地质学报, 95(8): 2553-2574.

庄新兵, 顾忆, 邵志兵, 等. 2017. 塔里木盆地地温场对油气成藏过程的控制作用 —— 以古城墟隆起为例[J]. 石油学报, 38(5): 502-511.

卓皆文, 江新胜, 王剑, 等. 2013. 华南扬子古大陆西缘新元古代康滇裂谷盆地的开启时间与充填样式[J]. 中国科学: 地球科学, 12: 1952-1963.

Abbassi S, Edwards D S, George S C, et al. 2016. Petroleum potential and kinetic models for hydrocarbon generation from the Upper Cretaceous to Paleogene Latrobe Group coals and shales in the Gippsland Basin, Australia[J]. Organic Geochemistry, 91: 54-67.

Algeo T J, Lyons T W. 2006. Mo–total organic carbon covariation inmodern anoxic marine environments: Implications for analysis ofpaleoredox and paleo hydro graphic conditions[J]. Paleoceanography, 21(1): 1-23.

Ambrose G J, Kruse P D, Putnam P E. 2001. Geology and hydrocarbon potential of the southern Georgina Basin, Australia[J]. The APPEA Journal, 41: 139-163.

Anbar A D, Knoll A H. 2002. Proterozoic ocean chemistry and evolution: A bioinorganic bridge?[J]. Science, 297(5584): 1137-1142.

Aplin A C, Macleod G , Larter S R, et al. 1999. Combined use of Confocal Laser Scanning Microscopy and PVT simulation for estimating the composition and physical properties of petroleum in fluid inclusions[J]. Marine and Petroleum Geology, 16(2): 97-110.

Aplin A C, Larter S R, Bigge M A, et al. 2000. PVTX history of the North Sea's Judy oilfield[J]. Journal of Geochemical Exploration, 69-70: 641-644.

Appold M S, Garven G . 1999. The hydrology of ore formation in the Southeast Missouri District; numerical models of topography-driven fluid flow during the Ouachita Orogeny[J]. Economic Geology, 94(6): 913-935.

Bakker R J. 2003. Package FLUIDS 1. computer programs for analysis of fluid inclusion data and for modelling bulk fluid properties[J]. Chemical Geology, 194(1-3): 3-23.

Barker C. 1990. Caculated volume and pressure changes during the thermal-cracking of oil to gas in reservoirs[J]. American Association of Petroleum Geologists Bulletin, 74(8): 1254-1261.

Bau M, Dulski P. 1999. Comparing yttrium and rare earths in hydrothermal fluids from the Mid-Atlantic Ridge: Implications for Y and REE behaviour during near-vent mixing and for the Y/Ho ratio of Proterozoic seawater[J]. Chemical Geology, 155(1-2): 77-90.

Becker S P, Eichhubl P, Laubach S E, et al. 2010. A 48 m. y. history of fracture opening, temperature, and fluid pressure: Cretaceous Travis Peak Formation, East Texas Basin[J]. Geological Society of America Bulletin, 122(7-8): 1081-1093.

Behar F, Vandenbroucke M. 1987. Chemical modeling of kerogen[J]. Organic Geochemistry, 11(1): 15-24.

Behar F, Vandenbroucke M. 1996. Experimental determination of the rate constants of the n-C_{25} thermal cracking at 120, 400, and 800 bar: Implications for high-pressure/high-temperature prospects[J]. Energy & Fuels, 10(4): 932-940.

Behar F, Kressmann S, Rudkiewicz J L, et al. 1992. Experimental simulation in a confined system and kinetic modelling of kerogen and oil cracking[J]. Organic Geochemistry, 19(1): 173-189.

Behar F, Vandenbroucke M, Tang Y, et al. 1997. Thermal cracking of kerogen in open and closed systems: Determination of kinetic parameters and stoichiometric coefficients for oil and gas generation[J]. Organic Geochemistry, 26: 321-339.

Behar F, Lorant F, Lewan M. 2008a. Role of NSO compounds during primary cracking of a Type Ⅱ kerogen and a Type Ⅲ lignite[J]. Organic Geochemistry, 39(1): 1-22.

Behar F, Lorant F, Mazeas L. 2008b. Elaboration of a new compositional kinetic schema for oil cracking[J]. Organic Geochemistry, 39(6): 764-782.

Belete T T, van de Sanden M G M, Gleeson M A. 2019. Effects of transition metal dopants on the calcination of $CaCO_3$ under Ar, H_2O and H_2[J]. Journal of CO_2 Utilization, 31: 152-166.

Benison K C, Goldstein R H. 1999. Permian paleoclimate data from fluid inclusions in halite[J]. Chemical Geology, 154(1-4): 113-132.

Berner U, Faber E. 1996. Empirical carbon isotope/maturity relationships for gases from algal kerogens and terrigenous organic matter, based on dry, open-system pyrolysis[J]. Organic Geochemistry, 24(10): 947-955.

Berner U, Faber E, Scheeder G , et al. 1995. Primary cracking of algal and landplant kerogens: Kinetic models of isotope variations in methane, ethane and propane[J]. Chemical Geology, 126(3): 233-245.

Blum J D, Sherman L S, Johnson M W. 2014. Mercury isotopes in earth and environmental sciences[J]. Annual Review of Earth and Planetary Sciences, 42: 249-269.

Bowring S, Myrow P, Landing E, et al. 2003. Geochronological constraints on terminal Neoproterozoic events and the irse of Metazoans[J]. Geophysical Research Abstracts, 5: 13219.

Braun R L, Burnham A K. 1990. Mathematical model of oil generation, degradation, and expulsion[J]. Energy & Fuels, 4: 132-146.

Brocks J J, Jarrett A J M, Sirantoine E, et al. 2017. The rise of algae in Cryogenianoceans and the emergence of animals[J]. Nature, 548: 578-581.

Bu H L, Yuan P, Liu H M, et al. 2017. Effects of complexation between organic matter (OM) and clay minerals on OM pyrolysis[J]. Geochimica et Cosmochimica Acta, 212: 1-15.

Burgreen-Chan B, Graham S A. 2018. Petroleum system modeling of the East Coast Basin, Hawke Bay, New Zealand[J]. AAPG Bulletin, 102(4): 587-612.

Burnham A K, Gregg H R, Ward R L, et al. 1997. Decomposition kinetics and mechanism of *n*-hexadecane-1, 2-13C_2 and dodec-1-ene-1, 2-13C_2 doped in petroleum and n-hexadecane[J]. Geochimica et Cosmochimica Acta, 61(17): 3725-3737.

Burruss R C, Laughrey C D. 2010. Carbon and hydrogen isotopic reversals in deep basin gas: Evidence for limits to the stability of hydrocarbons[J]. Organic Geochemistry, 41: 1285-1296.

Cai C, Li K, Ma A, et al. 2009. Distinguishing Cambrian from Upper Ordovician source rocks: Evidence from sulfur isotopes and biomarkers in the Tarim Basin[J]. Organic Geochemistry, 40: 755-768.

Cai C, Zhang C, Worden R H, et al. 2015. Application of sulfur and carbon isotopes to oil-source rock correlation: A case study from the Tazhong area, Tarim Basin, China[J]. Organic Geochemistry, 83-84: 140-152.

Canfield D E, Thamdrup B. 2009. Towards a consistent classification scheme for geochemical environments, or, why we wish the term 'suboxic' would go away[J]. Geobiology, 7(4): 385-392.

Canfield D E, Bjerrum C J, Zhang S, et al. 2020. The modern phosphorus cycle informs interpretations of Mesoproterozoic Era phosphorus dynamics[J]. Earth-Science Reviews, 208: 103267.

Cañipa-Morales N K, Galán-Vidal C A, Guzmán-Vega M A, et al. 2003. Effect of evaporation on C_7 light hydrocarbon parameters[J]. Organic Geochemistry, 34: 813-826.

Cawood P A, Strachan R A, Pisarevsky S A, et al. 2016. Linking collisional and accretionary orogens during Rodinia assembly and breakup: Implications for models of supercontinent cycles[J]. Earth and Planetary Science Letters, 449: 118-126.

Chakhmakhchev A, Sanderson J, Pearson C, et al. 2017. Compositional changes of diamondoid distributions caused by simulated evaporative fractionation[J]. Organic Geochemistry, 113: 224-228.

Chang C, Hu W X, Fu Q, et al. 2018. Characteristics and formation processes of (Ba, K, NH_4)-feldspar and cymrite from a lower Cambrian black shale sequence in Anhui Province, South China[J]. Mineralogical Magazine, 82(1): 1-21.

Charlton T S, Goodarzi M, Rouainia M, et al. 2021. Effect of diagenesis on geomechanical properties of organic-rich calcareous shale: A multiscale investigation[J]. Journal of Geophysical Research. Solid Earth: JGR, 126(7): 1-23.

Chen C, Wang Y, Beagle J R, et al. 2019. Reconstruction of the evolution of deep fluids in light oil reservoirs in the Central Tarim Basin by using PVT simulation and basin modeling[J]. Marine and Petroleum Geology, 107(1): 116-126.

Chen Y, Shen A J, Pan L Y, et al. 2017. Features, origin and distribution of microbial dolomite reservoirs: A case study of 4th Member of Sinian Dengying Formation in Sichuan Basin, SW China[J]. Petroleum Exploration and Development, 44: 704-715.

Claypool G E, Mancini E A. 1989. Geochemical relationships of petroleum in Mesozoic reservoirs to carbonate source rocks of Jurassic Smackover Formation, Southwestern Alabama1[J]. AAPG Bulletin, 73(7): 904-924.

Connan J. 1984. Biodegradation of crude oils in reservoirs[M]//Brooks J, Welte D. Advances in Petroleum Geochemistry. London: Academic Press: 299-335.

Connan J, Bouroullec J, Dessort D, et al. 1986. The microbial input in carbonate-anhydrite facies of a sabkha palaeoenvironment from Guatemala: A molecular approach[J]. Organic Geochemistry, 10(1-3): 29-50.

Cramer B, Faber E, Gerling P, et al. 2001. Reaction kinetics of stable carbon isotopes in natural gasinsights from dry, open system pyrolysis experiments[J]. Energy & Fuels, 15(3): 517-532.

Dahl J E, Moldowan J M, Peters K, et al. 1999. Diamondoid hydrocarbons as indicators of oil cracking[J]. Nature, 399: 54-56.

Deng R, Chen C, Shi S, et al. 2019. Fluid phase simulation and evolution of a condensate gas reservoir in the Tazhong Uplift, Tarim Basin[J]. Geofluids(8): 1-15.

Deng R, Wang Y P, Chen C S. 2022. Fluid phase modeling and evolution of complex reservoirs in the Halahatang depression of the Tabei Uplift, Tarim Basin[J]. ACS Omega, 7(17): 14933-14943.

Di Primio R D, Horsfield B. 2006. From petroleum-type organofacies to hydrocarbon phase prediction[J]. AAPG Bulletin, 90(7): 1031-1058.

Di Primio R D, Dieckmann V, Mills N. 1998. PVT and phase behaviour analysis in petroleum exploration[J]. Organic Geochemistry, 29(1/3): 207-222.

Drummond S E, Ohmoto H. 1985. Chemical evolution and mineral deposition in boiling hydrothermal systems[J]. Economic Geology, 80(1): 126-147.

Duan Z, Moller N, Weare J H. 1992. An equation of state for the CH_4-CO_2-H_2O system: Ⅰ. Pure systems from 0 to 1000℃ and 0 to 8000 bar[J]. Geochimica et Cosmochimica Acta, 56(7): 2605-2617.

Dzou L I P, Noble R A, Senftle J T. 1995. Maturation effects on absolute biomarker concentration in a suite of coals and associated vitrinite concentrates[J]. Organic Geochemistry, 23: 681-697.

Dan T B. 2006. Oklahoma's Oil and Gas Industry and the Global Forces Controlling it[J]. The Shale Shaker, 56(5): 145-154.

Espitalié J, Ungerer P, Irwin I, et al. 1988. Primary cracking of kerogens. Experimenting and modeling C_1, C_2-C_5, C_6-C_{15} and C_{15+} classes of hydrocarbons formed[J]. Organic Geochemistry, 13: 893-899.

Etiope G , Whiticar M J. 2019. Abiotic methane in continental ultramafic rock systems: Towards a genetic model[J]. Applied Geochemistry, 102: 139-152.

Etiope G , Samardžić N, Grassa F, et al. 2017. Methane and hydrogen in hyperalkaline groundwaters of the serpentinized Dinaride ophiolite belt, Bosnia and Herzegovina[J]. Applied Geochemistry, 84: 286-296.

Fall A, Eichhubl P, Cumella S P, et al. 2012. Testing the basin-centered gas accumulation model using fluid inclusion observations: Southern Piceance Basin, Colorado[J]. American Association of Petroleum Geologists Bulletin, 96(12): 2297-2318.

Fang R H, Littke R, Zieger L, et al. 2019. Changes of composition and content of tricyclic terpane, hopane, sterane, and aromatic biomarkers throughout the oil window: A detailed study on maturity parameters of Lower Toarcian Posidonia Shale of the Hils Syncline, NW Germany[J]. Organic Geochemistry, 138: 1-19.

Fang Y, Su J, Wang X, et al. 2023. The transition from hydrothermal oxic conditions to restricted euxinia in the lower cambrian yurtus formation black shale, Tarim Basin[J]. Marine and Petroleum Geology, 156: 106420.

Farrimond P, Taylor A, Telns N. 1998. Biomarker maturity parameters: The role of generation and thermal degradation[J]. Organic Geochemistry, 29: 1181-1197.

Feng M Y, Wu P C, Qiang Z T, et al. 2017. Hydrothermal dolomite reservoir in the Precambrian Dengying Formation of central Sichuan Basin, Southwestern China[J]. Marine and Petroleum Geology, 82: 206-219.

Fiebig J, Hofmann S, Tassi F, et al. 2015. Isotopic patterns of hydrothermal hydrocarbons emitted from Mediterranean volcanoes[J]. Chemical Geology, 396: 152-163.

Fingas M F. 1997. Studies on the evaporation of crude oil and petroleum products: Ⅰ. the relationship between evaporation rate and time[J]. Journal of Hazardous Materials, 56: 227-236.

Fusetti L, Behar F, Bounaceur R, et al. 2010a. New insights into secondary gas generation from the thermal cracking of oil: Methylated monoaromatics. A kinetic approach using 1,2,4-trimethylbenzene. Part Ⅰ: A mechanistic kinetic model[J]. Organic Geochemistry, 41(2): 146-167.

Fusetti L, Behar F, Grice K, et al. 2010b. New insights into secondary gas generation from the thermal cracking of oil: Methylated mono-aromatics. A kinetic approach using 1,2,4-trimethylbenzene. Part Ⅱ: An empirical kinetic model[J]. Organic Geochemistry, 41(2): 168-176.

Fusetti L, Behar F, Lorant F, et al. 2010c. New insights into secondary gas generation from the thermal cracking of oil: Methylated monoaromatics. A kinetic approach using 1,2,4-trimethylbenzene. Part Ⅲ: An isotopic fractionation model[J]. Organic Geochemistry, 41(5): 431-436.

Gai H, Xiao X, Cheng P, et al. 2015. Gas generation of shale organic matter with different contents of residual oil based on a pyrolysis experiment[J]. Organic Geochemistry, 78: 69-78.

Gai H, Tian H, Xiao X. 2018. Late gas generation potential for different types of shale source rocks: Implications from pyrolysis experiments[J]. International Journal of Coal Geology, 193: 16-29.

Gai H, Tian H, Cheng P, et al. 2019. Influence of retained bitumen in oil-prone shales on the chemical and carbon isotopic compositions of natural gases: Implications from pyrolysis experiments[J]. Marine and Petroleum Geology, 101: 148-161.

Gao J, He S, Zhao J X, et al. 2017. Geothermometry and geobarometry of overpressured lower Paleozoic gas shales in the Jiaoshiba field, Central China: Insight from fluid inclusions in fracture cements[J]. Marine and Petroleum Geology, 83: 124-139.

Gao J, Zhang J K, He S, et al. 2019. Overpressure generation and evolution in Lower Paleozoic gas shales of the Jiaoshiba region, China: Implications for shale gas accumulation[J]. Marine and Petroleum Geology, 102: 844-859.

Gao L, Schimmelmann A, Tang Y, et al. 2014. Isotope rollover in shale gas observed in laboratory pyrolysis experiments: Insight to the role of water in thermogenesis of mature gas[J]. Organic Geochemistry, 68: 95-106.

Gao P, Liu G , Lash G G , et al. 2018. Occurrences and origin of reservoir solid bitumen in Sinian Dengying

Formation dolomites of the Sichuan Basin, SW China[J]. International Journal of Coal Geology, 200: 135-152.

Gao Y, Zou Y R, Liang T. 2017. Jump in the structure of Type I kerogen revealed from pyrolysis and ^{13}C DP MAS NMR[J]. Organic Geochemistry, 112: 105-118.

Ge S M, Garven G . 1992. Hydromechanical modeling of tectonically driven groundwater flow with application to the Arkoma Foreland Basin[J]. Journal of Geophysical Research, 97(B6): 9119-9144.

Ge X, Shen C B, Selby D, et al. 2018. Neoproterozoic-Cambrian petroleum system evolution of the Micang Shan Uplift, Northern Sichuan Basin, China: Insights from pyrobitumen Re-Os geochronology and apatite fission track analysis[J]. AAPG Bulletin, 102: 1429-1453.

Goldstein R H, Reynolds T J. 1994. Systematics of fluid inclusions in diagenetic minerals[C]. Tulsa, Oklahoma: The United States of America: SEPM Short Course.

Graas G W V. 1990. Biomarker maturity parameters for high maturities: Calibration of the working range up to the oil/condensate threshold[J]. Organic Geochemistry, 16: 1025-1032.

Grasby S E, Them II T R, Chen Z, et al. 2019. Mercury as a proxy for volcanic emissions in the geologic record[J]. Earth-Science Reviews, 196: 102880.

Groff J A. 2019. Evidence of boiling and epithermal vein mineralization in Carlin-type deposits on the Getchell trend, Nevada[J]. Ore Geology Reviews, 106: 340-350.

Guilbaud R, Slater B J, Poulton S W, et al. 2018. Oxygen minimum zones in the early Cambrian ocean[J]. Geochemical Perspectives Letters, 6: 33-38.

Guo Y C, Pang X Q, Chen D X, et al. 2012. Evolution of continental formation pressure in the middle part of the western Sichuan depression and its significance on hydrocarbon accumulation[J]. Petroleum Exploration and Development, 39(4): 457-465.

Halpern H I. 1995. Development and applications of light-hydrocarbon-based star diagrams[J]. AAPG Bulletin, 79: 801-815.

Hanson A D, Zhang S, Moldowan J M, et al. 2000. Molecular organic geochemistry of Tarim Basin, NW China[J]. American Association of Petroleum Geologists Bulletin, 84: 1109-1128.

Hantschel T, Kaurauf A I. 2009. Fundamentals of basin and petroleum systems modeling[M]. Berlin: Springer-Verlag.

Hao F, Zhu W L, Zou H Y, et al. 2015a. Factors controlling petroleum accumulation and leakage in overpressured reservoirs[J]. American Association of Petroleum Geologists Bulletin, 99(5): 831-858.

Hao F, Zhang X F, Wang C W, et al. 2015b. The fate of CO_2 derived from thermochemical sulfate reduction (TSR) and effect of TSR on carbonate porosity and permeability, Sichuan Basin, China[J]. Earth-Science Reviews, 141: 154-177.

Hao Y, Pang Z, Tian J, et al. 2020. Origin and evolution of hydrogen-rich gas discharges from a hot spring in the eastern coastal area of China[J]. Chemical Geology, 538: 119477.

Hashimoto Y, Enjoji M, Sakaguchi A, et al. 2003. In situ pressure-temperature conditions of a tectonic mélange: Constraints from fluid inclusion analysis of syn-mélange veins[J]. Island Arc, 12(4): 357-365.

Hays J D, Imbrie J, Shackleton N J. 1976. Variations in the Earth's orbit: Pacemaker of the ice ages[J]. Science, 194: 1121-1132.

He K, Zhang S, Mi J, et al. 2018. Pyrolysis involving n-hexadecane, water and minerals: Insight into the mechanisms and isotope fractionation for water-hydrocarbon reaction[J]. Journal of Analytical and Applied Pyrolysis, 130: 198-208.

He K, Zhang S, Mi J, et al. 2019. Carbon and hydrogen isotope fractionation for methane from non-isothermal pyrolysis of oil in anhydrous and hydrothermal conditions[J]. Energy Exploration & Exploitation, 37: 1558-1576.

He K, Zhang S, Wang X, et al. 2021. Pyrolysis of 1-methylnaphthalene involving water: Effects of Fe-bearing minerals on the generation, C and H isotope fractionation of methane from H_2O-hydrocarbon reaction[J]. Organic Geochemistry, 153: 104151.

Hervy M, Olcese R, Bettahar M M, et al. 2019. Evolution of dolomite composition and reactivity during biomass gasification[J]. Applied Catalysis A-General, 572: 97-106.

Hill R J, Tang Y C, Kaplan I R. 2003. Insights into oil cracking based on laboratory experiments[J]. Organic Geochemistry, 34(12): 1651-1672.

Hill R J, Jarvie D M, Zumberge J, et al. 2007. Oil and gas geochemistry and petroleum systems of the Fort Worth Basin[J]. AAPG Bulletin, 91(4): 445-473.

Hoering T C. 1984. Thermal reactions of kerogen with added water, heavy water and pure organic substances[J]. Organic Geochemistry, 5: 267-278.

Horibe Y, Craig H. 1995. D/H fractionation in the system methane-hydrogen-water[J]. Geochimica et Cosmochimica Acta, 59: 5209-5217.

Horsfield B, Schenk H J, Mills N, et al. 1992. An investigation of the in-reservoir conversion of oil to gas: Compositional and kinetic findings from closed-system programmed-temperature pyrolysis[J]. Organic Geochemistry, 19(1): 191-204.

Huang H P, Zhang S C, Su J. 2016. Palaeozoic oil-source correlation in the Tarim Basin, NW China: A review[J]. Organic Geochemistry, 94: 32-46.

Huang Y, Liao Y, Xu T, et al. 2023. Characteristics of light hydrocarbons under the superimposed influence of biodegradation and subsequent thermal maturation[J]. Organic Geochemistry, 177: 104557.

Huc A Y, Nederlof P, Debarre R, et al. 2000. Pyrobitumen occurrence and formation in a Cambro-Ordovician sandstone reservoir, Fahud Salt Basin, North Oman[J]. Chemical Geology, 168(1): 99-112.

Huizinga B J, Tannenbaum E, Kaplan I R. 1987. The role of minerals in the alternation of organic matter-III. Generation of bitumen in laboratory experiments[J]. Organic Geochemistry, 11: 591-604.

Hunt J M. 1996. Petroleum geochemistry and geology[M]. 2nd ed. New York: Freeman WH and Co.

Islam M W. 2020. A review of dolomite catalyst for biomass gasification tar removal[J]. Fuel, 267: 117095.

Jacobsen R T, Stewart R B, Jahangiri M. 1986. Thermodynamic properties of nitrogen from the freezing line to 2000 K at pressures to 1000 MPa[J]. Journal of Physical & Chemical Reference Data, 15(2): 735-909.

James A T. 1983. Correlation of natural gas by use of carbon isotopic distribution between hydrocarbon components[J]. American Association of Petroleum Geologists Bulletin, 67(7): 1176-1191.

James R H, Elderfield H, Palmer M R. 1995. The chemistry of hydrothermal fluids from the Broken Spur site, 29°N Mid-Atlantic Ridge[J]. Geochimica et Cosmochimica Acta, 59: 651-659.

Jenkyns H C. 2010. Geochemistry of oceanic anoxic events[J]. Geochemistry, Geophysics, Geosystems, 11(3): 1-30.

Jin Z, Wang X, Wang H, et al. 2023. Organic carbon cycling and black shale deposition: An Earth system science perspective[J]. National Science Review, 10(11): 209-223.

Kerkhof A M V D, Hein U F. 2001. Fluid inclusion petrography[J]. Lithos, 55(1-4): 27-47.

Kim S B, Hammaker R M, Fateley W G . 1986. Calibrating Raman spectrometers using a neon lamp[J]. Applied Spectroscopy, 40(3): 412-415.

Kisch H J, van den Kerkhof A M. 1991. CH_4-rich inclusions from quartz veins in the Valley-and-Ridge province and the anthracite fields of the Pennsylvania Appalachians[J]. American Mineralogist, 76(1-2): 230-240.

Kissin Y V. 1987. Catagenesis and composition of petroleum: Origin of n-alkanes and isoalkanes in petroleum crudes[J]. Geochimica et Cosmochimica Acta, 51: 2445-2457.

Kiyosu Y. 1983. Hydrogen isotopic compositions of hydrogen and methane from some volcanic areas in northeastern Japan[J]. Earth and Planetary Science Letters, 62: 41-52.

Klein F, Grozeva N G , Seewald J S. 2019. Abiotic methane synthesis and serpentinization in olivine-hosted fluid inclusions[J]. Proceedings of the National Academy of Sciences of the United States of America, 116: 17666-17672.

Klyukin Y I, Steele-Macinnis M, Lecumberri-Sanchez P, et al. 2019. Fluid inclusion phase ratios, compositions and densities from ambient temperature to homogenization, based on PVTX properties of H_2O-NaCl[J]. Earth-Science Reviews, 198: 102924.

Kumar S. 2001. Mesoproterozoic megafossil Chuaria-Tawuia association may represent parts of a multicellular plant, Vindhyan Supergroup, Central India[J]. Precambrian Research, 106(3-4): 187-211.

Kump L. 2000. What drives climate?[J]. Nature, 408: 651-652.

Lacazette A. 1990. Application of linear elastic fracture mechanics to the quantitative evaluation of fluid-inclusion decrepitation[J]. Geology, 19(6): 782-785.

Laidler K J, Wojciechowski B W, Steacie E W R. 1961. Kinetics and mechanisms of the thermal decomposition of ethane-I. The uninhibited reaction. Proceedings of the Royal Society of London[J]. Mathematical and Physical Sciences, Series A, 260(1300): 91-102.

Leach D L, Taylor R D. 1993. Mississippi valley-type lead-zinc deposit model[J]. Geological Association of Canada Special Paper, 40: 289-314.

Leif R N, Simoneit B R T. 2000. The role of alkenes produced during hydrous pyrolysis of a shale[J]. Organic Geochemistry, 31: 1189-1208.

Lerch B, Karlsen D A, Abay T B, et al. 2016. Regional petroleum alteration trends in Barents Sea oils and condensates as a clue to migration regimes and processes[J]. AAPG Bulletin, 100: 165-190.

Lewan M. 1997. Experiments on the role of water in petroleum formation[J]. Geochimica et Cosmochimica Acta, 61: 3691-3723.

Li L, Ni P, Wang G G , et al. 2017. Multi-stage fluid boiling and formation of the giant Fujiawu porphyry Cu-Mo deposit in South China[J]. Ore Geology Reviews, 81: 898-911.

Li M J, Shi S B, Wang T G . 2012. Identification and distribution of chrysene, methylchrysenes and their isomers in crude oils and rock extracts[J]. Organic Geochemistry, 52: 55-66.

Li M W, Lin R Z, Liao Y S, et al. 1999. Organic geochemistry of oils and condensates in the Kekeya Field, Southwest Depression of the Tarim Basin (China)[J]. Organic Geochemistry, 30(1): 15-37.

Li S, Amrani A, Pang X, et al. 2015. Origin and quantitative source assessment of deep oils in the Tazhong Uplift, Tarim Basin[J]. Organic Geochemistry, 78: 1-22.

Li S, Pang X, Jin Z, et al. 2010. Petroleum source in the Tazhong Uplift, Tarim Basin: New insights from geochemical and fluid inclusion data[J]. Organic Geochemistry, 41: 531-553.

Li W, Chen Z X, Huang P H, et al. 2021. Formation of overpressure system and its relationship with the distribution of large gas fields in typical foreland basins in central and western China[J]. Petroleum Exploration and Development, 48(3): 625-640.

Li Z X, Bogdanova S V, Collins A S, et al. 2008. Assembly, configuration, and break-up history of Rodinia: A synthesis[J]. Precambrian Research, 160: 179-210.

Li Z X, Evans D A D, Halverson G P. 2013. Neoproterozoic glaciations in a revised global palaeogeography from the breakup of Rodinia to the assembly of Gondwanaland[J]. Sedimentary Geology, 294: 219-232.

Liang Q Y, Xiong Y Q, Zhao J, et al. 2017. Carbon isotopic fractionation during vaporization of low molecular weight hydrocarbons(C_6-C_{12})[J]. Petroleum Science, 14: 302-314.

Liang T, Zhan Z W, Gao Y, et al. 2020. Molecular structure and origin of solid bitumen from northern Sichuan Basin[J]. Marine and Petroleum Geology, 122: 104654.

Liao Y, Shi Q, Hsu C S, et al. 2012. Distribution of acids and nitrogen-containing compounds in biodegraded oils of the Liaohe Basin by negative ion ESI FT-ICR MS[J]. Organic Geochemistry, 47: 51-65.

Liao Y, Liu W, Pan Y, et al. 2020. Superimposed secondary alteration of oil reservoirs. Part Ⅰ: Influence of biodegradation on the gas generation behavior of crude oils[J]. Organic Geochemistry, 142: 103965.

Lin F, Bodnar R J, Becker S P. 2007. Experimental determination of the Raman CH_4 symmetric stretching(v1)band position from 1-650bar and 0. 3-22℃: Application to fluid inclusion studies[J]. Geochimica et Cosmochimica Acta, 71(15): 3746-3756.

Liu A Q, Tang D J, Shi X Y, et al. 2019. Growth mechanisms and environmental implications of carbonate concretions from the ~ 1. 4 Ga Xiamaling Formation, North China[J]. Journal of Palaeogeography, 8(1): 1-16.

Liu D, Dai J, Xiao X, et al. 2010. High density methane inclusions in Puguang Gasfield: Discovery and a T-P genetic study[J]. Chinese Science Bulletin, 54(24): 4714-4723.

Liu D H, Xiao X M, Mi J K, et al. 2003. Determination of trapping pressure and temperature of petroleum inclusions using PVT simulation software-A case study of Lower Ordovician carbonates from the Lunnan Low Uplift, Tarim Basin[J]. Marine and Petroleum Geology, 20(1): 29-43.

Liu Q, Zhu D, Jin Z, et al. 2016. Coupled alteration of hydrothermal fluids and thermal sulfate reduction (TSR) in ancient dolomite reservoirs-An example from Sinian Dengying Formation in Sichuan Basin, southern China[J]. Precambrian Research, 285: 39-57.

Liu W, Qiu N, Xu Q, et al. 2018a. Precambrian temperature and pressure system of Gaoshiti-Moxi block in the central paleo-uplift of Sichuan Basin, southwest China[J]. Precambrian Research, 313: 91-108.

Liu W, Qiu N, Xu Q, et al. 2018b. The evolution of pore-fluid pressure and its causes in the Sinian-Cambrian deep carbonate gas reservoirs in central Sichuan Basin, southwestern China[J]. Journal of Petroleum Science and Engineering, 169: 96-109.

Liu Y, Qiu N, Xie Z, et al. 2016. Overpressure compartments in the central paleo-uplift, Sichuan Basin, southwest China[J]. American Association of Petroleum Geologists Bulletin, 100(5): 867-888.

Liu Y, Xiong Y, Liu K, et al. 2019. Indentation size and loading rate sensitivities on mechanical properties and creep behavior of solid bitumen[J]. International Journal of Coal Geology, 216: 103295.

Liu Y, Magnall J M, Gleeson S A, et al. 2020. Spatio-temporal evolution of ocean redox and nitrogen cycling in the early Cambrian Yangtze ocean[J]. Chemical Geology, 554: 119803.

Logan G A, Hayes J M, Hieshima G B, et al. 1995. Terminal Proterozoic reorganization of biogeochemical cycles[J]. Nature, 376: 53-56.

Lorant F, Behar F. 2002. Late generation of methane from mature kerogens[J]. Energy & Fuels, 16(2): 412-427.

Lorant F, Prinzhofer A, Behar F, et al. 1998. Carbon isotopic and molecular constraints on the formation and the expulsion of thermogenic hydrocarbon gases[J]. Chemical Geology, 147(3): 249-264.

Lorant F, Behar F, Vandenbroucke M, et al. 2000. Methane generation from methylated aromatics: Kinetic study and carbon isotope modeling[J]. Energy & Fuels, 14(6): 1143-1155.

Losh S, Cathles L, Meulbroek P. 2002. Gas washing of oil along a regional transect, offshore Louisiana[J]. Organic Geochemistry, 33: 655-663.

Lu W, Chou I M, Burruss R C, et al. 2007. A unified equation for calculating methane vapor pressures in the CH_4-H_2O system with measured Raman shifts[J]. Geochimica et Cosmochimica Acta, 71(16): 3969-3978.

Luo B, Yang Y, Zhou G , et al. 2018. Basic haracteristics and accumulation mechanism of Sinian-Cambrian giant highly mature and oil cracking gas reservoirs in the Sichuan Basin, SW China[J]. Energy Exploration & Exploitation , 36: 568-590.

Lyons T W, Severmann S. 2006. A critical look at iron paleoredox proxies: New insights from modern euxinic marine basins[J]. Geochimica et Cosmochimica Acta, 70(23): 5698-5722.

Lyons T W, Reinhard C T, Planavsky N J. 2014. The rise of oxygen in Earth's earlyocean and atmosphere[J]. Nature, 506: 307-315.

Ma Y, Zhang S, Guo T, et al. 2008. Petroleum geology of the Puguang sour gas field in the Sichuan Basin, SW China[J]. Marine and Petroleum Geology, 25(4): 357-370.

Machel H G , Krouse H R, Sassen R. 1995. Products and distinguishing criteria of bacterial and thermochemical sulfate reduction[J]. Applied Geochemistry, 10(4): 373-389.

Mackenzie A S. 1984. Application of biomarkers in petroleum geochemistry[M]. London: Academic Press: 115-214.

Mango F D. 1987. An invariance in the isoheptanes of petroleum[J]. Science, 237: 514-517.

Mango F D. 1997. The light hydrocarbons in petroleum: A critical review[J]. Organic Geochemistry, 26: 417-440.

McCollom T M. 2016. Abiotic methane formation during experimental serpentinization of olivine[J]. Proceedings of the National Academy of Sciences of the United States of America, 113: 13965-13970.

McFadden K A, Huang J, Chu X L, et al. 2008. Pulsed oxidation and biological evolution in the Ediacaran

Doushantuo Formation[J]. Proceedings of the National Academy of Sciences of the United States of America, 105(9): 3197-3202.

McKinney D E, Behar F, Hatcher P G . 1998. Reaction kinetics and n-alkane product profiles from the thermal degradation of ^{13}C-labeled *n*-C_{25} in two dissimilar oils as determined by SIM/GC/MS[J]. Organic Geochemistry, 29(1): 119-136.

McKirdy D M, Aldridge A K, Ypma P J W. 1983. A geochemical comparison of some crude oils from Pre-Ordovician carbonate rocks[M]//Bjorøy M, Albrecht P, Cornford C, et al. Advances in Organic Geochemistry 1981. Hoboken: John Wiley & Sons: 99-107.

Meng Q R, Wang E, Hu J M. 2005. Mesozoic sedimentary evolution of the northwest Sichuan Basin: Implication for continued clockwise rotation of the South China block[J]. Geological Society of America Bulletin, 117: 396-410.

Meredith W, Kelland S J, Jones D M. 2000. Influence of biodegradation on crude oil acidity and carboxylic acid composition[J]. Organic Geochemistry, 31: 1059-1073.

Mi J, Zhang S, Su J, et al. 2018. The upper thermal maturity limit of primary gas generated from marine organic matters[J]. Marine and Petroleum Geology, 89: 120-129.

Milesi V, Prinzhofer A, Guyot F, et al. 2016. Contribution of siderite-water interaction for the unconventional generation of hydrocarbon gases in the Solimões Basin, north-west Brazil[J]. Marine and Petroleum Geology, 71: 168-182.

Moldowan J M, Sundararamun P, Schoell M. 1986. Sensitivity of biomarker properties to deposition environment and/or source input in the Lower Toarcian of SW Germany[J]. Organic Geochemistry, 10: 915-926.

Moldowan J M, Fago F J, Carlson R M K, et al. 1991. Rearranged hopanes in sediments and petroleum[J]. Geochimica Et Cosmochimica Acta, 55(11): 3333-3353.

Moldowan J M, Dahl J, Zinniker D, et al. 2015. Underutilized advanced geochemical technologies for oil and gas exploration and production-1. The diamondoids[J]. Journal of Petroleum Science and Engineering, 126: 87-96.

Murillo W A, Vieth-Hillebrand A, Horsfield B, et al. 2016. Petroleum source, maturity, alteration and mixing in the southwestern Barents Sea: New insights from geochemical and isotope data[J]. Marine and Petroleum Geology, 70: 119-143.

Nascimento L R, Rebouças L M C, Koike L, et al. 1999. Acidic biomarkers from Albacora oils, Campos Basin, Brazil[J]. Organic Geochemistry, 30: 1175-1191.

Ni P, Wang G G , Yu W, et al. 2015. Evidence of fluid inclusions for two stages of fluid boiling in the formation of the giant Shapinggou porphyry Mo deposit, Dabie Orogen, Central China[J]. Ore Geology Reviews, 65: 1078-1094.

Och L M, Shields-Zhou G A. 2012. The Neoproterozoic oxygenation event: environmental perturbations and biogeochemical cycling[J]. Earth-Science Reviews, 110(1-4): 26-57.

Oliver J. 1986. Fluids expelled tectonically from orogenic belts: Their role in hydrocarbon migration and other geologic phenomena[J]. Geology, 14(2): 99-102.

Palacas J G. 1984. Carbonate rocks as source of petroleum: Geological and geochemical characteristics and oil-source correlation[C]//Proceedings of the 11th World Petroleum Congress 1983. vol. 2. Chichester: John Wiley & Sons: 31-43.

Pan C, Liu D. 2009. Molecular correlation of the free oil, adsorbed oil and inclusion oil of reservoir rocks in the Tazhong Uplift of the Tarim Basin, China[J]. Organic Geochemistry, 40: 387-399.

Pan C, Yu L, Liu J, et al. 2006. Chemical and carbon isotopic fractionations of gaseous hydrocarbons during abiogenic oxidation[J]. Earth and Planetary Science Letters, 246(1): 70-89.

Pan C C, Jiang L L, Liu J Z, et al. 2010. The effects of calcite and montmorillonite on oil cracking in confined pyrolysis experiments[J]. Organic Geochemistry, 41: 611-626.

Pan Y, Liao Y, Shi Q, et al. 2013. Acidic and neutral polar NSO compounds in heavily biodegraded oils characterized by Negative-Ion ESI FT-ICR MS[J]. Energy & Fuels, 27: 2960-2973.

Parfrey L W, Lahr D J G , Knoll A H, et al. 2011. Estimating the timing of early eukaryotic diversification with multigene molecular clocks[J]. Proceedings of the National Academy of Sciences of the United States of America, 108(33): 13624-13629.

Parris T, Burruss R, O'Sullivan P. 2003. Deformation and the timing of gas generation and migration in the eastern Brooks Range foothills, Arctic National Wildlife Refuge, Alaska[J]. American Association of Petroleum Geologists Bulletin, 87(11): 1823-1846.

Pepper A S, Corvi P J. 1995. Simple kinetic models of petroleum formation. Part Ⅰ: Oil and gas generation from kerogen[J]. Marine and Petroleum Geology, 12: 291-319.

Peters K E, Moldowan J M. 1991. Effects of source, thermal maturity, and biodegradation on the distribution and isomerization of homohopanes in petroleum[J]. Organic Geochemistry, 17(1): 47-61.

Peters K E, Moldowan J M. 1993. The biomarker guide-interpreting molecular fossils in petroleum and ancient sediments[M]. Upper Saddle River: Prentice Hall.

Peters K E, Walters C C, Moldowan J M. 2005. The biomarker guide[M]. Cambridge: Cambridge University Press.

Philippi G T. 1975. The deep subsurface temperature controlled origin of the gaseous and gasoline-range hydrocarbons of petroleum[J]. Geochimica et Cosmochimica Acta, 39: 1353-1373.

Piper D Z, Perkins R B. 2004. A modern vs. Permian black shale — the hydrography, primary productivity, and water-column chemistry of deposition[J]. Chemical Geology, 206(3-4): 177-197.

Pisarevsky S A, Thrane K, Vernikovsky V. 2008. Assembly, configuration, and break-up history of Rodinia: A synthesis[J]. Precambrian Research, 160: 179-210.

Proskurowski G , Lilley M D, Kelly D S, et al. 2006. Low temperature volatile production at the Lost City Hydrothermal Field, evidence from a hydrogen stable isotope geothermometer[J]. Chemical Geology, 229: 331-343.

Rackett H G . 1970. Equation of state for saturated Liquids[J]. Journal of Chemical and Engineering Data, 15(4): 514-517.

Reeves E P, Seewald J S, Sylva S P. 2012. Hydrogen isotope exchange between n-alkanes and water under hydrothermal conditions[J]. Geochimica et Cosmochimica Acta, 77: 582-599.

Requejo A G . 1994. Maturation of petroleum source rocks-Ⅱ. Quantitative changes in extractable hydrocarbon content and composition associated with hydrocarbon generation[J]. Organic Geochemistry, 21: 91-105.

Richard H S. 1987. Earthquake rupturing as a mineralizing agent in hydrothermal systems[J]. Geology, 15:

701-704.

Rodrigues D C, Koike L, Reis F, et al. 2000. Carboxylic acids of marine evaporitic oils from Sergipe-Alagoas Basin, Brazil[J]. Organic Geochemistry, 31: 1209-1222.

Roedder E. 1984. Fluid inclusions[M]. Washington DC: Mineralogical Society of America.

Roedder E, Bodnar R J. 1980. Geologic pressure determinations from fluid inclusion studies[J]. Annual Review of Earth and Planet Science, 8: 263-301.

Roedder E, Coombs D S. 1967. Immiscibility in granitic melts, indicated by fluid inclusions in ejected granitic blocks fromascension island[J]. Journal of Petrology, 8(3): 417-451.

Rolison J M, Landing W M, Luke W, et al. 2013. Isotopic composition of species-specific atmospheric Hg in a coastal environment[J]. Chemical Geology, 336: 37-49.

Rooney M A, Claypool G E, Chung H M. 1995. Modeling thermogenic gas generation using carbon isotope ratios of natural gas hydrocarbons[J]. Chemical Geology, 126(3-4): 219-232.

Rullkōtter J S, Nissenbaum A. 1985. Biological marker characteristics of oils and asphalts from carbonate source rocks in a rapidly subsiding graben. Dead Sea, Israel[J]. Geochimica et Cosmochimica Acta, 49: 1357-1370.

Sahoo S K, Planavsky N J, Kendall B, et al. 2012. Ocean oxygenation in the wake of the Marinoan glaciation[J]. Nature, 489: 546-549.

Saltzman M R, Thomas E. 2012. Chapter 11: Carbon isotope stratigraphy[J]. The Geologic Time Scale 2012, 11: 207-232.

Samson I, Anderson A, Marshall D. 2003. Fluid inclusions: Analysis and interpretation[J]. Miner Deposita, 39: 402-403.

Schenk H J, Di Primio R, Horsfield B. 1997. The conversion of oil into gas in petroleum reservoirs. Part 1: Comparative kinetic investigation of gas generation from crude oils of lacustrine, marine and fluviodeltaic origin by programmed-temperature closed-system pyrolysis[J]. Organic Geochemistry, 26(7): 467-481.

Schimmelmann A, Boudou J P, Lewan M D, et al. 2001. Experimental controls on D/H and $^{13}C/^{12}C$ ratios of kerogen, bitumen and oil during hydrous pyrolysis[J]. Organic Geochemistry, 32: 1009-1018.

Seewald J S. 2001. Aqueous geochemistry of low molecular weight hydrocarbons at elevated temperatures and pressures: constraints from mineral buffered laboratory experiments[J]. Geochimica et Cosmochimica Acta, 65: 1641-1664.

Seewald J S. 2003. Organic-inorganic interactions in petroleum-producing sedimentary basins[J]. Nature, 426: 327-333.

Seewald J S, Eglinton L B, Ong Y L. 2000. An experimental study of organic-inorganic interactions during vitrinite maturation[J]. Geochimica et Cosmochimica Acta, 64(9): 1577-1591.

Seifert W K, Moldowan J M. 1978. Applications of steranes, terpanes, and monoaromatics to the maturation, migration, and source of crude oils[J]. Geochimica et Cosmochimica Acta, 42: 77-95.

Sessions A L, Sylva S P, Summons R E, et al. 2004. Isotopic exchange of carbon-bound hydrogen over geologic timescales[J]. Geochimica et Cosmochimica Acta, 68: 1545-1559.

Shen A J, Zhao W Z, Hu A P, et al. 2021. The dating and temperature measurement technologies for carbonate minerals and their application in hydrocarbon accumulation research in the paleo-uplift in central Sichuan

Basin, SW China[J]. Petroleum Exploration and Development, 48: 555-568.

Shi Q, Zhao S, Xu Z, et al. 2010. Distribution of acids and neutral nitrogen compounds in a Chinese crude oil and its fractions: Characterized by negative-ion electrospray ionization fourier transform ion cyclotron resonance mass spectrometry[J]. Energy & Fuels, 24: 4005-4011.

Shin W J, Lee K S. 2010. Carbon isotope fractionation of benzene and toluene by progressive evaporation[J]. Rapid Communications in Mass Spectrometry, 24: 1636-1640.

Sofer Z, Zumberge J E, Lay V. 1986. Stable carbon isotopes and biomarkers as tools in understanding genetic relationship, maturation, biodegradation, and migration of crude oils in the Northern Peruvian Oriente (Maranon) Basin[J]. Organic Geochemistry, 10: 377-389.

Stahl W J. 1980. Compositional changes and $^{13}C/^{12}C$ fractionations during the degradation of hydrocarbons by bacteria[J]. Geochimica et Cosmochimica Acta, 44(11): 1903-1907.

Stanley M W. 1985. Phase equilibria in chemical engineering[M]. Oxford: Butterworth Publishers.

Su A, Chen H H, Feng Y X, et al. 2020. Dating and characterizing primary gas accumulation in Precambrian dolomite reservoirs, Central Sichuan Basin, China: Insights from pyrobitumen Re-Os and dolomite U-Pb geochronology[J]. Precambrian Research, 350: 105897.

Suda K, Ueno Y, Yoshizaki M, et al. 2014. Origin of methane in serpentinite-hosted hydrothermal systems: The CH_4-H_2-H_2O hydrogen isotope systematics of the Hakuba Happo hot spring[J]. Earth and Planetary Science Letters, 386: 112-125.

Sun Y, Xu S, Lu H, et al. 2003. Source facies of the Paleozoic petroleum systems in the Tabei uplift, Tarim Basin, NW China: Implications from aryl isoprenoids in crude oils[J]. Organic Geochemistry, 34: 629-634.

Sweeney J J, Burnham A K. 1990. Evaluation of a simple method of vitrinite reflectance based on chemical kinetics[J]. AAPG Bulletin, 74: 1559-1570.

Tan J Q, Horsfield B, Mahlstedt N, et al. 2013. Physical properties of petroleum formed during maturation of Lower Cambrian shale in the upper Yangtze Platform, South China, as inferred from PhaseKinetics modeling[J]. Marine and Petroleum Geology, 48: 47-56.

Tang Y, Jenden P, Nigrini A, et al. 1996. Modeling early methane generation in coal[J]. Energy & Fuels, 10(3): 659-671.

Tang Y, Perry J K, Jenden P D, et al. 2000. Mathematical modeling of stable carbon isotope ratios in natural gases[J]. Geochimica et Cosmochimica Acta, 64(15): 2673-2687.

Tannenbaum E, Kaplan I R. 1985. The role of minerals in the thermal alteration of organic matter–I: Generation of gases and condensates under dry condition[J]. Geochimica et Cosmochimica Acta, 49: 2589-2604.

Tarantola A, Mullis J, Vennemann T, et al. 2007. Oxidation of methane at the CH_4/H_2O-(CO_2)transition zone in the external part of the Central Alps, Switzerland: Evidence from stable isotope investigations[J]. Chemical Geology, 237: 329-357.

Tassi F, Fiebig J, Vaselli O, et al. 2012. Origins of methane discharging from volcanic-hydrothermal, geothermal and cold emissions in Italy[J]. Chemical Geology, 310: 36-48.

Thiéry R , Pironon J, Walgenwitz F, et al. 2000. PIT(petroleum inclusion thermodynamic): A new modeling tool for the characterization of hydrocarbon fluid inclusions from volumetric and microthermometric measurements[J]. Journal of Geochemical Exploration, 69-70: 701-704.

Thompson K F M. 1979. Light hydrocarbons in subsurface sediments[J]. Geochimica et Cosmochimica Acta, 43: 657-672.

Thompson K F M. 1983. Classification and thermal history of petroleum based on light hydrocarbons[J]. Geochimica et Cosmochimica Acta, 47: 303-316.

Thompson K F M. 1987. Fractionated aromatic petroleums and the generation of gas-condensates[J]. Organic Geochemistry, 11: 573-590.

Tian H, Wang Z, Xiao Z, et al. 2006. Oil cracking to gases: Kinetic modeling and geological significance[J]. Chinese Science Bulletin, 51(22): 2763-2770.

Tian H, Xiao X M, Wilkins R W T, et al. 2007. Gas sources of the YN_2 gas pool in the Tarim Basin — evidence from gas generation and methane carbon isotope fractionation kinetics of source rocks and crude oils[J]. Marine and Petroleum Geology, 24(1): 29-41.

Tian H, Xiao X, Wilkins R W T, et al. 2008. New insights into the volume and pressure changes during the thermal cracking of oil to gas in reservoirs: Implications for the in-situ accumulation of gas cracked from oils[J]. American Association of Petroleum Geologists Bulletin, 92(2): 181-200.

Tian H, Xiao X, Yang L, et al. 2009. Pyrolysis of oil at high temperatures: Gas potentials, chemical and carbon isotopic signatures[J]. Chinese Science Bulletin, 54(7): 1217-1224.

Tian H, Xiao X, Wilkins R W T, et al. 2012. An experimental comparison of gas generation from three oil fractions: Implications for the chemical and stable carbon isotopic signatures of oil cracking gas[J]. Organic Geochemistry, 46: 96-112.

Tian T, Yang P, Ren Z L, et al. 2020. Hydrocarbon migration and accumulation in the Lower Cambrian to Neoproterozoic reservoirs in the Micangshan tectonic zone, China: New evidence of fluid inclusions[J]. Energy Reports, 6: 721-733.

Tilley B, Muehlenbachs K. 2006. Gas maturity and alteration systematics across the Western Canada Sedimentary Basin from four mud gas isotope depth profiles[J]. Organic Geochemistry, 37(12): 1857-1868.

Tissot B P, Welte D H. 1984. Petroleum formation andoccurrence[M]. New York: Sring-Verlag.

Torsvik T H, Cooks L R M. 2013. Early palaeozoic biogeography and palaegeography. Chapter 2: New global palaeographical reconstructions for the Early Palaeozoic and their generation[J]. Geological Society of London, Memoir, 38: 5-24.

Tostevin R, Shields G A, Tarbuck G M, et al. 2016. Effective use of cerium anomalies as a redox proxy in carbonate-dominated marine settings[J]. Chemical Geology, 438: 146-162.

Ujiie K, Yamaguchi A, Taguchi S. 2008. Stretching of fluid inclusions in calcite as an indicator of frictional heating on faults[J]. Geology, 36(2): 111-114.

Ungerer P, Behar F, Villalba M, et al. 1988. Kinetic modelling of oil cracking[J]. Organic Geochemistry, 13(4): 857-868.

van den Kerkhof A M. 1990. Isochoric phase diagrams in the systems CO_2-CH_4 and CO_2-N_2: Application to fluid inclusions[J]. Geochimica et Cosmochimica Acta, 54(3): 621-629.

van Graas G . 1990. Biomarker maturity parameters for high maturities: Calibration of the working range up to the oil/condensate threshold[J]. Organic Geochemistry, 16: 1025-1032.

Wang H, Su J, Wang X, et al. 2022. Carbon isotope stratigraphy of the Cambrian System in the eastern Tarim Basin, China[J]. Acta Geologica Sinica-English Edition, 96(4): 1277-1293.

Wang J, Yang C, Liu Y, et al. 2022. Using nanoindentation to characterize the mechanical and creep properties of shale: Load and loading strain rate effects[J]. ACS Omega, 7(16): 14317-14331.

Wang K W, Chi G X, Bethune K M, et al. 2018. Fluid P-T-X characteristics and evidence for boiling in the formation of the Phoenix uranium deposit (Athabasca Basin, Canada) : Implications for unconformity-related uranium mineralization mechanisms[J]. Ore Geology Reviews, 101: 122-142.

Wang R, Shen B, Lang X, et al. 2023. A Great late Ediacaran ice age[J]. National Science Review, 10(8): 117.

Wang T G, He F Q, Wang C J, et al. 2008. Oil filling history of the Ordovician oil reservoir in the major part of the Tahe oilfield, Tarim Basin NW China[J]. Organic Geochemistry, 39: 1637-1646.

Wang X M, Zhang S C, Wang H J, et al. 2017. Oxygen, climate and the chemical evolution of a 1400 million year old tropical marine setting[J]. American Journal of Science, 317: 861-900.

Waples D W. 2000. The kinetics of in-reservoir oil destruction and gas formation: Constraints from experimental and empirical data, and from thermodynamics[J]. Organic Geochemistry, 31(6): 553-575.

Watson J S, Jones D M, Swannell R P J, et al. 2002. Formation of carboxylic acids during aerobic biodegradation of crude oil and evidence of microbial oxidation of hopanes[J]. Organic Geochemistry, 33: 1153-1169.

Weatherley D K, Henley R W. 2013. Flash vaporization during earthquakes evidenced by gold deposits[J]. Nature Geoscience, 6: 294-298.

Wei L, Schimmelmann A, Mastalerz M, et al. 2018. Catalytic generation of methane at 60 to 100°C and 0.1 to 300 MPa from source rocks containing kerogen Types Ⅰ, Ⅱ, and Ⅲ[J]. Geochimica et Cosmochimica Acta, 231: 88-116.

Wenger L M, Isaksen G H. 2002. Control of hydrocarbon seepage intensity on level of biodegradation in sea bottom sediments[J]. Organic Geochemistry, 33(12): 1277-1292.

Wever H E. 2000. Petroleum and source rock characterization based on C_7 star plot results: Examples from Egypt[J]. AAPG Bulletin, 84: 1041-1054.

Wilhelms A, Larter S. 2004. Shaken but not always stirred. Impact of petroleum charge mixing on reservoir geochemistry[J]. Geological Society, London, Special Publications, 237: 27-35.

Wu L, Liao Y, Fang Y, et al. 2012. The study on the source of the oil seeps and bitumens in the Tianjingshan structure of the northern Longmen Mountain structure of Sichuan Basin, China[J]. Marine and Petroleum Geology, 37(1): 147-161.

Wu X Q, Tao X W, Hu G Y. 2014. Geochemical characteristics and source of natural gases from Southwest Depression of the Tarim Basin, NW China[J]. Organic Geochemistry, 74: 106-115.

Xiao Q, Sun Y, Zhang Y, et al. 2012. Stable carbon isotope fractionation of individual light hydrocarbons in the C_6-C_8 range in crude oil as induced by natural evaporation: Experimental results and geological implications[J]. Organic Geochemistry, 50: 44-56.

Xiao S, Narbonne G M, Zhou C, et al. 2016. Towards an ediacaran time scale: Problems, protocols, and prospects[J]. Episodes, 39(4): 540-555.

Xiao S H, Yuan X L, Steiner M, et al. 2002. Macroscopic carbonaceous compressions in a terminal Proterozoic shale: A systematic reassessment of the Miaohe Biota, South China[J]. Journal of Paleontology, 76(2): 347-376.

Xiong S F, Gong Y J, Yao S Z, et al. 2017. Nature and evolution of the ore-forming fluids from nanmushu carbonate-hosted Zn-Pb deposit in the mayuan district, Shaanxi Province, Southwest China[J]. Geofluids(5): 1-19.

Xiong S F, Jiang S Y, Ma Y, et al. 2019. Ore genesis of Kongxigou and Nanmushu Zn-Pb deposits hosted in Neoproterozoic carbonates, Yangtze Block, SW China: Constraints from sulfide chemistry, fluid inclusions, and in situ S-Pb isotope analyses[J]. Precambrian Research, 333: 105405.

Xu F, Xu G , Liang J, et al. 2016. Multi-Stage fluid charging and critical period of hydrocarbon accumulation of the Sinian Dengying Formation in Central Sichuan Basin[J]. Acta Geologica Sinica-English Edition, 90(4): 1549-1550.

Xu Q, Qiu N, Liu W, et al. 2018. Thermal evolution and maturation of Sinian and Cambrian source rocks in the central Sichuan Basin, Southwest China[J]. Journal of Asian Earth Sciences, 164: 143-158.

Yang C, Ni Z, Li M, et al. 2018. Pyrobitumen in South China: Organic petrology, chemical composition and geological significance[J]. International Journal of Coal Geology, 188: 51-63.

Yang C, Xiong Y, Wang J, et al. 2020. Mechanical characterization of shale matrix minerals using phase-positioned nanoindentation and nano-dynamic mechanical analysis[J]. International Journal of Coal Geology, 229: 10357.

Yang P, Liu K, Liu J, et al. 2021. Petroleum charge history of deeply buried carbonate reservoirs in the Shuntuoguole Low Uplift, Tarim Basin, West China[J]. Marine and Petroleum Geology, 128: 105063.

Yang S, Hu W, Yao S, et al. 2020. Constraints on the accumulation of organic matter in Upper Ordovician-lower Silurian black shales from the Lower Yangtze region, South China[J]. Marine and Petroleum Geology, 120: 104544.

Ye Q, Tong J, Xiao S H, et al. 2015. The survival of benthic macroscopic phototrophs on a Neoproterozoic snowball Earth[J]. Geology, 43(6): 507-510.

Ye Y, Wang H, Wang X, et al. 2022. Application of Cd as a paleo-environment indicator[J]. Palaeogeography, Palaeoclimatology, Palaeoecology, 585: 110749.

Yin R S, Xu L G , Lehmann B, et al. 2017. Anomalous mercury enrichment in Early Cambrian black shales of South China: Mercury isotopes indicate a seawater source[J]. Chemical Geology, 467: 159-167.

Yu S, Pan C, Wang J, et al. 2011. Molecular correlation of crude oils and oil components from reservoir rocks in the Tazhong and Tabei uplifts of the Tarim Basin, China[J]. Organic Geochemistry, 42: 1241-1262.

Yu S, Pan C, Wang J, et al. 2012. Correlation of crude oils and oil components from reservoirs and source rocks using carbon isotopic compositions of individual n-alkanes in the Tazhong and Tabei Uplift of the Tarim Basin, China[J]. Organic Geochemistry, 52: 67-80.

Yuan X L, Chen Z, Xiao S H, et al. 2011. A nearly Ediacaranassemblage of macroscopic and morphologically differentiated eukaryotes[J]. Nature, 470(7334): 390-393.

Zeng L F, Huang W K, Jin J, et al. 2019. Vitrinite maturation in confined pyrolysis experiments[J]. Energy & Fuels, 33: 5981-5987.

Zhang J, Nozaki Y. 1996. Rare earth elements and yttrium in seawater: ICP-MS determinations in the East Caroline, Coral Sea, and South Fiji Basins of the Western South Pacific Ocean[J]. Geochimica et Cosmochimica Acta, 60(23): 4631-4644.

Zhang J, Qiao S, Lu W, et al. 2016. An equation for determining methane densities in fluid inclusions with Raman shifts[J]. Journal of Geochemical Exploration, 171: 20-28.

Zhang S, Wang X, Hammarlund E U, et al. 2015. Orbital forcing of climate 1. 4 billion years ago[J]. Proceedings of the National Academy of Sciences of the United States of America, 112(12): E1406-E1413.

Zhang S, Ernst R E, Pei J L, et al. 2018a. A temporal and causal link between ca. 1380 Ma large igneous provinces and black shales: Implications for the Mesoproterozoic time scale and paleoenvironment[J]. Geology, 46(11): 963-966.

Zhang S, He K, Hu G , et al. 2018b. Unique chemical and isotopic characteristics and origins of natural gases in the Paleozoic marine formations in the Sichuan Basin, SW China: Isotope fractionation of deep and high mature carbonate reservoir gases[J]. Marine and Petroleum Geology, 89: 68-82.

Zhang S, Ernst R E, Pei J, et al. 2021. Large igneous provinces (LIPs) and anoxia events in "The Boring Billion"[M]//Richard R E, Alex D, Andrey B. Large igneous provinces: a driver of global environmental and biotic changes. Hoboken: John Wiley & Sons: 449-486.

Zhang S C, Hanson A D, Moldowan J M, et al. 2000. Paleozoic oil-source rock correlations in the Tarim Basin, NW China[J]. Organic Geochemistry, 31: 273-286.

Zhang T, Ellis G S, Walters C C, et al. 2008. Geochemical signatures of thermochemical sulfate reduction in controlled hydrous pyrolysis experiments[J]. Organic Geochemistry, 39(3): 308-328.

Zhang Y, Han R S, Ding X, et al. 2019. Experimental study on fluid migration mechanism related to Pb-Zn super-enrichment: Implications for mineralisation mechanisms of the Pb-Zn deposits in the Sichuan-Yunnan-Guizhou, SW China[J]. Ore Geology Reviews, 114: 103110.

Zhao G C, Wang Y J, Huang B C, et al. 2018. Geological reconstructions of the East Asian blocks: From the breakup of Rodinia to the assembly of Pangea[J]. Earth-Science Reviews, 186: 262-286.

Zhao G C, Sun M, Simon A. 2004. Wilde, Sanzhong Li. A Paleo-Mesoproterozoic supercontinent: Assembly, growth and breakup[J]. Earth-Science Reviews, 67(1-2): 91-123.

Zhao J, Zhang D, Wu T, et al. 2019. Multiscale approach for mechanical characterization of organic-rich shale and its application[J]. International Journal of Geomechanics, 19(1): 04018180.

Zhao W, Zhang S, Ke K, et al. 2019. Origin of conventional and shale gas in Sinian-lower Paleozoic strata in the Sichuan Basin: Relayed gas generation from liquid hydrocarbon cracking[J]. American Association of Petroleum Geologists Bulletin, 103(6): 1265-1296.

Zhao Y Y, Zheng Y F. 2010. Stable isotope evidence for involvement of deglacial melt water in Ediacaran carbonates in South China[J]. Chemical Geology, 271: 86-100.

Zheng W, Gilleaudeau G J, Kah L C, et al. 2018. Mercury isotope signatures record photic zone euxinia in the Mesoproterozoicocean[J]. Proceedings of the National Academy of Sciences, 115(42): 10594-10599.

Zheng Y, Liao Y, Xiong Y, et al. 2018. Organic geochemical characteristics, mineralogy, petrophysical properties and shale gas prospect of the Wufeng-Longmaxi shales in Sanquan town of Nanchuan District, Chongqing[J].

AAPG Bulletin, 102(11): 2239-2265.

Zheng Y F, Wu Y B, Gong B, et al. 2007. Tectonic driving of Neoproterozoic glaciations: Evidence from extreme oxygen isotope signature of meteoric water in granite[J]. Earth and Planetary Science Letters, 256: 196-210.

Zheng Y F, Gong B, Zhao Z F, et al. 2008. Zircon U-Pb age and O isotope evidence for Neoproterozoic low ^{18}O magmatism during supercontinental rifting in south China: Implications for the snowball earth event[J]. American Journal of Science, 308: 484-516.

Zhou C X, Yu S, Huang W Y, et al. 2021. Oil maturities, mixing and charging episodes in the cratonic regions of the Tarim Basin, NW China: Insight from biomarker and diamondoid concentrations and oil bulk properties[J]. Marine and Petroleum Geology, 126: 104903.

Zhu G , Wang T, Xie Z, et al. 2015. Giant gas discovery in the Precambrian deeply buried reservoirs in the Sichuan Basin, China: Implications for gas exploration in old cratonic basins[J]. Precambrian Research, 262: 45-66.

Zhu G , Chen F, Wang M, et al. 2018. Discovery of the lower Cambrian high-quality source rocks and deep oil and gas exploration potential in the Tarim Basin, China[J]. American Association of Petroleum Geologists Bulletin, 102: 2123-2151.

Zhu G , Milkov A V, Zhang Z, et al. 2019. Formation and preservation of a giant petroleum accumulation in superdeep carbonate reservoirs in the southern Halahatang oil field area, Tarim Basin, China[J]. American Association of Petroleum Geologists Bulletin, 103: 1703-1743.

Zhu M Y, Babcock L E, Peng S C. 2006. Advances in Cambrian stratigraphy and paleotology: Integrating correlation techniques, paleobiology, taphonomy and paleoenvironmental reconstruction[J]. Palaeoword, 15: 217-222.

Zhu M Y, Zhang J, Yang A. 2007. Integrated Ediacaran(Sinian)chronostratigraphy of South China[J]. Palaeogeography, Palaeoclimatology, Palaeoecology, 254: 7-61.

Zhu S X, Zhu M Y, Andrew H, et al. 2016. Decimetre-scale multicellular eukaryotes from the 1. 56-billion-year-old Gaoyuzhuang Formation in North China[J]. Nature Communication, 7: 11500.

Zou C, Du J, Xu C, et al. 2014a. Formation, distribution, resource potential, and discovery of Sinian-Cambrian giant gas field, Sichuan Basin, SW China[J]. Petroleum Exploration and Development, 41(3): 306-325.

Zou C, Wei G , Xu C, et al. 2014b. Geochemistry of the Sinian-Cambrian gas system in the Sichuan Basin, China[J]. Organic Geochemistry, 74: 13-21.